새 출제기준에 따른 최신 개정판!!

위험물기능사 필기시험문제

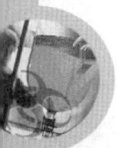

유쾌!상쾌!통쾌하게 합격하자!!
이 책을 발행하면서

우리나라는 산업화 이후 현재 지식융복합정보산업사회로 산업발전을 거듭하면서 세계 유수의 선진국과 견줄만한 경제성장을 이룩하게 되었습니다.

이렇게 경제성장을 함에도 불구하고 모든 산업분야와 산업구조 속에서 필요불가결한 석유에너지 및 기타 제품 생산사업장에서 사용되는 위험물은 그 정도에 따라 피해가 다양화 또는 대형화되어 가고 있습니다. 이러한 실정에서 위험물을 안전하게 관리할 수 있는 위험물 안전관리자의 역할은 매우 중요한 위치에 와 있습니다.

이에 저자는 수십 년간 학교, 학원 및 사업장에서 실시한 실무교육 및 강좌를 통하여 수많은 위험물기능사 등 기술 인력을 배출시켜 왔으며 많은 위험물 관련서적도 출간하여 왔습니다.

그 중 위험물기능사 국가기술자격시험 수검응시자로서 기초실력이 부족한 사람도 이 한 권의 교재로 쉽게 시험에 합격할 수 있게 집필하였습니다. 특히 본서를 국가자격시험 관련도서 출판의 명문회사인 크라운출판사에서 발행하게 되었습니다. 그동안 축적된 모든 실력을 총동원하여 열과 성의를 다해 집필했습니다. 그러나 내용의 일부 중 부족한 점이 있을 것으로 사료됩니다. 앞으로 독자 여러분의 많은 지도편달에 의해 예의 수정, 보완하여 더욱 완벽한 교재가 될 수 있도록 노력하겠습니다.

끝으로 이 교재가 국가산업 발전과 위험물 관리에 있어 좋은 길잡이가 됨과 동시에 여러분의 앞날에 합격의 영광과 풍요로운 내일이 있기를 기원합니다. 감사합니다.

밤늦은 서재에서 저자 이보상 드림

이 교재의 내용에 대한 문의는 이보상 선생님(010-6700-2532, bsyee2532@hanmail.net)께 하시면 친절하게 답변해 드리겠습니다.

출제기준표(필기)

직무분야	화학	중직무분야	위험물	자격종목	위험물기능사	적용기간	2025.1.1.~2029.12.31.

○ 직무내용 : 위험물제조소 등에서 위험물을 저장·취급하고, 각 설비에 대한 점검과 재해 발생 시 응급조치 등의 안전관리 업무를 수행

필기검정방법	객관식	문제수	60	시험시간	1시간

필기 과목명	출제문제수	주요항목	세부항목
위험물의 성질 및 관리	60	1. 화재 및 소화	1. 물질의 화학적 성질
			2. 화재 및 소화이론의 이해
			3. 소화약제 및 소방시설의 기초
		2. 제1류 위험물 취급	1. 성상 및 특성
			2. 저장 및 취급방법의 이해
			3. 소화방법
		3. 제2류 위험물 취급	1. 성상 및 특성
			2. 저장 및 취급방법의 이해
			3. 소화방법
		4. 제3류 위험물 취급	1. 성상 및 특성
			2. 저장 및 취급방법의 이해
			3. 소화방법
		5. 제4류 위험물 취급	1. 성상 및 특성
			2. 저장 및 취급방법의 이해
			3. 소화방법
		6. 제5류 위험물 취급	1. 성상 및 특성
			2. 저장 및 취급방법의 이해
			3. 소화방법
		7. 제6류 위험물 취급	1. 성상 및 특성
			2. 저장 및 취급방법의 이해
			3. 소화방법
		8. 위험물 운송·운반	1. 위험물 운송기준
			2. 위험물 운반기준
		9. 위험물 제조소 등의 유지관리	1. 위험물 제조소
			2. 위험물 저장소
			3. 위험물 취급소
			4. 제조소 등의 소방시설 점검
		10. 위험물 저장·취급	1. 위험물 저장기준
			2. 위험물 취급기준
		11. 위험물 안전관리 감독 및 행정처리	1. 위험물시설 유지관리감독
			2. 위험물안전관리법상 행정사항

기능장·산업기사·기능사 자격기준 및 수검안내

1. 수검 응시자격

등 급	자 격 기 준
기 능 장	1. 응시하려는 종목이 속하는 동일 직무분야의 산업기사 또는 기능사의 자격을 취득한 후 「근로자 직업능력 개발법」에 따라 설립된 **기능대학의 기능장 과정**을 마친 **이수자** 또는 그 이수예정자 2. **산업기사 등급 이상**의 자격을 취득한 후 응시하려는 종목이 속하는 동일 직무분야에서 **5년 이상** 실무에 종사한 자 3. **기능사** 자격을 취득한 후 응시하려는 종목이 속하는 동일 및 유사 직무분야에서 **7년 이상** 실무에 종사한 자 4. 응시하려는 종목이 속하는 동일 및 유사 직무분야에서 **9년 이상** 실무에 종사한 사람 5. 외국에서 동일한 종목에 해당하는 자격을 취득한 자
산업기사	1. **기능사 등급 이상의** 자격을 취득한 후 응시하고자 하는 종목이 속하는 동일 직무분야에서 1년 이상 실무에 종사한 자 2. 응시하고자 하는 종목이 속하는 **동일 직무분야의 다른 종목의 산업기사 등급 이상의** 자격을 취득한 자 3. **관련학과의 2년제** 또는 **3년제 전문대학졸업자 등** 또는 그 졸업예정자 4. **관련학과의 대학졸업자 등** 또는 그 졸업예정자 5. **동일 및 유사 직무분야의 산업기사 수준의 기술훈련과정 이수자** 또는 그 이수예정자 6. 응시하고자 하는 종목이 속하는 **동일 직무분야에서 2년 이상** 실무에 종사한 자 7. **고용노동부령**이 정하는 **기능경기대회 입상자** 8. 외국에서 동일한 종목에 해당하는 자격을 취득한 자
기 능 사	응시자격에 제한이 없음
★위험물 관련학과 (고용노동부고시 제2012-49호 별표1)	- 02 경영·회계·사무 중 024 생산관리 직무분야와 관련된 학과 - 15 광업자원 중 151 채광 직무분야와 관련된 학과 - 16 기계 직무분야와 관련된 학과 - 17 재료 직무분야와 관련된 학과 - 18 화학 직무분야와 관련된 학과 - 19 섬유·의복 직무분야와 관련된 학과 - 25 안전관리 직무분야와 관련된 학과 - 26 환경·에너지 직무분야와 관련된 학과
★위험물 관련학과에 포함되는 해당 직무분야별학과 (고용노동부고시 제2012-49호 별표2)	가스산업(과,부,전공), 가스안전공학(과,전공), 가스에너지공학(과,전공), 소방방재(과,전공,학부), 소방방재공학(과,부,전공), 소방방재시스템전공, 소방방재정보학과, 소방방제관리학(과·전공), 소방산업안전과, 소방시스템(과,코스), 소방안전(과,전공,(공)학과), 소방안전관리(학)(과,전공), 소방환경관리과, 소방환경안전과, 소방환경학과, 재난관리공학(과,전공), IT-디자인-소방계열

2. 국가기술자격 검정 인터넷 접수
   (1) 대상 : 한국산업인력공단에서 시행하는 국가기술자격시험 전 종목
   (2) 이용방법 : 한국산업인력공단 홈페이지(www.hrdkorea.or.kr) 및 자격검정 정보망
       (www.q-net.or.kr) 참조
   (3) 회원가입 준비사항
       ① 본인 사진파일 또는 사진 1매(3×4cm) 스캔
       ② 수수료 결제 : 신용카드, 계좌입금, 휴대폰 등(타인명의 결제 가능)
       ③ 본인 인적사항

   ┌─참고─┐
   ※ 원서접수시 인터넷 접수와 방문 접수를 병행하여 실행하던 것을 2007년부터는 인터넷 접수만 가능하오니(방문 접수 폐지) 원서접수시 착오 없으시길 바랍니다.

   (4) 수험원서 접수기간(www.q-net.or.kr)
       ① 필기시험 대상자 : 해당 종목의 필기시험 원서접수 기간
       ② 실기시험 대상자 : 해당 종목의 실기시험 원서접수 기간(필기시험 합격자 발표일
           포함하여 3일간)
       ③ 기타 대상자
           ㉮ 필기시험 면제자(외국자격 취득자 포함) : 해당 종목의 실기시험 원서접수 기간
           ㉯ 실기시험 면제자 : 해당 종목의 필기시험 원서접수 기간
           ㉰ 필·실기시험 면제자(외국자격 취득자 포함) : 원하는 일자에 접수 가능

3. 검정방법
   (1) 필기시험 및 실기시험(실기시험은 필기시험에 합격한 자에 한하여 시행함)
       ① 필기시험 : 1교시 60분간 60문제를 객관식(4지 택1형)의 방법으로 100점 만점 60점
           이상이면 합격결정
       ② 실기시험 : 주관식 필기검정 100점 만점에 60점 이상으로 합격결정
   (2) 수검자는 수검 당일 **시험시작 30분 전**까지 지정된 좌석에 착석하여야 하며 **수검표 분실자**
       는 신분증명서를 지참하여 **시험시작 1시간 전**에 해당 시험본부에 재확인 받아야 함

4. 검정일시 및 장소
   (1) 검정일시 : 당해 연도 국가기술자격검정 일정 참조(www.q-net.or.kr)
   (2) 검정장소 : 인터넷 접수시 본인이 선택한 장소에서 수검 가능함

5. 한국산업인력공단 홈페이지 안내
   (1) 홈페이지 : www.hrdkorea.or.kr
   (2) 인터넷 접수 : www.q-net.or.kr
   (3) 기타 문의사항 : HRD 고객센터(1644-8000) 또는 가까운 지역본부 및 지사

7. 검정질서 확립을 위한 수검자 협조사항

(1) 부정행위자는 3년간 응시자격이 정지되며, 취득한 다른 기술자격도 취소 또는 정지됩니다.
(2) 최종합격자 발표 이후라도 부정한 방법으로 합격한 사실이 판명될 경우 이미 취득한 다른기술자격도 취소 또는 정지됩니다.
(3) 국가기술자격수첩을 타인에게 대여(이중취업)하는 자는 국가기술자격법 제18조 및 동법 시행령 제33조의 규정에 의거 1년 이하의 징역 또는 5백만 원 이하의 벌금에 처하며, 그 기술자격이 취소되거나 일정기간(6월 내지 3년) 그 기술자격이 정지됩니다.

8. 공단 종합민원 정보서비스 안내

한국산업인력공단에서 수행하고 있는 **자격검정**, **직업능력개발훈련**, **고용촉진** 등 각종 사업 정보는 **전화자동응답**(ARS) 및 **인터넷홈페이지** 서비스를 이용하기 바랍니다.

안내 내용	이 용 방 법	안 내 기 간
○ 합격자 발표 및 실기시험 안내	○ **자동응답전화**(ARS) 이용 시 : 060-700-2009 • 지역번호 없이 전국 동일번호 • 시내전화이용(단, 공중전화 사용불가)	○ 합격자 발표 • 발표일로부터 3일간 (실기시험 합격자는 7일간) ○ 실기시험 안내 • 당회 실기시험 5일 전부터 시험종료일까지
○ CBT필기득점 공개	시험당일 공개	시험당일 공개
○ 종합민원 안내 • 자격검정시행 일정 • 직업교육훈련과정 • 취업정보 • 기능장려사업 • 공단홍보자료	○ **자동응답전화**(ARS) 이용시 : 060-700-4009 • 지역번호 없이 전국 동일번호 • 시내전화이용(단, 공중전화 사용불가) ○ 인터넷 : www.hrdkorea.or.kr	○ 상시안내

※ 060-700-2009, 060-700-4009 전화안내 서비스를 이용하는 경우 전화요금 외에 소정의 정보 이용료가 추가되오니 참고하시기 바랍니다.

CBT(Computer Based Testing) 모니터 화면 구성

1. 1단 화면 보기 예시

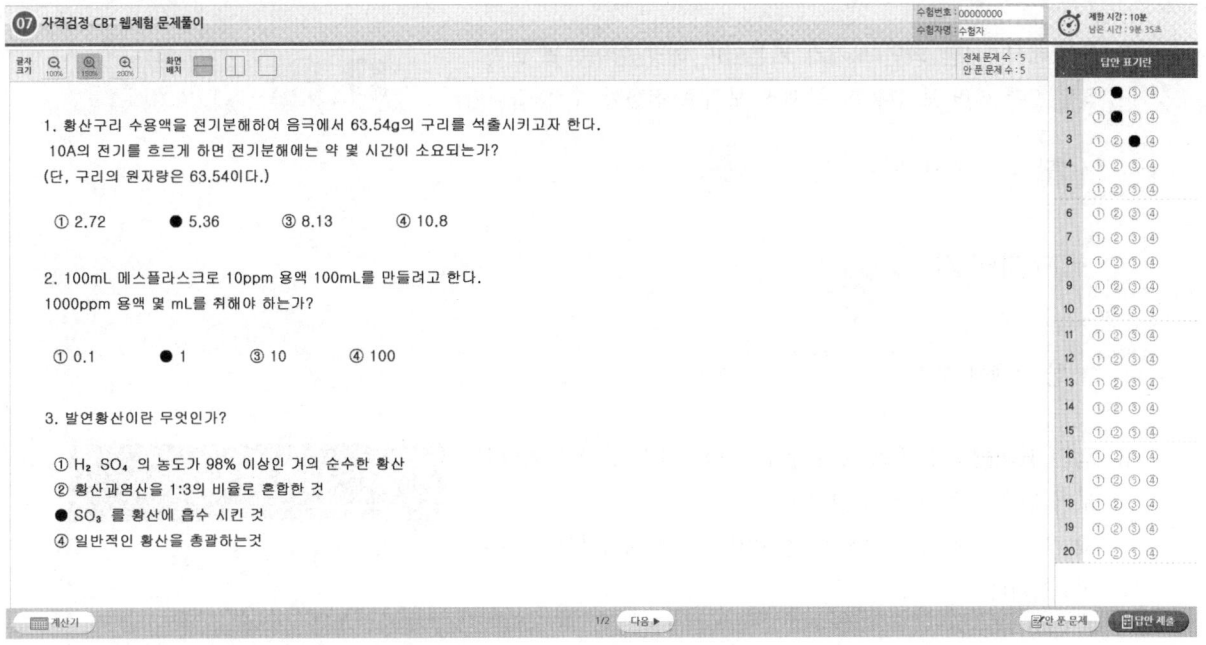

2. 2단 화면 보기 예시

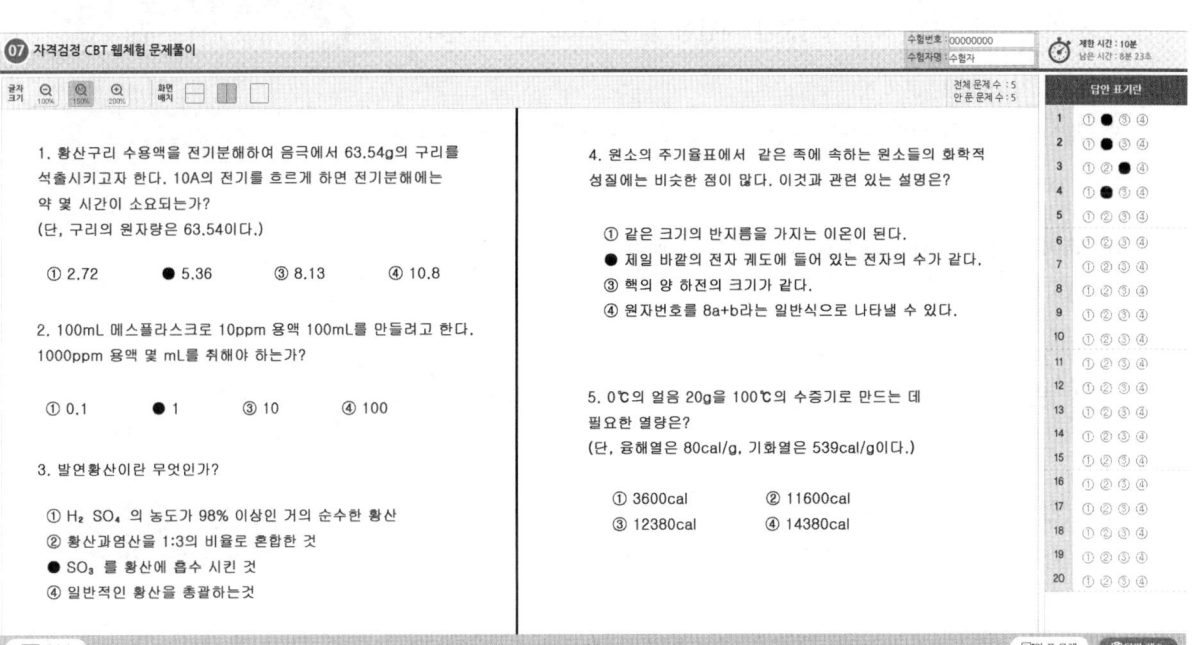

CBT(Computer Based Testing) 답안 작성 안내

1. **글자 크기 조정** : 글자 크기는 150%가 기본이며 아이콘을 클릭하면 작거나 크게 할 수 있습니다.

   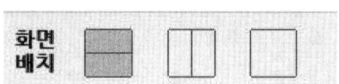

2. **화면배치** : 1단 화면 보기가 기본이며 해당 아이콘을 클릭하면 2단 화면 보기나 한 문제씩 보기로 전환할 수 있습니다.

   - 1단 화면 보기(기본 보기) :
   - 2단 화면 보기 :
   - 한 문제씩 보기 :

3. **답안 표기란** : 문제의 보기 번호를 클릭하면 답안 표기란의 보기 번호에 동시 표기됩니다.
   최 우측 스크롤바를 상하로 움직이면 답안 표기란이 상하로 이동합니다.

   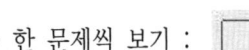

4. **남은 시간 표시** : 현재 남은 시간을 확인할 수 있으며 시간이 얼마 남지 않았을 경우 시계 아이콘과 시간이 붉은색으로 표시됩니다.

   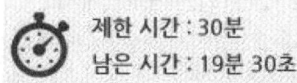

5. **계산기** : 좌측 하단 계산기 아이콘을 클릭하면 계산기 창이 뜹니다.

6. **페이지 이동 표시** : 필요한 페이지를 한 페이지씩 전후로 이동합니다.

7. **안 푼 문제** : 아이콘을 클릭하면 안 푼 문제 번호가 정리되어 표시됩니다.

   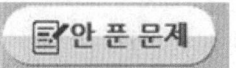

8. **답안 제출** : 답안 제출 아이콘을 클릭하거나 시험시간이 종료되면 시험 결과를 바로 확인할 수 있습니다.

차 례

제1편 화재예방 및 소화방법

제 1 장 연소이론

1. 연소의 정의 ··· 19
2. 연소의 3요소 ·· 22
3. 인화점, 연소점, 착화점, 연소범위 ································· 28
4. 연소형태 ·· 35
5. 발화(자연발화 · 준자연발화 · 혼합발화) ························ 39
6. 폭발(폭발 · 폭굉 · 분진폭발) ··· 45

제 2 장 소화이론

1. 소화의 정의 ··· 50
2. 소화방법 ·· 52
3. 제거소화 ·· 52
4. 질식소화 ·· 52
5. 냉각소화 ·· 69
6. 억제소화 ·· 73
7. 소화기의 관리 ··· 79
8. 위험물의 소화방법 ··· 83

제 3 장 소방시설의 설치 운영

1. 소방시설의 종류 ··· 94
2. 소화설비 ·· 95
   2-1. 옥내소화전설비(위험물제조소등 전용) ················ 102
   2-2. 옥외소화전설비(위험물제조소등 전용) ················ 104
   2-3. 스프링클러설비(위험물제조소등 전용) ················ 107

2-4. 물 분무 소화설비(위험물제조소등 전용) ·················· 111
　　　2-5. 포소화설비 ··· 114
　　　2-6. 분말소화설비 ·· 119
　　　2-7. 불활성가스 소화설비 ·· 122
　　　2-8. 할론 및 할로젠화합물 소화설비 ························· 127
　　　2-9. 자체소방조직 등 ·· 129
　　3. 경보설비 ··· 132
　　4. 피난설비 ··· 139

제2편 위험물의 성질 및 취급

제 1 장 위험물

　　1. 위험물의 구분 ·· 143
　　2. 위험물의 구성 ·· 143
　　3. 위험물의 유별 공통기준(규칙 별표 18) ······················ 144

제 2 장 제1류 위험물

　　1. 필수 암기사항 ·· 150
　　2. 아염소산염류의 성질 ·· 155
　　3. 염소산염류의 성질 ··· 156
　　4. 과염소산염류의 성질 ·· 158
　　5. 무기과산화물의 성질 ·· 165
　　6. 브로민산염류(브롬산염류)의 성질 ····························· 171
　　7. 아이오딘산염류(요오드산염류)의 성질 ······················· 172
　　8. 질산염류의 성질 ·· 173
　　9. 삼산화크로뮴(삼산화크롬)의 성질 ····························· 175
　　10. 과망가니즈산염류(과망간산염류)의 성질 ·················· 179
　　11. 다이크로뮴산염류(중크롬산염류)의 성질 ·················· 180

제 3 장 | 제2류 위험물

1. 필수 암기사항 …………………………………………………… 184
2. 황화인(황화린)의 성질 ………………………………………… 187
3. 적린(붉은린)의 성질 …………………………………………… 188
4. 황(유황)의 성질 ………………………………………………… 189
5. 마그네슘(Mg)의 성질 …………………………………………… 195
6. 철분(Fe)의 성질 ………………………………………………… 196
7. 금속분의 성질 …………………………………………………… 196
8. 인화성 고체의 성질 …………………………………………… 200

제 4 장 | 제3류 위험물

1. 필수 암기사항 …………………………………………………… 202
2. 칼륨의 성질 ……………………………………………………… 205
3. 나트륨의 성질 …………………………………………………… 206
4. 알킬리튬의 성질 ………………………………………………… 207
5. 알킬알루미늄의 성질 …………………………………………… 208
6. 황린(백린)의 성질 ……………………………………………… 209
7. 알칼리금속(칼륨 및 나트륨 제외) 및 알칼리토금속의 성질 ……… 216
8. 유기금속화합물(알킬알루미늄 및 알킬리튬 제외)의 성질 ……… 217
9. 금속의 인화물의 성질 ………………………………………… 218
10. 금속의 수소화물($M'H$ 또는 $M''H_2$)의 성질 ………………… 219
11. 칼슘 또는 알루미늄의 탄화물(카바이트)의 성질 ……………… 221

제 5 장 | 제4류 위험물

1. 필수 암기사항 …………………………………………………… 227
2. 특수인화물의 성질 ……………………………………………… 234
3. 제1석유류의 성질 ……………………………………………… 244
4. 알코올류의 성질 ………………………………………………… 260
5. 제2석유류의 성질 ……………………………………………… 265
6. 제3석유류의 성질 ……………………………………………… 275

7. 제4석유류의 성질 ………………………………………………… 283
   8. 동·식물유류의 성질 ……………………………………………… 285

제 6 장 │ 제5류 위험물

   1. 필수 암기사항 …………………………………………………… 289
   2. 질산에스터류(젤산에스테르류)의 성질 ………………………… 294
   3. 유기과산화물의 성질 …………………………………………… 300
   4. 나이트로화합물(니트로화합물)의 성질 ………………………… 303
   5. 나이트로소화합물(니트로소화합물)의 성질 …………………… 305
   6. 아조화합물의 성질 ……………………………………………… 310
   7. 다이아조화합물(디아조화합물)의 성질 ………………………… 311
   8. 하이드라진 유도체(히드라진 유도체)의 성질 ………………… 312
   9. 하이드록실아민(히드록실아민)의 성질 ………………………… 312
   10. 하이드록실아민염류(히드록실아민염류)의 성질 ……………… 312

제 7 장 │ 제6류 위험물

   1. 필수 암기사항 …………………………………………………… 314
   2. 질산 ……………………………………………………………… 318
   3. 발연질산 ………………………………………………………… 319
   4. 과산화수소의 성질 ……………………………………………… 322
   5. 과염소산의 성질 ………………………………………………… 322

제 8 장 │ 위험물의 저장 및 취급방법

   1. 위험물의 제조·저장 및 취급시설의 설치 및 운영 …………… 326
   2. 제조소등의 설치기준 …………………………………………… 332
   3. 제조소 …………………………………………………………… 333
   4. 옥내저장소 ……………………………………………………… 340
   5. 옥외저장소 ……………………………………………………… 348
   6. 옥외탱크저장소 ………………………………………………… 351

7. 옥내탱크저장소 ·· 357
8. 지하탱크저장소 ·· 360
9. 이동탱크저장소 ·· 364
10. 간이탱크저장소 ··· 371
11. 암반탱크저장소 ··· 372
12. 저장탱크의 용량계산 및 변형시험 ······································ 375
13. 주유취급소 ··· 382
14. 판매취급소 ··· 387
15. 이송취급소 ··· 388
16. 제조소등의 표지판 및 게시판 ·· 389
17. 운반 및 이송기준 ·· 394

제3편 부록

1. 법령개정에 의한 위험물 45품명 및 지정수량 암기방법 ··········· 401
2. 원소주기율표 암기법 ·· 405
3. 화학식 만드는 방법 및 읽는 방법 ······································· 408
4. 화학적 변화의 종류 ·· 413
5. 그리스문자 및 숫자 ·· 414
6. 위험물의 종류 일람표 ··· 415
7. 운반용기와 수납방법 ·· 419
8. 혼합으로 위험이 따르는 화학물질 일람표 ···························· 421
9. 소방대상물 및 위험물별 소화설비의 적응성 ························· 423
10. 소화난이도 등급에 해당하는 제조소등 및 소화설비 ············ 425
11. 위험물취급자격자 및 위험물안전관리자의 자격기준 ············ 431

제4편 CBT 모의고사 문제

■ 2019년~2023년(CBT) ·· 435

제1편
화재예방 및 소화방법

제1장	연소이론
제2장	소화이론
제3장	소화시설의 설치 운영

제 1 장

연소이론

학습목표
- 연소의 정의
- 연소의 3요소
- 인화점, 연소점, 착화점, 연소범위
- 연소의 형태
- 발화, 폭발

1 연소의 정의

물질이 발열과 빛을 수반하는 급격한 산화현상

> **참고**
> ※ **연소** : 가연성 물질이 **점화원**에 의하여 **공기 중의 산소**와 반응하면 **발열반응**에 의하여 열을 발생하게 되어 온도가 높아지므로 **원자** 및 **분자**의 **운동에너지**가 **증가**하게 된다. 운동에너지가 증가하게 되면 **열복사선**이 발생하게 되며, 이 열복사선은 **온도**가 **상승**하면 **파장**이 점점 짧아지면서 **가시광선영역**의 파장에 이르게 되어 **발광반응**을 감지할 수 있게 된다. 이러한 현상을 **연소**라 한다.
> - 발열 또는 빛만을 내는 것은 연소라 하지 않는다.
> ※ **산화** :
> - 산소와 화학 결합하는 것
> - 수소를 잃는 것
> - 전자를 잃는 것
> - 원자가(산화수)가 증가하는 것
> ※ **환원** :
> - 산화의 반대현상

발광에 따른 온도 측정

(1) **적열상태** : 500℃ 부근
(2) **백열상태** : 1,000℃ 이상

> **참고**
> ※ **발광** : 빛을 냄
> ※ **적열** : 물체를 가열할 때 가열 물체가 500℃ 부근에서는 적색을 나타낸다.
> ※ **백열** : 물체가 1,000℃ 이상 가열될 때의 색깔

고온체의 색깔과 온도

(1) **담암적색** : 522℃   (2) **암적색** : 700℃   (3) **적 색** : 850℃
(4) **휘 적 색** : 950℃   (5) **황적색** : 1,100℃   (6) **백적색** : 1,300℃
(7) **휘 백 색** : 1,500℃

> **참고**
> ※ **황적색** : 보통 보일러의 내부의 색깔
> ※ **백적색** : 도자기 가마의 내부 색깔
> ※ **휘백색** : 유리 용융로의 내부 색깔

적중 출제예상문제

1 가연성 물질이 산소와 급격히 화합할 때 열과 빛을 내는 현상은 무엇인가?
① 자연발화   ② 산화열
③ 기화열   ④ 연소

> **해** • **연소** : 가연물이 열과 빛을 수반하는 급격한 산화현상
> **답** ④

2 연소와 관계되는 반응은?
① 산화반응   ② 환원반응
③ 치환반응   ④ 중화반응

> **해** • 문제 1 해설 참조
> **답** ①

3. 연소에 대한 설명이다. 옳은 것은?
① CO_2를 발생하면서 반응한다.
② 반응하면서 열을 수반한다.
③ 물질이 산소와 반응하여 산화한다.
④ 물질이 산소와 반응하면서 빛과 열을 수반한다.

4. 연소속도는 다음 중 어느 것과 같은가?
① 기화열의 발생속도
② 환원속도
③ 착화속도
④ 산화속도

5. 불꽃의 색깔로 온도를 짐작할 수 있다. 몇 도 이상에서 백열상태로 되는가?
① 300℃ 이상
② 600℃ 이상
③ 1,000℃ 이상
④ 1,500℃ 이상

6. 연소시 색깔이 황적색이었다면 이때의 온도는 약 몇 ℃인가?
① 522℃
② 700℃
③ 1,100℃
④ 1,500℃

7. 다음 색깔 중 가장 높은 온도와 가장 낮은 온도의 조합으로 옳은 것은?

| A : 휘적색 | B : 휘백색 | C : 암적색 |
| D : 황적색 | E : 적색 | |

① A, C
② B, C
③ E, C
④ E, D

해 • 연소 : 가연물이 산소와 급격히 화합할 때 빛과 열을 발생하는 현상
답 ④

해 • 연소는 산소와의 화학결합 현상이다.
답 ④

해 • 백열상태 : 1,000℃ 이상
※ 적열상태 : 500℃ 부근
답 ③

해 • 연소시 색깔 : ① 담암적색 ② 암적색 ③ 황적색 ④ 휘백색
답 ③

해 • 온도순서
휘백색>황적색>적색>암적색
∴ B>…C
답 ②

휴게실

◆ **구경 중의 구경, 불구경 조심하세요.**
　구경 중에서도 가슴 졸이면서 신나게 하는 구경이 **불구경·물구경**일 것이다. 그러나 불구경도 다음과 같은 사실을 알고 하여야 한다.
　화재현장에서 소방대장 및 소방대원이 **소방상 필요한 때**에는 그 관할구역 안에 사는 사람 또는 **화재현장에 있는 사람**으로 하여금 **사람을 구출**하거나 또는 **불을 끄거나 불이 번지지 아니하도록** 하는 일을 하게 할 수 있다.
　이때, 이러한 **소화종사 명령**을 고의로 방해한 사람은 **5년 이하의 징역** 또는 **3천만원 이하의 벌금**에 처한다.(소방기본법 제24조에 의하여 제50조 제2호의 벌칙에 의함)

2 연소의 3요소

- 연소의 3요소 : 가연물, 산소공급원, 점화원

> **참고**
> ※ **연소가 일어나기 위한 조건** : 연소의 3요소인 **가연물, 산소공급원, 점화원**이 꼭 구비되어야 한다. 이 중 하나라도 구비되지 않으면 연소는 일어나지 않는다. 그러므로 이 중 한가지라도 구비조건을 주지 않는 것이 연소를 일으키지 않는 **화재예방방법**이므로 위험물 취급에 있어 가장 중요하다.

1 가연물

산화되기 쉬운 물질

> **참고**
> ※ **산화** : 산소와 화학 결합하는 것을 말하며 산소와 화학결합하기 쉽다고 해서 전부 다 가연물은 아니다.
> ※ **가연물** : 가연성 물질의 준말

(1) 가연물이 될 수 있는 조건
 ① 산화할 때 **발열량**이 클 것
 ② 산화할 때 **열전도율**이 작을 것
 ③ 산화할 때 필요한 **활성에너지**가 작을 것
 ④ 산소와 **친화력**이 좋고 **표면적**이 넓을 것

> **참고**
> ※ **발열량** : 같은 두께 같은 크기의 종이와 철판 중 종이는 **연소할 때 많은 열**을 내므로 가연물이다. 철판은 점화원을 가해도 연소하지 못하므로 불연물이다.
>   • 불연물 : 불연성 물질의 준말
> ※ **열전도율** : 같은 두께 같은 크기의 종이와 철판 중 종이만 연소하는 것은 종이는 점화원을 주었을 때 **열을 전달하지 못하고** 한 곳에 **축적되어** 쌓인 열에 의해 연소되나 철판은 열이 축적될 사이 없이 전달되므로 철판은 불연물이다.
> ※ **활성화에너지** : 화학반응을 일으키는 최소의 에너지로서 성냥불이나 불티 등과 같이 작은 **착화에너지**이다.

(2) 가연물이 될 수 없는 조건
   ① 주기율표 0족의 원소
   ② 이미 산화반응이 완결된 안정된 산화물
   ③ 질소 또는 질소산화물

> **참고**
>
> ※ 주기율표 0족의 원소 : 모든 원소 중 가장 안정된 물질로서 **산화되지 않**는다.
>   • He(헬륨), Ne(네온), Ar(아르곤), Kr(크립톤), Xe(제논〈크세논〉), Rn(라돈)
> ※ 이미 산화반응이 완결된 산화물 : CO_2(이산화탄소), SiO_2(이산화규소), Al_2O_3(산화알루미늄), P_2O_5(오산화인) 등
> ※ 질소 : 산소와 산화반응을 하나 **흡열반응**(열의 흡수)을 하므로 가연물이 안된다.
> N_2 + O_2 → 2NO↑ - 43.2kcal
>   (질소) (산소)   (일산화질소) (반응열)

2 산소공급원

(1) 공 기
(2) 산화제
(3) 자기반응성 물질(내부연소성 물질)

> **참고**
>
> ※ 산소공급원 : 산화성 물질 또는 **조연성 물질**(연소를 계속시키는 물질)이라 하며 다음과 같다.
>   • 공기 : 산소는 공기 중에 부피 백분율로 **약** 21%, 중량 백분율로 **약** 23%가 존재한다.
>   • 산화제 : **제1류 위험물** 및 **제6류 위험물**은 강산화제로서 많은 산소를 함유하고 있다.
>   • **자기반응성 물질**(자기연소성 물질) : **제5류 위험물**은 가연물인 동시에 자체 내부에 산소를 함유하고 있으므로 공기 중의 산소를 필요로 하지 않고 점화원만으로 연소를 한다.

3 점화원(가연물에 활성화에너지를 주는 것)

(1) 전기불꽃   (2) 정전기불꽃
(3) 마찰 및 충격의 불꽃   (4) 고열물
(5) 단열압축   (6) 산화열
(7) 낙 뢰

> **참고**
>
> ※ **전기불꽃** : 전기의 ⊕ ⊖ 합선으로 일어나는 불꽃을 말하며 에너지 측정이 가능하다.
> $E = 1/2QV = 1/2CV^2$ Q : 전기량   V : 방전전압   C : 전기용량
>
> ※ **정전기 불꽃** : 전기의 **불량도체**(전기가 통하지 않는 물질)는 **마찰**에 의하여 전기를 띤다. 발생 전기는 미세하나 축적되어 미세한 불꽃방전을 일으킨다.
>   [예] 건조한 날 자동차용 가솔린을, **주유기를 사용하지 않고** 연료탱크에 주유할 때 점화원 없이 화재가 발생한다(주유기 호스 속에는 구리선이 연결되어 땅속으로 접지되어 있다).
>
> ※ **정전기 방지법**
>   • 접지할 것
>   • 공기 중의 상대습도를 70% 이상으로 할 것
>   • 공기를 이온화할 것
>
> ※ **마찰 및 충격의 불꽃** : 사람의 출입이 없는 산속에서 가을철에 많이 일어나는 산불은 건조한 날씨와 강풍으로 나무와 나무와의 마찰에 의한 화재로 보며, 정과 망치로 바위를 쫄 때 생기는 불꽃을 충격에 의한 불꽃이라고 할 수 있다.
>
> ※ **고열물** : 빨갛게 달구어진 쇠붙이를 말한다.
>
> ※ **단열압축** : 가솔린 엔진과는 달리 **디젤엔진**은 전기불꽃 방전 없이 압축에 의하여 폭발 연소한다.
>
> ※ **산화열** : 산소와 결합할 때 생성되는 반응열
>
> ※ **낙뢰** : 벼락

적중 출제예상문제

가연물

1 다음 중 연소의 3요소가 아닌 것은?
① 가연물   ② 기화열
③ 산소공급원   ④ 점화원

2 다음 물질 중에서 연소의 3요소와 관계없는 것은?
① 셀룰로이드   ② 질산칼륨
③ 마찰   ④ 대기압

3 다음 중 연소재료로 볼 수 있는 것은 무엇인가?
① CO_2 ② N_2
③ 불활성기체   ④ C

4 가연물질이 아닌 것은?
① 사염화탄소   ② 이황화탄소
③ 일산화탄소   ④ 아세톤

5 다음에서 연소할 수 있는 조건을 갖춘 것은?
① 등유+공기+수소   ② 아세톤+수소+성냥불
③ 성냥불+황+산소   ④ 알코올+수소+산소

6 설명 중에서 옳은 것은?
① 질소는 산소와 화합할 수 있기 때문에 가연물이다.
② 산소와 화합하지 않는 것 중에도 가연물이 있다.
③ 이산화탄소는 가연물이다.
④ 불완전연소로 발생하는 일산화탄소는 가연물이다.

7 다음 화재를 잘 일으킬 수 있는 원인에 대한 설명이 틀린 것은?
① 열전도율이 좋을수록 연소가 잘 된다.
② 온도가 상승하면 보통 연소가 잘 된다.
③ 화학적 친화력이 클수록 연소가 잘 된다.
④ 산소와 접촉이 잘 될 수록 연소가 잘 된다.

8 원소 중 산소와 화합하지 않는 원소는 어느 것인가?
① S   ② N
③ He   ④ P

힌트

• 연소의 3요소 : 가연물·산소공급원·점화원
  답 ②

• 연소의 3요소 : ① 가연물 ② 산소공급원 ③ 점화원 ④ 해당 없음
  답 ④

• C(탄소) : 가연물
  답 ④

• 사염화탄소 : 소화약제로 사용된다.
  답 ①

• 성냥불 : 점화원
• 황 : 가연물
• 산소 : 산소공급원
  답 ③

• 완전연소된 CO_2(이산화탄소) : 소화제로 사용되나 불완전연소된 CO(일산화탄소)는 가연성가스이며 독성이 있다.
  답 ④

• 연소 : 열전도가 잘되지 않는(열전도율이 낮은) 가연물이 적당한 산소와 점화원에 의하여 발생한다.
  답 ①

• 주기표 0족의 원소 : 산소와 화합하지 않는다.
※ 0족 원소 : He, Ne, Ar 등
  답 ③

⑨ 질소가 불연성이라 하는 이유는 무엇 때문인가?
① 연소성이 매우 약하기 때문에
② 연소해도 화염을 내지 않기 때문에
③ 산소와 화합은 하나 흡열반응하므로
④ 기타의 어떤 원소와도 화합되지 않기 때문

해 • 질소의 산화물 : 흡열반응한다.
답 ③

산소공급원

⑩ 다음 중 산소공급원이 아닌 것은?
① 공기   ② 환원제
③ 산화제   ④ 자기연소물

해 • 산소공급원 : 공기 · 산화제 · 자기반응성 물질
※ 환원제는 가연물이 될 수 있다.
답 ②

⑪ 산소공급원이 아닌 것은?
① 제1류 위험물   ② 제2류 위험물
③ 제5류 위험물   ④ 제6류 위험물

해 • 산소공급원 : ① 산소공급원 ② 가연물 ③ 산소공급원 또는 가연물 ④ 산소공급원
답 ②

⑫ 가연물이면서 동시에 산소공급원의 역할을 하는 것은?
① 공기   ② 제5류 위험물
③ 제1류 위험물   ④ 제2류 위험물

해 • 제5류 위험물 : 자기반응성 물질
답 ②

⑬ 산소공급원이 될 수 없는 것은?
① 공기   ② 염소산칼륨
③ 질산칼륨   ④ 산화칼슘

해 • 산화칼슘(생석회) : 물과 접촉하여 발열만하므로 점화원이 될 수는 있으나 산소공급원은 될 수 없다.
답 ④

⑭ 공기 중에는 산소가 부피 백분율로 몇 % 존재하나?
① 23%   ② 22%
③ 21%   ④ 20%

해 • 공기 중 산소농도(부피%) : 21%
※ 중량% : 23%
답 ③

⑮ 자기반응성 물질에 해당되는 것은 다음 중 어느 것인가?
① 가연물과 산소공급원   ② 산소공급원과 점화원
③ 점화원과 가연물   ④ 가연물

해 • 자기반응성 물질 : 가연물 + 산소공급원
답 ①

점화원

⑯ 점화원에 대한 올바른 설명은?
① 폭약의 도화선을 말한다.
② 산화반응을 일으키는 데 필요한 활성화에너지의 공급원이다.
③ 가연물의 덩어리이다.
④ 산소공급원과 같은 말이다.

해 • 점화원 : 가연물의 연소에 필요한 활성화에너지를 공급하는 것
답 ②

⑰ 다음 점화원이 될 수 없는 것은?
① 정전기   ② 기화열
③ 전기스파크   ④ 못을 박을 때 튀는 불꽃

해 • 기화열 : 잠열로서 흡수열이다.
답 ②

⑱ 다음 중 점화원이 될 수 있는 것은?
① 습기　　　　　② 정전기의 불꽃
③ 기압　　　　　④ 백열등의 빛

해 • 정전기 : 전기의 불량 도체의 마찰에 의하여 생기는 마찰 전기
답 ②

⑲ 점화원끼리 옳게 짝지어지지 않은 것은?
① 불꽃, 가열　　② 단열압축, 정전기
③ 아크 불꽃, 타격　④ 기화열, 융해열

해 • 기화열·융해열 : 온도 변화 없이 상태변화에 필요한 흡수열(잠열)
답 ④

⑳ 점화원인 중 화학적인 현상에 의하여 발생하는 것은?
① 누전　　　　　② 분해
③ 정전기　　　　④ 마찰

해 • 점화원인 : ① 물리적 ② 화학적 ③④ 물리적
답 ②

㉑ 전기 불꽃 에너지 공식에서 괄호 안에 넣어야 할 것은?

$$E = \frac{1}{2}(\quad) = \frac{1}{2}(\quad)$$

① QV, CV　　　② QC, CV^2
③ QV, CV^2　　④ QC, QV^2

해 • 전기불꽃 에너지(E)
$E = \frac{1}{2}QV = \frac{1}{2}CV^2$
※ Q=CV
답 ③

㉒ 화재예방상 정전기의 축적에 의한 불꽃방전의 방지방법으로서 옳지 않은 것은?
① 습도를 높인다.　② 접지한다.
③ 공기를 이온화한다.　④ 온도를 높인다.

해 • 정전기 제거방법
1. 접지방법
2. 공기이온화방법
3. 공기 중 상대습도 70% 이상 유지방법
답 ④

㉓ 위험물을 취급함에 있어서 정전기를 유효하게 제거할 수 있는 방법에 해당되지 않는 것은?
① 공기 중화법　　② 공기 이온화법
③ 접지법　　　　④ 습도유지법

해 • 문제 22 해설 참조
답 ①

㉔ 정전기를 유효하게 제거하는 설비로 공기 중의 상대습도를 몇 % 이상 되게 하여야 하는가?
① 50　　　　　　② 60
③ 70　　　　　　④ 80

해 • 문제 22 해설 참조
답 ③

3 인화점, 연소점, 착화점, 연소범위

 인화점

가연물을 가열할 때 가연성 증기가 연소범위 하한에 달하는 최저온도

> **참고**
>
> ※ **인화점** : 불을 끌어당기는 온도라는 말로 점화원을 대었을 때 연소가 시작되는 최저온도를 말하며, 특히 액체의 연소는 액체가 연소하는 것이 아니라 액표면에서 발생된 증기가 연소하는 것으로 **증발연소**라고 한다.
>
>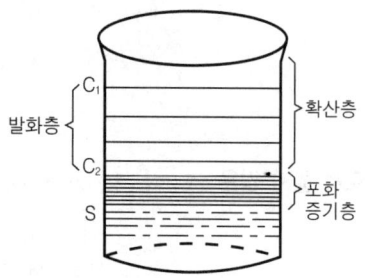
>
> [인화점 이상의 상태(연소 가능)]　　　　[인화점 미만의 상태(연소 불가능)]
>
> - **확산층** : 가연성 증기가 분포되어 있는 모든 층
> - **발화층** : 점화원을 대었을 때 연소가 일어나는 농도범위의 혼합기체층
> C_1(연소범위 하한) → 공기층과 가장 가까이 접촉한 엷은 농도
> C_2(연소범위 상한) → 액체와 가장 가까우므로 짙은 농도를 가지고 있다.
>
> 예 다이에틸에터의 인화점은 −45℃이다. 그러므로 다이에틸에터는 −45℃에서 **가연성 증기를 발생**하며 −45℃미만에서는 가연성 증기를 발생하지 않으므로 점화원을 가하여도 연소하지 않는다.
>
> ※ **인화점측정기의 종류**
> **태그밀폐식** 인화점 측정기, **신속평형법** 인화점 측정기, **클리브랜드개방컵** 인화점 측정기, **펜스키마텐스밀폐식** 인화점 측정기

 연소점

연소가 계속되기 위한 온도를 말하며 대략 인화점보다 10℃ 정도 높은 온도를 말한다.

3 착화점(발화점, 착화온도)

가연물을 가열할 때 점화원 없이 가열된 열만을 가지고 스스로 연소가 시작되는 최저온도

※ **착화점** : 발화점 또는 착화온도라고 부르며 보편적으로 **인화점보다 수백도씩 높은 온도**이다.
- **착화점의 중요성** : 화재 현장에서 화재진압 후 가열된 건축물을 냉각시키기 위하여 계속적으로 물을 사용하는 것을 볼 수 있다. 이것은 착화점 이상으로 가열된 건축물이 복사열로 인하여 저장 위험물이 다시 연소되는 것을 방지하기 위한 것으로 착화점은 **소화작업상 중요한 부분**을 차지하며 또한 위험물을 가열할 때에는 착화점 이상으로 가열하지 않도록 한다.

(1) 착화점이 낮아지는 경우
① 압력이 클 때
② 발열량이 클 때
③ 화학적 활성도가 클 때
④ 산소와 친화력이 좋을 때
⑤ 분자구조가 복잡할 때
⑥ 접촉금속의 열전도율이 좋을 때
⑦ 습도 및 가스압이 낮을 때

※ **착화점이 낮아지는 경우** : 위험성이 커진다 하겠다. 하지만 **위험물의 위험성의 척도는 인화점**이다.
- 압력이 클 때 → 분자운동은 급격하여진다.
- 가스압이 낮을 때 → 가스압과 압력은 반대현상이다.
- 분자구조가 복잡할 경우 → CH_3OH(메틸알코올)의 착화점 464℃
  C_2H_5OH(에틸알코올)의 착화점 423℃
- 접촉금속의 열전도율이 좋을 때 → <보기> 백금 〉 철 〉 도자기
※ **발열량** : 일정량의 연료가 완전연소했을 때 발생하는 열량
※ **증기압** : 증기의 압력

4 연소범위(연소한계, 폭발범위, 폭발한계)

연소에 필요한 가연성 기체와 공기 또는 산소와의 혼합가스 농도범위

참고

※ **연소범위** : 가연성 기체 또는 액체에 **산소** 또는 **공기**와의 혼합기체에 점화원을 주었을 때 연소(폭발)가 일어나는 혼합기체의 농도범위를 말하며 **낮은 농도를 하한**, **높은 농도를 상한**이라 한다.
- 연소범위의 단위 : 용량백분율(V%)
- **예** 가솔린의 연소범위 (1.4~7.6%) : 1.4%를 하한 7.6%를 상한이라 하며 1.4~7.6% 농도 범위 내에서만 연소가 일어나며 그 외의 농도에서는 연소하지 않는다.
- 아세틸렌의 연소범위 : 2.5~81%
- 수소의 연소범위 : 4.1~74.2%(4.0~75%)

(1) 혼합가스의 연소범위(르샤틀리에의 법칙)

$$\frac{100}{L} = \frac{V_1}{L_1} + \frac{V_2}{L_2} + \frac{V_3}{L_3} \cdots\cdots$$

L : 혼합가스 연소범위 하한계(%)

L_1, L_2, L_3 : 각 성분의 연소범위 하한계(%)

V_1, V_2, V_3 : 각 성분의 부피(%)

참고

※ **L의 값** : 정확하지 않으므로 **근사치**로 보는 것이 좋음
※ **혼합가스의 연소범위** : **하한계**는 비교적 **정확**하나 상한계는 부정확하다.

(2) 연소범위가 넓어지는 경우

① 온도가 상승할 경우
② 증기압이 높을 경우

참고

※ **연소범위가 넓어지는 경우** : 온도가 상승하면 자연히 증기압이 높아진다. 물체의 안쪽의 방향으로 작용하는 힘이 압력이라면 **증기압이란 압력의 반대현상**으로 증기가 밖으로 밀치고 나가려는 힘이라고 할 수 있다. **온도가 높아지면** 액체가 기체화되어 분자운동이 활발하므로 연소범위가 넓어진다.

적중 출제예상문제

인화점

1 가연성 액체로부터 나온 증기의 압력이 폭발한계의 하한에 상당한 증기압을 나타낼 때의 액의 온도는?
① 비점　　　　　　② 인화점
③ 착화점　　　　　④ 절대온도

2 보통 연소점은 인화점보다 약 (　)℃ 정도 높다. (　) 안에 맞는 것은?
① 5℃　　　　　　② 10℃
③ 20℃　　　　　 ④ 30℃

3 보통 가연성 액체의 위험성은 무엇을 기준으로 하는가?
① 착화점　　　　　② 인화점
③ 연소범위　　　　④ 연소점

4 다음 연소의 이론에서 틀린 사항은?
① 인화점이 낮은 것일수록 위험성이 크다.
② 인화점이 낮은 물질은 착화점도 낮다.
③ 착화온도가 낮은 것일수록 위험성이 크다.
④ 연소범위가 넓은 것일수록 위험성이 크다.

5 연소에 대해 잘못된 것은?
① 인화점과 화재 발생 위험과는 상호관계가 있다.
② 인화점과 착화온도는 상호관계가 없다.
③ 인화점이 같은 것이라면 연소범위의 하한이 낮은 것일수록 위험이 크다.
④ 인화점과 연소범위는 상호관계가 없다.

착화점(착화온도, 발화점, 발화온도)

6 착화온도에 대한 설명이다. 맞는 것은?
① 외부에서 점화하지 않더라도 발화하는 최저온도를 말한다.
② 외부에서 점화했을 때 발화하는 최저온도를 말한다.
③ 외부에서 점화했을 때 발화하는 최고온도를 말한다.
④ 외부에서 점화하지 않더라도 발화하는 최고온도를 말한다.

힌트

[해] • 인화점 : 가연성 액체가 연소범위(폭발범위)하한에 도달하는 최저온도
답 ②

[해] • 연소점 : 증기가 계속 발생하여 연소가 계속되기 위한 온도이다.
답 ②

[해] • 위험성의 척도 : 인화점
답 ②

[해] • 인화점과 착화점 : 상호관계가 없다.
답 ②

[해] • 인화점 : 가연성 증기가 연소범위 하한에 달하는 온도로 인화점과 연소범위는 상호관계가 있다.
답 ④

[해] • 착화온도 : 가연물을 가열할 때 점화원 없이 가열된 열만을 가지고 스스로 연소가 시작되는 최저온도
답 ①

⑦ 착화온도 600℃의 뜻은?
① 600℃로 가열하면 점화원이 있을 경우 불탄다.
② 600℃로 가열하면 비로소 인화된다.
③ 600℃ 이하에서는 점화원이 있어도 인화되지 않는다.
④ 600℃로 가열하면 공기 중에서 스스로 불타기 시작한다.

해 • 착화온도 : 주위의 기온 또는 위험물이 담겨진 용기의 온도에 관계없이 **위험물 자체의 온도만으로 착화**된다.
답 ④

⑧ 가연성 액체의 착화온도와 인화점의 관계 중에서 옳은 것은?
① 일반적으로 한 물체에서의 착화온도는 인화점보다 높다.
② 착화온도는 인화점보다 반드시 낮다.
③ 인화점이 10℃ 이하이면 착화온도가 반드시 10℃ 이하이다.
④ 착화온도가 10℃ 이상이면 인화점은 반드시 10℃ 이상이다.

해 • 가솔린 : 인화점 -43~-20℃, 착화점 300℃
• 등유 : 인화점 40~70℃, 착화점 220℃ 부근
답 ①

⑨ 착화온도가 낮아지는 요인 중 맞지 않는 것은?
① 산소농도가 높다.   ② 발열량이 크다.
③ 압력이 높다.   ④ 분자구조가 간단하다.

해 • 증기압을 제외하고는 낮을 때 높고 높을 때는 낮은 반대현상을 갖는다.
답 ④

⑩ 어떤 물질과 접촉하였을 때 착화점이 가장 낮아지는가?
① 도기   ② 백금
③ 철   ④ 자기

해 • 열전도율의 순서 백금＞철＞도기 및 자기
답 ②

⑪ 다음 화합물 중 착화온도가 가장 낮은 것은 어느 것인가?
① 콜타르   ② 적린
③ 석탄   ④ 황린

해 • 착화점 : 적린(260℃), 황린(분말 34℃, 괴상 60℃)
답 ④

연소범위(연소한계 · 폭발범위 · 폭발한계)

⑫ 가연성가스의 연소범위(폭발범위)의 설명에 대하여 옳은 것은?
① 폭발에 의한 폭풍이 전달되는 범위를 말한다.
② 폭발에 의하여 피해를 받는 범위를 말한다.
③ 공기 중에서 가연성가스가 연소할 수 있는 가연성가스의 농도범위를 말한다.
④ 가연성가스와 공기의 혼합기체가 연소하는 데 있어서 혼합기체의 필요한 온도범위를 말한다

해 • 연소범위 : 가연성 증기와 공기 또는 산소와의 혼합기체 농도 백분율을 연소범위라 한다.
답 ③

⑬ 연소범위와 같은 뜻이 아닌 것은?
① 폭발범위   ② 연소한계
③ 폭발한계   ④ 위험한계

해 • 연소범위 : 폭발범위 =연소한계=폭발한계
답 ④

⑭ 같은 의미의 것을 조합해 놓은 것은?
① 화합과 혼합   ② 농축과 액화
③ 산화와 환원   ④ 연소한계와 폭발범위

해 • 문제 13 해설 참조
답 ④

⑮ 연소범위의 단위로서 옳은 것은?
① ppm
② 중량%
③ 용량%
④ ppb

해 • 연소범위의 단위 : 용량%(V%)

답 ③

⑯ 다음은 가연성 기체의 폭발한계를 나타내고 있다. 이 중 수소의 폭발한계는 어느 것인가?
① 2.5~81%
② 5.3~13.9%
③ 4.1~74.2%
④ 12.5~75.0%

해 • 수소의 폭발한계 : 4.1~74.2% 또는 4.0~75%

답 ③

⑰ 다음 중 아세틸렌의 폭발한계는 어느 것인가?
① 2.5~81%
② 5.3~13.9%
③ 5~15%
④ 12.5~75.0%

해 • 아세틸렌(C_2H_2)의 폭발한계 : 2.5~81%

답 ①

⑱ 어느 인화성 액체의 폭발범위가 5~10%(용량)라는 것을 옳게 설명한 것은?
① 공기 100ℓ에 대하여 액체의 증기가 5~10ℓ의 경우에 점화하면 폭발적으로 탄다.
② 공기 100ℓ에 대하여 액체의 증기가 5~10ℓ의 경우에 자연발화해서 폭발한다.
③ 100ℓ 중 공기가 90~95%이며, 나머지가 액체의 증기일 때 점화하면 폭발적으로 탄다.
④ 100ℓ 중 공기가 90~95%이며, 나머지가 액체의 증기일 때 자연발화해서 폭발한다.

해 • 폭발범위 : 인화성 액체의 증기와 공기 또는 산소와의 혼합기체를 합한 값을 100으로 하였을 때의 인화성 기체의 농도로서 점화했을 경우 연소한다.

답 ③

⑲ 가솔린의 빈 드럼통을 취급할 때 주의해야 할 사항은 어느 것인가?
① 내부에 가솔린 증기가 연소범위를 형성하고 있을 위험이 있다.
② 가솔린이 약간 남아 있어도 위험성은 별로 없다.
③ 가솔린에 포함된 사에틸납이 드럼통에 부착되어 더욱 안전하다.
④ 빈 드럼통은 위험성이 없다.

해 • 가솔린의 연소범위 : 1.4~7.6%(아주 낮은 농도이다)

답 ①

⑳ 혼합가스의 연소범위를 구하는 공식 $\dfrac{100}{L}=\dfrac{V_1}{L_1}+\dfrac{V_2}{L_2}+\dfrac{V_3}{L_3}+...$ 에 해당되는 법칙은 다음 중 어느 것인가?
① 아보가드로의 법칙
② 르샤틀리에의 법칙
③ 게이루삭의 법칙
④ 케플러의 법칙

해 • 르샤틀리에의 법칙 : 혼합가스의 연소범위를 구한다.

답 ②

21 다음 그림에서 a와 b는 무엇을 의미하는가?

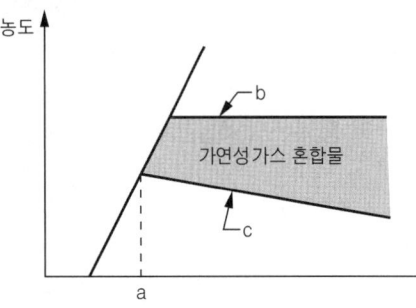

① a. 인화점, b. 연소범위 하한계
② a. 착화점, b. 연소범위 하한계
③ a. 인화점, b. 연소범위 상한계
④ a. 착화점, b. 연소범위 상한계

해 • 연소범위 그래프
a : 인화점
b : 연소범위 상한계
c : 연소범위 하한계

답 ③

유계실

◆ **화재를 막아주는 신수(神獸) 해태**
현재 **광화문 양옆의 석대** 위에 점잖게 도사리고 앉아 남쪽을 향하고 있는 **한 쌍의 해태**는 1865년 (고종 2년) 경복궁 중건 때에 **흥선대원군**의 명으로 새로이 만들어진 것이다. 처음 만들어진 것은 **태조 이성계**가 권좌에 앉은 지 4년 만인 1395년 경복궁이 준공되고나서 만들어졌다. 당시 궁중에서는 원인모를 대소 화재가 끊이질 않고, 민심이 흉흉하고, 국초(國初)라 국위를 흔들만한 유언비어도 난무하게 되므로 이태조는 국사인 **도승 무학대사**에게 하문하시니, 무학대사가 이르기를 관악산이 화산 (火山)의 맥(脈)이므로 **관악산**에 **우물**을 파고 그 속에 **동룡**(銅龍)을 만들어 가라앉히고 **광화문 앞**에는 전후에 **석조해중수상**(石造海中獸像) **해태상 한쌍**을 안치하라 진언함으로써 만들어지게 되었다. 그리하여 해태는 이조 성립 후부터 지금에 이르기까지 화재를 막아주는 민속신앙으로 전래되어 오고 있는 것이다. 또한, 관악산 한 우물 주변에 있는 **암해태상**은 기존의 해태상과는 대조적으로 온화한 기상과 여성적 아름다움을 느끼게 하는 것으로 정확한 고증이 필요하겠으나 같은 시기에 만들어진 것으로 추정된다.

◆ **동룡**(銅龍) : 청동으로 만든 **용**으로 궁중의 지당(池塘) 등에 넣어 화재를 방지하는 민속신앙의 신물(神物), 연전에 경복궁 연못에서 발견된 바 있다.

4 연소형태

- 기체의 연소
- 액체의 연소
- 고체의 연소

> ※ **연소의 형태** : 정상연소와 비정상연소로 크게 나누어진다.
> - **정상적인 연소** : 보통연소를 말하며 아레니우스의 화학반응속도론에 의하면 상온 부근에서 온도가 10℃ **상승**하면 연소의 속도는 **2~3배씩 증가**한다.
> - **비정상적인 연소** : 폭발 또는 폭굉현상

 기체의 연소(발염연소, 불꽃연소)

> ※ **기체 가연물의 연소** : 불꽃은 있으나 불티가 없는 연소로서 **발염연소** 또는 **불꽃연소**라 한다.
> ※ **기체 가연물의 연소형태**
> - **확산연소** : 가연성 기체가 공기 중에 분출할 때 착화에너지를 주면 산소와 접촉하고 있는 부분의 가연성 기체만 연소하는 현상
> - **혼합연소(혼기연소)** : 가스버너가 연소하고 있을 때 공기구멍을 열면 가연성가스와 공기가 혼합되어 연소하는 현상(공기구멍을 막으면 확산연소가 된다)

 액체의 연소(증발연소)

> ※ **액체 가연물이 연소** : 액체 자체가 연소하는 것이 아니라 **액체 표면에 발생된 증기가 연소**하는 것이므로 **증발연소**라 한다.
> ※ **기타 비휘발성 액체의 연소**
> - **분해연소** : 점도가 높고 비휘발성 액체는 높은 온도에서 **열분해**하여 그 분해가스가 연소한다. 이러한 연소를 **분해연소**라 하며, **일반적으로 액체 가연물은 증발연소**한다.
> - **액적연소** : 액체의 연소에는 **점도가 높고 비휘발성인 액체**를 점도를 낮추어 분무기(버너)를 사용하여 액체의 입자(알갱이)를 **안개상으로 분출**하여 연소하는 방법으로 액체의 표면적을 넓게 하여 공기와의 접촉면을 많게 하여 연소하는 방법
> - **점도** : 끈적끈적한 성질의 측정치

3 고체의 연소

(1) 분해연소 (2) 표면연소 (3) 증발연소 (4) 자기연소

참고

※ **분해연소** : 목재, 종이, 석탄, 플라스틱 등의 연소로서 이들 고체에 **충분한 착화에너지**를 주면 **가열분해**에 의해 가연성가스를 발생한다. 이때 가연성가스와 공기가 혼합되어 **연소범위 내의 혼합기체**를 만들면 주어진 착화에너지에 의하여 연소하는 것을 말한다.
  - **탄화현상** : 착화에너지의 부족으로 열분해를 충분히 일으키지 못하여 연소하지 못할 때 일어나는 현상을 **탄화현상**이라 한다.

※ **표면연소** : 코크스, 목탄, 금속분의 연소로서 이들 고체는 열분해도, 가연성가스도 발생하지 않고 그 **표면에서 산소와 반응**하여 연소하는 것을 말하며, 비교적 반응속도가 느린게 특징이다.
  - 코크스(탄소)의 연소
    1차반응(1,300℃ 이하) $4C + 3O_2 \rightarrow 2CO_2\uparrow + 2CO\uparrow$
                        (탄소) (산소) (이산화탄소) (일산화탄소)
    0차반응(1,500℃ 이상) $3C + 2O_2 \rightarrow CO_2\uparrow + 2CO\uparrow$
                        (탄소) (산소) (이산화탄소) (일산화탄소)

※ **증발연소** : 황, 나프탈렌, 파라핀 등 고체 위험물의 연소로서 이들 고체는 일단 열을 가하면 **상태변화**를 일으켜 액체가 되고 어떤 일정 온도에서는 **가연성 증기를 발생**하여 점화원에 의하여 연소한다.

※ **자기연소** : 제5류 위험물의 연소로서 이들 고체는 가연성이면서 **자체 내에 산소를 함유**하고 있어 공기 중의 산소를 필요로 하지 않고도 연소한다. 또한, **공기 중에서 연소**할 경우에는 연소의 속도가 대단히 빠르므로 **폭발적**으로 연소한다.

적중 출제예상문제

기체의 연소

1 기체의 연소형태는 다음 중 어느 것인가?
① 분해연소   ② 증발연소
③ 표면연소   ④ 발염연소

> **해** • 기체의 연소 : 불꽃연소 (발염연소)라고도 한다.
> **답** ④

2 기체의 연소인 발염연소에 대한 설명 중 옳은 것은?
① 불꽃이 있고 불티가 없다.   ② 불꽃은 없고 불티가 있다.
③ 불꽃도 없고 불티도 없다.   ④ 불꽃도 있고 불티도 있다.

> **해** • 기체연소 : 발염연소는 완전연소하므로 불티가 없다.
> **답** ①

③ 일반적으로 가연물이 연소할 때 상온부근에서 연소의 반응속도는 온도가 10℃ 상승할 때 몇 배씩 증가하는가?
① 2~3배
② 3~4배
③ 4~5배
④ 관계없다.

해 • 아레니우스의 화학반응 속도론: 2~3배 증가
답 ①

액체의 연소

④ 액체의 연소형태는 다음 중 어느 것인가?
① 표면연소
② 증발연소
③ 발염연소
④ 내부연소

해 • 액체의 연소 : 액체 자체의 연소가 아니라 액체 표면 발생증기의 연소이다.
답 ②

⑤ 가연성 액체의 연소의 설명으로 가장 옳은 것은?
① 열분해 가스가 연소한다.
② 액체 자체의 연소이다.
③ 발생증기의 연소이다.
④ 표면연소의 한 형태이다.

해 • 액체의 연소 : 증발연소
답 ③

⑥ 제4류 위험물 중 분해연소하는 것은?
① 특수인화물
② 알코올류
③ 제2석유류
④ 제3석유류

해 • 제3석유류 : 점도가 높고 비휘발성이므로 상온에서 증발연소하지 못한다.
답 ④

고체의 연소

⑦ 고체연소 물질에 대한 다음 분류 중 옳지 않은 것은?
① 혼합연소
② 증발연소
③ 분해연소
④ 표면연소

해 • 고체의 연소 : 분해연소 · 표면연소 · 증발연소 · 자기연소
답 ①

⑧ 목재인 가연물이 착화에너지가 충분치 못하여 연소하지 못하고 분해가스만 방출하는 현상을 무엇이라 하는가?
① 풍해현상
② 조해현상
③ 탄화현상
④ 경화현상

해 • 목재 : 고열로 간접가열하면 분해가스와 목조액과 숯이 만들어진다.
답 ③

⑨ 다음 중 표면연소에 의하여 연소되는 물질은?
① 밀랍
② 금속분
③ 황
④ 아세틸렌

해 • 연소의 형태 : ① 증발연소 ② 표면연소 ③ 증발연소 ④ 불꽃연소
답 ②

⑩ 고체연료(무연탄, 목탄, 코크스)가 처음에는 화염을 내면서 연소하다가 후에는 화염이 없어지고 공기의 접촉으로 계속되는 연소는 무엇인가?
① 확산연소
② 증발연소
③ 분해연소
④ 표면연소

해 • 무연탄, 목탄, 코크스의 연소 : 표면연소
답 ④

⑪ 다음 중 코크스의 1차 반응온도는?
① 1,100℃ 이하   ② 1,200℃ 이하
③ 1,300℃ 이하   ④ 1,500℃ 이하

⑫ 촛불의 연소종류는?
① 분해연소   ② 표면연소
③ 내부연소   ④ 증발연소

⑬ 고체인 황 또는 나프탈렌은 어떠한 연소를 하는가?
① 분해연소   ② 증발연소
③ 자기연소   ④ 표면연소

⑭ 고체의 연소 중 증발연소하는 것은?
① 쇠   ② 나무
③ 나프탈렌   ④ 나이트로셀룰로오스

⑮ 다음 중 내부연소인 것은?
① 기름걸레의 연소
② 이황화탄소의 연소
③ 진한 황산으로 인한 톱밥의 연소
④ 나이트로셀룰로오스의 연소

⑯ 가연성 물질이 공기 중에서 연소할 때 연소상의 설명에 대하여 알맞지 않는 것은?
① 목탄과 같이 공기와 접촉하는 표면에서 불타는 연소를 표면연소라 한다.
② 알코올의 연소는 표면연소이다.
③ 산소공급원을 가진 물질자체가 연소하는 것을 자기연소라 한다.
④ 목재와 같이 열분해되어 가연성 기체가 연소하는 것은 분해연소라 한다.

[해] • 1차 반응온도 : 1,300℃ 이하
※ 0차 반응온도 : 1,500℃ 이상
[답] ③

[해] • 초(파라핀)의 연소 : 가열에 의하여 액체를 거쳐 기체로 된다(증발연소).
[답] ④

[해] • 황·나프탈렌의 연소 : 가열하면 액체가 되어 증발연소 한다.
[답] ②

[해] • 문제 13 해설 참조
[답] ③

[해] • 제5류 위험물 : 나이트로셀룰로오스는 내부연소 한다.
[답] ④

[해] • 알코올 : 가연성 액체로서 증발연소한다.
[답] ②

휴게실

◆ 구화기(求火器)와 자리끼

고궁을 산책하다 보면 궁전 앞의 좌우에 대형 화로가 있는 것을 보게 된다. 사실 이 대형 화로는 화로가 아니라 궁전에 불이 났을 경우 **초기진압에 사용하는 물그릇**이다. 그러나 겨울철에는 이 물이 동결되기 때문에 **얼은 물**을 녹이기 위하여 불을 지핀다. 이것을 본 옛날 노인들께서는 이것을 잘못 보고 화로라고들 하나 사실은 **초기 화재진압용 수조**이다. 또한 옛부터 **취침할 때 머리맡에 떠놓는 물 한 그릇** 즉, **자리끼의 유래**에는 밤에 마시려고 잠자리에 두는 물이지만 **화재 초기진압의 용도**로 사용하기 위하여 잠자리에 들기 전에 물 한 그릇을 머리맡에 떠 놓았던 우리 조상들의 **화재 초기진압을 위한 지혜**였다.

5 발 화

• 자연발화   • 준자연발화   • 혼합발화

자연발화

물질이 서서히 산화되어 축적된 산화열이 서서히 발열 발화하는 현상

(1) 자연발화의 형태
① **산화열**에 의한 발열
② **분해열**에 의한 발열
③ **흡착열**에 의한 발열
④ **미생물**에 의한 발열

> **참고**
> ※ **산화열** : **석탄, 건성유** 등 특히 미분탄은 습도가 높은 곳에서 서서히 산화되어 야적된 석탄더미가 빨갛게 불타는 것을 말한다.
> ※ **분해열** : **셀룰로이드, 나이트로셀룰로오스**는 저장실의 온도가 상승하면 자연발화하므로 외부로부터의 열을 차단하기 위하여 건축물 지붕에 살수설비를 하거나 벽에 수관을 설치하여 건축물을 냉각시킨다.
> ※ **흡착열** : **활성탄, 목탄분말**에 고열물을 가까이 하면 고열물에서 방출하는 복사열을 흡수하여 발열한다.
> • **복사열** : 고열물에서 열에너지가 열선이라는 눈으로 볼 수 없는 전자기파로 바뀌어 어떤 물체에 닿으면 전자기파가 다시 열에너지로 바뀌어 전달되는 열
> ※ **미생물** : **퇴비, 먼지** 속에 들어 있는 혐기성 미생물은 퇴비 속의 단백질 등 기타 영양소를 섭취하여 일부는 생명력을 유지하고 나머지는 활동에너지로 사용하며 이 활동에너지의 축적으로 자연발화한다.

(2) 자연발화의 조건
① **발열량**이 클 것
② **열전도율**이 작을 것
③ **주위의 온도**가 높을 것
④ **표면적**이 넓을 것

> **참고**
> ※ 자연발화의 조건은 반드시 암기할 것
> - ① ②번은 가연물의 조건에서 배웠다.
> - ③ 온도가 높을 때는 모든 분자운동이 활발해진다.
> - ④ 공기와의 접촉면적이 크다.

(3) 자연발화를 일으키는 인자
① 발열량　　　　　② 열전도율
③ 열의 축적　　　　④ 수분
⑤ 퇴적방법　　　　⑥ 공기의 유동

> **참고**
> ※ 인자 : 자연발화를 일으키는 요인을 일컬음

(4) 자연발화의 방지법
① 습도가 높은 것을 피할 것
② 저장실의 온도를 낮출 것
③ 통풍을 잘 시킬 것
④ 퇴적 및 수납할 때에 열이 쌓이지 않게 할 것

> **참고**
> ※ **석탄**은 습도가 높으면 안되고, **셀룰로이드**는 저장실의 온도상승을 막아야 한다. **퇴적 수납**할 때에는 열이 쌓이지 않는 방법을 사용하며 **통풍**을 잘 되게 하여 축적열을 확산시키는 방법도 좋다.

2 준자연발화

가연물이 공기 또는 물과 접촉 반응하여 급격히 발열·발화하는 현상

> **참고**
>
> ※ 준자연발화 : 자연발화보다 연소반응속도가 급격하고 특히 **공기** 중에서 또는 **물**과 **접촉**하였을 때 일어나는 발화현상이다.
>   - **황린**(P_4) : 백린이라고도 말하며 **공기** 중에서 발화하며 피부와 접촉하면 화상을 입는다. 보관할 때는 PH_3(인화수소)의 발생을 억제하기 위하여 pH 9 정도의 물이 좋다.
>   ◦ 보호액 : 물
>   ◦ 연소생성가스 : P_2O_5(오산화인)
>   - **금속칼륨**(K), **금속나트륨**(Na) : 물 또는 습기와 접촉하여 급격히 발화한다.
>   ◦ 보호액 : **석유**(등유·경유·파라핀 등)
>   ◦ 생성가스 : H_2(수소)
>   - **알킬알루미늄** : **공기** 또는 물과 반응하여 발화하며 피부와 접촉하면 화상을 입는다.
>   ◦ 희석액 : 벤젠, 헥산
>   ◦ 소화제 : 팽창질석, 팽창진주암

 혼합발화

위험물을 두 가지 또는 그 이상으로 서로 혼합 접촉하였을 때 발열 발화하는 현상

(1) 혼재위험성
① **폭발성 화합물**을 생성하는 경우
② **폭발성 혼합물**을 생성하는 경우
③ **가연성가스**를 발생하는 경우
④ **시간**이 경과하거나 바로 **분해** 또는 **발화**하는 경우

적중 출제예상문제

자연발화

1. 자연발화의 형태에 대해서 관계없는 것은?
① 분해열에 의한 발열
② 산화열에 의한 발열
③ 미생물에 의한 발열
④ 흡수열에 의한 발열

해 • 자연발화의 형태 : 산화열, 분해열, 흡착열, 미생물에 의한 발열
답 ④

2. 자연발화의 형태를 4가지로 볼 때 다음 중에서 관계없는 것은?
① 산화열에 의한 발열
② 흡착열에 의한 발열
③ 융합열에 의한 발열
④ 미생물에 의한 발열

해 • 문제 1 해설 참조
답 ③

3. 자연발화의 조건이 아닌 것은?
① 표면적이 넓고, 발열량이 많을 것
② 습도가 낮을 것
③ 열전도율이 낮을 것
④ 발화되는 물질보다 주위온도가 높을 것

해 • 자연발화의 조건 : ① 해당 ② 부적당 ③,④ 해당
답 ②

4. 다음 중 자연발화의 조건(위험성)에 들지 않는 사항은?
① 발열량이 클 것
② 열전도율이 클 것
③ 주위온도가 높을 것
④ 표면적이 넓을 것

해 • 열전도율 : 작을수록 열이 많이 축적되므로 발화의 위험이 있다.
답 ②

5. 자연발화에 영향을 주는 여러 가지 인자 중 제일 영향을 적게 주는 것은?
① 발열량
② 수분
③ 열의 축적
④ 미생물

해 • 자연발화를 일으키는 인자 : 발열량·열전도율·열의 축적·수분·퇴적방법·공기의 유동
답 ④

6. 자연발화에 영향을 주는 요인에 들지 않는 것은?
① 열의 축적
② 표면연소
③ 퇴적방법
④ 발열량

해 • 문제 5 해설 참조
답 ②

7. 화재예방시 자연발화를 방지하기 위한 일반적인 방법으로 틀린 것은?
① 통풍을 막는다.
② 저장실의 온도를 낮춘다.
③ 습도가 높은 장소를 피한다.
④ 열의 축적을 막는다.

해 • 자연발화의 방지방법 : 열이 쌓이지 않게 통풍을 잘 시킬 것
답 ①

8. 자연발화의 방지법이 옳은 것은?
① 저장실 온도 낮고, 통풍 잘되고 습도가 높은 곳
② 저장실 온도 높고, 통풍 안 되고 습도 낮은 곳
③ 습도 높고, 통풍 안 되고 실내온도 낮은 곳
④ 습도 낮고, 통풍 잘 되고 저장실 온도 낮은 곳

해 • 문제 7 해설 참조
답 ④

⑨ 산업시설의 폐기물에서 산화·분해되어 화재원인으로서 가장 적당한 것은?
 ① 과열
 ② 나화
 ③ 자연발화
 ④ 마찰

해 • 자연발화 : 산화현상으로 축적된 산화열에 의한 발화현상이다.
답 ③

준 자연발화

⑩ 물속에 저장하지 않으면 안되는 위험물은?
 ① 황린
 ② 금속나트륨
 ③ 적린
 ④ 황

해 • 황린의 보호액 : 물
답 ①

⑪ 황린의 저장 보호액을 pH 9로 유지하는 이유로 옳은 것은?
 ① 적린으로 변이하는 것을 방지하기 위하여
 ② PH_3(인화수소)의 생성을 방지하기 위하여
 ③ 착화점을 낮추기 위하여
 ④ P_2O_5(오산화인)의 생성을 방지하기 위하여

해 • 황린의 보호액 : 물과의 반응으로 포스핀(PH_3)을 발생하므로 보호액을 약알칼리(pH 9)로 만든다.
답 ②

⑫ 다음 중 두 물질이 혼합하여도 위험하지 않은 것은?
 ① 적린과 염소산칼륨
 ② 황린과 물
 ③ 나트륨과 알코올
 ④ 아세틸렌과 은

해 • 문제 10 해설 참조
답 ②

⑬ 황린은 자연발화하기 쉬운데 그 이유로서 가장 적당한 것은?
 ① 끓는점이 낮고 증기의 비중이 작기 때문이다.
 ② 산소와 결합력이 강하고 착화온도가 낮기 때문에
 ③ 녹는점이 낮고 상온에서 액체로 되어 있기 때문에
 ④ 인화점이 낮고 가연성 물질이기 때문에

해 • 황린 : 공기 중에서 산소와 결합하여 인광을 발하며 서서히 연소하며 착화점은 34℃ 부근으로 매우 낮다.
답 ②

⑭ 금속칼륨을 보관하려면 다음 액체 중 어떤 것이 가장 좋은가?
 ① 수은
 ② 메탄올
 ③ 아세트산
 ④ 파라핀

해 • 금속칼륨의 보호액 : 석유(경유·등유)·벤젠·광유·파라핀 등
답 ④

⑮ 금속칼륨의 보호액으로서 적당하지 않은 것은?
 ① 글리세린
 ② 벤젠
 ③ 광유
 ④ 석유

해 • 문제 14 해설 참조
 ※ 글리세린은 금속칼륨과 반응한다.
답 ①

⑯ 금속칼륨이 보호액(석유) 속에서 재해를 일으키는 원인은?
 ① 석유의 비중이 금속 칼륨보다 작을 때
 ② 비교적 인화점이 낮은 석유일 때
 ③ 비교적 착화점이 낮은 석유일 때
 ④ 석유 속에 수분이 혼입되어 있을 때

해 • 금속칼륨(금수성 물질) 물 또는 습기와 접촉하면 수소(H_2) 가스를 발생하며 착화된다.
답 ④

⑰ 다음 위험물의 저장방법 중 적당치 않은 것은?
① 나트륨 - 수중에 저장한다.
② 칼륨 - 석유 속에 저장한다.
③ 황린 - 수중에 저장한다.
④ 이황화탄소 - 물을 넣은 그릇 안에 저장한다.

해 · 금속칼륨 · 금속나트륨의 보호액 : 석유
답 ①

⑱ 위험물 저장법 중 물, 기타액으로 저장되는 위험물은 다음 중 몇 개 있는가?
[나트륨, 황린, 과산화나트륨, 탄화칼슘, 이황화탄소, 황화인, 아세톤, 적린]
① 1개   ② 2개
③ 3개   ④ 4개

해 · 보호액에 저장하는 위험물 : 나트륨(석유 속에 저장), 황린 · 이황화탄소(물 속에 저장)
답 ③

⑲ 알킬알루미늄의 화재시 가장 효과적인 소화제는?
① CO_2 ② 물
③ 팽창질석   ④ CCl_4

해 · 알킬알루미늄의 소화제 : 팽창질석 · 팽창진주암이 좋다.
답 ③

⑳ 알킬알루미늄의 위험성을 낮추기 위해 사용하는 희석제는?
① 벤젠, 헥산   ② 벤젠, 칼륨
③ 헥산, 황   ④ 칼륨, 황

해 · 희석제 : 벤젠 · 헥산 등
답 ①

㉑ 다음 위험물 중 동일 저장실(간벽이 없는 실)에 저장할 수 없는 것은?
① 석유와 휘발유   ② 질산과 과염소산
③ 과산화물과 질산염류 ④ 칼륨과 황

해 · 혼재 위험물 : ① ② ③ 가능 ④ 불가능
※ 칼륨 : 3류, 황 : 2류
답 ④

㉒ 다음 위험물이 혼합되었을 때 충격 등에 의해서 폭발의 위험이 가장 심한 것은?
① 염소산칼륨과 황분   ② 황과 적린
③ 금속칼륨과 등유   ④ 나이트로셀룰로오스와 물

해 · 혼재 위험물 : ① 불가능 ② ③ ④ 가능
※ 제1류 위험물 (염소산칼륨)은 타 위험물과 혼재 불가
답 ①

6 폭 발

 폭발

가연성 기체 또는 액체의 열의 발생속도가 열의 일산속도를 상회하는 현상

참고

※ **폭발시험** : 가연성 기체 또는 액체를 밀폐된 측정용기에 넣어 가열할 때 **열의 발생속도** a는 **열의 일산속도** b와의 경계점 K_1 이상에서는 폭발이 일어난다. 이때 밀폐용기 속의 압력은 $7~8kg/cm^2$이다.

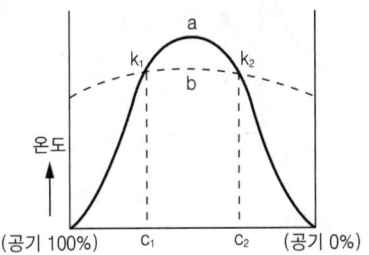

a : 열의 발생속도
b : 열의 일산속도
$C_1~C_2$: 연소범위(폭발범위)
K_1, K_2 : 착화온도

• 열의 일산속도 : 축적된 열을 순간적으로 발산할 때의 속도

 폭굉(데토네이션)

폭발범위 내의 어떤 특정농도범위에서는 연소의 속도가 폭발에 비해 수백 내지 수천 배에 달하는 현상

(1) 폭굉 유도거리가 짧아지는 경우
  ① **정상 연소속도**가 **큰** 혼합물일 경우
  ② **점화원**의 에너지가 **클** 경우
  ③ **고압**일 경우
  ④ **관경**이 **작을** 경우
  ⑤ **관속**에 **방해물**이 있을 경우

> **참고**
>
> ※ **폭굉** : 폭발의 한 형태이며 **폭발범위 내에 있다.**
>   - **폭발의 연소속도** : 0.1m/sec ~ 10m/sec
>   - **폭굉의 연소속도** : 1,000m/sec ~ 3,500m/sec
>   - **폭굉파** : 음속 이상의 속도를 갖으며 화염진행 전면에 **충격파**가 발생하며 **충격파**는 파장이 짧은 **단일 압축파**로서 직진하는 성질이 있으며 **진행 전면에 물체**가 있으며 짧은 시간에 큰 압력으로 **파괴작용**을 일으킨다.
>   - **폭굉파의 파괴압력**(3,000m/sec일 경우) : 1,000Mpa
>   - **음속**(마하) : (331 + 0.6t)m/sec (t : 온도⟨℃⟩)
>   - 예 15℃에서의 음속 : (331 + 0.6 × 15)m/sec   ∴ 340m/sec
>
>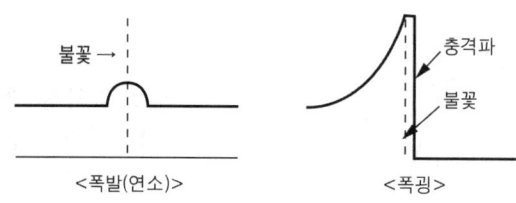
>
> [폭발(연소)과 폭굉의 전파현상]
>
>   - **폭굉 유도거리** : 최초의 **완만한** 연소속도가 **격렬한** 폭굉으로 변할 때의 **거리**

분진폭발

불휘발성 액체 또는 고체가 미립자(작은 알갱이)로 공기 중에서 폭발범위 내로 존재할 때 착화에너지를 가할 때 일어나는 현상

> **참고**
>
> ※ **분진폭발을 일으키는 물질**
>   - **농산물** : 밀가루, 전분, 솜, 담배가루, 커피가루 등
>   - **광물질** : 마그네슘, 알루미늄, 아연, 티탄, 철분 등
> ※ **폭발 입경**
>   - **고체의 폭발 입경** : 100㎛, 유효입경 : 150㎛
>   - **액체의 폭발 입경** : 20㎛, 유효입경 : 50㎛
> ※ **폭발범위** : 하한 25mg/ℓ ~45mg/ℓ, 상한 80mg/ℓ
> ※ **착화에너지**
>   - **분진의 착화에너지** : $10^{-3} \sim 10^{-2}$J(주율)
>   - **화약의 착화에너지** : $10^{-6} \sim 10^{-4}$J(주율)

적중 출제예상문제

폭발

1 비정상 연소인 폭발의 원인 중 맞는 것은?
① 열의 일산속도가 열의 발생속도와 비례할 때
② 열의 발생속도가 열의 일산속도를 상회할 때
③ 열의 일산속도가 열의 발생속도에 못 미칠 때
④ 열의 발생속도나 열의 일산속도가 무관하게 일어난다.

2 폭발시험 중 밀폐용기 속의 압력 중 맞는 것은?
① 0.4~0.5Mpa   ② 0.5~0.6Mpa
③ 0.7~0.8Mpa   ④ 0.8~0.9Mpa

3 다음 그림에서 C_1과 C_2 사이를 무엇이라고 하는가?
① 폭발범위
② 발열량
③ 흡열량
④ 안전범위

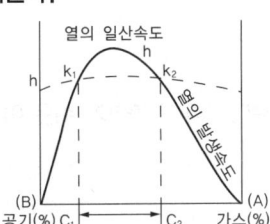

폭굉

4 폭발범위 내의 특정농도에서 연소속도가 폭발에 비하여 수백 내지 수천 배에 달하는 현상을 무엇이라 하는가?
① 폭발   ② 폭굉
③ 연소   ④ 발화

5 폭굉의 연소속도로서 옳은 것은?
① 0.1~10m/sec   ② 10~200m/s
③ 100~300m/sec   ④ 1,000~3,500m/s

6 다음 중 폭굉에 대한 설명으로 옳은 것은?
① 음속보다 폭발속도가 빠른 현상
② 정상 연소속도 보다 폭발속도가 빠른 현상
③ 폭발속도가 음속에 못 미치는 현상
④ 파장이 긴 단일 압축파를 갖는 현상

힌트

해 • 폭발 : 밀폐측정기기의 온도를 상승시키면 열의 발생속도는 각 물질들의 열의 일산속도 이상의 온도에서 폭발이 일어난다.
답 ②

해 • 폭발시험압력 : 0.7~0.8Mpa
답 ③

해 • C_1~C_2 : 연소범위 또는 폭발범위
답 ①

해 • 연소속도 : 폭발(0.1~10m/s), 폭굉(1,000~3,500m/s)
답 ②

해 • 문제 4 해설 참조
답 ④

해 • 폭굉 : 폭발속도가 음속 이상이 되는 현상
답 ①

⑦ 폭굉파는 음속 이상의 속도를 갖는 충격파이다. 폭굉파의 속도가 3,000m/sec 일 때의 최고 파괴압력은 몇 kg/cm²인가?
① 10Mpa
② 5Mpa
③ 9Mpa
④ 100Mpa

해 • 3,000m/sec에서 폭굉파의 최고 파괴압력 : ④ 100Mpa
답 ④

⑧ 연소현상 중 최초의 완만한 연소속도가 격렬한 폭굉으로 변할 때의 거리를 무엇이라 하는가?
① 폭굉범위 하한
② 폭굉범위 상한
③ 폭굉 유도거리
④ 폭굉 상호거리

해 • 폭굉 유도거리 : 최초의 완만한 연소속도가 격렬한 폭굉으로 변할 때의 거리
답 ③

⑨ 폭굉 유도거리가 짧아지는 경우에 해당되지 않는 것은?
① 정상 연소속도가 큰 혼합물일 경우
② 점화원의 에너지가 클 경우
③ 고압일 경우
④ 관경이 클 경우

해 • 폭굉 유도거리가 짧아지는 경우 : 관경이 작을 경우·관속에 방해물이 있을 경우 등
답 ④

분진폭발

⑩ 가연물이 고체일 때 덩어리보다 가루가 불타기 쉬운 이유는 어느 것인가?
① 착화온도가 낮아지므로
② 발열량이 커지므로
③ 공기와의 접촉면적이 커지므로
④ 열전도율이 커지므로

해 • 석탄 : 미분탄은 연소 하면 괴상일 때보다 산소와의 접촉면적이 커져 큰 열효율을 얻는다.
답 ③

⑪ 분진폭발의 우려가 있는 미분말의 종류를 짝지어 놓은 것 중 옳지 않은 것은?
① 알루미늄 - 마그네슘
② 밀가루 - 담배가루
③ 시멘트가루 - 담배가루
④ 아연 - 매연

해 • 시멘트 : 생석회(CaO)가 주성분으로 연소되지 않는다.
답 ③

⑫ 분진폭발을 일으키는 금속분말이 아닌 것은 다음 중 어느 것인가?
① 나트륨
② 마그네슘
③ 티탄
④ 알루미늄

해 • 나트륨 : 석유 속에 저장하므로 분진폭발의 위험은 없다.
답 ①

⑬ 다음 중 분진폭발의 위험성이 가장 적은 것은?
① 황분
② 석회분
③ 알루미늄분
④ 석탄분

해 • 석회분(CaO) : 불연성 물질이며, 물과는 발열만 한다.
답 ②

⑭ 다음 중 분진폭발을 일으키는 고체의 폭발 입경으로 맞는 것은?
① 20μm
② 30μm
③ 50μm
④ 100μm

해 • 고체의 폭발 입경 : 100μm
답 ④

⑮ 분진폭발의 상한값은 대체로 어느 정도인가?
① 25mg/ℓ ② 45mg/ℓ
③ 80mg/ℓ ④ 100mg/ℓ

해 • 분진의 폭발범위
 ※ 하한값 : 25~45mg/ℓ
 ※ 상한값 : 80mg/ℓ
  답 ③

⑯ 다음 중 분진의 착화에너지로서 옳은 것은?
① $10^{-3} \sim 10^{-2}$ J ② $10^{-6} \sim 10^{-4}$ J
③ $10^{-4} \sim 10^{-3}$ J ④ $10^{-8} \sim 10^{-6}$ J

해 • 분진의 착화에너지 : $10^{-3} \sim 10^{-2}$ J
 ※ 화약의 착화에너지 : $10^{-6} \sim 10^{-4}$ J
  답 ①

유게실

◆ 화염과 연기 속을 대피하는 방법

화재 사고시 **사망**은 연기에 의한 **질식 및 유독가스 중독으로 인한 사망** 후 2차로 불에 타는 것이 대부분이므로 사실상 **불보다 연기가 더 무섭다**고 할 수 있다. 그러므로 화재로 인한 **사망의 주범인 연기**로부터 도피할 수 있는 방법을 알아보자.

1. **연기의 확산 속도**는 대개 단층일 경우 1m/sec, 상층부가 있는 경우 3~5m/sec이므로 하층보다 상층부에 연기가 급속히 충만하게 된다. 그러므로 **상층부로의 대피는 위험**하다(창문이 적은 건물의 상층부에 연기로 인한 사망자가 많은 이유).
2. 연기를 감지하였을 때는 꽃병의 물, 엽차잔의 물, 맥주 등 **물기가 있는 것이라면** 닥치는 대로 **이용**하여 타월, 손수건, 넥타이, 옷가지 등 무엇이든 **적셔서** 가볍게 짠 후 **입과 코를 막는다**. 어린아이들은 젖은 헝겊 등으로 가볍게 얼굴을 씌운 후 한쪽 팔로 안고 바닥을 훑는 기분으로 **자세를 낮추고**(바닥 가까이는 그런대로 공기가 있다) **호흡을 얕게** 하며 대피한다.
3. 실내에서는 연기가 대류현상으로 중앙에서 맴돌기 때문에 **벽을 따라 대피**하여야 하며, **복도에서는** 천장부에 층을 형성하여 흐르는 연기(복도는 연기의 통로가 된다)가 벽을 흐르며 냉각되어 벽을 따라 밑으로 하강하는 경우가 있으므로 **중앙으로 대피**하여야 한다. 연기가 충만하게 되면 자세를 더 낮추어 대피한다.
4. **지하상가**, **백화점**, **음식점** 등에서 입과 코를 막을 타월이나 적실 물이 없을 때는 **쇼핑백**, 보자기를 사용하거나 특히 **비닐봉지**가 있으면 불어서 입이나 코에 대고 대피하면 더욱 좋다.
5. 화염 속을 돌파할 때에는 머리에서부터 **물을 끼얹고** 젖은 타월 등으로 머리, 얼굴을 감싼 후 단숨에 달린다. 물을 구할 수 없을 때는 요나 모포 등을 몸에 감고 대피한다.

제 2 장

소화이론

학습목표
- 소화의 정의
- 소화방법
- 소화기의 관리
- 위험물의 소화방법

1 소화의 정의

소화란 물질이 연소할 때 **연소구역**에서 연소의 3요소 중 **일부** 또는 **전부를** 없애주면 연소는 **중단된다**. 이러한 현상을 소화라고 한다.

> **참고**
>
> ※ 소화 : 연소의 3요소가 **반드시 있어야만** 연소가 일어나며 3요소 중 **한 가지라도 없다면** 연소는 중단된다.
> ※ 화재의 종류 및 소화기 표시
>   - **A급 화재**(일반화재) 백색
>   - **B급 화재**(유류화재) 황색
>   - **C급 화재**(전기화재) 청색
>   - **D급 화재**(금속화재) 색표시 없음
>   - 소화기에 **문자**와 **색깔**을 표시하여 **화재의 종류를 구별**하는 것은 화재의 종류에 따라 알맞는 소화기를 사용하여 **소화효과를 높이기 위함**이다.
> ※ **일반화재** : 목재(나무), 종이 등의 화재를 말한다.
> ※ **유류화재** : 기름(석유류 등), 고체이지만 가열하면 액체 또는 기체가 되는 파라핀(초)·황 등의 화재를 말한다.
> ※ **전기화재** : 전기누전 등에 의한 화재를 말한다.
> ※ **금속화재** : 칼륨(K)·나트륨(Na) 및 금속분 등에 의한 화재를 말한다.

적중 출제예상문제

화재의 종류

① 화재의 종류 중 A급 화재에 속하는 것은?
  ① 일반화재   ② 유류화재
  ③ 전기화재   ④ 금속화재

② 한옥에 불이 났다면 어느 소화기를 사용하는 것이 적당한가?
  ① A급   ② B급
  ③ C급   ④ D급

③ 연소 후 재가 거의 없는 화재로서 가연성 액체 등의 화재는?
  ① A급   ② B급
  ③ C급   ④ D급

④ 소방기관에서 분류하는 화재 중 가연성 액체, 반고체, 유지 등의 화재는 다음 중 어느 것에 해당하는가?
  ① A급 화재   ② B급 화재
  ③ C급 화재   ④ D급 화재

⑤ 소화기는 항상 눈에 잘 띄게 하기 위하여 원안에 색으로 표기하게 되는데 B급 화재에 사용되는 소화기는 어떤 색으로 표시하는가?
  ① 황색   ② 백색
  ③ 청색   ④ 초록

⑥ 다음 중 C급 화재에 속하는 것은?
  ① 일반화재   ② 유류화재
  ③ 전기화재   ④ 금속화재

⑦ 금속분류 화재를 무슨 화재라고 부르는가?
  ① A급 화재   ② B급 화재
  ③ C급 화재   ④ D급 화재

⑧ 화재의 종류와 적응 소화약제 및 소화기 표시방법으로서 틀리는 것은?
  ① 금속화재(D급) - 자동확산액(녹색 표지)
  ② 전기화재(C급) - 불연성 가스(청색 표지)
  ③ 유류화재(B급) - 할로젠화합물(황색 표지)
  ④ 일반화재(A급) - 포말(백색 표지)

힌트

[해] • 화재의 종류 : A급(일반·백색), B급(유류·황색), C급(전기·청색), D급(금속·색표시 없음)
  [답] ①

[해] • 문제 1 해설 참조
  ※ 한옥의 화재=일반화재
  [답] ①

[해] • 가연성 액체(유류화재) : B급 화재(황색 표시)
  [답] ②

[해] • 문제 3 해설 참조
  [답] ②

[해] • B급 화재 : 황색 표시
  [답] ①

[해] • C급 화재 : 전기화재(청색 표시)
  [답] ③

[해] • 금속화재 : D급 화재
  [답] ④

[해] • D급 화재 : 색표시 없음
  [답] ①

2 소화방법

- 제거소화 : 가연물의 제거에 의한 소화
- 질식소화 : 산소공급원의 차단에 의한 소화
- 냉각소화 : 발화점 이하의 온도로 냉각하는 소화
- 억제소화 : 연속적 관계의 차단에 의한 소화

3 제거소화

- 촛불
- 유전의 화재
- 산불
- 가스의 화재

> **참고**
>
> ※ **제거소화** : 가연물을 연소 구역에서 없애주는 소화방법이다.
> - **촛불의 연소** : 고체파라핀(양초)이 심지에 의한 계속적인 점화원으로 액체상태를 계속 유지하여 액체 표면에서 발생한 증기의 연소이므로 입김으로 **가연성 증기를** 순간적으로 **날려보내는** 소화방법이다.
> - **유전의 화재** : 불이 붙어 **뿜어오르는 원유를 폭약을 사용**하여 순간적으로 폭풍을 일으켜 **화염을 날려보내는** 소화방법을 사용한다.
> - **산불** : 화재 진행방향의 **나무를 잘라** 제거하므로 소화한다.
> - **가스의 화재** : 가스용기의 **밸브를 잠금**으로써 가스의 공급을 차단하므로 가연물을 제거한다.

4 질식소화

- 포말소화기 (적용화재 AB급)
- 분말소화기 (적용화재 BC급 및 ABC급)
- 탄산가스소화기 (적용화재 BC급)
- 간이소화제

> **참고**
>
> ※ **질식소화** : B급화재인 4류 위험물의 소화에 가장 좋으며 가연물이 연소할 때 공기중의 산소의 농도 약 21%를 15% 이하로 떨어뜨려 **산소공급을 차단**하여 연소를 중단시키는 방법이다.
> - 공기 중의 산소의 농도 **부피비 약 21%, 중량비 약 23%**
> - 사람도 산소의 농도가 15% 이하로 되면 질식하여 **생명을 잃는다**.
> - 유류화재(제4류 위험물)에 효과적이다.

1 포말소화기

- 화학포 소화기
- 기계포 소화기
- 알코올포 소화기

> ※ **포말소화기** : 모두 **질식**효과이며 물이 주성분이므로 **냉각**효과도 얻을 수 있다.

(1) 화학포 소화기(포마이드, 거품소화기)

- 보통전도식
- 내통밀폐식
- 내통밀봉식

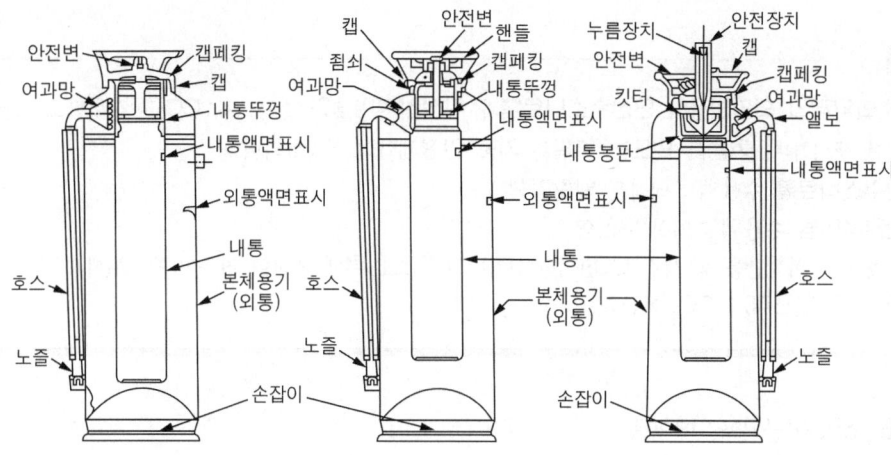

> ※ **화학포 소화기** : 모두 **전도식**이며 사용되는 약제가 모두 같으므로 화학반응식도 같다.
> - **보통전도식** : 노즐을 잡고 소화기를 전도시켜 바닥의 손잡이를 잡고 흔들면 외약제와 내약제가 혼합되어 발생된 CO_2(이산화탄소 또는 탄산가스)**의 압력**으로 거품이 방출된다.
> - **내통밀폐식** : 차량, 선박 등에 사용 비치하는 소화기로서 위 그림 중 내통밀폐식 구조의 핸들을 돌려 뚜껑을 위로 올린 후 **보통전도식과 같은 방법**으로 거품을 방출한다.
> - **내통밀봉식** : 내통밀폐식과 같은 용도로 사용하는 소화기로 내통밀봉식 구조의 안전캡을 해체하고 푸시금구를 사용하여 납봉판을 파괴시킨 후 **보통전도식과 같은 방법**으로 거품을 방출한다.
> ※ **전도** : 거꾸로 뒤집는 것
> ※ **액온 20°C에서 방출하는 포의 양**
> - 보통전도식(휴대식) → 용량의 7배
> - 내통밀폐식(차량 적재식) → 용량의 5.5배
> - 내통밀봉식(차량 적재식) → 용량의 5.5배

① 화학포의 소화약제
   ㉮ 외약제(A제) : 탄산수소나트륨($NaHCO_3$)·기포안정제
   ㉯ 내약제(B제) : 황산알루미늄($Al_2(SO_4)_3$)

> **참고**
> ※ 탄산수소나트륨 = 중탄산나트륨 = 중조
> ※ 기포안정제 : 가수분해단백질, 계면활성제, 사포닌, 소다회(Na_2CO_3) 등
> ※ 황산알루미늄 = 황산반토

② 화학반응식

$$6NaHCO_3 + Al_2(SO_4)_3 \cdot 18H_2O \rightarrow 3Na_2SO_4 + 2Al(OH)_3 + 6CO_2\uparrow + 18H_2O$$
(탄산수소나트륨)   (황산알루미늄)   (황산나트륨)   (수산화알루미늄)   (이산화탄소)   (물)

> **참고**
> ※ 포 소화약제의 화학반응 : 탄산수소나트륨과 황산알루미늄의 반응으로 CO_2(이산화탄소·탄산가스)를 생성하며, **거품을 만드는 역할**은 기포 안정제와의 상승효과이다.
> • 탄산수소나트륨 수용액 : 액성은 **알칼리성**
> • 황산알루미늄 수용액 : 액성은 **산성**
> ※ 포의 방출 : 화학반응 중 생긴 CO_2(이산화탄소)의 **가스압력**에 의하여 거품이 방출된다.
> ※ 포 속의 가스(포핵) : CO_2(이산화탄소)

(2) 기계포 소화기(공기포, 에어폼)

- 축압식
- 가스가압식

> **참고**
> ※ **방출방법**(강화액 소화기와 같다) **압축공기** 또는 **질소가스의 압력**에 의하여 노즐에서 **약제가 방사**될 때 그 압력을 이용하여 **공기를 도입**하여 약제를 **혼입시켜 발포**한다.
> ※ 기계포의 소화약제
> • 단백포
> • 합성계면활성제포(가장 많이 사용한다)
> • 수성막포
> ※ **포핵**(거품 속의 가스) : **공기**

(3) 알코올포 소화기(특수포)

알코올 등 수용성인 가연물의 화재에 사용되는 내알코올성 소화기

> ※ **알코올포 소화약제** : 일반적으로 화학포소화약제는 **수용성**인 가연물의 화재에 사용하면 **거품이 잘 녹으므로 수용성인 가연물의 화재**에 사용할 수 있게 개발된 소화기로 흑갈색의 악취가 나는 점도가 높은 소화약제로 **지방산염** 중 **복염**을 첨가한 것으로 물과 접촉하는 순간 복염이 해리되어 **불용성의 지방산염의** 피막을 생성하는 것
> - 복염 : 지방산염
> - 해리 : 물과 접촉하여 작은 입자로 분리되는 것

(4) 포말의 조건
① **기름**보다 가벼우며 **화재** 면과의 부착성이 좋을 것
② **바람** 등에 견디는 **응집성**과 **안정성**이 있을 것
③ **열**에 대한 **센막**을 가지며 **유동성**이 좋을 것

> ※ **부착성** : **다른 분자끼리** 잡아당기는 힘(연소면과 거품)
> ※ **응집성** : **같은 분자간**의 잡아당기는 힘(거품 한 개를 말함)
> - 응집성이 좋다는 말은 구형(방울)의 상태를 말하며 구형의 물질들은 외부로부터 가해지는 힘을 분산시키므로 좀처럼 파괴되기 어렵다.
> ※ **유동성** : 화재 면에 거품이 넓게 퍼지는 성질

(5) 기타
① **약제 교환** : 연 1회

분말소화기

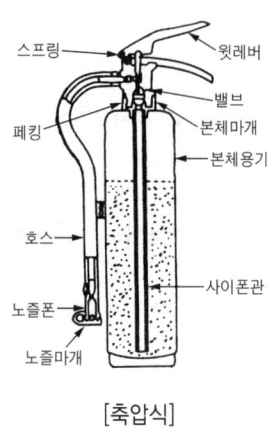

[축압식]

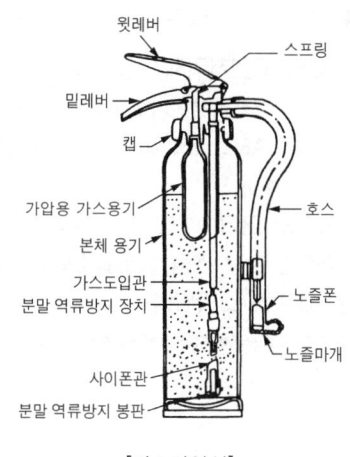

[가스가압식]

(1) 소화약제

① 제1종분말[탄산수소나트륨 · 중탄산나트륨 · 중조($NaHCO_3$)] : **백색**
② 제2종분말[탄산수소칼륨 · 중탄산칼륨($KHCO_3$)] : **보라색**으로 착색
③ 제3종분말[인산암모늄 · 제1인산암모늄($NH_4H_2PO_4$)] : **담홍색**(핑크색)으로 착색
④ 제4종분말[탄산수소칼륨($KHCO_3$)+요소(($NH_2)_2CO$)] : **회백색**으로 착색

> **참고**
>
> ※ 분말소화기 : 소화분말을 가스압에 의하여 방출하며 **유류화재**에도 좋으나 **전기화재**에도 좋으며 질식과 열분해로 생긴 물은 **냉각**효과도 얻을 수 있다.
> - 소화분말 : 위험물안전관리법에서는 1종 · 2종 · 3종 · 4종으로 분류하여 **1종분말** : 탄산수소나트륨, **2종분말** : 탄산수소칼륨, **3종분말** : 인산암모늄, **4종분말** : 탄산수소칼륨(2종분말)과 요소의 혼합물로 분류한다.
> - 축압식 : 소화분말을 채운 용기(철제)에 **공기** 또는 **질소가스**를 축압시켜 방출하며 압력지시계의 압력은 7~0.98Mpa이다.
> - 가스 가압식 : 봄베이식이라고 하며 용기 본체의 내부 또는 외부에 설치된 **가스봄베에서 방출된 가스압**으로 소화분말을 방출하는 소화기

(2) 화학반응식

① 탄산수소나트륨(중탄산나트륨 · 중조) : $2NaHCO_3 \rightarrow Na_2CO_3 + CO_2\uparrow + H_2O$
   (탄산수소나트륨) (탄산나트륨) (이산화탄소) (물)

② 탄산수소칼륨(중탄산칼륨) : $2KHCO_3 \rightarrow K_2CO_3 + CO_2\uparrow + H_2O$
   (탄산수소칼륨) (탄산칼륨) (이산화탄소) (물)

③ 인산암모늄 : $NH_4H_2PO_4 \rightarrow HPO_3 + NH_3\uparrow + H_2O$
   (인산암모늄) (메타인산) (암모니아) (물)

④ 탄산수소칼륨 + 요소 : $2KHCO_3+(NH_2)_2CO \rightarrow K_2CO_3 + 2NH_3\uparrow + 2CO_2\uparrow$
   (탄산수소칼륨) (요소) (탄산칼륨) (암모니아) (이산화탄소)

> **참고**
>
> ※ 소화분말의 표면처리제 : 금속비누, 실리콘수지
> - 금속비누 : 스테아르산아연, 스테아르산알루미늄 등
> ※ 인산암모늄 : ABC 소화제라 하며 부착성이 좋은 메타인산을 만들며 다른 소화분말보다 **30%이상** 소화능력이 좋다.
> ※ 분말 입자의 크기 : 180mesh 이상
> ※ 트윈 에이전트 시스템 : 분말소화약제와 수성막포 소화약제를 함께 사용하여 **유류화재의 소화효과**를 높이는 소화방법

탄산가스소화기(이산화탄소소화기)

(1) 탄산가스의 상태
① 기체 CO_2(탄산가스)
② 액체 CO_2(액화탄산가스)
③ 고체 CO_2(드라이아이스)

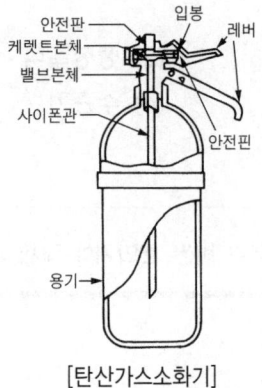
[탄산가스소화기]

참고

※ 탄산가스소화기 : 이음매 없는 고압용기를 사용하며 용기에 충전된 액화탄산가스를 **줄·톰슨효과**에 의하여 **드라이아이스**를 방출하는 소화기로서 **질식** 및 **냉각효과**이며 **유류화재**에 적당하며 **전기화재**에도 많이 사용한다.
 • **줄·톰슨효과** : 기체 또는 액체가 **가는 관**을 통과할 때 **온도가 급강하**하는 현상
 • 드라이아이스 온도 : −80~−78℃이므로 **인체에 방출**은 매우 위험하다.
※ 충전비 : 1.5 이상일 것

$$충전비 = \frac{용기의\ 용량(\ell)}{CO_2의\ 무게(kg)}$$

※ 용기의 내압시험압력 : 25MPa 이상
※ 안전밸브의 작동압력 : 20~25MPa
※ 소화약제로 사용하는 액화탄산가스 : 순도가 용량의 99.5% 이상인 액화탄산가스이어야 하며 수분함량이 0.05%를 초과할 수 없다.
※ 공기 중의 이산화탄소(CO_2) 농도

$$CO_2의\ 농도 = \frac{21 - O_2(\%)}{21} \times 100$$

※ 임계온도 : 31.1℃(일정압력에서 기체를 액화시키는 데 필요한 최고온도)
 임계압력 : 72.8atm(임계온도에서 기체를 액화시키는 데 필요한 최저압력)
※ 탄산가스소화기의 단점
 • **약제**가 **부족**할 경우 **재연**되기 쉽다.
 • 피부에 닿으면 **동상**에 걸리기 쉽다.
 • **고압가스**이므로 용기는 25MPa에 견디어야 한다.
※ CO_2 소화기의 사용 금지장소(배기를 위한 유효한 개구부가 있는 장소 제외)
 • 무창층
 • 지하층
 • 밀폐된 거실 및 사무실의 바닥면적 20m² 미만인 곳

4 간이소화제

(1) 마른 모래 (2) 팽창질석·팽창진주암
(3) 중조톱밥 (4) 수증기
(5) 소화탄

> **참고**
> ※ 간이소화제 : 가격이 비싼 소화기와 대체할 수 있는 가격이 싸고 간단한 소화제

(1) 마른 모래
① 보관법
㉮ 반드시 건조되어 있을 것
㉯ 가연물이 함유되어 있지 않을 것
㉰ 포대 또는 반절드럼에 넣어 보관할 것
㉱ 부속기구로 삽, 양동이를 비치할 것

> **참고**
> ※ 마른 모래(만능소화제) : 소방법상 표시법으로 **소화용 모래**라 한다.
> • 만능소화제 : ABC 소화제가 아니다(D급도 포함되어야 만능임).

(2) 팽창질석
발화점이 낮은 알킬알루미늄 등의 화재에 사용하는 불연성 고체

> **참고**
> ※ 팽창질석·팽창진주암 : 위험물안전관리법에서는 **소화질석**이라 표시하며 질석 또는 진주암을 1,000℃~1,400℃에서 가열하여 **10~15배 팽창**시킨 것

(3) 중조톱밥
중조와 톱밥의 혼합물

> **참고**
> ※ 중조톱밥 : 포말소화기가 발명되기 전에 **응급조치용**으로 많이 사용했으며 중조에 **톱밥**을 섞어 만들고 **유류화재**에 적합하다.

(4) 수증기

> 참고
> ※ **수증기** : 질식소화 효과에는 크게 기대하기 어려우나 보조적인 역할을 한다.

(5) 소화탄

> 참고
> ※ **소화탄** : 유리병에 **분말수용액**이나 **할로젠화합물** 소화약제를 봉입한 투척용소화제이다.

적중 출제예상문제

소화방법

1. 소화에 대한 조치에 들지 않는 것은?
① 가연물의 제거
② 산소공급원의 차단
③ 냉각에 의한 온도저하
④ 신속한 발염상태 확인

2. 다음 중 제거소화의 방법을 이용할 수 없는 것은?
① 촛불의 연소
② 유전의 화재
③ 목조연립주택의 화재
④ 변압기 화재

3. 가연물 연소에 필요한 산소의 공급원을 단절하는 것은 소화이론 중 어떤 작용을 이용한 것인가?
① 가연물제거작용
② 질식작용
③ 희석작용
④ 냉각작용

4. 일반적으로 질식소화를 할 경우 공기 중의 산소 농도의 유효한계는?
① 10~15%
② 15~20%
③ 20~25%
④ 25~30%

힌트

[해] • **소화방법** : 제거소화, 질식소화, 냉각소화, 억제소화
답 ④

[해] • **제거소화** : 연소구역에서 가연물을 없애는 방법
답 ④

[해] • **질식소화** : 산소공급원의 차단에 의한 소화방법
답 ②

[해] • **질식소화의 유효산소농도 한계** : 15% 이하
답 ①

⑤ 다음 물질 중 소화제로 사용되지 않는 것은?
① 탄산가스　　　　② 공기
③ 물　　　　　　　④ 팽창질석

해 · 소화제 : ① 소화제 ② 산소공급원 ③ ④ 소화제
답 ②

⑥ 유류화재의 소화방법으로 가장 많이 쓰이는 방법은?
① 냉각　　　　　　② 주수(注水)
③ 공기차단　　　　④ 가연물 제거

해 · 유류화재 : 질식소화(공기차단에 의한 소화)
답 ③

⑦ 연소를 중단시키고자 한다. 다음 중 옳지 않은 것은?
① 증발잠열을 이용한 주수로 냉각
② 열전도율이 좋은 금속 분말로 온도를 낮춘다.
③ 불연성 기체를 방사하여 산소공급을 차단한다.
④ 불연성 분말을 뿌려 산소공급을 차단한다.

해 · 금속분말 : 소화제로 사용할 수 없음(분진폭발위험)
답 ②

⑧ 다음 중 소화효과에 대하여 옳지 못한 것은?
① 산소공급 차단에 의한 소화는 제거효과이다.
② 물에 의한 소화는 냉각효과이다.
③ 가연물의 제거에 의한 소화는 제거효과이다.
④ 소화분말에 의한 소화는 억제 · 냉각 · 질식의 상승효과이다.

해 · 질식소화 : 산소공급원의 차단에 의한 소화방법
답 ①

⑨ 소화작용에 대해 옳지 못한 것은?
① 연소에 필요한 산소의 공급원을 차단하는 소화는 제거작용이다.
② 물에 의한 온도를 낮추는 소화는 냉각작용이다.
③ 연소현상이 계속되지 않을 정도로 가연물을 제거하는 것은 제거작용이다.
④ 연소에 필요한 산소의 공급원을 단절하는 것은 질식작용이다.

해 · 산소공급원의 차단 : 질식소화
답 ①

포말소화기

⑩ 다음 중 B급 화재에 적용할 수 있는 소화기는?
① 물소화기　　　　② 산 · 알칼리 소화기
③ 강화액 소화기　　④ 포소화기

해 · A급 화재 : 물, 산 · 알칼리, 강화액 소화기 사용
· B급 화재 : 포 소화기 사용
답 ④

⑪ 화학포 소화기(포마이드)로 소화할 때 방출방식으로 적당한 것은?
① 가압식　　　　　② 전도식
③ 수동식　　　　　④ 축압식

해 · 전도식 : 소화기를 거꾸로 들고 내통과 외통의 약제를 혼합한다.
답 ②

⑫ 소화기는 소화제의 종류 및 방출에 필요한 가압방법에 따라 분류할 수 있는데 축압식이 될 수 없는 것은?
① 물소화기　　　　② 강화액 소화기
③ 화학포 소화기　　④ 분말소화기

해 · 방출방법 : ① ② 축압식 ③ 전도식 ④ 축압식
답 ③

⑬ 다음 중 화학포 소화기의 방출방식이 아닌 것은?
① 내통밀봉식　　② 보통전도식
③ 외통밀봉식　　④ 내통밀폐식

해 • 화학포 소화기 방출방식 : 보통전도, 내통밀폐, 내통밀봉식
답 ③

⑭ 다음 그림은 전도식 포소화기이다. 그림에서 A와 B에 들어갈 재료가 맞게 구성된 문항은?
① A. 탄산수소나트륨용액
　 B. 황산알루미늄용액
② A. 황산알루미늄용액
　 B. 탄산수소나트륨용액
③ A. 탄산수소나트륨용액
　 B. 질산칼륨용액
④ A. 탄산나트륨용액
　 B. 황산칼슘용액

해 • 포소화약제 : 외통용(탄산수소나트륨 · 기포안정제), 내통용(황산알루미늄)
답 ①

⑮ 화학포 소화약제의 주성분에 대하여 옳은 것은?
① 황산알루미늄과 탄산수소나트륨
② 황산알루미늄과 탄산나트륨
③ 황산나트륨과 탄산나트륨
④ 황산나트륨과 탄산수소나트륨

해 • 문제 14 해설 참조
답 ①

⑯ 화학포소 화약제의 주성분으로서 틀리는 것은?
① $NaHCO_3$　　② 카세인(casein)
③ $Al_2(SO_4)_3$　　④ K_2CO_3

해 • 소화약제 : ① ② 외약제 ③ 내약제 ④ 해당 없음
답 ④

⑰ $NaHCO_3$(탄산수소나트륨) 수용액의 액성은?
① 중성　　② 염기성
③ 산성　　④ 양쪽성

해 • $NaHCO_3$: 강염기의 염이므로 염기성
답 ②

⑱ 화학포를 만들 때 쓰이는 기포 안정제는?
① 탄산가스　　② 사포닝
③ 중조　　　　④ 황산 알루미늄

해 • 기포안정제 : 사포닝 · 계면활성제 · 단백질 분해물 등
답 ②

⑲ 화학포에 사용하는 기포안정제가 아닌 것은?
① 중조　　② 단백질 분해물
③ 계면 활성제　　④ 사포닝

해 • 문제 18 해설 참조
답 ①

20 다음 중 포마이드(Foamide)의 화학반응식은 어느 것인가?
① $2NaHCO_3 + H_2SO_4 \rightarrow Na_2SO_4 + 2H_2O + CO_2$
② $2NaHCO_3 + Na_2SO_3 \rightarrow H_2O + CO_2$
③ $4KMnO_4 + 6H_2SO_4 \rightarrow 2K_2SO_4 + 4MnSO_4 + 6H_2O + O_2$
④ $6NaHCO_3 + Al_2(SO_4)_3 \cdot 18H_2O \rightarrow 6CO_2 + 2Al(OH)_3 + 3Na_2SO_4 + 18H_2O$

해 • 화학반응식
$6NaHCO_3 + Al_2(SO_4)_3 \cdot 18H_2O \rightarrow 6CO_2 + 2Al(OH)_3 + 3Na_2SO_4 + 18H_2O$

답 ④

21 다음 소화제의 반응을 완결시키려 할 때 ( ) 속에 들어갈 개수(숫자)로 옳은 것은?

$6NaHCO_3 + Al_2(SO_4)_3 \cdot 18H_2O$
$\longrightarrow (㉠)Al(OH)_3 + (㉡)Na_2SO_4 + (㉢)CO_2 + (㉣)H_2O$

① ㉠ 18 ㉡ 3 ㉢ 2 ㉣ 6
② ㉠ 3 ㉡ 2 ㉢ 6 ㉣ 18
③ ㉠ 6 ㉡ 2 ㉢ 3 ㉣ 18
④ ㉠ 2 ㉡ 3 ㉢ 6 ㉣ 18

해 • 문제 20 해설 참조
※ 생성물질의 순서는 바뀌어도 됨

답 ④

22 황산알루미늄과 탄산수소나트륨으로 포말소화기를 만들려고 할 때 황산알루미늄 대 탄산수소나트륨의 몰(mol)비는 어떻게 하면 좋겠는가?
① 1 : 2
② 1 : 4
③ 1 : 6
④ 1 : 8

해 • 문제 20 해설 참조

답 ③

23 탄산수소나트륨과 황산알루미늄의 수용액으로 된 소화기가 화학반응을 하여 생성되지 않는 것은?
① 황산나트륨
② 일산화탄소
③ 수산화알루미늄
④ 이산화탄소

해 • 문제 20 해설참조
• 생성물질 : CO_2(이산화탄소), $Al(OH)_3$(수산화알루미늄), Na_2SO_4(황산나트륨)

답 ②

24 다음 화합물 중 소화제로 사용되지 않는 것은?
① $CHBr_2Cl$
② $NaHCO_3$
③ Na_2SO_4
④ $Al_2(SO_4)_3$

해 • 소화제 : ① ② 소화제 ③ 부산물 ④ 소화제

답 ③

25 두 종류 이상의 화학약품을 반응시켜서 만드는 화학포 소화제의 경우 포핵은 무엇인가?
① N_2
② 공기
③ CO_2
④ 산소

해 • 화학포 소화기 : 약제 혼합시 생성된 CO_2 가스를 방출압력원으로 사용하기 위한 방식이다.

답 ③

26 에어 폼(Air Foam)의 사용목적에 해당하는 것은?
① 냉각소화
② 질식소화
③ 억제 효과
④ 제거 효과

해 • 포소화방법 : 질식소화

답 ②

27 기계포소화기의 포핵은 다음 중 어느 것인가?
① CO_2
② 공기
③ N_2
④ O_2

해 • 기계포 : 화학반응이 없다.

답 ②

㉘ 알코올 화재시 포소화제는 효과가 없다. 그 이유는?
① 유독가스가 발생하므로
② 화염의 온도가 높으므로
③ 알코올은 포와 반응하여 가연성가스를 발생하므로
④ 알코올은 소포성을 가지므로

㉙ 다음 소화시 주의하여야 하는 소포성 액체는?
① 가솔린　　　　　　② $C_6H_4(CH_3)_2$
③ CH_3COCH_3　　　④ 크레오소오트유

㉚ 알코올폼 소화제로 소화하기에 적당한 위험물은?
① 휘발유　　　　　　② 톨루엔
③ 석유　　　　　　　④ 메탄올

㉛ 수용성의 위험물 화재는 포를 방사할 때 특수한 포를 사용하지 않으면 안된다. 이때 주의를 필요로 하는 위험물은?
① 벤젠　　　　　　　② 아세톤
③ 등유　　　　　　　④ 나이트로벤젠

㉜ 다음 중 포소화제의 조건 중에 해당되지 않는 것은?
① 부착성이 있을 것
② 유동성이 있을 것
③ 부서지기 어려운 응집성을 가질 것
④ 열에 의해 빨리 증발할 것

분말소화기

㉝ 분말소화기에 의한 소화방법은 다음 중 어느 것에 속하는가?
① 희석소화　　　　　② 질식소화
③ 제거소화　　　　　④ 자기소화

㉞ 분말소화기의 소화효과는 다음 중 어느 것인가?
① 질식 및 냉각　　　② 냉각 및 부촉매
③ 질식 및 제거　　　④ 제거 및 냉각

㉟ 고체의 화학약제를 분말로 한 소화제는?
① 탄산수소나트륨　　② 사염화탄소
③ 이산화탄소　　　　④ 탄산칼륨의 강화액

해 · 포 소화제의 주성분 : 물이므로 수용성 위험물에는 쉽게 용해되므로 특수포인 알코올포를 사용할 것
답 ④

해 · 소포성 액체 : ① ② 불용성 ③ 수용성 ④ 불용성
※ 수용성 액체에서 소포됨
답 ③

해 · 소포성 액체
① ② ③ 불용성
④ 수용성
답 ④

해 · 소포성 액체
① 불용성 ② 수용성
③ ④ 불용성
답 ②

해 · 거품(포) : 물을 많이 함유하고 있으나 증발이 쉽게 되면 화재 면을 덮어 질식효과를 볼 수 없다.
답 ④

해 · 질식효과 : 포 · 분말, CO_2 등
답 ②

해 · 분말의 소화효과 : 주된 소화효과(질식), 상승효과(냉각, 억제)
답 ①

해 · 분말소화약제 : 탄산수소나트륨 · 탄산수소칼륨 · 인산암모늄 등
답 ①

36 BC급 분말소화기 약제의 주성분은?
① $NaHCO_3$
② H_3PO_4
③ $Al_2(SO_4)_3$
④ CO_2

해 • BC급 소화기 : $NaHCO_3$, $KHCO_3$ 등
• ABC급 분말소화기 : $NH_4H_2PO_4$
답 ①

37 분말소화기로 소화시 가장 적당한 적응화재는?
① A급 화재
② B급 화재
③ C급 화재
④ D급 화재

해 • 분말소화기 : B급, C급 화재에 유효하나 가장 적당한 것은 B급 화재이다.
답 ②

38 분말소화제로서 드라이케미칼이라는 것이 있는데 이것은 BC급 화재에 효과가 있다. 드라이케미칼의 주성분은 다음 중 어느 것인가?
① 인산염류
② 할로젠화물
③ 탄산수소나트륨
④ 수산화알루미늄

해 • BC급 : 탄산수소나트륨(중탄산나트륨), 탄산수소칼륨(중탄산칼륨) 등
• ABC급 : 인산암모늄(인산염류)
답 ③

39 소화제 중 드라이케미칼(Dry Chemical)의 주성분은?
① $NaHCO_3$
② Na_2CO_3
③ CCl_4
④ CH_3Br

해 • 분말소화약제 : $NaHCO_3$, $KHCO_3$, $NH_4H_2PO_4$ 등
답 ①

40 분말소화기에 사용되는 소화약제 주성분으로 틀린 것은?
① 인산암모늄
② 황산나트륨
③ 탄산수소나트륨
④ 탄산수소칼륨

해 • 문제 38 해설 참조
답 ②

41 분말소화약제의 주성분이 아닌 것은?
① $NaHCO_3$
② $KHCO_3$
③ K_2CO_3
④ $NH_4H_2PO_4$

해 • 문제 39 해설 참조
답 ③

42 분말소화약제(드라이케미칼)의 소화효과에 대하여 가장 적당하게 설명한 것은?
① 주로 화재의 열을 흡수하는 냉각효과이다.
② 분말에 의한 억제·냉각·질식의 상승효과와 열분해로 발생하는 탄산가스의 질식효과로 소화한다.
③ 연소물을 급속하게 냉각시켜 소화한다.
④ 열분해에 의하여 생긴 불연성 가스가 연소물을 변화시킨다.

해 • 분말소화제 : 주된 소화효과는 질식소화 효과이며 억제·냉각 등 상승효과를 갖는다.
답 ②

43 소화기를 사용했을 때 주된 소화효과로 틀린 것은?
① 산·알칼리 : 냉각효과
② 드라이케미칼 : 냉각효과
③ 탄산가스 : 질식효과
④ 공기포 : 질식효과

해 • 문제 42 해설 참조
답 ②

44 분말소화약제 중 보라색으로 착색이 되어 있는 것은?
① 탄산수소나트륨
② 탄산수소칼륨
③ 인산암모늄
④ 황산알루미늄

해 • 약제착색 : 탄산수소나트륨(백색 분말), 탄산수소칼륨(보라색), 인산암모늄(담홍색)
답 ②

45 인산암모늄을 방염성 약품으로 착색시 색깔은?
① 보라색 ② 담홍색
③ 검은색 ④ 청자색

해 · 문제 44 해설 참조
답 ②

46 분말소화약제의 가압용 및 축압용가스는?
① 네온가스 ② 프로페인가스
③ 수소가스 ④ 질소가스

해 · 충전가스 : 가압용(CO_2 · N_2) 축압용(공기, N_2)
답 ④

47 소화분말 중 열분해시 부착성이 좋은 메타인산을 생성하는 것은?
① 탄산수소나트륨 ② 탄산수소칼륨
③ 인산암모늄 ④ 황산알루미늄

해 · $NH_4H_2PO_4 \rightarrow HPO_3 + NH_3 + H_2O$
※ 메타인산 : HPO_3
답 ③

48 분말소화약제인 인산암모늄을 사용하였을 때 열분해하여 부착성인 막을 만들어 공기를 차단시키는 것은?
① HPO_3 ② PH_3
③ $(NH_4)_2HPO_4$ ④ P_2O_5

해 · 문제 47 해설 참조
답 ①

49 다음 소화약제 중 제3종 분말은 어느 것인가?
① 탄산수소칼륨을 주성분으로 한 분말
② 탄산수소나트륨을 주성분으로 한 분말
③ 인산염을 주성분으로 한 분말
④ 탄산수소칼륨과 요소가 화합된 분말

해 · 분말소화약제 : ① 제2종 분말 ② 제1종 분말 ③ 제3종 분말 ④ 제4종 분말
답 ②

50 분말소화약제의 저장용기의 충전비는 얼마 이상으로 하는가?
① 0.85 ② 0.6
③ 0.4 ④ 0.2

해 · 충전비 : 0.85 이상
답 ①

51 분말소화기의 소화약제로 열분해 반응식이 맞는 것은?
① $NH_4H_2PO_4 \xrightarrow{\Delta} HPO_3 + NH_3 + H_2O$
② $2KNO_3 \xrightarrow{\Delta} 2KNO_2 + O_2$
③ $KClO_4 \xrightarrow{\Delta} KCl + 2O_2$
④ $2CaHCO_3 \xrightarrow{\Delta} 2CaO + H_2CO_3$

해 · 문제 47 해설 참조
답 ①

이산화탄소소화기

52 불연성 기체 소화제 중에서 비교적 순도가 높으면서 가격이 저렴하고 액화가 용이하며 안전하게 저장할 수 있고 전기절연성이 좋아 B급 화재에 사용되는 기체는?
① 질소
② 이산화탄소
③ 알곤
④ 헬륨

해 • 불연성 기체 소화제 : 탄산가스(CO_2)
※ 탄산가스 : 이산화탄소
답 ②

53 이산화탄소(CO_2)의 주된 소화효과는?
① 가연물 제거
② 인화점 인하
③ 산소공급 차단
④ 점화원 파괴

해 • CO_2의 소화효과 : 산소공급 차단(질식소화)
답 ③

54 드라이아이스의 성분은?
① CO
② CO_2
③ H_2O
④ H_2O_2

해 • 드라이아이스 : 고체탄산가스(CO_2)
답 ②

55 이산화탄소소화기는 어떤 현상에 의해서 온도가 내려가 드라이아이스를 생성하는가?
① 줄·톰슨 효과
② 사이먼
③ 표면장력
④ 모세관

해 • 줄·톰슨효과 : 유체가 작은 구멍을 통과할 때 온도가 내려가는 현상
답 ①

56 불연성 가스 소화기 중 그 대표적인 물질은?
① CO_2
② $COCl_2$
③ CH_3CHO
④ CH_2CH_2

해 • 불연성 가스 : ① 불연성 ②③④ 가연성
답 ①

57 몸에 붙은 불을 끄는 소화방법 중 가장 위험한 소화재료는?
① 드라이아이스
② 석면표
③ 모래주머니
④ 물

해 • 고체 CO_2(드라이아이스)의 온도 : $-80 \sim -78°C$이므로 피부접촉으로 동상
답 ①

58 이산화탄소소화기의 충전비는?
① 1 이상
② 1.2 이상
③ 1.5 이상
④ 2 이상

해 • 충전비 : 1.5 이상
답 ③

59 무색 기체이며 안정된 불연성 물질로서 소화제로 많이 쓰이는 CO_2의 증기 비중은 얼마인가?
① 1.52
② 2.52
③ 3.52
④ 4.52

해 • 분자량 : CO_2(44), 공기(약 29)
• 증기비중= 44/29=1.52
답 ①

60 탄산가스의 성질 중 틀린 것은?
① 드라이아이스를 만들 수 있다.
② 탄산가스는 지연성이 있다.
③ 소화약제의 중요한 재료가 된다.
④ 요소비료의 원료가 된다.

61 CO_2에 대하여 잘못된 것은?
① 탄산가스라고도 부른다.
② 상온에서 압력을 걸면 쉽게 고체화한다.
③ 무색, 무취의 기체로서 공기보다 무겁다.
④ 불연물이다.

62 다음 소화기 중 방사거리가 제일 짧은 것은?
① 포말소화기　　② 분말소화기
③ 액화탄산가스소화기　　④ 할로젠화합물소화기

간이소화제

63 다음 중 간이소화제에 해당되지 않은 것은 어느 것인가?
① 소화탄　　② 중조톱밥
③ 가마니　　④ 마른 모래

64 다음 중 간이소화용구가 아닌 것은?
① 마른 모래　　② 팽창진주암
③ 소화기　　④ 팽창질석

65 간이소화용구에 해당하는 것은?
① 팽창진주암　　② 포소화설비
③ 스프링클러　　④ 동력소방펌프

66 소화제 중에서 모든 화재에 사용되는 만능소화제는 무엇인가?
① 마른 모래　　② 강화액
③ 인산암모늄　　④ 할론 1211

67 다음 중 마른 모래의 저장방법이 틀린 것은?
① 반드시 건조되어 있을 것
② 가연물이 약간 함유되어 있을 것
③ 포대 또는 반절드럼에 넣어 보관할 것
④ 부속기구로 삽, 양동이를 비치할 것

[해] • 지연성 소화약제 : 할로젠화합물 소화제
※ 지연성 : 화학반응을 늦추어 주는 성질
답 ②

[해] • CO_2가스 : 임계온도 이하·임계압력 이상의 상태에서 액체가 된다.
• CO_2의 임계온도 : 31.1℃
• CO_2의 임계압력 : 72.8기압
답 ②

[해] • 방사거리 : ① 5~9m ② 3~6m ③ 1.5~3m ④ 2~3m
답 ③

[해] • 가연물(가마니) : 소화제가 될 수 없다.
답 ③

[해] • 간이소화용구 : 소화약제에 의한 간이소화용구, 마른 모래, 팽창질석, 팽창진주암 등
답 ③

[해] • 문제 64 해설 참조
답 ①

[해] • 만능소화제 : ABC소화제가 아니며 D급 화재에도 사용되는 소화제이다.
답 ①

[해] • 마른 모래 저장법 : 소화제로 사용할 경우 가연물은 함유되어 있지 않을 것
답 ②

68 알킬알루미늄의 소화방법으로서 적당한 소화약제는 어느 것인가?
① 물 ② 탄산가스
③ 사염화탄소 ④ 팽창질석

69 중조톱밥의 주성분은 무엇인가?
① 중조 및 톱밥 ② 중조 및 건조사
③ 중조 및 질석 ④ 중조 및 나프타

해 • 알킬알루미늄의 화재의 소화약제 : 소화질석(팽창질석·팽창진주암)
답 ④

해 • 중조톱밥의 주성분 : 중조(탄산수소나트륨) 및 톱밥
답 ①

휴게실

◆ 방귀(흔히 방구라 한다)와 향수는 같은 형제

음식물을 먹으면 장 안에서 부패 및 분해되어 생긴 찌꺼기인 변과 냄새나는 가스인 방귀가 만들어진다는 것은 이미 다 알고 있는 사실이다. 또한 이 방귀를 잘 뀐다는 것은 장운동이 활발하기 때문에 가스가 많이 만들어졌다는 것으로 **방귀를 잘 뀌는 사람은 건강한 사람**이라고 말해도 될 듯하다. 그런데 이 **고약한** 냄새 **방귀의 성분**은 무엇일까? 이 방귀는 인돌(indole)·스카톨(skatole)·암모니아 등 냄새가 나는 여러 가스가 혼합된 것으로서 특히 고기나 콩 등 단백질이 많은 음식물이 장안에서 분해될 때에는 인돌이 많이 생성되므로 육류를 많이 먹는 **서양사람**의 방귀냄새는 채식을 주로 하는 **동양사람**의 방귀 냄새보다 더 **고약**하고 구린 냄새가 나는 것이다. 그런데 이 **방귀냄새의 원인**이 되는 **인돌**은 향료나 향수의 대표적 재료인 **사향**과 재스민 향기의 주성분과 **똑같은 화학구조**로 되어 있으니 **방귀**와 **향수**는 어찌 같은 **형제**라 아니하겠습니까? 그러므로 방귀도 잘 희석시켜 정제하면 향기로운 냄새가 될 수 있지 않겠습니까?

5 냉각소화

- 물소화기(적용화재 A급)
- 강화액 소화기(적용화재 ABC급)
- 산·알칼리 소화기(적용화재 A급)

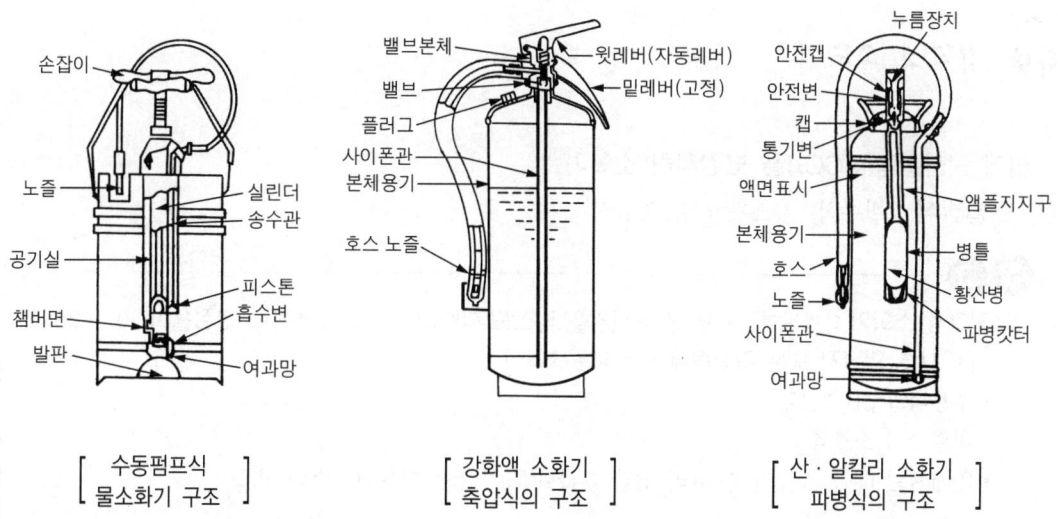

[수동펌프식
  물소화기 구조]   [강화액 소화기
                       축압식의 구조]   [산·알칼리 소화기
                                             파병식의 구조]

참고
※ **냉각소화** : 연소물로부터 열을 빼앗아 **발화점 이하로 온도를 낮추어 소화**하는 방법이다.

1 물소화기

(1) 사용목적
① **기화잠열**이 크다.
② 사용하기 **안전**하다.
③ 어디서나 **구입**하기 쉽다.
④ **가격**이 저렴하다.

(2) **방출방식** : 수동펌프식, 가스가압식, 축압식

> **참고**
> ※ **물소화기** : 주로 **A급** 화재에 많이 사용하고 있으나 B급(유류) 화재 중 **수용성**인 가연성 액체에는 안개상으로 주수소화하면 **질식소화 및 희석소화**, **불용성**인 가연성 액체에서는 **질식소화 및 유화소화**의 상승효과를 볼 수 있다. 그러나 **봉상**으로 B급 화재에 사용하면 **화재 면의 확대**로 매우 위험하다.
> ※ **기화잠열** : 기체가 되기 위하여 액체가 온도는 변하지 않고 상태만 변하는 데 필요한 열량 **물의 기화잠열 539cal/g**
> • **봉상** : 굵은 물줄기
> • **주수** : 물을 뿌린다.

2 강화액 소화기

물에 탄산칼륨(K_2CO_3)을 보강시킨 소화기
(1) **방출방식** : 반응식, 가스가압식, 축압식

> **참고**
> ※ **강화액 소화기** : 빙점이 0℃인 물의 단점을 **탄산칼륨(K_2CO_3)**으로 강화하여 **빙점을 −30~−25℃**까지 낮춘 **한냉지** 또는 **겨울철**에 사용하는 소화기
> • 수용액의 pH : 12
> • 비중 : 1.3~1.4
> • 안개상일 때 : A급만 아니라 B급 C급에도 사용한다(ABC 소화기).
> ※ 반응식 강화액 소화기의 화학반응식
> $$K_2CO_3 + H_2SO_4 \rightarrow K_2SO_4 + H_2O + CO_2\uparrow$$
> (탄산칼륨)   (황산)   (황산칼륨)   (물)   (이산화탄소)

3 산·알칼리 소화기

$$2NaHCO_3 + H_2SO_4 \rightarrow Na_2SO_4 + 2CO_2\uparrow + 2H_2O$$
(탄산수소나트륨) (황산)   (황산나트륨)   (탄산가스)   (물)

> **참고**
> ※ **산알칼리 소화기** : 전도식과 파병식, 이중병식이 있으며 어느 것이나 **탄산수소나트륨**과 황산의 화학반응으로 생긴 **탄산가스의 압력**으로 물을 방출하는 소화기
> • 방출용액의 pH 5.5 이상일 것
> • 30° 이하 기울인 경우 약제가 혼합되지 않아야 한다.

적중 출제예상문제

물소화기

1 다음 중 물이 소화제로 이용되는 이유는?
① 기화열로 가연물을 냉각하기 때문이다.
② 물이 공기를 차단하기 때문이다.
③ 물은 환원성이 있기 때문이다.
④ 물이 가연물을 제거하기 때문이다.

2 물의 기화잠열 중 옳은 것은?
① 529cal/g   ② 539cal/g
③ 537cal/g   ④ 538cal/g

3 물의 소화효과를 높이기 위한 방법 중 가장 적당한 것은?
① 물줄기를 높은 곳에서 낮은 곳으로 방사한다.
② 대량의 물을 한꺼번에 방사한다.
③ 센 압력으로 방사한다.
④ 안개모양으로 분무주수를 말한다.

4 제4류 위험물의 소화방법으로 봉상주수가 적합하지 않은 이유는?
① 물과 반응하여 독성물질이 생성되므로
② 물이 연소범위를 넓혀주므로
③ 연소면을 확대시키므로
④ 물이 인화점을 낮추어 주므로

강화액 소화기

5 다음 중 강화액 소화기에 들지 않는 것은?
① 가스가압식   ② 전도식
③ 축압식   ④ 반응식

6 탄산칼륨이 주성분으로 한냉지에서 주로 쓰이는 소화기는?
① 분말소화기   ② 강화액 소화기
③ 포말소화기   ④ 이산화탄소

7 강화액 소화제의 첨가물에서 옳은 것은?
① 물에다 탄산칼륨을 용해
② 물에다 탄산칼슘을 용해
③ 알코올에다 사염화탄소를 용해
④ 물에다 인산암모늄을 용해

해 • 물 : 기화잠열(539cal/g)이 매우 크므로 냉각소화에 사용된다.
※ **기화(잠)열** : 액체가 온도 변화 없이 기체로 되는데 흡수하는 열량
답 ①

해 • 문제 1 해설 참조
답 ②

해 • 분무주수 : 화재 면과의 접촉면적을 크게 하기 위한 분무주수방법은 효과적이다.
답 ④

해 • 제4류 위험물의 소화방법 : 가연성 액체로 물보다 비중이 작고 또한 표면장력이 작으므로 물을 소화제로 사용하면 화재 면을 확대한다.
답 ③

해 • 방출방식 : 반응식, 가스가압식, 축압식
답 ②

해 • 강화액 소화기 : 물에 K_2CO_3(탄산칼륨)을 용해시켜 빙점을 낮춘 것
답 ②

해 • 문제 6 해설 참조
답 ①

⑧ 강화액 소화약제의 주성분은 무엇인가?
① 알칼리금속염의 수용액 ② 알칼리토금속의 수용액
③ 중조의 수용액 ④ 산의 수용액

⑨ 강화액 소화제의 비중은 얼마인가?
① 1.3~1.4 ② 2.0~2.4
③ 1.1~3.4 ④ 2.2~3.0

산 · 알칼리 소화기

⑩ 다음에서 유류나 전기화재에 가장 부적당한 소화기는?
① 산 · 알칼리 소화기 ② 이산화탄소소화기
③ 사염화탄소 소화기 ④ 분말소화기

⑪ 산 · 알칼리 소화기 내의 내통에는 황산이 채워져 있다. 외통에는 무엇이 있는가?
① 질산(HNO_3) ② 물(H_2O)
③ 수산화칼륨(KOH) ④ 탄산수소나트륨($NaHCO_3$)

⑫ 다음 그림은 전도식 산 · 알칼리 소화기이다. A와 B에 들어갈 물질의 이름이 맞게 구성된 것은?

	A	B
①	탄산수소나트륨용액	황산
②	황산	탄산수소나트륨용액
③	탄산수소나트륨용액	탄산칼륨용액
④	칼륨용액	탄산수소나트륨용액

⑬ 다음 산 · 알칼리 소화기를 사용해서 소화할 때 아래와 같이 반응한다. ( )속에 채워져야 할 산과 알칼리는?

(㉠) + (㉡) + H_2O ⟶ Na_2SO_4 + $2CO_2$ + $3H_2O$

① ㉠ H_2SO_4 ㉡ $2NaHCO_3$ ② ㉠ $2H_2SO_4$ ㉡ N_aHCO_3
③ ㉠ H_2SO_4 ㉡ $3NaHCO_3$ ④ ㉠ $4NaHCO_3$ ㉡ $3H_2SO_4$

⑭ 산 · 알카리 소화기에서 탄산수소나트륨, 황산, 물이 혼합되어 노즐로 방출할 때의 압력원은?
① N_2 ② CO
③ CO_2 ④ O_2

해 · 탄산칼륨 : 알칼리금속의 염
※ 칼륨(K) : 알칼리금속
답 ①

해 · 비중 : 1.3~1.4
답 ①

해 · 냉각소화기(산 · 알칼리 소화기) : 유류 및 전기화재에 부적합
답 ①

해 · 내약제 : 황산(H_2SO_4)
※ 외약제 : 탄산수소나트륨 수용액($NaHCO_3$)
답 ④

해 · 문제 11 해설 참조
※ 탄산수소나트륨을 중탄산나트륨 또는 중조라고도 한다.
답 ②

해 · 화학반응식 2가지
· $H_2SO_4+2NaHCO_3+H_2O$ →$Na_2SO_4+2CO_2+ 3H_2O$
· $H_2SO_4+2NaHCO_3$ → $Na_2SO_4+2CO_2+2H_2O$
답 ①

해 · 문제 13 해설 참조
· 방출압력원 : CO_2
답 ③

6 억제소화

할론소화약제

- 테트라클로로메탄[사염화탄소(할론 1040)] : 약칭 **C.T.C** 소화기(적응화재 BC급)
- 브로모클로로메탄(할론 1011) : 약칭 **C.B** 소화기(적응화재 BC급)
- 다이브로모테트라플루오로에탄(할론 2402) : 약칭 **F.B** 소화기(적응화재 BC급)
- 브로모클로로다이플루오로메탄(할론 1211) : 약칭 **B.C.F** 소화기(적응화재 ABC급)
- 브로모트라이플루오로메탄(할론 1301) : 약칭 **M.T.B** 소화기(적응화재 BC급)

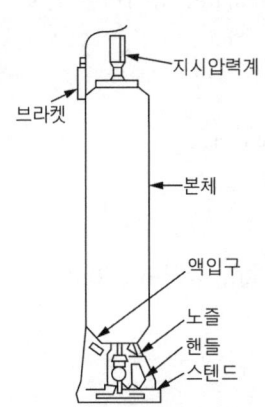
〔테트라클로로메탄(사염화탄소) 소화기〕

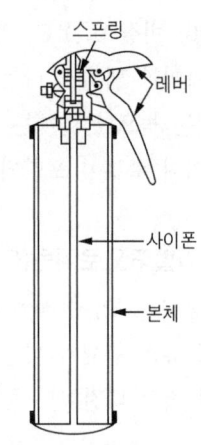
〔브로모클로로메탄 소화기〕

참고

- ※ **억제소화** : **할로젠화합물**을 소화약제로 사용하며, **전기의 부도체**이므로 **전기화재**에 적응성이 좋으며, 연소의 연속적 관계를 차단하는 **억제(부촉매)효과**와 상승효과인 **희석** 및 **냉각효과**를 가지므로 **유류화재**에도 적응성을 갖는다.
- ※ **용기** : **내식처리된 철제 용기** 또는 **황동제** 용기에 소화약제를 충진하며 **수분이 흡수**되면 약제가 **변색**되며 부식성이 강해진다.
  - **내식처리** : 부식작용을 이겨낸다는 말로 합성수지를 사용한다.
  - **촉매** : 화학반응 중 화학변화에는 변화가 없으며 반응속도만을 **빠르게(정촉매)** 또는 **느리게(부촉매)** 하는 것으로 정촉매와 부촉매가 있다.
- ※ **약제 방출방식** : 수동펌프, 가스가압식, 축압식
- ※ **할론 넘버** : C, F, Cl, Br, I의 **개수로 표시**
  - 테트라클로로메탄(사염화탄소) : 1040 또는 104
  - 브로모클로로메탄 : 1011
  - 다이브로모테트라플루오로에탄 : 2402
  - 브로모클로로다이플루오로메탄 : 1211
  - 브로모트라이플루오로메탄 : 1301
- ※ **소화효과** : 1040 < 1011 < 2402 < 1211 < 1301

(1) 테트라클로로메탄(CCl₄ · 사염화탄소 · 카본테트라클로라이드) 소화기
① 비중 1.595, 비점 76.6℃, 융점 22.9℃, 기화열 46.5kcal/kg, 증기비중 5.3
② 무색투명하고 특이한 냄새가 나는 불연성 액체
③ **증기는 독성**이 있다(두통, 구토 등 생리적 중독증상).
④ 높은 온도에서 분해하여 독성이 있는 **포스겐가스**(COCl₂)를 발생한다.
⑤ 건조공기 중에서 **포스겐과 염소**를 습한공기에서 **포스겐과 염화수소를 발생**한다.
⑥ 전기 절연성이 높으므로 **고압전기**에 대하여 **안전**하다.
⑦ **금속을 부식**시키며 **수분**이 포함되어 있으면 부식성이 **강해진다.**

(2) 브로모클로로메탄(CH₂ClBr) 소화기
① 비중 1.93~1.96, 비점 67.2℃, 융점 −86℃, 기화열 50kcal/kg, 증기비중 4.48
② 무색투명하고 특이한 냄새가 나는 불연성 액체
③ 알코올 · 에터에는 녹으나 물에는 녹지 않는다.
④ 금속을 부식시키며 수분이 포함되어 있으면 부식성이 강해진다.

(3) 다이브로모테트라플루오로에탄(C₂F₄Br₂) 소화기
① 비중 2.18, 비점 47.5℃, 융점 −110.5℃, 기화열 25kcal/kg, 증기비중 8.97
② 무색투명하고 특유의 냄새가 나는 불연성액체
③ 독성, 부식성이 적고 내전성도 좋다.

(4) 브로모클로로다이플루오로메탄(CF₂ClBr) 소화기
① 비중 1.75, 비점 −4℃, 융점 −160.5℃, 기화열 32kcal/kg, 증기비중 5.71

(5) 브로모트라이플루오로메탄(CF₃Br) 소화기
① 비중 1.499, 비점 −57.8℃, 융점 −168℃, 증기비중 5.14
② 상온 · 상압에서 **기체상태**이므로 **압축**되어있는 **무색무취의 투명한 액체**
③ **독성**은 할로젠화합물 소화약제중 **가장 낮으며** 내전성 및 **소화효과**가 **가장 좋다.**

2 할로젠화합물소화약제

(1) 플루오로탄화수소계열(HFC)
① 트라이플루오로메탄(CHF₃) 소화기(호칭 : HFC−23)
　　무색 · 무취의 기체, 냉매 및 소화제로 사용

② 펜타플루오로에탄(C_2HF_5, CHF_2CF_3) 소화기(호칭: HFC-125)

무색·달콤한 냄새의 기체, 냉매 및 소화제로 사용

③ 헵타플루오로프로판(C_3HF_7, CF_3CHFCF_3) 소화기(호칭: HFC-227ea)

별명(상품명) : FM200

무색·무취의 기체, 냉매 및 소화제로 사용

(2) 클로로플루오로탄화수소계열(HCFC)

① HCFC BLEND A(NAFS-Ⅲ)

무색·무취의 기체, 비전도성가스로 4가지 혼화제

- HCFC-22($CHClF_2$) : 82%
- HCFC-123($C_2HCl_2F_3$) : 4.75%
- HCFC-124(C_2HClF_4) : 9.5%
- $C_{10}H_{16}$(캄펜·테레핀) : 3.75%

참고

※ 플루오로탄화수소계열(HFC) 화학식
① C의 수 : 100의 자리수+1
② H의 수 : 10의 자리수-1
③ F의 수 : 1의 자리수±0

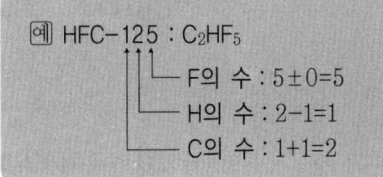
예 HFC-125 : C_2HF_5
— F의 수 : 5±0=5
— H의 수 : 2-1=1
— C의 수 : 1+1=2

④ 호칭번호 십 단위 약제 : 메테인 계열
⑤ 호칭번호 백 단위 약제 : 에테인, 프로페인, 뷰테인 계열

※ 클로로플루오로탄화수소계열(HCFC) 화학식
① C의 수 : 100의 자리수+1
② H의 수 : 10의 자리수-1
③ F의 수 : 1의 자리수±0
④ Cl의 개수
  - C가 1개인 경우 : 4-H와 F의 수
  - C가 2개인 경우 : 6-H와 F의 수

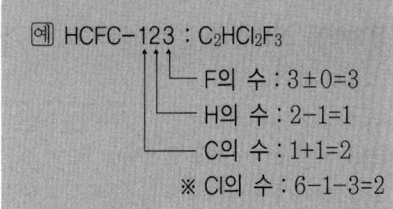
예 HCFC-123 : $C_2HCl_2F_3$
— F의 수 : 3±0=3
— H의 수 : 2-1=1
— C의 수 : 1+1=2
※ Cl의 수 : 6-1-3=2

3. 할론 및 할로젠화합물 소화제의 조건

(1) 비점이 낮을 것
(2) 기화되기 쉬울 것
(3) 공기보다 무겁고 불연성일 것

적중 출제예상문제

테트라클로로메탄(사염화탄소) 소화기

① 할로젠화합물 소화약제의 특성에 관한 설명이다. 틀린 것은?
① 금속에 대한 부식성이 적다.
② 비전도성으로 전기화재에도 적합하다.
③ 정촉매작용으로 연쇄반응을 억제한다.
④ 소화약제의 분해 및 변질이 없다.

② 테트라클로로메탄의 소화역할은 다음 중 어디에 속하는가?
① 가연물질의 제거   ② 산소공급원의 차단
③ 냉각에 의한 온도저하 ④ 억제작용

③ 다음 중 테트라클로로메탄의 약칭은?
① CB   ② CTC
③ FB   ④ BCF

④ CTC 소화제의 약품 원소명으로 올바른 것은?
① CCl_4 ② CH_2ClBr
③ $C_2Br_2F_4$ ④ $CHClF_2$

⑤ 할로젠화합물 소화제 중 증기비중이 5.3인 것은?
① 테트라클로로메탄
② 브로모클로로메탄
③ 다이브로모테트라플루오로에탄
④ 브로모트라이플루오로메탄

⑥ 테트라클로로메탄 소화기는 어디에 속하는가?
① AB급 화재용   ② BC급 화재용
③ AC급 화재용   ④ CD급 화재용

⑦ 전기로 인한 화재시 사용할 수 있는 소화제는?
① 물   ② 황산
③ 테트라클로로메탄 ④ 산·알칼리

⑧ 포스겐($COCl_2$)의 성질과 관련 있는 것은?
① 소기가스   ② 천연가스
③ 수성가스   ④ 독가스

힌트

[해] · 할로젠화합물 소화약제
: 부촉매작용으로 연쇄반응을 억제한다.
[답] ③

[해] · 테트라클로로메탄 : 억제소화 방법 사용
[답] ④

[해] · 테트라클로로메탄 : CCl_4
Carbon Tetra Chloride
∴ CTC
[답] ②

[해] · CTC : Carbon Tetra Chloride=테트라클로로메탄=CCl_4
[답] ①

[해] · CCl_4의 분자량 :
12 + 35.5×4 = 154
· 증기비중 = 154/29 = 5.310
[답] ①

[해] · 테트라클로로메탄 : BC급 화재적응
[답] ②

[해] · 문제 6 해설 참조
· C급 : 전기화재
[답] ③

[해] · 포스겐 : 독가스
[답] ④

⑨ 화재시 밀폐된 장소에서 사용시 유독한 기체를 발생시키므로 사용할 수 없는 소화제는?
① 공기포   ② 액화 이산화탄소
③ 소화분말   ④ 테트라클로로메탄

⑩ 다음 중 테트라클로로메탄 소화기를 설치할 수 있는 장소는?
① 사무실   ② 지하층
③ 무창층   ④ 환기가 잘 되는 실내

⑪ 테트라클로로메탄 소화약제로 소화할 경우 포스겐가스와 염소가스가 발생하는 것은?
① 건조된 공기 중에서   ② 습한 공기 중에서
③ 탄산가스가 있을 때   ④ 녹슨 철

⑫ 소화제로 쓰이는 테트라클로로메탄이 습한 공기 중에 물과 반응하여 생성되는 물질은?
① 포스겐과 염소   ② 포스겐과 수증기
③ 포스겐과 탄산가스   ④ 포스겐과 염화수소

⑬ 테트라클로로메탄의 분해조건과 분해 물질의 관계가 맞는 것은?
① 탄산가스 존재하에서 $COCl_2 + Cl_2$
② 습한 공기 속에서 $COCl_2$
③ 건조된 공기 속에서 $COCl_2 + HCl$
④ 산화철(Ⅲ)의 존재하에서 $COCl_2 + FeCl_3$

기타 할로젠화합물소화기

⑭ 할론 1011 소화기의 화학식은?
① CH_2ClBr ② CCl_4
③ $C_2F_4Br_2$ ④ CF_3Br

⑮ 할론 1011 소화기의 약칭은?
① CB   ② CTC
③ FB   ④ BCF

⑯ C.B 소화기의 C.B란 다음 중 어떤 물질의 소화제인가?
① 브로모클로로메탄   ② 카본테트라브로민
③ 케미컬소화기   ④ 이산화탄소소화기

해 • 테트라클로로메탄 : 포스겐 발생
답 ④

해 • 테트라클로로메탄(사염화탄소) : 소화제로 사용시 포스겐(독가스)이 발생하므로 환기가 잘되는 곳에서 사용할 것
답 ④

해 • $2CCl_4 + O_2 \rightarrow 2COCl_2 + 2Cl_2$
※ O_2 : 건조한 공기
답 ①

해 • 화학반응식
$CCl_4 + H_2O \rightarrow COCl_2 + 2HCl$
※ HCl : 염화수소
답 ④

해 • CO_2중에서 : $COCl_2$,
• 습한 공기 중에서 : $COCl_2 + HCl$,
• 건조된 공기 중에서 : $COCl_2 + Cl_2$
• 산화제2철의 존재하에서 : $COCl_2 + FeCl_3$
답 ④

해 • 할론 1011 : C, F, Cl, Br 을 문자와 개수로 표시한 것
∴ CH_2ClBr
답 ①

해 • 할론 1011 : CH_2ClBr 의 화학식중 할로젠원소의 첫 번째 문자로 표시한 것
∴ CB
답 ①

해 • CB : 브로모클로로메탄
답 ①

17 할론 1211인 물질의 분자식으로 적당한 것은?
① $C_2Br_2F_4$
② CF_2ClBr
③ CF_3Br
④ $C_2Br_2F_4$

18 할론 1301소화기의 약칭은?
① CTC
② CB
③ BCF
④ MTB

19 다음 소화제의 분자식과 약칭이 바르게 된 것은?
① CF_3Br – BCF
② $C_2F_4Br_2$ – CTC
③ CH_3Br – MB
④ CCl_4 – CB

20 HFC-227ea의 화학식으로 옳은 것은?
① CHF_3
② C_2HF_5
③ CHF_2CF_3
④ C_3HF_7

21 HCFC-123의 화학식으로 옳은 것은?
① C_2F_6
② C_3H_8
③ $C_2HCl_2F_3$
④ C_5F_{12}

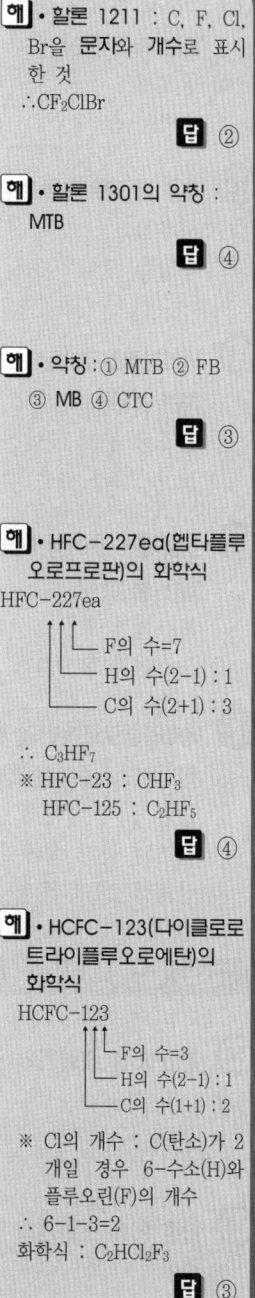

7 소화기의 관리

 소화기 외부 표시사항

(1) 소화기의 명칭 (2) 적용화재 표시
(3) 능력단위 (4) 사용방법
(5) 취급상 주의사항 (6) 용기합격 및 중량표시
(7) 제조년월일 (8) 제조업체명 및 상호

 소화기의 공통된 유지관리법

(1) 바닥면으로부터 1.5m 이하 되는 지점에 설치할 것
(2) 통행, 피난에 지장이 없고 사용시 반출하기 쉬운 곳에 설치
(3) 소화약제가 동결, 변질 또는 분출할 우려가 없는 곳에 설치
(4) 설치된 지점에 잘 보이도록 「소화기」 표시를 할 것

※ 소화기 유지방법 : 1.5m 이하라면 남녀노소를 막론하고 소화기에 손이 닿을 수 있는 높이이다.
- 일반적으로 포말소화기는 전도식이므로 쓰러지면 거품이 나오며, 생산공장 등에서는 소화기앞에 제품이 산적하여 정작 소화기를 사용할 때 사용 못하는 경우가 있으므로 주의한다.
- 물소화기나 포말은 겨울에는 얼고 여름에는 부패되므로 각별히 주의하여 겨울에는 보온조치를 여름에는 직사일광을 피하여 보관한다.

 소화기를 사용할 때의 주의사항

(1) 소화기는 화재 초기에만 효과가 있고, 화재가 확대된 후에는 거의 효과가 없다.
(2) 소화기는 대형 소화설비의 대용이 될 수 없다.
(3) 소화기는 어떠한 형태의 모든 화재에 유효한 만능소화기는 없다.
(4) 소화기는 그 구조, 성능, 취급법을 모르면 효과가 없다.

※ 화재를 발견하였을 경우 바로 관리실 등과 소방관서에 통보한 후 소화기를 사용하며, 소화기는 소화약제에 한계가 있으므로 화재가 확대되면 대형 소화설비에 의존하지 않으면 안된다.
※ 소화기는 미리 예상할 수 있는 화재위험에 대응해서 소화기의 크기 및 종류를 선정해 설치한다.

4 소화기를 사용할 때의 일반 주의사항(사용방법)

(1) **적용화재**에만 사용할 것
(2) 성능에 따라 **불 가까이 접근**하여 사용할 것
(3) 바람을 등지고 **풍상**에서 **풍하의 방향**으로 사용할 것
(4) 양옆으로 **비로 쓸 듯**이 골고루 사용할 것

> **참고**
> ※ **소화기 사용법** : 소화기는 소화기에 표시된 **적용화재**(A급 : 백색, B급 : 황색, C급 : 청색) 외에는 큰 소화효과를 얻을 수 없으므로 화재의 종류에 맞도록 **소화기의 선택**이 중요하다.
> • 소화기에는 **방출거리가 표시**되어 있으므로 방출거리 밖에서는 사용해도 화점(불)에 못 미친다.
> • 소화작업을 할 때는 화염에 휘말릴 위험이 있으므로 **바람이 불어가는 쪽**을 보며 소화작업을 할 것

5 소화기 관리상의 요점

(1) 전 종업원이 소화기의 취급법을 알아둘 것
(2) 1년에 1번 이상 실제 사용법을 시험해 본다.
(3) 설치장소를 가끔 검사해서 규정조건에 맞는가 확인한다.
(4) 방화관리자 및 화기책임자를 임명하고 구조 및 취급법을 숙지케 한다.

6 소화기의 점검(소방시설 포함)

(1) **작동기능 검사** : 연 1회(상반기 실시)
(2) **종합정밀 검사** : 연 1회(하반기 실시)

> **참고**
> ※ 소화기 점검사항
> • **작동기능 검사** : 압력계 지시침 확인, 소화제의 용량 및 중량 측정, 작동장치(안전핀 봉인확인·손잡이·가압용 가스용기 봉판 확인) 검사 등
> • **종합정밀 검사** : 압력시험 등

적중 출제예상문제

소화기의 관리

1 소화기의 표시 및 표시방법으로서 틀린 것은 어느 것인가?
① 소화기명 및 충진한 소화약제의 주성분
② 사용방법
③ 형식승인 번호
④ 제조회사 대표자명

> 해 · 제조회사 대표자명 : 표시 안함
> 답 ④

2 소화기의 설치, 유지방법으로 틀린 것은?
① 소화기는 바닥으로부터 최대 2m 이상의 높이에 설치한다.
② 낙하전도 하지 않도록 설치한다.
③ 동결되거나 변질의 우려가 없는 장소에 설치한다.
④ 소화기가 설치되어 있는 장소에는 잘 보이는 곳에 표식을 한다.

> 해 · 소화기 설치높이 : 바닥으로부터 1.5m 이하의 높이에 설치
> 답 ①

3 포말소화기의 보존 및 사용상의 주의사항으로 틀리는 사항은?
① 전기나 알코올류 화재에는 사용치 못한다.
② 동절기에도 보존 및 사용법이 하절기와 같다.
③ 사용 후에는 깨끗이 물로 닦은 후 국가검정에 합격된 소화약제를 충전하고 합격표지를 부착한다.
④ 안전한 장소에 넘어지지 않게 설치한다.

> 해 · 포말소화기 : 동절기에는 약제가 결빙되므로 보온을 하여야 하며, 하절기에는 단백질 분해물이 부패할 우려가 있으므로 서늘한 곳에 설치할 것
> 답 ②

4 포말소화기 관리 및 유지사항이 될 수 없는 것은?
① 사용 후 즉시 충전할 것
② 12개월마다 약제를 교체할 것
③ 상온 이하에서는 보온장치를 할 것
④ 전도되지 않게 보관할 것

> 해 · 문제 3 해설 참조
> 답 ③

5 소화기의 사용 후 뒤처리에 대해 틀린 것은?
① 탄산가스소화기는 용기 안팎을 충분히 수세한다.
② 포말소화기는 호스관 및 용기 내외면을 충분히 수세한다.
③ 분말소화기는 거꾸로 세워 잔압에 의해 호스 내를 세척하고 건조한다.
④ 소화약제를 즉시 충전하고 용기의 각 부분을 손질한다.

> 해 · 탄산가스 : 수분함량이 0.05%를 초과하지 않아야 하므로 수세(물세척)는 좋지 않다.
> 답 ①

6 소화기를 사용할 때의 일반적인 주의사항으로서 틀린 것은?
① 성능에 따라 화기 가까이 접근하여 사용한다.
② 소화기는 적응화재에만 사용한다.
③ 재연시 불에 포위되므로 앞에서부터 골고루 소화한다.
④ 풍하의 방향에서 풍상으로 소화한다.

해 · 소화작업 : 풍상에서 풍하의 방향으로 바람을 등지고 사용할 것
답 ④

유계실

◆ 고층건물의 화재시 대피방법
고층건물에서 화재를 만났을 때 여유있게 **대피할 시간은** 화재를 감지한 후 **3~5분밖에 없으며,** 건물의 구조 및 발화장소, 발화장소로부터 자기가 위치한 곳까지의 거리 등 여러 가지 조건에 따라 대피방법이 달라진다.

1. 화재 발생시 가장 중요한 것은 발화장소가 몇 층인가를 알아야 하는 것이며 지금 **자기가 위치한** 곳이 발화층보다 위인가 아래인가를 판단하여야 한다. **방송시설이 있는 곳에서는** 방송을 잘 들어 **발화위치를 정확히 판단한 후 대피**한다.
2. 자기가 있는 곳에서 발화했을 때 : 초기 진화에 실패하였 경우에는 **창이나 출입물을 꼭 닫고 피난**하여야 한다. 창이나 출입물을 연 채로 피난하면 창이나 출입구를 통하여 들어온 공기에 의해서 산소공급이 왕성해지므로 불길은 더욱 강렬해진다. **자기가 있는 곳 외에서 발화**가 되었더라도 **창문 출입문을 반드시 닫아야** 하며 커텐을 걷고 **가연물 등**은 창에서 되도록 **멀리 떨어뜨려 놓고 대피**를 하여야 한다.
3. **위층에서 발화했을 때** : 아래층으로 불길이 옮기는 예는 드물지만 늦장을 부리다가는 물벼락을 맞게 될 것이다.
4. **아래층에서 발화했을 때** : 내부의 계단이나 엘리베이터가 연통 구실을 하므로 거의 사용할 수 없으며, 일단 **불이 난 곳에서 옆방향으로 멀리 피난하고** 피난한 곳에서 비상구를 통해 건물 바깥계단을 이용하거나 창으로부터 대피로를 찾아 **아래쪽으로 대피**하는 것이 원칙이다. 그러나 불과 연기의 확산이 너무 빨라 **아래로 내려갈 수 없을 때**는 옥상으로 대피하며 이 때에는 **바람을 등지고** 구조를 기다려야 한다.
5. 엘리베이터 안에서 화재를 알았을 때 : 가장 가까운 층에 **재빨리 엘리베이터를 세우고** 위의 1, 2, 3, 4번 요령으로 **대피**를 한다. 그러나 화재로 인한 전기계통의 고장으로 엘리베이터가 층의 중간에 멎었을 때에는 외부로부터의 구조를 바랄 수 없기 때문에 **수동으로 문을 열고** 위층에서 아래 층으로 탈출하거나 **엘리베이터 천장의 비상구**를 통하여 위층으로 올라가 탈출한다. 이때 승객은 냉정을 잃지 말고 **서로 협력하며 탈출**하는 것이 중요하다.

8 위험물의 소화방법

 제1류 위험물

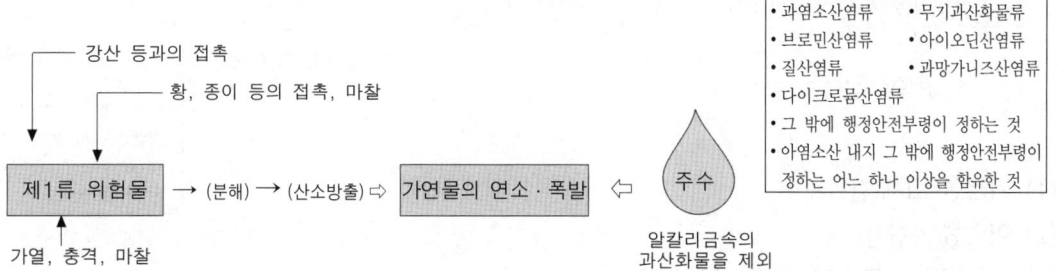

(1) 산화성 고체(강산화제)
(2) 불연성
(3) 소화방법 : 주수에 의한 냉각소화

참고

※ 제1류 위험물 : 다른 물질을 산화시키는 **산소를 많이** 함유하고 있는 물질로서 제1류 위험물 자체는 **불연성** 물질이지만 연소구역에 가까이 접해 있으면 **열분해**에 의하여 **산소를 다량방출**하며 방출된 산소는 **연소를 급격하게 진행**시킨다. 그러므로 소화방법은 **분해온도 이하로 냉각**하는 주수를 사용한다.

• 제1류 위험물 : 모두 산소를 함유한 강산화제로 산화성 고체이다.
• 제1류 위험물의 소화방법 : 주수가 가장 적당하나 무기 과산화물 중에는 **물과 접촉**하면 **급격히 발열**하며 **산소**(O_2)를 방출하는 것도 있다.

※ 과산화물
- 무기 과산화물 ┬ 알칼리금속의 과산화물(주수금지) → 물과 접촉하여 급격히 발열하면서 산소를 방출한다.
               └ 알칼리토금속의 과산화물(주수소화)
- 유기 과산화물 : 제5류 위험물(주수소화)

• 알칼리금속의 과산화물의 소화방법 : 마른 모래·암분(팽창질석 및 팽창진주암) 등으로 피복하여 소화하거나, 탄산수소염류 분말 소화약제 등으로 **질식소화**한다.

제2류 위험물

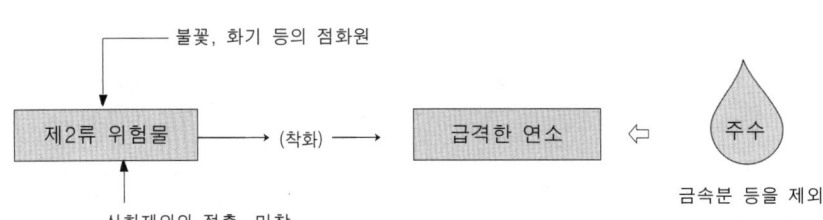

(1) 가연성 고체(환원제)
(2) 이연성(가연성)
(3) 소화방법 : 주수에 의한 냉각소화

> **참고**
> ※ **제2류 위험물** : 모두 **가연성 물질**이며 환원제이므로 산화제와의 접촉을 피하여야 하며 **주수에 의한 냉각소화**가 적당하다.
> • **환원제** : 다른 물질을 환원시켜 주는 물질로 산소와는 쉽게 결합한다.
> • **이연성** : 가연성 물질 중 연소하기 쉬운 물질
> ※ **철분·마그네슘·금속분류의 소화** : 주수하면 물과 접촉하여 **수소가스**를 발생하고, 공기 중에 확산된 분말에 의하여 2차적으로 **분진폭발**이 발생할 수 있으므로, **마른 모래·팽창질석·팽창진주암·탄산수소염류 분말 소화약제** 등으로 **질식소화**한다.
> ※ **오황화인·칠황화인의 소화** : 주수에 의하여 **발열**하며 **황화수소가스**(H_2S)를 발생하므로 **마른 모래·소화약제에 의한 질식소화**를 한다.
> ※ **인화성 고체** : 주수소화 및 소화약제에 의한 **질식소화**

 ## 제3류 위험물

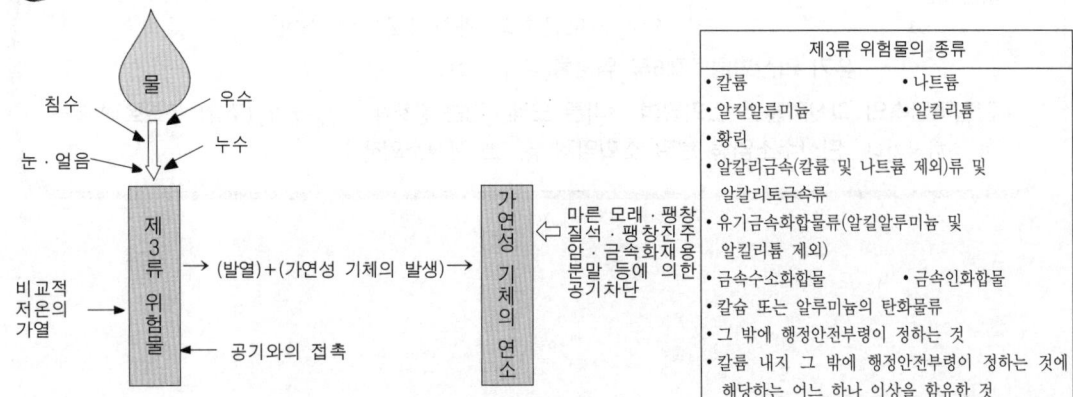

(1) 자연발화성 및 금수성 물질
(2) 가연성
(3) 소화방법 : 마른 모래 · 팽창질석 · 팽창진주암 및 탄산수소염류의 분말소화약제

> **참고**
>
> ※ 제3류 위험물 : 금수성 물질 · 자연발화성 물질로 물 또는 **공기**와 접촉하여 발열하며 가연성가스를 발생한다.
> - 금수성 : 물과 접촉하여 발열 혹은 발화하는 것
> - 소화방법 : 물은 사용 못하며 **마른 모래 · 팽창질석 · 팽창진주암 및 탄산수소염류 분말소화약제** 등을 사용할 것
> ※ **황린** : **주수소화**도 좋으나 **고압주수**를 하면 황린의 **비산**으로 **화점을 분산**시키는 위험이 있으므로 주의를 요하며 소화약제에 의한 **질식소화** (이산화탄소 · 할로젠화합물 사용금지)

제4류 위험물

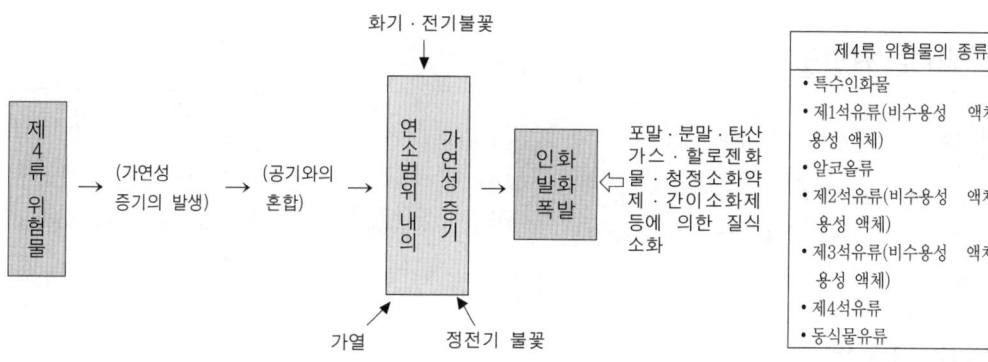

(1) 인화성 액체
(2) 가연성
(3) 소화방법 : 질식소화, 수용성의 것(안개상 분무주수 가능)

> **참고**
>
> ※ 제4류 위험물 : 질식소화에 의한 **각종 소화기**(포말, 분말, CO_2, 할로젠화합물, 간이소화제)를 모두 사용하며 **수용성**인 위험물은 주수소화(**안개상**으로 **분무**할 때)도 가능하나 **봉상**의 주수소화는 **화재면의 확대 위험성**이 있으므로 사용할 수 없다.

제5류 위험물

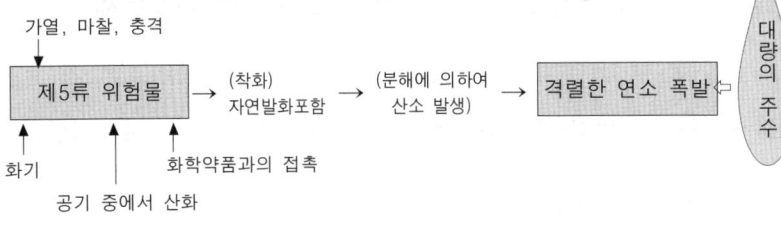

(1) 자기반응성 물질(자기연소성 물질)
(2) 가연물
(3) 소화방법 : 주수소화(포말포함)

> **참고**
> ※ 제5류 위험물 : **내부연소성 물질**이라고도 하며, 일반적으로 가연물과 동시에 **자체 내부에 산소를 함유**하고 있으므로 **공기 중의 산소 없이 자체 산소만을 갖고 착화에너지에 의하여 연소**한다. 또한 공기 중에서 **연소는 대단히 급격히 진행**된다. 그러므로 **화재 초기**에는 주수에 의한 냉각소화가 좋으나 화재가 진전되면 적당한 **소화방법은 없다**.

제6류 위험물

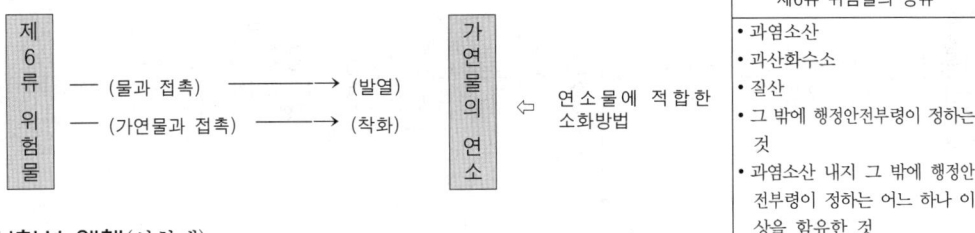

(1) 산화성 액체(산화제)
(2) 불연성
(3) 소화방법 : 대량의 물에 의한 **주수소화** · 인산염류분말에 의한 **질식소화방법**
(4) 유출 사고시 조치방법 : 마른 모래 · 중화제(생석회 · 소다라임)사용

> **참고**
> ※ 소화작업시 주의사항 : **피복** 및 **피부를 보호**하고 발생하는 **유독가스**의 발생에 대비하여 **마스크** 등 보호구를 **착용**할 것
> • 생석회 : CaO
> • 소다라임 : $Ca(OH)_2 + NaOH$

적중 출제예상문제

제1류 위험물의 소화방법

1 위험물의 적응 소화방법으로 맞지 않는 것은?
① 산화성 고체 : 질식소화
② 가연성 고체 : 냉각소화
③ 인화성 액체 : 질식소화
④ 자기반응성 물질 : 냉각소화

2 제1류 위험물의 화재시 가장 적당한 소화방법은?
① CO_2가 적당하다.
② CCl_4도 효과가 있다.
③ 일반적으로 주수소화가 적당하다.
④ 일반적으로 할로젠화합물이 적당하다.

3 과염소산염류는 어떤 소화방법이 좋은가?
① 제거소화
② 질식소화
③ 피복소화
④ 주수소화

4 제1류 위험물 중 알칼리금속의 과산화물의 소화방법으로 적당한 소화제는 어느 것인가?
① 이산화탄소
② 할로젠화합물
③ 인산염류분말
④ 탄산수소염류분말

5 제1류 위험물 중 알칼리금속의 과산화물의 화재시 적당하지 않은 소화제는?
① 마른 모래
② 탄산수소나트륨
③ 암분
④ 물

6 다음 중 주수소화가 적당하지 않은 것은?
① $NaNO_3$
② $AgNO_3$
③ K_2O_2
④ $(C_6H_5CO)_2O_2$

7 다음 화재 발생시 물을 사용해서는 안되는 것은?
① 염소산칼륨
② 과산화나트륨
③ 과산화수소
④ 질산나트륨

8 과산화나트륨의 화재시 가장 적당한 소화제는?
① 포소화제
② 마른 모래
③ 소화분말
④ 물

힌트

| 해 | • 산화성 고체(제1류 위험물) : 주수에 의한 냉각소화한다.
답 ①

| 해 | • 문제 1 해설 참조
답 ③

| 해 | • 문제 1 해설 참조
답 ④

| 해 | • 적응소화제 : 마른 모래 · 암분(팽창질석 · 팽창진주암) · 탄산수소염류분말
답 ④

| 해 | • 알칼리금속의 과산화물 : 물과 반응하여 산소(O_2)가스를 발생한다.
답 ④

| 해 | • 문제 5 해설 참조
※ K_2O_2(과산화칼륨) : 알칼리금속의 과산화물
답 ③

| 해 | • 문제 5 해설 참조
※ 과산화나트륨 : 알칼리금속의과산화물
답 ②

| 해 | 마른 모래 : 만능소화제
※ 해당소화제 : 마른 모래, 팽창질석, 팽창진주암, 탄산수소염류분말
답 ②

⑨ 제1류 위험물 알칼리금속의 과산화물에 적응하는 소화기구(간이소화용구 포함)는 다음 중 어느 것인가?
① 물 양동이 또는 수조
② 마른 모래
③ 강화액 소화기
④ 포말을 방사하는 소형 소화기

해 • 알칼리금속의 과산화물의 소화제 : 마른 모래, 암분(팽창질석, 팽창진주암), 금속화재용 분말(탄산수소염류분말) 등
답 ②

제2류 위험물의 소화방법

⑩ 황의 화재시 가장 적당한 소화방법은?
① 브로모클로로메탄의 방사에 의한 소화
② 분말 소화제에 의한 소화
③ 포의 방사에 의한 소화
④ 물을 사용한 소화

해 • 제2류 위험물의 소화방법 : 주수에 의한 냉각소화
답 ④

⑪ 다음 위험물 화재시 일반적으로 냉각소화가 좋다. 그러나 오히려 위험이 따르는 것은?
① 삼황화인   ② 적린
③ 황   ④ 마그네슘분

해 • 마그네슘 : 연소할 때 주수하면 가연성의 수소가스를 발생하며 2차적인 폭발의 위험이 있다.
답 ④

⑫ 금속분의 화재시 주수해서는 안되는 이유는?
① 산소가 발생   ② 수소가 발생
③ 질소가 발생   ④ 유독가스가 발생

해 • 문제 11 해설 참조
답 ②

⑬ 다음 중 금속분의 연소 때 주수소화하면 위험한 이유로서 옳은 것은?
① 수소가 발생하여 연소가 확대되기 때문에
② 유독가스가 발생하여 연소가 확대되기 때문에
③ 산소의 발생으로 연소가 확대되기 때문에
④ 분말이 수증기와 함께 날아가기 때문에

해 • 문제 11 해설 참조
답 ①

⑭ 다음 위험물 중에서 화재시 물을 뿌려 소화하면 위험이 크게 되는 것은 어느 것인가?
① 황린   ② 삼황화인
③ 황   ④ 알루미늄분

해 • 문제 11 해설 참조
답 ④

⑮ 제2류 위험물인 철분, 금속분, 마그네슘에 적당한 소화제는?
① 탄산수소염류   ② 할로젠화합물류
③ 물 분무 소화   ④ 이산화탄소

해 • 소화제 : 마른 모래, 금속화재용 소화분말(탄산수소염류)
답 ①

제3류 위험물의 소화방법

16 제3류 위험물의 화재시 가장 적당한 소화제는?
① 물 ② 포말
③ 테트라클로로메탄 ④ 마른 모래

해 • 만능소화제 : 마른 모래
  ※ 금속화재용 분말소화약제 적당
답 ④

17 제3류 위험물인 금수성 물질의 화재시 소화설비의 적응성을 가장 잘 나타내는 것은?
① 할로젠화합물 ② 인산염류
③ 탄산수소염류 ④ 이산화탄소

해 • 제3류 위험물 적응 소화설비의 약제 : 금속화재용 분말소 화약제(탄산수소염류)
답 ③

18 제3류 위험물의 화재에 적응한 소화설비는?
① 포소화설비 ② 할로젠화물 소화설비
③ 분말소화설비 ④ 불활성가스 소화설비

해 • 문제 17 해설 참조
답 ③

19 물에 의한 냉각소화로 소화를 할 수 없는 것은?
① 염소산염류 ② 황린
③ 금속칼륨 ④ 질산에스터류

해 • 금속칼륨(K) 및 금속나트륨(Na) : 물과 접촉하여 발열과 H_2 발생
답 ③

20 다량 저장된 곳에 화재가 발생하였을 때 물로 소화하면 안되는 물질은?
① K ② $KClO_3$
③ $NaClO_3$ ④ KNO_3

해 • 문제 19 해설 참조
답 ①

21 화재시 주수에 의해 오히려 위험성이 증대되는 것은?
① 황린 ② 과산화수소
③ 금속나트륨 ④ 나이트로셀룰로오스

해 • 문제 19 해설 참조
답 ③

22 금속 칼륨(K)에 대한 초기의 소화제로서 적당한 것은?
① 물 ② 마른 모래
③ CCl_4 ④ CO_2

해 • 만능소화제 : 마른 모래 등
답 ②

23 두 물질이 혼합하여도 위험하지 않으나 고압주수 소화시 화점을 분산시키는 것은?
① 적린과 염소산칼륨 ② 황린과 물
③ 나트륨과 알코올 ④ 아세틸렌과 은

해 • 황린 : 황린은 착화점이 낮으므로 연소시 액화된 황린은 고압주수에 의하여 화점을 분산시킨다.
답 ②

24 알킬알루미늄의 소화방법으로서 적당한 것은?
① 물 ② 물 분무
③ 테트라클로로메탄 ④ 팽창질석

해 • 알킬알루미늄의 소화제 : 팽창질석, 팽창진주암
답 ④

㉕ 카바이트의 소화방법으로 옳지 않은 것은?
① 아세틸렌가스가 발생하여 연소되고 있는 경우에는 주위 가연물을 제거한다.
② 다량의 마른 모래나 분말로 소화한다.
③ 포소화약제를 사용한다.
④ 아세틸렌은 대류에 의한 2차 폭발이 없도록 충분히 고려하여 소화한다.

해 • 카바이트 : 물과 접촉하면 아세틸렌가스를 발생한다.
 ※ 포소화약제 : 물을 주성분으로 한다.
답 ③

㉖ 인화석회에 의한 화재시 가장 적당한 소화방법은?
① 마른 모래로 덮어 소화한다. ② 봉상의 물로 소화한다.
③ 안개상의 물로 소화한다. ④ 산·알칼리 소화기로 소화한다.

해 • 인화석회(인화칼슘) : 마른 모래 및 팽창질석, 팽창진주암, 금속화재용 분말(탄산수소염류)소화약제로 소화한다.
답 ①

㉗ 다음 위험물의 화재시 주수소화에 의하여 오히려 위험이 따르는 것은?
① 황 ② 염소산칼륨
③ 인화칼슘 ④ 질산암모늄

해 • 인화칼슘(인화석회) : 금수성 물질
답 ③

㉘ 다음 위험물의 소화방법으로 주수소화가 적당하지 않은 것은?
① $NaClO_3$ ② P_4S_3
③ Ca_3P_2 ④ S

해 • Ca_3P_2(인화칼슘) : 금수성
답 ③

㉙ 수소화나트륨은 주수소화가 부적당하다. 그 이유는?
① 발열반응을 일으킴 ② 수화반응을 일으킴
③ 중화반응을 일으킴 ④ 중합반응을 일으킴

해 • 물과의 반응
$NaH + H_2O \rightarrow NaOH + H_2 + 21kcal$
※ 물과는 **발열**하며 수소(H_2) 발생
답 ①

제4류 위험물의 소화방법

㉚ 유류화재의 소화방법으로 가장 많이 쓰이는 방법은?
① 냉각 ② 주수
③ 공기차단 ④ 가연물 제거

해 • 유류화재(제4류 위험물)의 소화방법 : 질식소화(산소공급원의 차단) 방법을 사용한다.
답 ③

㉛ 유류화재의 소화방법으로 가장 알맞은 것은?
① 제거소화 ② 질식소화
③ 냉각소화 ④ 억제소화

해 • 문제 30 해설 참조
답 ②

㉜ 제4류 위험물 화재에 직접 물로 소화하는 것은 적당하지 않다. 그 이유는 무엇인가?
① 발화점이 낮아진다. ② 인화점이 낮아진다.
③ 연소 면이 확대된다. ④ 가연성가스를 발생한다.

해 • 제4류 위험물 : 대체적으로 물보다 가볍고, 표면장력이 작으므로 **주수소화**(냉각소화)를 하면 **연소 면**을 **확대**시킨다.
답 ③

㉝ 다이에틸에터 화재시에 소화방법으로 가장 적당한 것은 어느 것인가?
① 산·알칼리 소화기
② 테트라클로로메탄
③ 물소화기
④ 이산화탄소

해 • 다이에틸에터의 소화 : 질식소화제인 이산화탄소를 가장 많이 사용
답 ④

㉞ 제1석유류의 소화에 있어서 틀린 사항은 어느 것인가?
① 인화점이 낮으므로 냉각소화가 적당하다.
② 질식소화가 적당하다.
③ 분말소화도 효과가 있다.
④ 산·알칼리 소화기의 사용은 적당하지 않다.

해 • 제1석유류의 소화방법 : 질식소화가 효과적이다.
답 ①

㉟ 다음 중 위험물과 그의 화재 발생시 사용하는 소화제를 짝지어 놓은 것으로서 잘못된 것은?
① $(C_2H_5)_3Al$ - 팽창질석
② $C_2H_5OC_2H_5$ - CO_2
③ $C_6H_2(NO_2)_3OH$ - 물
④ $C_6H_5NO_2$ - 물

해 • 소화방법 : ① ② ③ 적당 ④ 부적당(질식소화제를 사용할 것)
답 ④

㊱ 다음 위험물 중 화재 발생시에 적당한 소화제로서 틀린 것은?
① CH_3COCH_3 - 물
② $(C_2H_5)_2AlCl$ - 팽창질석
③ CH_3-⌬ - 포 혹은 CO_2
④ 테레핀유 - 안개모양의 물

해 • 소화방법 : ① ② ③ 적당 ④ 부적당(질식소화제를 사용할 것)
답 ④

㊲ 다음에서 유류나 전기화재에 가장 부적당한 소화기는?
① 산·알칼리 소화기
② 이산화탄소소화기
③ 테트라클로로메탄소화기
④ 분말소화기

해 • 산·알칼리 소화기 : 물이 주성분이므로 유류와 전기화재에 부적당
답 ①

㊳ 다음 중 알코올 화재시 소화제로 적당하지 않은 것은?
① 석면포
② 화학포
③ 모래주머니
④ 드라이아이스

해 • 알코올(제4류 위험물)의 화재에는 특수포인 알코올포를 사용한다.
답 ②

㊴ 위험물과 그 소화에 있어서 옳게 짝지어진 것은?
① 냉각소화가 적당한 것 : 톨루엔
② 알코올포가 적당한 것 : 메틸알코올
③ 탄산가스가 효과없는 것 : 피리딘
④ 봉상의 물로 소화되는 것 : 가솔린

해 • 소화방법 : ① 부적 ② 효과 있음 ④ 부적당(질식소화가 적당)
답 ②

제5류 위험물의 소화방법

㊵ 제5류 위험물의 화재시에 적당한 소화약제는 어느 것인가?
① 테트라클로로메탄
② 탄산가스
③ 물
④ 질소

해 • 제5류 위험물 : 주수(물)에 의한 냉각소화
답 ③

㊶ 제5류 위험물의 화재시 일반적으로 사용하는 소화방법은?
① 냉각효과
② 질식효과
③ 제거효과
④ 억제효과

해 • 문제 40 해설 참조
답 ①

㊷ 불연성 가스 소화설비의 적응성으로서 옳지 않은 것은?
① 전기설비　　　　② 제4류 위험물
③ 제5류 위험물　　④ 특수가연물

해 · 문제 40 해설 참조
답 ③

㊸ 제5류에 속하는 위험물이 소화가 곤란하다고 되어있는 이유로서 다음 중 제일 적당한 것은?
① 연소물이 비산하기 쉽다.
② 물과 발열 반응한다.
③ 연소시에 불꽃을 내지 않으므로 환원으로 발전이 곤란하다.
④ 연소에 관여하는 산소를 함유하고 있는 물질이므로 연소속도가 빠르다.

해 · 제5류 위험물 : 자기반응성 물질로서 연소시 함유된 산소로 인하여 연소의 속도가 대단히 빠르게 진행되므로 **폭발적으로 연소**한다.
답 ④

㊹ 다음 제5류 위험물질로 화재 발생시 분무상의 물로 소화할 수 있는 것은?
① $C_3H_5(ONO_2)_3$　　② $[C_6H_7O_2(ONO_2)_3]_n$
③ CH_3ONO_2　　　　④ $[C_2H_4(ONO_2)_2]$

해 · 분무주수소화 : ① 불가(액체) ② **가능(고체)** ③ ④ 불가(액체)
답 ②

㊺ 제5류 위험물의 화재예방상 주의사항으로서 틀린 것은?
① 특히 실온, 습기, 통풍에 주의할 것
② 장시간에 걸쳐 산화반응이 진행되어 자연발화하는 것도 있다.
③ 화재초기는 질식소화가 가장 좋다.
④ 가연물과 산소공급원이 같이 있는 상태이므로 점화원을 주는 것은 위험하다.

해 · 제5류 위험물의 소화 : 주수가 가장 좋다.
※ 질식소화는 효과가 없다.
답 ③

㊻ 다음 소화제를 사용할 때 적당하지 않은 것은?
① 마른 모래는 위험물 전류의 화재에 적용된다.
② 분말소화제는 셀룰로이드 화재에 가장 적당하다.
③ 물은 탄화칼슘의 화재에 사용하여서는 안된다.
④ 테트라클로로메탄은 유류화재에 적당하다.

해 · 셀룰로이드의 소화 : 주수소화
답 ②

제6류 위험물의 소화방법

㊼ 제6류 위험물(산화성 액체)의 소화방법으로 틀린 것은?
① 할로젠화물 소화도 효과가 있다.
② 물 분무 소화도 효과가 있다.
③ 팽창질석도 효과가 있다.
④ 마른 모래도 효과가 있다.

해 · 제6류 위험물의 소화 : CO_2, 할로젠화합물은 **부적당**하다.
답 ①

48 제6류 위험물의 화재시 조치방법으로서 틀린 것은?
① 마른 모래로 소화한다.
② 환원성 물질로 소화한다.
③ 물과의 접촉을 피한다.
④ 인산염류분말로 소화한다.

해 · 제6류 위험물 : 산화성 액체이므로 환원성 물질(가연물 등)과는 접촉을 피한다.
답 ②

49 제6류 위험물의 소화방법으로서 틀린 것은 어느 것인가?
① 연소의 상황에 따라 분무주수도 효과가 있다.
② 소량일 때에는 다량의 물로 희석시키는 좋은 방법이다.
③ 마른 모래도 효과가 있다.
④ 실내에서는 테트라클로로메탄이 좋다.

해 · 문제 47 해설 참조
※ 테트라클로로메탄 : 할로젠화합물이며 소시시 독가스인 포스겐가스를 발생한다.
답 ④

50 제6류 위험물 소화시 가장 위험한 것은?
① 포스겐가스의 발생
② 부식성에 의한 피해
③ 발열로 인한 화상
④ 액체의 기포발생

해 · 제6류 위험물 : 부식성이 강한 산화성 액체이다.
답 ②

51 제1류에서 6류까지 위험물 전반에 사용하는 소화기구는?
① 불연성 가스를 방사하는 소화기
② 산·알칼리 소화기
③ 마른 모래
④ 할로젠화합물로 방사하는 소화기

해 · 만능소화제 : 마른 모래
답 ③

52 다음 각류의 위험물에 대한 소화방법으로 옳지 못한 것은?
① 마른 모래는 모든 류의 소화에 사용한다.
② 할로젠화합물 소화제는 2류 및 5류의 소화에 소화할 수 있다.
③ 팽창질석은 3류 및 4류의 소화에 사용
④ 포말소화기는 4류 및 6류의 소화에 사용

해 · 제2류와 제5류 위험물의 소화 : 액체소화제(할로젠화합물 소화제)보다 주수에 의한 냉각소화가 적합하다.
답 ②

53 다음 중 위험물의 유형별 소화방법에서 틀린 것은?
① 제3류 위험물 - 주수소화
② 제2류 위험물 - 일반적으로 냉각소화
③ 제6류 위험물 - 마른 모래 또는 다량의 물에 의한 냉각소화
④ 제5류 위험물 - 냉각소화

해 · 제3류 위험물 : 금수성 물질로 물(주수)과의 접촉은 대단히 위험하다.
답 ①

제 3 장

소방시설의 설치 운영

학습목표
- 소방시설
- 유해위험물 보호시설
- 자체소방조직
- 제조소등의 소화설비

1 소방시설의 종류

- 소화설비
- 경보설비
- 피난설비
- 소화용수설비
- 소화활동설비

참고

※ 소방시설의 종류
- **소화설비의 종류** : 소화기구·옥내소화전설비·옥외소화전설비·스프링클러설비 및 간이스프링클러설비·화재 조기 진압용 스프링클러설비·물 분무 등 소화설비
- **경보설비의 종류** : 자동화재탐지설비 및 시각경보기·자동화재속보설비·비상경보설비·비상방송설비·누전경보기·가스누설경보기, 단독경보형 감지기, 통합감시시설
- **피난설비** : 피난기구·유도등 및 유도표지·인명구조기구·비상조명등 및 휴대용 비상조명등
- **소화용수설비** : 소화수조·저수조·상수도소화용수설비·그 밖의 소화용수설비
- **소화활동설비** : 연결송수관설비·연결살수설비·제연설비·비상콘센트설비·무선통신보조설비·연소방지설비

제3장 소방시설의 설치 운영 95

2 소화설비

 소화설비의 종류

(1) 소화기구 : 수동식 소화기·자동식 소화기·캐비넷형 자동소화기기 및 자동 확산 소화용구, 소화약제에 의한 간이소화용구
(2) 옥내소화전설비
(3) 옥외소화전설비
(4) 스프링클러설비, 간이스프링클러설비, 화재 조기 진압용 스프링클러설비
(5) 물 분무 등 소화설비 : 물 분무·포·분말·불활성가스(이산화탄소 등)·할로젠화합물(할론 및 할로젠화합물) 소화설비

- ※ 간이소화용구 : 마른 모래·팽창질석·팽창진주암
- ※ 소화설비의 소화효과
  - 옥내소화전·옥외소화전 : 냉각소화
  - 스프링클러설비·물 분무 소화설비 : 냉각소화 및 질식·희석의 상승효과
  - 포·분말·이산화탄소 소화설비 : 질식소화 및 냉각의 상승효과
  - 할로젠화합물 소화설비 : 억제소화 및 희석·냉각의 상승효과

 소화설비의 배치

소화기구	대형수동식 소화기	소방대상물의 각 부분으로부터 1개의 대형 수동식 소화기까지 보행거리 30m 이하의 1개
	소형수동식 소화기	보행거리 20m 이하에 1개
옥 내 소 화 전		소방대상물과 옥내소화전 방수구와의 거리는 수평거리 25m 이하
옥 외 소 화 전		소방대상물과 호스접결구까지의 거리는 수평거리 40m 이하
스프링클러설비 및 간이스프링클러설비		1개 헤드 설치면적은 소방대상물에 따라
물 분무 등 소화설비 (물 분무·포·분말·이산화탄소· 할로젠화합물 소화설비)		방사능력에 따라 유효하게

소화기구

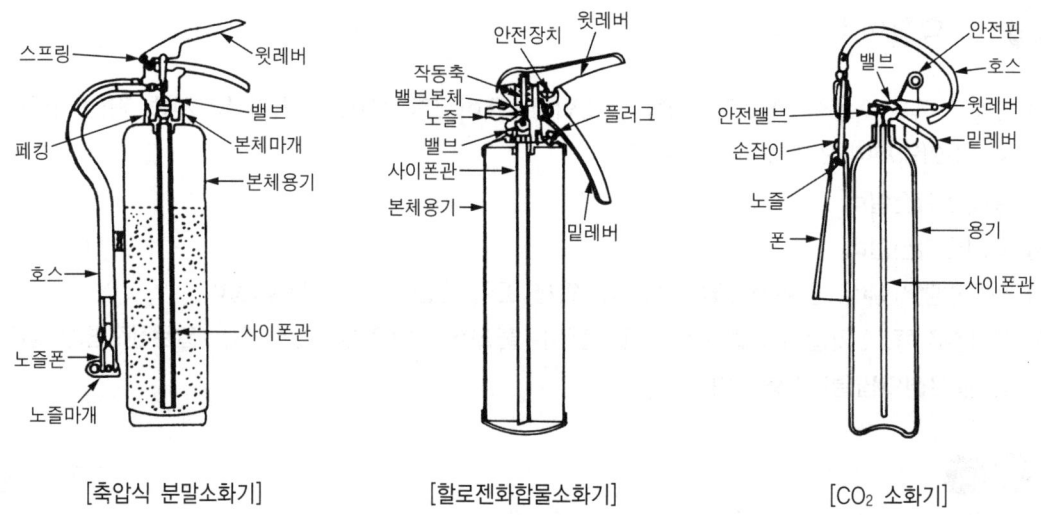

[축압식 분말소화기]　　　　[할로젠화합물소화기]　　　　[CO_2 소화기]

(1) 소화기구의 설치대상
　제조소 등에 전기설비(전기배선, 조명기구 등은 제외한다)가 설치된 경우에는 당해장소의 면적 $100m^2$ 마다 소형수동식 소화기를 1개 이상 설치한다.

(2) 소화기구의 표지게시방법
　① **수동식 소화기** : 소화기
　② **마른 모래** : 소화용 모래
　③ **팽창질석 · 팽창진주암** : 소화질석

(3) 이산화탄소 · 할로젠화합물(할론 1301 제외) 소화기구의 설치 금지장소
　① **지하층**
　② **무창층**
　③ **밀폐된 거실 및 사무실**로서 바닥면적 $20m^2$ 미만인 곳

※ 배기를 위한 유효한 개구부가 있는 장소에는 이산화탄소 · 할로젠화합물 소화기구 설치 금지 장소 규정을 적용하지 아니한다.

(4) 능력단위

① **소화기구의 능력단위** : 소화능력에 따라 측정한 수치
② **간이소화용구의 능력단위**

㉮ 소화전용 물통	8 ℓ	0.3단위
㉯ 수조(소화전용 물통 3개 포함)	80 ℓ	1.5단위
㉰ 수조(소화전용 물통 6개 포함)	190 ℓ	2.5단위
㉱ 마른 모래(삽 1개 포함)	50 ℓ	0.5단위
㉲ 팽창질석 또는 팽창진주암(삽 1개 포함)	160 ℓ	1단위

참고

※ 소화기에 표시된 능력단위
  예 A-2, B-3 : A급 화재 능력단위 2단위, B급 화재 능력단위 3단위에 적용되는 소화기
※ 대형소화기의 능력단위 : A급 10단위 이상, B급 20단위 이상

(5) 소요단위

① **정의** : 소화설비의 설치대상이 되는 건축물, 그 밖의 공작물의 규모 또는 위험물의 양에 대한 기준단위
② **소요단위(1단위) 규정**
  ㉮ 제조소 또는 취급소용 건축물로 외벽이 내화구조인 것 : 연면적 100m²
  ㉯ 제조소 또는 취급소용 건축물로 외벽이 내화구조 이외의 것 : 연면적 50m²
  ㉰ 저장소용 건축물로 외벽이 내화구조인 것 : 연면적 150m²
  ㉱ 저장소용 건축물로 외벽이 내화구조 이외의 것 : 연면적 75m²
  ㉲ 위험물 : 지정수량 10배

참고

※ **제조소등**에서는 **소요단위**에 맞추어 **능력단위** 이상의 소화기를 비치하여야 한다.
※ 제조소등의 옥외에 설치된 **공작물은 외벽이 내화구조**인 것으로 간주하고 **최대 수평투영면적을 연면적**으로 간주한다.
※ 공연장, 집회장, 문화재 등에는 50m² 마다 **능력단위 1단위** 이상의 소화기구를 설치하여야 한다. 즉 50m²가 1소요단위에 해당된다.

적중 출제예상문제

소방시설 및 소화설비

1 다음 중 소방시설이 아닌 것은?
① 피난시설　② 소화설비
③ 방화설비　④ 경보설비

2 다음 중 소화기구에 해당되지 않는 것은?
① 옥내소화전　② 수동식 소화기
③ 자동식 소화기　④ 간이소화용구

3 다음 중에서 간이소화용구에 해당하는 것은?
① 마른 모래　② 옥내소화전
③ 스프링클러　④ 옥외소화전

4 다음 중에서 소화설비에 들지 않는 것은?
① 스프링클러　② 옥내소화전
③ 산소호흡기　④ 팽창질석 또는 팽창진주암

5 다음 중에서 물 분무 등 소화설비에 해당되지 않는 것은 어느 것인가?
① 물 분무 소화설비　② 불활성가스 소화설비
③ 할로젠화합물 소화설비　④ 스프링클러설비

6 스프링클러와 관계있는 것은?
① 가정용 냉방기구　② 소화설비
③ 자동차용 냉방기구　④ 화원살수기구

7 다음 스프링클러설비는 소화작용에서 어떤 작용을 할 수 없는가?
① 질식작용　② 희석작용
③ 냉각작용　④ 억제작용

8 소화설비의 종류와 소화작용으로 맞는 것은?
① 스프링클러설비 – 억제작용
② 물 분무 설비 – 냉각작용
③ 소화전설비 – 질식작용
④ 분말소화설비 – 희석작용

 힌 트

해 • 소방설비 : 소화·경보·피난·소화용수·소화활동설비
　답 ③

해 • 소화기구 : 수동식 및 자동식 소화기·간이소화용구
　답 ①

해 • 간이소화용구 : 마른 모래·팽창질석·팽창진주암·소화약제에 의한 간이소화용구
　답 ①

해 • 소화설비
① 소화　② 소화
③ 피난　④ 소화
　답 ③

해 • 물 분무 등 소화설비
물 분무·포·분말·불활성가스·할로젠화합물 소화설비
　답 ④

해 • 스프링클러 : 소화설비
　답 ②

해 • 스프링클러설비 : 냉각작용 및 질식·희석의 상승효과
　답 ④

해 • 소화작용
① 냉각　② 냉각
③ 냉각　④ 질식
　답 ②

⑨ 소형 소화기는 소방대상물의 각 부분으로부터 1개의 수동식 소화기구까지 보행거리 몇 m마다 배치하는가?
① 10m 이하
② 15m 이하
③ 20m 이하
④ 25m 이하

해 • 소형 소화기 : 20m 이하
답 ③

⑩ 대형 수동식 소화기는 보행거리 몇 m마다 설치하는가?
① 30m
② 20m
③ 10m
④ 5m

해 • 대형 소화기 : 30m 이하
답 ①

⑪ 옥내소화전의 방수구는 소방대상물의 층마다 설치하되 소방대상물의 각 부분으로부터 1개의 옥내소화전 방수구까지의 수평거리는 얼마인가?
① 10m 이상
② 15m 이상
③ 20m 이상
④ 25m 이하

해 • 옥내소화전 : 25m 이하
답 ④

⑫ 옥외소화전은 건축물의 각 부분으로부터 1개의 호스접결구까지의 수평거리가 얼마가 되도록 설치하여야 하는가?
① 25m 이하
② 30m 이하
③ 40m 이하
④ 50m 이하

해 • 옥외소화전 : 40m 이하
답 ③

소화기구

⑬ 제조소 등에 전기설비가 설치된 경우에는 당해장소 몇 m^2마다 소형수동식 소화기를 1개 이상 설치하여야 하는가?(단, 전기배선, 조명 기구 등은 제외한다)
① 50m^2 이상
② 100m^2 이상
③ 150m^2 이상
④ 200m^2 이상

해 • 설치면적의 100m^2
답 ②

⑭ 소화기구의 표지게시 방법으로 틀린 것은 어느 것인가?
① 수동식 소화기 : 소화기
② 마른 모래 : 소화용 모래
③ 팽창질석 : 소화질석
④ 팽창진주암 : 소화진주암

해 • 팽창질석·팽창진주암 : 소화질석
답 ④

⑮ 이산화탄소소화기는 지하의 좁은 거실에 비치할 수 없다. 바닥 면적이 얼마일 경우에 비치할 수 없는가?
① 30m^2 미만
② 20m^2 이상
③ 20m^2 미만
④ 30m^2 이상

해 • 설치 금지장소 : 지하층·무창층·밀폐된 거실 및 사무실로서 바닥면적 20m^2 미만인 곳
답 ③

⑯ 간이소화용구 중 소화전용 물통이 8L일 경우 능력 단위는 얼마인가?
① 0.1단위
② 0.3단위
③ 05단위
④ 0.7단위

해 • 소화전용 물통 8L = 0.3단위
답 ②

⑰ 다음 중 간이소화용구의 능력단위가 0.5인 간이소화제는?
① 마른 모래   ② 중조톱밥
③ 팽창질식   ④ 수증기소화

[해] • 마른 모래 0.5 단위 1포 : 50ℓ
• 팽창질석·팽창진주암 1단위 1포 : 160ℓ
[답] ①

⑱ 소화기구의 설치기준에서 소방대상물에 따른 능력단위 산출 중 마른 모래(건조사)일 때 0.5 단위의 용량은?
① 190ℓ   ② 160ℓ
③ 80ℓ   ④ 50ℓ

[해] • 마른 모래 0.5단위 1포 : 50ℓ
[답] ④

⑲ 다음 간이소화용구의 능력단위를 표시한 것 중 옳은 것은?
① 물양동이는 용량 3ℓ 이상의 것 3개 : 1단위
② 마른 모래는 삽을 상비한 100ℓ 이상의 것 1개 : 0.5단위
③ 팽창질식 또는 팽창진주암은 삽을 상비한 160ℓ 이상의 1포 : 1단위
④ 수조는 용량 8ℓ 이상의 소화전용 물양동이 6개 이상을 상비한 190ℓ 이상의 것 : 1.5단위

[해] • 팽창진주암·팽창질석 1단위 1포 : 160ℓ
[답] ③

⑳ 소화기에 "A-2, B-3"라고 쓰여진 숫자의 뜻은?
① 소화기의 제조번호   ② 소화기의 소요단위
③ 소화기의 능력단위   ④ 소화기의 사용순위

[해] • A-2, B-3 : 화재의 종류와 능력단위를 나타낸 것임
[답] ③

㉑ 소화설비의 설치대상이 되는 건축물, 그 밖의 공작물의 규모 및 위험물의 양에 대한 기준단위를 무엇이라 하는가?
① 능력단위   ② 소요단위
③ 절대단위   ④ 표준단위

[해] • 소요단위 : 소화설비 설치대상에 대한 기준단위로서 절대치 이상의 능력단위의 소화기를 설치한다.
[답] ②

㉒ 위험물에 있어서는 1소요단위가 지정수량 몇 배인가?
① 5배   ② 10배
③ 20배   ④ 50배

[해] • 1소요단위 : 지정수량 10배
[답] ②

㉓ 경유 60,000의 소화설비의 소요단위는 다음 중 어느 것이 옳은가?
① 3단위   ② 4단위
③ 5단위   ④ 6단위

[해] • 경유의 지정수량 : 1,000ℓ
※ 소요단위 : $\frac{60,000}{10 \times 1,000}$ = 6단위
[답] ④

㉔ 탄화칼슘 60,000kg의 소화설비의 설치 소요단위는 몇 단위인가?
① 10단위   ② 20단위
③ 30단위   ④ 40단위

[해] • 탄화칼슘의 지정수량 : 300kg
※ 소요단위 : $\frac{60,000}{10 \times 300}$ = 20단위
[답] ②

25 공공으로 모일 수 있는 곳(중요문화재)의 연면적이 1,000m²일 경우 소화기구를 비치하여야 할 총 소요단위는 얼마인가?
① 10단위 ② 20단위
③ 30단위 ④ 40단위

해 · 1소요단위 : 50m²
※ $\frac{1,000}{50} = 20$단위
답 ②

26 건축물의 외벽이 내화구조로 된 제조소는 소화설비를 적용함에 있어 1소요단위를 몇 m²로 보는가?
① 100m² ② 200m²
③ 300m² ④ 400m²

해 · 1소요단위 : 100m²
※ 내화구조가 아닌 곳의 1소요단위 : 50m²
답 ①

27 저장소의 외벽이 내화구조로 되었을 때 1소요단위는 몇 m²인가?
① 50m² ② 75m²
③ 100m² ④ 150m²

해 · 1소요단위 : 150m²
※ 내화구조가 아닌 곳의 1소요단위 : 75m²
답 ④

유게실

◆ 유조선 등 대형 선박의 선두 쪽 옆에 표시하는 표시(Leoyd Mark)

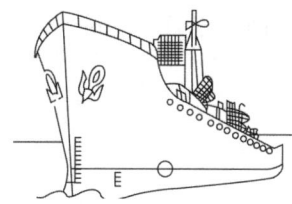
[로이드 마크]

대양을 항해하는 배들의 선두 쪽 옆에 표시하는 로이드 마크를 본 일이 있을 것이다. 이 기호는 **담수** 또는 **바닷물**에서 항해할 때의 **안전수위**를 가리키는 것으로 바닷물의 염분의 농도는 바다에 따라서 또는 계절에 따라서 어느 정도 차이가 있으므로 **배의 흘수**(吃水 : 수면으로부터 배의 바닥 부분까지의 깊이)도 달라진다. 그러므로 대양을 항해하는 선박들은 여러 가지 밀도의 물에 대한 만재 흘수위를 숙지하여 해난사고를 방지하여야 한다.

- FW(Fresh Water) : 담수에서의 한계
- IS(India Summer) : 여름의 인도양에서의 한계
- S(Summer) : 여름의 바닷물에서의 한계
- W(Winter) : 겨울의 바닷물에서의 한계
- WNA(Winter North Atlantic) : 겨울의 북대서양에서의 한계
- ⊖ : 그 이상 가라앉으면 안된다는 흘수의 한계표시

2-1 옥내소화전설비(위험물제조소등 전용)

1 옥내소화전설비

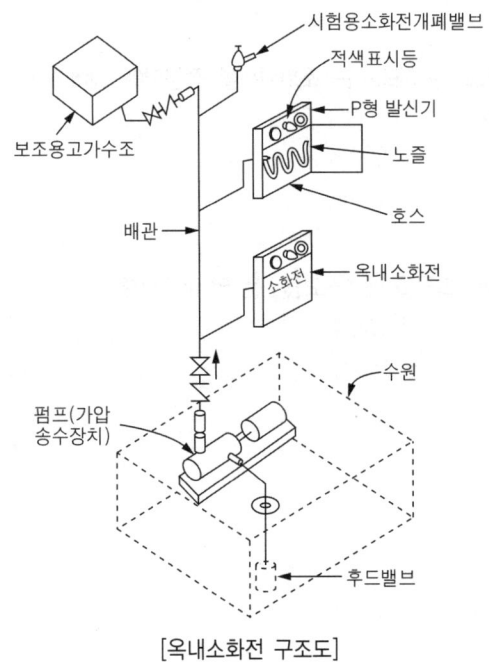

[옥내소화전 구조도]

(1) **수원의 저수량** : 설치개수(5개 이상인 경우 5개)에 7.8㎥를 곱한 양 이상
(2) **방수량** : 260 ℓ/min 이상
(3) **비상전원** : 45분 이상 작동할 것
(4) **방수압력** : 350KPa(0.35MPa) 이상
(5) **방수구(호스) 구경** : 40mm
(6) **바닥으로부터 개폐밸브 및 호스접속구까지의 높이** : 1.5m 이하
(7) **표시등** : 적색으로 소화전함 상부에 부착(부착 면으로부터 15도 이상 범위 안에서 10m 이내 의 어느 곳에서도 식별될 것)
(8) **소방자동차 전용 옥내소화전 송수구의 높이** : 바닥으로부터 0.5m 이상 1m 이하
(9) **배선** : 내화배선·내열배선 사용
(10) **펌프를 이용한 가압송수장치의 전양정**

$H = h_1 + h_2 + h_3 + 35m$

H : 펌프의 전양정(단위 m)　　h_1 : 소방용 호스의 마찰손실수두(단위 m)
h_2 : 배관의 마찰손실수두(단위 m)　　h_3 : 낙차(단위 m)
35m : 노즐선단 방사압력환산 수두(단위 m)

(11) 고가수조를 이용한 가압송수장치의 필요 낙차

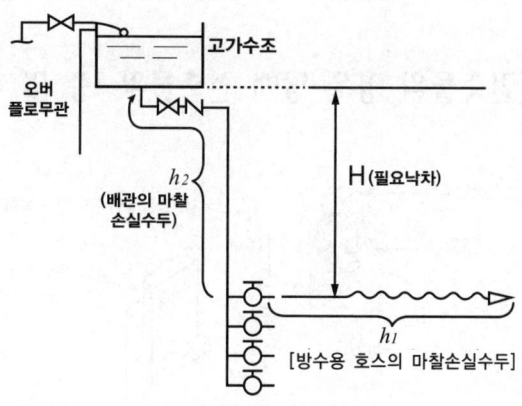

[고가수조의 필요낙차]

H = h₁ + h₂ + 35m

H : 필요낙차(단위 m)   h₁ : 방수용 호스의 마찰손실수두(단위 m)
h₂ : 배관의 마찰손실수두(단위 m)   35m : 노즐선단 방사압력환산수두(단위 m)

(12) 압력수조를 이용한 가압송수장치의 필요한 압력

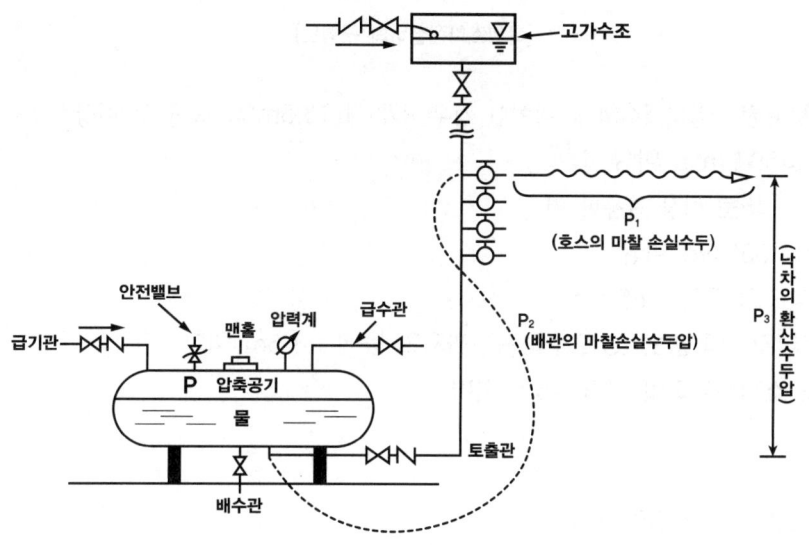

[압력수조의 필요압력]

P = p₁ + p₂ + p₃ + 0.35MPa

P : 압력수조의 압력(단위 MPa)   p₁ : 소방용호스의 마찰손실수두압(단위 MPa)
p₂ : 배관의 마찰손실수두압(단위 MPa)   p₃ : 낙차의 환산수두압(단위 MPa)
0.35MPa : 노즐선단의 수두압

2-2 옥외소화전설비(위험물제조소등 전용)

옥외소화전설비(건축물의 경우 당해 건축물의 1층 및 2층의 소화에 한함)

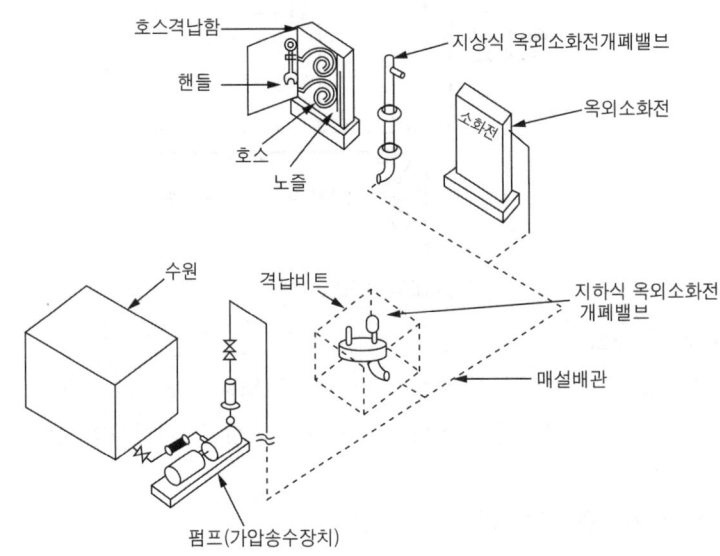

[옥외소화전설비의 구성도]

(1) 수원의 저수량 : 설치개수(4개 이상인 경우 4개)에 13.5m³를 곱한 양 이상
(2) 방수량 : 450 ℓ/min 이상
(3) 비상전원 : 45분 이상 작동할 것
(4) 방수압력 : 350KPa 이상
(5) 방수구(호스)의 구경 : 65mm
(6) 바닥으로부터 개폐밸브 및 호수접속구까지의 높이 : 1.5m 이하
(7) 소화전과 소화전함과의 거리 : 5m 이하

※ 옥외소화전과 소화전함의 배치
- 소화전 10개 이하 : 소화전마다 5m 이하의 장소에 소화전함 1개 이상
- 소화전 11개 이상 30개 이하 : 소화전함 11개를 분산하여 설치
- 소화전 31개 이상 : 소화전 3개마다 소화전함 1개 이상 설치

적중 출제예상문제

옥내소화전(위험물제조소등 전용)

① 위험물제조소등에 옥내소화전설비가 2개 설치될 때 필요한 수원의 수량은 몇 m³인가?
① 2.6m³   ② 5.2m³
③ 7.8m³   ④ 15.6m³

- 수원의 수량 : 설치개수에 7.8m³ 를 곱한 양
  ※ 7.8m³ × 2=15.6m³
  답 ④

② 위험물제조소등의 옥내소화전설비의 가압송수장치인 펌프의 1분당 방수량은?
① 80ℓ/min 이상   ② 130ℓ/min 이상
③ 260ℓ/min 이상   ④ 350ℓ/min 이상

- 방수량 : 260ℓ/min 이상
  답 ③

③ 옥내소화전설비의 비상전원은 몇 분간 작동할 수 있어야 하는가?
① 45분   ② 30분
③ 20분   ④ 10분

- 비상전원의 용량 : 45분 이상
  답 ①

④ 위험물제조소등의 옥내소화전을 동시에 사용할 경우 각 소화전의 노즐 선단에서의 방수압력이 몇 KPa 이상이어야 하는가?
① 150   ② 250
③ 350   ④ 450

- 방수압력 : 350KPa 이상
  답 ③

⑤ 옥내소화전의 방수구의 호스 구경은 다음 중에 어느 것인가?
① 40mm   ② 50mm
③ 65mm   ④ 100mm

- 호스구경 : 40mm
  답 ①

⑥ 옥내소화전의 개폐밸브는 바닥으로부터 높이 얼마인 곳에 설치하는 게 좋은가?
① 0.5m 이하   ② 1m 이하
③ 1.5m 이하   ④ 2m 이하

- 설치높이 : 1.5m 이하
  답 ③

⑦ 옥내소화전설비의 "표시등"은 함의 상부에 설치하되, 10m 이내에서 쉽게 식별할 수 있게 설치한다. 표시등으로 맞는 것은?
① 청색등   ② 적색등
③ 백색등   ④ 녹색등

- 표시등 : 적색등
  답 ②

⑧ 옥내소화전설비는 소방펌프 자동차로부터 그 설비에 송수할 수 있는 송수구를 설치하여야 한다. 송수구는 지면으로부터 높이가 몇 미터 이상에서 몇 미터 이하에 설치하는가?
① 0.5~1m
② 1~1.5m
③ 1.5~2m
④ 2~2.5m

해 · 설치높이 : 0.5m 이상 1m 이하
답 ①

옥외소화전(위험물제조소등 전용)

⑨ 위험물제조소등의 옥외소화전의 법정 방수량은 다음 중 어느 것이 옳은가?
① 300ℓ/min 이상
② 350ℓ/min 이상
③ 400ℓ/min 이상
④ 450ℓ/min 이상

해 · 방수량 : 450ℓ/min 이상
답 ④

⑩ 위험물제조소등에 옥외소화전설비가 2개 설치될 때 필요한 수원의 수량은 몇 m^3인가?(단, 1분당 방수량 : 450ℓ)
① $5.2m^3$
② $7m^3$
③ $14m^3$
④ $27m^3$

해 · 수원의 수량 : 설치개수(4개 이상인 경우 4개)에 $13.5m^3$을 곱한 양
※ $13.5m^3 \times 2 = 27m^3$
답 ④

⑪ 위험물제조소등에 설치된 옥외소화전설비를 동시에 사용할 경우 각 소화전 노즐 선단에서의 방수압력은 몇 KPa 이상이어야 하는가?
① 150
② 250
③ 350
④ 450

해 · 방수압력 : 350KPa 이상
답 ③

⑫ 옥외소화전 방수구의 호수구경은 다음 중 어느 것인가?
① 40mm
② 50mm
③ 65mm
④ 100mm

해 · 호스구경 : 65mm
답 ③

⑬ 옥외소화전과 소화전함과의 상호거리로서 옳은 것은?
① 1m 이내
② 3m 이내
③ 5m 이내
④ 10m 이내

해 · 상호거리 : 5m 이내
답 ③

⑭ 옥외소화전이 31개 이상 설치된 때에는 옥외소화전 3개마다 몇 개 이상의 소화전함을 설치해야 하는가?
① 1개
② 3개
③ 5개
④ 8개

해 · 31개 이상 : 소화전 3개마다 소화전함 1개 이상 설치
답 ①

2-3 스프링클러설비(위험물제조소등 전용)

 스프링클러설비

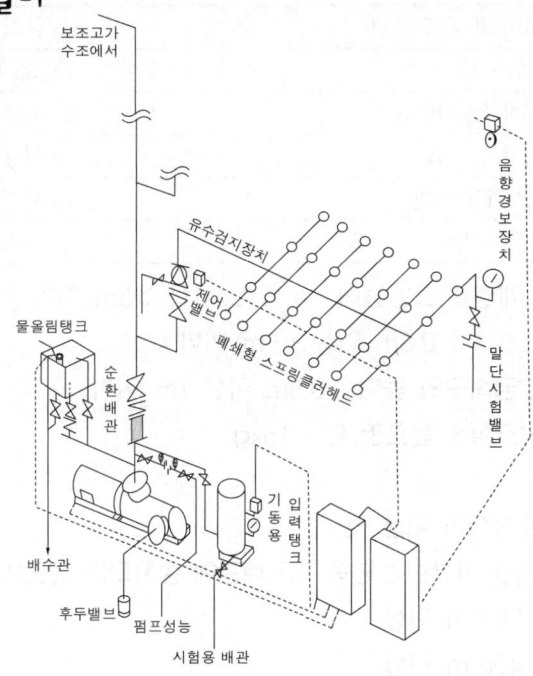

[폐쇄형 스프링클러설비]

(1) **하나의 방수구역**(개방형) : 바닥면적이 **150m² 이상**(150m² 미만인 경우에는 당해바닥면적)
(2) **수원의 저수량**(폐쇄형) : 헤드 30개(30개 미만인 것은 설치개수)에 **2.4m³**를 곱한 양 이상
(3) **수원의 저수량**(개방형) : 가장 많이 설치된 방사구역의 헤드수에 **2.4m³**를 곱한 양
(4) **헤드 1개의 방수량** : 80 ℓ/min 이상
(5) **헤드 1개의 방사압력** : 100KPa 이상
(6) **비상전원** : 45분 이상 작동할 수 있을 것
(7) 스프링클러헤드의 설치방법
　① 방호대상과 헤드까지 수평거리 : 1.7m 이하
　② 개방형 헤드 : 헤드반사판으로부터 하방으로 0.45m, 수평방향으로 0.3m의 공간을 둘 것
　③ 폐쇄성 헤드
　　㉠ 헤드반사판으로부터 하방으로 0.45m, 수평방향으로 0.3m의 공간을 둘 것
　　㉡ 가연성 물질을 수납하는 부분의 헤드는 헤드의 반사판으로부터 하방으로 0.9m, 수평방향 0.4m의 공간을 확보할 것
　　㉢ 헤드의 반사판과 헤드의 부착 면이 0.3m 이하일 것

ⓔ 급배기용 덕트 등의 긴 변의 길이가 1.2m를 **초과**하는 것이 있는 경우에는 **당해** 덕트 등의 아랫변에도 헤드를 설치할 것
④ 스프링클러헤드의 표시온도

부착장소의 최고주의 온도(단위 ℃)	표시온도(단위 ℃)
28 미만	58 미만
28 이상 39 미만	58 이상 79 미만
39 이상 64 미만	79 이상 121 미만
64 이상 106 미만	121 이상 162 미만
106 이상	162 이상

(8) 일제개방밸브 및 수동식 개방밸브의 높이 : 바닥으로부터 1.5m 이하
(9) 제어밸브의 높이 : 바닥으로부터 0.8m 이상 1.5m 이하
(10) 소방대용 송수구의 결합금속구의 높이 : 0.5m 이상 1m 이하
(11) 수동식 개방밸브의 개방조작에 필요한 힘 : 15kg
(12) 스프링클러설비의 배관
 ① 배관의 배열은 토너멘트방식이 아닐 것
 ② 교차배관의 분기되는 지점을 기점으로 한쪽 가지배관에 설치되는 헤드의 수 : 8개 이하
 ③ 가지배관의 최소구경 : 25mm 이상
 ④ 교차배관의 최소구경 : 40mm 이상
 ⑤ 입상배수배관의 구경 : 50mm 이상
(13) 스프링클러설비의 장점
 ① 화재의 초기 진압에 효율적이다.
 ② 사용약제를 쉽게 구할 수 있다.
 ③ 자동으로 화재를 감지하고 소화할 수 있다.
(14) 스프링클러설비의 단점 : 다른 소화설비보다 구조가 복잡하고 시설비가 많이 든다.

적중 출제예상문제

스프링클러설비(위험물제조소등 전용)

① 스프링클러설비 중 물을 배관 안에 충전가압하여 놓고 헤드가 열을 감지하면 개방되는 형은?
① 개방형 건식   ② 개방형 습식
③ 폐쇄형 건식   ④ 폐쇄형 습식

[해] • 건식 및 습식 : 배관 안이 대기압상태 또는 압축공기가 채워져 있는 것이 건식이며, 물로 충전되어 있으면 습식이다.
※ 폐쇄형 헤드 : 열에 의하여 개방된다.
[답] ④

② 개방형 스프링클러 설비에 대하여 옳은 것은?
① 하나의 방수구역은 바닥면적 $150m^2$ 이상
② 스프링클러 기구는 건식에만 쓰인다.
③ 자동 조작할 수 없다.
④ 취부장소의 온도제한이 있다.

[해] • 개방형 스프링클러설비의 하나의 방수구역 : 바닥면적 $150m^2$ 이상
[답] ①

③ 위험물제조소등에 설치한 폐쇄형 스프링클러의 수원의 저수량은 설치된 헤드의 개수에 몇 m^3를 곱한양 이상이어야 하는가?
① $1.3m^3$ ② $1.6m^3$
③ $2.4m^3$ ④ $7m^3$

[해] • 수원의 양 : 헤드의 설치 개수에 $2.4m^3$를 곱한양 이상
[답] ③

④ 스프링클러설비의 가압송수장치의 송수량은 방수압력 100KPa을 기준하여 1분당 얼마의 양 이상이어야 하는가?
① 60 ℓ/min   ② 65 ℓ/min
③ 80 ℓ/min   ④ 160 ℓ/min

[해] • 송수량 : 80 ℓ/min 이상
[답] ③

⑤ 스프링클러설비 가압송수장치의 방수압력으로 옳은 것은 어느 것인가?
① 100KPa   ② 200KPa
③ 350KPa   ④ 450KPa

[해] • 방수압력 : 100KPa 이상
[답] ①

⑥ 스프링클러헤드의 보유 공간에는 장애물이 없어야 한다. 보유 공간은 반경 몇 m 이상을 확보하여야 하는가?
① 0.1m   ② 0.3m
③ 0.4m   ④ 0.45m

[해] • 해당 보유공간: 0.3m 이상
[답] ②

7 폐쇄형 스프링클러를 설치할 경우 가연성물질을 수납하는 부분의 헤드는 헤드의 반사판으로부터 하방 몇 m의 공간을 확보하여야 하는가?
① 0.3m   ② 0.6m
③ 0.9m   ④ 1.2m

해 • 반사판으로부터 확보하여야 할 하방길이: 0.9m
답 ③

8 폐쇄형 스프링클러를 설치할 경우 급기용 덕트등의 긴변이 몇 m를 초과할 경우 덕트 아래면에 헤드를 설치하는가?
① 1m   ② 1.2m
③ 1.5m   ④ 2m

해 • 해당 길이: 1.2m 초과
답 ②

9 스프링클러헤드를 부착한 장소의 최고 주위온도(단위 ℃)가 28이상 39미만인 경우 헤드의 표시온도(단위 ℃)로서 옳은 것은?
① 28이상 39   ② 58이상 79
③ 39이상 64미만   ④ 79이상 121미만

해 • 해당 표시온도: 58이상 79
답 ②

10 스프링클러설비의 수동식 개방밸브의 개방조작에 필요한 힘으로 옳은 것은?
① 5kg   ② 10kg
③ 15kg   ④ 20kg

해 • 필요한 힘: 15kg
답 ③

11 스프링클러설비의 입상배수배관의 구경은 몇 mm 이상인가?
① 25mm   ② 40mm
③ 50mm   ④ 65mm

해 • 입상배수배관의 구경: 50mm 이상
답 ③

2-4 물 분무 소화설비(위험물제조소등 전용)

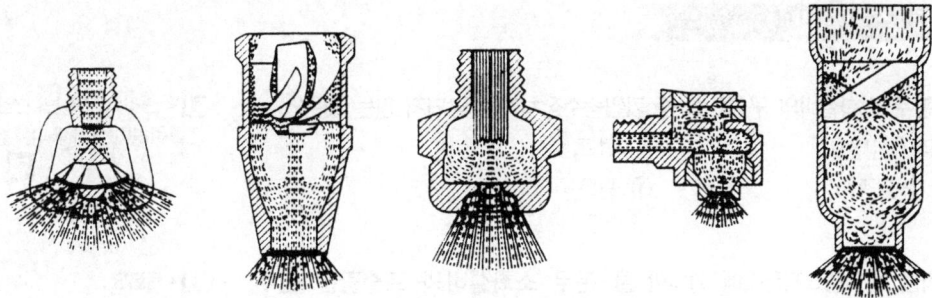

〔물 분무 헤드의 작동 예〕

(1) 방사구역의 면적 150m² 이상(150m² 미만인 경우 당해 표면적)

(2) 수원의 저수량
   위험물제조소등 : 방사구역표면적(m²)〈150m² 미만인 경우 당해 표면적〉×20 ℓ/m²·min ×30min 이상

(3) 방사압력 : 350KPa 이상

(4) 비상전원 : 45분 이상 작동할 것

(5) 바닥으로부터 제어밸브 또는 개방밸브까지의 높이 : 0.8m 이상 1.5m 이하

(6) 물 분무 소화설비의 적용대상물 : 건축물, 기타 공작물, 전기설비 및 **금수성 이외의 위험물**을 저장·취급하는 곳에 설치한다.

> **참고**
> ※ 옥외저장탱크에 설치하는 물 분무 설비기준
>   • 탱크표면에 방사하는 물의 양 : 원주둘레(m)×37 ℓ/m·min 이상
>   • 수원의 양 : 방사하는 물의 양을 20분 이상 방사할 수 있는 수량
> ※ min : minute(분)

적중 출제예상문제

물분무 소화설비

1. 물 분무 소화설비의 구성요소 중 가압송수장치에 해당되지 않는 것은?
① 프리액션밸브
② 펌프
③ 물 올림 탱크
④ 펌프제어반

해 • 프리액션밸브 : 스프링클러설비에 사용되는 밸브
답 ①

2. 위험물 옥외탱크저장소에 설치한 물 분무 소화설비의 토출량은 원주 둘레(m)에 몇 ℓ를 곱한 양 이상으로 하는가?
① 7ℓ
② 17ℓ
③ 27ℓ
④ 37ℓ

해 • 토출량 : 원주둘레(m)×37ℓ/m 이상
답 ④

3. 위험물제조소등에 설치하는 물 분무 소화설비의 헤드 선단의 방사압력은 몇 KPa 이상인가?
① 250KPa
② 350KPa
③ 450KPa
④ 550KPa

해 • 분사헤드 방사압력 : 350KPa 이상
답 ②

4. 물 분무 소화설비의 일제개방밸브 1개가 담당하는 1분당 유량으로 옳은 것은 어느 것인가?
① 2,800ℓ 이상
② 8,200ℓ 이상
③ 3,800ℓ 이상
④ 8,300ℓ 이하

해 • 1분당 유량 : 8,300ℓ 이하
답 ④

5. 물 분무 소화설비의 제어밸브는 바닥으로부터 어느 위치에 설치하여야 하는가?
① 0.6m 이상 1.5m 이하
② 0.8m 이상 1.5m 이하
③ 1.0m 이상 1.6m 이하
④ 1.5m 이상

해 • 바닥으로부터 높이 : 0.8m 이상 1.5m 이하
답 ②

6. 물 분무 소화설비를 설치하여야 할 적응대상물에 해당 없는 것은?
① 건축물
② 기타공작물
③ 금수성의 위험물 저장·취급소
④ 전기설비

해 • 금수성의 위험물은 물과 반응하므로 금수성 이외의 위험물에 적응성이 있다.
답 ③

⑦ 물 분무 소화설비에 의해 방호할 수 있는 대상에 해당되지 않는 것은?
① 석유정제 또는 유지공업 등의 여러 가지 장치 혹은 각종 유압조작기계
② 주차장, 엔진실 등의 액체연료의 사용장소
③ 위험물을 취급하는 화학공장의 설비
④ 휘발유, 중유 등의 가연물 액체가 바닥 위에 누출될 위험이 많은 작업장

해 • 제4류 위험물을 취급하는 기계·기구 등 설비에는 물 분무 소화설비를 설치할 수 있으나 누출위험이 있는 장소에는 화재시 연소면을 확대할 우려가 있으므로 설치 부적합하다.

답 ④

유게실

계절별 화재예방 및 산업장의 화재예방방법

◆ 봄
1. 소방시설의 안전점검을 철저히 하고, 소방교육 및 훈련을 통하여 방화에 대한 경각심을 고취시킨다.
2. 행락철 집을 비울 때는 사용하지 않는 전기기구의 플러그는 뽑고 가스기구의 중간밸브를 잠그도록 한다.
3. 산이나 야외에서 불법 취사행위를 하지 않도록 하고, 특히 산에 오를 때에는 라이터나 성냥 등 화기물질을 소지하지 않도록 한다.
4. 어린이들의 불장난을 예방하기 위하여 성냥이나 라이터 등 불을 일으킬 수 있는 물건들을 어린이들의 손이 닿지 않는 곳에 보관한다.
5. 논두렁이나 밭두렁, 기타 농산폐기물을 소각할 때에는 바람이 없는 날을 택하여 하고, 주의와 감시를 철저히 한다.

◆ 여름
1. 주택에서 물기가 있는 장소에 공급하는 전로에는 반드시 누전차단기를 설치하여 누전으로 인한 화재를 예방한다.
2. 개폐기에 사용하는 퓨즈는 과부하나 합선시 자동으로 끊어질 수 있도록 반드시 규격퓨즈를 사용한다.
3. 하나의 콘센트에 여러 개의 전기제품을 사용하지 않도록 하고, 기존 배선을 연결하여 늘려서 사용하고자 할 때에는 전선의 허용전류를 초과하지 않도록 각별히 주의한다.
4. 여름휴가로 장기간 집을 비울 때, LP가스의 경우에는 중간밸브 뿐만 아니라 용기밸브까지 잠그도록 하고, 도시가스는 메인밸브를 잠근 다음 관리 사무소에 연락을 하여 필요한 조치를 취한다.

◆ 겨울
1. 두꺼비집의 퓨즈는 정격용량의 규격 퓨즈를 사용하고, 고온의 전열기구에는 반드시 절연 고무 코드를 사용한다.
2. 전기난로 및 가스기구 등은 충분한 거리를 유지하여 설치하고, 주변의 인화성 물질을 제거한다.
3. 석유난로는 불이 붙어 있는 상태에서 주유하거나 이동하지 않도록 한다.
4. 난로 주위에서는 절대로 세탁물을 건조하지 않도록 하고, 특히 커튼이나 가연물질이 난로에 닿지 않도록 각별히 주의한다.
5. 난로 주위에는 항상 소화기나 모래, 물 등을 비치하여 만일의 상황에 대비한다.

◆ 산업장
1. 자위소방활동을 원활히 수행할 수 있도록 자위소방조직을 편성하고 유사시 각자 맡은 바 임무를 철저히 수행할 수 있도록 정기적인 교육훈련을 실시한다.
2. 공장이나 창고 등에 제품을 적재할 때에는 정리정돈을 철저히 하고, 발화위험물질은 따로 분리하여 정리한다.
3. 공장이나 작업장에서 화재 위험지역으로 판단되는 곳은 '화기금지구역'으로 설정하고, 방화에 대한 철저한 확인 감독을 실시한다.
4. 공장 규모에 맞는 소방시설을 철저히 완비하고 소방장비(소화기, 소화전)의 사용에 관한 소방교육훈련을 실시한다.
5. 화재시 화재 확대의 최소화를 위하여 내부 시설의 단열 내장재 처리와 방화구획의 설정과 방화문을 설치한다.
6. 담배불로 인한 화재의 예방을 위해서 종업원들의 흡연장소를 안전한 곳에 설치한다.

2-5 포소화설비

(1) 포소화설비의 방출방식
   ① 포헤드방식
   ② 고정식 포방출구방식(보조포소화전 포함)
   ③ 포모니터노즐
   ④ 이동식포소화설비

(2) 포헤드방식소화설비
   ① 포헤드의 개수 : **표면적**(건축물의 경우 바닥면적) **9m² 마다 1개 이상** 설치

(3) 포헤드방식의 포소화약제에 따른 1분당 표준방사량

소방대상물	포소화약제의 종류	바닥면적(m²)당 표준방사량(이상)
방호대상물의 방사구역 100m² 이상	단백포	6.5 ℓ/m²·min 이상
	합성계면활성제	6.5 ℓ/m²·min 이상
	수성막포	6.5 ℓ/m²·min 이상

> **참고**
>
> ※ **단백포 소화약제** : 동물성 단백질인 소 등의 발톱, 뿔, 피 등을 알칼리(수산화나트륨 등)로 가수분해시킨 생성물에 안정제를 가한 것으로 흑갈색의 특이한 냄새가 나는 끈끈한 액체
> ※ **합성계면활성제포 소화약제** : 고급알코올 황산에스터염을 주성분으로 한 냄새가 없는 황색의 액체이며 **저발포** 및 **고발포용**으로 사용한다.
> ※ **수성막포 소화약제** : 플루오린계 계면활성제를 바탕으로 한 기포성 수성필름 소화약제. 미국 3M사가 개발한 것으로 상품명은 라이트 워터이다.

(4) 포헤드방식 포소화약제의 수원의 양 : 방호대상물의 표면적 × 표준방사량 × 10분

(5) 고정포 방출구
   ① 고정포 방출구의 설치장소 : 옥외탱크저장소의 탱크
   ② 고정포 방출구의 종류 및 포주입법

탱크의 종류	포 방출구	
콘루프 탱크(CRT) 〈고정지붕구조〉	• Ⅰ형 방출구(상부포주입법) • Ⅲ형 방출구(하부포주입법)	• Ⅱ형 방출구(상부포주입법) • Ⅳ형 방출구(하부포주입법)
플루팅루프 탱크(FRT) 〈부상지붕구조〉	• 특형방출구(상부포주입법)	
※ Ⅲ형 방출구(사용포소화약제 : 플루오로화단백포소화약제 및 수성막포소화약제)		

③ 고정포 방출구의 설치방법
  ㉮ 탱크의 **주위**에 **균등**하게 설치한다.
  ㉯ 탱크의 **측면**에 **고정**하여 설치한다.
  ㉰ 방출구에는 납·주석·유리·석면 등 방출에 의하여 용이하게 깨어질 수 있는 **봉판**을 설치할 것
④ 특형방출구의 기준
  ㉮ 언판(금속제 칸막이)의 높이 : 0.9m 이상
  ㉯ 언판과 탱크측면과의 이격거리 : 1.2m 이상

(6) 보조포 소화전의 기준(3개 이상 설치된 경우 3개를 동시에 사용할 경우 각 포 노즐의 기준)
  ① 방수압력 : 0.35MPa 이상
  ② 방수량 : 400 ℓ/min
  ③ 수원의 양 : 방사량 × 20min
  ④ 각각의 보조포 소화전 상호거리 : 보행거리 75m 이하

(7) 포모니터의 기준
  ① 노즐 선단의 방사량 : 1,900 ℓ/min 이상
  ② 수원의 양 : 방사량 × 30min
  ③ 수평방사거리 : 30m 이상

(8) 이동식 포소화설비
  ① 방사량(옥외설치) : 400 ℓ/min 이상
  ② 방사량(옥내설치) : 200 ℓ/min
  ③ 방사압력 : 0.35MPa
  ④ 수원의 양 : 방사량 × 30min
  ⑤ 방사시간 : 30분

(9) 포소화약제의 혼합장치

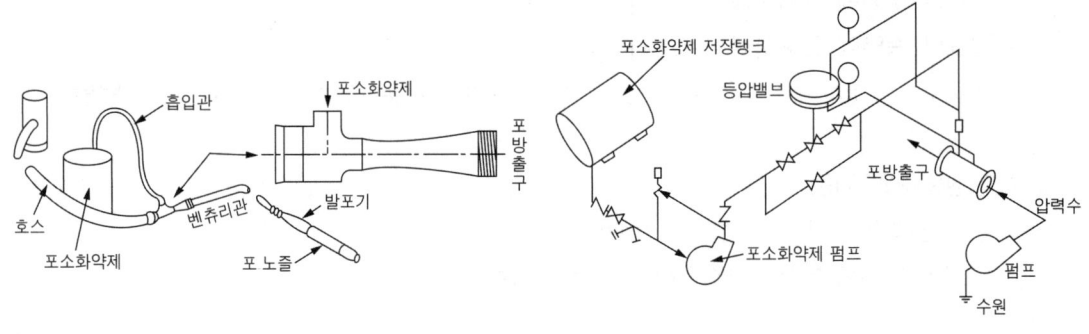

〔라인 프로포셔너방식〕   〔프레져 사이드 프로포셔너방식〕

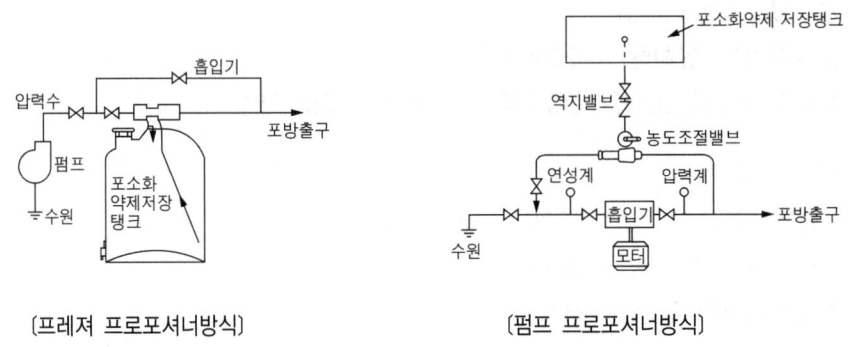

〔프레져 프로포셔너방식〕   〔펌프 프로포셔너방식〕

① **라인 프로포셔너방식**
  펌프와 발포기의 중간에 설치된 **벤츄리관**의 벤츄리작용에 의하여 **포소화약제**를 흡입·혼합 하는 방식
② **프레져 프로포셔너방식**
  펌프와 발포기의 중간에 설치된 **벤츄리관**의 벤츄리작용과 **펌프 가압수**의 **포소화약제 저장 탱크에 대한 압력**에 의하여 포 소화약제를 흡입·혼합하는 방식
③ **프레져 사이드 프로포셔너방식**
  펌프의 토출관에 압입기를 설치하여 **포소화약제 압입용 펌프**로 포 소화약제를 압입시켜 혼 합하는 방식
④ **펌프 프로포셔너방식**
  펌프의 **토출관과 흡입관 사이**의 배관도중에 설치한 **흡입기**에 펌프에서 **토출된 물의 일부**를 보내고, **농도조절밸브**에서 조정된 포 소화약제의 필요량을 **포소화약제 탱크**에서 **펌프 흡입 측**으로 보내어 이를 혼합하는 방식
⑤ **압축공기포믹싱챔버방식** : 압축공기 또는 **압축질소를** 일정비율로 포수용액에 강제주입혼 **합**하는 방식

적중 출제예상문제

포소화설비

① 포헤드방식 소화설비의 포헤드의 개수는 건축물의 바닥면적 몇 m²마다 1개 이상 설치하는가?
① 3m² ② 6m²
③ 9m² ④ 12m²

> **해** • 방사구역의 표면적: 100m² 이상
> **답** ③

② 포헤드방식의 포헤드를 설치하는 방호대상물의 방사구역의 표면적으로 옳은 것은?
① 100m² 이상 ② 150m² 이상
③ 200m² 이상 ④ 250m² 이상

> **답** ①

③ 포헤드방식의 포헤드를 설치한 방호대상물에 사용되는 포수용액의 표준방사량은 1분당 표면적 1m²당 몇 ℓ 이상인가?
① 9.5 ℓ ② 8.0 ℓ
③ 6.5 ℓ ④ 3.7 ℓ

> **해** • 포헤드 1분당 방사량: 6.5 ℓ/m² 이상
> **답** ③

④ 다음 중 포소화약제의 혼합장치의 종류에 해당하지 않는 것은?
① 프레져 라인 프로포셔너 ② 라인 프로포셔너
③ 프레져 사이드 프로포셔너 ④ 펌프 프로포셔너

> **해** • 혼합장치: 라인·펌프·프레져·프레져 사이드 프로포셔너방식, 압축공기포 믹싱챔버방식
> **답** ①

⑤ 포소화약제의 혼합방식 중 펌프와 발포기의 중간에 설치된 벤츄리관의 벤츄리작용에 의하여 포소화약제를 흡입·혼합하는 방식을 무엇이라 하는가?
① 라인 프로포셔너 ② 프레져 프로포셔너
③ 프레져 사이드 프로포셔너 ④ 펌프 프로포셔너

> **해** • 혼합방식: 라인 프로포셔너방식
> **답** ①

⑥ 포소화약제의 혼합방식 중 펌프의 토출관에 압입기를 설치하여 포소화약제 압입용 펌프로 포소화약제를 압입시켜 혼합하는 방식은?
① 펌프 프로포셔너 ② 프레져 프로포셔너
③ 프레져 사이드 프로포셔너 ④ 라인 프로포셔너

> **해** • 혼합방식: 프레져 사이드 프로포셔너방식
> **답** ③

⑦ 고정지붕구조의 옥외저장탱크에 설치하는 Ⅲ형 포방출구에 사용하는 소화약제로 옳은 것은?
① 단백포소화약제 ② 합성계면활성제포소화약제
③ 플루오로화단백포소화약제 ④ 염화단백포소화약제

> **해** • 해당소화약제: 플루오로화단백포소화약제, 수성막포소화약제
> **답** ③

⑧ 콘루프탱크에 설치하는 고정포 방출구의 종류에 해당하지 않는 것은 어느 것인가?
① Ⅰ형 방출구   ② Ⅱ형 방출구
③ 특형방출구   ④ Ⅲ형 방출구

해 • 콘루프탱크 : Ⅰ형 · Ⅱ형 · Ⅲ형 · Ⅳ형 방출구
• 플루팅루프탱크 : 특형 방출구
답 ③

⑨ 보조포 소화전 포방출구의 입구에서의 방출압력으로 옳은 것은?
① 0.17MPa 이상
② 0.2MPa 이상
③ 0.26MPa 이상
④ 0.35MPa 이상

해 • 방출압력 : 0.35MPa 이상
답 ④

⑩ 위험물 옥외탱크저장소에 설치하는 포방출구의 설치기준 중 맞지 않는 것은?
① 포방출구는 탱크의 측면에 고정 설치할 것
② 포방출구에는 봉판의 점검 및 교체가 용이한 점검구를 설치할 것
③ 고정포 방출구는 탱크의 높이에 따라 균등 설치할 것
④ 탱크 밖으로 방출시험이 가능한 구조로 할 것

해 • 포방출구는 탱크의 주위에 균등하게 설치한다.
답 ③

⑪ 보조포 소화전과 보조포 소화전 상호거리는 보행거리 몇 m 이하인가?
① 15m 이하   ② 25m 이하
③ 35m 이하   ④ 75m 이하

해 • 상호거리 : 75m 이하
답 ④

⑫ 포모니터시설의 노즐 선단의 방사량은 몇 ℓ/min 이상인가?
① 300 ℓ/min   ② 600 ℓ/min
③ 1,000 ℓ/min   ④ 1,900 ℓ/min

해 • 방사량 : 1,900 ℓ/min
답 ④

⑬ 포모니터시설의 수평방사거리는 몇 m 이상인가?
① 10m   ② 20m
③ 30m   ④ 75m

해 • 방사거리 : 30m 이상
답 ③

유 게 실

※ **여름 해수욕장에서 비치가운의 역할**
해수욕장에서 물놀이를 한 후 물기를 닦아주지 않으면 **피부에 부착된 물방울은 돋보기**와 같은 역할을 하여 피부에 화상을 입게 되므로 물 속에서 나온 후에는 반드시 타올로 물기를 닦거나 비치가운을 입어 물기를 제거해 주어야 합니다.

2-6 분말소화설비

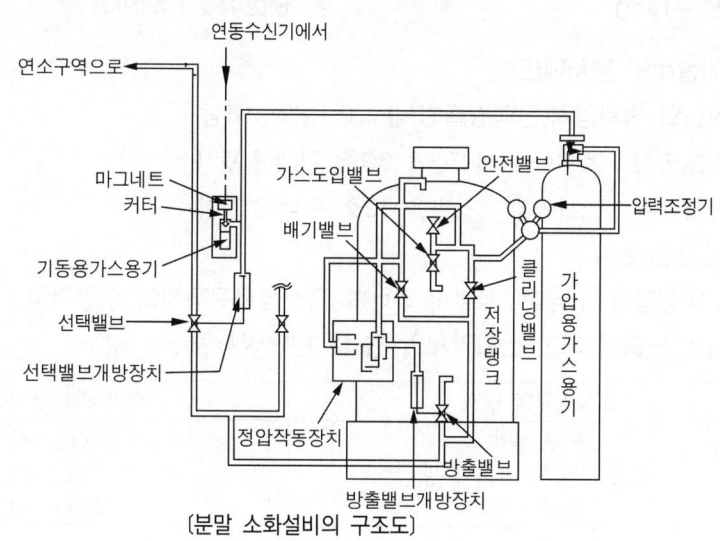

〔분말 소화설비의 구조도〕

(1) 분말소화약제 저장용기

① 충전비

소화약제의 종별	충전비의 범위
제1종 분말(NaHCO$_3$)	0.85 이상 1.45 이하
제2종 분말(KHCO$_3$)	1.05 이상 1.75 이하
제3종 분말(인산염류 · NH$_4$H$_2$PO$_4$)	
제4종 분말(KHCO$_3$ + (NH$_2$)$_2$CO)	1.50 이상 2.50 이하

(2) 분말소화약제의 가압용 가스용기

① 사용가스량

㉮ 가스가압식

㉠ **질소**(N_2) : **40L/kg**(35℃, 0MPa 상태) 이상

㉡ **이산화탄소**(CO_2) : **20g/kg**에 배관청소에 필요한 양을 더한 양 이상

㉯ 축압식

㉠ **질소**(N_2) : **10L/kg**(35℃, 0MPa 상태) 이상

㉡ **이산화탄소**(CO_2) : **20g/kg**에 배관청소에 필요한 양을 더한 량 이상

② **전자개방밸브** : 가압용 가스용기가 **3본 이상**인 경우 **2개 이상**의 용기에 부착할 것

③ **압력조정기** : **2.5MPa** 이하의 압력에서 조정이 가능할 것

(3) 분말소화약제 기동용 가스용기
① 사용가스 : 이산화탄소(CO_2)
② 내용적 : 0.27 ℓ 이상
③ 가스량 : 145g
④ 충전비 : 1.5 이상

(4) 분말소화설비의 분사헤드
① 분사헤드의 방사압력(전역방출방식) : 0.1MPa 이상
② 전역방출방식 : 소화약제 저장량을 30초 이내에 방사
③ 국소방출방식 : 소화약제 저장량을 30초 이내에 방사
④ 이동(호스릴)방식
 ㉮ 방호대상물의 각 부분으로부터 하나의 호스접결구까지의 수평거리 : 15m 이하
 ㉯ 하나의 노즐에 대한 소화약제의 양 및 분당방사량

소화약제의 종별	소화약제의 양 〈분당방사량〉
제1종 분말	50 kg 〈45 kg〉
제2종 분말 및 제3종 분말	30 kg 〈27 kg〉
제4종 분말	20 kg 〈18 kg〉

적중 출제예상문제

분말소화설비

1 분말소화약제가 종별로 바르게 연결된 것은?
① 1종 분말약제 - 탄산수소나트륨($NaHCO_3$)
② 2종 분말약제 - 인산암모늄($NH_4H_2PO_4$)
③ 3종 분말약제 - 탄산수소칼륨($KHCO_3$)
④ 4종 분말약제 - (탄산수소칼륨+인산암모늄)

2 제6류 위험물의 화재에 적응성이 있는 분말소화설비의 소화약제는 몇 종 분말로 하여야 하는가?
① 제1종 분말   ② 제2종 분말
③ 제3종 분말   ④ 제4종 분말

3 분말소화설비에 사용하는 제종 분말소화약제의 충전비로서 옳은 것은 어느 것인가?
① 0.85 이상 1.45 이하   ② 1.05 이상 1.75 이하
③ 1.50 이상 2.50 이하   ④ 3 이상

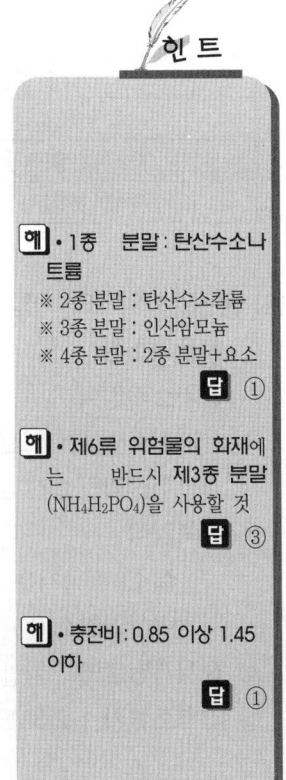

• 1종 분말 : 탄산수소나트륨
※ 2종 분말 : 탄산수소칼륨
※ 3종 분말 : 인산암모늄
※ 4종 분말 : 2종 분말+요소
답 ①

• 제6류 위험물의 화재에는 반드시 제3종 분말($NH_4H_2PO_4$)을 사용할 것
답 ③

• 충전비 : 0.85 이상 1.45 이하
답 ①

④ 전역방출방식 분말소화약제 분사헤드의 방사압력은 몇 MPa 이상인가?
① 0.1　　② 0.2
③ 0.3　　④ 0.4

해 • 방사압력 : 0.1MPa 이상
답 ①

⑤ 분말소화약제의 가압용 가스용기에 사용하는 가스는 다음 중 어느 것인가?
① 염소　　② 질소
③ 산소　　④ 헬륨

해 • 가압용 가스 : 질소(N_2), 이산화탄소(CO_2)
답 ②

⑥ 분말소화약제의 가압용 가스용기가 3본 이상인 경우 전자개방밸브는 몇 개 이상의 용기에 부착하여야 하는가?
① 1개　　② 2개
③ 3개　　④ 용기마다

해 • 부착개수 : 2개 이상
답 ②

⑦ 분말소화약제의 가압용 가스용기에 설치하는 압력조정기는 몇 MPa 이하의 압력에서 조정가능한 것이어야 하는가?
① 0.3　　② 0.7
③ 2.1　　④ 2.5

해 • 조정압력 : 2.5MPa
답 ④

⑧ 전역방출방식 또는 국소방출방식 분말소화설비의 분사헤드는 소화약제를 몇 초 이내에 방출할 수 있어야 하는가?
① 10초　　② 20초
③ 30초　　④ 60초

해 • 방출시간 : 30초 이내
답 ③

⑨ 이동식 분말소화설비에서 호스접결구와 방호대상물의 각 부분과 상호거리는 얼마이어야 하는가?(단, 수평거리)
① 15m 이내　　② 15m 이상
③ 20m 이내　　④ 20m 이상

해 • 상호거리(수평거리) : 15m 이내
답 ①

⑩ 이동식 분말소화설비에서 노즐 하나에 대한 소화약제량으로 옳지 않은 것은?
① 제1종 분말 : 50kg　　② 제2종 분말 : 40kg
③ 제3종 분말 : 30kg　　④ 제4종 분말 : 20kg

해 • 소화약제량
※ 제1종 분말 : 50kg
※ 제2종·제3종 분말 : 30kg
※ 제4종 분말 : 20kg
답 ②

⑪ 이동식 분말소화설비의 노즐하나가 1분당 방사할 수 있는 소화약제량으로 옳지 않은 것은?
① 제1종 분말 : 45kg　　② 제2종 분말 : 36kg
③ 제3종 분말 : 27kg　　④ 제4종 분말 : 18kg

해 • 소화약제량
※ 제1종 분말 : 45kg
※ 제2종·제3종 분말 : 27kg
※ 제4종 분말 : 18kg
답 ②

2-7 불활성가스 소화설비

 불활성가스 소화설비의 종류

(1) 이산화탄소
(2) IG-100(질소 100%)
(3) IG-55(질소 50%, 아르곤 50%)
(4) IG-541(질소 52%, 아르곤 40%, 이산화탄소 8%)
(5) IG-01(아르곤 100%)

 불활성가스 소화설비(이산화탄소 소화설비 포함)

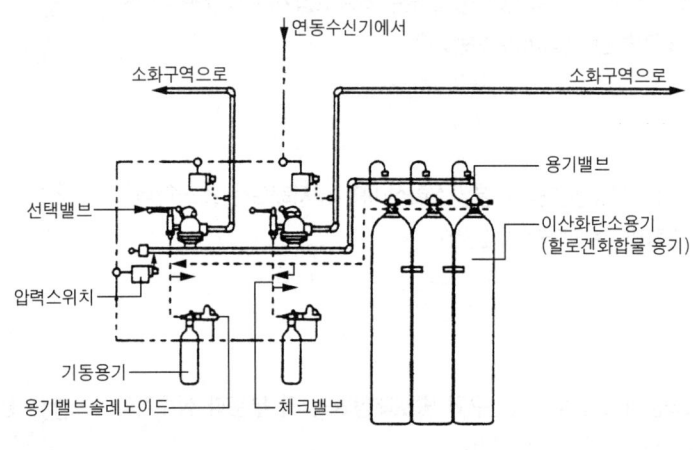

〔이산화탄소 소화설비〕

(1) 불활성가스 소화설비 소화약제 저장용기
   ① 이산화탄소 소화설비의 저장용기 : 고압식 · 저압식
      ㉮ 고압식 저장용기와 배관의 압력등
         ㉠ 용기 : 25MPa 이상의 압력에서 견딜 것
         ㉡ 배관(강관) : 압력배관용 탄소강관으로 스케줄 80 이상
         ㉢ 배관(동관등) : 16.5MPa 이상의 압력에서 견딜 것
      ㉯ 저압식 저장탱크와 배관의 압력등
         ㉠ 용기 : 3.5MPa 이상의 압력에서 견딜 것
         ㉡ 배관(강관) : 압력배관용 탄소강관으로 스케줄 40 이상인 것
         ㉢ 배관(동관) : 3.75MPa 이상의 압력에서 견딜 것

④ 저압식 이산화탄소 저장용기의 설치기준
  ㉠ 액면계 및 압력계, 파괴관, 방출밸브 등을 설치할 것
  ㉡ 압력경보장치 : 2.3MPa 이상의 압력 및 1.9MPa 이하의 압력에서 작동
  ㉢ 자동냉동기 : 용기 내부의 온도를 −20℃ 이상 −18℃ 이하로 유지할 수 있을 것
② 불활성가스 저장용기의 충전비 및 충전압력
  ㉮ 이산화탄소 소화설비의 충전비
    ㉠ 고압식 : 1.5 이상 1.9 이하
    ㉡ 저압식 : 1.1 이상 1.4 이하
  ㉯ IG-100, IG-50, IG-541의 충전압력 : 21℃에서 32MPa 이하로 할 것

> **참고**
>
> ※ 저장용기의 형식
> • 고압식 : 고압 실린더로서 1개의 실린더는 68~72ℓ 범위의 용적을 갖으며 사용량에 따라 **여러 개의 실린더**가 필요하다.
> • 저압식 : 사용량에 따라 1개의 **저장탱크**에 저장한다.

(2) 불활성가스 소화설비 소화약제 저장용기의 기동용 가스용기의 기준
  ① 용기의 내압력 : 25MPa 이상
  ② 용적 : 1ℓ 이상
  ③ CO_2의 양 : 0.6kg 이상
  ④ 충전비 : 1.5 이상

(3) 불활성가스 소화설비의 분사헤드의 설치기준
  ① 이산화탄소 고압식 : 2.1MPa 이상
  ② 이산화탄소 저압식(−18℃ 상태) : 1.05MPa 이상
  ③ IG-100, IG-50, IG-541 : 1.9MPa 이상
  ④ 분사헤드 설치 제외의 장소
    ㉮ 방제실·제어실 등 **사람이 상시근무**하는 장소
    ㉯ 나이트로셀룰로오스·셀룰로이드제품 등 **자기연소성 물질**을 저장·취급하는 장소
    ㉰ 나트륨·칼륨·칼슘 등 **활성금속 물질**을 저장·취급하는 장소
    ㉱ **전시장** 등의 관람을 위하여 **다수인이 출입 통행**하는 통로 및 전시실 등

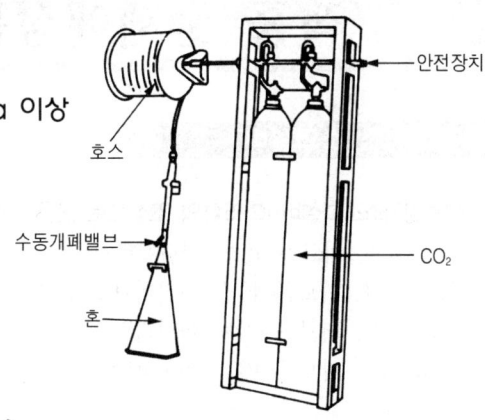

[호스릴 이산화탄소 소화설비]

(4) 불활성가스 소화설비 소화설비의 소화약제 방사시간
① 이산화탄소 전역방출방식 : 60초 이내
② 불활성가스(IG) 전역방출방식 : 소화약제 95% 이상을 60초 이내
③ 국소방출방식 : 30초
④ 이동식 불활성 소화설비 : 20℃에서 노즐마다 1분당 90kg 이상 방사할 것

> **참고**
> ※ 방호대상물의 각부분으로부터 하나의 호스접결구까지의 수평거리는 15m 이하가 되도록 한다.

(5) 불활성가스 소화설비의 설치기준
① 방호구역 외의 장소에 설치할 것
② 온도가 40℃ 이하이고, 온도변화가 적은 곳에 설치할 것
③ 직사광선 및 빗물이 침투할 우려가 없는 곳에 설치할 것
④ 저장용기에는 안전장치를 할 것
⑤ 저장용기의 외면에 소화약제의 종류와 양, 제조년도 및 제조자를 표시

적중 출제예상문제

불활성가스 소화설비

1. 불활성가스소화설비 IG-541의 조성으로 옳은 것은?
① 질소 10%, 아르곤 40%, 이산화탄소 50%
② 질소 50%, 아르곤 40%, 이산화탄소 10%
③ 질소 48%, 아르곤 40%, 이산화탄소 12%
④ 질소 52%, 아르곤 40%, 이산화탄소 8%

• IG(Inergen)의 조성
 - IG-100 : N_2(질소) 100%
 - IG-55 : N_2(질소) 50%, Ar(아르곤) 50%
 - IG-541 : N_2(질소) 52%, Ar(아르곤) 40%, CO_2(이산화탄소) 8%

답 ④

2. 이산화탄소 소화약제 저장용기의 내압시험 압력은 몇 MPa의 압력에서 합격하여야 하는가?
① 25 이상
② 20 이상
③ 18 이상
④ 17 이상

• 내압시험압력 : 25MPa

답 ①

제 3 장 소방시설의 설치 운영 125

③ 불활성가스 소화설비 중 이산화탄소 소화설비 저압식 저장용기의 설치기준에 해당되지 않는 것은?
① 용기는 3.5Mpa 이상의 압력에 견디어야 한다.
② 배관은 압력배관용 탄소강관으로 스케줄 40 이상일 것
③ 배관 중 동관은 3.75Mpa 이상의 압력에 견디어야 한다.
④ 충전비는 1.5 이상 1.9 이하이다.

[해] • 저압식의 충전비 : 1.1 이상 1.4 이하
[답] ④

④ 불활성가스 소화설비 중 저압식 저장용기에 설치하는 압력경보장치의 작동압력으로 옳은 것은?
① 2.3Mpa 이상의 압력, 1.9Mpa 이하의 압력
② 2.5Mpa 이상의 압력, 1.7Mpa 이하의 압력
③ 2.7Mpa 이상의 압력, 1.5Mpa 이하의 압력
④ 3Mpa 이상의 압력, 1.3Mpa 이하의 압력

[해] 압력경보장치 작동압력
• 2.3Mpa 이상의 압력
• 9Mpa 이하의 압력
[답] ①

⑤ 불활성가스 소화설비 중 저압식 이산화탄소 소화설비에 설치하는 자동냉동기는 용기 내부의 온도를 몇 ℃ 범위로 유지하여야 하는가?
① 영하 20℃ 이상 영하 18℃ 이하
② 영하 23℃ 이상 영하 20℃ 이하
③ 영하 18℃ 이상 영하 20℃ 이하
④ 영하 20℃ 이상 영하 23℃ 이하

[해] • 유지온도범위 : −20℃ 이상 −18℃ 이하
[답] ①

⑥ 이산화탄소 소화약제 저장용기의 충전비는 고압식일 경우 얼마인가?
① 1.1 이상 1.4 이하
② 1.4 이상 1.5 이하
③ 1.5 이상 1.9 이하
④ 1.9 이상 2.0 이하

[해] • 충전비(고압식) : 1.5 이상 1.9 이하
※ 저압식 : 1.1 이상 1.4 이하
[답] ③

⑦ 불활성가스소화설비인 IG-100, IG-50, IG-541의 충전압력은 21℃에서 몇 MPa 이하인가?
① 12MPa
② 22MPa
③ 32MPa
④ 42MPa

[해] • 21℃에서 IG-100등 충전압력 : 32MPa 이하
[답] ③

⑧ 이산화탄소 소화약제 저장용기의 기동용 가스용기의 기준에 대하여 옳지 않은 것은?
① 용적은 1ℓ 이상이다.
② 탄산가스의 양은 1.5kg 이상이다.
③ 충전비는 1.5 이상이다.
④ 용기는 25MPa의 압력에서 견디어야 한다.

[해] • 탄산가스의 양 : 0.6kg 이상
[답] ②

9 불활성가스소화설비 중 이산화탄소 소화약제 저압식 저장용기는 -18℃ 이하에서 몇 MPa 이상의 압력을 유지하여야 하는가?
① 0.3
② 0.7
③ 1.05
④ 2.5

해 • 유지압력 : 1.05MPa 이상
※ 고압식 : 2.1MPa 이상
답 ③

10 불활성가스소화설비 중 IG-100, IG-55, IG-541 분사헤드의 분사압력으로 옳은 것은?
① 1.3MPa 이상
② 1.5MPa 이상
③ 1.7MPa 이상
④ 1.9MPa 이상

해 • IG 소화설비의 분사압력 : 1.9Mpa 이상
답 ④

11 불활성가스소화설비 중 전역방출방식의 소화약제 방사시간으로 옳은 것은?
① 30초 이내
② 40초 이내
③ 60초 이내
④ 90초 이내

해 • 전역방출방식 방출시간 : 60초 이내
※ 국소방출방식의 방출시간 : 30초 이내
답 ③

12 불활성가스소화설비 중 이동식 불활성가스소화설비의 20℃에서 1분당 방사량은?
① 30kg
② 45kg
③ 60kg
④ 90kg

해 • 분당 방사량 : 90kg/min
답 ④

13 불활성가스소화설비 중 이산화탄소 소화약제 저장용기는 주위온도가 몇 ℃ 이하이며 온도변화가 작은 곳에 저장하는가?
① 25℃
② 30℃
③ 35℃
④ 40℃

해 • 주위온도 : 40℃ 이하
답 ④

2-8 할론 및 할로젠화합물 소화설비

(1) 할론 및 할로젠화합물 소화약제 저장용기
   ① 종류 : 가압식, 축압식
   ② 가압식 저장용기에 설치하는 압력조정기의 조정압력 : 2MPa 이하
   ③ 축압식 저장용기의 질소가스 충전압력(21℃)
      ㉮ 할론 1211 : 1.1MPa 또는 2.5MPa
      ㉯ 할론 1301 및 HFC-227ea : 2.5MPa 또는 4.2MPa
   ④ 충전비(용적과 소화약제의 중량과의 비율)

가압식		
할론-2402(0.51 이상 0.67 이하)		
축압식		
할론-2402	할론-1211	할론-1301 또는 HFC-227ea
0.67 이상 2.75 이하	0.7 이상 1.4 이하	0.9 이상 1.6 이하
HFC-23 또는 HFC-125(1.5 이하)		

(2) 할론 및 할로젠화합물 소화설비의 분사헤드
   ① 분사헤드의 방사압력(전역 및 국소방출방식)
      ㉮ 할론 2402 : 0.1MPa 이상
      ㉯ 할론 1211 : 0.2MPa 이상
      ㉰ HFC-227ea : 0.3MPa 이상
      ㉱ 할론 1301 : 0.9MPa 이상
   ② 소화약제 방사시간
      ㉠ 전역 및 국소방출방식 할론-2402, 할론-1211, 할론-1301 : 30초 이내
      ㉡ 전역방출방식 HFC-23, HFC-125, HFC-227ea : 10초 이내

(3) 이동식 할론 소화설비의 설치기준
   ① 호스접결구 : 방호대상물의 각부분으로부터 수평거리 20m 이하에 설치한다.
   ② 노즐 하나의 소화약제량 및 1분당 방사량(20℃)

소화약제의 종별	소화약제량(1분당 방사하는 소화약제량)
할론 2402	50kg
할론 1211	40kg
할론 1301	40kg

적중 출제예상문제

할로젠화합물소화설비

1 할로젠화합물 소화설비의 소화약제 저장용기에 설치하는 압력조정기의 조정압력은 다음 중 어느 것인가?
① 0.5MPa 이하
② 1MPa 이하
③ 2MPa 이하
④ 2.5MPa 이하

[해] • 조정압력 : 2MPa 이하
[답] ③

2 할론 1301 및 할로젠화합물 HFC-227ea 소화설비의 축압식 저장용기의 질소가스 축압압력은 20℃에서 얼마인가?
① 1.1MPa 또는 2.5MPa
② 2.1MPa 또는 3.7MPa
③ 2.5MPa 또는 4.2MPa
④ 3.5MPa 또는 5.5MPa

[해] • 축압압력 : 2.5MPa 또는 4.2MPa
※ 할론 1211의 축압 압력 : 1.1MPa 또는 2.5MPa
[답] ③

3 할론 1301 및 할로젠화합물 HFC-227ea 소화설비 축압식 저장용기의 충전비는 다음 중 어느 것인가?
① 0.51 이상 0.67 미만
② 0.67 이상 2.75 이하
③ 0.7 이상 1.4 이하
④ 0.9 이상 1.6 이하

[해] • 충전비 : 0.9 이상 1.6 이하
※ HFC-23, HFC-125 : 1.2 이상
[답] ④

4 전역방출방식의 할로젠화합물 소화설비의 분사헤드에서 HFC-227ea를 방사하는 것의 방사압력은 몇 MPa 이상인가?
① 0.1MPa
② 0.2MPa
③ 0.3MPa
④ 0.4MPa

[해] • HFC-227ea의 방출압력 : 0.3MPa 이상
※ 할론 2402 : 0.1MPa 이상
※ 할론 1211 : 0.2MPa 이상
※ 할론 1301 : 0.9MPa 이상
[답] ③

5 전역방출 및 국소방출방식의 할론-2402, 할론-1211 및 할론-1301 소화설비의 소화약제 방사시간으로서 옳은 것은 어느 것인가?
① 10초 이내
② 20초 이내
③ 30초 이내
④ 60초 이내

[해] • 방사시간 : 30초 이내
※ 전역방출방식 HFC-23, HFC-125, HFC-227ea : 10초 이내
[답] ③

6 이동식 할론 소화설비의 호스접결구는 방호대상물의 각 부분으로부터 수평거리 몇 m 이하에 설치하는가?
① 20m 이하
② 15m 이하
③ 10m 이하
④ 5m 이하

[해] • 상호거리 : 20m 이하
[답] ①

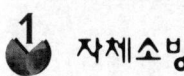 자체소방조직 등

자체소방조직

(1) 자체소방대를 두어야 하는 제조소등

　제조소 · 일반취급소 : 지정수량 3,000배 이상의 제4류 위험물을 저장 · 취급하는 곳

> **참고**
> ※ 자체소방대를 두어야하는 제조소 · 일반취급소에서 제외하는 곳 : 보일러로 위험물을 소비하는 일반취급소 등

(2) 자체소방대에 두어야 하는 화학 소방자동차

제4류 위험물을 취급하는 제조소 및 일반취급소의 구분	화학 소방자동차	자체소방대원의 수
지정수량 3천배 이상 12만배 미만을 저장 · 취급하는 것	1대	5인
지정수량 12만배 이상 24만배 미만을 저장 · 취급하는 것	2대	10인
지정수량 24만배 이상 48만배 미만을 저장 · 취급하는 것	3대	15인
지정수량 48만배 이상을 저장 · 취급하는 것	4대	20인
옥외탱크 저장소에 저장하는 제4류 위험물의 최대수량이 지정수량 50만배 이상인 사업소	2대	10인

(3) 화학 소방자동차에 갖추어야 하는 소화약제 방사능력 및 소화약제 비치량
　① 1대 포말 방사능력 : 포수용액 2,000ℓ/min 이상, 비치량 : 10만ℓ 이상의 포수용액을 방사할 수 있는 양
　② 1대 분말 방사능력 : 35kg/sec, 비치량 : 1,400kg 이상
　③ 1대 할로젠화합물 방사능력 : 40kg/sec 이상, 비치량 : 1,000kg 이상
　④ 1대 이산화탄소 방사능력 : 40kg/sec 이상, 비치량 : 3,000kg 이상

> **참고**
> ※ 포말을 방사하는 화학 소방자동차의 대수 : 화학 소방자동차의 대수의 2/3 이상으로 할 것

(4) 포 트레일러를 설치하여야 할 일반취급소의 포 트레일러 기준
　① 대수 : 1대
　② 조작인원 : 2명 이상
　③ 포 방수구의 구경 : 65mm 이상
　④ 포 소화약제량 : 400ℓ 이상

(5) 제독차에 비치하여야 할 가성소다 및 규조토 : 50kg 이상 비치

적중 출제예상문제

자체소방조직

① 자체소방조직을 두어야 할 위험물제조소 또는 일반취급소의 제4류 위험물량은 지정수량의 몇 배 이상인가?
① 3,000배 이상
② 4,000배 이상
③ 5,000배 이상
④ 6,000배 이상

[해] • 지정수량: 3,000배 이상
※ 저장취급소: 2만배 이상
[답] ①

② 위험물제조소의 위험물 취급량이 지정수량의 10만 배이다. 이때 자체소방조직의 화학 소방자동차 수와 조작인원이 옳은 것은?
① 1대, 5명
② 2대, 10명
③ 3대, 15명
④ 10대, 20명

[해] • 12만배 미만: 1대, 5명
[답] ①

③ 화학 소방자동차의 기준 중 포말을 방사하는 차에 있어서 그 방사능력은 매분당 몇 ℓ 이상이어야 하는가?
① 2,000 ℓ
② 2,500 ℓ
③ 3,000 ℓ
④ 4,000 ℓ

[해] • 방사능력: 2,000 ℓ/min 이상
[답] ①

④ 자체소방조직을 두어야 할 사업소에 편성된 화학 소방차로서 포말을 방사하는 것은 최소한 몇 ℓ 이상의 포수용액을 방사할 수 있는 양의 소화약제(소화원액)을 비치하여야 하는가?
① 80,000 ℓ
② 100,000 ℓ
③ 150,000 ℓ
④ 200,000 ℓ

[해] • 약제 비치량: 10만 ℓ 이상
[답] ②

⑤ 분말을 방사하는 화학 소방차에서 방사능력은 매초 몇 kg 이상인가?
① 15kg
② 25kg
③ 35kg
④ 45kg

[해] • 방사능력: 35kg/sec 이상
[답] ③

⑥ 이산화탄소를 방사하는 화학 소방차에서 방사능력은 매초 몇 kg 이상인가?
① 15kg
② 20kg
③ 30kg
④ 40kg

[해] • 방사능력: 40kg/sec 이상
※ 비치량: 3,000kg 이상
[답] ④

⑦ 제독차에 비치하여야 할 가성소다 및 규조토의 양은 몇 kg 이상인가?
① 50kg
② 60kg
③ 80kg
④ 90kg

[해] • 비치량: 50kg 이상
[답] ①

⑧ 위험물 중 인체에 유해한 것을 저장·취급하는 제조소에서 화재시 공기호흡기(보조마스크 포함) 2개의 제독장비를 쉽게 꺼내어 쓸 수 있는 장소에 비치하여야 한다. 이때 기준이 되는 지정수량은 몇 배 이상인가?
① 5배 이상　　② 10배 이상
③ 20배 이상　　④ 50배 이상

해 • 지정수량 : 10배 이상
답 ②

⑨ 화학 소방자동차 중 포말을 방출하는 화학 소방자동차의 대수는 전체의 어느 정도를 차지하는가?
① 1/2 이상　　② 1/3 이상
③ 2/3 이상　　④ 1/4 이상

해 • 전체대수의 2/3 이상
답 ③

⑩ 일반취급소에 설치한 포 트레일러의 포 소화약제양은 몇 ℓ 이상인가?
① 300 ℓ　　② 400 ℓ
③ 600 ℓ　　④ 1,000 ℓ

해 • 소화약제양 : 400 ℓ 이상
답 ②

휴게실

◆ **잘못 알고 계십니다(방수복).**
　화재현장에서 소화작업을 하는 **소방관이 착용하는 검정색 겉옷**은 방열복 또는 방화복이 아니라 방수를 목적으로 하는 **방수복**입니다.

◆ **마이카 시대에 운전조심**
　소방자동차(구조·구급차 포함)는 긴급 자동차로서 도로교통법에 의하여 **우선 통행**을 할 수 있다. 소방자동차는 다른 긴급 자동차와는 달리 **화재진압 및 구조·구급활동**을 위하여 출동하는 때에는 모든 차와 사람은 통로를 양보하여야 한다. **통로를 양보**하지 않고 **고의로 통행을 방해**하게 되면 5년 이하의 징역 또는 3천만원 이하의 벌금을 받는다(소방기본법 제21조에 의하여 제50조의 1호 벌칙).

3 경보설비

1 경보설비의 종류(위험물 제조소 등 전용)

(1) 자동화재탐지설비
(2) 비상경보설비(비상벨설비 · 자동식 사이렌)
(3) 비상방송설비
(4) 확성장치

> **참고**
>
> ※ 제조소등의 경보설비 설치대상 : 지정수량 **10배 이상**의 위험물을 저장 · 취급하는 곳
> (이동탱크저장소 제외)
>
> ※ 제조소등의 경보설비의 설치기준
>
> | 시설별 | 저장 · 취급하는 위험물 및 수량 | 해당 경보설비 |
> |---|---|---|
> | 제조소 · 일반 취급소 | ○연면적 500m² 이상인 곳(인화점 100℃ 이상인 곳 제외)
○옥내에서 지정수량 **100배 이상**의 위험물(인화점 100℃ 이상 제외)을 저장 · 취급하는 곳 | ○자동화재탐지설비 |
> | 옥내저장소 | ○연면적 150m² 초과하는 곳
○지정수량 **100배 이상**의 위험물을 저장 · 취급하는 곳(인화점 100℃ 이상 제외)
○처마높이 6m 이상인 단층건물 | |
> | 옥내탱크저장소 | 단층건물 외의 건축물에 설치된 옥내탱크저장소로서 소화난이도 등급 1에 해당하는 것 | |
> | 주유취급소 | 옥내주유취급소 | |
> | 옥외탱크저장소 | ○특수인화물, 제석유류 및 알코올류를 저장 또는 취급하는 탱크의 용량이 1,000만 리터 이상인 곳 | ○자동화재 탐지설비
○자동화재 속보설비 |
> | 제조소 · 일반취급소 · 옥내저장소 · 옥내탱크저장소 · 주유취급소 외의 제조소등으로 자동화재 탐지설비 설치대상에 해당되지 않는 곳 | ○지정수량 **10배 이상**의 위험물을 저장 또는 취급하는 곳 (이동탱크저장소를 제외한다) | ○자동화재탐지설비
○비상경보설비
○확성장치
○비상방송설비 중 1종 이상 |

자동화재탐지설비

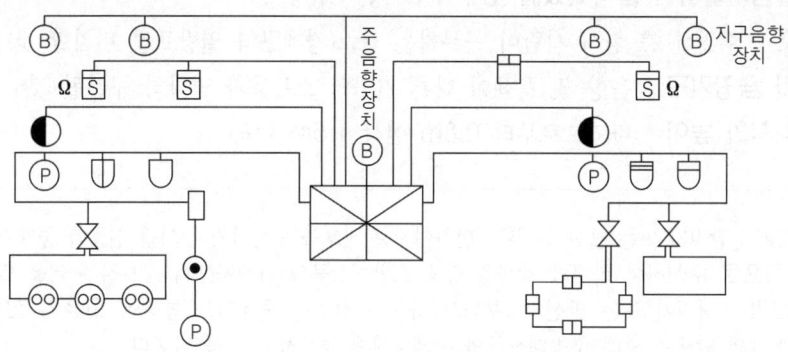

명 칭	표 시	명 칭	표 시
차동식 스포트형 감지기	⌒	열반도체	⊙⊙
보상식 스포트형 감지기	⌒	차동식 분포형 감지기의 검출부	✕
정온식 스포트형 감지기	⌒	P형발신기	Ⓟ
상동(방수형)	⌒	화재경보벨	Ⓑ
연기감지기	Ⓢ	수신기	⊠
감지기	─⊙─	표시등	◐
공기관	───	중계기	☐
열전대	▭	종단저항	Ω

(1) 구 성

① 수신기　　　　　② 중계기
③ 감지기　　　　　④ 발신기
⑤ 음향장치

※ **경계구역**
- 하나의 경계구역의 면적은 600m² 이하로 하고 한 변의 길이는 50m(광전식 분리형 감지기를 설치할 경우 100m) 이하로 할 것
- 하나의 경계구역이 2개 이상의 건축물 및 층에 미치지 아니할 것
- 500m² 이하의 범위 안에서는 2개 층을 하나의 경계구역으로 할 수 있다.
- 하나의 경계구역의 주된 출입구에서 그 내부 전체가 보이는 것에 있어서는 1,000m² 이하로 할 수 있다.
- 자동화재탐지설비에는 비상전원을 설치할 것

(2) 수신기
  ① **종류** : P형(1급, 2급), R형
  ② **가스누설탐지설비가 설치되었을 경우** : GP형, GR형
  ③ **설치장소** : 수위실 등 항시 사람이 근무하는 장소(경계구역 일람표를 비치할 것)
  ④ **수신기의 음향기구** : 음향 및 음색이 다른 기기의 소음등과 명확히 구분될 것
  ⑤ **조작스위치의 높이** : 바닥으로부터 0.8m 이상 1.5m 이하

> **참고**
> ※ P형 수신기 : 감지기 또는 발신기로부터 발하여지는 신호를 수신하거나 이들 신호를 중계기를 통하여 **공통의 신호로 수신**하여 화재의 발생을 당해 소방대상물의 관계자에게 경보하는 것을 말한다.
> ※ R형 수신기 : 감지기 또는 발신기로부터 발하여진 신호를 중계기를 통하여 **고유의 신호로서 수**신하여 화재의 발생을 당해 소방대상물의 관계자에게 경보하는 것을 말한다.
> ※ G·P형, G·R형 : 가스누설탐지기능과 **겸용인 수신기**

(3) 중계기
  ① **설치위치** : 수신기와 감지기 사이(수신기에서 직접 감지기회로의 도통시험을 행하지 아니하는 것에 한한다)
  ② **설치장소** : 조작 및 점검에 편리하고 방화상 유효한 장소

(4) 감지기

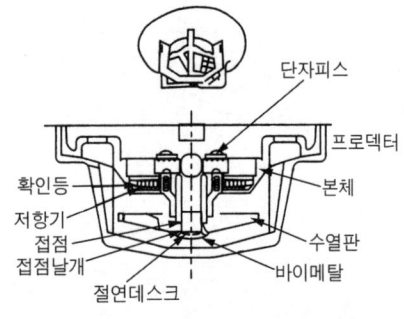

[정온식 스포트형(바이메탈을 이용)]

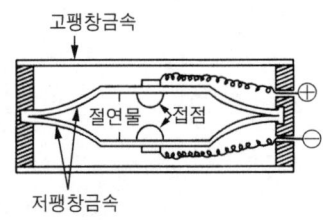

[정온식 스포트형(금속팽창을 이용)]

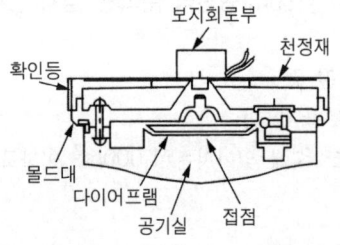

[차동식 스포트형(공기팽창을 이용)]

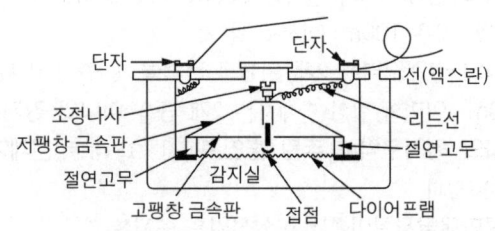

[보상식 스포트형]

① **감지기의 종류** : 정온식 스포트형, **차동식** 스포트형, 차동식 분포형, **보상식** 스포트형, 감지선형, **이온화식**, **광전식**, 열복합형, 연기복합형, 열연기복합형, 불꽃감지기

② **설치위치**
- ㉮ 실내로의 **공기유입구**로부터 **1.5m 이상** 떨어진 위치에 설치(차동식 분포형 제외)
- ㉯ 천정 또는 반자의 옥내에 면하는 부분에 설치
- ㉰ 스포트형 감지기 : **45° 이상** 경사되지 아니하도록 부착할 것
- ㉱ 정온식 감지기 : **주방**, 보일러실 등 다량의 화기를 단속적으로 취급하는 장소에 설치하며 공칭작동온도가 최고 주위온도보다 **20℃ 이상 높은 것**으로 설치
- ㉲ 보상식 스포트형 감지기 : 정온점이 감지기 주위의 평상시 최고온도 보다 **20℃ 이상 높은 것**으로 설치
- ㉳ 연기감지기 : 천장 또는 반자의 높이가 **15m 이상 20m 미만**인 장소에 설치

> **참고**
> ※ 감지기 : 화재로 인하여 발생하는 열 또는 연소생성물(이하 "연기"라 한다)을 이용하여 자동적으로 화재의 발생을 감지하여 스스로 내장된 음향장치로 경보를 발하거나 또는 이를 수신기에 송신하는 것을 말한다.
> - **정온식 스포트형** : 주변의 온도상승으로 금속이 팽창하여 접점과 닿아 작동
> - **차동식 스포트형** : 주변의 온도상승으로 공기실의 공기팽창으로 다이어프램이 접점이 닿아 작동
> - **보상식 스포트형** : 차동식 스포트형과 정온식 스포트형의 성능을 병용한 것
> - **이온화식** : 연기에 의하여 이온전류가 변화하는 것을 이용하여 작동
> - **광전식** : 연기에 의하여 광전소자의 입사광량이 변화하는 것을 이용하여 작동

(5) 발신기
① 스위치의 설치높이 : 바닥으로부터 **0.8m 이상 1.5m 이하**
② 소방대상물의 각 부분으로부터 하나의 발신기까지의 거리 : 수평거리 **25m 이하**

(6) 음향장치
① 지구음향장치의 설치위치(소방대상물의 각 부분으로부터 하나의 음향장치까지의 거리) : 수평거리 **25m 이하**
② 성능 : 정격전압의 **80%전압**에서 음향을 발할 수 있을 것
③ 음량 : 부착된 음향장치의 중심으로부터 1m 떨어진 위치에서 **90데시벨(dB) 이상**일 것

(7) 전 원
① 축전지
② 교류전압의 옥내간선

③ 전원까지의 배선은 **전용**으로 할 것
④ 감시상태를 **60분간 지속**한 후 유효하게 **10분 이상 경보**할 수 있을 것

 비상경보설비

(1) 비상벨설비 · 자동식사이렌설비
 ① 부식성 가스 또는 습기 등으로 인하여 부식의 우려가 없는 장소에 설치할 것
 ② **설치높이** : 바닥으로부터 **0.8m 이상 1.5m 이하**

 비상방송설비

(1) 설치된 **층**의 각 부분으로부터 하나의 확성기까지의 **수평거리 : 25m 이하**
(2) 음성 입력 : 3와트(W) 이상(실내의 경우 1와트(W) 이상)
(3) 음량조정기의 배선 : 3선식
(4) 기동장치에 의한 **화재신고를 수신한 후** 필요한 음량으로 방송이 개시될 때까지의 소요시간은 **10초 이하**일 것

적중 출제예상문제

경보설비(자동화재탐지설비)

1 경보설비가 아닌 것은?
 ① 비상조명등
 ② 비상방송설비
 ③ 자동화재탐지설비
 ④ 확성장치

2 다음 중 비상경보설비인 것은?
 ① 비상벨설비 ② 휴대용 메거폰
 ③ 수동식 사이렌 ④ 단독경보형 감지기

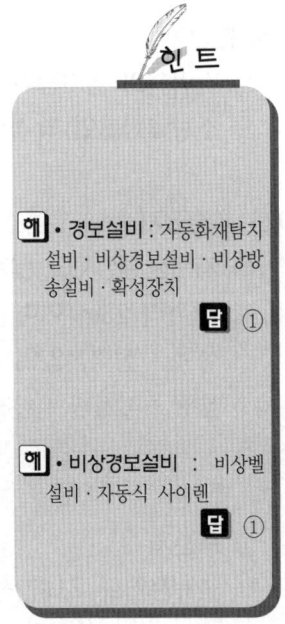

③ 화재 발생을 통보하는 비상경보설비는?
① 휴대용 공기호흡기 ② 연소방지설비
③ 자동식 사이렌 ④ 수동식 사이렌

④ 화재 발생을 통보하는 경보설비가 아닌 것은?
① 비상경보설비 ② 비상콘센트설비
③ 비상방송설비 ④ 자동화재탐지설비

⑤ 제조소등에 설치하는 경보설비가 아닌 것은?
① 비상용수설비 ② 확성장치
③ 비상방송설비 ④ 자동화재탐지설비

⑥ 위험물제조소등에 있어서 경보설비를 갖춰야 할 대상은?
① 지정수량의 10배 이상 ② 지정수량의 20배 이상
③ 지정수량의 50배 이상 ④ 지정수량의 100배 이상

⑦ 위험물제조소등에 자동화재탐지설비를 반드시 설치하여야 할 대상이 아닌 것은?
① 지정수량 100배 이상을 저장·취급하는 제조소
② 지정수량 100배 이상을 저장·취급하는 일반취급소
③ 지정수량 100배 이상을 저장하는 옥내저장소
④ 지정수량 100배 이상을 저장하는 옥외저장소

⑧ 다음 중 자동화재탐지설비의 구성이 아닌 것은?
① 감지기 ② 수신기
③ 발신기 ④ 비상용 전화기

⑨ 자동화재탐지설비의 1개의 경계구역 해당 설명 중 옳지 않은 것은?
① 1개의 경계구역 그 한 변의 길이는 100m 이내로 하여야 한다.
② 1개 층의 경계구역 면적은 600m² 이하일 때
③ 2개 층의 면적의 합계가 500m² 이하일 때에는 2개 층을 1개의 경계구역으로 할 수 있다.
④ 소방대상물의 주된 출입문에서 그 내부 전체를 볼 수 있는 경우에는 1,000m² 까지 할 수 있다.

⑩ 자동화재탐지설비 수신기의 종류에 해당되지 않는 것은?
① P형 ② S형
③ R형 ④ GP형

해 • 문제 2 해설 참조
답 ③

해 • 제조소등의 경보설비 : 자동화재탐지설비·비상경보설비·비상방송설비·확성장치
답 ②

해 • 제조소등의 경보설비 : 자동화재탐지설비·비상경보설비·비상방송설비·확성장치
답 ①

해 • 지정수량 : 10배 이상
답 ①

해 • 지정수량 10배 이상을 취급하는 옥외저장소 : 자동화재탐지설비, 비상경보설비, 비상방송설비, 확성장치 중 1종 이상 설치
답 ④

해 • 구성 : 수신기·중계기·감지기·발신기·음향장치
답 ④

해 • 경계구역의 길이 : 50m 이하
※ 광전식분리형감지기를 사용할 경우 한 변의 길이 100m 이하
답 ①

해 • 종류 : P형·R형·GP형·GR형
답 ②

⑪ 자동화재탐지설비인 수신기의 조작스위치는 바닥으로 부터의 높이가 몇 m 이상과 몇 m 이하인 곳이 적당한가?
① 0.5m~1.2m
② 0.8m~1.5m
③ 1.2m~1.8m
④ 1.5m~1.2m

[해] • 설치높이 : 0.8m 이상 1.5m 이하

[답] ②

⑫ 자동화재탐지설비의 감지기 설치기준 중 틀리는 것은?
① 보상식 스포트형 감지기는 정온점이 감지기 주위의 평상시 최고온도보다 20℃ 이상 높은 것으로 할 것
② 감지기는 실내로의 공기유입구로부터 1.5m 이상 떨어진 위치에 설치할 것
③ 감지기는 천장 또는 반자의 옥내에 면하는 부분에 설치할 것
④ 스포트형 감지기는 40° 이상 경사되지 아니하도록 부착할 것

[해] • 스포트형 감지기 : 45° 이상 경사되지 아니하도록 할 것

[답] ④

⑬ 자동화재탐지설비 중 발신기의 설치 높이로서 적당한 것은?
① 0.5m 이하 3m 이상
② 0.5m 이하 2.5m 이상
③ 0.8m 이상 1.5m 이하
④ 0.8m 이상 1m 이하

[해] • 설치높이 : 0.8m 이상 1.5m 이하

[답] ③

4 피난설비

 피난설비의 종류

(1) 피난기구
(2) 유도등 및 유도표지
(3) 인명구조기구
(4) 비상조명등 및 휴대용 비상조명등

 유도등 및 유도표지의 종류

녹색 바탕 백색 문자
〔피난구유도등〕

백색 바탕 녹색 문자
〔통로유도등〕

(1) 피난구유도등 (2) 통로유도등
(3) 객석유도등   (4) 유도표지

 주유취급소 피난설비의 설치기준

(1) 주유취급소 중 건축물의 **2층 이상의 부분**을 점포·휴게음식점 또는 전시장의 용도로 사용하는 것에 있어서는 당해 건축물의 **2층 이상**으로부터 주유취급소의 **부지 밖으로 통하는 출입구**와 당해 출입구로 통하는 **통로·계단 및 출입구**에 유도등을 설치하여야 한다.
(2) 옥내주유취급소에 있어서는 당해 사무소 등의 **출입구** 및 **피난구**와 당해 피난구로 통하는 **통로·계단 및 출입구**에 유도등을 설치하여야 한다.
(3) 유도등에는 비상전원을 설치하여야 한다.

적중 출제예상문제

피난설비

1 위험물안전관리법령상 피난설비에 해당하는 것은?
① 자동화재탐지설비
② 비상방송설비
③ 자동식 사이렌설비
④ 유도등

해 · 소방설비의 종류
- 자동화재탐지설비 : 경보설비
- 비상방송설비 : 경보설비
- 자동식 사이렌설비 : 경보설비
- 유도등 : 피난설비

답 ④

2 주유취급소 중 건축물의 2층에 휴게음식점의 용도로 사용하는 것에 있어 당해 건축물의 2층으로부터 직접 주유취급소의 부지 밖으로 통하는 출입구와 당해 출입구로 통하는 통로 · 계단에 설치하여야 하는 것은?
① 비상경보설비
② 유도등
③ 비상조명등
④ 확성장치

해 · 주유취급소의 피난설비
- 주유취급소 중 건축물의 2층의 부분을 점포 · 휴게음식점 또는 전시장의 용도로 사용하는 것에 있어서는 당해 건축물의 2층으로부터 직접 주유취급소의 부지 밖으로 통하는 출입구와 당해 출입구로 통하는 통로 · 계단 및 출입구에 유도등을 설치하여야 한다.
- 옥내주유취급소에 있어서는 당해 사무소 등의 출입구 및 피난구와 당해 피난구로 통하는 통로 · 계단 및 출입구에 유도등을 설치하여야 한다.
- 유도등에는 비상전원을 설치하여야 한다.

답 ②

3 피난동선의 특징이 아닌 것은?
① 가급적 지그재그의 복잡한 형태가 좋다.
② 수평동선과 수직동선으로 구분한다.
③ 2개 이상의 방향으로 피난할 수 있어야 한다.
④ 가급적 상호반대방향으로 다수의 출구와 연결되는 것이 좋다.

**해 · 피난동선은 가급적 직선의 간단한 형태(T형, X형, Z형)가 좋다.

답 ①

제 2 편
위험물의 성질 및 취급

제1장	위험물
제2장	제1류 위험물
제3장	제2류 위험물
제4장	제3류 위험물
제5장	제4류 위험물
제6장	제5류 위험물
제7장	제6류 위험물
제8장	위험물의 저장 및 취급방법

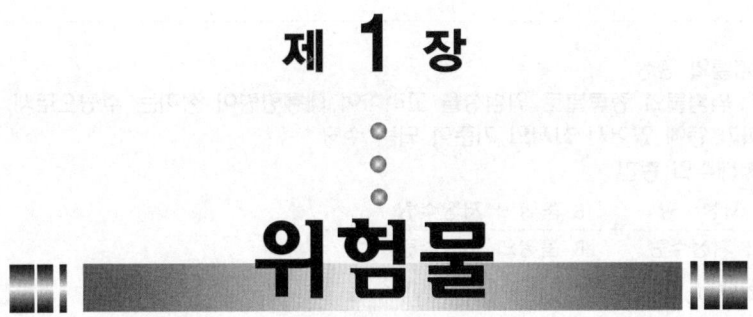

제1장 위험물

1 위험물의 구분

위험물안전관리법에서는 위험물을 화학적·물리적 성질에 따라 제1류에서 제6류로 구분하여 정하고 있다(전체 위험물의 종류는 부록 참고).

> **참고**
> ※ **위험물의 정의** : 인화성 또는 발화성 등의 성질을 가지는 것으로서 대통령령이 정하는 물품

2 위험물의 구성

- 유별 · 성질 · 품명 · 지정수량

> **참고**
> ※ **유별** : 제1류에서 제6류 위험물까지 화학적·물리적 성질이 비슷한 위험물로 구분한다.
> ※ **성질**
>   - **산화성 고체(제1류)** : 고체로서 산화력의 잠재적인 위험성 또는 충격에 대한 민감성을 판단하기 위하여 소방청장이 정하여 고시하는 시험에서 고시로 정하는 성질과 상태를 나타내는 것을 말한다.
>   - **가연성 고체(제2류)** : 고체로서 화염에 의한 발화의 위험성 또는 인화의 위험성을 판단하기 위하여 고시로 정하는 시험에서 고시로 정하는 성질과 상태를 나타내는 것을 말한다.
>   - **자연발화성 물질 및 금수성 물질(제3류)** : 고체 또는 액체로서 공기 중에서 발화의 위험성이 있거나 물과 접촉하여 발화하거나 가연성가스를 발생하는 위험성이 있는 것을 말한다.
>   - **인화성 액체(제4류)** : 액체(제3석유류, 제4석유류 및 동·식물유류에 있어서는 1기압과 20℃에서 액상인 것에 한한다)로서 인화의 위험성이 있는 것을 말한다.
>   - **자기반응성 물질(제5류)** : 고체 또는 액체로서 폭발의 위험성 또는 가열분해의 격렬함을 판단하기 위하여 고시로 정하는 시험에서 고시로 정하는 성질과 상태를 나타내는 것을 말한다.
>   - **산화성 액체(제6류)** : 액체로서 산화력의 잠재적인 위험성을 판단하기 위하여 고시로 정하는 시험에서 고시로 정하는 성질과 상태를 나타내는 것을 말한다.

참고

※ 품명 : 위험물의 명칭
※ 지정수량 : 위험물의 종류별로 위험성을 고려하여 대통령령이 정하는 수량으로서 제조소등의 설치허가 등에 있어서 최저의 기준이 되는 수량
• 지정수량 배수의 총합

$$\frac{A\ 품명\ 저장수량}{A\ 품명의\ 지정수량} + \frac{B\ 품명의\ 저장수량}{B\ 품명의\ 지정수량} + \cdots$$

= 환산지정수량(1 이상이면 지정수량 이상으로 본다)

3 위험물의 유별 공통기준(규칙 별표 18)

제1류 위험물(산화성 고체)

가연물과의 접촉·혼합이나 분해를 촉진하는 물품과의 접근 또는 **과열, 충격, 마찰** 등을 피하여야 하며, 알칼리금속의 과산화물 및 이를 함유한 것에 있어서는 물과의 접촉을 피할 것

참고

※ **산화성 고체** : 마찰·충격 등으로 **분해**하여 많은 **산소**를 방출한다.
※ 강산화제이며 **불연성** 물질이다. 또한 **조연성** 물질이라고도 한다.
• **조연성** : 산소를 많이 함유하여 연소를 도와주는 성질
※ 용기는 밀전하여 공기가 잘 통하는 **냉암소**에 저장한다.

제2류 위험물(가연성 고체)

산화제와의 접촉·혼합이나 **불티, 불꽃,** 고온체와의 접근 또는 **과열**을 피하여야 하며, 철분·금속분·마그네슘 및 이를 함유하는 것에 있어서는 물이나 산과의 접촉을 피하고 인화성 고체에 있어서는 함부로 증기를 발생시키지 말 것

참고

※ **가연성 고체** : 환원제이므로 **산화제**와 접촉하거나 **점화원**에 의하여 급격히 폭발할 수 있다.
※ **가연성 물질** : **이연성** 물질이라고도 한다.
• **이연성** : 타기 쉬운 물질

제1장 위험물 145

 제3류 위험물(자연발화성 물질 및 금수성 물질)

자연발화성 물질에 있어서는 **불티, 불꽃,** 또는 **고온체와의 접근 과열** 또는 **공기와의** 접촉을 피하여야 하며, 금수성 물질에 있어서는 물과의 접촉을 피하여야 한다.

> 참고
> ※ 자연발화성 물질 및 금수성 물질 : 공기, 물, 공기 또는 물, 과열 등으로 **가연성가스를** 발생하여 **발화** 또는 폭발한다.
> ※ 금수성 : 물과의 접촉을 금지하여야 하는 성질(실험대 위에서 **5g 이상** 취급하지 말 것)

 제4류 위험물(인화성 액체)

불티, 불꽃, 고온체와의 접근 또는 과열을 피하고, 함부로 **증기를 발생시키지 말 것**

> 참고
> ※ 인화성 액체 : 인화성 증기를 발생하는 액체 위험물로 흔히 기름이라 말하는 것으로 액체연료 및 여러 물질을 녹이는 용제 등으로 일상생활 및 산업분야 등 많이 이용되고 있다.
> • 인화성 : 화공 위험성에서의 정의는 **30℃ 미만**에서 가연성 증기를 발생하는 것을 말하나 여기서는 점화원에 의하여 쉽게 착화되는 성질의 것을 말한다.

 제5류 위험물(자기반응성 물질)

불티, 불꽃, 고온체와의 접근이나 **과열, 충격,** 또는 **마찰** 등을 피할 것

> 참고
> ※ 자기반응성 물질(자기연소성 물질) 또는 **내부연소성** 물질 : 주로 **가연물**인 동시에 자체 내에 산소공급체가 공존하므로 화약의 원료로 많이 쓰인다.
> • 자기반응성 물질 : 가연물이며 산소함유 물질(실험대 위에서 **5g 이상** 취급하지 말 것)

제6류 위험물(산화성 액체)

가연물과의 접촉·혼합이나 분해를 촉진하는 물질에의 접근 또는 과열을 피할 것

>
> ※ 산화성 액체 : 강산화제로서 강한 부식성을 갖는 강산이며 많은 산소를 함유하고 있다.

휴게실

◆ 이 정도는 알고 있자(벼락).
천둥과 번개가 심할 경우 야외에서는 몸에 금속을 노출시켜서는 안되며 라디오와 무전기는 벼락을 부르는 기계가 된다.

◆ 믿어도 될는지…
레저붐을 타고 산이나 들로 나가 캠프를 할 때 텐트 안으로 뱀 등의 침투를 막기 위하여 백반이나 담배꽁초를 뿌리지만 독사에게 물렸을 때 응급처리 방법은 각양각색입니다. 일단 뱀에 물린 자리 윗부분을 압박한 후 물린 부분을 칼로 5mm 길이로 십자로 찢고 입으로 독을 빨아낸 다음(입안에 상처가 없어야 한다) 병원으로 후송하여 백신을 맞는 방법이 가장 널리 알려진 응급처리 방법입니다. 그런데 토란잎을 찢어서 상처 부위에 싸매면 뱀독이 해독된다는 이야기가 있는데 믿어도 될는지.

적중 출제예상문제

1 다음 중 위험물안전관리법상 위험물의 정의로 맞는 것은?
① 도지사가 정하는 발화성 또는 인화성 등의 물질
② 소방서장이 정하는 폭발성 등의 물질
③ 대통령령이 정하는 인화성 또는 발화성 등의 물질
④ 행정안전부령이 정하는 폭발성 등의 물질

힌트
해 • 위험물 : 인화성 또는 발화성 등의 성질을 가지는 것으로서 대통령령이 정하는 물품
답 ③

2 위험물의 지정수량이란?
① 군수, 시장이 정하는 수량을 말한다.
② 도지사가 정하는 수량을 말한다.
③ 대통령령이 정하는 수량을 말한다.
④ 소방본부장 또는 소방서장이 정한 수량을 말한다.

해 • 지정수량 : 위험물의 종류별로 위험성을 고려하여 대통령령이 정하는 수량으로서 제조소등의 설치허가 등에 있어서 최저의 기준이 되는 수량
답 ③

3 위험물안전관리법상의 위험물의 성질로서 다음 중 틀린 것은?
① 발화 · 인화하는 것도 있으나 발화 · 인화를 촉진시켜 주는 것도 있다.
② 화재의 발생위험과 확대위험이 큰 것이다.
③ 일반적으로 한번 연소하면 매우 소화가 곤란하다.
④ 위험물은 모두 가연성 물질이다.

해 • 제1류 위험물 · 제6류 위험물 : 불연성
답 ④

4 품명을 달리하는 2개 이상의 위험물을 동일한 장소에 저장할 경우 지정수량의 환산은 다음 중 어느 것이 옳은가?
① 저장하는 위험물 중 그 양이 가장 많은 것을 지정수량으로 한다.
② 저장하는 위험물 중 가장 위험도가 높은 것이 지정수량 이상일 때이다.
③ 2품명의 위험물을 합하여 그 양이 지정수량 이상일 때이다.
④ 각 품명별로 저장하는 수량을 그 품명별 지정수량으로 나누어 얻은 수의 합계가 1이상일 때이다.

해 • 환산지정수량 : 품명별 저장수량을 품명별 지정수량으로 나누어 얻은 수의 합계가 1이상 일 경우 지정수량 이상으로 본다.
답 ④

5 제1류 위험물을 취급할 때 주의사항으로서 틀린 것은?
① 환기가 좋은 찬 곳에 저장한다.
② 가열, 충격, 마찰을 피한다.
③ 가연물과의 접촉을 피한다.
④ 용기를 옮길 때는 개방용기를 사용한다.

해 • 용기 : 밀전하여 공기가 잘 통하는 냉암소에 저장한다.
답 ④

6 제1류 위험물 무기과산화물류에 대한 설명 중 잘못된 것은?
① 불연성 물질이다.
② 가열 또는 산화되기 쉬운 물질과 혼합되면 분해하여 산소를 방출한다.
③ 물과 반응하면 발열하고 수소를 발생하는 것도 있다.
④ 가열, 충격에 의해 폭발하는 것도 있다.

해 • 무기과산화물 중 알칼리금속의 과산화물 : 물과 접촉하여 발열하며 산소가스를 발생한다.
답 ③

7 제2류 위험물의 화재예방시 주의해야 할 사항 중 옳은 것은?
① 물과 작용하여 발화되는 것이 많다.
② 불티, 불꽃, 고온체와의 접근 및 과열을 피할 것
③ 공기 속에서 환원되어 발화한다.
④ 마찰, 충격에 대하여 안전하다.

해 • 제2류 위험물 : 산화제와 접촉·혼합이나 불티·불꽃 등과의 접근 및 과열을 피할 것
답 ②

8 제2류 위험물을 저장할 때에 특히 주의해야 할 사항은?
① 환원제와의 접촉을 피한다.
② 가연물과 접촉을 피한다.
③ 금속분은 물속에 저장한다.
④ 산화제와의 접촉·혼합을 피한다.

해 • 문제 7 해설 참조
답 ④

9 제3류 위험물의 성질로서 적합한 것은?
① 산화력이 강하다.
② 물과 반응하여 화학적으로 활성화된다.
③ 전부 보호액 중에 보관해야 된다.
④ 전부 단체 금속이다.

해 • 제3류 위험물 : 금수성 물질은 물과 반응하여 가연성가스를 발생한다.
답 ②

10 제3류 위험물의 화재예방상 공통된 성질로서 옳은 것은?
① 착화온도가 낮은 액체이다.
② 자연발화성 물질은 불티, 불꽃 또는 고온체의 접근, 과열 또는 공기와 접촉을 피할 것
③ 전부 가연성이지만 유기물과 접촉하면 산소를 발생한다.
④ 물과 접촉하면 산소를 발생하고 다른 물질을 산화시킨다.

해 • 제3류 위험물 : 자연발화성 물질은 불티 등 점화원 및 공기 또는 물과의 접촉을 피할 것
답 ②

11 제4류 위험물의 저장취급 방법에 있어서 다음 중 옳은 것은?
① 물과의 접촉을 피해야 한다.
② 불티, 불꽃, 고온체에의 접근을 피해야 하며 증기 발생을 억제해야 한다.
③ 가연물과의 접촉을 금해야 한다.
④ 자연폭발 위험성이 있으며 마찰을 금해야 한다.

해 • 제4류 위험물 : 인화성 액체로 점화원에 의하여 연소한다.
※ 점화원 : 불티·불꽃·마찰·충격·고온체 등
답 ②

12 제5류 위험물의 화재예방법으로 적당한 것은?
① 습기를 피해서 저장한다.
② 무기산류와 공존을 피한다.
③ 불티, 불꽃, 고온체의 접근이나 과열, 충격, 마찰 등을 피할 것
④ 보호액에 담가서 노출되지 않도록 한다.

해 • 제5류 위험물 : 자기반응성(자기연소성)이므로 폭약 등에 많이 사용되므로 불티, 불꽃 등과 과열, 충격, 마찰 등을 피할 것
답 ③

⑬ 다음 중에서 제6류 위험물의 화재예방에 가장 공통되는 주의사항은 어느 것인가?
① 불필요하게 가연물과 접촉시키지 않는다.
② 공기와의 접촉을 피한다.
③ 산화제의 혼입을 피한다.
④ 항상 냉각시켜 저장한다.

해 · 제6류 위험물 : 가연물과의 접촉이나 분해를 촉진하는 물품에의 접촉을 피할 것
답 ①

⑭ 각 유별 위험물의 공통된 취급방법에 있어서 틀린 것은?
① 제1류 위험물은 가열, 충격, 마찰 및 다른 약품과의 접촉을 피한다.
② 제2류 위험물은 물 또는 습기를 피해야 한다.
③ 제3류 위험물의 수분과 접촉을 방지한다.
④ 제5류 위험물은 불꽃 및 고온체와의 접근을 피한다.

해 · 제2류 위험물 : 황, 적린 등은 물과 접촉하여도 무방하다.
답 ②

⑮ 위험물의 유별로 그 위험성의 종류가 바르게 연결되지 아니한 것은?
① 제1류 위험물 - 강산화성 물질
② 제3류 위험물 - 환원성 물질
③ 제4류 위험물 - 가연성 증기를 발생하는 액체
④ 제5류 위험물 - 자기연소성 물질

해 · 제3류 위험물 : 금수성 · 자연발화성 물질
답 ②

휴게실

◆ 딸꾹질을 멈추게 하는 방법

딸꾹질이 그치지 않고 계속될 때 **최악의 경우**는 **목숨도 잃는다**고 한다. 미국 오하이오주 앤턴에 사는 찰스 오스븐이라는 사람은 1922년부터 1990년 2월까지 **69년 5개월간 딸꾹질**을 하였다 한다(기네스북).

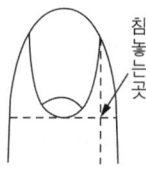

[왼손 검지]

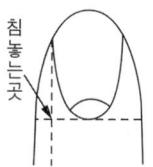

[오른손 검지]

일단 딸꾹질이 그치지 않으면 불편한 것은 사실이다. 이러한 **딸꾹질을 멈추게 하는 방법**으로는 숨을 오래 참거나 깜짝 놀라게 하는 등 여러 가지 방법이 있겠지만 도무지 멈추지 않는 딸꾹질은 그림에서와 같이 왼손과 오른손 검지(두번째 손가락)의 표시한 각점(상양혈이라 한다)을 소독한 핀이나 바늘로 침을 놓는 방법과 곶감꼭지 삶은 물을 마시는 방법 등이 있다.

제 2 장
제1류 위험물

학습목표

- 필수 암기사항
- 아염소산염류 · 염소산염류 · 과염소산염류 · 무기과산화물류 · 브로민산염류 · 아이오딘산염류 · 질산염류 · 과망가니즈산염류 · 다이크로뮴산염류 및 행정안전부령이 정하는 것 등의 성질

1 필수 암기사항

- 제1류 위험물의 품명 및 지정수량
- 제1류 위험물의 일반성질
- 제1류 위험물의 저장 및 취급방법
- 제1류 위험물의 정의

참고

※ 필수 암기사항에 대한 내용은 **완전 암기**하여 수험에 대비할 것

제1류 위험물의 품명 및 지정수량

유별 및 성질	위험등급	품명	지정수량
제1류 산화성 고체	I	1. 아염소산염류 2. 염소산염류 3. 과염소산염류 4. 무기과산화물	50kg 50kg 50kg 50kg
	II	5. 브로민산염류(브롬산염류) 6. 아이오딘산염류(요오드산염류) 7. 질산염류	300kg 300kg 300kg
	III	8. 과망가니즈산염류(과망간산염류) 9. 다이크로뮴산염류(중크롬산염류)	1,000kg 1,000kg
	I~III	10. 그 밖에 행정안전부령이 정하는 것 11. 제1호 내지 제10호에 해당하는 어느 하나 이상을 함유한 것	50kg 300kg 또는 1,000kg

> ※ **지정수량**은 완전 암기하여 수험에 대비할 것
> ※ 그 밖에 행정안전부령이 정하는 것
> 차아염소산염류, 과아이오딘산, 과아이오딘산염류, 아질산염류, 크로뮴, 납 또는 아이오딘의 산화물, 퍼옥소붕산염류, 퍼옥소이황산염류, 염소화아이소시아누르산

 제1류 위험물의 일반성질

(1) 대부분 **무색 결정**이나 **백색 분말**이며 비중이 1보다 크며 수용성인 것이 많다.
(2) **불연성**이며 **산소를 많이 함유**하고 있는 **강산화제**이다.
(3) 반응성이 풍부하여 **열·타격·충격·마찰** 및 **다른 약품**과의 **접촉**으로 분해하여 많은 **산소를 방출**하여 다른 **가연물의 연소**를 돕는다.
(4) 알칼리금속의 과산화물은 물과 접촉하여 산소를 발생한다.

> ※ **제1류 위험물**을 (3)번과 같은 성질 때문에 **조연성 물질**이라고도 부르며, 가연물과 혼합되어 있을 경우 마찰, 충격 등으로 폭발의 위험이 있다.

제1류 위험물의 저장 및 취급방법

(1) **조해성**이 있으므로 습기에 주의하며 용기는 **밀폐**하여 저장할 것
(2) 용기의 파손에 의하여 **위험물의 누설**에 주의할 것
(3) **환기**가 좋은 찬 곳에 저장할 것
(4) **열원**과 **산화되기 쉬운 물질**과 **산** 또는 **화재 위험**이 있는 곳으로부터 **멀리** 할 것
(5) 다른 약품류 및 가연물과의 **접촉**을 피할 것

 제1류 위험물의 정의

(1) 아염소산 염류
   $HClO_2$(아염소산)의 수소를 금속 또는 양이온으로 치환된 형태의 화합물의 총칭
(2) 염소산염류
   $HClO_3$(염소산)의 수소를 금속 또는 양이온으로 치환된 형태의 화합물의 총칭
(3) 과염소산염류
   $HClO_4$(과염소산)의 수소를 금속 또는 양이온으로 치환된 형태의 화합물의 총칭
(4) 무기과산화물류
   H_2O_2(과산화수소)의 수소를 금속 또는 양이온으로 치환된 형태의 화합물의 총칭
(5) 브로민산염류(브롬산염류)
   $HBrO_3$(브로민산)의 수소를 금속 또는 양이온으로 치환된 형태의 화합물의 총칭
(6) 아이오딘산염류(요오드산염류)
   HIO_3(아이오딘산)의 수소를 금속 또는 양이온으로 치환된 형태의 화합물의 총칭
(7) 질산염류
   HNO_3(질산)의 수소를 금속 또는 양이온으로 치환된 형태의 화합물의 총칭
(8) 과망가니즈산염류(과망간산염류)
   $HMnO_4$(과망가니즈산)의 수소를 금속 또는 양이온으로 치환된 형태의 화합물의 총칭
(9) 다이크로뮴산염류(중크롬산염류)
   $H_2Cr_2O_7$(다이크로뮴산)의 수소를 금속 또는 양이온으로 치환된 형태의 화합물의 총칭

적중 출제예상문제

1 다음은 제1류 위험물의 지정수량을 연결한 것이다. 잘못된 것은?
① 아염소산염류 - 50kg
② 아이오딘산염류 - 100kg
③ 브로민산염류 - 300kg
④ 다이크로뮴산염류 - 1,000kg

2 제1류 위험물 중 위험등급 Ⅰ등급 위험물이 아닌 것은?
① 염소산염류
② 과염소산염류
③ 무기과산화물류
④ 질산염류

3 제1류 위험물의 공통 특징은?
① 가연성
② 환원성
③ 산화성
④ 폭발성

4 제1류 위험물의 공통적인 성질에 해당되는 것은?
① 불연성 고체이다.
② 흡수성 물질이다.
③ 인화성 액체이다.
④ 강산성 액체이다.

5 제1류 위험물의 공통성질이 아닌 것은?
① 강산화성 물질이며 가연성이다.
② 비중이 1보다 크고 수용성인 것이 많다.
③ 조해성이 있다.
④ 분해시 산소를 방출한다.

6 제1류 위험물의 일반적 성질 중 맞지 않는 것은?
① 강산화성 물질로 상온에서 고체이다.
② 가열·충격·마찰 등으로 쉽게 분해되어 산소를 내놓는다.
③ 전부 가연성 물질이며, 다른 가연물을 산화시키는 물질이다.
④ 대부분 무색 결정 또는 분말로 비중이 1보다 크고 수용성이 많다.

7 제1류 위험물에 가열·타격 및 충격 등을 가하였을 때 방출되는 가스는 어느 것인가?
① 수소
② 산소
③ 질소
④ 염소

8 제1류 위험물인 알칼리금속의 과산화물은 물과 접촉하여 발열하며 가스를 방출한다. 이 가스는 다음 중 어느 것인가?
① H_2
② CO_2
③ N_2
④ O_2

힌트

해 • 아이오딘산염류의 지정수량 : 300kg
답 ②

해 • 위험물의 종별 :
① Ⅰ등급, ② Ⅰ등급
③ Ⅰ등급, ④ Ⅱ등급
답 ④

해 • 제1류 위험물(산화성고체) : 강산화제로서 불연성 물질이다.
답 ③

해 • 문제 3 해설 참조
답 ①

해 • 문제 3 해설 참조
답 ①

해 • 제1류 위험물 : 모두 불연성 물질이다.
답 ③

해 • 제1류 위험물 : 강산화제로서 산소를 많이 함유하고 있으므로 분해할 경우 산소를 방출한다.
답 ②

해 • 방출가스 : 산소(O_2)
답 ④

⑨ 다음 중 인화성 물질이 아닌 것은?
① 산소
② 알코올
③ 수소
④ 석유

⑩ 제1류 위험물 중 아염소산염류에 해당되는 것은?
① $HClO_2$
② $KClO_2$
③ $NaClO_3$
④ NH_4ClO_4

⑪ 제1류 위험물 중 염소산염류에 해당하는 것은?
① CCl_4
② NH_4ClO_3
③ C_6H_5Cl
④ $HClO_3$

⑫ 제1류 위험물 중 과염소산염류에 해당되는 것은?
① $NaClO_4$
② $NaClO_3$
③ $NaClO_2$
④ $NaClO$

⑬ 제1류 위험물 중 무기과산화물류에 해당되는 것은?
① K_2O_2
② Na_2O
③ Ba_2O_2
④ Ca_2O_2

⑭ 제1류 위험물에 속하지 않는 것은?
① NH_4ClO_3
② BaO_2
③ CH_3ONO_2
④ $NaNO_3$

⑮ 제1류 위험물의 저장 및 취급방법으로 옳지 않은 것은?
① 습기에 주의하며 용기는 밀폐하여 저장한다.
② 가연성이므로 환기가 좋은 찬곳에 저장한다.
③ 용기의 파손 등 위험물의 누설에 주의할 것
④ 분해를 촉진하는 약품과 접촉을 피할 것

⑯ 제1류 위험물의 화재예방대책이 아닌 것은?
① 분해를 일으킬 수 있는 조건을 제거해 준다.
② 산화되기 쉬운 물질은 격리하여 저장한다.
③ 조해성 물질과 방습에 주의한다.
④ 인화점 이하를 유지하도록 하여 저장한다.

해 • 산소 : 불연성이며 조연성 가스이다.
 ※ 조연성 : 연소를 도와주는 성질
답 ①

해 • 아염소산염류 : $HClO_2$의 수소가 금속 또는 양성원자단으로 치환된 것
답 ②

해 • 염소산염류 : $HClO_3$의 수소가 금속 또는 양성원자단으로 치환된 것
답 ②

해 • 과염소산염류 : $HClO_4$의 수소가 금속 또는 양성원자단으로 치환된 것
답 ①

해 • 무기과산화물류 :
  ① 과산화물
  ②③④ 산화물
답 ①

해 • 위험물 분류 :
  ①② 제1류
  ③ 제5류 ④ 제1류
답 ③

해 • 제1류 위험물 : 강산화제이며 불연성이다.
답 ②

해 • 제1류 위험물 : (산화성 고체) : 불연성이므로 인화점은 없다.
답 ④

2 아염소산염류의 성질

지정수량 : 50kg

> ※ 아염소산염류 : 일반적으로 황색 또는 적색의 고체이며, Ag(은), Pb(납), Hg(수은)의 염 외의 것은 어느 것이나 물에 잘 녹으며 기폭약류 및 표백제로 많이 사용된다.

아염소산나트륨($NaClO_2$)

(1) 순수한 무수물의 분해온도 350℃ 이상, 수분이 포함될 경우 분해온도 120~130℃
(2) 무색의 결정성 분말
(3) 산을 가할 경우 발생되는 유독가스는 이산화염소(ClO_2) 가스이다.
(4) 약하기는 하나 단독으로 폭발한다.

> ※ 분해반응식
> $$NaClO_2 \xrightarrow{\Delta} NaCl + O_2 \uparrow$$
> (아염소산나트륨) (염화나트륨) (산소)
>
> ※ 염산과 반응식
> $$5NaClO_2 + 4HCl \rightarrow 5NaCl + 4ClO_2 \uparrow + 2H_2O$$
> (아염소산나트륨) (염산) (염화나트륨) (이산화염소) (물)
>
> ※ 이산화탄소와 반응식
> $$5NaClO_2 + 2CO_2 + 2H_2O \rightarrow 2Na_2CO_3 + H_2O + 4ClO_2 \uparrow \ NaCl$$
> (아염소산나트륨) (이산화탄소) (물) (탄산나트륨) (물) (이산화염소) (염화나트륨)

3. 염소산염류의 성질

지정수량 : 50kg

> **참고**
> ※ **염소산염류** : 품명마다 특이한 성질을 가지며 어느 것이나 가열·충격·강산의 첨가로 **단독으로 폭발**하는 것도 있으나, 황·목탄·마그네슘·알루미늄분말 또는 차아인산염·유기물질 등 **산화되기 쉬운 물질과 혼합**되어 있을 경우 **특히 위험성**이 크다(급격한 연소 내지는 **폭발**을 일으킨다).

1 염소산칼륨($KClO_3$)

(1) 분해온도 400℃, 융점 368.4℃, 용해도 7.3(20℃), 비중 2.34
(2) 무색 단사정계 판상결정 또는 백색 분말
(3) 인체에 유독하다.
(4) 상온에서 안정하나 가연물이 혼재되었을 경우 약간의 자극으로 폭발한다.
(5) 산과 반응하여 유독한 이산화염소(ClO_2)를 발생하며, 이산화염소는 폭발성이다.
(6) 온수, 글리세린에는 잘 녹으나 냉수 및 알코올에는 녹기 어렵다.
(7) 불꽃놀이, 폭약제조, 의약품 등에 사용된다.

> **참고**
> • 완전분해 반응식
> $$2KClO_3 \xrightarrow{\triangle} 2KCl + 3O_2\uparrow$$
> (염소산칼륨)　(염화칼륨)　(산소)
>
> ※ 400℃ 부근에서 분해하여 과염소산칼륨을 생성하고, 540℃~560℃에서는 과염소산칼륨이 분해하여 염화칼륨과 산소를 방출한다.
> $$2KClO_3 \xrightarrow{\triangle} KCl + KClO_4 + O_2\uparrow, \quad KClO_4 \xrightarrow{\triangle} KCl + 2O_2\uparrow$$
> (염소산칼륨)　(염화칼륨)(과염소산칼륨)　(산소)　(과염소산칼륨)　(염화칼륨)　(산소)
>
> ※ 이산화망가니즈(MnO_2)를 촉매로 사용하면 70℃~200℃에서 분해한다.
> ※ 염산과 반응식
> $$2KClO_3 + 4HCl \rightarrow 2KCl + 2H_2O + Cl_2\uparrow + 2ClO_2\uparrow$$
> (염소산칼륨)　(염산)　(염화칼륨)　(물)　(염소)　(이산화염소)

2 염소산나트륨(NaClO₃)

(1) **분해온도** 300℃, 융점 248℃, 용해도 101(20℃), 비중 2.5(20℃)
(2) 무색, 무취의 **입방정계 주상결정**
(3) 산과 반응하여 유독한 **이산화염소**(ClO₂)를 발생하며, 이산화염소는 **폭발성**이다.
(4) 알코올, 에터, 물에 잘 녹으며 **조해성**이 크다.
(5) 철을 잘 부식시키므로 **철제 용기에 저장하지 말 것**
(6) 조해성이 강하므로 섬유, 먼지, 나무조각에 침투되기 쉬우므로 취급시 방습에 주의할 것

> ※ **염소산 염류** : 조해성이 특히 크므로 용기는 밀전, 밀봉할 것
> • **조해성** : 고체가 공기 중의 **수분**을 흡수하여 **액체**가 되는 것

3 염소산암모늄(NH₄ClO₃)

(1) 대단히 **폭발성**이 크다.
(2) **조해성**이 있다.
(3) 금속 **부식성**이 크다.

> ※ **분해반응식**
> $NH_4ClO_3 \rightarrow N_2 \uparrow + 4H_2O + Cl_2 \uparrow + O_2 \uparrow$
> (염소산암모늄) (질소) (물) (염소) (산소)

4 과염소산염류의 성질

지정수량 : 50kg

> ※ **과염소산염류** : 일반적으로 염소산염류보다 **안정**하다.

과염소산칼륨($KClO_4$)

(1) **분해온도 400℃**, 융점 610℃, 용해도 1.8(20℃), 비중 2.52
(2) 무색, 무취의 **사방정계 결정**
(3) 물에 녹기 어렵고 알코올, 에터에 녹지 않는다.
(4) **진한 황산**과 접촉하면 **폭발**한다.
(5) 인, 황, 탄소, 유기물 등과 혼합되었을 때 **가열, 마찰, 충격**으로 **폭발**한다.
(6) **수산화나트륨**과는 **안정**하다.

> ※ **분해온도** : 400℃에서 분해가 시작되어 610℃에서는 **완전분해**한다. 또한 분해반응식은 다음과 같다.
>
> $$KClO_4 \xrightarrow{\Delta} KCl + 2O_2 \uparrow$$
> (과염소산칼륨) (염화칼륨) (산소)

과염소산나트륨($NaClO_4$)

(1) **분해온도 400℃**, 융점 482℃, 용해도 170(20℃), 비중 2.50
(2) 무색, 무취의 **조해**되기 쉬운 결정
(3) **물**, 에틸알코올, 아세톤에 **잘 녹고**, 에터에 녹지 않는다.

※ 공기 중에서 가열하여 무수물이 생기는 온도 : 약 58℃
※ 결정수를 잃는 온도 : 200℃
- 결정수 : 고체결정이 결합할 때 필요한 물, 결정수를 잃으면 분말이 된다.

3 과염소산암모늄(NH_4ClO_4)

(1) 분해온도 130℃, 비중 1.87
(2) 무색, 수용성 결정

※ 과염소산암모늄 : 충격에는 비교적 안정하나 130℃에서 분해되어 300℃ 부근에서는 급격히 산소를 방출한다.

$$2NH_4ClO_4 \rightarrow N_2\uparrow + 4H_2O + Cl_2\uparrow + 2O_2\uparrow$$
(과염소산암모늄)　　(질소)　(물)　(염소)　(산소)

적중 출제예상문제

아염소산염류

1 아염소산염류의 지정수량은 몇인가?
① 20kg ② 30kg
③ 40kg ④ 50kg

2 아염소산나트륨의 위험성을 맞게 설명한 것은?
① 단독으로는 폭발하지 않는다.
② 시판품은 140℃ 이상에서 발열 분해한다.
③ 환원성 금속분과는 안전하다.
④ 수용액은 강한 산성이다.

3 산과 반응하여 유독기체인 이산화염소를 발생시키는 산화성 고체 위험물은?
① 아염소산나트륨 ② 브로민산나트륨
③ 아이오딘산나트륨 ④ 다이크로뮴산나트륨

염소산염류

4 제1류 위험물 중 취급할 때 특히 습기에 주의해야 하는 것은?
① 염소산염류 ② 과염소산염류
③ 과망가니즈산염류 ④ 질산염류

5 다음 물질 중 염소산칼륨은 어느 것인가?
① $KClO_3$ ② $KClO$
③ $KClO_4$ ④ $KClO_2$

6 염소산칼륨의 지정수량은?
① 10kg ② 50kg
③ 500kg ④ 1,000kg

7 염소산염류의 설명 중 틀린 것은?
① 무색 결정이다.
② 강산과 혼합하면 폭발하는 수도 있다.
③ 주수 소화가 좋다.
④ 환원력이 강하다.

힌트

해 • 지정수량 : 50kg
답 ④

해 • 아염소산나트륨 : 단독으로 폭발하며 순수한 것의 분해 온도는 350℃이며 시판품에는 약간의 수분을 함유하며 분해온도는 120~130℃이나 140℃ 이상에서 발열 분해한다.
※ 분해온도 : 350℃
답 ②

해 • 아염소산나트륨 : 산과 반응하여 이산화염소(ClO_2)가스 발생
답 ①

해 • 염소산염류 : 조해성이 크며, 습기를 잘 흡수하므로 용기는 밀전·밀봉할 것
답 ①

해 • 명칭 : ① 염소산칼륨, ② 차아염소산칼륨, ③ 과염소산칼륨, ④ 아염소산칼륨
답 ①

해 • 지정수량 : 50kg
답 ②

해 • 염소산염류 : 강산화제로서 산화력이 강하다.
답 ④

⑧ 다음은 염소산염류의 피해이다. 틀린 것은?
① 혈액에 작용하여 독작용을 한다.
② 위장을 상하게 하기 때문에 변에 피가 섞여 나온다.
③ 중증이면 실신하여 사망한다.
④ 해독법은 위세척, 토하제 사용이다.

해 • 염소산염류 : 인체에 유독하며 경구투여시 혈변은 보지 않음
답 ②

⑨ 염소산칼륨의 성질에 관하여 다음에서 옳은 것은?
① 황색 분말 또는 결정이다.   ② 물에 녹는다.
③ 발화점이 낮다.   ④ 융점이 극히 낮다.

해 • 염소산칼륨 : 백색 분말로 물에 약간 녹는다.
※ 용해도 : 7.3(20℃)
답 ②

⑩ 염소산칼륨의 일반적 성질에서 옳지 못한 것은?
① 물에 잘 녹는다.
② 가열하면 과염소산염물이 된다.
③ 400℃에서 분해되어 산소를 발생시킨다.
④ MnO_2의 촉매가 존재할 때 분해가 빠르다.

해 • 문제 9 해설 참조
답 ①

⑪ 염소산칼륨이 열을 받았을 때 관계가 없는 것은?
① 분해한다.   ② 산소를 발생한다.
③ 염소를 발생한다.   ④ 염화칼륨이 생성된다.

해 • 열분해반응식
$$2KClO_3 \xrightarrow{\Delta} KClO_4 + KCl + O_2$$
※ 염소(Cl_2)는 발생되지 않는다.
답 ③

⑫ 다음 중 염소산칼륨의 성질로서 옳지 않은 것은?
① 분해온도는 약 400℃이다.
② 분해해서 염화칼륨과 산소를 만든다.
③ 상온에서는 안정한 물질이다.
④ 알코올에 잘 녹는다.

해 • 염소산칼륨 : 온수·글리세린에 잘 녹으며 냉수 및 알코올에는 녹기 어렵다.
답 ④

⑬ 염소산칼륨의 성질 중 옳지 못한 것은?
① 무색의 단사 판상결정 또는 백색 분말이다.
② 냉수에 조금 녹고 온수에 잘 녹는다.
③ 800℃ 부근에서 분해하여 염소를 발생한다.
④ 융점 370℃로 강산의 첨가는 위험하다.

해 • 염소산칼륨의 분해온도 : 400℃
답 ③

⑭ 다음에서 염소산칼륨의 위험성에 관하여 옳은 것은?
① 아이오딘, 알코올류와 접촉하면 심하게 반응한다.
② 스스로 잘 탄다.
③ 물에 접촉하면 가연성가스를 발생한다.
④ 물을 가하면 발열한다.

해 • 염소산칼륨 : 아이오딘·알코올 등과 접촉하면 심하게 반응하며, 유기물 등과 접촉시 가열, 충격, 마찰에 의하여 폭발한다.
답 ①

⑮ 다음 물질 중 용해도(20℃의 물에서)가 가장 큰 것은?
① $KClO_3$
② $NaClO_3$
③ $KClO_4$
④ $K_2Cr_2O_7$

[해] • 용해도 : ① 7.3, ② 101, ③ 1.8, ④ 8.89(15℃)
[답] ②

⑯ 염소산칼륨과 염소산나트륨의 성질에 대한 설명 중 옳지 않은 것은?
① 융점 이상으로 가열하면 산소를 방출한다.
② 무색이나 백색의 분말로 물에 녹지 않는다.
③ 황, 목탄, 유기물 등과의 혼합은 연소의 우려가 있다.
④ 산과 반응하거나 중금속의 혼합은 폭발의 위험이 있다.

[해] • 염소산칼륨은 물에 약간 녹으며, 염소산나트륨은 물에 잘 녹는다.
※ 염소산칼륨의 용해도 : 7.3(20℃)
※ 염소산나트륨의 용해도 : 101(20℃)
[답] ②

⑰ 염소산나트륨의 저장 및 취급이 잘못 설명된 것은?
① 가열, 충격, 마찰을 피한다.
② 분해를 촉진하는 약품류와의 접촉을 피한다.
③ 공기와의 접촉을 피하기 위하여 물속을 저장한다.
④ 조해성이므로 용기의 밀전·밀봉에 주의한다.

[해] • 저장·취급법 : 조해성이 있으므로 습기 및 물과의 접촉을 피하고 환기가 잘 되는 냉암소에 밀전·밀봉하여 저장한다.
[답] ③

⑱ $NaClO_3$의 저장방법으로 알맞는 것은?
① 튼튼한 철제 용기속에 밀봉하고 냉암소에 저장한다.
② 풍해성이 있으므로 밀봉·밀폐해 둔다.
③ 조해성이 있으므로 바람이 잘 통하는 장소에 둔다.
④ 산화성 물질이 들어가지 않도록 주의하고, 누출이 되지 않도록 한다.

[해] • 문제 17 해설 참조
※ $NaClO_3$=염소산나트륨
[답] ③

⑲ 염소산나트륨이 산과 반응하면 유독하고 폭발성 가스가 발생한다. 이 가스는?
① 수소
② 산소
③ 염소
④ 이산화염소

[해] • 산과 반응가스 : 이산화염소(ClO_2)가스
[답] ④

⑳ 염소산암모늄에 대한 설명 중 잘못된 것은?
① 대단히 폭발성이 큰 물질이다.
② 결정체나 수용액도 산화성이 있다.
③ 소화제는 내알코올포를 사용한다.
④ 조해성이 있고 금속을 부식시키기도 한다.

[해] • 소화방법 : 주수소화가 가장 좋으며 포·분말도 유효하다.
※ 내알코올포 : 알코올 등 수용성인 인화성 액체의 화재에 사용
[답] ③

과염소산염류

㉑ 과염소산칼륨이 분해되어 발생하는 가스는?
① 수소
② 질소
③ 탄산가스
④ 산소

[해] • 분해반응식
$KClO_4 \xrightarrow{\Delta} KCl + 2O_2 \uparrow$
[답] ④

㉒ 과염소산칼륨의 성질과 다른 것은?
① 무색, 무취의 결정이다.
② 비중은 1보다 크다.
③ 약 400℃ 이상 가열분해하면 산소를 발생한다.
④ 알코올에 잘 녹는다.

[해] • 과염소산칼륨 : 알코올·에터에 녹지 않는다.
[답] ④

㉓ 과염소산칼륨의 위험성으로 틀린 것은?
① 황, 목탄, 유기물 등과 혼합된 것은 폭발할 염려가 있다.
② 알루미늄과 마그네슘이 혼합되어 있는 것은 위험하다.
③ 진한 황산과 접촉하면 폭발한다.
④ 상온에서 비교적 안정하지만 분해온도 이상에서 염소가스를 발생한다.

[해] • 과염소산칼륨 : 분해온도에서는 산소(O_2) 가스를 발생한다.
※ $KClO_4 \rightarrow KCl + 2O_2$
[답] ④

㉔ 과염소산칼륨의 위험성으로 잘못된 것은?
① 상온에서 비교적 안정성이 높다.
② 진한 황산과 반응하여 폭발한다.
③ 수산화나트륨용액과 혼합한 것은 극히 위험하다.
④ 황, 마그네슘, 알루미늄 등과 혼합한 것은 위험하다.

[해] • 과염소산칼륨 : NaOH(수산화나트륨)과는 안정하다.
[답] ③

㉕ 과염소산칼륨을 황, 인 등과 같이 혼합하거나 마그네슘분과 섞으면 대단히 위험한데 그 이유 중 옳은 것은?
① 혼합하여 외부적 충격만 가해도 폭발하므로
② 혼합하면 전기가 형성되어 열이 발생하므로
③ 혼합하는 즉시 폭발하므로
④ 혼합하면 발화점이 낮으므로

[해] • 과염소산칼륨 : 유기물·황·인 등과 혼합되었을 때 가열·충격·마찰에 의하여 폭발한다.
[답] ①

㉖ 다음 중 녹는 점이 가장 높은 물질은?
① Na_2O_2
② $KClO_4$
③ $NaClO_4$
④ $NaClO_3$

[해] • 융점 :
① 460℃ ② 610℃
③ 480℃ ④ 250℃
[답] ②

㉗ 과염소산나트륨에 대하여 다음 가운데 잘못된 것은 어떤 것인가?
① 물에 잘 녹는다.
② 풍해되는 성질이 있다.
③ 염소산칼륨에 비하여 안정한 물질이다.
④ 가열하면 약 400℃에서 분해되어 산소를 낸다.

[해] • 과염소산나트륨 : 조해성이 있음
[답] ②

㉘ NH_4ClO_4가 분해되기 시작하는 온도는?
① 90℃
② 110℃
③ 130℃
④ 150℃

[해] • 과염소산암모늄의 분해온도 : 130℃
[답] ③

29 제1류 위험물 중 가열시 분해온도가 가장 낮은 물질은?
① $KClO_3$
② Na_2O_2
③ NH_4ClO_4
④ KNO_3

30 과염소산암모늄의 일반성질에 맞지 않는 것은 다음에서 어느 것인가?
① 무색 결정 또는 백색 분말
② 130℃에서 분해하기 시작
③ 300℃에서 급격히 분해함
④ 물에 용해되지 않음

31 과염소산암모늄(NH_4ClO_4)에 대한 설명 중 틀린 것은?
① 폭약이나 성냥 원료로 쓰인다.
② 130℃ 정도에서 분해되어 수소가스를 방출한다.
③ 비중이 1.87이고 분해온도가 130℃ 정도이다.
④ 상온에서 비교적 안정하다.

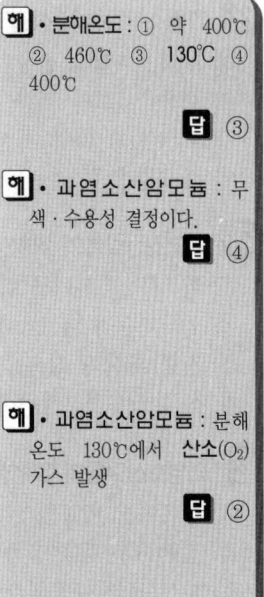

해 • 분해온도 : ① 약 400℃ ② 460℃ ③ 130℃ ④ 400℃
답 ③

해 • 과염소산암모늄 : 무색·수용성 결정이다.
답 ④

해 • 과염소산암모늄 : 분해온도 130℃에서 산소(O_2) 가스 발생
답 ②

5 무기과산화물의 성질

지정수량 : 50kg

※ 무기과산화물 중 알칼리금속의 과산화물 : 물과 접촉하여 발열과 함께 **산소(O_2)** 가스를 발생하므로 주수소화는 적합하지 못하나 다른 제1류 위험물은 일반적으로 **주수소화**한다.

1 과산화칼륨(K_2O_2)

<알칼리금속의 과산화물>

(1) 융점 490℃, 비중 2.9
(2) 무색 또는 **오렌지색의 비정계물질**
(3) 피부와 접촉하여 **피부를 부식**시킨다.
(4) 공기 중에서 **탄산가스**를 흡수하여 **탄산염**이 된다.
(5) 에틸알코올(에탄올)에 용해된다.
(6) 양이 많을 경우 주수에 의하여 **폭발위험**이 있으며, **가연물**과 혼합되어 있을 경우 **마찰** 또는 약간의 **물**의 접촉으로 **발화**한다.
(7) 용기는 밀전 및 **밀봉**하여 수분이 들어가지 않도록 한다.
(8) 소화방법 : 마른 모래, 암분, 소오다회, 탄산수소염류분말소화제

※ 화학반응식은 잘 출제되니 숙독하기 바람
- 물과 반응 : $2K_2O_2 + 2H_2O \rightarrow 4KOH + O_2 \uparrow$
  (과산화칼륨)　(물)　(수산화칼륨)　(산소)
- 가열분해반응 : $2K_2O_2 \xrightarrow{\Delta} 2K_2O + O_2 \uparrow$
  (과산화칼륨)　(산화칼륨)　(산소)
- 탄산가스와 반응 : $2K_2O_2 + 2CO_2 \rightarrow 2K_2CO_3 + O_2 \uparrow$
  (과산화칼륨)(이산화탄소)　(탄산칼륨)　(산소)
- 염산과 반응 : $K_2O_2 + 2HCl \rightarrow 2KCl + H_2O_2$
  (과산화칼륨)　(염산)　(염화칼륨)(과산화수소)
- 초산과 반응 : $K_2O_2 + 2CH_3COOH \rightarrow 2CH_3COOK + H_2O_2$
  (과산화칼륨)　(아세트산(초산))　(초산칼륨)　(과산화수소)

과산화나트륨(Na_2O_2)

<알칼리금속의 과산화물>
(1) 분해온도 460℃, 융점 460℃, 비중 2.80
(2) 순수한 것은 **백색** 정방정계 분말
(3) 일반적인 것은 **황백색 정방정계 분말**
(4) 에틸알코올(에탄올)에 잘 녹지 않는다.

> **참고**
> ※ 위 는 알칼리금속의 과산화물로 물과 접촉을 피하여야 한다.

과산화마그네슘(MgO_2)

<알칼리금속 이외의 과산화물>
(1) **시판품**의 MgO_2 함유량 : 15~25%
(2) 백색 분말이며 물에 녹지 않으나, **습기 및 물과 접촉으로 산소를 발생**한다.
(3) 산과 반응하여 **과산화수소** 발생
(4) 소화방법 : 마른 모래, 주수소화

> **참고**
> ※ 화학반응식은 출제 가능성이 높다.
> - 가열분해반응 : $2MgO_2 \xrightarrow{\triangle} 2MgO + O_2 \uparrow$
>   (과산화마그네슘)   (산화마그네슘)   (산소)
> - 산과 반응 : $MgO_2 + 2HCl \rightarrow MgCl_2 + H_2O_2$
>   (과산화마그네슘) (염산) (염화마그네슘) (과산화수소)

과산화칼슘(CaO_2)

<알칼리금속 이외의 과산화물>
(1) 분해온도 275℃, 비중 1.70
(2) 백색의 **무정형**(분말)

(3) 물에는 녹기 힘들며 **더운 물**에서는 **분해**한다.
(4) 알코올·에터에 녹지 않는다.
(5) 산과 반응하여 **과산화수소** 발생
(6) 소화방법 : 마른 모래, 주수소화

> **참고**
>
> ※ **과산화칼슘** : 가열할 경우 100℃에서 결정수를 잃고 275℃에서는 폭발적으로 분해하며 **산소**로 방출한다.
> - 가열분해반응 : $2CaO_2 \xrightarrow{\Delta} 2CaO + O_2 \uparrow$
>   (과산화칼슘)   (산화칼슘)   (산소)
> - 산과 반응 : $CaO_2 + 2HCl \rightarrow CaCl_2 + H_2O_2$
>   (과산화칼슘) (염산)   (염화칼슘) (과산화수소)

과산화바륨(BaO_2)

<알칼리금속 이외의 과산화물>

(1) **분해온도** 840℃, 융점 450℃, 비중 4.958, 수화물($BaO_2 \cdot 8H_2O$)의 비중 2.292
(2) 백색의 정방정계 분말
(3) 알칼리토금속의 **과산화물 중 제일 안정**하다.
(4) **냉수**에 약간 녹고, **더운물**에서 **분해**하여 **산소**를 발생하며 **묽은 산**에 녹는다.
(5) 소화방법 : 마른 모래

> **참고**
>
> ※ **과산화바륨** : 가열할 경우 100℃에서 결정수를 잃고 840℃에서 분해하여 **산소**를 발생한다.
> - 가열분해반응 : $2BaO_2 \xrightarrow{\Delta} 2BaO + O_2 \uparrow$
>   (과산화바륨)   (산화바륨) (산소)
> - 산과의 반응 : $BaO_2 + H_2SO_4 \rightarrow BaSO_4 + H_2O_2$
>   (과산화바륨) (황산)   (황산바륨) (과산화수소)
> ※ **과산화바륨**은 물에 약간 녹는 성질을 가지며, **더운물**에서는 **분해**하므로 **주수**에 의한 소화방법은 **적응성이 없다**.
> ※ 위 ③, ④, ⑤는 **알칼리금속 이외의 과산화물**(알칼리토금속의 과산화물)로 알칼리금속의 과산화물과는 달리 **물**과 접촉시 급격하게 반응하지 않는다.

적중 출제예상문제

무기과산화물

1 알칼리금속의 과산화물의 성질로서 맞는 것은?
① 비중은 1보다 적다.
② 단독으로 타지 않는다.
③ 물과 반응해서 가연성가스를 발생한다.
④ 용기의 마개는 코르크로 한다.

[해] • 알칼리금속의 과산화물 : 불연성 물질이며 물과 반응하여 **발열**하며 산소(O_2) 가스를 발생한다.

답 ②

2 물과 만나면 발열하는 것은?
① 과산화칼륨
② 과산화수소
③ 과염소산나트륨
④ 과망가니즈산칼륨

[해] • 문제 1 해설 참조
※ 알칼리금속의 과산화물 : 과산화칼륨

답 ①

3 과산화칼륨이 물과 접촉하였을 때 발열과 함께 발생하는 가스는 다음 중 어느 것인가?
① H_2
② N_2
③ O_2
④ Cl_2

[해] • 문제 1 및 문제 2 해설 참조

답 ③

4 다음 위험물 취급 중 보안경을 써야 하는 것은?
① $KClO_2$
② K_2O_2
③ $NaNO_3$
④ NH_4ClO_3

[해] • 알칼리금속의 과산화물(K_2O_2) : 보안경 착용

답 ②

5 과산화칼륨(K_2O_2)의 성질로서 옳은 것은 다음 중 어느 것인가?
① 백색 침상결정이다.
② 가열하면 산소를 발생한다.
③ 공기 중의 N_2를 흡수하여 질산염이 된다.
④ 물에는 난용이나 알코올에는 쉽게 녹는다.

[해] • 알칼리금속의 과산화물(K_2O_2) : 물과 접촉하거나 **가열**에 의하여 산소(O_2) 가스를 발생한다.

답 ②

6 과산화나트륨의 성상에 맞지 않는 것은?
① 물에 대하여 안정성이 있으므로 수중에 저장한다.
② 심한 충격을 주면 폭발한다.
③ 순수한 것은 백색이지만 보통은 황백색의 분말이다.
④ 습한 유기물에 닿으면 연소하고 때에 따라서는 폭발한다.

[해] • 문제 5 해설 참조
※ 물과의 접촉을 피할 것

답 ①

⑦ 과산화나트륨에 대한 설명으로 틀린 것은?
① 순수한 것은 백색 분말이다.
② 상온에서 물과 격렬하게 반응하며 열을 발생한다.
③ 강산화제로서 대부분의 금속을 침식시킨다.
④ 알코올에 녹아 산소를 발생한다.

해 • 과산화나트륨 : 알코올에 잘 녹지 않는다.
답 ④

⑧ 과산화나트륨에 대한 설명으로 옳지 않은 것은?
① 공기 중의 수증기와 반응하여 금속나트륨과 수소, 산소를 발생한다.
② 백색이나 담황색 분말로 산화제, 표백제, 살균제 등으로 쓰인다.
③ 취급시 가열, 마찰, 충격을 피한다.
④ 묽은 산과 반응하여 과산화수소를 발생한다.

해 • 수증기와 반응식
$2Na_2O_2 + 2H_2O \rightarrow 4NaOH + O_2$
※ 생성물 : 수산화나트륨, 산소
답 ①

⑨ Na_2O_2와 혼합하여도 발화되지 않는 물질인 것은?
① H_2O
② CaC_2
③ C_2H_5OH
④ $C_2H_5OC_2H_5$

해 • 물(H_2O)과 혼합 : 산소 발생 · 발화하지 않음
답 ①

⑩ 과산화나트륨의 저장 및 취급상의 주의사항 중 틀린 것은?
① 유기물질의 혼합을 막는다.
② 가연물, 물, 습기와의 접촉을 피한다.
③ 팽창계수가 크므로 용기에 넣을 때는 10%의 여유를 남길 것
④ 가열, 충격을 피할 것

해 • 용기의 공간용적(고체) : 5% 이상
답 ③

⑪ 과산화마그네슘의 저장 및 취급시 주의사항이 아닌 것은?
① 습기의 접촉이 없도록 밀봉한다.
② 유기물질의 혼입, 가열, 충격, 마찰을 피한다.
③ 산과 접촉은 무방하나 용기파손에 의한 누출이 없도록 주의한다.
④ 시판품은 15~20%의 MgO_2를 함유한다.

해 • 과산화마그네슘 : 산과 접촉하면 반응하며 과산화수소(H_2O_2)를 발생한다.
답 ③

⑫ 과산화칼슘에 대한 설명 중에서 옳지 못한 것은?
① 물에는 잘 녹지 않으며 알코올에 녹지 않는다.
② 산에 녹아 분해되고 과산화수소를 발생한다.
③ 가열하면 분해되어 CO_2로 된다.
④ 테르밋 용접에 점화로 쓴다.

해 • 과산화칼슘 : 알칼리토금속의 과산화물로서 가열하면 분해하여 산소(O_2)를 발생한다.
답 ③

⑬ CaO_2의 성질에 있어서 옳은 것은?
① 물에 녹기 어려우나 알코올에 잘 녹는다.
② 가열하면 산소를 방출하여 분해한다.
③ 흰색 침상분말이다.
④ 상온에서 습기를 흡수하여 수화물이 된다.

해 • 문제 12 해설 참조
답 ②

⑭ 다음 중에서 과산화바륨에 대해서 옳은 것은 어느 것인가?
① 알코올, 에테르에는 잘 녹는다.
② 무수물은 황색의 결정이다.
③ 알칼리토금속의 과산화물 중 가장 안정하다.
④ 별로 독성이 없다.

해 · 과산화바륨 : 알칼리토금속의 과산화물 중 가장 안정하다.
답 ③

⑮ 과산화바륨이 분해할 때의 반응식이 옳은 것은?
① $2BaO_2 \rightarrow 2BaO+O_2$
② $2BaO_2 \rightarrow Ba_2O+O_3$
③ $2BaO_2 \rightarrow 2Ba+2O_2$
④ $2BaO_2 \rightarrow Ba_2O_3+O$

해 · 분해반응식
$2BaO_2 \xrightarrow{\Delta} 2BaO + O_2 \uparrow$
답 ①

⑯ 과산화바륨의 취급에서 틀린 것은?
① 직사광선은 피하고, 냉암소에 둔다.
② 유기물, 산 등의 접촉을 피한다.
③ 금속용기에 밀봉해 둔다.
④ 화재시 물을 사용하고, 사염화탄소는 쓸 수 없다.

해 · 과산화바륨의 소화 : 알칼리토금속의 과산화물 중에서 화재시 주수소화는 적당치 않으며, 마른 모래를 사용한다.
답 ④

⑰ Na_2O_2, BaO_2, $C_6H_5-\overset{O}{\overset{\|}{C}}-O-O-\overset{O}{\overset{\|}{C}}-C_6H_5$로 표시되는 물질의 공통된 이름을 표시한 것이다. 옳은 것은?
① 과산화물이다.
② 산화물이다.
③ 산성 산화물이다.
④ 염기성 산화물이다.

해 · Na_2O_2 : 과산화나트륨
· BaO_2 : 과산화바륨
· $(C_6H_5CO)_2O_2$: 과산화벤조일
답 ①

휴게실

◆ 백수건달과 청산가리(시안화칼륨)
제2차 세계대전이 끝나고 일본이 폐허가 된 시설복구에 박차를 가하여 공업입국을 만들 즈음이었다. **백수건달** 한 사람이 40이 넘도록 아무 일도 하지 않고 빈둥빈둥 놀다가 자기도 **조국을 위하여** 죽기 전에 **무엇인가를 남겨야겠다**는 생각으로 청산가리(KCN)의 맛을 세상에 알리고 죽을 것을 결심하고 각 방송국 및 신문사에 연락하여 **청산가리 시음식**을 가졌다. 그러나 시음식장에서 청산가리(KCN)의 맛을 너무 정확히 알려주려고 **과량을 섭취**하여 맛을 발표하지 못하고 **저승길**로 갔다한다.
(샘터에서)
※ 생명은 소중한 것

◆ 독극물의 치사량
어떤 사람이 **자살**을 하려고 **독극물**을 먹으려고 보니 "**경구치사량 30mg**"이라고 표지에 써 있는 것을 보고, **확실히 죽기 위하여** 그 양의 두 배인 **60mg**을 먹었는데 **반병신이 되어 죽지도 못하는 운명**이 되어 버렸습니다. **경구치사량**이란 동물 1kg이 먹었을 때 치사량으로 죽고 싶은 사람은 **자기 몸무게**에 **치사량을 곱한 양 이상**을 먹어야 앞에서와 같은 실수가 없을 것이다.
※ 절대 실행해서는 안 됨.

6 브로민산염류(브롬산염류)의 성질

지정수량 : 300kg

> **참고**
> ※ **브로민산염류** : 대부분의 백색 또는 무색의 결정으로 **염소산염류와 성질이 비슷**하며 의약 및 분석시약 등에 사용되며, 가열하면 분해하여 **산소**(O_2)를 발생한다.

1 브로민산칼륨($KBrO_3$)

(1) 융점 438℃, 비중 3.27
(2) 백색 능면체의 결정 또는 결정성 분말
(3) 물에 잘 녹으며, 가연물과 혼합되어 있으면 위험하다.

> **참고**
> ※ **염소산칼륨**보다 안정하다.
> ※ 370℃에서 열분해 반응식
> $$2KBrO_3 \longrightarrow 2KBr + 3O_2\uparrow$$
> (브로민산칼륨)　(브로민화칼륨)　(산소)

2 브로민산나트륨($NaBrO_3$)

(1) 융점 381℃, 비중 3.3
(2) 무색 결정이며 물에 잘 녹는다.

3 브로민산아연($Zn(BrO_3)_2 \cdot 6H_2O$)

(1) 융점 100℃, 비중 2.56
(2) 무색 결정이며 물에 잘 녹는다.

브로민산바륨(Ba(BrO$_3$)$_2$ · H$_2$O)

(1) 분해온도 260℃, 비중 3.99
(2) 무색 결정이고 물에 약간 녹는다.

브로민산마그네슘(Mg(BrO$_3$)$_2$ · 6H$_2$O)

무색 또는 백색 결정으로 200℃에서 무수물이 된다.

아이오딘산염류(요오드산염류)의 성질

지정수량 : 300kg

> ※ 아이오딘산염류 : 대부분 무색 결정성 분말로서 **염소산염류 · 브로민산염류**보다 안정하지만 산화력이 강하고 **탄소** 등 유기물과 섞어서 **가열**하면 **폭발**한다.

아이오딘산칼륨(KIO$_3$)

(1) 융점 560℃, 비중 3.89
(2) 광택이 있는 무색 결정성 분말로 물에 녹는다.
(3) **융점 이상**으로 가열하면 **산소**(O$_2$)를 방출한다.
(4) **가연물**과 **혼합**하여 **가열**하면 **폭발**한다.

> ※ 분해반응식
> $$2KIO_3 \rightarrow 2KI + 3O_2 \uparrow$$
> (아이오딘산칼륨)   (아이오딘화칼륨)   (산소)

아이오딘산칼슘($Ca(IO_3)_2 \cdot 6H_2O$)

(1) 융점 42℃, 무수물의 융점 575℃
(2) 조해성 결정으로 물에 녹는다.

질산염류의 성질

지정수량 : 300kg

> **참고**
> ※ **질산염류** : 일반적으로 **조해성**이 풍부하며, **염소산염류·과염소산염류**보다 안정하다. 또한 질산염류는 **폭약**의 **원료**로 쓰이는 것이 **많다**.

질산칼륨(KNO_3)

(1) 분해온도 400℃, 융점 336℃, 용해도 26(15℃), 비중 2.098
(2) 무색 또는 백색 결정 또는 분말이며, **초석**이라고 부른다.
(3) 물·글리세린에 잘 녹고 **알코올**에는 난용이나 **흡습성은 없다**.
(4) 강한 산화제이고 **짠맛**이 있으며, 유기물 등 **가연물**과 **접촉** 또는 **혼합**은 위험하다.
(5) 숯가루, **황가루**의 혼합물이 **흑색화약**이며, 불꽃놀이 등에 사용한다.
(6) 소화방법은 주수소화가 좋다.

> **참고**
> ※ 열분해반응식
> $$2KNO_3 \xrightarrow{\Delta} 2KNO_2 + O_2\uparrow$$
> (질산칼륨)   (아질산칼륨)   (산소)
>
> ※ 흑색화학의 폭발반응식
> $$2KNO_3 + S + 3C \rightarrow K_2S + 3CO_2\uparrow + N_2\uparrow$$
> (질산칼륨) (황) (탄소) (황하칼륨) (이산화탄소) (질소)
>
> ※ 황산과 반응식
> $$2KNO_3 + H_2SO_4 \rightarrow K_2SO_4 + 2NHO_3$$
> (질산칼륨) (황산) (황산칼륨) (질산)

2 질산나트륨($NaNO_3$)

(1) 분해온도 380℃, 융점 308℃, 용해도 73, 비중 2.26
(2) 무색, 무취의 투명한 결정 또는 분말로 **칠레초석**이라고도 부른다.
(3) 조해성이며, 물·글리세린에 잘 녹고 무수알코올에 난용성이다.
(4) 유기물 또는 **차아황산나트륨**과 혼합하여 **가열**하면 **폭발**한다.

> **참고**
>
> ※ 열분해 반응식
>
> $$2NaNO_3 \xrightarrow{\Delta} 2NaNO_2 + O_2\uparrow$$
> (질산나트륨)　　（아질산나트륨）　（산소）
>
> • **황산**에 의해서 분해하여 **질산**을 유리시킨다.

3 질산암모늄(NH_4NO_3)

(1) 분해온도 220℃, 융점 165℃, 용해도 118.3(0℃), 비중 1.73
(2) 무색, 무취의 결정으로 **조해성**이 크다.
(3) 물·알코올에 잘 녹는다(물에 녹을 경우 **흡열반응**).
(4) **단독**으로도 급격한 가열, 충격으로 **분해**, **폭발**한다.
(5) **경유**와 혼합하여 **안포**(ANFO)**폭약**을 제조한다.

> **참고**
>
> ※ 분해·폭발 반응식
>
> • $2NH_4NO_3 \xrightarrow{\Delta} 2N_2\uparrow + 4H_2O + O_2\uparrow$
> 　(질산암모늄)　　（질소）　　（물）　（산소）
>
> ※ 열분해 반응식 및 재가열시 반응식
>
> • $NH_4NO_3 \xrightarrow{\Delta} N_2O + 2H_2O$
> 　(질산암모늄)　（아산화질소）　（물）
>
> • 재가열 : $2N_2O \xrightarrow{\Delta} 2N_2\uparrow + O_2\uparrow$
> 　　　　　（아산화질소）　（질소）　（산소）

9 삼산화크로뮴(삼산화크롬)의 성질

(1) 지정수량 : 300kg
(2) 삼산화크로뮴(CrO_3)을 **무수크로뮴산**이라 한다.
(3) 분해온도 250℃, 융점 196℃, 비중 2.70, 용해도 166g/15℃
(4) 암적색의 침상결정으로 물에 잘 녹으며, 독성이 강하다.
(5) **물과 발열**하며, 알코올, 벤젠, 에터와 접촉시키면 순간적으로 발열 또는 발화한다.

※ 열분해 반응식

$$4CrO_3 \xrightarrow{\Delta} 2Cr_2O_3 + 3O_2$$
(삼산화크로뮴)　　(산화크로뮴)　(산소)

적중 출제예상문제

브로민산염류, 아이오딘산염류

1 브로민산칼륨의 일반성질 중 틀린 것은?
① 황, 숯 등과 혼합가열하면 폭발한다.
② 제2류 위험물 중 금속 분말과 혼합하면 가열로 폭발 또는 급속히 연소하지 않는다.
③ 염소산칼륨보다는 위험성이 적다.
④ 백색 능면체의 결정이다.

[해] • 브로민산칼륨 : 제2류 위험물과 혼합하면 마찰 충격 등으로 폭발한다.
[답] ②

2 브로민산칼륨의 지정수량은 얼마인가?
① 100kg ② 200kg
③ 300kg ④ 500kg

[해] • 지정수량 : 300kg
[답] ③

3 브로민산칼륨과 아이오딘산아연의 공통성질은?
① 물에 잘 녹는다.
② 분해온도가 500℃ 이상이다.
③ 가연물과 혼합가열하면 폭발한다.
④ 알코올에 잘 녹는다.

[해] • 공통성질 : 강산제로서 가연물과 혼합가열하면 폭발한다.
[답] ③

질산염류

4 다음 위험물 중에서 지정수량이 다른 것은?
① KNO_3 ② $KClO_3$
③ $KClO_4$ ④ MgO_2

[해] • 지정수량 : ① 300kg, ② 50kg, ③ 50kg, ④ 50kg
[답] ①

5 다음 화합물 중에서 질산염류가 아닌 것은?
① NH_4NO_3 ② KNO_3
③ $AgNO_3$ ④ HNO_3

[해] • 질산(HNO_3) : 제6류 위험물
[답] ④

6 다음 위험물 중 질산염류에 속하지 않는 것은 어느 것인가?
① 질산칼륨 ② 질산에틸
③ 질산암모늄 ④ 질산나트륨

[해] • 질산염류 : ① 해당 ② 질산에스터류 ③④ 해당
[답] ②

7 화약을 만드는 데 쓰이는 물질은?
① KCN ② KNO_3
③ K_2SO_4 ④ KOH

[해] • 질산칼륨(KNO_3) : 흑색화약의 원료
[답] ②

⑧ 다음 질산염류의 성질로서 옳은 것은?
① 일반적으로 흡습성이며 가열하면 산소와 아질산염이 되며 알코올에 용해하지 않는다.
② 일반적으로 물에 잘 녹고 가열하면 산소를 발생하며 질산염 특유의 냄새가 난다.
③ 일반적으로 물에 잘 녹고 가열하면 폭발하며 무수알코올에도 잘 녹는다.
④ 일반적으로 물에 잘 안녹으면 가열하면 폭발하며 질산염 특유의 냄새가 난다.

⑨ 질산칼륨의 저장 및 취급시 주의사항 중 옳지 못한 것은?
① 공기와의 접촉을 피하기 위하여 석유속에 보관한다.
② 용기는 밀전하고 위험물의 누출을 막는다.
③ 가열, 충격, 마찰을 피한다.
④ 환기가 좋은 냉소에 저장한다.

⑩ 질산나트륨의 성질 중 잘못된 것은?
① 조해성이 있다.
② 별명은 칠레초석이라 한다.
③ 물에는 녹지 않지만 무수알코올에는 잘 녹는다.
④ 가열하면 분해되어 산소를 방출한다.

⑪ 다음 중 질산암모늄의 성상으로 올바른 것은?
① 상온에서 황색의 액체이다.
② 무색, 무취의 결정으로 알코올에 녹는다.
③ 물을 흡수하면 발열반응을 한다.
④ 상온에서 폭발성의 액체이다.

⑫ 질산암모늄의 성질로 맞는 것은?
① 조해성이 없다.
② 무색무취의 액체이다.
③ 물에 녹을 때에는 발열반응을 나타낸다.
④ 급격한 가열·충격에 따라 폭발하는 수도 있다.

⑬ 질산암모늄의 성질에 있어서 다음 중 옳은 것은?
① 황색 결정이지만 가열하면 붉은색이 된다.
② 상온에서 폭발성 액체이다.
③ 단독으로도 조건에 따라 폭발하는 수가 있다.
④ 조해성이 없다.

해 • 질산염류 : 일반적으로 흡습성(질산칼륨 제외)이며 가열하면 산소와 아질산염이 되며 알코올에는 난용성이며 냄새는 없다.
답 ①

해 • 석유속에 저장하는 것 : 제3류 위험물의 칼륨·나트륨
답 ①

해 • 질산나트륨 : 조해성이 있으며, 별명은 칠레초석이며, 물에 잘녹으며, 무수알코올에 난용성이며, 가열 분해되어 아질산염과 산소를 방출한다.
답 ③

해 • 질산암모늄 : 무색·무취의 결정(고체)으로 물·알코올에 잘 녹으며 물과는 흡열반응을 한다.
답 ②

해 • 질산암모늄(초안) : 폭약 및 불꽃놀이에 사용되며 가열·충격으로 폭발한다.
답 ④

해 • 질산암모늄 : 상온에서 무색·무취의 결정이며 단독으로도 급격히 가열한다. 충격으로 분해, 폭발한다.
답 ③

삼산화크로뮴

14 삼산화크로뮴의 지정수량은 몇 kg인가?
① 100   ② 200
③ 300   ④ 400

해 • 지정수량 : 300kg

답 ③

휴게실

◆ 의자에서 일어서 보시오.
의자에서 몸을 수직으로 세우고 발을 의자 밑으로 당기지 말고 앉아 보시오. 이 상태에서 **몸을 앞으로 구부리지 않고 발의 위치도 바꾸지 않고** 일어서려 하면 몸을 의자에 묶지도 않았는데 잘 안될 것이다. 사람이 서 있으려면 **사람의 무게중심**으로부터 그어진 수직선이 **사람의 기저 안에 있어야 한다.** 그러므로 의자에 앉은 사람이 의자에서 일어서려면 허리 윗부분을 앞쪽으로 기울이거나 발을 뒤로 당겨서 무게중심에서 그은 수직선이 기저를 통과하는 위치에 오게 해야 한다.
※ **사람의 무게중심** : 배꼽 위 20cm 되는 척추 부근
※ **기저** : 기초가 되는 밑면 (사람의 기저 : 발바닥과 발바닥 사이의 전체 면적)

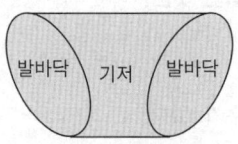

10 과망가니즈산염류(과망간산염류)의 성질

지정수량 : 1,000kg

과망가니즈산칼륨($KMnO_4$) (카메레온)

(1) 분해온도 240℃, 비중 2.7
(2) 단맛이 나는 **흑자색 결정**
(3) 물에 녹아서 **진한 보라색**을 나타내며, 강한 산화력과 살균력이 있다.

> **참고**
>
> ※ 가열에 의한 분해반응식
>
> $$2KMnO_4 \xrightarrow{\Delta} K_2MnO_4 + MnO_2 + O_2\uparrow$$
> (과망가니즈산칼륨) (망가니즈산칼륨) (이산화망가니즈) (산소)
>
> ※ 화학반응 : 묽은 황산과 진한 황산과의 화학반응 생성물질은 차이점이 있다.
>
> • 묽은 황산과의 반응
>
> $$4KMnO_4 + 6H_2SO_4 \rightarrow 2K_2SO_4 + 4MnSO_4 + 6H_2O + 5O_2\uparrow$$
> (과망가니즈산칼륨) (황산)   (황산칼륨) (황산망가니즈) (물) (산소)
>
> • 진한 황산과의 반응
>
> $$4KMnO_4 + 2H_2SO_4 \rightarrow 2K_2SO_4 + 4MnO_2 + 2H_2O + 3O_2\uparrow$$
> (과망가니즈산칼륨) (황산)   (황산칼륨) (이산화망가니즈) (물) (산소)
>
> • 진한 황산과의 반응 메카니즘(① → ② → ③)
>
> ① $2KMnO_4 + H_2SO_4 \rightarrow K_2SO_4 + 2HMnO_4$
> (과망가니즈산칼륨) (황산) (황산칼륨) (과망가니즈산)
> ② $2HMnO_4 \rightarrow Mn_2O_7 + H_2O$
> (과망가니즈산) (7산화 2망가니즈) (물)
> ③ $Mn_2O_7 \rightarrow 2MnO_2 + 3/2H_2O\uparrow$
> (7산화2망가니즈) (이산화망가니즈) (산소)
> ① + ② + ③
> $2KMnO_4 + H_2SO_4 \rightarrow K_2SO_4 + 2MnO_2 + H_2O + 3/2O_2\uparrow$
> $= 4KMnO_4 + 2H_2SO_4 \rightarrow 2K_2SO_4 + 4MnO + 2H_2O + 3O_2\uparrow$
> (과망가니즈산칼륨) (황산) (황산칼륨)(이산화망가니즈) (물) (산소)
>
> ※ 특히 **과망가니즈산칼륨**은 살균력이 강하므로 **수용액은** 무좀 등의 **치료제**로 많이 사용된다.

과망가니즈산나트륨(NaMnO$_4$ · 3H$_2$O)

(1) 적자색의 결정
(2) 조해성이 강하며 물에 잘 녹는다.

>
> ※ 앞서 공부한 **염류** 중 일반적으로 **나트륨**의 화합물은 **조해성**이 강하다.

과망가니즈산칼슘[Ca(MnO$_4$)$_2$ · 4H$_2$O]

(1) 자색 결정이며 수용성이다.

11 다이크로뮴산염류(중크롬산염류)의 성질

지정수량 : 1,000kg

>
> ※ **다이크로뮴산염류**는 대부분 **황적색** 또는 **적색 계통**의 결정으로서 대부분 물에 녹으며 가열하면 분해하여 산소(O$_2$)를 방출한다.

다이크로뮴산칼륨(K$_2$Cr$_2$O$_7$)

(1) 분해온도 500℃, 융점 398℃, 비중 2.69, 용해도 8.89(15℃)
(2) 등적색의 판상결정이다.
(3) 물에 녹고 알코올에는 녹지 않는다.

> **참고**
> ※ 분해반응식
> $$4K_2Cr_2O_7 \xrightarrow{\Delta} 4K_2CrO_4 + 2Cr_2O_3 + 3O_2\uparrow$$
> (다이크로뮴산칼륨) (크로뮴산칼륨) (산화크로뮴) (산소)

2 다이크로뮴산나트륨($Na_2Cr_2O_7 \cdot 2H_2O$)

(1) 분해온도 400℃, 융점 356℃, 비중 2.52
(2) 흡습성인 등적색의 결정
(3) 단독으로 안정하다. 유기물등 가연물과 혼합되면 가열·마찰로 발화 또는 폭발한다.

3 다이크로뮴산암모늄[$(NH_4)_2Cr_2O_7$]

(1) 분해온도 185℃, 비중 2.15
(2) 적색 침상의 결정(단사정계)
(3) 가열분해시 질소가스(N_2)를 발생한다.
(4) 분해할 때 불을 붙이면 연소와 같은 현상으로 연속적으로 불을 뿜으며 분해한다.
(5) 그라비아인쇄·사진제판·피혁가공·염료 등에 사용한다.

> **참고**
> ※ 분해반응식
> $$(NH_4)_2Cr_2O_7 \xrightarrow{\Delta} N_2\uparrow + 4H_2O + Cr_2O_3$$
> (다이크로뮴산암모늄) (질소) (물) (산화크로뮴)

적중 출제예상문제

과망가니즈산염류 · 다이크로뮴산염류

1 과망가니즈산염류의 지정수량은 얼마인가?
① 100kg
② 500kg
③ 1,000kg
④ 1,500kg

[해] • 지정수량 : 1,000kg
[답] ③

2 다이크로뮴산염류의 지정수량은 얼마인가?
① 300kg
② 1,000kg
③ 2,000kg
④ 3,000kg

[해] • 지정수량 : 1,000kg
[답] ②

3 다음 중 강산화제로 작용하는 것은?
① $KMnO_4$
② H_2
③ CO
④ H_2S

[해] • 과망가니즈산칼륨 ($KMnO_4$) : 산화제
[답] ①

4 과망가니즈산칼륨에 대한 설명 중 옳지 못한 것은?
① 알코올 등 유기물과의 접촉을 피한다.
② 수용액은 강한 환원력과 살균력이 있다.
③ 흑자색의 주상결정이다.
④ 일광을 차단하여 저장한다.

[해] • 과망가니즈산칼륨 : 수용액은 강한 산화력을 갖으며 살균력이 있다.
[답] ②

5 다음 설명 중 옳은 것은?
① 과망가니즈산칼륨은 살균제로 사용된다.
② 질산암모늄은 100℃ 정도로 가열하면 분해한다.
③ 질산나트륨을 가열하면 이산화질소가 발생한다.
④ 질산칼륨은 흡습성이 강하다.

[해] • 문제 12 해설 참조
[답] ①

6 과망가니즈산칼륨이 240℃의 분해온도에서 분해했을 때 생길 수 없는 물질은?
① O_2
② MnO_2
③ K_2O
④ K_2MnO_4

[해] • 분해반응식
$2KMnO_4 \rightarrow K_2MnO_4 + MnO_2 + O_2$
[답] ③

7 과망가니즈산칼륨의 일반성질에서 틀린 것은?
① 흑자색 고체이다.
② 일광에 쪼이면 분해한다.
③ 가열하면 분해하여 가연성가스가 발생한다.
④ 용액을 카메레온이라 한다.

[해] • 과망가니즈산칼륨 : 가열하면 산소(O_2) 가스발생
※ 산소(O_2) : 조연성
[답] ③

⑧ 과망가니즈산칼륨의 설명 중 틀린 것은?
  ① 흑자색, 적색의 광택이 있는 무기화합물이다.
  ② 단맛이 있고 물에 녹아 진보라색을 나타내고 산화력이 크다.
  ③ 특히 환원성 물품과 함께 보관하여도 이상 없다.
  ④ 가열하면 분해돼 산소와 망가니즈산칼륨이 된다.

⑨ 과망가니즈산나트륨은 외관상 무슨 색을 띠고 있나?
  ① 흑자색   ② 적자색
  ③ 적색   ④ 백색

⑩ 다이크로뮴산 염류는 다이크로뮴산의 수소 몇 원자가 금속 또는 다른 원자단과 치환된 것인가?
  ① 1원자   ② 2원자
  ③ 3원자   ④ 4원자

⑪ 염료, 사카린제조, 피혁다듬질, 성냥, 촉매, 의약 등의 제조 등의 용도로 사용하며 등적색의 판상결정으로서 500℃에서 분해하는 다이크로뮴산 염류는?
  ① 다이크로뮴산나트륨($Na_2Cr_2O_7 \cdot 2H_2O$)
  ② 다이크로뮴산칼륨($K_2Cr_2O_7$)
  ③ 다이크로뮴산암모늄[$(NH_4)_2Cr_2O_7$]
  ④ 다이크로뮴산칼슘($CaCr_2O_7 \cdot 3H_2O$)

⑫ 인쇄제판, 매염제, 피혁정제, 석유정제, 불꽃놀이의 제조 및 가열하면 185℃에서 분해하는 다이크로뮴산 염류는?
  ① 다이크로뮴산나트륨($Na_2Cr_2O_7 \cdot 2H_2O$)
  ② 다이크로뮴산칼륨($K_2Cr_2O_7$)
  ③ 다이크로뮴산암모늄[$(NH_4)_2Cr_2O_7$]
  ④ 다이크로뮴산칼슘($CaCr_2O_7 \cdot 3H_2O$)

해 • 과망가니즈산칼륨($KMnO_4$) : 산화성 물질로서 환원성 물질과 접촉·혼합하면 **위험**하다.
답 ③

해 • 과망가니즈산나트륨 : 적자색
  ※ 과망가니즈산칼륨 : 흑자색
답 ②

해 • 다이크로뮴산염 : 다이크로뮴산($H_2Cr_2O_7$)의 수소 2개와 다른 금속 2원자 또는 2개의 원자단과 치환된 것
답 ②

해 • 다이크로뮴산칼륨 : 분해온도 500℃
답 ②

해 • 다이크로뮴산암모늄 : 분해온도 185℃
답 ③

휴게실

◆ 웃기는 기체(laughing gas) 일산화이질소(N_2O)에 대하여
  일산화이질소(N_2O)는 향기와 단맛이 있는 기체로 **질산암모늄**(NH_4NO_3)을 **가열**하여 만든다.
  ($NH_4NO_3 \xrightarrow{\Delta} N_2O + 2H_2O$)

  이 기체를 조금 들이마시면 안면 근육에 경련이 일어나 마치 웃는 것처럼 보이므로 웃기는 기체라는 별명을 가지며, 조금 더 들이마시면 의식을 잃기 때문에 병원에서는 에터·시클로프로판과 함께 **마취제**로 쓰인다.
  ※ **동물마취제** : 클로로포름(사람에게도 사용하였으나 현재는 사용 안함)
  ※ **질산암모늄** : 제1류 위험물(질산염류)
  ※ **일산화이질소=아산화질소**

제 3 장

제2류 위험물

학습목표
- 필수 암기사항
- 황화인·적린·황·철분·마그네슘·금속분류·인화성 고체 및 행정안전부령이 정하는 것 등의 성질

1 필수 암기사항

- 제2류 위험물의 품명 및 지정수량
- 제2류 위험물의 일반성질
- 제2류 위험물의 저장 및 취급방법

참고
※ 필수 암기사항에 대한 내용은 **완전 암기**하여 수험에 대비할 것

제2류 위험물의 품명 및 지정수량

유별 및 성질	위험등급	품 명	지정수량
제2류 가연성 고체	Ⅱ	1. 황화인(황화린) 2. 적린 3. 황(유황)	100kg 100kg 100kg
	Ⅲ	4. 마그네슘 5. 철분 6. 금속분	500kg 500kg 500kg
	Ⅱ~Ⅲ	7. 그 밖에 행정안전부령이 정하는 것 8. 제1호 내지 제7호에 해당하는 어느 하나 이상을 함유한 것	100kg 또는 500kg
	Ⅲ	9. 인화성 고체	1,000kg

 제2류 위험물의 일반성질

(1) 비교적 **낮은 온도**에서 **착화**되기 쉬운 **가연물**이다.
(2) 대단히 **연소속도**가 **빠른 고체**이다.
(3) **유독한 것** 또는 연소시 **유독가스를 발생**하는 것도 있다.
(4) **마그네슘, 철분, 금속분류**는 물과 산의 접촉으로 **발열**하며, **수소**(H_2)를 **발생**한다.

 제2류 위험물의 저장 및 취급방법

(1) **점화원**으로부터 멀리하고 **가열**을 피할 것
(2) 용기의 파손으로 **위험물의 누설에 주의**할 것
(3) **산화제**와의 접촉을 피할 것
(4) **마그네슘, 철분, 금속분**은 물 또는 산과의 접촉을 피할 것

※ **제2류 위험물** : **환원제**이므로 **산화제**와의 접촉을 피하여야 한다.

적중 출제예상문제

1 제2류 위험물의 종류 및 지정수량이 틀리게 연결된 것은?
① 철분 100kg
② 황화인 100kg
③ 적린 100kg
④ 황 100kg

> 해 • 철분의 지정수량 : 500kg
> 답 ①

2 다음 보기 항 중 제2류 위험물만으로 짝지어진 것 중 틀린 것은?
① 철분-황화인
② 황-철(Fe)분
③ 황화인-적린
④ 아연(Zn)분-나트륨(Na)

> 해 • 나트륨(Na) : 제3류 위험물
> 답 ④

3 제2류 위험물의 공통적 위험성에 대하여 옳은 것은?
① 착화되기 쉬운 가연성 물질이다.
② 물과의 접촉을 피해야 한다.
③ 물에 잘 녹는다.
④ 상온에서 액체이다.

> 해 • 제2류 위험물 : 착화되기 쉬운 가연성 물질이다.
> 답 ①

4 제2류 위험물의 일반성질로서 잘못된 것은?
① 비교적 낮은 온도에서 착화하기 쉬운 가연성 물질이다.
② 모두 단체의 비금속원소이다.
③ 연소할 때 유독한 기체를 발생하는 것도 있다.
④ 물에 불용이며, 산화하기 쉬운 물질이다.

> 해 • 제2류 위험물 : 금속과 비금속이 함께 존재한다.
> 답 ②

5 제2류 위험물의 공통적 성질이다. 다음 중 틀리는 것은?
① 가연성 고체이다.
② 산화제와 접촉이나 가열하면 위험하다.
③ 물질자체가 유독하거나 또는 연소시 유독가스를 발생하는 것이 있다.
④ 주수소화는 위험하다.

> 해 • 제2류 위험물 : 주수에 의한 냉각소화(일부 주수금지)
> 답 ④

6 제2류 위험물의 저장 및 취급방법이다. 해당되지 않는 것은?
① 산화제와의 접촉을 피한다.
② 타격 및 충격을 피한다.
③ 점화원 또는 가열을 피한다.
④ 물 또는 습기를 피한다.

> 해 • 저장 및 취급방법 : 물 또는 습기를 피하여야 하는 것은 제3류 위험물이다.
> 답 ④

7 가연성 고체 위험물에 산화제를 혼합하면 위험한 이유는 다음 중 어느 것인가?
① 온도가 올라가며 자연착화 되기 때문에
② 즉시 착화폭발하기 때문에
③ 약간의 가열·충격 마찰에 의하여 착화 폭발하기 때문에
④ 가연성가스를 발생하기 때문

> 해 • 제2류 위험물(가연성 고체) : 주로 환원제이므로 산화제와의 혼합물은 약간의 마찰·충격 등으로 폭발한다.
> 답 ③

2 황화인(황화린)의 성질

지정수량 : 100kg

> ※ 황화인 : 삼황화인, 오황화인, 칠황화인 3종류가 있으며 미립자는 기관지 및 눈을 자극한다.

삼황화인[삼황화린(P_4S_3)]

(1) 착화점 100℃, 융점 172.5℃, 비점 407℃, 비중 2.03
(2) 황색 결정이다.
(3) 물, 염산, 황산에 녹지 않는다.
(4) 질산, 알칼리, 이황화탄소에 녹는다.
(5) 과산화물, 과망가니즈산염, 금속분과 공존하고 있을 때 **자연발화**한다.

> ※ 연소반응식
> $$P_4S_3 \;+\; 8O_2 \;\rightarrow\; 2P_2O_5 \;+\; 3SO_2\uparrow$$
> (삼황화인)   (산소)   (오산화인)   (이산화황)

오황화인[오황화린(P_2S_5)]

(1) 융점 290℃, 비점 514℃, 비중 2.09
(2) 담황색 결정의 **조해성** 물질이다.
(3) 물, 알칼리와 분해하여 **유독성**인 **황화수소**(H_2S), **인산**(H_3PO_4)이 된다.
(4) CS_2(이황화탄소)에 잘 녹는다.

> ※ 물과 분해반응식
> $$P_2S_5 \;+\; 8H_2O \;\rightarrow\; 5H_2S\uparrow \;+\; 2H_3PO_4$$
> (오황화인)   (물)   (황화수소)   (인산)

칠황화인[칠황화린(P_4S_7)]

(1) 융점 310℃, 비점 523℃, 비중 2.19
(2) 담황색 결정이며 조해성이 있다.
(3) 냉수에서는 서서히, 온수에서는 급격히 분해하여 유독성인 H_2S(황화수소)와 H_3PO_4(인산) 및 을 H_3PO_3(아인산)발생한다.

> **참고**
> ※ 물과 분해반응식
> $$P_4S_7 + 13H_2O \rightarrow 7H_2S\uparrow + H_3PO_4 + 3H_3PO_3$$
> (칠황화인)   (물)   (황수소)   (인산)   (아인산)

적린(붉은린)의 성질

지정수량 : 100kg

적린(P)

(1) 착화점 260℃, 융점 600℃(416℃에서 승화한다), 비중 2.2
(2) 암적색 무취의 분말이며 황린의 동소체이다.
(3) 황린에 비하여 대단히 안정하며 독성이 없다.
(4) 산화제인 염소산염류와의 혼합은 절대 금할 것
(5) 물, 알칼리, 이황화탄소, 에터, 암모니아에 녹지 않는다.
(6) 연소생성물은 오산화인(P_2O_5)이다.

> **참고**
> ※ 연소반응식
> $$4P + 5O_2 \rightarrow 2P_2O_5$$
> (적린)   (산소)   (오산화인)

4 황(유황)의 성질

지정수량 : 100kg

> **참고**
> ※ 황(S) : 황색의 결정으로 **사방정계, 단사정계, 비정계**의 **3종류**가 있다.
> - 순도 **60중량%** 이상의 것이 **위험물**이다.
> - 황의 연소 반응식(푸른 불꽃을 내며 연소한다)
> $$S + O_2 \rightarrow SO_2\uparrow$$
>   (황) (산소) (아황산가스)
> - **사방정계황**이 95.5℃(전이점)에서 **단사정계황**이 되며 140℃~170℃에서 급랭시키면 **고무상황**이 된다.

사방정계의 황

(1) **인화점** 201.6℃, **착화점** 232.2℃, **융점** 113℃, **비중** 2.07
(2) 산화제 · 목탄가루 등과 **혼합**되었을 경우 약간의 가열 · 충격 등으로 **착화폭발**한다.
(3) 물에 녹지 않으며, 이황화탄소(CS_2)에 녹는다.
(4) 전기의 **불량도체**이다.
(5) 미분이 공기 중에 떠있을 때에는 **분진폭발**의 위험이 있다.

단사정계의 황

(1) **융점** 119℃, **비중** 1.96
(2) 사방정계의 황을 95.5℃로 **가열**하여 얻는다.
(3) 물에 녹지 않으며, 이황화탄소(CS_2)에 녹는다.

> **참고**
> ※ **단사정계의 황** : 160℃에서 갈색을 띠며 250℃에서는 **흑색** 불투명하게 되며 유동성을 갖는다.

3 비정계의 황(고무상황)

(1) 140℃~170℃의 **용융황**을 물에 넣어 **급냉**시킨 것
(2) 물·이황화탄소(CS_2)에 녹지 않는다.

적중 출제예상문제

황화인

1 다음 황화인의 지정수량은 몇인가?
① 20kg ② 30kg
③ 40kg ④ 100kg

2 다음 위험물 중 지정수량이 다른 것은?
① $HClO_4$ ② P_4S_3
③ H_2O_2 ④ CaC_2

3 황화인의 저장시 멀리해야 할 것은?
① 물 ② 금속분
③ 염산 ④ 황산

4 약 100℃의 착화점을 갖는 것은 다음 중 어느 것인가?
① 오황화인 ② 황
③ 삼황화인 ④ 적린

5 다음 중 오황화인이 물과 작용해서 발생하는 유독 기체는?
① 아황산가스 ② 인화수소
③ 황화수소 ④ 포스겐가스

6 다음 황화인에 대한 설명 중 옳지 않은 것은?
① 3황화인은 끓는 물에 분해된다.
② 5황화인은 공기 중의 수분을 흡수하여 분해되며 아황산가스를 낸다.
③ 7황화인은 흡수성이 있으며 분해되면 황화수소가스를 발생한다.
④ 과산화물, 망가니즈산염, 안티몬 등과 공존하면 발화한다.

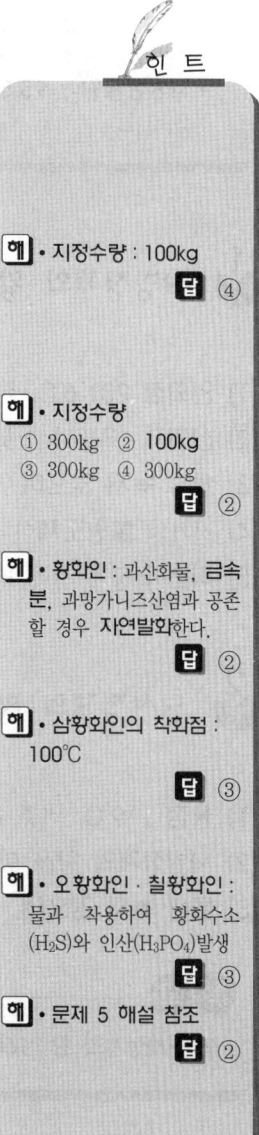

해 · 지정수량 : 100kg
답 ④

해 · 지정수량
① 300kg ② 100kg
③ 300kg ④ 300kg
답 ②

해 · 황화인 : 과산화물, 금속분, 과망가니즈산염과 공존할 경우 **자연발화**한다.
답 ②

해 · 삼황화인의 착화점 : 100℃
답 ③

해 · 오황화인·칠황화인 : 물과 작용하여 황화수소(H_2S)와 인산(H_3PO_4)발생
답 ③

해 · 문제 5 해설 참조
답 ②

⑦ 다음 설명 중 틀린 것은?
① 삼황화인은 가연성 물질이다.
② 오황화인은 CS_2에 잘 녹는다.
③ 칠황화인은 물에 녹아 이산화황을 발생한다.
④ 황은 물에 잘 녹지 않는다.

해 · 문제 5 해설 참조
답 ③

적린

⑧ 적린의 성질은?
① 암적색 무취의 분말
② 담황색의 결정
③ 황색의 무독성 결정
④ 암적색 무취의 결정

해 · 적린 : 암적색 무취의 분말
답 ①

⑨ 마찰이나 충격 등에 의해 발화 또는 폭발의 위험성이 없는 것은?
① 알루미늄 가루
② 붉은린
③ 염소산염
④ 마그네슘 가루

해 · 적린(붉은린) : 안정한 물질이다.
답 ②

⑩ 다음 중 상온에 방치하면 자연발화가 되지 않지만, 산화물과 함께 있으면 낮은 온도에서 자연발화가 일어나는 것은?
① 황산
② 적린
③ 황린
④ 황

해 · 적린 : 산화물과 접촉으로 자연발화한다.
답 ②

⑪ 다음 붉은 린에 대한 설명 중 틀린 것은 어느 것인가?
① 암적색의 분말로 독성이 없다.
② 이황화탄소에는 녹지 않는다.
③ 발화점이 높기 때문에 공기 중에서 자연발화의 위험이 없다.
④ 산화할 때 인광을 발하며 연소한다.

해 · 붉은린(적린) : 연소할 때 인광을 발하지 않는다.
※ 황린 : 인광을 발한다.
답 ④

⑫ 적린의 성상에서 틀린 것은?
① 연소할 때 인화수소가 발생한다.
② 물, 알코올에 녹지 않는다.
③ 어두운 곳에서 인광을 발하지 않는다.
④ 발화온도는 약 260℃이다.

해 · 적린의 연소반응식
$4P + 5O_2 \rightarrow 2P_2O_5$
※ P_2O_5 : 오산화인
답 ①

⑬ 적린의 성질에 대하여 잘못 기술한 것은?
① 연소시 유독한 황화수소 기체가 발생한다.
② 황린에 비해 화학적 활성이 적다.
③ 산화제와 섞으면 쉽게 발화한다.
④ 암적색 분말로 전형적인 비금속의 원소이다.

해 · 문제 12 해설 참조
답 ①

⑭ 적린의 위험성에 대하여 옳은 것은?
① 염소산 염류와 접촉하면 발화 또는 폭발의 위험이 있다.
② 공기 중에 방치하면 타기 시작한다.
③ 물과 반응해서 높은 열을 낸다.
④ 독성이 크다.

[해] · 적린 : 산화제인 염소산 염류와 혼합은 절대 금한다 (발화·폭발).
[답] ①

⑮ 다음은 가연성 고체 위험물의 성질을 나타낸 것이다. 잘못된 것은?
① 적린－어두운 곳에서 인광을 발하며 맹독성이다.
② 황－사방정계, 단사정계, 비정계의 3종이 있다.
③ 오황화인－가수분해하지 않으나 더운물에서는 분해한다.
④ 알루미늄－분진폭발의 위험성이 있으며 할로젠원소와의 접촉은 피한다.

[해] · 적린 : 황린과 같이 인광을 발하며 연소하지 않는다.
[답] ①

⑯ 황린과 적린의 성질 중 잘못된 것은?
① 황린은 어두운 곳에서 인광을 낸다.
② 황린의 인화점은 약 50℃ 전후, 적린은 260℃이다.
③ 공기를 차단하고 250℃로 가열하면 황린이 적린으로 변한다.
④ 서로 동소체로 물에 녹지 않는다.

[해] · 착화점
황린 – 미분(34℃)
　　　 고형(60℃)
적린 – 260℃
[답] ②

⑰ 다음 위험물 중 연소시 오산화인(P_2O_5)이 발생하지 않은 위험물은?
① 황린(P_4)
② 삼황화인(P_4S_3)
③ 적린(P)
④ 산화납(PbO)

[해] · 산화납(PbO) : 연소하지 않는다.
[답] ④

황(유황)

⑱ 황의 지정수량은 얼마인가?
① 20kg
② 50kg
③ 100kg
④ 500kg

[해] · 지정수량 : 100kg
[답] ③

⑲ 위험물로서 황의 순도는 중량%로서 몇 % 이상인가?
① 60%
② 70%
③ 80%
④ 90%

[해] · 순도 : 60중량% 이상
[답] ①

⑳ 황에 다음 물질을 혼합했을 때 폭발위험이 있는 것은?
① 가연물
② 산화제
③ 촉매
④ 환원제

[해] · 황 : 환원제로서 산화제와의 접촉으로 폭발
[답] ②

㉑ 다음 중 무연탄에 불순물로 들어있는 황이 탈 때 주로 생기는 유독한 가스는 다음 중 어느 것인가?
① SO
② SO_2
③ SO_3
④ H_2S

해 • 연소반응식
$S + O_2 \rightarrow SO_2$
답 ②

㉒ 연소에 의하여 유독한 가스(SO_2)가 발생하는 것은?
① 황린
② 적린
③ 황
④ 금속분

해 • 황의 연소방응
$S + O_2 \rightarrow SO_2$
답 ③

㉓ 황이 연소하여 발생하는 가스의 성질 중 맞는 것은?
① 알칼리성
② 산화성
③ 폭발성
④ 환원성

해 • 문제 22 해설 참조
※ SO_2 : 환원성이 있다.
답 ④

㉔ 다음 물질 중 황을 녹일 수 있는 것은 어느 것인가?
① 황산
② 석유
③ 이황화탄소
④ 알코올

해 • 사방황 · 단사황 : 이황화탄소(CS_2)에 잘 녹는다.
답 ③

㉕ 황색이며 무정형으로 CS_2에 녹지 않고 녹는점이 일정치 않은 것은?
① 사방황
② 단사황
③ 고무상황
④ 침강황

해 • 고무상황 : 이황화탄소(CS_2)에 잘 녹지 않는다.
답 ③

㉖ 황의 성질로서 옳은 것은?
① 전기의 양도체이다.
② 태우면 유독한 기체를 발생한다.
③ 습기가 없으면 타지 않는다.
④ 보통 물에 잘 녹는다.

해 • 연소반응식 :
$S + O_2 \rightarrow SO_2$
※ SO_2(아황산가스) : 유독성 가스
답 ②

㉗ 황의 성질에 대하여 다음 가운데 잘못된 것은?
① 조해성이 있다.
② 황색의 고체 또는 분말
③ 착화온도는 약 360℃로 연소시 청색의 화염을 낸다.
④ 연소시 독특한 냄새를 가진 가스를 발생

해 • 황 : 조해성이 없다.
※ 조해성 : 공기 중의 수분을 흡수하여 고체가 액체로 되는 현상
답 ①

㉘ 황의 성질에 대하여 틀린 것은?
① 전기의 불량도체이다.
② 연소하면 아황산가스가 된다.
③ 미분되면 분진폭발의 위험성이 있다.
④ 풍해성이다.

해 • 황 : 풍해성이 없다.
답 ④

29 황의 성질로 맞지 않는 것은?
① 사방황, 단사황, 고무상황의 3가지 이성체가 있다.
② 연소시에 노란색 불꽃을 내며 SO_2 가스를 낸다.
③ 물에 녹지 않으나 이황화탄소에는 잘 녹는다.
④ 사방황은 95.5℃에서 단사정계로 된다.

[해] • 연소불꽃 : 푸른색
[답] ②

30 황, 금속분 등을 저장할 때 가장 주의하여야 할 사항은 무엇인가?
① 가연성 물질과 함께 보관하거나 접촉을 피해야 한다.
② 빛이 닿지 않는 어두운 곳에 보관해야 한다.
③ 통풍이 잘 되는 곳에 보관해야 한다.
④ 화기의 접근이나 과열을 피해야 한다.

[해] • 황·금속분 : 가연성 고체로서 **화기 등** 점화원에 의하여 **연소**한다.
[답] ④

31 다음 설명 중 틀린 것은?
① 황린은 공기 중에서 자연발화할 때가 있다.
② 미분상의 황은 물과 작용해서 자연발화할 때가 있다.
③ 적린은 염소산칼륨의 산화제와 혼합하면 발화폭발할 수 있다.
④ 마그네슘 분말을 수분과 장시간 접촉하면 자연발화할 수 있다.

[해] • 황 : 자연발화의 위험은 없다.
[답] ②

휴게실

◆ **반응열을 이용한 휴대용 난로**
극히 미세한 철가루(제2류 위험물)와 **염화나트륨**(소금) 등을 섞어서 주머니에 넣어 **공기를 차단**하고 봉한 다음, 이 주머니를 **다시 다른 주머니**에 넣는다. 주머니를 비벼서 **안쪽 주머니**를 터뜨리면 **철가루**와 겉주머니 안에 있던 **공기 중의 산소가 반응**하여 열을 방출한다(발열반응). 이 때의 열을 휴대용 난로에 이용하는 것이다.

◆ **반응열을 이용한 휴대용 냉각제**
물이 새지 않는 주머니에 물과 **염화암모늄**(NH_4Cl)을 따로따로 넣는다. 물이 들어 있는 주머니를 터뜨리면, **염화암모늄**이 물에 녹으면서 **주위의 열을 빼앗아간다**(흡열반응). 부어 오른 상처 부위에 주머니를 올려 놓으면 조직이 손상되는 것을 줄이면서 치료 효과를 높일 수 있다.

5 마그네슘(Mg)의 성질

지정수량 : 500kg

> **참고**
> ※ **위험물로서 마그네슘** : 마그네슘 또는 마그네슘을 포함한 것 중 **2mm의 체를 통과하지 아니하는 덩어리** 및 직경 2mm 이상의 막대 모양의 것은 **위험물에서 제외**한다.

(1) **착화점** : **융점부근(불순물존재시 400℃ 부근)**, **융점 약 650℃**, 비점 1,102℃, 비중 1.74
(2) 은백색의 광택이 나는 가벼운 금속
(3) **알루미늄**보다 **열전도율** 및 **전기전도도**가 **낮다**.
(4) **산** 및 **더운물**과 반응하여 **수소**를 발생한다.
(5) **산화제** 및 **할로겐원소**와의 접촉을 피할 것
(6) 공기 중의 **습기**와 **자연발화** 또는 **산화제**와의 혼합물은 **타격·충격**으로 **연소**
(7) **소화방법** : 마른 모래, 금속화재용 분말소화약제(탄산수소염류) 등

> **참고**
> - **연소반응식** : $2Mg + O_2 \rightarrow 2MgO + 2 \times 143.7 kcal$
>   (마그네슘) (산소) (산화마그네슘)   (반응열)
> - **염산과의 반응식** : $Mg + 2HCl \rightarrow MgCl_2 + H_2 \uparrow$
>   (마그네슘) (염산) (염화마그네슘) (수소)
> - **온수와의 화학 반응식** : $Mg + 2H_2O \rightarrow Mg(OH)_2 + H_2 \uparrow$
>   (마그네슘) (물) (수산화마그네슘) (수소)
> - **탄산가스와의 폭발 반응식** : $2Mg + CO_2 \rightarrow 2MgO + C$
>   (마그네슘) (이산화탄소) (산화마그네슘) (탄소)

6 철분(Fe)의 성질

지정수량 : 500kg
융점 1,530℃, 비중 7.86

> **참고**
>
> ※ 위험물로서 철분 : 53마이크로미터 표준체를 통과하는 것이 **50중량%** 이상일 것
>
> ※ 염산과의 반응식 : $Fe + 2HCl \rightarrow FeCl_2 + H_2 \uparrow$
>   (철) (염산) (염화제1철) (수소)
>
> ※ 철분과 물의 반응식
> $3Fe + 4H_2O \rightarrow Fe_3O_4 + 4H_2 \uparrow$
>   (철)   (물)   (자철광) (수소)
>
> ※ 철분과 물의 반응 메커니즘(자철광 제조)
>   ① $3Fe + 6H_2O \rightarrow 3Fe(OH)_2 + 3H_2 \uparrow$
>   ② $3Fe(OH)_2 \rightarrow Fe_3O_4 + 2H_2O + H_2 \uparrow$
>   ①+② $3Fe + 4H_2O \rightarrow Fe_3O_4 + 4H \uparrow$
>   (철)   (물)   (자철광) (수소)

7 금속분의 성질

지정수량 : 500kg

> **참고**
>
> ※ 위험물로서 금속분 : 알칼리금속·알칼리토금속·철 및 마그네슘 이외의 금속분을 말하고, 구리·니켈분 및 150마이크로미터의 체를 통과하는 것이 **50중량%** 미만인 것은 위험물에서 제외한다.

1 알루미늄분(Al)

(1) 융점 660℃, 비점 약 2,000℃, 비중 2.7
(2) 은백색의 경금속

(3) 전성, 연성이 풍부하며 열전도율 및 전기전도도가 크다.
(4) 황산, 묽은 질산, 묽은 염산에 **침식당한다**(**진한 질산**에는 **부동태**가 된다).
(5) 산 또는 **알칼리수용액**에서 **수소**를 발생한다.
(6) **산화제**와의 **혼합물**은 가열·충격·마찰에 의하여 **착화**된다.
(7) **할로젠원소**와 접촉하면 **자연발화**의 위험이 있다.
(8) 습기와 수분에 의하여 **자연발화**의 위험이 있다.
(9) 분진폭발하면 소화가 곤란하므로 **화기에 주의할 것**
(10) **소화방법**은 마그네슘분에 준한다.

> **참고**
>
> ※ **알루미늄분** : 공기 중에서 **표면에 산화피막**을 형성하여 **내부를** 부식으로부터 **보호**한다.
> ※ **부동태** : Fe(철), Co(코발트), Ni(니켈), Al(알루미늄) 등이 **진한 질산**(HNO_3)과 작용하여 금속표면에 다른 산에도 **부식되지 않는** 수산화물의 **얇은 막**이 형성된 상태
>
> ※ 공기중에서 산화 반응식
> $$4Al + 3O_2 \rightarrow 2Al_2O_3$$
> (알루미늄) (산소) (산화알루미늄)
>
> ※ 물과의 반응식
> $$2Al + 6H_2O \rightarrow 2Al(OH)_3 + 3H_2 \uparrow$$
> (알루미늄) (물) (수산화알루미늄) (수소)
>
> ※ 염산과 반응식
> $$2Al + 6HCl \rightarrow 2AlCl_3 + 3H_2 \uparrow$$
> (알루미늄) (염산) (염화알루미늄) (수소)
>
> ※ 수산화나트륨 수용액과 반응식
> $$2Al + 2NaOH + 2H_2O \rightarrow 2NaAlO_2 + 3H_2 \uparrow$$
> (알루미늄) (수산화나트륨) (물) (알루미늄산나트륨) (수소)
>
> ※ 할로젠과 반응식
> $$2Al + 3Br_2 \rightarrow 2AlBr_3$$
> (알루미늄) (브로민) (브로민화알루미늄)

2 아연분(Zn)

(1) 융점 419℃, 비점 907℃, 비중 7.14
(2) 은백색의 분말
(3) **산** 또는 **알칼리**와 반응하여 **수소**를 발생한다.
(4) 소화방법 : 마그네슘에 준한다.

※ 아연분 : 공기 중에서 흰 염기성 탄산아연의 얇은 막을 만들어 내부를 보호한다.

안티몬(Sb)

(1) 융점 630℃, 비중 6.69
(2) 은백색의 분말
(3) 융점 이상으로 가열하면 발화한다.

적중 출제예상문제

마그네슘·철분·금속분

① 제2류 위험물 중 철분의 지정수량은 얼마인가?
① 100kg   ② 300kg
③ 500kg   ④ 1,000kg

[해] • 지정수량 : 500kg
[답] ③

② 제2류 위험물 중 금속분의 지정수량은 얼마인가?
① 100kg   ② 300kg
③ 500kg   ④ 1,000kg

[해] • 지정수량 : 500kg
[답] ③

③ 마그네슘리본에 불을 붙여 다음의 기체에 넣었을 때 계속 탈 수 있는 기체는?
① 탄산가스   ② 헬륨기체
③ 수소기체   ④ 네온기체

[해] • 마그네슘리본 : 탄산가스 속에서 계속 연소한다.
$2Mg+CO_2 \rightarrow 2MgO+C$
[답] ①

④ 마그네슘분과 혼합했을 때 발열반응하여 자연발화의 위험이 있는 것은 어느 것인가?
① 탄산가스   ② 헬륨가스
③ 아르곤가스   ④ 할로젠원소

[해] • 마그네슘분 : 산화제 및 할로젠원소와 접촉하여 자연발화위험이 있다.
[답] ④

5 마그네슘분의 화재위험성을 설명한 것 중에서 맞지 않는 것은?
① 점화하면 맹렬히 연소한다.
② 화재가 났을 때 바로 주수하여도 좋다.
③ 공기 중의 습기와 작용해서 자연발화할 때가 있다.
④ 온수에 작용하면 H_2를 발생하며 격렬히 H_2로 발화한다.

해 • 마그네슘분 : 화재시 주수하면 연소금속의 비산으로 폭발의 위험이 있으며 온수와의 접촉으로 수소(H_2)를 발생한다.
답 ②

6 마그네슘분의 성질에 있어서 다음 중 옳은 것은?
① 산과 작용시 가연성가스 발생
② 산에는 녹으나 알칼리에는 녹지 않는다.
③ 상온에서 공기 중에 방치해도 극히 안정
④ 부드러운 분말은 비중이 물보다 적으므로 물위에 뜬다.

해 • 마그네슘분 : 산 및 더운물과 접촉하여 수소(H_2)가스를 발생한다.
※ 수소(H_2) : 가연성가스
답 ①

7 마그네슘분의 성질로서 다음 가운데 옳은 것은 어떤 것인가?
① 가벼운 금속으로서 비중은 물보다 약간 적다.
② 산과 작용하여 산소가스를 발생한다.
③ 금속으로서 연소하는 일은 없다.
④ 미분으로 부유하고 있으면 분진 폭발의 위험이 있다.

해 • 마그네슘분 : 미분으로 공기 중에 부유할 경우 분진폭발의 위험이 있다.
답 ④

8 제2류 위험물 중 철분(Fe)은 몇 μm의 표준체를 통과하는 것이 50중량% 이상인 것인가?
① $25\mu m$ ② $53\mu m$
③ $75\mu m$ ④ $90\mu m$

해 • 제2류 위험물 중 철분(Fe)의 입경 : $53\mu m$ 이하
답 ②

9 분진폭발의 위험이 없는 것은?
① 아연분 ② 황산알루미늄칼륨
③ 철분 ④ 마그네슘분

해 • 황산알루미늄칼륨(명반) : 불연성 물질
답 ②

10 아연분말, 알루미늄분말의 저장방법 중 옳은 것은?
① 석유 속에 넣어 보관
② 종이상자에 넣어 건조한 곳에 저장
③ 폴리에틸렌 병에 넣어 수분이 많은 곳에 보관
④ 물 속에 넣어 보관

해 • 금속분 : 물기와의 접촉을 피하며 종이상자에 넣어 보관한다.
답 ②

8 인화성 고체의 성질

지정수량 : 1,000kg

※ **인화성 고체** : 고형알코올 그 밖에 1기압에서 인화점이 40℃ 미만인 고체를 말한다.

1 락카퍼티

(1) 인화점 21℃ 미만
(2) 락카에나멜의 기초도료
(3) 백색의 진탕상태로서 공기 중에서 쉽게 고체가 된다.

※ **락카퍼티** : 제4류 위험물 1석유류는 인화점 21℃ 미만으로 **액체**이나 **락카퍼티**는 인화점이 21℃ 미만이나 **반고체상태**이므로 제2류 위험물 중 인화성 고체에 해당된다.

2 고무풀

(1) 생고무에 **인화성 용제**를 가공하여 **풀과 같은 상태**에 있는 것
(2) 인화점 : -20℃ 이하

※ **생고무** : 열대의 고무나무에 상처를 내어 채취하는 고무원액

인화점이 40℃ 미만인 것

(1) 고형알코올 → 인화점 30℃
(2) 메타알데하이드 → 인화점 36℃
(3) 제3뷰틸알코올 → 인화점 11.1℃

> **참고**
> ※ 고형알코올 : 합성수지에 메틸알코올을 침투시켜 **한천상**으로 만든 한천 고체이며, **등산용 고체 알코올**을 말한다.

적중 출제예상문제

인화성 고체

① 제2류 위험물 중 인화성 고체의 지정수량은?
① 200kg   ② 600kg
③ 800kg   ④ 1,000kg

해 지정수량 : 1,000kg
답 ④

② 다음 중 제2류 위험물 인화성 고체에 해당되는 조건을 만족시키는 것은?
① 상온에서 고체이고 인화점이 40℃ 미만인 것
② 인화점이 40℃ 이상 100℃ 미만인 것
③ 상온에서 액체이고 인화점이 30℃ 미만인 것
④ 인화점이 100℃ 이상 200℃ 미만인 것

해 인화성 고체 : 상온에서 고체이고 인화점이 40℃ 미만인 것
답 ①

③ 제2류 위험물 인화성 고체에 속하지 않는 것은?
① 고형알코올   ② 메타알데하이드
③ 제3뷰틸알코올   ④ 파라핀

해 • 파라핀 : 특수가연물 중 가연성 고체
답 ④

④ 제2류 위험물 인화성 고체 중 등산용 버너 대용인 고체연료로 사용하는 것은?
① 고급알코올   ② 고형알코올
③ 제3뷰틸알코올   ④ 페놀

해 • 고형알코올 : 고체연료
답 ②

제 4 장

제3류 위험물

학습목표

- 필수 암기사항
- 칼륨·나트륨·알킬알루미늄·알킬리튬·황린·알칼리금속류(칼륨 및 나트륨제외) 및 알칼리토금속류·유기금속화합물류(알킬알루미늄·알칼리튬제외)·금속인화합물·금속수소화합물·칼슘 또는 알루미늄의 탄화물류 및 행정안전부령이 정하는 것 등의 성질

1. 필수 암기사항

- 제3류 위험물의 품명 및 지정수량
- 제3류 위험물의 일반성질
- 제3류 위험물의 저장 및 취급방법

참고

※ 필수 암기사항에 대한 내용은 **완전 암기**하여 수험에 대비할 것

제3류 위험물의 품명 및 지정수량

유별 및 성질	위험등급	품 명	지정수량	유별 및 성질	위험등급	품 명	지정수량
제3류 자연발화성 물질 및 금수성 물질	I	1. 칼륨 2. 나트륨 3. 알킬리튬 4. 알킬알루미늄 5. 황린	10kg 10kg 10kg 10kg 20kg	제3류 자연발화성 물질 및 금수성 물질	III	8. 금속의 인화물 9. 금속의 수소화물 10. 칼슘 또는 알루미늄의 탄화물	300kg 300kg 300kg
	II	6. 알칼리금속(칼륨 및 나트륨 제외) 및 알칼리토금속 7. 유기금속화합물(알킬알루미늄 및 알킬리튬제외)	50kg 50kg		I~III	11. 그 밖의 행정안전부령이 정하는 것 12. 제1호 내지 11호에 해당하는 어느 하나 이상을 함유한 것	10kg, 50kg 또는 300kg

> **참고**
> ※ 그 밖에 행정안전부령이 정하는 것
>   • 염소화규소화합물($SiCl_4$, Si_2Cl_6, Si_3Cl_8 등) : 지정수량 300kg

 제3류 위험물의 일반성질

(1) 자연발화성 물질은 공기와 접촉하여 연소하거나 가연성가스를 발생하며 폭발적으로 연소한다.
(2) 금수성 물질은 물과 접촉하여 발열하며 가연성가스를 발생하거나, 가연성가스를 발생하며 폭발적으로 연소한다.

> **참고**
> ※ 금수성 : 물과의 접촉을 금지하여야 하는 성질

 제3류 위험물의 저장 및 취급방법

(1) 용기의 파손 및 부식에 주의하며 공기 또는 수분의 접촉을 피할 것
(2) 보호액 속에 위험물을 저장할 경우 위험물이 보호액 표면에 노출되지 않게 할 것
(3) 다량을 저장할 경우는 화재 발생에 대비하여 희석제를 혼합하거나 소분하여 저장할 것
(4) 가연성가스가 발생하는 위험물은 화기에 주의할 것

적중 출제예상문제

1 제3류 위험물 중 지정수량이 10kg이 아닌 것은?
① 칼륨 ② 나트륨
③ 알킬알루미늄 ④ 알칼리토금속

> 해 • 알칼리토금속 : 50kg
> 답 ④

2 제3류 위험물 취급에 주의해야 할 사항으로 맞는 것은?
① 마찰 충격을 피할 것 ② 화기의 접근을 피할 것
③ 산화물의 혼합을 피할 것 ④ 물의 접촉을 피할 것

> 해 • 제3류 위험물 : 금수성 물질
> 답 ④

3 제3류 위험물의 취급에 대한 주의사항으로 가장 중요한 것은?
① 물과 접촉을 피한다. ② 화기를 가까이 하지 않는다.
③ 햇빛을 쪼이지 않게 한다. ④ 충격을 가하지 않는다.

> 해 • 제3류 위험물 : (금수성 물질) : 물과의 접촉을 피한다.
> 답 ①

4 제3류 위험물에 물을 가했을 때 일어나는 반응은?
① 발열반응 ② 에스터화반응
③ 흡열반응 ④ 환원반응

> 해 • 제3류 위험물 : 물과 발열반응하며 가연성가스 발생
> 답 ①

5 다음은 제3류 위험물의 공통된 특성에 대한 설명이다. 옳은 것은?
① 물과 반응해서 가연성가스인 수소 또는 메테인 등을 발생한다.
② 불연성이고, 산화성 물질이다.
③ 가연성 물질이고, 자기연소성 물질이다.
④ 저온에서 발화하기 쉬운 가연성 물질이다.

> 해 • 문제 4 해설 참조
> 답 ①

6 제3류 위험물의 성질에 있어서 옳지 않은 것은?
① 건조된 공기 중에서는 상온에서 발화하지 않는다.
② 물과 접촉하여 발열한다.
③ 센 산화성이 있다.
④ 물과 반응하여 가연성가스가 발생하는 것이 많다.

> 해 • 제3류 위험물 : 환원성이 있다.
> 답 ③

7 다음은 제3류 위험물 저장 및 취급시 주의사항이다. 적합하지 않은 것은?
① 모든 품명의 위험물은 수분과 반응하여 수소를 발생한다.
② 소화방법은 건조사, 팽창질석, 건조석회를 상황에 따라 조심스럽게 사용하여 질식소화 한다.
③ 유별이 다른 위험물과는 동일한 위험물 저장소에 함께 저장해서는 안된다.
④ K, Na 및 알칼리금속은 산소가 포함되지 않은 석유류에 저장한다.

> 해 • 제3류 위험물 : 물 또는 수분과 반응하면 수소(H_2), 아세틸렌(C_2H_2), 메테인(CH_4), 포스핀(PH_3) 등 가연성가스를 발생한다.
> 답 ①

2 칼륨의 성질

1 칼륨(K) (포타시움)

지정수량 : 10kg

(1) 융점 63.5℃, 비점 762℃, 비중 0.857, **불꽃반응(보라색)**
(2) **은백색** 광택의 **무른 경금속**으로 별명은 **포타시움**이다.
(3) 공기 중에서 **수분**과 반응하여 **수소**를 발생한다.
(4) 알코올과 반응하여 **알콜레이트(알콕사이드)**를 만든다.
(5) 비중이 작으므로 **석유(등유 · 경유 · 파라핀 등)** 속에 저장한다.
(6) 피부와 접촉하여 **화상**을 입는다.
(7) **소화방법** : 마른 모래 및 탄산수소염류 분말소화약제가 좋으며 **주수소화**와 CCl_4[테트라클로로메탄(사염화탄소)] 또는 CO_2(이산화탄소)와는 **폭발반응**하므로 **절대 사용할 수 없다**.

> **참고**
>
> ※ 칼륨과 물 및 알코올 · 공기와의 화학반응식
> - 물 : $2K + 2H_2O \rightarrow 2KOH + H_2\uparrow + 92.8kcal(2 \times 46.4kcal)$
>   (칼륨) (물) (수산화칼륨) (수소) (반응열)
> - 알코올 : $2K + 2C_2H_5OH \rightarrow 2C_2H_5OK + H_2\uparrow$
>   (칼륨) (에틸알코올) (칼륨에틸레이드) (수소)
> - 글리세린 : $6K + 2C_3H_5(OH)_3 \rightarrow 2C_3H_5(OK)_3 + 3H_2\uparrow$
>   (칼륨) (글리세린) (칼륨글리세레이트) (수소)
> - 공기 : $4K + O_2 \rightarrow 2K_2O$
>   (칼륨) (산소) (산화칼륨)
>
> ※ 칼륨과 테트라클로로메탄(사염화탄소) 또는 이산화탄소와의 화학반응
> - 테트라클로로메탄(사염화탄소) : $4K + CCl_4 \rightarrow 4KCl + C$
>   (폭발반응) (칼륨) (테트라클로로메탄(사염화탄소)) (염화칼륨) (탄소)
> - 이산화탄소 : $4K + 3CO_2 \rightarrow 2K_2CO_3 + C$
>   (폭발반응) (칼륨) (이산화탄소) (탄산칼륨) (탄소)

3 나트륨의 성질

나트륨(Na) 〈금조, 금속소다, 소듐〉

지정수량 : 10kg

(1) 융점 97.8℃, 비점 880℃, 비중 0.97, **불꽃반응(노란색)**
(2) **은백색** 광택의 무른 경금속으로 별명은 **금조** 또는 **금속소다**라 한다.
(3) 공기 중에서 **수분**과 반응하여 **수소**를 발생한다.
(4) **알코올**과 반응하여 **알콜레이트(알루사이드)**를 만든다.
(5) 비중이 작으므로 **석유(등유 · 경유 · 파리핀 등)** 속에 저장한다.
(6) 기타 칼륨에 준할 것

> **참고**
>
> ※ 나트륨과 물 및 알코올 · 글리세린 · 공기와의 화학반응식
> - 물 : $2Na + 2H_2O \rightarrow 2NaOH + H_2\uparrow + 88.2kcal(2 \times 44.1kcal)$
>   　　(나트륨) (물) 　(수산화나트륨) (수소) 　(반응열)
> - 알코올 : $2Na + 2C_2H_5OH \rightarrow 2C_2H_5ONa + H_2\uparrow$
>   　　(나트륨) (에틸알코올) (나트륨에틸레이드) (수소)
> - 글리세린 : $6Na + 2C_3H_5(OH)_3 \rightarrow 2C_3H_5(ONa)_3 + 3H_2\uparrow$
>   　　(나트륨) (글리세린) 　(칼륨글리세레이트) (수소)
> - 공기 : $4Na + O_2 \rightarrow 2Na_2O$
>   　　(나트륨) (산소) (산화나트륨)
>
> ※ 나트륨과 테트라클로로메탄(사염화탄소) 또는 이산화탄소와의 폭발반응
> - 테트라클로로메탄(사염화탄소) : $4Na + CCl_4 \rightarrow 4NaCl + C$
>   　　(폭발반응) 　(나트륨) (테트라클로로메탄(사염화탄소)) (염화나트륨) (탄소)
> - 이산화탄소 : $4Na + 3CO_2 \rightarrow 2Na_2CO_3 + C$
>   　　(폭발반응) (나트륨) (이산화탄소) (탄산나트륨) (탄소)

4. 알킬리튬의 성질

1. 알킬리튬(RLi)

지정수량 : 10kg
저장 및 취급방법·소화방법 : 알킬알루미늄에 준한다.

(1) 알킬기(R)와 리튬(Li)의 화합물로 공기 또는 물과의 접촉으로 자연발화한다.
(2) 알킬리튬의 종류
   ① CH_3Li(메틸리튬)
   ② C_2H_5Li(에틸리튬)
   ③ C_3H_7Li(프로필리튬)
   ④ C_4H_9Li(뷰틸리튬)

> **참고**
>
> ※ 일반식 : RLi에서 R은 **알킬기**(CH_3, C_2H_5, C_3H_7, C_4H_9 등)
> ※ 화학반응식
>   • 공기 중에서
> $$CH_3Li + 4O_2 \rightarrow 2CO_2\uparrow + 3H_2O + Li_2O$$
>   (메틸리튬) (산소)   (이산화탄소) (물) (산화리튬)
> $$C_2H_5Li + 7O_2 \rightarrow 4CO_2\uparrow + 5H_2O + Li_2O$$
>   (에틸리튬) (산소)   (이산화탄소) (물) (산화리튬)
>
>   • 물과 접촉
> $$2CH_3Li + H_2O \rightarrow LiOH + CH_4\uparrow$$
>   (메틸리튬) (물)   (수산화리튬) (메테인)
> $$C_2H_5Li + H_2O \rightarrow LiOH + C_2H_6\uparrow$$
>   (에틸리튬) (물)   (수산화리튬) (에테인)

5 알킬알루미늄의 성질

1 알킬알루미늄[(R)₃Al]

지정수량 : 10kg

(1) 알킬기(R)와 알루미늄(Al)의 화합물로 **공기** 또는 물과 접촉하여 **자연발화**한다.
(2) 탄소수 C_1~C_4까지 자연발화
(3) 저장법
  ① 용기는 **완전 밀봉**하고 공기 및 물과의 접촉을 피할 것
  ② 용기 상부는 **불연성 가스**로 **봉입**할 것
(4) 희석제 : 벤젠, 헥세인(1석유류)
(5) 소화방법 : 팽창질석, 팽창진주암

참고

※ 일반식 : (R)₃Al에서 R은 알킬기
※ 알킬알루미늄의 보기
  • $(CH_3)_3Al$ → 트라이메틸알루미늄(TMAL) 〈액체〉
  • $(C_2H_5)_3Al$ → 트라이에틸알루미늄(TEAL) 〈액체〉
  • $C_2H_5AlCl_2$ → 에틸알루미늄다이클로라이드(EADC) 〈고체〉
※ 화학반응식
  • 공기 중에서 :
    $2(C_2H_5)_3Al + 21O_2 \rightarrow 12CO_2\uparrow + 15H_2O + Al_2O_3 + 1,470.4kcal$
    (트라이에틸알루미늄) (산소)   (탄산가스)   (물)   (산화알루미늄) (반응열)
  • 물과 접촉 :
    $(C_2H_5)_3Al + 3H_2O \rightarrow Al(OH)_3 + 3C_2H_6\uparrow$
    (트라이에틸알루미늄) (물) (수산화알루미늄) (에테인)
  • 200℃ 이상에서 폭발반응식 : $2(C_2H_5)_3Al \rightarrow 2Al + 3H_2\uparrow + 6C_2H_4\uparrow$
                  (트라이에틸알루미늄) (알루미늄) (수소) (에틸렌)

6 황린(백린)의 성질

1 황린(P_4) 〈백린〉

지정수량 : 20kg

(1) **착화점**(미분상) 34℃, **착화점**(고형상) 60℃, 융점 44℃, 비점 280℃, 비중 1.82, 증기 비중 4.4
(2) **백색** 또는 **담황색**의 고체로 **백린**이라고도 하며, **어두운 곳**에서 **인광**을 발한다.
(3) 독성이 강하며 대인 **치사량**은 0.02~0.05g
(4) **피부**와 **접촉**하여 **화상**을 입으며 근육, 뼈속으로 흡수되므로 피부를 보호할 것
(5) 물에 녹지 않으므로 **물 속에 저장**
(6) PH_3(인화수소)의 생성을 방지하기 위하여 **보호액**은 pH 9로 유지시킨다.
(7) 벤젠, 알코올에 극히 적게 녹는다.
(8) 이황화탄소, 염화황, 삼염화인에 잘 녹는다.
(9) 수산화나트륨(NaOH) 등 **강알칼리**의 수용액과 반응하여 유독성인 **인화수소**(PH_3)를 발생한다.
(10) 공기 중에서 산화하거나 연소할 때 **오산화인**(P_2O_5)의 흰 연기를 낸다.
(11) 공기를 차단하고 약 250℃로 가열하면 **적린**이 된다.
(12) **소화방법** : 주수소화(고압주수는 피할 것), 마른 모래 등
(13) 소화작업 시 유독물질(P_2O_5)의 발생에 대비하여 **보호장구** 및 **공기호흡기**를 착용할 것

참고

※ 연소반응식

$$P_4 + 5O_2 \rightarrow 2P_2O_5$$
(황린)　(산소)　　(오산화인)

※ 수산화나트륨(NaOH) 수용액과 반응

$$P_4 + 3NaOH + 3H_2O \rightarrow 3NaH_2PO_2 + PH_3\uparrow$$
(황린)　(수산화나트륨)　(물)　　(차아인산나트륨)　(인화수소)

※ **독성** : 독성이 강하므로 0.0098g에서 중독증상이 오며 **0.02~0.05g**에서 **치사**한다.
※ **고압 주수소화의 문제점** : 황린을 비산시켜 **화점을 분산시키는** 위험이 있으므로 주의하여야 한다.
※ **고형상의 황린**이 수증기를 포함한 공기 중에서 **착화점은 30℃**이다.

적중 출제예상문제

칼륨

1 미지의 금속염의 수용액을 불꽃반응 실험을 한 결과, 보라색의 불꽃이 나타났다. 이 금속염 수용액에 포함된 금속은 무엇인가?
① Cu
② K
③ Na
④ Li

2 다음 3류 위험물이 물과 반응할 때, 반응열이 가장 큰 것은?
① 칼륨
② 나트륨
③ 탄화칼슘
④ 생석회

3 알칼리금속은 화재예방상 주로 어떤 기(원자단)를 가지고 있는 물질들과 접촉을 금해야 하는가?
① -H
② -O-
③ -COO-
④ $-NO_2$

4 칼륨의 화학적 성질로 옳은 것은?
① 물과 반응하여 탄산가스를 발생한다.
② 물과 반응하여 산소를 발생한다.
③ 물과 반응하여 수소를 발생한다.
④ 화학적으로 안전한 금속이다.

5 칼륨이 물과 반응할 때 일어나는 반응으로서 옳은 것은 어느 것인가?
① 수산화칼륨+수소-흡열반응
② 수산화칼륨+수소+발열반응
③ 산화칼륨+수소+발열반응
④ 수산화나트륨+수소+흡열반응

6 자연발화성 물질인 칼륨이 알코올과 반응시 생성된 물질은?
① CH_2COOK
② CH_2CHK
③ C_2H_5OK
④ CH_3CHK

7 다음 중 금속 칼륨의 성상에 관한 설명 중 옳은 것은?
① 연소하면 빨간 화염을 낸다.
② 비중은 1보다 작다.
③ 물과 작용하여 흡열반응을 일으킨다.
④ 물과 작용하여 산소를 발생한다.

8 칼륨의 저장 보호액으로 적당한 것은?
① 아세톤
② 이황화탄소
③ 석유
④ 물

힌트

해 · 칼륨(K)의 불꽃 : 보라색
답 ②

해 · 1몰당 물과의 반응열 :
① 46.4kcal, ② 44.1kcal,
③ 27.8kcal, ④ 18.42kcal
답 ①

해 · 알칼리금속과 접촉 금지 물질 : 수소(H)결합물질인 물(H_2O) 또는 수산기(OH)를 갖는 알코올 등과 결합하여 수소(H_2) 가스를 발생한다.
답 ①

해 · 칼륨과 물과의 반응식
$2K + 2H_2O \rightarrow 2KOH +$
(칼륨) (물) (수산화칼륨)
$H_2 \uparrow + 92.8kcal$
(수소) (반응열)
답 ③

해 · 문제 4 해설 참조
답 ②

해 · 칼륨과 알코올과의 반응식
$2K + 2C_2H_5OH \rightarrow$
$2C_2H_5OK + H_2 \uparrow$
답 ③

해 · 비중 : 0.857
답 ②

해 · 보호액 : 석유(등유·경유), 벤젠, 유동성파라핀 등
답 ③

⑨ 칼륨의 저장법이 맞게 쓰여진 것은?
① 갈색 유리병 속에 넣고 밀봉한다.
② 석유 보호액 속에 넣어 저장한다.
③ 아세톤 보호액 속에 넣고 냉암소에 둔다.
④ 알루미늄 재질의 통 속에 넣고 밀봉한다.

해 · 문제 8 해설 참조
답 ②

⑩ 제3류 위험물 중의 K(칼륨)의 저장 및 취급시 주의사항으로 부적당한 것은?
① 통풍이 잘 되고 건조한 암냉소에 밀봉하여 저장한다.
② 저장중 C_2H_2 가스 발생 유무를 조사한다.
③ 보호액 속에 저장한다.
④ 용기의 파손, 부식에 주의하고 피부에 닿지 않도록 한다.

해 · 칼륨 : 물 또는 습기와 접촉으로 수소(H_2) 가스를 발생하며 아세틸렌(C_2H_2) 가스는 발생하지 않는다.
답 ②

⑪ 다음은 금속칼륨의 취급시 주의사항이다. 틀린 것은 어느 것인가?
① 석유에 보관한다.   ② 피부에 닿지 않도록 한다.
③ 소분하여 보관한다. ④ 화재시는 강화액 소화제를 사용한다.

해 · 강화액 소화기 : 물을 주성분으로한 소화약제이므로 금속칼륨과 접촉하면 수소(H_2)가스를 발생한다.
답 ④

나트륨

⑫ 석유 속에 저장되어 있는 금속조각을 떼어, 불꽃반응을 하였더니 노란불꽃을 나타냈다. 어떤 금속인가?
① 칼륨   ② 나트륨
③ 칼슘   ④ 리튬

해 · 나트륨(Na)의 불꽃 : 노랑색
답 ②

⑬ 금속나트륨의 성질 중 맞게 표현된 것은?
① 은백색의 강한 금속   ② 회백색의 무른 금속
③ 은백색의 무른 금속   ④ 회백색의 강한 금속

해 · 나트륨(Na) : 은백색의 무른 금속
답 ③

⑭ 금속나트륨의 성질 중 옳지 못한 것은?
① 은백색의 경금속이다.
② 물과 반응하여 산소를 발생한다.
③ 공기 중에서 가열하면 연소한다.
④ 산소와의 결합력이 세다.

해 · 나트륨 : 물 또는 습기와 접촉으로 수소(H_2)발생
답 ②

⑮ 금속나트륨 취급을 잘못해 표면이 회백색으로 변했다. 그 물질의 분자식이 맞게 표시된 것은?
① NaOH   ② NaCl
③ $NaNO_3$ ④ Na_2O

해 · 나트륨의 산화반응
$4Na + O_2 \rightarrow 2Na_2O$
※ Na_2O : 회백색
답 ④

16 금속칼륨과 금속나트륨의 공통된 성질로서 다음 중 잘못된 것은?
① 융점은 100℃보다 낮다.
② 비중은 1보다 적다.
③ 물과 반응하여 수소를 발생시킨다.
④ 산소와는 결합하지 않는다.

해 · 문제 14 해설 참조
답 ④

17 다음 화합물 가운데 금속나트륨의 조각을 넣어도 수소기체가 발생하지 않는 것은?
① CH_3COOH
② H_2O
③ CH_3CH_2OH
④ $C_2H_5OC_2H_5$

해 · 수소(H_2) 가스발생조건: 수소(H)기 또는 수산(OH)기를 갖는 것
※ CH_3COOH, H_2O, CH_3CH_2OH
답 ④

18 금속 Na를 석유 중 보관시 화재의 요인이 되는 것은?
① 석유 중 수분이 혼합되어 있을 때
② 석유 중 먼지, 실 등 잡물이 혼입되어 있을 때
③ 인화점이 낮은 석유를 사용했을 때
④ 석유의 비중이 금속 Na보다 클 때

해 · 나트륨(Na) : 물과 접촉하면 수소(H_2) 가스를 발생한다.
답 ①

19 금속 Na 및 K의 공통적인 성질은?
① 불연성이다.
② 물과 반응해서 산소를 발생한다.
③ 은백색의 단단한 금속이다.
④ 물보다 가벼운 금속이다.

해 · 나트륨(Na)의 비중 : 0.97
· 칼륨(K)의 비중 : 0.857
답 ④

20 금속칼륨이나 금속나트륨의 취급상 주의사항이 아닌 것은?
① 보호액에서 노출되지 않게 저장을 해야한다.
② 수분, 습기 등에 접촉하지 않게 한다.
③ 용기의 파손이 없게 끊임없이 조심한다.
④ 손으로 꺼낼 때는 손을 잘 씻은 다음 꺼내야 한다.

해 · 금속칼륨 · 금속나트륨(금수성 물질) : 맨손으로 작업하지 말아야 하며 손에 묻은 물기는 더욱 위험하다.
답 ④

21 제3류 위험물의 저장 및 취급시 주의사항 중 적합하지 않은 것은?
① 공기 중에서 수분과 반응하여 수소를 발생한다.
② 소화방법은 마른 모래 및 금속화재용 분말소화약제가 좋다.
③ 다량보다는 소분해서 저장하고, 물과의 접촉을 피한다.
④ 나트륨을 오래 저장할 경우 용기에 질소가스를 충전하여 저장한다.

해 · 나트륨의 보호액 : 석유
답 ④

알킬알루미늄

22 알킬알루미늄이 공기 중에서 자연발화할 때의 탄소수는 얼마인가?
① $C_1 \sim C_3$
② $C_1 \sim C_4$
③ $C_1 \sim C_5$
④ $C_1 \sim C_6$

해 · 탄소수 : $C_1 \sim C_4$
답 ②

㉓ 다음 위험물 중 상온에서 결정 내지 고체인 것은?
① TMA   ② TNPA
③ TIBA   ④ EADC

해 • 고체 : EADC
※ EADC : $C_2H_5AlCl_2$
답 ④

㉔ 다음 화학식 중 에틸알루미늄다이클로라이드인 것은 어느 것인가?
① $(C_2H_5)_2AlCl$ ② $C_2H_5AlCl_2$
③ $(C_2H_5)_3Al_2Cl_3$ ④ C_2H_5AlCl

해 • 에틸알루미늄다이클로라이드 : $C_2H_5AlCl_2$
답 ②

㉕ 알킬알루미늄의 화학식에 따른 약자가 잘못된 것은?
① $(C_2H_5)_3Al$=TEAL   ② $(i-C_4H_9)_3Al$=TIBAL
③ $(C_2H_5)_2AlCl$=DEAC   ④ $C_2H_5AlCl_2$=EATC

해 • EADC : $C_2H_5AlCl_2$
답 ④

㉖ 올레핀, 디올레핀의 중합촉매, 제트미사일의 연료로 쓰이는 것은?
① 산화프로필렌   ② 에터
③ 트라이에틸알루미늄 ④ 아세트알데하이드

해 • 트라이에틸알루미늄 : 제트미사일 연료
답 ③

㉗ 트라이에틸알루미늄은 물과 폭발적으로 반응한다. 이때 반응하는 기체는?
① 수산화알루미늄   ② 아세틸렌
③ 메테인   ④ 에테인

해 • 화학반응식
$(C_2H_5)_3Al+3H_2O \rightarrow Al(OH)_3+3C_2H_6$
※ C_2H_6 : 에테인
답 ④

㉘ 다음 위험물을 취급하다가 물과 접촉하였을 때 에테인가스가 발생된 물질은?
① CaC_2 ② $(C_2H_5)_3Al$
③ $C_6H_3(NO_2)_3$ ④ $C_2H_5ONO_2$

해 • 문제 27 해설 참조
답 ②

㉙ 제3류 위험물이며 화재시 CO_2나 CCl_4로 질식소화하여도 별 효과가 없는 것은?
① 에틸에터   ② 트라이에틸알루미늄
③ 벤젠   ④ 아세톤

해 • 트라이에틸알루미늄의 소화제 : 팽창질석, 팽창진주암
답 ②

황린

㉚ 다음 중 물 속에 저장하지 않으면 안될 위험물은?
① 황   ② 황린
③ 적린   ④ 알루미늄 분

해 • 황린의 보호액 : 물
답 ②

㉛ 담황색의 고체로서 물속에 보관해야 하며 치사량 0.02~0.05g이면 사망하는 제3류 위험물은?
① 황린   ② 적린
③ 황   ④ 마그네슘

해 • 황린의 치사량 : 0.02~0.05g
답 ①

32 다음 위험물 중 착화온도가 가장 낮은 것은?
① 가솔린   ② 이황화탄소
③ 에터   ④ 황린

해 • 착화온도 : ① 약 300℃, ② 100℃, ③ 180℃, ④ 미분상 34℃
답 ④

33 착화온도가 가장 낮은 것은 다음 중 어느 것인가?
① 황   ② 삼황화인
③ 적린   ④ 황린

해 • 착화온도 : ① 약 360℃, ② 100℃, ③ 260℃, ④ 미분상 34℃
답 ④

34 품명이 없는 시약병 4개의 뚜껑을 열고 내용물을 확인하려고 했다. 그 중 하나가 산화하면서 발광을 하였다. 무엇이겠는가?
① 붉은린   ② 황린
③ 황   ④ 염화암모늄

해 • 황린 : 상온에서 서서히 산화하므로 어두운 곳에서는 인광을 낸다.
답 ②

35 황린이 자연발화하기 쉬운 이유는?
① 분해하여 산소를 방출하기 쉬우므로
② 산소와 친화력이 크고 착화온도가 낮으므로
③ 비점이 낮으므로
④ 조해성이므로

해 • 황린 : 착화점(미분상)이 34℃ 전후로서 매우 낮으며, 증기는 상온에서 서서히 산화되므로 자연발화의 위험이 있다.
답 ②

36 황린은 자연발화하기 쉬운데 그 이유로서 다음 어느 것이 가장 적당한가?
① 끓는점이 낮고 증기의 비중이 작기 때문이다.
② 산소와 결합력이 강하고 착화온도가 낮기 때문에
③ 녹는점이 낮고 상온에서 액체로 되어 있기 때문에
④ 인화점이 낮고 가연성 물질이기 때문에

해 • 황린 : 자연발화성 물질로서 산소와의 결합력이 강하고 착화점(미분상)이 34℃로 매우 낮다.
답 ②

37 황린은 공기 중에서 산화하여 착화온도에 달하면 자연발화한다. 이때 발생하는 흰색 연기는?
① P_2O ② PO_2
③ PH_3 ④ P_2O_5

해 • 연소반응식
$P_4 + 5O \rightarrow 2P_2O_5$
※ P_2O_5 : 오산화인
답 ④

38 황린을 공기를 차단하고 약 250℃로 가열하면 생성되는 물질은?
① 적린   ② 오산화인
③ 삼황화인 ④ 인화수소

해 • 황린 : 적린의 제조원료로서 약 250℃로 가열하여 만든다.
답 ①

39 다음 중 두 물질이 혼합하여도 위험하지 않은 것은?
① 적린과 염소산칼륨   ② 황린과 물
③ 나트륨과 알코올   ④ 아세틸렌과 은

해 • 황린의 보호액 : 물
답 ②

40 다음에서 황린의 취급에 있어서의 주의사항 중 틀린 것은 어느 것인가?
① 산화제와의 접촉을 피할 것   ② 물의 접촉을 피할 것
③ 화기의 접근을 피할 것   ④ 고온을 피할 것

해 · 문제 8 해설 참조
답 ②

41 인화수소의 생성을 방지하기 위하여 황린을 보관하는 물의 pH는 약 얼마인가?
① 6   ② 5
③ 7   ④ 9

해 · 보호액의 pH : 9
답 ④

42 포스핀이라는 별명을 가진 가스의 화학명은?
① 질화수소   ② 인화수소
③ 탄화수소   ④ 황화수소

해 · 포스핀(PH_3) : 인화수소
※ 포스겐 : $COCl_2$
답 ②

43 황린을 잘 녹이는 액체는?
① 물   ② 삼염화인
③ 벤젠   ④ 알코올

해 · 황린 : 이황화탄소 · 염화황 · 삼염화인에 잘 녹는다.
답 ②

44 황린의 성질 중에서 가장 옳은 것은?
① 벤젠에 녹는다.   ② 자연 발화되지 않는다.
③ 암적색의 분말이다.   ④ 독성이 없다.

해 · 황린 : 벤젠, 알코올에 극히 적게 녹는다.
답 ①

45 황린의 성질로서 틀리게 설명된 것은?
① 물에 저장하는 경우 액성은 약 알칼리성이 좋다.
② 담황색의 액체로서 특이한 냄새가 있다.
③ 착화온도가 낮아 공기 중에서도 자연발화한다.
④ 이황화탄소, 삼염화인에 녹는다.

해 · 황린 : 백색 또는 담황색 고체
답 ②

휴게실

◆ NaOH(수산화나트륨 · 가성소다)를 양잿물이라 부르는 이유
　구한말 이전의 우리 조상들의 세탁방법은 아궁이에 불을 지피고 남은 재를 물에 넣어서 우려낸 물, 즉 **잿물**로 빨래를 하였으나 구한말 개화기 때에 들여온 **수산화나트륨**으로 빨래를 하여 본 결과 전통적인 세척제인 **잿물**보다 세탁능력이 좋게 평가되어 민중 속에 깊이 뿌리를 내렸으며 그로부터 잿물의 대용으로 사용한 수산화나트륨을 **서양**에서 들어온 **잿물**이라 하여 **양잿물**이라 이름 붙였다 합니다.
※ **양동이, 양은** 등도 같은 유래를 갖는다 하겠습니다.

7 알칼리금속(칼륨 및 나트륨 제외) 및 알칼리토금속의 성질

지정수량 : 50kg

1 금속리튬(Li)

(1) 융점 180℃, 비점 1,336℃, 비중 0.534, 불꽃반응(빨간색)
(2) 은백색의 무른 경금속
(3) 물과 접촉하여 **수소**로 발생

> **참고**
> ※ 금속리튬 : 금속칼륨과 나트륨보다는 안정하다.
> ※ 물과의 화학반응식
>   2Li + 2H$_2$O → 2LiOH + H$_2$↑ + 105.4kcal(2×52.7kcal)
>   (리튬)   (물)   (수산화리튬) (수소)   (반응열)

2 금속칼슘(Ca)

(1) 융점 851℃, 비점 1,200±30℃, 비중 1.55, 불꽃반응(황적색)
(2) 은백색의 무른 경금속
(3) 물과 접촉하여 **수소**로 발생한다.

> **참고**
> ※ 금속칼슘 : 전성 및 연성이 있으며 물과의 화학반응식은 다음과 같다.
>   Ca + 2H$_2$O → Ca(OH)$_2$ + H$_2$↑ + 102kcal
>   (칼슘)   (물)   (수산화칼슘) (수소)   (반응열)

8 유기금속화합물(알킬알루미늄 및 알킬리튬 제외)의 성질

지정수량 : 50kg

 다이메틸아연[디메틸아연(CCH$_3$)$_2$Zn]

(1) 융점 : -42.2℃, 비점 46℃, 비중(10℃) 1.386
(2) 무색 투명한 **액체**
(3) 공기 중에서 발화하며 **탄산가스**(CO_2)와도 **발화**한다.
(4) 물과 만나면 **메테인**(CH_4)을 발생하며 **분해**한다.

※ 물과의 화학반응식
    $(CH_3)_2Zn + H_2O \rightarrow ZnO + 2CH_4\uparrow$
   (다이메틸아연) (물)   (산화아연) (메테인)

 다이에틸아연[디에틸아연(C$_2$H$_5$)$_2$Zn]

(1) 융점 -30℃, 비점 117.6℃, 비중 1.196
(2) 무색 투명한 **액체**
(3) 공기 중에서 **발화**한다.
(4) 물과 만나면 **격렬히 분해**하며 에테인(C_2H_6)을 **발생**한다.

※ 물과의 화학반응식
    $(C_2H_5)_2Zn + H_2O \rightarrow ZnO + 2C_2H_6\uparrow$
   (다이에틸아연) (물)   (산화아연) (에테인)

다이메틸카드뮴[디메틸카드뮴$(CH_3)_2Cd$]

(1) 융점 -4.5℃, 비점 105.5℃, 비중 1.984
(2) 무색 투명한 액체이며 공기 중에서 발화한다.
(3) 불활성기체 속에서도 180℃ 이상 가열하면 폭발한다.

 기타 유기금속화합물

(1) 트라이메틸갈륨[$(CH_3)_3Ga$]
(2) 트라이에틸갈륨[$(C_2H_5)_3Ga$]
(3) 트라이메틸인듐[$(CH_3)_3In$]
(4) 트라이에틸인듐[$(C_2H_5)_3In$]
(5) 테트라메틸주석[$(CH_3)_4Sn$]

9 금속의 인화물의 성질

지정수량 : 300kg

 인화석회(Ca_3P_2)

(1) 융점 1,600℃, 비중 2.51
(2) 적갈색 괴상의 고체이며 인화칼슘이라고도 한다.
(3) 물 또는 약산과 반응하여 유독한 포스핀가스(PH_3)를 발생한다.
(4) 마른 모래로 피복 후 자연진화를 기다릴 것

> **참고**
> ※ 인화석회 : 수중 조명등으로 사용하며 물과의 화학반응식은 다음과 같다.
> $$Ca_3P_2 + 6H_2O \rightarrow 2PH_3\uparrow + 3Ca(OH)_2$$
> (인화칼슘)   (물)   (포스핀)   (수산화칼슘)

2 인화알루미늄(AlP)

(1) 암회색 또는 황색 결정
(2) 융점 1,000℃ 이하, 비중 2.4~2.8

> **참고**
> ※ 물과의 화학반응식
> $$AlP + 3H_2O \rightarrow Al(OH)_3 + PH_3 \uparrow$$
> (인화알루미늄) (물)   (수산화알루미늄) (포스핀)

10 금속의 수소화물($M'H$ 또는 $M''H_2$)의 성질

지정수량 : 300kg

> **참고**
> ※ 수소화물 : 수소의 화합물로서 지정되어 있는 것은 **알칼리금속**과 **알칼리토금속**이며 알칼리토금속에서는 **베릴륨**(Be), **마그네슘**(Mg)은 제외된다. 또한 물과 접촉하여 **수소**와 **수산화물**을 만든다.
> • M' : 원자가 1가의 금속
> • M'' : 원자가 2가의 금속

1 수소화칼륨(KH)

(1) 회백색의 결정성분말로 **물**과 접촉하여 **수산화칼륨**과 **수소** 발생
(2) **암모니아**와 고온에서 **칼륨아미드**를 생성한다.

> **참고**
> ※ 물과의 화학반응식
> $$KH + H_2O \rightarrow KOH + H_2 \uparrow$$
> (수소화칼륨) (물)   (수산화칼륨) (수소)
> ※ 암모니아와 고온에서의 화학반응
> $$KH + NH_3 \rightarrow KNH_2 + H_2 \uparrow$$
> (수소화칼륨) (암모니아) (칼륨아미드) (수소)

수소화나트륨(NaH)

(1) 분해온도 800℃ 비중 0.92
(2) 은백색의 결정으로 **물**과 접촉하여 **수산화나트륨**과 **수소** 발생

수소화리튬(LiH)

(1) 융점 680℃, 비중 0.82
(2) 유리 모양의 투명한 고체로 **물**과 접촉하여 **수산화리튬**과 **수소** 발생
(3) 알코올에 녹지 않으며, 알칼리금속의 수소화물 중 **안정성이 가장 크다.**

수소화칼슘(CaH_2)

(1) 분해온도 675℃, 융점 814~816℃
(2) 무색의 결정으로 **물**과 접촉하여 **수산화칼슘**과 **수소** 발생

> **참고**
>
> ※ 물과의 화학반응식
>
> $$CaH_2 + 2H_2O \rightarrow Ca(OH)_2 + 2H_2 \uparrow$$
> (수소화칼슘)　(물)　　(수산화칼슘)　(수소)

수소화알루미늄리튬($LiAlH_4$)

(1) 분해온도 125~150℃, 회백색의 분말로 **물**과 접촉하여 **수소** 발생
(2) **열분해**하여 **리튬**(Li), **알루미늄**(Al), **수소**(H_2)로 분해한다.

> **참고**
>
> ※ 물과의 화학반응식
>
> $$LiAlH_4 + 4H_2O \rightarrow LiOH + Al(OH)_3 + 4H_2 \uparrow$$
> (수소화알루미늄리튬)　(물)　(수산화리튬)　(수산화알루미늄)　(수소)

11 칼슘 또는 알루미늄의 탄화물(카바이트)의 성질

지정수량 : 300kg

탄화칼슘(CaC_2)

(1) 융점 2,300℃, 아세틸렌가스의 착화온도 : 335℃, **연소범위 2.5~81%**, 비중 2.2
(2) 백색 입방체의 결정이며 낮은 온도에서는 **정방정계**이며 시판품은 **회색** 또는 **회흑색의 불규칙**한 괴상으로 카바이트라고 부른다.
(3) 물과의 접촉으로 **아세틸렌가스**를 발생하며 **350℃에서 산화**한다.
(4) 밀폐용기에 저장하거나 **질소가스** 등 **불연성 가스**로 봉입시킬 것
(5) 소화제 : 마른 모래, 탄산가스, 소화분말, 테트라클로로메탄(사염화탄소)

> **참고**
>
> ※ 카바이트 : 금속의 탄화물의 총칭
> ※ 탄화칼슘의 제법
>
> $$CaO + 3C \xrightarrow{200℃ \text{ 이상}} CaC_2 + CO\uparrow$$
> (산화칼슘) (탄소)   (탄화칼슘) (일산화탄소)
>
> ※ 탄화칼슘의 물과의 화학반응식
>
> $$CaC_2 + 2H_2O \rightarrow Ca(OH)_2 + C_2H_2\uparrow + 27.8\text{kcal}$$
> (탄화칼슘) (물)   (수산화칼슘) (아세틸렌) (반응열)
>
> ※ 아세틸렌의 연소반응식
>
> $$2C_2H_2 + 5O_2 \rightarrow 4CO_2\uparrow + 2H_2O$$
> (아세틸렌) (산소)   (이산화탄소) (물)
>
> ※ 약 700℃에서의 질화반응
>
> $$CaC_2 + N_2 \xrightarrow[\triangle]{900℃} CaCN_2 + C + 74.6\text{kcal}$$
> (탄화칼슘) (질소)   (칼슘사이안아미드) (탄소) (반응열)
>
> ※ CaC_2 및 $MgC_2 \cdot K_2C_2 \cdot Na_2C_2 \cdot Li_2C_2$는 물과 반응하여 C_2H_2를 발생한다.

탄화알루미늄(Al_4C_3)

(1) 분해온도 1,400℃, 비중 2.36
(2) 황색의 단단한 결정
(3) 물과 반응하여 메테인가스를 발생한다.

>
> ※ 물과의 화학반응식
>
> Al_4C_3 + $12H_2O$ → $4Al(OH)_3$ + $3CH_4\uparrow$ + 약 360kcal
> (탄화알루미늄) (물) (수산화알루미늄) (메테인) (반응열)
>
> ※ 기타 카바이트의 물과의 화학반응식
>
> • Mn_3C + $6H_2O$ → $3Mn(OH)_2$ + $CH_4\uparrow$ + $H_2\uparrow$
> (탄화망가니즈) (물) (수산화망가니즈) (메테인) (수소)
>
> • Be_2C + $4H_2O$ → $2Be(OH)_2$ + $CH_4\uparrow$
> (탄화베릴리움) (물) (수산화베릴리움) (메테인)
>
> • Mg_2C_3 + $4H_2O$ → $2Mg(OH)_2$ + $C_3H_4\uparrow$
> (탄화마그네슘) (물) (수산화마그네슘) (프로파인)

적중 출제예상문제

알칼리금속 또는 알칼리토금속 · 유기금속화합물

① 금속리튬이 물과 반응할 경우 생성되는 것은?
① 수산화리튬과 수소
② 산화리튬과 수소
③ 수산화리튬과 산소
④ 산화리튬과 산소

② 다음 위험물 중 제일 가벼운 금속은?
① Li
② Na
③ K
④ Ca

③ 칼슘의 성질로서 다음 중 옳은 것은 어떤 것인가?
① 금속 가운데 가장 무거운 금속이다.
② 은백색의 무른 금속
③ 극히 산화하기 어려운 금속이다.
④ 금속 가운데 가장 단단한 금속이다.

[해] • 물과의 화학반응
$2Li + 2H_2O → 2LiOH + H_2\uparrow$
(리튬) (물) (수산화리튬)(수소)
답 ①

[해] • 비중 : ① 0.534 ② 0.97 ③ 0.857 ④ 1.55
답 ①

[해] • 칼슘(Ca) : 은백색의 무른 금속
답 ②

④ 유기금속 화합물의 지정수량은 얼마인가?
① 10kg ② 20kg
③ 50kg ④ 300kg

해 • 지정수량 : 50kg
답 ③

금속인화합물

⑤ 제3류 위험물 인화석회(인화칼슘)의 지정수량은?
① 100kg ② 200kg
③ 300kg ④ 500kg

해 • 지정수량 : 300kg
답 ③

⑥ 인화석회의 일반 성상에 맞지 않는 것은
① 적갈색의 고체 ② 융점은 1,600℃
③ 비중은 1보다 크다. ④ 황색 액체

해 • 인화석회 : 적갈색 고체이며 비중 2.51
답 ④

⑦ 인화석회가 물과 반응해서 생성되는 유독가스는?
① 인화수소 ② 일산화탄소
③ 이산화탄소 ④ 황화수소

해 • 인화석회 : 물과 인화수소(포스핀) 발생
답 ①

⑧ 제3류 위험물 중 물과 반응하여 포스핀을 발생하는 것은?
① 산화칼슘 ② 인화칼슘
③ 탄화칼슘 ④ 금속나트륨

해 • 문제 7 해설 참조
※ 인화석회=인화칼슘
답 ②

⑨ 인화석회와 물이 반응할 때 반응식 중 맞는 것은?
① $Ca_3P_2 + 3H_2O \rightarrow 2PH_3 + 3Ca(OH)_2 + Qkcal$
② $Ca_3P_2 + 6H_2O \rightarrow 2PH_3 + 3Ca(OH)_2 + Qkcal$
③ $Ca_3P_2 + 4H_2O \rightarrow 2PH_3 + 3Ca(OH)_2 + Qkcal$
④ $Ca_3P_2 + 5H_2O \rightarrow 2PH_3 + 3Ca(OH)_2 + Qkcal$

해 • 물과의 화학반응식
$Ca_3P_2 + 6H_2O \rightarrow$
$2PH_3 + 3Ca(OH)_2 + Q$
답 ②

⑩ 인화칼슘(인화석회)의 위험성에 대한 설명 중 옳은 것은?
① 에터에 녹지 않으므로 인화칼륨과 혼합하여 저장해도 발화의 위험이 없다.
② 물과 반응해서 수소가스가 발생한다.
③ 물과 반응해서 독성이 강한 포스핀을 발생한다.
④ 물과 반응해서 가연성 아세틸렌가스가 발생한다.

해 • 문제 7 해설 참조
※ PH_3 : 포스핀(인화수소)
답 ③

⑪ 인화석회에 의한 화재시 가장 알맞은 소화방법은?
① 마른 모래로 덮어 소화한다.
② 봉상의 물로 소화한다.
③ 안개상의 물로 소화한다.
④ 산, 알칼리 소화기로 소화한다.

해 • 마른 모래 : 만능소화제
답 ①

⑫ 다음 위험물의 화재시 주수에 의해서 위험이 따르는 것은?
① CaO
② Ca_3P_2
③ P_4S_3
④ $C_6H_2(NO_2)_3CH_3$

해 • Ca_3P_2(인화칼슘) : 주수시 포스핀(PH_3)가스발생
답 ②

⑬ 물에 넣어도 폭발성 기체를 발생시키지 않는 것은?
① K
② Na
③ Ca
④ Ca_3P_2

해 • Ca_3P_2(인화칼슘) : 물과 PH_3(인화수소)를 발생한다.
※ PH_3 : 가연성가스이나 폭발성은 없다.
답 ④

금속수소화합물 등

⑭ 수소화칼륨이 물과 접촉하여 생성되는 것은?
① 산화칼륨과 수소
② 탄화칼륨과 수소
③ 수소화칼륨과 산소
④ 수산화칼륨과 수소

해 • 수소화칼륨 : 물과 수산화칼륨 · 수소발생
답 ④

⑮ 수소화칼륨이 암모니아와 고온에서 반응시키면 다음 중 어떤 물질이 되는가?
① KNH_2
② KH_2
③ KOH
④ K_2H_2

해 • 암모니아와 화학반응식
$KH+NH_3 \rightarrow KNH_2+H_2$
답 ①

⑯ 수소화나트륨의 위험물은 주수소화가 부적당하다고 한다. 그 이유는?
① 발열반응을 일으킴
② 중화반응을 일으킴
③ 수화반응을 일으킴
④ 중합반응을 일으킴

해 • 수소화나트륨 : 물과 발열반응(금수성 물질)
답 ①

⑰ 다음 제3류 위험물인 금속 수소화물 중에서 가장 안전한 것은?
① $Li(AlH_4)$
② $NaBH_4$
③ KH
④ LiH

해 • 수소화리튬(LiH) : 가장 안정
답 ④

칼슘 및 알루미늄의 탄화물(카바이트) 등

⑱ 탄화칼슘이 물과 작용하여 발생하는 가스는?
① 수소
② 아세틸렌가스
③ 산소
④ 탄산가스

해 • 물과의 반응식
$CaC_2 + 2H_2O \rightarrow Ca(OH)_2 + C_2H_2 \uparrow$
※ C_2H_2 = 아세틸렌
답 ②

⑲ 탄화칼슘의 성질이 아닌 것은?
① 회흑색의 괴상고체
② 질소와 고온에서 흡열반응한다.
③ 물과 반응해 소석회가 된다.
④ 물과 반응하여 아세틸렌가스를 발생한다.

해 • 카바이트 : 약 700℃에서 질소와 발열반응을 하여 질소이아나이트(석회 질소)가 된다.
답 ②

⑳ 탄화칼슘를 오래 저장할 용기에 충전용으로 사용되는 가스는 다음 중 어느 것이 알맞은가?
① 인화수소
② 포스겐
③ 질소가스
④ 아황산가스

해 • 충전가스 : 질소(N_2)
답 ③

㉑ 다음 탄화칼슘에서 아세틸렌가스를 제조하는 반응식 중 옳은 것은?
① $CaC_2 + 2H_2O \rightarrow Ca(OH)_2 + C_2H_2$
② $CaC_2 + H_2O \rightarrow CaO + C_2H_2$
③ $2CaC_2 + 6H_2O \rightarrow 2Ca(OH)_3 + 2C_2H_5$
④ $CaC_2 + 3H_2O \rightarrow CaCO_3 + 2CH_3$

해 • 카바이트의 물과 반응식
$CaC_2 + 2H_2O \rightarrow Ca(OH)_2$
(탄산칼슘)(물)   (소석회)
$+ C_2H_2$
(아세틸렌)
※ 소석회=수산화칼슘
답 ①

㉒ 탄화칼슘의 저장 및 취급과 관계없는 것은?
① 물, 습기와의 접촉을 피한다.
② 석유 속에 저장해 둔다.
③ 장기저장할 때는 질소가스를 충전한다.
④ 화기로부터 먼 곳에 저장한다.

해 • 탄화칼슘 : 밀폐용기에 저장하거나 질소가스로 충전한다.
※ 석유 : 칼륨·나트륨이 보호액
답 ②

㉓ 탄화알루미늄을 물과 접촉시켰더니 가연성가스가 발생하였다. 어떤 기체인가?
① 수소
② 인화수소
③ 아세틸렌
④ 메테인

해 • 물과의 화학반응식
$Al_4C_3 + 12H_2O \rightarrow$
(탄화알루미늄) (물)
$4Al(OH)_3 + 3CH_4 \uparrow$
(수산화알루미늄)(메테인)
답 ④

㉔ 다음 금속탄화물 중 물과 접촉시 메테인이 주로 생성되는 물질은?
① CaC_2
② Al_4C_3
③ K_2C_2
④ Mg_2C_3

해 • 문제 27 해설 참조
• 탄화알루미늄 : Al_4C_3
답 ②

㉕ 다음 위험물 중 물과 작용하여 CH_4와 H_2가스를 발생하는 것은?
① 칼슘 카바이트
② 알루미늄 카바이트
③ 마그네슘 카바이트
④ 망가니즈 카바이트

해 • 물과의 화학 반응식
$Mn_3C + 6H_2O \rightarrow 3Mn(OH)_2 + CH_4\uparrow + H_2\uparrow$
※ Mn_3C : 탄화망가니즈(망가니즈카바이트)
답 ④

㉖ 물과 반응하여 가연성가스를 발생하지 않는 것은?
① CaC_2
② CaO
③ Na
④ K

해 ※ CaO = 산화칼슘
답 ②

27 다음 중 저장방법 설명 중 틀린 것은?
① 금속나트륨은 석유 속에 보관한다.
② 금속칼륨은 석유 속에 보관한다.
③ 탄화칼슘은 용기 내에 질소가스를 채워 저장한다.
④ 생석회는 물속에 보관한다.

해 • 문제 32 해설 참조
답 ④

28 다음 위험물을 취급할 때 물과 접촉하여 발생되는 가스로서 틀린 것은?
① 금속나트륨 - 수소
② 탄산칼슘 - 아르곤
③ 금속칼슘 - 수소
④ 인화석회 - 인화수소

해 • 탄산칼슘($CaCO_3$) : 물에는 녹지 않는다. 그러므로 물과의 화학반응은 없다.
답 ②

제 5 장

제4류 위험물

학습목표

- 필수 암기사항
- 특수인화물 · 제1석유류 · 알코올류 · 제2석유류 · 제3석유류 · 제4석유류 · 동식물유류의 성질

1 필수 암기사항

- 제4류 위험물의 품명 및 지정수량
- 제4류 위험물의 지정품목 및 성질(성상)에 의한 품목
- 제4류 위험물의 일반성질
- 제4류 위험물의 저장 및 취급방법

※ 필수 암기사항에 대한 내용은 **완전 암기**하여 수험에 대비할 것

제4류 위험물의 품명 및 지정수량

유별 및 성질	위험등급	품 명		지정수량
제4류 인화성 액체	Ⅰ	특수인화물		50ℓ
	Ⅱ	제1석유류	비수용성 액체	200ℓ
			수용성 액체	400ℓ
		알코올류		400ℓ
	Ⅲ	제2석유류	비수용성 액체	1,000ℓ
			수용성 액체	2,000ℓ
		제3석유류	비수용성 액체	2,000ℓ
			수용성 액체	4,000ℓ
		제4석유류		6,000ℓ
		동·식물유류		10,000ℓ

 제4류 위험물의 지정품목 및 성질(성상)에 의한 품목

(1) 지정품목

① **특수인화물** : 이황화탄소, 다이에틸에터
② **제1석유류** : 아세톤, 휘발유
③ **제2석유류** : 등유, 경유
④ **제3석유류** : 중유, 크레오소오트유
⑤ **제4석유류** : 기어유, 실린더유

※ **지정품목** : 각 석유류를 대표하는 것으로 시험에 자주 출제된다.

(2) 성질(성상)에 의한 품목

※ 필기 및 실기시험에 **자주 출제**되는 것으로 매우 중요하다. 또한 **성질(성상)에 의한 품목**은 **지정품목 이외의 위험물**과 앞으로 발견되는 모든 위험물을 **인화점에 의하여 분류**하기 위한 기준이다.

① 특수인화물
  ㉮ 1기압에서 **인화점**이 -20℃ **이하**이고, 비점 40℃ 이하인 것
  ㉯ 1기압에서 **발화점(착화점)**이 100℃ 이하인 것

> ※ **해당 위험물** : 아세트알데하이드·산화프로필렌·아이소프렌·아이소펜탄·펜테인·염화메틸 등

② **제1석유류** : 1기압에서 액체로서 **인화점**이 21℃ **미만**인 것

> ※ **미만이라는 용어** : 사용된 숫자의 중복을 피하기 위하여 사용되며 사용된 숫자가 다시 나올 수 있는 것을 예고한다.
> - **21℃ 이상** : 21℃ 포함
> - **21℃ 이하** : 21℃ 포함
> - **21℃ 미만** : 21℃가 포함되지 않는다.
>
> ※ **해당 위험물** : 벤젠·에틸벤젠·사이안화수소·톨루엔·메틸에틸케톤·피리딘·콜로디온·초산메틸·의산메틸 등

③ **제2석유류** : 1기압에서 액체로서 **인화점**이 21℃ 이상 70℃ 미만인 것

> ※ **제2석유류인 도료류 그 밖의 물품**에 있어서는 가연성 액체량이 **40중량%** **이하**이면서 인화점이 40℃ **이상**인 동시에 연소점이 60℃ **이상**인 것은 **제외**한다.
> ※ **해당 위험물** : 의산·초산·테레핀유·스티렌·장뇌유·송근유·에틸셀르솔브·자일렌(크실렌)·클로로벤젠·하이드라진·큐멘·벤즈알데하이드 등

④ **제3석유류** : 1기압에서 **인화점**이 70℃ 이상 200℃ 미만인 것

> ※ **제3석유류인 도료류 그 밖의 물품**에 있어서는 가연성 액체량이 **40중량%** **이하**인 것은 **제외**한다.
> ※ **해당 위험물** : 담금질유·나이트로벤젠·알돌·에틸렌글리콜·아닐린·글리세린·메타크레졸 등

⑤ 제4석유류 : 1기압에서 인화점이 200℃ 이상 250℃ 미만인 것

> **참고**
> ※ 제4류 석유류 : 도료류 그 밖의 물품으로서 가연성 액체의 양이 40중량% 이하인 것은 제외한다.
> ※ 해당 위험물 : 방청유 · 가소제 · 담금질유 · 전기절연유 · 절삭유 · 윤활유 등

3 제4류 위험물의 일반성질

(1) 인화되기 대단히 쉽다.
(2) 착화온도가 낮은 것은 위험하다.
(3) 물보다 가볍고 물에 녹기 어렵다.
(4) 증기는 공기보다 무겁다.
(5) 증기는 공기와 약간 혼합되어도 연소의 우려가 있다.

> **참고**
> ※ 제4류 위험물 : 기름종류로 물보다 가볍다. 단, 이황화탄소는 물보다 무겁다.
> ※ 제4류 위험물의 증기 모두 공기보다 무겁다. 그러므로 낮은 곳에 체류하여 인화의 위험이 있다.
>   단, 1석유류의 시안화수소(HCN)의 증기는 공기보다 가볍다.
>   • 증기비중 = $\dfrac{\text{분자량}}{\text{공기의 평균분자량(약 29)}}$ • 증기밀도(STP에서) = $\dfrac{1g \text{ 분자량}(g/mol)}{22.4(\ell/mol)}$
> ※ 제4류 위험물 : 물에 녹지 않으나 알코올 등은 물에 잘 녹는다.

4 제4류 위험물의 저장 및 취급방법

(1) 용기는 밀전하여 통풍이 잘 되는 찬 곳에 저장할 것
(2) 화기 및 점화원으로부터 멀리 저장할 것
(3) 증기 및 액체의 누설에 주의하여 저장할 것
(4) 정전기의 발생에 주의하여 저장 취급할 것
(5) 인화점 이상 가열하여 취급하지 말 것(제3석유류, 제4석유류의 중질유는 인화점이 높으므로 인화점 이상 가열할 경우 제1석유류와 같은 위험성이 있다)
(6) 증기는 높은 곳으로 배출할 것

> **참고**
> ※ 제4류 위험물의 저장법 : (2),(3)이 가장 중요하며, (1) 및 (4),(5),(6)을 참고할 것이며 위 저장법 이외의 특별한 저장법은 위험물의 종류에 따라 본문에서 설명하기로 한다.
>   • 밀전 : 용기의 주입구를 마개를 사용하여 닫음

적중 출제예상문제

1 위험물안전관리법에서 위험물의 유별은 몇 종류인가?
① 6종류　　② 8종류
③ 10종류　　④ 14종류

>[해] • 위험물의 유별: 1류에서 6류까지 6종류
>[답] ①

2 제4류 위험물 중 위험등급 I 등급인 것은?
① 특수인화물　　② 제1석유류
③ 제3석유류　　④ 알코올류

>[해] • 위험물의 위험등급: ① I 등급 ② II 등급 ③ III 등급 ④ II 등급
>[답] ①

3 제4류 위험물과 지정수량이 잘못 짝지어진 것은?
① 특수인화물 - 50ℓ
② 제1석유류(비수용성) - 200ℓ
③ 제2석유류(비수용성) - 300ℓ
④ 알코올류 - 400ℓ

>[해] • 제2석유류(비수용성): 1,000ℓ
>[답] ③

4 제4류 위험물 제3석유류(비수용성)의 지정수량으로 맞는 것은?
① 1,000ℓ　　② 2,000ℓ
③ 3,000ℓ　　④ 6,000ℓ

>[해] • 지정수량(비수용성): 2,000ℓ
>※ 수용성: 4,000ℓ
>[답] ②

5 다음 인화성 액체 위험물 중 동·식물유류 지정수량으로 맞는 것은?
① 200ℓ　　② 2,000ℓ
③ 6,500ℓ　　④ 10,000ℓ

>[해] • 지정수량: 10,000ℓ
>[답] ④

6 특수인화물의 지정품목인 것은?
① 다이에틸에터　　② 아세트알데하이드
③ 콜로디온　　④ 아세톤

>[해] • 지정품목: 다이에틸에터, 이황화탄소
>[답] ①

7 다음 위험물 중 특수인화물에 해당되지 않는 것은?
① 스티렌　　② 산화프로필렌
③ 아세트알데하이드　　④ 이황화탄소

>[해] ① 제2석유류, ②③④ 특수인화물
>[답] ①

8 제1석유류 지정품명에 지정되어 있는 것은?
① 메틸에틸케톤　　② 가솔린
③ 아세트산메틸　　④ 포름산메틸

>[해] • 지정품목: 아세톤·가솔린(휘발유)
>[답] ②

9 제4류 위험물의 각 석유류의 지정품명끼리 짝지어진 것은?
① 등유, 경유　　② 등유, 중유
③ 기계유, 글리세린　　④ 글리세린, 장뇌유

>[해] • 제2석유류: 등유·경유
>※ 제3석유류: 중유·클레오소오트유
>[답] ①

⑩ 제4석유류를 대표하는 위험물은 어느 것인가?
① 기어유, 기계유　　② 실린더유, 모터유
③ 기어유, 실린더유　④ 모터유, 터빈유

해 • 지정품목 : 기어유 · 실린더유
답 ③

⑪ 제4류 위험물 중에서 제1석유류, 제2석유류로 분류하는 방법 중 옳은 것은?
① 비중으로 분류한다.　　② 증기밀도로 구분한다.
③ 인화점으로 구분한다.　④ 비점으로 구분한다.

해 • 분류기준 : 인화점
답 ③

⑫ 다이에틸에터, 이황화탄소 등 1기압에서 액체로 되는 것으로 발화점이 100℃ 이하, 또는 인화점이 -20℃ 이하, 비점이 40℃ 이하인 위험물은?
① 특수인화물류　　② 질산에스터류
③ 과염소산염류　　④ 나이트로화합물류

해 • 특수인화물 : 착화점(발화점) 100℃ 이하인 것 또는 인화점 -20℃, 비점 40℃ 이하
답 ①

⑬ 아세톤 및 휘발유, 기타 액체로서 인화점이 섭씨 21도 미만의 것은?
① 제1석유류　　② 제2석유류
③ 제3석유류　　④ 제4석유류

해 • 제1석유류 : 인화점 21℃ 미만
답 ①

⑭ 제4류 위험물 중 제2석유류의 인화점으로 옳은 것은?
① 21~70℃　　② 21℃ 미만
③ 70~200℃　④ 200℃ 이상

해 • 제2석유류 : 인화점 21℃ 이상 70℃ 미만
답 ①

⑮ 제3석유류의 성질 중 옳은 것은?
① 1기압에서 액체이며 인화점이 70℃ 이상 200℃ 미만인 것
② 1기압 20℃에서 고체이며 인화점이 70℃인 것
③ 1기압 20℃에서 액체이며 인화점이 200℃ 미만인 것
④ 1기압 20℃에서 액체이며 인화점이 200℃ 이상인 것

해 • 제3석유류 : 인화점 70℃ 이상 200℃ 미만
답 ①

⑯ 지정수량 6000ℓ인 제4석유류의 인화점으로 옳은 것은?
① 21℃ 이상 70℃ 미만　② 70℃ 이상 200℃ 미만
③ 200℃ 이상 250℃ 미만　④ 300℃ 이상

해 • 제4석유류 : 인화점 200℃ 이상 250℃ 미만
답 ③

⑰ 1기압 20℃에서 액상이며 인화점이 200℃ 이상 250℃ 미만인 물질은?
① 벤젠　　② 자일렌
③ 글리세린　④ 기어유

해 • 문제 14 해설 참조
※ 지정품목 : 기어유 · 실린더유
답 ④

⑱ 일반적으로 제4류 위험물을 취급할 때 특히 조심하여야 할 사항은?
① 물과의 접촉을 피할 것
② 화기의 접근을 피할 것
③ 통풍이 잘 되는 장소를 피할 것
④ 직사광선 밑에서 취급하지 말 것

해 • 제4류 위험물 : 인화성 액체로서 화기 등 점화원으로부터 멀리할 것
답 ②

⑲ 다음 중에서 제4류 위험물의 물에 대한 성질과 화재 위험과 직접 관계가 있는 것은?
① 수용성과 인화성
② 비중과 인화성
③ 비중과 착화온도
④ 비중과 화재확대성

해 • 제4류 위험물 : 일반적으로 비중이 1보다 작으므로 화재시 주수하면 **화재 면을 확대시킨다**.
답 ④

⑳ 다음은 제4류 위험물의 공통적인 특징이다. 틀리게 기술한 것은?
① 대단히 인화되기 쉽다.
② 증기는 공기보다 가볍다.
③ 착화온도가 낮은 것은 위험하다.
④ 증기와 공기가 약간 혼합되어 있어도 연소한다.

해 • 제4류 위험물 증기 : 공기보다 무거우므로 낮은 곳에 모이기 쉽다. 그러므로 **증기는 높은 곳으로 배출**할 것
답 ②

㉑ 다음은 제4류 위험물의 저장 및 취급에 대한 공통사항이다. 틀린 것은?
① 용기의 밀봉은 폭발의 위험이 있다.
② 환기를 잘하여 발생증기의 체류를 억제시켜야 한다.
③ 정전기의 발생을 방지시켜야 한다.
④ 증기의 누출을 방지해야 한다.

해 • 제4류 위험물의 폭발 : 가연성 증기가 연소범위 안에 있을 경우 **점화원**에 의한다.
※ 용기의 밀봉과는 해당없음
답 ①

㉒ 제4류 위험물을 취급할 때 주의사항으로 틀린 것은?
① 증기는 낮은 곳으로 모이기 쉬우므로 환기에 주의한다.
② 빈용기라 할지라도 가연성 증기가 남아 있으므로 취급에 주의한다.
③ 통풍이 잘되고 찬곳에 저장한다.
④ 석유류는 전기의 양도체 이므로 정전기에 주의한다.

해 • 정전기 : 전기의 **부도체**의 마찰에 의하여 발생하므로 **혼합속도를 낮추어야 한다**.
답 ④

유계실

◆ **석유(원유 · Petroleum)의 역사**
석유가 발견되기 전에는 **석탄**(역청탄) 등에서 염료 및 유기용제 등의 원료를 만들어 내었다. **콜롬버스**가 아메리카 대륙을 발견한 후 **석유의 역사는 시작**된다. 원래는 석유는 백인들이 **아메리카 대륙을 발견하기** 전부터 몇몇 지방의 **인디언**들이 호수의 수면에 떠 있는 원유를 떠서 **얼굴 등에 색칠**을 하였으며 **류머티스 및 화상 · 찰과상 등 치료용으로 사용**하였으며, 19세기초에는 **일부 미국**인들도 이것을 정제하여 만병통치약으로 사용하였다. 이러한 **만병통치약**을 1859년 **조오지버슬**이라는 기업가가 **드렉익**이라는 사람과 함께 만병통치약을 제조한 곳인 **펜실베이니아주 타이터스벌**에서 그 해 8월의 마지막 토요일인 **1859년 8월 28일 인류 최초로 조명용 연료**로 사용할 목적으로 석유를 퍼올리게 된 것이 **석유산업의 시초**가 되었다.

※ Petroleum(페트로리움 · 석유) : 라틴어에서 **바위**를 의미하는 Petra(페트라)와 **기름**을 의미하는 Oleum(올리움)의 합성어이다.

2 특수인화물의 성질

※ 지정수량 : 50ℓ
※ 지정품목 : 이황화탄소, 다이에틸에터
※ 성질(성상)에 의한 품목 : 위 지정 품목 이외의 것으로 필수 암기사항을 참고할 것

> **참고**
> ※ 인화점 및 착화점 등의 성질 : 시험대비를 위하여 중요한 것만을 기재하였음
> ※ 저장 및 취급법 : 필수 암기사항에 준하며 **특별한 저장·취급법**만을 기재하였음

1 이황화탄소(CS_2) (2유화탄소)

(1) **인화점 −30℃, 착화점 100℃, 연소범위 1~44%, 비중 1.26**, 비점 46.25℃
(2) 무색투명한 **액체**이나 일광에 쬐여 **황색**으로 변색
(3) 액체는 **물**보다 무거우며 **독성**이 있다.
(4) 연소할 때 유독한 **아황산가스**(SO_2)를 발생하며 **연한 파란** 불꽃을 낸다.
(5) **저장방법** : 물에 녹지 않고 물보다 무거우므로 **수조**(물탱크)에 저장할 것
(6) **소화방법** : 질식소화기가 널리 사용된다.

> **참고**
> ※ **저장방법** : 필수 암기 사항을 기본으로 할 것이며 수조에 저장하는 이유는 **가연성 증기의 발생을 억제하기** 위함이다.
> ※ **적용소화기** : 포말, 분말, CO_2, 할로젠화합물소화기 등 질식소화기
> ※ **연소반응식(100℃)**
>
> $$CS_2 + 3O_2 \rightarrow CO_2\uparrow + 2SO_2\uparrow$$
> (이황화탄소) (산소) (이산화탄소) (이산화항, 아황산가스)
>
> ※ **물과의 가열(150℃) 반응식**
>
> $$CS_2 + 2H_2O \rightarrow CO_2\uparrow + 2H_2S\uparrow$$
> (이황화탄소) (물) (이산화탄소) (황화수소)

다이에틸에터[디에틸에테르($C_2H_5OC_2H_5$, $C_4H_{10}O$)]

(1) 인화점 -45℃, 착화점 180℃, 연소범위 1.9~48%, 비점 34.6℃, 비중 0.72(15℃)
(2) 무색투명한 액체이며 증기는 마취성
(3) 진한 황산과 에틸알코올의 혼합물을 140℃로 가열하여 제조한다.
(4) 액체는 물에 약간 녹고 알코올에 잘 녹는다.
(5) 동식물성 섬유로 여과할 경우 정전기 불꽃에 의하여 착화할 수 있다.
(6) 정전기 발생을 방지하기 위하여 염화칼슘($CaCl_2$)을 소량 넣는다.
(7) 저장법 : 공기와 장시간 접촉하거나 직사일광에서 분해하여 과산화물을 생성하므로 갈색 병에 저장하고, 체적팽창이 크므로 용기의 공간용적을 2% 이상으로 할 것

참고

※ 에터 : 알코올의 축합물이다.

$$C_2H_5OH + C_2H_5OH \xrightarrow[\text{(탈수제)}]{C-H_2SO_4} C_2H_5OC_2H_5 + H_2O$$
(에틸알코올) (에틸알코올)   (다이에틸에터) (물)

$$R - O - R'$$
[일반식 (R은 알킬기)]

※ 물과의 화학반응식

$$C_2H_5OC_2H_5 + 6O_2 \rightarrow 4CO_2\uparrow + 5H_2O$$
(다이에틸에터) (산소)   (이산화탄소) (물)

```
 H H   H H
 | |   | |
H-C-C-O-C-C-H
 | |   | |
 H H   H H
```
[다이에틸에터의 구조식]

※ 성질 중 출제빈도가 높은 것 : 인화성이며 과산화물이 생성되면 제5류 위험물과 같은 위험성을 갖는다.
  • 과산화물 검출시약 : 아이오딘화칼륨(KI) 10% 수용액 → 황색(과산화물 존재)
  • 과산화물 제거시약 : 황산제1철, 환원철
  • 과산화물 제거조치 : 40메쉬 구리망을 넣거나 5%(용량)의 물을 넣는다.

아세트알데하이드[아세트알데히드(CH_3CHO, C_2H_4O)]

(1) 인화점 -38℃, 착화점 185℃, 연소범위 4.1~57%, 비점 21℃, 비중 0.78
(2) 물에 잘 녹고 자극성의 과일향을 갖는 무색투명한 액체이며 약간의 압력으로 과산화물을 생성
(3) 에틸알코올을 산화시키거나, 아세트산(초산)을 환원시키거나 아세틸렌을 황산제2수은 촉매하에서 물과 반응하여 생성된다.

(4) 환원력이 강하므로 **은거울반응·페엘링반응**을 한다.
(5) 증기 및 액체는 **피부점막에 자극**을 준다.
(6) 저장법
   ① **구리, 마그네슘, 은, 수은** 또는 이의 합금으로 된 용기는 사용하지 말 것(중합반응)
   ② 용기 내부에는 **불연성 가스(N_2)** 또는 수증기를 **봉입**시킬 것
(7) 소화방법
   안개모양의 물, CO_2, 분말 등 질식소화기

- ※ 은거울반응 : 환원성 물질에 질산은($AgNO_3$)을 작용시키면 은이 유리된다.
- ※ 암모니아성 질산은 용액과 은거울반응

   $CH_3CHO + 2Ag(NO_3)_2^+ + 2OH^- \rightarrow CH_3COOH + 2Ag + H_2O + 4NH_3$
   (아세트알데하이드) (암모니아성질산은용액)   (아세트산)   (은)   (물) (암모니아)

- ※ 페엘링반응 : 환원성 물질에 페엘링용액(푸른색)을 작용시키면 산화제1구리(Cu_2O)의 **적색 침전**이 생긴다.
- ※ 연소반응식

   $2CH_3CHO + 5O_2 \rightarrow 4CO_2 \uparrow 4H_2O$
   (아세트알데하이드) (산소)   (이산화탄소) (물)

   R – CHO
   〔일반식 (R은 알킬기)〕

   〔아세트알데하이드의 구조식〕

산화프로필렌(OCH_2CHCH_3, C_3H_6O) 〈프로필렌 옥사이드〉

(1) 인화점 −37℃, 착화점 465℃, 연소범위 2.5~38.5%, 비점 34℃, 비중 0.83
(2) 물, 알코올, 에터, 벤젠 등에 잘 녹는 무색투명한 액체로 증기 및 액체는 **인체에 해롭다**.
(3) 저장법 : 용기는 **구리, 마그네슘, 은, 수은** 또는 이의 합금을 사용하지 말 것(아세틸라이드 생성), 산 및 **알칼리**와 중합반응하며, 용기의 상부는 **불연성 가스(N_2)** 또는 수증기로 봉입할 것
(4) 소화방법 : CO_2 분말, 할로젠화합물소화기(포말은 소포되므로 사용 못함)
(5) 인체 유독성 : 증기흡입으로 **폐부종**(허파에 물집이 생김)이 생기며 피부접촉으로 **동상**과 같은 현상이 나타난다.

※ **인화점 및 저장법** : 출제빈도가 높다.
 • **중합** : 한 종류의 단위화합물의 분자가 두 개 이상 결합하여 정수 배의 분자량을 갖는 것
※ **상온에서의 증기압** : 445mmHg
※ **연소반응식**
  $OCH_2CHCH_3 + 4O_2 \rightarrow 3CO_2 \uparrow 3H_2O$
  (산화프로필렌)　(산소)　　(이산화탄소)　(물)

〔산화프로필렌의 구조식〕

5 기 타

(1) **아이소프렌** : 인화점 −54℃
(2) **노르말펜탄** : 인화점 −40℃
(3) **아이소펜탄** : 인화점 −51℃

휴게실

◆ **손으로 총알을 잡아보자**
　총알은 800~900m/sec의 **초속도**로 계속 날아가는 것이 아니라 **공기저항**으로 속도가 줄어들어 사정거리의 최종점에서는 40m/sec밖에 되지 않는다. 그런데 **비행기도** 이 정도의 속도로 날고 있기 때문에 **총알도 같은 속도로 나는** 결과가 된다. 이런 경우 **총알은 비행사에 대해서 정지**하고 있거나 겨우 눈에 띨 정도의 느린 동작을 하는 것처럼 보일 것이다. 그러니 총알을 잡는 것은 문제가 되지 않을 것이다. 그러나 공기 속을 나는 **총알은 뜨겁기 때문에 장갑이 필요**하게 된다.
※ 제2차 세계대전 때 신문에 보도된 일로서 프랑스의 비행사가 실제로 겪은 이야기
　　2,000m의 고도로 비행을 하고 있을 때 **얼굴 근처에서** 무엇인가 **작은 물체가** 움직이고 있었다. 곤충이라 생각하고 그것을 재빨리 손을 잡았는데 그것은 다름 아닌 **독일군이** 쏘아올린 총알이었다. 그때 느꼈을 비행사의 놀라움은 가히 상상이 간다. 허풍선이 이야기 같으나 총알을 손으로 잡은 비행사에 관한 이야기는 **전혀 불가능한 일이 아니다.**

적중 출제예상문제

다이에틸에터(에틸에터, 에터)

1 다음 제4류 위험물 중 물에 녹기 힘들고 물보다 가볍고 인화점이 −45℃ 정도인 것은?
① 아세트알데하이드　② 나이트로벤젠
③ 다이에틸에터　　　④ 경유

해 • 인화점: ① −38℃
② 88℃　③ −45℃
④ 50~70℃

답 ③

2 다이에틸에터의 성질에 있어서 다음에서 틀린 것은?
① 인화점이 5℃이므로 자연발화하기 쉽다.
② 휘발성이 대단히 크다.
③ 증기는 공기보다 무겁다.
④ 증기는 마취성이 있다.

해 • 문제 1 해설 참조
※ 인화점: −45℃

답 ①

3 다음 다이에틸에터의 성질 중 옳은 것은?
① 비등점이 100℃이다.
② 물보다 비중이 크다.
③ 인화점이 15℃이다.
④ 알코올에 잘 용해되며 물에도 약간 녹는다.

해 • 다이에틸에터: 비점 34.6℃, 비중 0.72(15℃), 인화점 −45℃

답 ④

4 다이에틸에터($C_2H_5OC_2H_5$)의 성상에 대하여 틀린 사항은?
① 인화성이 강하다.　　　② 연소범위가 가솔린보다 넓다.
③ 착화온도는 가솔린보다 낮다.　④ 증기 비중은 가솔린보다 크다.

해 • 증기비중: 다이에틸에터 2.56, 가솔린 3~4

답 ④

5 위험물을 저장하는 옥내저장소 내부에 체류하는 가연성 증기를 지붕위로 방출시키는 설비를 하여야 하는 위험물은 다음 중 어느 것인가?
① 과망가니즈산　② 황화인
③ 다이에틸에터　④ 질산

해 • 제4류 위험물: 증기는 공기보다 무거우므로 높은 곳으로 배출한다.
※ 다이에틸에터: 제4류 위험물

답 ③

6 인화점에서 가장 위험한 것은?
① 가솔린　　　② 이황화탄소
③ 클로로벤젠　④ 다이에틸에터

해 • 인화점: ① −43~−20℃
② −30℃　③ 32℃
④ −45℃

답 ④

7 폭발범위가 가장 넓은 위험물은?
① 메테인　　　② 톨루엔
③ 에틸알코올　④ 다이에틸에터

해 • 폭발범위(연소범위):
① 7.3~36%
② 1.4~6.7%
③ 4.3~19%
④ 1.9~48%

답 ④

⑧ 다음 중 다이에틸에터의 성상에 대하여 틀린 것은?
① 휘발성이 높은 물질이다.
② 증기에는 마취성이 있다.
③ 연소범위가 가장 작다.
④ 인화점이 −45℃, 착화온도가 180℃이다.

⑨ 다이에틸에터($C_2H_5OC_2H_5$)의 성질에 대하여 틀린 것은?
① 인화성이 강하다. ② 무색투명한 액체다.
③ 알코올에 잘 녹는다. ④ 정전기가 발생되지 않는다.

⑩ 다이에틸에터의 취급방법 중 옳은 것은?
① 용기는 갈색 병을 사용하며 냉암소에 보관한다.
② 용기가 약간 파손되어 증기가 누설되어도 된다.
③ 용기에 가득 채워 유동성이 없도록 하여 보관한다.
④ 직사광선에 장시간 노출하여도 된다.

⑪ 다이에틸에터의 성질 중 맞는 것은?
① 착화점이 250℃이다.
② 공기와 장시간 접촉시 과산화물이 생성한다.
③ 전기의 불량도체이므로 정전기는 발생하지 않는다.
④ 1기압 20℃에서는 고상이지만 20℃ 이상에서는 기상이다.

⑫ 다이에틸에터 속의 과산화물 존재 여부를 확인하는 데 사용하는 용액은?
① 나트륨 10% 수용액 ② 아이오딘화칼륨용액 10% 수용액
③ 황산제1철 30% 수용액 ④ 환원철 5g

⑬ 다이에틸에터 저장용기의 공간용적은 몇 % 이상인가?
① 0% ② 1%
③ 2% ④ 5%

이황화탄소

⑭ 다음 위험물 중에서 물보다 무거운 것은?
① 에틸에터 ② 아세트알데하이드
③ 산화프로필렌 ④ 이황화탄소

⑮ 다음 액체의 비중이 1보다 큰 위험물은?
① CS_2 ② C_6H_6
③ $C_6H_5CH_3$ ④ $CH_3COC_2H_5$

해 • 문제 7 해설 참조
답 ③

해 • 다이에틸에터 : 전기의 부도체로서 마찰에 의하여 정전기 발생
답 ④

해 • 다이에틸에터 : 공기와 장시간 접촉하거나 직사일광에서 분해하여 과산화물을 생성하므로 갈색 병에 넣어 보관한다.
답 ①

해 • 문제 10 해설 참조
답 ②

해 • 검출약 : 아이오딘화칼륨(KI) 10% 수용액
※ 제거제 : $FeSO_4$(황산제1철), Fe(환원철)
답 ②

해 • 공간용적 : 2% 이상
답 ③

해 • 비중 : ① 0.72 ② 0.78 ③ 0.83 ④ 1.26
답 ④

해 • 비중 : ① 1.26 ② 0.88 ③ 0.89 ④ 0.81
답 ①

⑯ 다음 제4류 위험물 중 착화온도가 제일 낮은 것은 어느 것인가?
① 에터
② 이황화탄소
③ 아세톤
④ 아세트알데하이드

[해] • 착화온도 :
① 180℃ ② 100℃
③ 538℃ ④ 185℃
[답] ②

⑰ 다음 중 인화점이 가장 낮아 위험한 물질은?
① 이황화탄소
② 아세톤
③ 벤젠
④ 아크릴로나이트릴

[해] • 인화점 :
① -30℃ ② -18℃
③ -11℃ ④ 0℃
[답] ①

⑱ 다음 위험물에서 폭발 한계가 1~44%인 것은 어느 것인가?
① 벤젠
② 아세톤
③ 이황화탄소
④ 가솔린

[해] • 폭발한계 : ① 1.4~7.1
② 2.6~12.8 ③ 1~44
④ 1.4~7.6
[답] ③

⑲ 이황화탄소의 성질을 바르게 설명한 것은?

	인화점	착화온도	연소범위
①	-45℃	180℃	1.9~48%
②	-38℃	185℃	4.1~57%
③	-37℃	100℃	2.5~38.5%
④	-30℃	100℃	1~44%

[해] • 이황화탄소 : 인화점 -30℃, 착화온도 100℃, 연소범위 1~44%
[답] ④

⑳ 이황화탄소의 성질에서 틀린 것은?
① 증기는 유독하다.
② 비중은 물보다 크다.
③ 인화점이 물의 비점과 같다.
④ 연소할 때 유독한 아황산가스가 발생한다.

[해] • 이황화탄소 : 인화점 -30℃
※ 물의 비점 : 100℃
[답] ③

㉑ CS_2(이황화탄소)의 성질에 대한 기술 중 옳지 않은 것은?
① 이황화탄소의 증기는 공기보다 무겁다.
② 순수한 것은 담황색 액체이다.
③ 착화점은 약 100℃이다.
④ 고무나 황 등을 잘 용해시킨다.

[해] • 이황화탄소 : 순수한 것은 무색투명하다.
※ 일광에서 황색으로 변색한다.
[답] ②

㉒ 이황화탄소에 대한 설명으로 잘못된 것은?
① 순수한 것은 황색을 띠고 불쾌한 냄새가 난다.
② 증기는 유독하며 피부를 해치고 신경 계통을 마비시킨다.
③ 물에는 녹지 않으나 유지, 황, 고무 등을 잘 녹인다.
④ 인화되기 쉬우며 점화되면 연한 파란 불꽃을 낸다.

[해] • 문제 21 해설 참조
[답] ①

㉓ 다음 중 그 특성 때문에 다른 위험물과 전혀 다른 저장 방법을 택하는 것은?
① 에터
② 이황화탄소
③ 아세톤
④ 가솔린

해 • 이황화탄소(CS_2) : 수조 (물탱크)에 넣어 저장한다.
답 ②

㉔ CS_2를 물속에 저장하는 이유는?
① 불순물을 용해시키기 위하여
② 가연성 증기의 발생을 방지하기 위하여
③ 상온에서 수소가스를 방출하기 때문에
④ 공기와 접촉하면 즉시 폭발하기 때문에

해 • 이황화탄소(CS_2) : 물보다 무겁고 물에 녹지 않으므로 물속에 넣어 가연성 증기의 발생을 억제한다.
답 ②

㉕ 다음 위험물을 저장할 때 증발을 방지하기 위하여 물로 피복 저장하는 것은?
① $C_6H_5NH_2$
② CS_2
③ CO_2
④ CCl_4

해 • 문제 24 해설 참조
답 ②

㉖ 이황화탄소가 완전연소하였을 때 발생하는 물질은?
① CO_2, S
② CO_2, SO_2
③ CO, S
④ CO, H_2O

해 • 연소반응식
$CS_2 + 3O_2 \rightarrow CO_2 + 2SO_2$
답 ②

㉗ 연소시 자극성 유독가스를 발생시키는 것은?
① 이황화탄소
② 아세트알데하이드
③ 콜로디온
④ 트라이에틸알루미늄

해 • 문제 26 해설 참조
※ SO_2 : 유독가스
답 ①

㉘ 석유류가 연소할 때 불쾌한 냄새를 내며 또 취급하는 장치를 부식시키는 불순물은?
① 수소화합물
② 산소화합물
③ 질소화합물
④ 황화합물

해 • 석유류에 포함된 황(S) : 연소시 SO_2 가스를 발생하며 금속을 부식시킨다.
답 ④

㉙ 이황화탄소는 물과 150℃ 이상에서 가열하면 분해한다. 이때 생성하는 물질은?
① CO_2, SO_2
② CO_2, H_2S
③ CO, SO_2
④ CO, H_2S

해 • 물과의 가열반응식
$CS_2 + 2H_2O \rightarrow CO_2 + 2H_2S$
답 ②

아세트알데하이드

㉚ 다음 중 물에 잘 녹는 제4류 위험물은 어느 것인가?
① 에터
② 아세트알데하이드
③ 이황화탄소
④ 톨루엔

해 • 아세트알데하이드 : 에틸알코올의 산화물질로서 수용성이다.
답 ②

③ 다음 위험물 중 비점이 가장 낮은 것은?
① 아세트알데하이드   ② 다이에틸에터
③ 에틸알코올   ④ 초산메틸

[해] • 비점 : ① 21℃ ② 34.6℃ ③ 79℃ ④ 57℃
[답] ①

③ 아세트알데하이드의 연소범위는?
① 5.6~18.0%   ② 1.4~7.6%
③ 1.2~4.5%   ④ 4.1~57%

[해] • 연소범위 : 4.1~57%
※ 제4류 위험물 중 가장 넓다.
[답] ④

③ 인화점과 연소범위면으로 보아서 위험성이 가장 크다고 보는 위험물은?
① 에틸알코올   ② 이황화탄소
③ 가솔린   ④ 아세트알데하이드

[해] • 특수인화물인 ②④의 인화점·연소범위 : ② -30℃, 1~44%
④ -38℃, 4.1~57%
[답] ④

③ 다음 물질 중 은거울반응이 일어나는 물질은 다음 중 어떤 것인가?
① 알코올   ② 아세트알데하이드
③ 벤젠   ④ 톨루엔

[해] • 환원성이 있는 물질 : 알데하이드·포도당 등
[답] ②

③ 암모니아성질산은 용액이 들어있는 유리그릇에 은거울을 만들려면 다음 중 어느 것을 가하여야 하는가?
① CH_3CH_2OH ② CH_3COCH_3
③ $CH_3CH_2CH_2OH$ ④ CH_3CHO

[해] • 은거울반응 : 환원성이 강한 알데하이드(-CHO)의 검출방법
※ CH_3CHO : 아세트알데하이드
[답] ④

③ 연소범위가 제4류 위험물 중 제일 넓고 공기 중에서 산화하여 발열하며 Cu, Mg, Ag 등과 접촉시 폭발성 물질을 생성하는 물질은?
① CS_2 ② CH_3CHO
③ $CH_3COOC_2H_5$ ④ CH_3OCH_3

[해] • 문제 32 해설 참조
※ CH_3CHO : Cu·Mg·Ag 등과 폭발성의 아세틸라이드 생성
[답] ②

③ 아세트알데하이드를 환원하면 무엇이 되는가?
① 에틸알코올   ② 에터
③ 아세톤   ④ 프로페인

[해] • 아세트알데하이드 : 에틸알코올이 산화되면 아세트알데하이드가 되며 아세트알데하이드가 환원되면 에틸알코올이 된다.
[답] ①

③ 산화 제2구리를 파이프에 채운 다음 가열하면서 그 속을 제일 알코올의 증기를 통하면 생성되는 물질은?
① 아세트산   ② 알데하이드
③ 제2알코올   ④ 케톤

[해] • 문제 37 해설 참조
[답] ②

③ 황산 제2수은을 촉매로 아세틸렌을 물(묽은 황산수용액)과 반응시키면 무엇이 되겠는가?
① 다이에틸에터   ② 메틸알코올
③ 아세톤   ④ 아세트알데하이드

[해] • 물과의 반응식
$$C_2H_2 + H_2O \xrightarrow{촉매} CH_3CHO$$
[답] ④

40 아세트알데하이드 위험성에 대한 설명 중 옳지 않은 것은?
① 물과 접촉하면 인화 위험이 있다.
② 공기와 접촉하면 가압에 의해 폭발성의 과산화물을 생성하기도 한다.
③ 염소산나트륨, 과산화수소 등 강산화제와 혼합은 매우 위험하다.
④ 열 또는 광에 의해 분해하면 수소, 일산화탄소 등 가연성, 유독성 가스가 발생한다.

해 • 아세트알데하이드 : 물에 잘녹으며, 물과 혼합되면 위험성이 낮아진다.
답 ①

산화프로필렌

41 연소범위가 2.5~38.5%이고, 구리, 은, 마그네슘과 아세틸라이드를 만드는 것은?
① 아세트알데하이드   ② 알킬알루미늄
③ 산화프로필렌   ④ 콜로디온

해 • 산화프로필렌의 연소범위 : 2.5~38.5%
답 ③

42 산화프로필렌의 성상 및 위험성에 대하여 틀린 것은?
① 산, 알칼리가 존재하면 발열하면서 중합한다.
② 인화점이 -37℃이므로 제1석유류에 속한다.
③ 연소범위는 가솔린보다 넓다.
④ 증기압이 대단히 높으므로 상온에서 위험한 농도에 달하기 쉽다.

해 • 산화프로필렌 : 특수인화물
답 ②

43 다음 위험물 중 물에 용해하지 않은 것은?
① 메틸에틸케톤   ② 아세트알데하이드
③ 펜테인   ④ 글리세린

해 • 펜탄 : 불용성
답 ③

44 인화점이 가장 낮은 것은?
① 아이소펜탄   ② 아세톤
③ 에틸에터   ④ 이황화탄소

해 • 인화점 : ① -51℃
② -18℃ ③ -45℃
④ -30℃
답 ①

3 제1석유류의 성질

지정수량 : 비수용성(200ℓ), 수용성(400ℓ)
지정품목 : 아세톤, 휘발유
성질(성상)에 의한 품목 : 위 지정품목 이외의 **인화점 21℃ 미만**인 것

> **참고**
> ※ 인화점 및 착화점 : 시험을 대비하여 중요한 것만 기재하였음
> ※ 저장 및 취급방법 : 필수 암기사항에 준하며 **특별한 저장·취급법**만 다루었음

1 아세톤(CH_3COCH_3) (디메틸케톤)

(1) **지정수량 400ℓ, 인화점 −18℃, 착화점 538℃**, 연소범위 2.6~12.8%, 비점 56.5℃, 비중 0.79
(2) 물에 잘 녹는 **무색투명**하고 **아이오도폼(요오드포름) 반응**을 하는 독특한 냄새가 나는 휘발성 액체이다.
(3) **일광**에 쪼이면 분해하며 보관 중 **황색**으로 변한다.
(4) 피부에 닿으면 **탈지작용**이 있다.
(5) **소화방법** : 수용성이므로 안개상 주수소화가 가장 좋으며 **질식소화기**를 사용할 것
　　　　　　　화학포는 소포되므로 **알코올포소화기**를 사용할 것

> **참고**
> ※ 탈지작용 : 피부 밑 지방층의 지방을 녹여내므로 피부에 하얀 분비물이 생긴다.
> ※ 2급 알코올이 산화되면 케톤이 된다(아세톤은 2급 알코올이 산화된 케톤이다).
> • 2급 알코올의 일반식 : $(R)_2$-CHOH
> • 케톤(카보닐)의 관능기 : $>C=O$ 또는 $-CO-$
>
> 　　　　　R − CO − R′
> 　　　　〔일반식 (R은 알킬기)〕　〔아세톤의 구조식〕
>
> ※ 연소반응식
> 　$CH_3COCH_3 + 4O_2 \rightarrow 3CO_2\uparrow + 3H_2O$
> 　(다이메틸케톤)　(산소)　　(이산화탄소)　(물)

2 휘발유(가솔린)

(1) **주성분** : 포화·불포화탄화수소의 혼합물
(2) **지정수량** 200ℓ, **인화점** −43~−20℃, **착화점** 약 300℃, **연소범위** 1.4~7.6%, **증기비중** 3~4, **유출온도** 30~210℃, **비중** 0.65~0.80
(3) **석유류 제조방법** : 직류법(분류법), 열분해법(크래킹), 접촉개질법(리포오밍)
(4) **가솔린의 첨가물**
   ① 유연가솔린 : 사에틸납[$(C_2H_5)_4Pb$](1993년 1월부터 생산중지)
   ② 무연가솔린 : MTBE(메틸터셔리뷰틸에터), 메탄올 등
(5) **폭발성의 측정치** : 옥테인값(옥테인가)
(6) **가솔린의 착색**
   ① 공업용 : 무색
   ② 자동차용 : 노란색(무연가솔린)
(7) **가스농도측정** : 가스 검지기
(8) **부피팽창률** : 0.00135/℃
(9) **가솔린의 다른 명칭**
   ① 리그로인   ② 솔벤트나프타   ③ 널리벤젠
   ④ 미네날스피릿   ⑤ 석유에터   ⑥ 석유벤젠
(10) **소화방법**
   ① 대량일 경우 **포말소화기**가 가장 좋다.
   ② **질식소화기**(CO_2, 분말 등)

참고

※ **가솔린** : 낮은 비점의 것으로 우리 주변에서 일반적으로 많이 사용되고 있고 시험문제에도 가장 큰 비중을 차지하므로 **완전히 암기**할 것
• **옥테인값** : **아이소옥테인**을 100, **노르말 헵테인**을 0으로 하여 가솔린의 품질을 정하는 기준
※ **연소반응식**

$2C_8H_{18} + 25O_2 \rightarrow 16CO_2\uparrow + 18H_2O$
(옥테인)   (산소)   (이산화탄소)   (물)

벤젠(C_6H_6) 〈벤졸〉

(1) 지정수량 200ℓ, 인화점 -11℃, 융점 5.5℃, 착화점 562℃, 연소범위 1.4~7.1%, 비점 80℃, 비중 0.879

(2) 무색투명한 방향을 갖는 액체이며 알코올·에터에 녹고 **증기는 독성**이 있다.
  ① **고농도 증기** : 2%를 5~10분 흡입(치사)
  ② **유해한도**(저농도) : 100ppm
  ③ 서한도 : 35ppm

(3) 첨가(부가)반응
  ① **수소첨가**(Ni 촉매하에서) 반응 : **시클로헥세인**(C_6H_{12})
  ② **염소첨가**(일광하에서) 반응 : **벤젠헥사클로라이드**(BHC, $C_6H_6Cl_6$)
  ③ 아세틸렌(C_2H_2)을 철 또는 석영관 통과시켜, 중합반응하면 벤젠이 된다.

(4) **소화방법** : 가솔린에 준할 것

> **참고**
> ※ **벤젠** : 융점이 5.5℃이며 인화점이 -11℃이므로 **겨울철**에는 **고체상태**이면서 가연성 증기를 발생하므로 취급에 주의할 것
> • **유해한도** : 작업상 유해한 물질을 흡입할 수 있으나 일정농도 이상에서는 인체에 해로운 물질의 흡입한도
> ※ 첨가반응 = 부가반응
>
>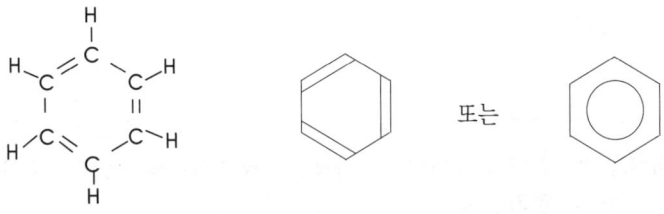
>
> 〔벤젠의 구조식〕
>
> ※ 연소반응식
> $2C_6H_6 + 15O_2 \rightarrow 12CO_2\uparrow + 3H_2O$
>   (벤젠) (산소)   (이산화탄소) (물)

4 톨루엔($C_6H_5CH_3$) 〈메틸벤젠, 톨루올〉

(1) **지정수량** 200 ℓ, **인화점** 4℃, **착화점** 552℃, 비중 0.871, 연소범위 1.4~6.7%, 비점 110.6℃
(2) 무색투명하며 **독성**이 있으며 T.N.T의 원료
(3) 저장 및 취급법 : 필수 암기
(4) 소화방법 : 가솔린에 준할 것

참고

※ TNT의 제법 : $C_6H_5CH_3 + 3HNO_3 \xrightarrow[\text{나이트로화}]{C-H_2SO_4} C_6H_2(NO_2)_3CH_3 + 3H_2O$
  (톨루엔)   (질산)   (트라이나이트로톨루엔TNT)   (물)

※ 연소반응식
  $C_6H_5CH_3 + 9O_2 \rightarrow 7CO_2\uparrow + 4H_2O$
  (톨루엔) (산소)   (이산화탄소) (물)

※ 톨루엔 : 벤젠핵의 수소(H)와 CH_3(메틸기)가
  치환된 것(프리텔크라프트반응)
  • 톨루엔 : 독성이 있으나 벤젠보다 약하다.
  • T.N.T(트라이나이트로톨루엔) : 제5류 위험물

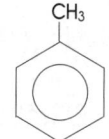
〔톨루엔의 구조식〕

---

5 메틸에틸케톤($CH_3COC_2H_5$) 〈MEK〉

(1) **지정수량** 200 ℓ, **인화점** -1℃, **착화점** 516℃, 연소범위 1.8~10%, 비점 80℃, 비중 0.81
(2) 수용성, **탈지작용**, 직사일광에서 분해한다.
(3) 저장 및 취급방법, 위험성, 소화방법은 아세톤에 준한다.

참고

※ 메틸에틸케톤은 수용성이지만 위험물안전관리에 관한 세부기준 제13조의 수용성 판정기준에 의하여 비수용성으로 분류된다.

$$R - CO - R'$$
〔일반식 (R은 알킬기)〕

〔MEK의 구조식〕

※ 연소반응식
$2CH_3COC_2H_5 + 11O_2 \rightarrow 8CO_2\uparrow + 8H_2O$
(메틸에틸케톤)　(산소)　　(이산화탄소)　(물)

6 피리딘(C_5H_5N) (어딘)

(1) **지정수량 400 ℓ**, **인화점 20℃**, **착화점 482℃**, 연소범위 1.8~12.4%, 비점 115℃, 비중 0.98
(2) 순수한 것은 **무색투명**, 불순물로 인해 **황색**을 띰
(3) 수용성, 독성 및 악취, 약알칼리성
(4) **최대허용농도** : 5ppm
(5) 질산과 함께 **가열**해도 분해하지 않는다.

참고

※ 연소반응식
$4C_5H_5N + 29O_2 \rightarrow 20CO_2\uparrow + 10H_2O + 4NO_2\uparrow$
(피리딘)　(산소)　　(이산화탄소)　(물)　(이산화질소)

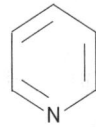
〔피리딘의 구조식〕

7 콜로디온

(1) **지정수량 200 ℓ**, 인화점 -18℃
(2) 질화도가 낮은 질화면을 **에틸알코올 3**과 **다이에틸에터 1**의 비율로 혼합액에 녹인 것

사이안화수소[시안화수소(HCN)] (청화수소)

(1) 지정수량 400ℓ, 인화점 −17℃, 착화점 538℃, 연소범위 5.6~40%, **비점 26℃**, 비중 0.69
(2) 약산성으로 **강한 독성** 및 폭발성을 가진다.

> **참고**
>
> ※ 제법
> $2CH_4 + 2NH_3 + 3O_2 \rightarrow 2HCN + 6H_2O$
> (메테인) (암모니아) (산소) (사이안화수소) (물)
>
> ※ 연소반응식
> $4HCN + 5O_2 \rightarrow 2N_2\uparrow + 4CO_2\uparrow + 2H_2O$
> (사이안화수소) (산소) (질소) (이산화탄소) (물)

 초산에스터류(초산에스테르류)(아세트산에스터류)

> **참고**
>
> ※ 에스터 : 산(무기, 유기)+알코올 $\xrightarrow[\text{탈수}]{\text{농황산}}$ 에스터+물
>
> ※ 초산에스터 : 초산+알코올 $\xrightarrow[\text{탈수}]{\text{농황산}}$ 초산에스터+물
> • 탈수제 : 농황산($C-H_2SO_4$)
> ※ 에스터의 일반식 : R−COO−R′
> ※ 분자량 증가에 따른 공통점
> • 수용성 감소   • 인화점이 높아진다.   • 증기비중이 커진다.
> • 연소범위가 감소한다. • 비점이 높아진다.   • 착화점이 낮아진다.
> • 이성질체가 많아진다. • 휘발성이 감소한다.   • 점도가 커진다.
> • 비중이 작아진다.

(1) **초산메틸(CH_3COOCH_3)**, 아세트산메틸
 ① **지정수량 200ℓ**, 인화점 −10℃, 착화점 454℃, 비점 57℃
 ② **초산**과 **메틸알코올의 축합물**로서 가수분해하면 **초산**과 **메틸알코올**로 된다.
 ③ **수용성**이며 초산에스터류 중 수용성이 가장 크며, **마취성** 및 **독성**과 **향기**가 있다.
 ④ **소화방법** : 가솔린에 준하나 수용성이므로 포는 **알코올폼**을 사용할 것

> 참고
>
> ※ 초산메틸은 수용성이지만 위험물안전관리에 관한 세부기준 제13조의 수용성 판정기준에 의하여 비수용성으로 분류된다.
>
> R – COO – R′
>
> [일반식 (R은 알킬기)]
>
> [초산메틸의 구조식]
>
> ※ 연소반응식
>
> $2CH_3COOCH_3 + 7O_2 \rightarrow 6CO_2\uparrow + 6H_2O$
> (초산메틸)   (산소)   (이산화탄소) (물)

(2) 초산에틸($CH_3COOC_2H_5$), 아세트산에틸
  ① **지정수량 200ℓ**, 인화점 −4℃, 착화점 427℃, 비점 77℃
  ② 수용성이 비교적 적으며 **과일 에센스**(파인애플 향)로 사용

> 참고
>
> ※ 위험성 및 저장·취급방법·지정수량 : 초산메틸에 준한다.
> • 과일 에센스 : 과일 맛을 내는 인공향료

(3) 초산프로필($CH_3COOC_3H_7$) <아세트산프로필>
  ① **지정수량 200ℓ**, 인화점 14℃, 착화점 450℃, 비점 102℃
  ② 불용성이다.

10 의산에스터류(의산에스테르류)(포름산에스터류)

(1) 의산메틸($HCOOCH_3$) <개미산메틸, 포름산메틸>
  ① **지정수량 400ℓ**, 인화점 −19℃, 착화점 449℃, 비점 32℃
  ② 럼주와 같은 냄새를 내며 수용성이다.
  ③ 의산과 메틸알코올의 축합물로서 **가수분해**하여 **의산**과 **메틸알코올**로 된다.

> **참고**
>
> ※ **의산메틸** : 의산에스터 중 **수용성이 가장 크다**. 저장취급법 및 소화방법은 가솔린에 준하나 **수용성이므로 포는 알코올폼**을 사용할 것
>
> $$R-COO-R'$$
> [일반식 (R은 알킬기)]
>
> $$\begin{matrix} O & H \\ \| & | \\ H-C-O-C-H \\ & | \\ & H \end{matrix}$$
> [의산메틸의 구조식]
>
> ※ 에스터화
>
> $$HCOOH + CH_3OH \underset{가수분해}{\overset{에스터화}{\rightleftarrows}} HCOOCH_3 + H_2O$$
> (의산)　(메틸알코올)　　　　　　(의산메틸)　(물)
>
> ※ 연소반응식
>
> $$HCOOCH_3 + 2O_2 \rightarrow 2CO_2\uparrow + 2H_2O$$
> (의산메틸)　(산소)　(이산화탄소)　(물)

(2) **의산에틸($HCOOC_2H_5$)** <개미산에틸, 포름산에틸>

　① **지정수량 200 ℓ, 인화점 −20℃**, 착화점 578℃, 비점 54℃

　② **복숭아향**을 내며 **수용성**이다.

(3) **의산프로필($HCOOC_3H_7$)** : **지정수량 200 ℓ**, 불용성, 인화점 −3℃

적중 출제예상문제

아세톤

1 아세톤의 지정수량은?
① 100 ℓ　　② 300 ℓ
③ 400 ℓ　　④ 2,000 ℓ

해 • 지정수량 : 400 ℓ
※ 아세톤 : 수용성인 제1석유류
답 ③

2 다음 위험물 중 물에 가장 잘 혼합되는 것은?
① 장뇌류　　② 초산메틸
③ 에틸에터　　④ 아세톤

해 • 물에 용해도
아세톤 > 초산메틸
답 ④

3 다음 위험물 중 물보다 가볍고 인화점이 0℃ 이하인 것은 어느 것인가?
① 아세톤　　② 경유
③ 나이트로벤젠　　④ 스티렌

해 • 인화점 :
① -18℃　② 50~70℃
③ 88℃　④ 32℃
답 ①

4 다음 시성식 중 아세톤은 어떤 것인가?
① HCHO　　② CH_3COOH
③ CH_3COCH_3　　④ C_6H_5OH

해 • 시성식 :
① 포름알데하이드 ② 초산
③ 아세톤　④ 페놀
답 ③

5 아세톤의 증기밀도는 1atm, 0℃에서 얼마인가?(단, C : 12, O : 16, H : 1)
① 0.89g/ℓ　　② 1.47g/ℓ
③ 2.59g/ℓ　　④ 3.34g/ℓ

해 • 아세톤(CH_3COCH_3)의 분자량 : 58
※ 증기밀도=분자량(g)/22.4 ℓ
∴ 58g/22.4 ℓ =2.589
답 ③

6 2차(급) 알코올을 산화하면 어떤 물질이 생성되는가?
① 케톤　　② 카복실산
③ 알데하이드　　④ 글리세린

해 • 케톤 : 2차(급) 알코올이 산화되면 케톤이 된다.
답 ①

7 다음 알코올 중 산화에 의해 케톤을 생성할 수 있는 것은?
① $R-CH_2OH$　　② $(R)_3-COH$
③ $(R)_2-CHOH$　　④ $R-CH_2CH_2OH$

해 • 문제 6 해설 참조 :
① 1차　② 3차
③ 2차　④ 1차
답 ③

8 카보닐기는 어떤 것인가?
① -COOH　　② -CHO
③ >C=O　　④ -OH

해 • 관능기 : ① 카복실기 ② 알데하이드기 ③ 카보닐기(케톤기) ④ 수산기
답 ③

⑨ 다음 중 아세톤의 성질에 맞지 않는 것은?
① 무색, 무취의 액체   ② 일광에 쪼이면 분해한다.
③ 보관 중 황색으로 변색된다.   ④ 물에 잘 녹는다.

⑩ 아세톤의 위험성 중 틀린 것은?
① 일광에 쪼이면 분해한다.
② 증기는 낮은 곳에 모이기 쉽다.
③ 조해성이 있어 자연발화한다.
④ 비점이 낮으므로 휘발하기 쉽다.

⑪ 인화점과 연소범위면으로 보아서 위험성이 가장 큰 것은?
① 클로로벤젠   ② 아세톤
③ 나이트로벤젠   ④ 톨루엔

⑫ 아이오도폼(요오드포름)반응을 하는 물질로 끓는 점이 낮고 인화점이 낮아 인화에 대한 위험성이 크므로 화기를 멀리하여야 하고 용기는 갈색 병을 사용하여 밀전을 하여야 하는 것은?
① 나이트로벤젠   ② 벤젠
③ 등유   ④ 아세톤

⑬ 아세톤과 아세트알데하이드의 성질에 대하여 잘못 설명한 것은?
① 무색의 액체로서 인화성이 강하다.
② 증기는 공기보다 무겁다.
③ 물에 잘 녹고 유기물을 잘 녹인다.
④ 무취이지만 휘발성이 강하다.

가솔린

⑭ 공업적으로 석유 성분을 분리하는데 이용되고 있는 방법은?
① 추출   ② 원심원리
③ 재결정   ④ 분별증류

⑮ 가솔린과 관계없는 것은?
① 옥테인가   ② 결정법
③ 열분해   ④ 분별증류

⑯ 다음 중 가솔린의 연소범위를 옳게 나타낸 것은?
① 36.5~82%   ② 1.4~7.6%
③ 13~23%   ④ 23~36.5%

해 • 아세톤 : 무색의 독특한 냄새의 휘발성 액체
답 ①

해 • 조해성 : 고체가 공기 중의 수분을 흡수하여 액체가 되는 성질
※ 아세톤은 인화성 액체이다.
답 ③

해 • 인화점 : ① 32℃
② -18℃ ③ 88℃ ④ 4℃
답 ②

해 • 아이오도폼(요오드포름) 반응 : 에틸알코올, 아세톤, 아세트알데하이드 등에 KOH를 가한 후 I_2를 첨가시키면 노란색의 CHI_3[(아이오도폼(요오드포름)]이 생긴다.
답 ④

해 • 냄새 : 독특한 냄새를 갖는다.
답 ④

해 • 석유류 분리법 : 직류법(분별증류) · 분해증류법 · 접촉개질법
답 ④

해 • 가솔린 : 고체가 아니므로 결정법으로 생산하지 않는다.
답 ②

해 • 연소범위 : 1.4~7.6%
답 ②

⑰ 가솔린의 일반적 성질에 대하여 옳지 않은 것은?
① 증기밀도는 3~4이다.
② 착화온도는 약 300℃이다.
③ 화학적으로는 단일 물질이다.
④ 인화점은 -20℃ 이하이다.

⑱ 다음 물질 중 물보다 비중이 제일 가벼운 것은 어느 것인가?
① 이황화탄소
② 빙초산
③ 글리세린
④ 가솔린

⑲ 가솔린의 일반적 성질에서 틀린 것은?
① 착화온도는 등유보다 높다.
② 증기밀도는 등유보다 크다.
③ 인화점은 -20℃ 이하이다.
④ 여러 가지 포화·불포화화수소의 혼합물이다.

⑳ 휘발유의 일반성질에서 틀린 것은?
① 특유한 냄새를 가지며 고무, 유지 등을 녹인다.
② 주로 포화 및 불포화 탄화수소가 주성분이다.
③ 물에는 거의 용해되지 않으며 비점은 약 70~210℃이다.
④ 인화점은 -43~-20℃이고 착화온도는 약 100℃ 이하이다.

㉑ 가솔린의 저장 및 취급시의 주의사항에 맞지 않는 것은?
① 화기를 피해야 한다.
② 통풍이 잘되는 곳에 저장해야 한다.
③ 실내에서 취급 할 때는 증기 배출설비를 갖추지 않으면 안된다.
④ 마개가 없는 개방용기에 저장해야 한다.

㉒ 물위에 가솔린을 떨어뜨렸을 때 즉시 퍼지는 이유는?
① 가솔린의 특성이다.
② 가솔린의 응집력이 물의 표면장력보다 크기 때문이다.
③ 가솔린의 응집력이 물의 표면장력보다 작기 때문이다.
④ 가솔린이 수면에 확산되었기 때문이다.

㉓ 가솔린의 성질과 관계없는 것은 어느 것인가?
① 옥테인가를 높이기 위하여 MTBE를 넣는다.
② 휘발성 액체
③ 석유계 용제에는 불용성이다.
④ 비중이 물보다 가볍다.

해 · 가솔린 : 포화·불포화 탄화수소의 혼합물이다.
답 ③

해 · 비중 : ① 1.26 ② 1.05 ③ 1.26 ④ 0.7~0.8
답 ④

해 · 증기밀도 : 가솔린 3~4〈등유 4.5〉
답 ②

해 · 착화온도(착화점) : 약 300℃
답 ④

해 · 가솔린 : 용기를 밀전하여 저장한다.
답 ④

해 · 가솔린 : 물보다 가볍고 표면장력이 작으므로 물 위에서 멀리 퍼진다.
답 ③

해 · 가솔린 : 무극성 공유결합물질로 무극성인 석유계 용제와는 잘 혼합된다.
답 ③

㉔ 옥테인가의 정의로서 가장 옳은 것은?
① 매연의 방지를 위한 것이다.
② 인체에 무독하다.
③ 아이소옥테인을 100, 헥세인을 10으로 한 것이다.
④ 아이소옥테인을 100, 헵테인을 0으로 한 것이다.

| 해 | • 옥테인가 : 아이소옥테인 100, 노말헵테인을 0으로 하여 가솔린의 품질을 정하는 기준
| 답 ④

㉕ 다음 물질 중 착화온도와의 관계가 잘못 짝지어진 것은?
① 아세톤 – 538℃   ② 가솔린 – 450℃
③ 벤젠 – 562℃   ④ 톨루엔 – 552℃

| 해 | • 착화온도 : 가솔린(약 300℃)
| 답 ②

벤젠

㉖ 방향족 화합물의 기본체로 알려진 것은?
① 벤젠(C_6H_6)   ② 에터($C_2H_5OC_2H_5$)
③ 페놀(C_6H_5OH)   ④ 톨루엔($C_6H_5CH_3$)

| 해 | • 벤젠 : 방향족 화합물의 기본체
| 답 ①

㉗ 다음 중 벤젠의 화학식으로 맞는 것은?
① C_6H_6 ② CH_3OH
③ C_2H_5OH ④ C_6H_5OH

| 해 | • 화학식 : ① 벤젠 ② 메탄올 ③ 에탄올 ④ 페놀
| 답 ①

㉘ 다음에서 공명현상이 있는 탄화수소는?
① 벤젠   ② 에테인
③ 메테인   ④ 시클로헥세인

| 해 | • 벤젠 : 공명을 하므로 구조식을 ⬡로 표시한다.
| 답 ①

㉙ 다음 반응 중 첨가(부가)반응은?
① 벤젠 → 나이트로벤젠   ② 벤젠 → 클로로벤젠
③ 벤젠 → B.H.C   ④ 벤젠 → 벤젠술폰산

| 해 | • 첨가반응물질 : 시클로헥세인 · BHC
| 답 ③

㉚ 다음 아세틸렌의 반응에 의하여 생성되는 물질은?
① 클로로포름   ② 에틸알코올
③ 염화비닐   ④ 벤젠

| 해 | • 벤젠 : 아세틸렌을 중합반응하여 생성
| 답 ④

㉛ 벤젠(C_6H_6)의 일반성질에서 틀린 것은?
① 휘발성이 강한 액체이다.   ② 인화점은 가솔린보다 낮다.
③ 물에 녹지 않는다.   ④ 에탄올, 아세톤에 잘 녹는다.

| 해 | • 벤젠의 인화점 : –11℃
※ 가솔린의 인화점 : –43~ –20℃
| 답 ②

㉜ 벤젠의 성질에 맞지 않는 사항은?
① 무색투명하며 냄새가 있는 액체이다.
② 증기는 약한 마취성이고 독성이 있다.
③ 물에 잘 녹으며 유기용매와 혼합된다.
④ 비점이 80℃이다.

| 해 | • 벤젠:무극성(비극성) 공유결합물질로 극성인 물과는 혼합되지 않는다.
※ 극성 물질은 극성끼리, 비극성 물질은 비극성 물질끼리 잘 용해된다.
| 답 ③

33 벤젠의 저장 및 취급시 주의사항 중 틀린 것은?
① 피부에 닿지 않도록 주의한다.
② 정전기에 주의한다.
③ 용기에 저장시 가득 채워 저장한다.
④ 통풍이 잘 되는 암냉소에 저장한다.

해 • 저장량 : 2% 이상의 공간용적을 둘 것
답 ③

34 벤젠의 연소시 알코올보다 매연이 많이 생긴다. 이유로 옳은 것은?
① 비등점이 낮아서
② 인화점이 높아서
③ 분자식 중 탄소의 비율이 크기 때문에
④ 분자 내 2중 결합 때문에

해 • 벤젠 : C와 H의 비가 1:1로서 연소시 매연이 많이 발생한다.
※ 메틸알코올 : C와 H의 비가 1:4로서 수소비가 크므로 연소시 매연이 발생하지 않는다.
답 ③

35 아세톤·가솔린·벤젠의 공통적인 성질에서 틀린 것은?
① 물에 잘 섞이지 않는다.   ② 비중은 1보다 작다.
③ 휘발성이 강하다.   ④ 인화성이 있다.

해 • 아세톤 : 수용성
※ 가솔린·벤젠 : 불용성
답 ①

톨루엔

36 T.N.T의 원료로 쓰이는 것은?
① 톨루엔   ② 알코올
③ 벤젠   ④ 석유

해 • T.N.T : 톨루엔에 나이트로화제를 작용시켜 제조
답 ①

37 톨루엔에 염소를 반응시킬 때 촉매로 FeCl₃를 사용하였다. 이때의 생성물은?

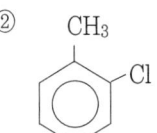

해 • 화학반응식
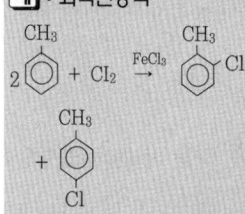
답 ②

38 톨루엔의 위험성을 설명한 것 중 틀린 것은 다음 중 어느 것인가?
① 증기는 마취성이 있다.
② 독성이 벤젠보다 대단히 크다.
③ 인화점이 낮다.
④ 유체마찰 등으로 정전기가 생겨서 인화하기도 한다.

해 • 독성 : 벤젠>톨루엔
답 ②

메틸에틸케톤, 피리딘

39 메틸에틸케톤의 지정수량은 몇인가?
① 100 ℓ ② 200 ℓ
③ 300 ℓ ④ 400 ℓ

> 해 • 지정수량 : 200 ℓ
> ※ 메틸에틸케톤 : 수용성이지만 위험물 지정수량 판정기준에 의하여 비수용성
> 답 ②

40 메틸에틸케톤의 약칭은?
① MEK ② MAK
③ MEC ④ MAC

> 해 • 메틸에틸케톤 : Methyl Ethyl Keton
> 답 ①

41 메틸에틸케톤의 성질 중 옳지 않은 것은?
① 휘발성 무색 액체이다.
② 알코올, 벤젠 등 유기용제에 잘 녹는다.
③ 물에는 녹지 않는다.
④ 증기 비중은 공기보다 크다.

> 해 • 메틸에틸케톤 : 2급 알코올의 산화물로서 수용성이다.
> 답 ③

42 메틸에틸케톤의 취급상 옳은 것은?
① 인화점이 25℃이므로 여름에만 주의하면 된다.
② 증기가 공기보다 가벼우므로 주의하여야 한다.
③ 탈지작용이 있으므로 직접 피부에 닿지 않도록 한다.
④ 물보다 무거우므로 주의를 요한다.

> 해 • 메틸에틸케톤 : 인화점 -1℃, 증기는 공기보다 무겁다. 탈지작용이 있다. 물보다 가볍고 물에 잘 녹는다.
> 답 ③

43 피리딘의 성질, 위험성으로 틀린 것은?
① 흡습성이 강하고 물과 공비 혼합물을 만든다.
② 착화점은 200℃이다.
③ 최대허용농도는 5ppm이다.
④ 통풍이 잘되는 암냉소에 저장한다.

> 해 • 착화점 : 482℃
> 답 ②

44 피리딘의 일반적인 성질을 표현한 것이다. 틀린 것은?
① 순수한 것은 무색액체이다.
② 센 악취와 흡습성이 있고 질산과 함께 가열하면 분해하여 폭발한다.
③ 용해성이 크므로 많은 유기물을 녹인다.
④ 약알칼리성을 나타내고 독성이 있다.

> 해 • 피리딘 : 질산과 함께 가열해도 분해하지 않는다.
> 답 ②

45 취급시 자극성이고 유해한 악취가 발생되는 위험물은?
① 다이에틸에터 ② 피리딘
③ 메틸벤젠 ④ 메틸알코올

> 해 • 피리딘 : 악취발생과 독성이 강하다.
> 답 ②

46 다음 기술 중 옳지 않은 것은?
① 순수한 아세트산은 16.6℃에서 응고한다.
② 아세트산의 분자량은 60.01이다.
③ 피리딘은 물에 용해하지 않는다.
④ 자일렌은 오르토, 메타, 파라 세 가지의 이성질체를 가진다.

해 • 피리딘 : 물에 잘 녹으며 흡습성이 강하다.
답 ③

초산에스터

47 초산에스터류 중 초산메틸의 지정수량은?
① 50 ℓ ② 100 ℓ
③ 200 ℓ ④ 400 ℓ

해 • 지정수량 : 200 ℓ
※ 초산메틸 : 수용성이지만 위험물 지정수량 판정기준에 의하여 비수용성
답 ③

48 에스터의 일반식은?
① R-COO-R′   ② R-CO-R′
③ R-O-R′   ④ R-COOH

해 • 일반식 : ① 에스터 ② 케톤 ③ 에터 ④ 유기산
답 ①

49 다음 중 에스터는 어느 것인가?
① CH$_3$-C-H
     ‖
     O
② CH$_3$-C-CH$_3$
     ‖
     O
③ CH$_3$-O-CH$_3$
④ CH$_3$-C-O-CH$_3$
     ‖
     O

해 • 일반식 : ① 알데하이드 ② 케톤 ③ 에터 ④ 에스터
답 ④

50 빙초산과 알코올의 혼합물에 소량의 진한 황산을 가하고 가열하면 어떤 화합물이 생성되는가?
① 과당   ② 나프탈렌
③ 에스터   ④ 알데하이드

해 • 에스터 : 산과 알코올의 축합물
※ 진한 황산 : 탈수제로 사용
답 ③

51 다음 중 인화점이 가장 낮은 것은?
① 초산에틸   ② 초산메틸
③ 초산부틸   ④ 초산아밀

해 • 인화점 : ② < ① < ③ < ④
답 ②

52 다음 물질 중 초산에스터가 아닌 것은?
① 초산메틸   ② 초산에틸
③ 초산부틸   ④ 초산칼륨

해 • 초산칼륨 : 에스터가 아니며 초산의 염이다.
답 ④

53 초산에스터류의 분자량이 증가할수록 달라지는 성질 중 옳지 않은 것은?
① 인화점이 높아진다.   ② 이성질체가 줄어든다.
③ 수용성이 감소된다.   ④ 증기비중이 커진다.

해 • 분자량이 증가하면 이성질체가 많아진다.
답 ②

54 초산메틸(CH_3COOCH_3)의 용도가 아닌 것은?
① 훈증제 ② 용제
③ 피혁 ④ 염색

해 • 훈증제 : 유독증기로 해충을 박멸하는 것으로서 초산메틸의 용도는 아니다.
답 ①

55 다음 화합물 중 환원에 의하여 케톤이 생기는 것은?
① $(CH_3)_2CHOH$ ② $(CH_3)_3COH$
③ $CH_3COOC_2H_5$ ④ CH_3COOH

해 • 에스터 : 환원되면 케톤이 된다.
※ 환원 : 산소를 잃는 것
답 ③

56 아세트산메틸이 일반성질 중에서 틀린 것은?
① 다소 마취성의 취기가 있다.
② 유지를 용해시킨다.
③ 물에는 비교적 잘 용해된다.
④ 인화성 물질이며 인화점은 -30℃이다.

해 • 아세트산메틸의 인화점 : -10℃
※ 아세트산메틸=초산메틸
답 ④

57 초산에틸에 대한 설명 중 틀린 것은?
① 휘발성이 강하다.
② 인화성이 강하다.
③ 피부에 닿으면 탈지작용을 한다.
④ 공업용 에탄올을 함유하므로 독성이 없다.

해 • 공업용 에탄올 : 독성이 있다.
답 ④

의산에스터

58 다음과 같은 포름산에틸($HCOOC_2H_5$)의 성질 중 옳은 것은?
① 상온에서 물에 약간 녹는다.
② 인화성이 없다.
③ 휘발되지 않는 무색의 액체이다.
④ 비등점은 100℃ 이상이다.

해 • 포름산에틸 : 상온에서 약간 녹는다.
※ 포름산=개미산=의산
답 ①

59 가수분해되어 쉽게 메탄올과 개미산으로 분해하는 것은 어느 것인가?
① 의산에틸 ② 초산메틸
③ 의산메틸 ④ 초산에틸

해 • 의산+메탄올 ⇌ 의산메틸+물
※ 의산=개미산
답 ③

유계실

◆ 정전기의 위험성
○○석유회사 XX저유소에서 경유를 저장했던 **탱크로리**(유조차)를 비우고 **휘발유**(가솔린)를 주유하던 중 **작업자가** 폭발과 함께 **20m를 날아가** 온몸에 화상을 입고 **사망하였다**(저유소 안에서는 **성냥·라이터 등**을 소지할 수 없으며, 저유소의 **주유기에는 접지장치**가 되어있고 탱크로리 본체에도 어스클립을 연결시켜 접지를 하였고 탱크로리의 엔진은 **정지**되어 있었다).
• 원인 추정 : 접지상태 불량이거나 규정 주입속도(1m/sec 이하)의 초과로 추정

4 알코올류의 성질

지정수량 : 400 ℓ

> **참고**
> ※ 위험물안전관리법에서의 알코올류 정의
> • 1분자를 구성하는 탄소원자수가 1개부터 3개까지인 포화 1가 알코올(변성알코올을 포함한다)
> • 변성알코올 : 에틸알코올에 메틸알코올을 소량 첨가하여 음료로 사용하지 못하게 한 것
> ※ 알코올류에서 제외되는 경우
> • 알코올의 함량이 60중량% 미만인 수용액
> • 가연성 액체량이 60중량% 미만이고 인화점 및 연소점(태그개방식 인화점 측정기에 의한 연소점)이 에틸알코올 60중량% 수용액의 인화점 및 연소점을 초과하는 것
> • 에틸알코올 60중량%의 인화점 : 22.2℃

1 메틸알코올(CH_3OH) (메탄올, 목정)

(1) 인화점 11℃, 착화점 464℃, 비점 65℃, 연소범위 7.3~36%, 증기비중 1.1, 비중 0.79
(2) 독성 : 30~100mℓ 복용(실명 또는 치사)
(3) 수용성이 가장 크다.
(4) 산화되면 포름알데하이드를 거쳐 최종적으로 포름산(개미산)이 된다.
(5) 소화방법 : 각종 소화기를 사용하나 포말소화기를 사용할 때에는 화학포 및 기계포는 **소포**되므로 특수포인 **알코올폼**을 사용할 것

> **참고**
> ※ 탄소와 수소비 중 탄소가 작아서 연소시 **불꽃이 잘 안보이므로** 취급에 주의한다.
> • 소포 : 거품이 터짐
>
> R − OH
> [일반식 (R은 알킬기)]
>
> $$\begin{array}{c} H \\ | \\ H-C-O-H \\ | \\ H \end{array}$$
> [메틸알코올의 구조식]
>
> ※ 산화·환원반응
>
> $CH_3OH \underset{환원}{\overset{산화}{\rightleftarrows}} HCHO \underset{환원}{\overset{산화}{\rightleftarrows}} HCOOH$
> (메틸알코올) (포름알데하이드) (포름산)
>
> ※ 연소반응식
>
> $2CH_3OH + 3O_2 \rightarrow 2CO_2\uparrow + 4H_2O$
> (메틸알코올) (산소) (이산화탄소) (물)

2 에틸알코올(C_2H_5OH) (에탄올, 주정)

(1) 인화점 13℃, 착화점 423℃, 비점 79℃, 연소범위 4.3~19%, 증기비중 1.59, 비중 0.79
(2) 검출법 : 아이오도폼(요오드포름)반응으로 황색침전
(3) 산화되면 아세트알데하이드를 거쳐 최종적으로 아세트산(초산)이 된다.
(4) 진한 황산과 혼합하여 140℃로 가열하면 다이에틸에터가 유출되며 160℃로 가열하면 에틸렌가스가 생성된다.

> 참고
>
> ※ 아이오도폼(요오드포름)반응 : 에틸알코올 검출에 사용하는 반응
> C_2H_5OH + 6KOH + $4I_2$ ⟶ CHI_3 + 5KI + HCOOK + $5H_2O$
>   (에틸알코올) (수산화칼륨) (아이오딘) (아이오도폼) (아이오딘화칼륨) (의산칼륨) (물)
>
> ※ 산화·환원반응식
> C_2H_5OH ⇌(산화/환원) CH_3CHO ⇌(산화/환원) CH_3COOH
>   (에틸알코올)   (아세트알데하이드)   (아세트산)
>
> ※ 140℃에서 진한 황산과의 반응식
> $2C_2H_5OH$ —(C-H_2SO_4 탈수 축합)→ $C_2H_5OC_2H_5$ + H_2O
>   (에틸알코올)   (다이에틸에터)   (물)
>
> ※ 160℃에서 진한 황산과의 반응식
> C_2H_5OH —(C-H_2SO_4 160℃ 탈수)→ C_2H_4↑ + H_2O
>   (에틸알코올)   (에틸렌)   (물)
>
> ※ 연소반응식
> C_2H_5OH + $3O_2$ → $2CO_2$↑ + $3H_2O$
>   (에틸알코올) (산소)   (이산화탄소) (물)
>
> R - OH
> [일반식 (R은 알킬기)]
>
>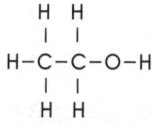
>
> [에틸알코올의 구조식]

3 프로필알코올(C_3H_7OH) (프로판올)

(1) 인화점 15℃, 비점 97.2℃, 연소범위 2.1~13.5%, 이성질체 2가지
(2) 소화방법 : 각종 소화기를 사용하며 수용성이므로 알코올폼 사용

> 참고
>
> ※ 아이소프로필알코올[$(CH_3)_2CHOH$]의 인화점 12℃, 연소범위 2.0~12%

적중 출제예상문제

메틸알코올

1 위험물안전관리법상 위험물로서의 알코올류의 탄소수는 얼마인가?
① 1~6개 ② 2~6개
③ 1~3개 ④ 관계없다.

[해] • 알코올류 : 1분자내에 탄소원자수가 3개 이하인 포화 1가 알코올(변성알코올을 포함한다)
[답] ③

2 1가 알코올이 아닌 것은?
① CH_3OH ② $C_2H_4(OH)_2$
③ C_2H_5OH ④ $(CH_3)_2CHOH$

[해] • 1가 알코올 : OH(수산기)가 1개인 알코올이며 $C_2H_4(OH)_2$는 OH가 2개이므로 2가 알코올이다.
[답] ②

3 다음 중 위험물안전관리법상 제4류 위험물의 알코올류에 속하는 것은?
① 톨루엔 ② 테레핀유
③ 변성알코올 ④ 아밀알코올

[해] • 문제 1 해설 참조
※ 변성알코올 포함
[답] ③

4 다음 관능기 중에서 메틸(methyl)기는 어느 것인가?
① $-C_2H_5$ ② $-COCH_3$
③ $-NH_2$ ④ $-CH_3$

[해] • 관능기 : ① 에틸기 ② 아세틸기 ③ 아미노기 ④ 메틸기
[답] ④

5 관능기의 이름이 틀린 것은?
① $-CHO$ 알데하이드기 ② $>C=O$ 카보닐기
③ $-NH_2$ 아미노기 ④ $-OH$ 알코올기

[해] • 관능기 : $-OH$(수산기)
[답] ④

6 인화점이 가장 낮은 알코올은?
① 메틸알코올 ② 에틸알코올
③ 정뷰틸알코올 ④ 아이소아밀알코올

[해] • 인화점 : 메틸<에틸<프로필<정뷰틸<아이소아밀알코올
[답] ①

7 알코올류 중 폭발범위와 인화점 면으로 보아서 가장 위험성이 큰 것은?
① CH_3OH ② C_2H_5OH
③ C_3H_7OH ④ C_4H_9OH

[해] • 알코올류 : 분자량이 작을수록 인화점이 낮다.
[답] ①

8 메틸알코올(Methyl alcohol)의 비등점은 대략 몇 도인가?
① 30℃ ② 65℃
③ 79℃ ④ 100℃

[해] • 비등점(비점) : 65℃
※ 에틸알코올 : 79℃
[답] ②

⑨ 알코올류에서 독성이 있는 것은?
① 메틸알코올
② 에틸알코올
③ 아밀알코올
④ 뷰틸알코올

해 • 메틸알코올 : 30~100ml 복용으로 실명 또는 치사한다.
답 ①

⑩ 메탄올의 성질에 맞지 않는 것은?
① 무색투명한 무취의 액체이고 휘발성이 있다.
② 물에는 무제한 녹는다.
③ 먹으면 눈이 멀거나 생명을 잃는다.
④ 비중이 물보다 작다.

해 • 메탄올 : 특유의 취기가 있음
※ 메탄올=메틸알코올
답 ①

⑪ 50℃로 가열한 메틸알코올에 불에 달군 구리줄을 담그면 어떠한 화합물이 생성되는가?
① 아세트알데하이드
② 초산
③ 포름알데하이드
④ 다이메틸에터

해 • 메틸알코올 : 1차산화되면 포름알데하이드가 되며 다시 산화되면 포름산이 된다(포름산=개미산=의산).
답 ③

⑫ 포름알데하이드는 무엇을 산화시켜 얻는가?
① 에틸알코올
② 아세트 알데하이드
③ 식초산
④ 메틸알코올

해 • 문제 11 해설 참조
답 ④

⑬ 메틸알코올(Methanol)이 산화되었을 때의 최종 생성물은?
① CO_2
② CH_4
③ HCHO
④ HCOOH

해 • 문제 11 해설 참조
답 ④

에틸알코올 등

⑭ 다음 에탄올 또는 주정이라고 하는 물질의 화학식은?
① $C_5H_{11}OH$
② CH_3COOH
③ CH_3OH
④ C_2H_5OH

해 • C_2H_5OH : 에탄올, 주정, 에틸알코올
답 ④

⑮ 에틸알코올의 성질 및 위험성에서 틀린 사항은?
① 증기밀도는 공기보다 크다.
② 탄소 함유량이 많기 때문에 탈 때 그을음이 나지 않는다.
③ 순도가 낮아지면 인화점이 높아진다.
④ 위험성은 메틸알코올에 준한다.

해 • 에틸알코올 : 탄소와 수소비가 1:3으로 탄소함유량이 적기 때문에 그을음이 나지 않는다.
답 ②

⑯ 공기의 평균분자량을 29라 했을 때 에탄올 증기의 표준상태에서 증기비중은?
① 1
② 1.2
③ 1.59
④ 2.3

[해] · C_2H_5OH의 분자량 : 46
※ 증기비중=46÷29= 1.586
≒1.59

답 ③

⑰ 2몰의 에틸알코올이 완전연소할 때 생기는 CO_2의 몰수는?
① 1몰
② 2몰
③ 3몰
④ 4몰

[해] · $C_2H_5OH+3O_2 \rightarrow 2CO_2+3H_2O$
1몰 : 2몰=2몰 : x
∴ x=4몰

답 ④

⑱ 에탄올에 진한 황산을 작용시키면 생성되는 것은?

$$CH_3CH_2OH \xrightarrow[C-H_2SO_4]{160℃} (\quad) + H_2O$$

① CH_3OH
② CH_4
③ C_2H_6
④ C_2H_4

[해] · 생성물질 : 에틸렌, 물
※ 에틸렌 : C_2H_4
※ 140℃에서는 다이에틸에터가 생성된다.

답 ④

⑲ 다음 중 에틸알코올과 메틸알코올의 공통점이 아닌 것은?
① 휘발성이 있다.
② 물에 잘 녹는다.
③ 비중이 물보다 작다.
④ 독성이 적다.

[해] · 에틸알코올 : 독성이 없다.
※ 메틸알코올 : 독성이 있다.

답 ④

⑳ 에틸알코올과 메틸알코올의 성질 중 옳지 않은 것은?
① 물에 잘 용해한다.
② 증기의 밀도가 공기보다 크다.
③ 에틸알코올은 독성이 있으나 메틸알코올은 독성이 없다.
④ 인화점이 20℃ 이하이다.

[해] · 에틸알코올 : 주정으로 인체에 무해하며, 메틸알코올은 30~100ml를 복용하면 실명 또는 치사한다.

답 ③

㉑ 메틸알코올과 에틸알코올이 각각 다른 시험관에 들어 있다. 이 두 화합물을 구별할 수 있는 실험은?
① 산화시켜 나온 물질에 은거울반응을 하여 본다.
② 금속나트륨을 넣어 본다.
③ NaOH와 I_2의 혼합용액을 넣어 노란색 침전물의 유무를 확인한다.
④ 환원시켜 생성물을 비교하여 본다.

[해] · 아이오도폼(요오드포름) 반응 : 에틸알코올 존재 유무 확인 반응
※ 에틸알코올에 KOH 또는 NaOH와 아이오딘을 혼합하면 노란색의 CHI_3[아이오도폼(요오드포름)]이 만들어진다.

답 ③

5 제2석유류의 성질

지정수량 : 비수용성(1,000ℓ), 수용성(2,000ℓ)
지정품목 : 등유, 경유
성질(성상)에 의한 품목 : 위 지정품목 이외의 **인화점 21℃ 이상 70℃ 미만인 것**

> **참고**
> ※ 인화점·착화점 : 시험대비를 위하여 중요한 것만을 기재하였음
> ※ 저장·취급법 : 필수 암기사항에 준하며 **특별한 저장 및 취급법**만을 다루었음

 등유(케로신)

(1) 주성분 : 탄소수 $C_9 \sim C_{18}$가 되는 포화·불포화탄화수소의 혼합물
(2) 지정수량 1,000ℓ, 인화점 40~70℃, 착화점 220℃ 전후, 연소범위 1.1~6.0%, 증기비중 4.5, 유출온도 150~300℃, 비중 0.79~0.85
(3) 소화방법 : 가솔린에 준한다.

> **참고**
> ※ 시험대비 : 가솔린과 비교하여 많이 출제된다. 특히 **증기 비중**은 4.5이므로 제4류 위험물 중 큰 편에 속한다. 저장방법은 필수 암기사항에 있으므로 생략하기로 한다.

 경유(디젤유)

(1) 주성분 : 탄소수 $C_{15} \sim C_{20}$가 되는 포화·불포화탄소수소의 혼합물
(2) 지정수량 1,000ℓ, 인화점 50~70℃, 착화점 200℃ 전후, 연소범위 1~6%, 증기비중 4.5, 유출온도 200~350℃, 비중 0.83~0.88
(3) 소화방법 : 가솔린에 준한다.

> **참고**
> ※ 시험대비 : 특히 지정품목인 **등유, 경유의 성질**이 많이 출제된다. 증기비중은 등유와 같다.

의산(HCOOH) (개미산, 포름산)

(1) **지정수량 2,000ℓ**, **인화점 69℃**, 착화점 601℃, 비점 100.5℃, 비중 1.218
(2) 물에 잘 녹으며 물보다 무겁다. 초산보다 강산이며, **알데하이드**와 같은 **강한 환원력**을 가진다.
(3) 피부와 접촉하면 **수포상의 화상**을 입는다.
(4) 저장법 : 용기는 내산성 용기를 사용할 것
(5) 소화방법 : CO_2, 분말, 할로젠화합물소화기 및 알코올폼 소화기

> **참고**
> ※ 의산 : 산성으로 용기를 부식하므로 내산성 용기를 사용할 것
> ※ 수용성인 가연물 : 포말소화기는 거품이 터지므로 내알코올성 **특수포**인 **알코올폼 소화기**를 사용할 것
> • 수포 : 물집
> • 내산성 : 산성의 물질에 견디는 성질
>
> R − COOH H−C(=O)(O−H)
>
> [일반식 (R은 알킬기)]   [의산의 구조식]
>
> ※ 연소반응식
> $2HCOOH + O_2 \rightarrow 2CO_2 \uparrow + 2H_2O$
> (의산)   (산소)   (이산화탄소)   (물)

초산(CH_3COOH) (빙초산, 아세트산)

(1) **지정수량 2,000ℓ**, **인화점 40℃**, 착화점 427℃, 연소범위 5.4~16%, **융점 16.6℃**, 비점 118.3℃, 비중 1.05
(2) 물에 잘 녹으며 물보다 무겁다.
(3) 피부와 접촉하면 **수포상의 화상**을 입는다.
(4) 저장법 : 내산성 용기에 저장할 것
(5) 소화방법 : 의산에 준할 것
(6) 기타 : 3~5% 수용액을 식초라 한다.

> **참고**
> ※ 융점 : 16.6℃ 이므로 겨울에는 **얼음과 같은 상태**로 존재하므로 **별명**을 **빙초산**이라 한다.
> • 공업용 빙초산 : 중금속을 처리하지 않은 초산으로 **식용으로 부적합**한 초산
>
> R – COOH
> [일반식 (R은 알킬기)]   [초산의 구조식]
>
> ※ 연소반응식
> $CH_3COOH + 2O_2 \rightarrow 2CO_2\uparrow + 2H_2O$
>   (초산)   (산소)   (이산화탄소)   (물)

5 테레핀유($C_{10}H_{16}$) 〈타펜유, 송정유〉

(1) **지정수량 1,000ℓ**, **인화점 35℃**, 착화점 240℃, 연소범위 0.8% 이상, 비점 153~175℃, 비중 0.86
(2) **피넨**($C_{10}H_{16}$) 80~90%가 주성분
(3) 물에 녹지 않으며 **헝겊** 및 **종이** 등에 스며들어 **자연발화**한다.
(4) **소화방법** : 가솔린에 준한다.

> **참고**
> ※ **테레핀유** : 소나무의 껍질에 상처를 내서 얻은 수지를 수증기로 증류하여 얻으며 독성이 있다.
> • 수지 : 나무의 진

6 스티렌($C_6H_5CHCH_2$) 〈스티놀, 비닐벤젠〉

(1) **지정수량 1,000ℓ**, **인화점 32℃**, 착화점 490℃, 연소범위 1.1~6.1%, 비점 146℃, 비중 0.807
(2) 스티렌의 중합체 : **폴리스티렌**
(3) 피부와 접촉시 **염증**을 일으킬 수 있으며, **증기**는 **유독성**이 있다.
(4) **소화방법** : 가솔린에 준할 것

참고

[스티렌의 구조식] → 부가 중합 → [폴리스티렌의 구조식]

※ 연소반응식

$C_6H_5CHCH_2 + 10O_2 \rightarrow 8CO_2\uparrow + 4H_2O$
(스티렌)　(산소)　　(이산화탄소)　(물)

7 장뇌유(백색유, 적색유, 감색유)

(1) **지정수량** 1,000ℓ, 인화점 47℃
(2) 사용되는 곳
　① **백색유** : 방부제　　② **적색유** : 비누향료　　③ **감색유** : 선광유
(3) 소화방법 : 가솔린에 준할 것

참고

※ **감색** : 우리가 잘 알고 있는 **곤색**은 **일본말**이며, 순수한 **우리말**은 감색이다.

8 송근유

(1) **지정수량** 1,000ℓ, 인화점 54~78℃, 착화점 약 355℃, 비점 155~180℃
(2) 황갈색의 독특한 냄새를 갖는 액체
(3) 소화방법 : 가솔린에 준할 것

참고

※ **송근유** : 소나무 뿌리를 건류하여 얻으며 출제빈도는 그다지 높지 않다.

에틸셀르솔브($C_2H_5OC_2H_4OH$, $C_2H_5OCH_2CH_2OH$)

〈에틸렌글리콜모노에틸에터〉

(1) 지정수량 2,000ℓ, 인화점 40℃, 착화점 238℃, 연소범위 1.8~14%, 비점 135℃, 비중 0.93
(2) 무색의 수용성 액체로서 용제 및 유리의 청결제 등으로 쓰임

> 참고
> ※ 에틸셀르솔브의 구조식
>
> $$H-\underset{\underset{H}{|}}{\overset{\overset{H}{|}}{C}}-\underset{\underset{H}{|}}{\overset{\overset{H}{|}}{C}}-O-\underset{\underset{H}{|}}{\overset{\overset{H}{|}}{C}}-\underset{\underset{H}{|}}{\overset{\overset{H}{|}}{C}}-OH$$

 자일렌(크실렌)[$C_6H_4(CH_3)_2$] **〈다이메틸벤젠〉**

(1) 지정수량 1,000ℓ
(2) 무색투명하며 **톨루엔과 비슷한 성질**이다.
(3) 소화방법 : 가솔린에 준할 것
(4) 자일렌(Xylene)의 이성질체

명 칭	o-자일렌	m-자일렌	p-자일렌
구조식	(CH₃ 두 개가 인접)	(CH₃ 두 개가 meta)	(CH₃ 두 개가 para)
희랍어	o : ortho(기본)	m : meta(중간)	p : para(반대)
인화점	32℃	27℃	27℃

> 참고
> ※ **자일렌** : O-자일렌, m-자일렌, p-자일렌으로 **3가지 이성질체**를 갖는다.
> • 이성질체 : 분자식은 같으나 **구조식이 다른** 물질이다.
> • 희랍어 : 그리스말
> • 구조식 : 원자가에 맞추어 결합선으로 나타낸 화학식(일반화학 중 화학식 참고)
> ※ 연소반응식
>
> $2C_6H_4(CH_3)_2 + 21O_2 \rightarrow 16CO_2\uparrow + 10H_2O$
> (자일렌)　　(산소)　　(이산화탄소)　(물)

클로로벤젠(C_6H_5Cl) 〈클로로벤졸, 염화페닐〉

(1) **지정수량** 1,000ℓ, **인화점** 32℃, 착화점 593℃, 연소범위 1.3~7.1%, 비중 1.11, 비점 132℃
(2) **물보다 무거우며** 마취성이 있다.
(3) DDT의 **원료**로 사용된다.

> **참고**
> ※ 클로로벤젠의 구조식
>
>
>
> ※ 연소반응식
> $\quad 2C_6H_5Cl + 14O_2 \rightarrow 6CO_2\uparrow + 2H_2O + HCl\uparrow$
> $\quad$ (클로로벤젠)$\quad$(산소)$\quad\quad$(이산화탄소)$\quad$(물)$\quad$(염화수소)

하이드라진[히드라진(N_2H_4)]

(1) **지정수량** : 2,000 ℓ
(2) **암모니아** 비슷한 냄새를 내며, **로켓연료** 등에 사용하는 무색의 **수용성** 액체
(3) 인화점 38℃, 비중 1.01

> **참고**
> ※ 연소반응식
> $\quad N_2H_4 + O_2 \rightarrow N_2\uparrow + 2H_2O$
> $\quad$(하이드라진)(산소)$\quad$(질소)$\quad$(물)

벤즈알데하이드[벤즈알데히드(C_6H_5CHO)]

(1) **지정수량** : 1,000 ℓ
(2) **아몬드향**의 **백색** 또는 **황색** 액체
(3) 인화점 64℃, 착화점 190℃, 연소범위 1.4~13.5%, 비중 1.05

적중 출제예상문제

등유·경유

1 제4류 위험물 분류로 옳은 것은?
① 제1석유류 : 아세톤, 가솔린, 이황화탄소
② 제2석유류 : 등유, 경유, 장뇌유
③ 제3석유류 : 중유, 송근유, 클레오소트유
④ 제4석유류 : 윤활유, 가소제, 글리세린

2 제2석유류의 일반적 성질을 쓴 것이다. 잘못 설명된 것은?
① 전기의 부도체로 정전기를 발생시킨다.
② 인화점이 상온보다 낮으므로 화기에 주의해야 한다.
③ 가열, 인화되면 제1석유류와 같은 위험성을 갖는다.
④ 포에 의한 소화가 적당하다.

3 등유나 경유는 어디에 속하는가?
① 제1석유류   ② 제2석유류
③ 제3석유류   ④ 제4석유류

4 다음 중 착화온도가 가장 낮은 것은?
① 가솔린   ② 등유
③ 에틸알코올   ④ 톨루엔

5 다음 중 착화온도가 가장 낮은 것은?
① 등유   ② 가솔린
③ 아세톤   ④ 톨루엔

6 등유의 성질에 맞지 않는 것은?
① 여러 가지 탄화수소의 혼합물이다.
② 석유류분 중 가솔린보다 4~5배 무겁다.
③ 가솔린보다 휘발되기 쉬운 탄화수소이다.
④ 물에는 녹지 않는다.

7 다음은 등유에 관한 설명이다. 틀린 것은?
① 증기비중은 공기보다 4~5배 무겁다.
② 석유분류 중 비점 150~300℃의 유분이다.
③ 착화온도는 150℃이며 가솔린보다 낮다.
④ 비중은 물보다 가볍고 인화점은 약 40~70℃이다.

[해] 제2석유류 : 등유·경유·의산·초산·스틸렌·자일렌·장뇌유·테레핀유·에틸셀르솔브 등
[답] ②

[해] 제2석유류 : 인화점 21℃ 이상 70℃ 미만
※ 상온 : 20℃±5℃
[답] ②

[해] 등유·경유 : 제2석유류의 지정품명
[답] ②

[해] 착화온도 : ① 약 300℃ ② 220℃ 전후 ③ 423℃ 전후 ④ 552℃
[답] ②

[해] 착화온도 : ① 220℃ 전후 ② 약 300℃ ③ 538℃ ④ 552℃
[답] ①

[해] 휘발성 : 가솔린>등유
※ 가솔린=휘발유
[답] ③

[해] 착화온도 : 220℃ 전후
[답] ③

⑧ 디젤유라고도 불리는 물질은?
① 등유　　　　　　② 경유
③ 벙커C유　　　　　④ 중유

해 · 경유의 별명 : 디젤유
　※ 등유의 별명 : 케로신
　　　　　　　　　답 ②

⑨ 경유의 성질을 잘못 설명한 것은?
① 비중은 1 이하이다.
② 물에 녹기 어렵다.
③ 인화점은 등유보다 낮다.
④ 보통 시판되는 것은 담갈색의 액체이다.

해 · 인화점 : 경유>등유
　※ 등유 : 40~70℃
　　경유 : 50~70℃
　　　　　　　　　답 ③

⑩ 경유의 화재 발생 시, 주수소화가 부적당한 이유는?
① 경유가 연소할 때 물과 반응하여 수소가스를 발생하여 연소를 돕기 때문에
② 주수하면 경유의 연소열 때문에 분해하여 산소를 발생하여 연소를 돕기 때문에
③ 경유는 물과 반응하여 유독가스를 발생하므로
④ 경유는 물보다 가볍고, 또 물에 녹지 않기 때문에 화재가 널리 확대되므로

해 · 경유 및 제4류 위험물의 화재 : 주수소화하면 물과 인화성 액체의 표면장력차에 의하여 화재 면을 확대하므로 위험하다.
　　　　　　　　　답 ④

의산 · 초산

⑪ 다음 화학식 중 의산은 어느 것인가?
① HCHO　　　　　② HCOOH
③ CH₃CHO　　　　④ CH₃COOH

해 · 의산 : HCOOH
　※ 의산=개미산=포름산
　　　　　　　　　답 ②

⑫ 다음 중 물보다 무거운 것은?
① 개미산　　　　　② 벤젠
③ 휘발유　　　　　④ 등유

해 · 개미산: 물에 잘 녹으며 물보다 무겁다(비중 1.218).
　　　　　　　　　답 ①

⑬ 다음 화학분자식 중에서 제2석유류는 어느 것인가?
① CH₃CH₂CHO　　② C₆H₆
③ CH₃COOH　　　④ CH₃COCH₃

해 · 석유류 : ① 　제1석유류
② 제1석유류 ③ 제2석유류 ④ 제1석유류
　　　　　　　　　답 ③

⑭ 자극성 냄새를 가지며 피부에 닿으면 물집이 생기고 비교적 강한산으로 환원성이 있는 제2석유류는?
① 개미산　　　　　② 스티렌
③ 아세톤　　　　　④ 에탄올

해 · 개미산: (HCOOH) : 물보다 무겁고 물에 녹으며 피부와 접촉하면 물집(2도 화상 정도)이 생긴다.
　　　　　　　　　답 ①

⑮ 제4류 위험물인 포름산의 저장·취급시 알아 두어야 할 일반적인 특성에 대한 설명 중 틀린 것은?
① 살에 닿으면 부풀어 오른다.
② 알데하이드기를 가지므로 환원성이 없다.
③ 진한 황산과 가열하면 일산화탄소가 생긴다.
④ 자극성이 있는 무색의 액체로서 물에 잘 녹는다.

해 • 포름산(HCOOH) : 포름산은 카복실기(-COOH)를 갖는다.
※ 알데하이드기 : -CHO
답 ②

⑯ 초산의 성질이 아닌 것은?
① 물에 녹지 않는다.
② 색깔이 없다.
③ 가연성 액체이다.
④ 수포상의 화상

해 • 초산 : 물에 잘 녹는다.
답 ①

⑰ 초산이 응고하여 빙초산이 될 때의 융점으로 맞는 것은?
① 17.6℃
② 16℃
③ 16.6℃
④ 17.7℃

해 • 융점 : 16.6℃
답 ③

기타 제2석유류

⑱ 제2석유류 중 피넨이 주성분이며 자연발화의 위험이 있는 것은?
① 등유
② 테레핀유
③ 중유
④ 클로르벤젠

해 • 테레핀유의 주성분 : 피넨이 80~90%이며 자연발화의 위험이 있다.
답 ②

⑲ 테레핀유에 대해 옳게 쓴 것은?
① 포화·불포화탄화수소의 혼합물
② 포화·불포화탄화수소의 화합물
③ 공기와 접촉하면 산화하며 자연발화의 위험이 있다.
④ 인화점 69℃이며 별명은 개미산이다.

해 • 문제 18 해설 참조
답 ③

⑳ 다음 구조식의 명칭은?

① 스티렌
② 자일렌
③ 뷰타다이엔
④ 톨루엔

해 • 구조식의 명칭 : 스티렌
답 ①

㉑ 장뇌유의 종류가 아닌 것은?
① 백색유
② 적색유
③ 감색유
④ 황색유

해 • 장뇌유 : 백색·적색·감색유
답 ④

㉒ 클로로벤젠에 있어서 옳은 것은?
① 인화점은 32℃이다.
② 석유냄새가 난다.
③ 은색의 액체이다.
④ 독성이 있어 살인용으로 사용한다.

해 • 인화점 : 32℃
답 ①

㉓ 상온에서 인화의 위험은 없으나, 가까이 화기가 있으면 위험하며 D.D.T 제조에 쓰이는 물질은?
① $C_6H_5CH_3$ ② $C_6H_5NH_2$
③ C_6H_5Cl ④ $C_6H_5SO_3H$

해 • 클로로벤젠(C_6H_5Cl) : DDT의 주원료로 사용된다.
답 ③

㉔ 제4류 위험물 중 물보다 무거운 것은?
① $C_6H_5CHCH_2$ ② C_6H_5Cl
③ C_6H_6 ④ $C_6H_5CH_3$

해 • 비중 : ① 0.807 ② 1.11 ③ 0.88 ④ 0.871
답 ②

㉕ 다음 구조식의 이름은?

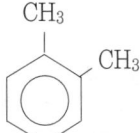

① O-자일렌
② m-자일렌
③ P-자일렌
④ X-자일렌

해 • 구조식 : 3개

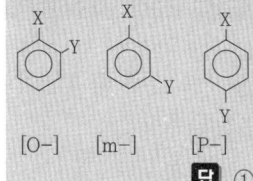

[O-] [m-] [P-]
답 ①

㉖ 다음은 자일렌에 대한 일반성질을 나열한 것이다. 틀린 것은?
① 휘발성의 액체이다.   ② 독특한 냄새를 가지며 갈색이다.
③ 유지나 수지 등을 녹인다. ④ 전기의 불량도체이다.

해 • 자일렌 : 무색투명하고 독특한 냄새를 가지는휘발성 액체
답 ②

㉗ 자일렌의 이성질체는 몇 개인가?
① 2개 ② 3개
③ 4개 ④ 5개

해 • 문제 21 해설 참조
답 ②

유게실

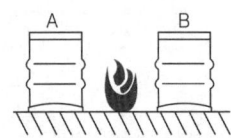

뚜껑이 없는 가솔린 드럼통 A와 B에 가솔린이 들어 있다. 지금 바람이 B에서 A쪽으로 불 때 A와 B 중간지점에서 불이 났다. A와 B 중 어느 드럼을 먼저 옮겨야 할까?

답 : B(B드럼의 발생 증기는 바람에 의하여 불꽃 쪽으로 확산하여 인화위험이 A보다 큽니다)

6 제3석유류의 성질

지정수량 : 비수용성(2,000ℓ), 수용성(4,000ℓ)
지정품목 : 중유, 크레오소오트유
성질(성상)에 의한 품목 : 위 지정품목 이외의 **인화점 70℃ 이상 200℃ 미만**인 것

 중유(직류중유, 분해중유)

(1) 직류중유
① **지정수량 2,000ℓ, 인화점 60~150℃**, 착화점 254~405℃, 유출온도 300~350℃
② 주로 **디젤기관의 연료**로 사용되며 분무성이 좋다.

(2) 분해중유
① **지정수량 2,000ℓ, 인화점 70~150℃**, 착화점 380℃
② 주로 **보일러의 연료**로 사용되며 **종이 및 헝겊**에 스며 배어있을 경우 **자연발화**의 위험이 있다.
③ **소화방법** : 질식소화기를 사용하며 포말 및 수분함유 물질의 소화는 시간이 지연되면 안 좋다.
④ **등급** : 점도에 의하여 A, B, C등급으로 나누며 **벙커 C유**는 C중유이다.

> **참고**
>
> ※ 탱크 화재시 일어나는 현상
> - **슬롭오버(Slop-Over)** : 화재 면의 액체가 포말과 함께 **혼합**되어 기름거품이 되어 탱크 밖으로 넘쳐 흐르는 현상
> - **보일오버(Boil-Over)** : 연소열에 의하여 **탱크 내부의 수분층이 이상 팽창으로 연소유를 탱크 밖으로 비산시키며 연소하는 현상**
> - **후로스오버(Froth-Over)** : 탱크 속의 물이 점성을 가진 뜨거운 기름의 표면 아래에서 **끓을 때 화재를 수반하지 않고 기름이 탱크 밖으로 넘쳐 흐르는 현상**
> - **블레비(Bleve)** : 가연성 액체 저장탱크 주위의 화재로 **탱크 강판의 강도가 약해진 부분의 파열**로 인하여 탱크 내부의 가열된 **액화가스가 급격히 유출 팽창되어 화구(Fire ball)**을 형성하여 **폭발하는 현상**
> - **증기운폭발(UVCE)** : 대기 중에 대량의 가연성가스나 **인화성 액체가 유출**되어 그것으로부터 발생되는 증기가 대기 중의 공기와 혼합하여 **폭발성인 증기운**(Vapor Cloud)을 형성하고 이때 **착화원**에 의해 화구(fire ball) 형태로 **폭발하는 현상**

크레오소오트유(타르유)

(1) **지정수량** 2,000ℓ, **인화점** 74℃, **착화점** 336℃, **비점** 194~400℃, **비중** 1.05
(2) **타르산**이 함유되어 용기를 부식하므로 **내산성용기**에 수납할 것
(3) 물보다 무겁고 **독성**이 있다.
(4) 자체 내에 특수가연물 중 **나프탈렌** 및 **안트라센**을 포함한다.
(5) **카본블랙** 및 **목재**의 **방부제**로 사용한다.

> ※ 크레오소오트유 : **황색** 또는 **암록색**의 점도가 높은 액체로서 소화방법은 중유에 준할 것

나이트로벤젠[니트로벤젠($C_6H_5NO_2$)] 〈나이트로벤졸〉

(1) **지정수량** 2,000ℓ, **인화점** 88℃, **착화점** 482℃, **비점** 211℃, **비중** 1.2
(2) 물보다 무겁고 **독성**이 강하며 불용성이다.
(3) 나이트로화제로는 **황산**과 **질산**이 사용된다.

> ※ 나이트로벤젠 : **갈색**, **암황색**의 점조한 액체로 소화방법은 중유에 준할 것
> • 응급처치 : 아닐린과 함께 **증기중독**시 커피 또는 과일주스를 마실 것
> • 나이트로화 : 유기화합물 분자 중 수소원자를 **나이트로기**(NO_2)로 바꾸어 놓는 것
>
>
>
> [나이트로벤젠의 구조식]   [나이트로벤젠의 제법]
>
> ※ 연소반응식
> $4C_6H_5NO_2 + 29O_2 \rightarrow 24CO_2\uparrow + 10H_2O + 4NO_2\uparrow$
> (나이트로벤젠) (산소)   (이산화탄소)   (물)   (이산화질소)

아닐린($C_6H_5NH_2$) (아미노벤젠)

(1) 지정수량 2,000 ℓ, 인화점 75℃, 착화점 538℃, 연소범위 1.3~11%, 비점 184℃, 비중 1.002, 융점 -6℃
(2) 물보다 무겁고 독성이 강하며 물에 약간 녹는다.
(3) 알칼리금속 및 알칼리토금속과 작용하여 **수소**(H_2) 및 **아닐리드** 발생
(4) 나이트로벤젠을 주석(철)과 염산으로 **환원**하여 만든다.

> **참고**
>
> ※ 아닐린 : **황색** 또는 **담황색**의 점도가 높은 액체로 아닐린은 **피부**와 접촉 또는 **호흡기**에 흡수되며 **중독증상**이 나타나므로 취급시 피부 및 호흡기를 보호할 것
> ※ 제법
>
> 2 (나이트로벤젠)-NO_2 + 3Sn (주석) + 12HCl (염산) → 2 (아닐린)-NH_2 + 3$SnCl_4$ (염화주석) + 4H_2O (물)
>
> ※ 염산과의 화학반응식
>
> (아닐린)-NH_2 + HCl (염산) ⇌ (전해질물질(물에 잘 녹는다))-NH_3^+ + Cl^-
>
> ※ 연소반응식
>
> 4$C_6H_5NH_2$ (아닐린) + 33O_2 (산소) → 24CO_2↑ (이산화탄소) + 14H_2O (물) + 4NO↑ (일산화질소)

에틸렌글리콜[$C_2H_4(OH)_2$, CH_2OHCH_2OH]

(1) 지정수량 4,000 ℓ, 인화점 111℃, 착화점 413℃, 비점 197℃, 비중 1.113, 융점 -12℃
(2) 무색·무취의 끈끈하고 흡습성이 있는 **수용성 액체**
(3) 2가 알코올로 독성이 있으며 단맛이 있다.
(4) 자동차용 부동액의 주원료 **나이트로글리콜의 원료** 등으로 사용한다.

참고

※ 소화방법 : 중유에 준한다.
  • 2가 알코올 : OH(수산기)가 2개인 알코올

$$CH_2 \cdot OH$$
$$|$$
$$CH_2 \cdot OH$$

$$HO-\underset{\underset{H}{|}}{\overset{\overset{H}{|}}{C}}-\underset{\underset{H}{|}}{\overset{\overset{H}{|}}{C}}-OH$$

[에틸렌글리콜의 구조식]

※ 연소반응식
  $2C_2H_4(OH)_2 + 5O_2 \rightarrow 4CO_2\uparrow + 6H_2O$
  (에틸렌글리콜) (산소)   (이산화탄소)   (물)

글리세린[$C_3H_5(OH)_3$, $CH_2OHCHOHCH_2OH$]

(1) **지정수량 4,000 ℓ**, **인화점 160℃**, 착화점 393℃, 비점 290℃, 비중 1.26, 융점 17℃
(2) 무색·무취의 끈끈하고 흡습성이 있는 **수용성 액체**
(3) 3가 알코올로서 물보다 무거우며 **단맛**이 있다.
(4) **나이트로글리세린**의 **원료** 및 화장품 등의 원료로 사용된다.

참고

※ 글리세린 : 단맛을 내는 무색점조한 액체로 저장·취급 및 소화방법은 중유에 준한다.
  • 3가 알코올 : 수산기(OH)가 3개 있는 알코올

$$CH_2 \cdot OH$$
$$|$$
$$CH \cdot OH$$
$$|$$
$$CH_2 \cdot OH$$

또는

$$H-\underset{\underset{OH}{|}}{\overset{\overset{H}{|}}{C}}-\underset{\underset{OH}{|}}{\overset{\overset{H}{|}}{C}}-\underset{\underset{OH}{|}}{\overset{\overset{H}{|}}{C}}-H$$

[글리세린의 구조식]

※ 연소반응식
  $2C_3H_5(OH)_3 + 7O_2 \rightarrow 6CO_2\uparrow + 8H_2O$
  (글리세린)   (산소)   (이산화탄소)   (물)

담금질유

(1) 지정수량 2,000ℓ
(2) 철, 강철 등 기타 금속을 900℃ 정도로 가열하여 **기름 속에 넣어 급격히 냉각**시키면 금속의 재질이 처리 전보다 **단단하여진다**. 이 때 사용하는 기름을 담금질유라 한다.

※ 저장·취급법 및 소화방법 : 중유에 준하며 인화점 200℃ 이상 250℃ 미만의 담금질유는 제4석유류에 속한다.

메타크레졸

(1) 지정수량 2,000ℓ, 인화점 86℃, 융점 4℃

※ 크레졸의 이성질체 : 오르토·파라는 고체상태이므로 소방기본법에서 **특수가연물**에 해당된다.

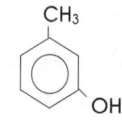
[메타크레졸의 구조식]

하이드라진 하이드레이트[히드라진 하이드레이트($N_2H_4 \cdot H_2O$)]

(1) 지정수량 4000L, 인화점 74℃
(2) 공기중에서 발연하는 수용성 액체

※ 연소반응식
$$N_2H_4 \cdot H_2O + 2O_2 \rightarrow N_2 + 2H_2O_2 + H_2O$$
(하이드라진하이드레이트) (산소)   (질소) (과산화수소) (물)

적중 출제예상문제

중유 · 크레오소오트유

1 다음 중 제3석유류 중 수용성인 것의 지정수량은 어느 것인가?
① 500 ℓ   ② 1,000 ℓ
③ 2,000 ℓ   ④ 4,000 ℓ

해 • 지정수량 : 4,000 ℓ
※ 비수용성 : 2,000 ℓ
답 ④

2 다음 중 제3석유류를 대표하는 위험물은?
① 중유, 경유   ② 중유, 등유
③ 중유, 크레오소오트유   ④ 중유, 담금질유

해 • 지정품명 : 중유 · 크레오소오트유
답 ③

3 다음 중 연소할 때 분해연소하는 것은?
① 특수인화물   ② 제1석유류
③ 제2석유류   ④ 제3석유류

해 • 중질유 : 제3석유류 · 제4석유류 · 동식물유류는 분해연소한다.
답 ④

4 벙커 C유는 어느 석유류에 속하나?
① 제1석유류   ② 제2석유류
③ 제3석유류   ④ 제4석유류

해 • 벙커 C유 : 중유(제3석유류) 중 C-중유에 해당한다.
답 ③

5 제3석유류 화재에 적당한 소화방법은?
① 탄산가스에 의한 질식소화   ② 주수에 의한 냉각소화
③ 건조사에 의한 질식소화   ④ 소다회에 의한 질식소화

해 • 소화방법 : 탄산가스 등 질식소화
답 ①

6 다음에서 중유의 성질에 맞지 않는 것은?
① 암갈색의 액체이다.
② 석유류분 중 300℃ 이하에서 유출된다.
③ 여러 가지 종류로 분류되어 있다.
④ 종류에 따라 인화점이 다르다.

해 • 비점 : 300~350℃
답 ②

7 중질유가 연소할 때 발생하는 가스 중 특히 취급장치를 부식시키며 불쾌한 냄새를 가지는 불순물은?
① 황화합물   ② 탄소화합물
③ 수소화합물   ④ 산소화합물

해 • $S+O_2 \rightarrow SO_2$
※ $SO_2+H_2O \rightarrow H_2SO_3$ H_2SO_3(아황산)는 부식성
답 ①

8 크레오소오트유는 어디서 얻는가?
① 석유   ② 석탄
③ 알코올   ④ 중유

해 • 크레오소오트유 : 콜타르에서 얻는다.
※ Coal(콜) : 석탄
답 ②

⑨ 크레오소오트유에 대한 설명 중 틀린 것은?
① 안트라센 및 나프탈렌을 포함하고 있다.
② 물보다 무겁고 물에 녹지 않는다.
③ 타르산을 포함하므로 내식성 용기를 쓴다.
④ 독성이 없어 방부제로 사용한다.

[해] • 크레오소오트유 : 독성이 있다.
[답] ④

나이트로벤젠 · 아닐린

⑩ 벤젠에 진한 황산과 진한 질산을 작용하면 무엇이 생기는가?
① 나이트로벤젠   ② 벤젠술폰산
③ 페놀   ④ 살리실산

[해] • 나이트로벤젠 : 벤젠+나이트로화제(질산과 황산의 혼산)
[답] ①

⑪ 나이트로벤젠의 성질 중 옳지 않은 것은?
① 비중이 물보다 크다.   ② 갈색의 독성이 있는 액체이다.
③ 물에 잘 녹는다.   ④ 폭발성이 크다.

[해] • 나이트로벤젠 : 불용성
[답] ③

⑫ 다음 위험물 중에서 제3석유류에 속하는 것은?
① CH_3COCH_3 ② C_6H_6
③ $C_6H_5NH_2$ ④ $C_6H_5CH_3$

[해] • 석유류 : ① 제1석유류 ② 제1석유류 ③ 제3석유류 ④ 제1석유류
[답] ③

⑬ 다음 중 방향족 탄화수소가 아닌 것은?
① 벤젠   ② 자일렌
③ 메틸벤젠   ④ 아닐린

[해] • 방향족탄화수소 : 탄소와 수소만의 화합물로서 아닐린은 질소(N)를 가지므로 제외
[답] ④

⑭ 아닐린과 알칼리금속과 접촉하였을 때 아닐리드와 함께 발생하는 기체는?
① O_2 ② H_2
③ N_2 ④ Cl_2

[해] • 아닐린 : 알칼리금속과 접촉으로 수소(H_2)와 아닐리드 생성
[답] ②

⑮ 나이트로벤젠을 주석 또는 철과 염산으로 환원시키면 생성되는 것은?

①
②
③
④

[해] • 화학반응식

2 $+3Sn+12HCl \rightarrow$
(나이트로벤젠)

2 $+3SnCl_4+4H_2O$
(아닐린)

[답] ①

⑯ 아닐린은 물에 잘 녹지 않지만 아닐린을 염화수소와 반응시키면 물에 잘 녹는 물질이 생긴다. 이 물질은?

① (구조식: NH₂, Cl)
② (구조식: NH₃⁺Cl⁻)
③ (구조식: NHCl)
④ (구조식: Cl, NH₂)

해  + HCl ⇌

답 ②

에틸렌글리콜·글리세린 등

⑰ 다음 중 2가 알코올인 것은?
① 메탄올
② 에탄올
③ 에틸렌글리콜
④ 글리세린

해 · 에틸렌글리콜($C_2H_4(OH)_2$) : OH(수산기)가 2개이므로 2가 알코올

답 ③

⑱ 겨울철 자동차용 부동액으로 사용하는 것은?
① 퓨젤유
② 에틸렌글리콜
③ 글리세린
④ 아이소프로필알코올

해 · 에틸렌글리콜 : 자동차용 부동액으로 사용

답 ②

⑲ 다음 중 제3석유류에 속하는 것은?
① 가솔린
② 등유
③ 글리세린
④ 윤활유

해 · 석유류 : ① 제1석유류 ② 제2석유류 ③ 제3석유류 ④ 제4석유류

답 ③

⑳ 글리세린은 몇 가 알코올인가?
① 1가
② 2가
③ 3가
④ 4가

해 · 글리세린($C_3H_5(OH)_3$) : OH(수산기)가 3개이므로 3가 알코올

답 ③

㉑ 글리세린에 대한 설명을 바르게 한 것은?
① 에터, 벤젠 등에 잘 녹는다.
② 불연성 물질이다.
③ 흡습성이 있다.
④ 무색, 무취의 고체이다.

해 · 글리세린 : 무색점조한 액체로서 흡습성이 있다.

답 ③

㉒ 에틸렌글리콜과 글리세린의 공통점이 아닌 것은?
① 수용성이다.
② 독성이 있다.
③ 감미가 있다.
④ 무색점조한 액체이다.

해 · 에틸렌글리콜은 독성이 있으나 글리세린은 독성이 없다.

답 ②

㉓ 다음 위험물 중에서 제3석유류로만 짝지어진 것은?
① 중유-테레핀유
② 중유-아세트산
③ 크레오소트유-에틸렌글리콜
④ 크레오소트유-윤활유

해 · 제2석유류 : 테레핀유·아세트산
· 제3석유류 : 중유·크레오소트유·에틸렌글리콜
· 제4석유류 : 윤활유

답 ③

7 제4석유류의 성질

지정수량 : 6,000 ℓ
지정품목 : 기어유, 실린더유
성질(성상)에 의한 품목 : 위 지정품목 이외의 **인화점 200℃ 이상 250℃ 미만**인 것

윤활유

(1) **윤활유의 종류** : 석유계윤활유, 합성윤활유, 혼성윤활유, 지방성윤활유 등
(2) **석유계 윤활유** : 기어유, 실린더유, 터빈유, 머신유(기계유), 모터유, 스핀들유

> ※ **윤활유** : 기계부분 중 마찰을 많이 받는 부분의 마찰을 적게 하기 위하여 사용하는 기름
> ※ **스핀들유** : 선반의 주축에 사용하며 윤활유 중 **인화점이 가장 낮다**(제3석유류).

가소제

(1) 인화점 200℃ 이상 250℃ 미만
(2) **가소제의 종류** : DOP, DIDP, TCP 등
(3) **용도** : 합성수지, 합성고무 등에 가소성을 주는 기름

> ※ **가소제** : 소성 가능하게 하는 물질
> • **소성** : 물질에 힘이 작용하면 상태가 변하며 힘이 제거되면 변한 상태로 유지되는 성질(**반대현상**을 **탄성**이라 한다)
> • **가소성** : 소성 가능한 성질
> ※ **DOP** : 프탈산다이옥틸　　　　　　※ **DIDP** : 프탈산다이소데실
> ※ **TCP** : 프탈산트라이크레실

기타 제4석유류(방청유 · 담금질유 · 전기절연유 · 절삭유)

> ※ **방청유** : 수분의 침투를 **방지하여 철제를** 부식되지 않게 하는 기름
> ※ **담금질유** : 인화점 200℃ 이상 250℃ 미만의 것. 인화점 70℃ 이상 200℃ 미만의 것은 제3석유류이다(제3석유류 담금질유 참조).
> ※ **전기절연유** : 변압기 등에 쓰이는 **광물유**
> ※ **절삭유** : 금속재료를 절삭가공할 때 공구와 재료와의 **마찰열을 흡수**하는 기름

적중 출제예상문제

제4석유류

1 제4석유류의 지정수량은 몇인가?
① 1,000 ℓ   ② 2,000 ℓ
③ 3,000 ℓ   ④ 6,000 ℓ

해 • 지정수량 : 6,000 ℓ
답 ④

2 다음 위험물 중 제4석유류에 속하는 것은?
① 윤활유   ② 중유
③ 글리세린   ④ 경유

해 • 석유류 : ① 제4석유류
②③ 제3석유류 ④ 제2석유류
답 ①

3 다음 중 제4석유류 가소제가 아닌 것은?
① DOP   ② DIDP
③ TCP   ④ TNT

해 • TNT : 제5류 위험물
답 ④

4 제4류 위험물(제4석유류)가소제의 일반적 성질 중에서 옳은 것은?
① 휘발성이 크고, 빛에 불안정하다.
② 물, 비누, 그리스 용제에 추출된다.
③ 인화점은 260℃ 전후이다.
④ 수지와 고루 혼합되고 용해된다.

해 • 가소제 : 합성수지에 가소성을 주는 액체
답 ④

5 제4석유류의 담금질유의 인화점은?
① 100℃ 이상 200℃ 미만   ② 200℃ 이상 250℃ 미만
③ 300℃ 이상 350℃ 미만   ④ 400℃ 이상 450℃ 미만

해 • 제4석유류 : 200℃ 이상 250℃ 미만
답 ②

휴게실

◆ 건강에 좋은 삼림욕
숲속의 모든 초목들이 내뿜는 향기 **피톤치드**(phytoncide)는 우리 몸 속의 병균을 살균할 뿐만 아니라 살과 피를 맑게 합니다. 가장 좋은 삼림욕장은 소나무숲, 다음은 **잣나무, 은행나무, 아카시아** 등의 울창한 숲이 좋습니다.
※ 돌아오는 **여름 휴가**에는 **삼림욕 계획**을 세워보는 것이 어떨지요….

8 동·식물유류의 성질

(1) 지정수량 : 10,000 ℓ
(2) 정의 : 동물의 지육 등 또는 식물의 종자나 과육으로부터 추출한 것으로서 1기압에서 인화점이 250℃ 미만인 것
(3) 제외되는 것 : 행정안전부령이 정하는 용기기준과 수납·저장기준에 따라 수납되어 저장·보관되고 용기의 외부에 물품의 통칭명, 수량 및 화기엄금의 표시가 있는 경우
(4) 아이오딘값(요오드값) : 유지 100g에 부가되는 아이오딘의 g수

> **참고**
> ※ 아이오딘값에는 단위가 없다(g수이므로 숫자만 표시한다).
> • 아이오딘값이 크다는 것은 탄소 간에 이중결합이 많고 불포화도가 크다고 볼 수 있다.
> • 부가(첨가) : 불포화화합물질에 다른 물질의 분자가 결합하여 새로운 물질을 만드는 화학반응, 여기서는 녹아 들어간다는 의미로 생각하는 것이 수험자에게는 이해가 쉽다.
> ※ 고체·반고체 : 특수가연물 중 가연성 고체에 해당된다.

 건성유

(1) 아이오딘값(요오드값) : 130 이상
(2) 동물유 : 정어리유, 대구유, 상어유
(3) 식물유 : 해바라기유, 동유, 아마인유, 들기름
(4) 위험성 : 불포화도가 크므로 자연발화의 위험이 있다.
(5) 건성유를 가공한 보일유는 페인트의 원료로 사용된다.

> **참고**
> ※ 건성유 : 공기 중에서 단단한 피막을 만들며 헝겊, 종이에 베어 공기 중에서 자연발화한다.
> ※ 건성유 중 아이오딘값이 가장 큰 것 : 들기름(192~208)
> ※ 중요한 건성유의 아이오딘값 및 인화점
>
> | 품 명 | 원 료 | 아이오딘값 | 인화점 | 쓰이는 곳 |
> |---|---|---|---|---|
> | 해바라기유 | 해바라기씨 | 125~136 | | 식용 |
> | 동 유 | 오동종자 | 145~176 | 289℃ | 도료 |
> | 아마인유 | 아마의 씨 | 170~204 | 222.2℃ | 도료 |
> | 들기름 | 들 깨 | 192~208 | 279℃ | 식용·도료 |
> | 정어리기름 | 정어리 | 154~196 | | 경화유 |

2 반건성유

(1) 아이오딘값(요오드값) : 100 ~ 130
(2) 동물유 : 청어유
(3) 식물유 : 쌀겨기름, 면실유, 채종유, 옥수수기름, 참기름, 콩기름

> **참고**
> ※ 반건성유 : 건성유보다는 공기 중에서 만드는 **피막이 얇다**.
> • 채종유 중 개자유의 인화점 46℃
> ※ 중요한 반건성유의 아이오딘값 및 인화점
>
> | 품 명 | 원 료 | 아이오딘값 | 인화점 | 쓰이는 곳 |
> |---|---|---|---|---|
> | 청 어 유 | 청 어 | 123~146 | 224℃ | 경화유 |
> | 쌀 겨 기 름 | 쌀 겨 | 92~115 | 234℃ | 식용·비누 |
> | 면 실 유 | 목화씨 | 99~113 | 252℃ | 식용 |
> | 채 종 유 | 채소씨 | 97~107 | 163℃ | 식용·담금질유·윤활유 |
> | 옥수수기름 | 옥수수 | 109~133 | 254℃ | 식용 |
> | 참 기 름 | 참 깨 | 104~116 | 255℃ | 식용·약품 |
> | 콩 기 름 | 콩 | 117~141 | 282℃ | 식용 |

3 불건성유

(1) 아이오딘값(요오드값) : 100 이하
(2) 동물유 : 쇠기름, 돼지기름, 고래기름
(3) 식물유 : 피마자유, 올리브유, 팜유, 땅콩기름, 야자유

> **참고**
> ※ 불건성유 : 공기 중에서 건성, 반건성유와 같이 **피막을 만들지 않고** 안정된 기름
> ※ 불건성유 중 아이오딘값이 가장 작은 것 : 야자유(7~10)
> ※ 중요한 불건성유의 아이오딘값 및 인화점
>
> | 품 명 | 원 료 | 아이오딘값 | 인화점 | 쓰이는 곳 |
> |---|---|---|---|---|
> | 피 마 자 유 | 아주까리의 씨 | 81~86 | 229℃ | 브레이크유·약용·화장품·도료 |
> | 올 리 브 유 | 올리브 열매 | 79~90 | 225℃ | 약용·화장품 |
> | 팜 유 | 팜의 열매 | 51~57 | 162℃ | 식용·비누 |
> | 낙화생기름 | 땅 콩 | 84~102 | 282℃ | 식용·약용 |
> | 야 자 유 | 야 자 | 7~10 | 216℃ | 비누·고급알코올의 원료·라우린산 |

적중 출제예상문제

동·식물유류

1 동·식물유류의 지정수량은 몇인가?
① 1,000 ℓ ② 3,000 ℓ
③ 6,000 ℓ ④ 10,000 ℓ

> 해 · 지정수량 : 10,000 ℓ
> 답 ④

2 다음 동·식물유류의 인화점 범위는?
① 200℃ 미만 ② 250℃ 미만
③ 350℃ 미만 ④ 450℃ 미만

> 해 · 인화점 : 250℃ 미만
> 답 ②

3 동·식물유류 중에서 인화점이 가장 낮은 것은?
① 개자유 ② 아마인유
③ 피마자유 ④ 올리브유

> 해 · 인화점 :
> ① 46℃ ② 326℃
> ③ 389℃ ④ 324℃
> 답 ①

4 유류 분류 중 아이오딘값이 130 이상인 것을 무엇이라고 부르는가?
① 불건성유 ② 반건성유
③ 건성유 ④ 채종유

> 해 · 아이오딘값 : 건성유 130 이상, 반건성유 100~130, 불건성유 100 이하
> 답 ③

5 다음 A항과 B항의 연결 중 맞는 것은?
　　　-A-　　　　-B-
① 건 성 유 - 아이오딘가 130 이상
② 건 성 유 - 아이오딘가 100~130
③ 불건성유 - 아이오딘가 130 이상
④ 불건성유 - 아이오딘가 100~130

> 해 · 문제 4 해설 참조
> 답 ①

6 아이오딘값이 큰 유류에 대한 설명 중 맞는 것은?
① 분자량이 크다. ② 분자량이 작다.
③ 불포화도가 크다. ④ 불포화도가 작다.

> 해 · 아이오딘값이 크다는 것 : 불포화도가 크기 때문에 2중 결합을 많이 가지고 있으며 건성도 크다.
> 답 ③

7 아이오딘값이 크다함은 무엇을 의미하는 것인가?
① 2중결합이 많다. ② 불건성유이다.
③ 분자량이 크다. ④ 분자량이 작다.

> 해 · 문제 6 해설 참조
> 답 ①

8 동식물유류에 대하여 기술하였다. 옳은 것은?
① 면실유는 불건성유이다.
② 아이오딘값이 130 이하인 것이 건성유이다.
③ 불포화도가 큰 기름일수록 건성이 크다.
④ 산패한 유지는 아세틸값이 적어진다.

해 • 문제 6 해설 참조
답 ③

9 공기 중에서 서서히 산화되어 수지모양으로 굳어 얇은 막을 만드는 것은?
① 올리브유   ② 참기름
③ 면실유   ④ 오동기름

해 • 건성유 : 오동기름
답 ④

10 아마인유에 대한 기술 중 옳지 않은 것은?
① 아이오딘가가 피마자유보다 작다.
② 공기 중 산소와 결합하기 쉽다.
③ 고급 지방산의 글리세린 에스터다.
④ 정제한 것은 무미, 무취, 무색이다.

해 • 아마인유 : 아마인유는 건성유로서 피마자유보다 아이오딘이 크다.
답 ①

11 저장시 섬유류에 스며들어 자연발화의 위험이 있는 기름은?
① 땅콩기름   ② 야자유
③ 올리브유   ④ 해바라기유

해 • 건성유 : 해바라기유
답 ④

12 동식물성 유류 중 건성유의 자연발화 조건에 속하는 것은?
① 마개를 하지 않은 용기에 장시간 보관시
② 종이나 헝겊 등에 스며서 쌓여 있을 때
③ 물이 급격히 혼합될 때
④ 순간적 충격이나 강한 빛을 쏘였을 때

해 • 건성유 : 액체자체는 자연발화가 일어나지 않으나 종이 및 헝겊 등에 스며 배어 있을 경우 공기 중의 산소와 반응하여 서서히 자연발화한다.
답 ②

13 동식물유를 취급할 때의 주의사항에서 틀린 것은?
① 아마인유는 건성유이므로 자연발화의 위험이 있다.
② 아이오딘가가 클수록 자연발화의 위험이 작다.
③ 아이오딘가가 130 이상인 것이 건성유이므로 저장할 때 주의를 요한다.
④ 동식물유류 중 인화점이 물의 비점보다 낮은 것도 있다.

해 • 자연발화 : 아이오딘값이 클수록 잘 일어난다.
답 ②

14 다음 지방산 중 아이오딘값이 제일 높은 것은?
① $C_{17}H_{35}COOH$ ② $C_{17}H_{33}COOH$
③ $C_{17}H_{29}COOH$ ④ $C_{17}H_{31}COOH$

해 • 불포화도가 큰 것이 아이오딘값이 크므로 수소(H)수가 적은 것이 불포화도가 크다.
답 ③

제 6 장

제5류 위험물

학습목표
- 필수 암기사항
- 유기과산화물 · 질산에스터류 · 나이트로화합물 · 나이트로소화합물 · 아조화합물 · 다이아조화합물 · 하이드라진 유도체류 하이드록실아민 · 하이드록실아민염류 및 행정안전부령이 정하는 것의 성질

1 필수 암기사항

- 제5류 위험물의 품명 및 지정수량
- 제5류 위험물의 일반성질
- 제5류 위험물의 저장 및 취급방법
- 제5류 위험물의 정의

참고

※ 필수 암기사항에 대한 내용은 **완전 암기**하여 수험에 대비할 것

제5류 위험물의 품명 및 지정수량

유별 및 성질	위험등급	품 명	지정수량
제 5 류 자기반응성 물 질	I	1. 질산에스터류(질산에스테르류) 2. 유기과산화물	제1종 10kg
	II	3. 나이트로화합물(니트로화합물) 4. 나이트로소화합물(니트로소화합물) 5. 아조화합물 6. 다이아조화합물(디아조화합물) 7. 하이드라진 유도체(히드라진 유도체) 8. 하이드록실아민(히드록실아민) 9. 하이드록실아민염류(히드록실아민염류)	제2종 100kg
	I, II	10. 그 밖에 행정안전부령이 정하는 것 11. 제1호 내지 제10호에 해당하는 어느 하나 이상을 함유한 것	10kg 또는 100kg

※ 그 밖에 행정안전부령이 정하는 것
금속의 아지화합물(NaN₃ 〈아지드나트륨〉 등)·질산구아니딘(HNO₃·C(NH)(NH₂)₂)

 제5류 위험물의 일반성질

(1) **자기연소**를 일으키며 **연소속도**가 대단히 빨라서 **폭발적**이다.
(2) 대부분 **유기질화물**이므로 가열, 충격, 마찰 등으로 폭발의 위험이 있다.
(3) 시간의 경과에 따라 **자연발화의 위험성**을 갖는다.

 제5류 위험물의 저장 및 취급방법

(1) **용기**는 **밀전, 밀봉**하여 저장한다.
(2) **용기**의 파손 및 균열에 주의하며, 실온, 습기, 통풍에 주의한다.
(3) 화재 발생시 **소화가 곤란**하므로 **소분**하여 저장한다.
(4) **점화원** 및 **분해**를 촉진시키는 물질로부터 멀리한다.

4 제5류 위험물의 정의

(1) 질산에스터류

HNO₃(질산)의 수소를 알킬기로 치환한 형태의 화합물의 총칭

※ 질산에스터류 : 질산과 알코올의 축합물로서 물이 빠진 상태의 것이며, 질산메틸, 질산에틸, 나이트로글리콜, 나이트로글리세린, 나이트로셀룰로오스가 있다.

(2) 유기과산화물

※ 위험물안전관리법에서 지정과산화물

(3) 나이트로화합물(니트로화합물)

유기화합물의 탄소와 결합된 수소원자가 **나이트로기**(-NO₂)로 치환된 화합물의 총칭을 말하며, 일반적으로 **나이트로기**(-NO₂)가 2개 이상인 것을 말하고, 혹은 2질기 또는 2초기라고도 한다.

※ 나이트로 화합물 : 우리가 막연히 잘 알고 있는 T.N.T가 이에 속하며 매우 위험성이 높으며 T.N.T. 피크린산 등이 이에 속한다.
- 나이트로기의 구조식 : $-N\begin{smallmatrix}\nearrow O\\ \searrow O\end{smallmatrix}$
- 나이트로소기의 구조식 : $-N=O$

(4) 나이트로소화합물(니트로소화합물)

하나의 벤젠핵에 2이상의 나이트로소기(-NO)가 결합된 것을 말한다.

(5) 아조화합물

아조기(-N=N-)가 알킬기의 탄소원자와 결합해 있는 유기화합물

(6) 다이아조화합물(디아조화합물)

탄소섬유에 결합한 다이아조기(=N₂)를 갖는 쇄식 화합물

(7) 하이드라진 유도체(히드라진 유도체)

하이드라진(N_2H_4)은 유기화합물로부터 얻어진 물질로서 **제4류 위험물** 중 **제2석유류**이며, 하이드라진 유도체는 이탄화수소치환체를 포함한다.

(8) 하이드록실아민[히드록실아민(NH_2OH)]

(9) 하이드록실아민염류(히드록실아민염류)

하이드록실아민(NH_2OH)와 **황산**(H_2SO_4), **염산**(HCl), **질산**(HNO_3)의 염류

적중 출제예상문제

1 제5류 위험물 중 유기과산화물의 지정수량은?
① 10kg   ② 50kg
③ 100kg   ④ 200kg

2 다음 위험물 중 지정수량이 잘못된 것은?
① 질산에스터류 - 10kg
② 셀룰로이드류 - 100kg
③ 나이트로화합물 - 100kg
④ 나이트로소화합물 - 300kg

3 제5류 위험물 중 위험등급 I등급인 위험물은?
① 나이트로소화합물   ② 질산에스터류
③ 나이트로화합물   ④ 아조화합물

4 나이트로소화합물은 나이트로소기가 몇 개 이상인가?
① 한 개   ② 두 개
③ 세 개   ④ 네 개

5 제5류 위험물의 취급상 옳지 않은 것은?
① 화기에 접근하지 말 것
② 소화기는 할로젠화합물소화기가 좋다.
③ 온도, 습도 등을 고려하여 저장할 것
④ 자연발화하는 것이 있으므로 주의할 것

6 제5류 위험물의 공통된 취급방법이 아닌 것은?
① 저장시 가열, 충격, 마찰을 피한다.
② 용기의 파손 및 균열에 주의한다.
③ 포장 외부에 "자연발화주의" 사항을 표기한다.
④ 점화원 및 분해를 촉진시키는 물질로부터 멀리한다.

7 제5류 위험물의 화재예방상 주의사항으로서 틀린 것은?
① 점화원에 주의할 것
② 습기, 실온, 통풍에 주의할 것
③ 소화설비는 질식효과에 있는 것이 좋다.
④ 자연발화성 물질도 있으니 주의할 것

힌트

해 • 지정수량 : 10kg
   답 ①

해 • 나이트로소화합물 : 100kg
   답 ④

해 • 위험등급 I등급 위험물 : 유기과산화물·질산에스터류
   답 ②

해 • 나이트로소화합물 : 하나의 벤젠핵에 나이트로소기가 2개 이상인 것
   답 ②

해 • 소화방법 : 주수에 의한 냉각소화
   답 ②

해 • 포장 외부의 주의사항 표시 : 화기엄금·화기주의·충격주의
   답 ③

해 • 문제 5 해설 참조
   답 ③

2 질산에스터류(질산에스테르류)의 성질

지정수량 : 10kg

 질산메틸(CH₃ONO₂)

(1) 비점 66℃, 증기비중 2.65, 비중 1.22
(2) 무색투명한 액체로 방향이 있다.
(3) 비점 이상 가열하면 위험하며, 제4류 위험물과 같은 위험성을 갖는다.

 질산에틸(C₂H₅ONO₂)

(1) 인화점 10℃, 융점 -94.6℃, 비점 88℃, 증기비중 3.14, 비중 1.11
(2) 무색투명한 액체로 방향을 갖는다.
(3) 아질산과 같이 있으면 폭발하며, 제4류 위험물 제1석유류와 같은 위험이 있다.

※ 질산에틸과 질산메틸 : 물에 녹지 않으며 알코올, 에터에 녹는다.

 나이트로글리콜[니트로글리콜{C₂H₄(ONO₂)₂}]

(1) 융점 -22℃, 비점 75℃, 비중 1.49
(2) 무체색에서 노란색의 기름상태의 액체로 독성이 매우 강하다.
(3) 나이트로글리세린보다 휘발성이 크고 연소시 연기는 독성이 매우 강하다.
(4) 나이트로글리세린과 혼합하여 다이너마이트의 원료로 사용한다.

 나이트로글리세린[니트로글리세린{C₃H₅(ONO₂)₃}]

(1) 라빌형의 융점 2.8℃, 스타빌형의 융점 13.5℃, 비점 160℃, 비중 1.6(15℃)
(2) 무색투명한 기름 형태의 액체(공업용은 담황색이다)로 약칭은 NG이다.
(3) 혓바닥을 찌르는 듯한 단맛을 갖는다.
(4) 유독한 물질이므로 피부, 호흡기를 보호할 것

(5) 규조토에 흡수시킨 것을 **다이너마이트**라 한다.
(6) 연소가 시작되면 **폭발적**이므로 **소화의 여유가 없으므로** 연소 위험이 있는 주위의 소화를 생각하여야 한다.

> ※ 분해반응식
> $4C_3H_5(ONO_2)_3 \xrightarrow{\triangle} 12CO_2\uparrow + 10H_2O\uparrow + 6N_2\uparrow + O_2\uparrow$
> (N.G)　　　　　　(이산화탄소)　(수증기)　(질소)　(산소)

5 나이트로셀룰로오스[니트로셀룰로오스$\{C_6H_7O_2(ONO_2)_3\}_n$] (질화면)

(1) 분해온도 130℃, 자연발화온도 180℃, 착화점(발화점) 약 160~170℃
(2) **질화도**가 클수록 폭발의 위험성이 크며, **무연화약**으로 사용된다.
(3) **셀룰로오스**(섬유소)를 **진한 질산**과 **진한 황산**에 혼합시켜 제조한 것으로 약칭은 **NC**이며, 에스터에 속한다. 또한 **나이트로글리세린**(NG)과 **융합**한 것을 **교질 다이너마이트**라 한다.
(4) 저장중에는 **함수 알코올로 습면**시킬 것
(5) 물에 녹지 않고 **직사일광** 및 산의 존재하에서 **자연발화**한다.

> ※ 질화도 : 나이트로셀룰로오스 중의 질소의 함유율(%)
> ※ 분해반응식
> $2C_{24}H_{29}O_9(ONO_2)_{11} \xrightarrow{\triangle} 24CO_2\uparrow + 24CO\uparrow + 12H_2O\uparrow + 11N_2\uparrow + 17H_2\uparrow$
> (N.C)　　　　　　　(이산화탄소)　(일산화탄소)　(수증기)　(질소)　(수소)

6 셀룰로이드

(1) 비중 1.32~1.35, 발화점 180℃, 가소질온도 90~100℃ 질화도 11%, 중합도 400~500
(2) 무색투명하고 탄력성이 있는 고체이니 열, 빛, 산소에 의하여 **황색**으로 **변색**한다.
(3) 물에 녹지 않으며 알코올, 아세톤, 초산에스터에 녹는다.
(4) **제조방법** : 나이트로셀룰로오스를 **장뇌**와 **알코올**의 용액에 녹여, **교질상태**로 만든 것을 압연, 압착, 재단하여 건조시키고 알코올을 증발시켜 성형하여 만든다.
(5) 압력이나 충격에 의하여 발화하지 않으나 불에 닿으면 바로 착화하여 연소속도가 대단히 빠르므로 소화가 곤란하다.
(6) 낡은 것 등은 공기 중의 습도가 높고 온도가 높을 때 **자연발화**의 위험이 있다.
(7) 저장할 때는 통풍이 잘되는 찬 곳에 보관하며 실온을 20℃ 이하가 되도록 한다.

적중 출제예상문제

질산에스터류(질산메틸·질산에틸)

1 제5류 위험물 중 지정수량이 100kg이 아닌 것은 어느 것인가?
① 나이트로화합물 ② 나이트로소화합물
③ 질산에스터류 ④ 아조화합물

2 나이트로글리세린의 지정수량은?
① 10kg ② 50kg
③ 100kg ④ 200kg

3 제5류 위험물에 속하는 물질은?
① 자일렌 ② 질산메틸
③ 개미산에틸 ④ 퓨젤유

4 다음 중 질산에스터류에 속하는 것은?
① 트라이나이트로페놀 ② 트라이나이트로톨루엔
③ 나이트로글리세린 ④ 나이트로벤젠

5 제5류 위험물에 있어서 상온에서 액체는?
① 피크린산 ② 나이트로셀룰로오스
③ 트라이나이트로톨루엔 ④ 질산에틸

6 질산에스터류의 성질에서 옳은 것은?
① 전부 물에 녹는다.
② 부식성 산이다.
③ 산소 함유물질이며 가연성이다.
④ 산소를 함유하는 무기 물질이다.

7 질산에틸의 성질 중 틀린 것은?
① 물에 녹지 않는다.
② 무색의 액체이며 실온에서는 인화되지 않는다.
③ 증기는 공기보다 무겁다.
④ 감미로운 액체이다.

힌트

[해] • 질산에스터류의 지정수량 : 10kg
답 ③

[해] • 지정수량 : 10kg
답 ①

[해] • 위험물의 유별 : ① 제4류 ② 제5류 ③ 제4류 ④ 제4류
답 ②

[해] • 위험물의 구분 : ①② 나이트로화합물류 ③ 질산에스터류 ④ 제3석유류
답 ③

[해] • 상태 : ①②③ 고체
④ 액체
답 ④

[해] • 질산에스터류(제5류 위험물) : 자체내에 산소를 함유한 자기반응성물질
답 ③

[해] • 질산에틸 : 인화점이 10℃이므로 상온에서 인화의 위험이 있다.
답 ②

⑧ 질산에틸의 저장 및 취급시 주의사항이 아닌 것은?
① 인화되기 쉽다.
② 폭발성은 거의 없다.
③ 아질산과 같이 있으면 폭발한다.
④ 통풍이 안되는 냉암소에 저장한다.

해 • 질산에틸 : 통풍이 잘되는 냉암소에 저장할 것

답 ④

⑨ 제5류의 위험물의 폭발의 위험성에 관해 다음에서 옳지 않은 것은?
① 트라이나이트로톨루엔은 충격을 가하면 폭발한다.
② 피크린산은 대기 중에서 점화하면 그을음이 많은 화염을 내면서 타지만 폭발은 하지 않는다.
③ 셀룰로이드류는 폭발보다는 오히려 착화하기 쉽고 자연발화를 일으키기 쉽다.
④ 질산에틸은 반드시 인화와 동시에 폭발한다.

해 • 질산에틸 : 인화와 동시에 폭발하지 않으며 비점(66℃) 이상 가열될 경우 폭발한다.

답 ④

나이트로글리세린(N.G)

⑩ 나이트로글리세린에 관한 설명이다. 옳은 것은?
① 심하게 가열, 마찰, 또는 충격을 주면 결렬하게 폭발하는 위험성이 있다.
② 액체이므로 개방한 용기에 저장하여도 안전하다.
③ 유기용매에 잘 녹지 않으므로 물로 씻어내면 안전하다.
④ 증기밀도가 적어서 공기 중에 쉽게 확산되어 감지하기 쉽다.

해 • 나이트로글리세린 : 폭발성 액체로 충격에 매우 민감히 반응하여 폭발한다.

답 ①

⑪ 다음 중 규조토에 흡수시켜 다이너마이트를 제조하는 위험물은?
① 나이트로셀룰로오스   ② 질산에틸
③ 장뇌   ④ 나이트로글리세린

해 • 다이너마이트 : 나이트로글리세린을 규조토에 흡수시켜 제조

답 ④

⑫ 나이트로글리세린에 대하여 다음 중 옳은 것은?
① 나이트로기를 세 개 가지고 있으므로 소방법상 제5류의 나이트로화합물에 속한다.
② 충격에 대하여 매우 민감하여 폭발을 일으키기 쉽다.
③ 물에 의해 쉽게 분해된다.
④ 대기 중에서 점화하면 연소하나 폭발을 일으키는 일은 없다.

해 • 문제 11 해설 참조

답 ②

⑬ 화재예방상 위험물의 저장 방법으로 틀린 것은?
① Mg, Zn 등의 금속분을 산화성 물질과의 혼합을 피할 것
② CrO_3는 환원제와의 접촉을 피할 것
③ HNO_3는 직사일광을 피하고 찬 곳에 저장할 것
④ $C_3H_5(ONO_2)_3$는 흡습성이므로 햇빛이 잘 드는 곳에 저장할 것

해 • 나이트로글리세린 : 흡수성이 없으며, 냉암소에 저장한다.

답 ④

⑭ 4몰의 나이트로글리세린이 분해하면 12몰의 CO_2가 발생한다. 표준 상태에서 1몰의 나이트로글리세린이 분해하였을 때 생성되는 CO_2가스의 체적은 몇 ℓ가 되는가?
① 3 ℓ
② 37.2 ℓ
③ 67.2 ℓ
④ 27.2 ℓ

해 • 표준상태(0℃, 1기압에서 모든 기체 1몰의 부피는 22.4 ℓ이다.
∴ $22.4 \times \dfrac{12}{4} = 67.2 \ell$
답 ③

나이트로셀룰로오스(N.C)

⑮ 나이트로셀룰로오스의 주원료는 무엇인가?
① 톨루엔
② P.V.C. 수지
③ 아세트산비닐
④ 정제한 솜

해 • 나이트로셀룰로오스 : 정제한솜(목화솜)을 나이트로화 한 것
답 ④

⑯ 셀룰로오스의 수산기 3개가 전부 질산에스터로 된 것은?
① 파이록실린
② 면화약
③ 일질산셀룰로오스
④ 이질산셀룰로오스

해 • 면화약(나이트로셀룰로오스) : 셀룰로오스(정제솜)를 나이트로화제로 나이트로화한 질산에스터
답 ②

⑰ 질화면의 성질에 맞는 것은?
① 질화도가 클수록 폭발성이 세다.
② 수분이 많이 포함될수록 폭발성이 크다.
③ 외관상 솜과 같은 진한 갈색의 물질이다.
④ 질화도가 낮을수록 아세톤에 녹기 힘들다.

해 • 질화면(나이트로셀룰로오스) : 유기질소화합물로써 질화도(질소의 함유율)가 클수록 폭발성이 세다.
답 ①

⑱ 질화면에서 강질화면과 약질화면의 구별은 어떻게 하는가?
① 분자의 크기
② 질소의 함량
③ 질화온도
④ 물에 대한 용해도

해 • 문제 17 해설 참조
답 ②

⑲ 나이트로셀룰로오스(질화면)의 제법으로 가장 적당한 것은?
① 셀룰로오스에 진한 황산과 진한 질산의 혼합으로 에스터화 한다.
② 글리세린에 진한 황산과 진한 질산의 혼합으로 에스터화 한다.
③ 셀룰로오스에 진한 염산과 진한 질산으로 에스터화 한다.
④ 글리세린에 진한 염산과 진한 질산으로 에스터화 한다.

해 • 나이트로셀룰로오스 : 질산과 황산의 혼합액과 셀룰로오스의 에스터
답 ①

⑳ 다음 중 산과 반응하여 에스터를 만드는 것은?
① 셀룰로오스
② 나프탈렌
③ 아닐린
④ 에틸에터

해 • 문제 19 해설 참조
답 ①

㉑ 건조하면 타격, 마찰에 의하여 폭발하므로 저장·운반할 때에는 알코올 등을 습면약으로 취급하는 것은 다음 중 어느 것인가?
① 나이트로글리세린
② 트라이나이트로톨루엔
③ 나이트로셀룰로오스
④ 다이나이트로나프탈렌

해 • 나이트로셀룰로오스 : 저장·수송 중 고온·건조 상태에서 분해·폭발의 위험이 있으므로 함수알코올로 습면 시킨다.
답 ③

㉒ 질화면(나이트로셀룰로오스)의 저장 및 취급방법 중 옳지 않은 것은?
① 고온 건조한 곳에 저장한다.
② 마찰에 주의한다.
③ 냉암소에 저장한다.
④ 수송시 함수 알코올로 습면시킨다.

해 • 문제 21 해설 전단 참조
※ 함수알코올 : 물을 함유한 알코올

답 ①

㉓ 나이트로셀룰로오스의 저장 및 취급으로 옳은 것은?
① 알코올에 녹여서 저장한다.
② 물에 녹여서 저장한다.
③ 드럼통에 넣어서 습한상태로 밀봉한다.
④ 알칼리에 넣어 저장한다.

해 • 나이트로셀룰로오스 : 저장용기는 드럼통이나 나무상자를 사용하여 **함수알코올**로 **습면**시킨다.

답 ③

㉔ 다음 위험물이 연소할 때 자기연소를 일으키지 않는 것은?
① $C_3H_5(ONO_2)_3$　　②$[C_6H_7O_2(ONO_2)_3]_n$
③ CH_3ONO_2　　　　④ $C_6H_5NO_2$

해 • 자기연소 : 제5류 위험물
※ $C_6H_5NO_2$(나이트로벤젠) : 제4류 위험물

답 ④

㉕ 제5류 위험물에 속하지 않는 물질은?
① 나이트로글리세린　② 나이트로셀룰로오스
③ 질산메틸　　　　　④ 나이트로벤젠

해 • 문제 24 해설 참조

답 ④

㉖ 셀룰로이드에 관한 설명 중 틀린 것은?
① 지정수량은 10kg이다.
② 탄력성이 있는 고체이다.
③ 장시간 방치된 것은 햇빛, 고온 등에 의하여 분해하며 자연발화의 위험이 있다.
④ 물에 잘 녹으며 알코올, 아세톤, 초산에스터에 녹지 않는다.

해 • 셀룰로이드는 물에 녹지 않으며 알코올, 아세톤, 초산에스터에 잘 녹는다.

답 ④

유게실

◆ 나이트로셀룰로오스 옷감 사용중지

나이트로셀룰로오스는 셀룰로오스 즉 섬유소, 다시 말하면 **목화솜** 등을 **농질산**과 **농황산**을 가하여 제조합니다. 한편, 이 나이트로셀룰로오스에서 **실을 처음 뽑아낸 나라**는 1800년대에 **영국**이며, 이 실로 짠 옷감으로 옷을 처음 해 입은 나라도 영국입니다. **이 옷감은 영국에서 시작되어 영국에서 끝이 났지요.** 1800년대 개발된 이 **옷감**은 **감촉이 매우 좋아** 영국의 **귀족층**에서 널리 옷을 해 입었으며, 서민으로서는 옷감이 고가여서 옷을 지어 입을 엄두도 못낼 정도이었는데 어느날 한 귀족부인이 **이 옷감으로 멋진 드레스**를 차려입고 무도회에 참가하였다가 한 신사의 담뱃불에 인화되어 그 무도회가 **한 귀족 부인의 장사날**이 되었습니다. 이유인즉 여러분도 잘 알다시피 **나이트로셀룰로오스**는 **자기반응성 물질**로 우리나라에서는 **제5류 위험물**로 지정되어 있으므로 외부의 산소공급 없이도 연소가 가능하므로 소화기에 의한 질식소화로는 연소를 중지시킬 수 없었던 것 입니다. 그리하여 **사고 후 옷감의 생산이 중단**되었습니다.

3 유기과산화물의 성질

지정수량 : 10kg

 과산화벤조일[$(C_6H_5CO)_2O_2$](벤젠퍼옥사이드, 벤조일퍼옥사이드)

(1) 발화점 125℃, 융점 103~105℃, 비중 1.33, **함유율 35.5wt % 이상**

[구조식] O = C – O – O – C = O

(2) 무색·무취의 **백색** 분말 또는 결정이다.
(3) 상온에서는 안정된 물질로 센 산화성 물질이다.
(4) 가열하면 100℃에서 흰 연기를 내며 심하게 **분해**한다.
(5) 75~80℃에서 **오래** 있으면 **분해**한다.
(6) 산화되기 쉬운 물질과 접촉하면 **폭발**의 위험이 있다.
(7) 건조상태에서 마찰·충격으로 **폭발**의 위험이 있다.
(8) 물에 녹지 않고 **알코올**에 약간 녹으며 **에터 등** 유기용제에 잘 녹는다.
(9) 희석제 : 프탈산다이메틸, 프탈산다이뷰틸
(10) 용도 : 소맥분 및 압맥의 표백제, 유지 등의 표백제, 의약·화장품 등

- ※ 과산화벤조일 : 물에 녹지 않으나 **수분**을 함유하거나 **희석제**를 첨가하면 분해·**폭발**을 **억제**할 수 있다.
- ※ 소맥분 및 압맥의 표백제로 사용할 때의 **사용량** : 1kg에 대하여 0.3g 이하

 과산화메틸에틸케톤[$(CH_3COC_2H_5)_2O_2$](메틸에틸케톤퍼옥사이드)

(1) 분해온도 40℃ 이상, 발화점 205℃, 융점 -20℃ 이하, 약칭 MEKPO, 60% 이상 합유율

[구조식] $\begin{array}{c} CH_3 \\ C_2H_5 \end{array} \!\!\!> C <\!\!\! \begin{array}{c} O-O \\ O-O \end{array} \!\!\!> C <\!\!\! \begin{array}{c} CH_3 \\ C_2H_5 \end{array}$

(2) 무색, 독특한 냄새가 나는 **기름 형태의 액체**
(3) 헝겊, 탈지면이나 쇠녹 및 규조토와의 접촉으로 **30℃에서 분해**
(4) **시판품의 희석제** : 프탈산다이메틸, 프탈산다이뷰틸 50~60%

과산화아세틸

함유율 25wt % 이상

적중 출제예상문제

유기과산화물

1 MEKPO의 지정수량은 얼마인가?
① 10kg   ② 30kg
③ 40kg   ④ 50kg

해 • 지정수량 : 10kg
답 ①

2 유기과산화물의 화재예방상 주의사항으로 틀린 것은?
① 모든 열원으로부터 멀리한다.
② 직사광선을 피해야 한다.
③ 용기의 파손에 의해서 누출 위험이 있으므로 정기적으로 점검한다.
④ 환원제는 상관없으나 산화제와는 멀리할 것

해 • 유기과산화물 : 환원제 및 산화제와의 접촉으로 폭발의 위험이 있다.
답 ④

3 유기과산화물을 저장할 때 주의사항으로서 틀린 것은?
① 환기가 잘 되는 냉암소에 저장한다.
② 다른 산화제와 저장하는 것이 무방하다.
③ 건조하고 온도가 높은 곳은 피해야 한다.
④ 환원제와 격리하여 저장한다.

해 • 문제 2 해설 참조
답 ②

4 유기과산화물의 저장시 주의사항으로서 옳은 것은?
① 일광이 드는 건조한 곳에 저장한다.
② 자신은 불연성이지만 다른 가연물이 있으면 폭발의 위험이 있다.
③ 강한 환원제를 가까이 하지 말 것
④ 산화제이므로 다른 산화제와 같이 저장해도 좋다.

해 • 문제 2 해설 참조
답 ③

5 다음 위험물 중 가연물과 산소를 많이 함유하므로 희석제 및 안정제를 가하여야 하는 물질은?
① $(C_6H_5CO)_2O_2$
② $NaNO_3$
③ $NaClO_4$
④ K_2O_2

해 • 안정제 첨가위험물 : $(C_6H_5CO)_2O_2$, MEKPO 등
답 ①

6 다음 위험물을 취급할 때 특히 화기에 주의하여야 할 것은?
① NH_4NO_3
② $(C_6H_5CO)_2 O_2$
③ $NaClO_4$
④ MgO_2

해 • $(C_6H_5CO)_2O_2$(과산화벤조일) : 화기엄금
답 ②

7 유기과산화물의 희석제로 널리 사용되는 것은?
① 물
② 벤젠
③ MEKPO
④ 프탈산다이메틸

해 • 희석제 : 프탈산다이메틸, 프탈산다이뷰틸 등
답 ④

8 과산화벤조일에 대한 설명 중 틀린 것은?
① 염화벤조일에 과산화소다를 작용시켜 제조한다.
② 사용량은 소맥분 1kg에 대해서 0.5g 이하로 한다.
③ 강산화물질 이다.
④ 산화하기 쉬운 다른 물질과 접촉하면 화재를 일으킨다.

해 • 과산화벤조일 : 식품첨가제(표백제)로 사용할 경우 소맥분 또는 압맥 1kg에 대하여 0.3g 이하로 한다.
답 ②

9 과산화벤조일의 성질 중 맞는 것은?
① 무색의 결정으로 물에 잘 녹는다.
② 상온에서 안정한 물질이다.
③ 수분을 포함하고 있으면 폭발하기 쉽다.
④ 다른 유기물, 가연물과 접촉시에 상온에서는 위험성이 적다.

해 • 과산화벤조일(벤젠퍼옥사이드) : 상온에서 안정한 물질이다.
답 ②

10 과산화벤조일의 저장 및 취급에 있어서 옳지 않은 것은?
① 가열, 충격, 마찰을 피한다.
② 환기가 잘되는 냉암소에 보관한다.
③ 다른 물질과 섞이지 않게 한다.
④ 공기나 물의 접촉은 절대 피해야 한다.

해 • 문제 7 해설 참조
※ 물과의 접촉으로 분해·폭발을 억제할 수 있다.
답 ④

11 폴리스티렌, 폴리메타크릴산메틸, 폴리아크릴로니트릴 제조의 중합개시제로서 사용하는 물질은 어느 것인가?
① 과산화나트륨
② 과산화바륨
③ 벤젠퍼옥사이드
④ 질산바륨

해 • 폴리스티렌 등의 제조 중합개시제 : 벤젠퍼옥사이드
답 ③

4 나이트로화합물(니트로화합물)의 성질

지정수량 : 100kg

1 트라이나이트로톨루엔[트리니트로톨루엔{$C_6H_2CH_3(NO_2)_3$}] (TNT)

(1) **착화점** 약 **300℃**, 융점 81℃, 비점 280℃, 비중 1.66, 폭속 7,000m/s
(2) **담황색**의 **주상결정**이며 일광하에서 **다갈색**으로 변하며, 약칭은 **T.N.T** 이다.
(3) 강력한 폭약이며 **폭발력의 표준**으로 사용하며 가열·강한 타격 등에 의하여 폭발한다.
(4) **피크린산**(PA)보다 **충격감도**가 약간 둔하며, **폭성**도 약간 떨어진다.
(5) 물에 녹지 않으며 **아세톤·벤젠·알코올·에터**에 잘 녹으며 중금속과는 작용하지 않는다.

※ **제법** : 톨루엔에 나이트로화제(황산과 질산의 혼산)를 혼합하여 만든다.

$$\underset{(톨루엔)}{C_6H_5CH_3} + 3HNO_3 \xrightarrow[\text{나이트로화}]{C-H_2SO_4} \underset{\text{트라이나이트로톨루엔=TNT}}{C_6H_2CH_3(NO_2)_3} + \underset{(물)}{3H_2O}$$

※ 분해반응식

$$2C_6H_2CH_3(NO_2)_3 \xrightarrow{\triangle} 12CO\uparrow + 5H_2\uparrow + 2C + 3N_2\uparrow$$
$$(T.N.T) \quad\quad (\text{일산화탄소}) \quad (\text{수소}) \quad (\text{탄소}) \quad (\text{질소})$$

[트라이나이트로톨루엔의 구조식]

2 트라이나이트로페놀[트리니트로페놀{$C_6H_2OH(NO_2)_3$}] (피크린산) (PA)

(1) **착화점 약 300℃**, 융점 122.5℃, 비점 255℃, 비중 1.8, 폭속 7,000m/s
(2) 휘황색의 침상결정으로 별명은 **피크린산**이라고 한다.
(3) 쓴 맛이 있으며 **독성**이 있다. **황색 염료**로 사용한다.
(4) 찬물에는 **극히 적게** 녹으나 **더운물**, 알코올, 에터, 벤젠에는 **잘 녹는다**.
(5) 단독으로는 마찰·충격에 **안정**하며, **구리·납·아연**과 피크린산염을 만든다.
(6) 금속염, 아이오딘, 가솔린, 알코올, 황 등과의 **혼합물**은 마찰·충격에 의하여 **폭발**한다.
(7) 연소할 때 **검은 연기**를 내고 타지만 **폭발은 하지 않는다**.

※ 제법 : 페놀을 나이트로화한다.

$$\text{(페놀)} + 3HNO_3\,(\text{질산}) \xrightarrow{C-H_2SO_4, \text{나이트로화}} \text{(트라이나이트로페놀=피크린산)} + 3H_2O\,(\text{물})$$

※ 분해반응식
$$2C_6H_2OH(NO_2)_3 \xrightarrow{\Delta} 6CO\uparrow + 4CO_2\uparrow + 3H_2\uparrow + 2C + 3N_2\uparrow$$
(피크린산)　　(일산화탄소)　(이산화탄소)　(수소)　(탄소)　(질소)

3 그 밖의 나이트로화합물

(1) 다이나이트로벤젠 및 트라이나이트로벤젠

[다이나이트로벤젠의 구조식]
약칭 : DNB

[트라이나이트로벤젠의 구조식]
약칭 : TNB

(2) 다이나이트로톨루엔

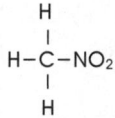

[다이나이트로톨루엔의 구조식]
약칭 : DNT

(3) 나이트로메테인 및 나이트로에테인

[나이트로메테인의 구조식]   [나이트로에테인의 구조식]

5 나이트로소화합물(니트로소화합물)의 성질

지정수량 : 100kg

1 파라다이나이트로소벤젠[$C_6H_4(NO)_2$]

[구조식]

(1) 가열, 충격에 의하여 폭발한다.
(2) 고무가황제 및 퀴논디옥시옴의 원료로 사용된다.

2 다이나이트로소레조르신[$C_6H_2(OH)_2(NO)_2$]

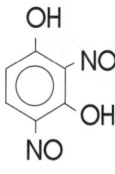

[구조식]

(1) 회흑색의 결정이다.
(2) 목면의 나염에 쓰인다.

적중 출제예상문제

트라이나이트로톨루엔(T.N.T)

1 제5류 위험물 중 나이트로화합물은?
① 나이트로벤젠   ② 트라이나이트로톨루엔
③ 질산에틸   ④ 나이트로글리세린

해 • 나이트로화합물 : 트라이나이트로톨루엔(T.N.T), 트라이나이트로페놀(피크린산) 등
답 ②

2 나이트로화합물이란?
① 피크린산   ② 질산암모늄
③ 질산에틸   ④ 나이트로글리세린

해 • 문제 1 해설 참조
답 ①

3 제5류 위험물인 나이트로화합물의 특징으로 틀린 것은?
① 충격을 가하면 위험하다.   ② 산소함유물질이다.
③ 연소속도가 빠르다.   ④ 불연성 물질이다.

해 • 나이트로화합물 : 자기반응성 물질로 가연물이다.
답 ④

4 화약을 만드는 반응은?
① 산화반응   ② 환원반응
③ 할로젠화반응   ④ 나이트로화반응

해 • 나이트로화 : 질산과 황산(나이트로화제)으로 화약을 만드는 반응
답 ④

5 나이트로화합물은 폭약과 관계가 깊은데 그것은 다음에 어느 이유 때문인가?
① 산화작용이 있다.
② 분자중에 산소를 다량 함유하고 있어 공기 없이도 잘 탄다.
③ 환원작용이 있다.
④ 물에 잘 녹는 물질이다.

해 • 나이트로화합물 : 자기반응성 물질로 자체 산소를 함유한 물질
답 ②

6 나이트로화합물 중 폭발성 위험물로 중금속과 반응하지 않는 것은?
① 질산에틸   ② 나이트로글리세린
③ 나이트로셀룰로오스 ④ T.N.T

해 • T.N.T : 금속과 반응하는 일이 없다.
답 ④

7 나이트로화합물을 저장할 경우 가장 옳은 것은?
① 담은 그릇의 마개를 꼭 막아 밀폐된 장소에 놓아둔다.
② 담은 그릇의 마개를 꼭 막아 햇볕이 잘 드는 곳에 놓아둔다.
③ 담은 그릇의 마개를 꼭 막아 통풍이 잘 되는 곳에 놓아둔다.
④ 담은 그릇의 마개를 조금 헐겁게 막아 통풍이 잘 되는 곳에 놓아둔다.

해 • 나이트로화합물 : 용기는 밀전하여 통풍이 잘되는 냉암소에 저장한다.
답 ③

8 트라이나이트로톨루엔에 관한 다음 기술 중 틀린 것은?
① 피크린산이라고도 부른다.   ② 담황갈색의 고체이다.
③ 폭약으로 사용된다.   ④ 물에는 녹기 어렵다.

해 • 피크린산 : 트라이나이트로 페놀, 피크르산
답 ①

9 트라이나이트로톨루엔의 설명 중 적당하지 못한 것은?
① 일광을 쪼이면 갈색으로 변하나 독성은 없다.
② 착화온도가 약 300℃이다.
③ 에터나 알코올에 잘 녹는다.
④ 갈색의 액체로서 비중은 1.8 정도이다.

10 T.N.T는 다음 어느 물질의 유도체인가?

① 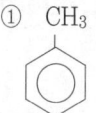   ②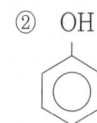

③   ④

11 T.N.T의 제조원료로서 다음 중 맞는 것은?
① 톨루엔, 질산, 염산   ② 글리세린, 벤젠, 질산
③ 벤젠, 질산, 황산   ④ 톨루엔, 황산, 질산

12 폭발성을 가지는 유기화합물은?

① 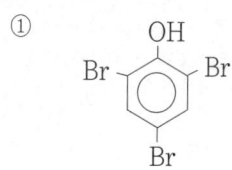   ② $Cl - \underset{\underset{Cl}{|}}{\overset{\overset{Cl}{|}}{C}} - CHO$

③ 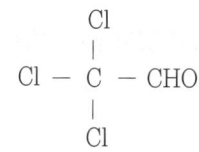   ④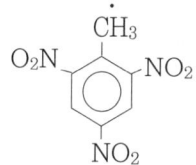

13 다음 T.N.T가 폭발하였을 때 발생하지 않은 가스는?
① CO   ② N_2
③ SO_2 ④ H_2

14 TNT가 폭발했을 때 발생하는 유독기체는?
① N_2 ② CO_2
③ C   ④ CO

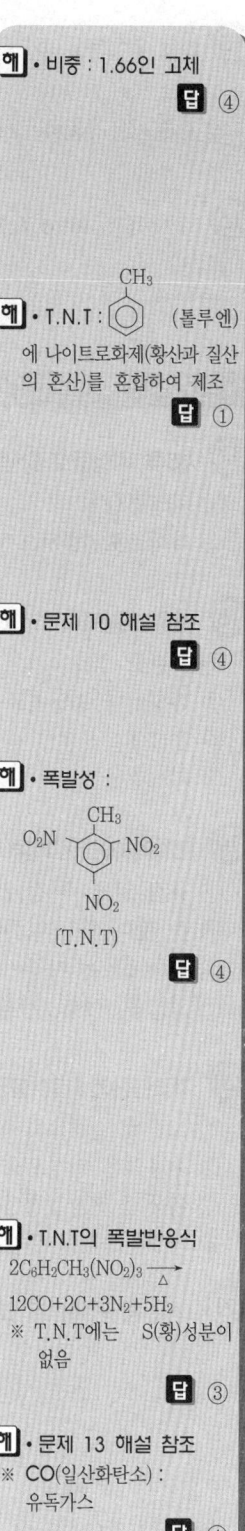

15 다음 위험물을 취급할 때 충격·마찰에 의한 위험이 가장 적은 것은?
① $CH_3H_5(ONO_3)_3$
② $C_{24}H_{29}O_9(NO_3)_{11}$
③ $C_6H_2CH_3(NO_2)_3$
④ $C_6H_2(OH)_2(NO)_2$

16 T.N.T(Tri Nitro Toluene)의 분자량은?(단, H=1, C=12, O=16, N=14)
① 77
② 91
③ 227
④ 239

트라이나이트로페놀(피크린산)

17 제5류 위험물로 황색염료와 폭약으로 사용하는 물질은?
① 피크린산
② 질산에틸
③ 나이트로셀룰로오스
④ T.N.T

18 다음 그림의 구조식과 관계없는 것은 무엇인가?
① 노란색 염료
② 화상이나 궤양치료제
③ T.N.T
④ 피크린산

19 트라이나이트로페놀(피크린산)의 성상으로 맞지 않는 것은?
① 융점 81℃, 비점 280℃
② 쓴 맛이 있으며 독성이 있다.
③ 단독으로는 마찰·충격에 안정하다.
④ 알코올, 에터, 벤젠에 잘 녹는다.

20 피크린산에 대한 설명 중 맞지 않는 것은?
① 노란색 물감으로 폭약에 쓰인다.
② 수용액은 산성으로 쓴맛을 가진다.
③ 황색의 침상결정이다.
④ 마찰, 타격에 둔감하고 연소시 흰 연기를 낸다.

21 다음 중 단독으로 있을 때 마찰충격에 의해서 쉽게 폭발하지 않는 것은?
①
②
③ $[C_6H_7O_2(ONO_2)_3]_n$
④ $C_3H_5(ONO_2)_3$

해 · $C_6H_2CH_3(NO_2)_3$: 트라이나이트로톨루엔(T.N.T)로서 단독으로는 충격·마찰에 둔감하나 급격한 타격에 의하여 폭발한다.
답 ③

해 · $C_6H_2CH_3(NO_2)_3$의 분자량
C:12×7=84,
H:1×5=5,
O:16×6=96,
N:14×3=42
∴ 분자량 : 227
답 ③

해 · 피크린산(트라이나이트로페놀) : 황색 염료 및 폭약으로 사용되는 나이트로화합물
답 ①

해 · 피크린의 구조식
답 ③

해 · 성질 : 융점 122.5℃, 비점 255℃
답 ①

해 · 피크린산 : 단독으로는 마찰·충격에 둔감하며 연소시 검은 연기를 낸다.
답 ④

해 · 문제 20 해설 참조
답 ②

㉒ 피크린산의 저장 및 취급법은 어느 것인가?
① 가솔린에 저장한다.
② 아이오딘에 녹여서 저장한다.
③ 산화성 물질과 혼합되지 않게 저장한다.
④ 알코올로 축여서 저장한다.

해 • 피크린산 : 단독으로는 안정하나 산화성 물질과 접촉·혼합되면 마찰·충격으로 폭발한다.
답 ③

㉓ 피크린산의 다음 설명에서 옳지 않은 것은?
① 맛을 느낄 수가 없다.
② 독성이 있다.
③ 벤젠, 더운 물에 잘 녹는다.
④ 단독으로 타격, 마찰 등에 별 위험성이 없다.

해 • 피크린산 : 쓴맛을 갖는다.
답 ①

㉔ 피크린산의 용도에 대한 다음 사항 중에서 옳지 않은 것은?
① 무연화약의 원료
② 농약
③ 염료
④ 불꽃놀이 화약

해 • 무연화약의 원료 : 나이트로셀룰로오스
답 ①

㉕ 피크린산(Picric acid)은 무슨 반응으로 만들어지는가?
① 할로젠화작용
② 산화작용
③ 에스터화반응
④ 나이트로화반응

해 • 피크린산 : 페놀을 술폰화 한후 나이트로화하여 제조
답 ④

㉖ 다음 중 피크린산 1몰이 분해(폭발)하였을 때 생성되는 생성물을 바르게 나타낸 항은 어느 것인가?
① $12CO_2 + 10H_2O + 6N_2 + O_2$
② $2CO_2 + 3CO + 1.5N_2 + 1.5H_2 + C$
③ $12CO + 3N_2 + 5H_2 + 2C$
④ $6CO + 2H_2O + 1.5N_2 + O_2$

해 • 피크리산의 분해 반응
$2C_6H_2OH(NO_2)_3 \xrightarrow{\Delta}$
$4CO_2+6CO+3N_2+ 2C+3H_2$
∴ 1몰의 경우 : $2CO_2+ 3CO+1.5N_2+C+1.5H_2$
답 ②

㉗ 피크린산의 위험성과 소화 방법으로서 틀린 것은?
① 이산의 금속염은 대단히 위험하다.
② 건조할수록 위험성이 증가한다.
③ 알코올 등과 혼합된 것은 폭발의 위험이 있다.
④ 화재시에는 질식소화가 효과있다.

해 • 소화방법 : 주수에 의한 냉각소화
답 ④

나이트로소화합물

㉘ 제5류 위험물 중 다이나이트로레조르신의 지정수량은?
① 10kg
② 50kg
③ 100kg
④ 200kg

해 • 지정수량 : 100kg
답 ③

㉙ 다음 나이트로소화합물에 대한 설명 중 옳지 않은 것은?
① 고상 물질이다.
② 지정수량은 200kg이다.
③ 반드시 벤젠핵을 가져야 한다.
④ NO가 1개이상 반드시 있어야 한다.

해 • 나이트로소화합물 : 1의 벤젠핵에 2 이상의 나이트로소기가 결합된 것
답 ④

㉚ 다음 제5류 위험물이며 자기반응성물질로써 목면의 나염에 쓰이는 것은?
① 다이나이트로나프탈렌   ② 다이아조다이나이트로페놀
③ 다이나이트로소레조르신   ④ 트라이메틸렌트라이나이트라민

해 • 목면나염제 : 다이나이트로소레조르신
답 ③

㉛ 다음 제5류 위험물이며 자기반응성 물질로서 목면의 나염에 쓰이는 다이나이트로소레조르신의 구조식은?

①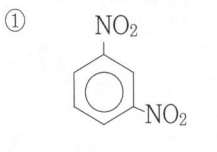

②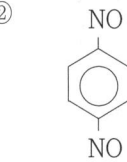

③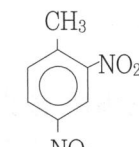

④

해 • 명칭
① 다이나이트로벤젠
② 파라다이나이트로소벤젠
③ 다이나이트로소레조르신
④ 다이나이트로톨루엔
답 ③

㉜ 고무가황제 및 퀴논디옥시움의 원료로 사용되며 폭발력은 그리 세지 않은 제5류 위험물은?
① 파라다이나이트로소벤젠   ② D.P.T
③ 다이나이트로소레조르신   ④ 니트륨아미드

해 • 고무가황제 : 파라다이나이트로소벤젠
답 ①

6 아조화합물의 성질

지정수량 : 100kg

1 아조벤젠($C_6H_5N=NC_6H_5$)

(1) 트랜스형과 시스형이 있다.
(2) 트랜스아조벤젠 : 등적색 결정이며 융점 68℃, 비점 293℃이다.

(3) 시스아조벤젠 : 트랜스아조벤젠의 용액에 빛을 비추면 시스형으로 이성질화되며 융점 71℃로 불안정하여 실온에서 다시 트랜스형으로 된다.
(4) 환원하면 하이드라조벤젠이 된다.

하이드록시아조벤젠 ($C_6H_5N=NC_6H_4OH$)

(1) 3가지 이성질체가 있다.
(2) O-(융점 83℃), m-(융점 114~116℃), P-(융점 152℃)
(3) 황색 결정으로 염료가 사용한다.

아미노아조벤젠 ($C_6H_5N=NC_6H_4NH_2$)

(1) 융점 127℃ (2) 황색의 결정

아족시벤젠 ($C_{12}H_{10}N_2O$)

(1) 융점 36℃
(2) 황색의 침상결정
(3) 나이트로벤젠을 알코올칼륨으로 환원하면 생긴다.

7 다이아조화합물(디아조화합물)의 성질

지정수량 : 100kg

다이아조메테인 (CH_2N_2)

(1) 융점 - 145℃, 비등점 -24℃
(2) 황색, 무취의 기체

다이아조카복실산에틸 ($N_2CHCOOC_2H_5$)

(1) 비점 140℃
(2) 황색 유상의 액체
(3) 반응성이 강하며 알칼리성으로 주의하여 환원하면 하이드라진 유도체가 된다.

8 하이드라진 유도체(히드라진 유도체)의 성질

지정수량 : 100kg

 페닐하이드라진 ($C_6H_5NHNH_2$)

(1) 융점 23℃, 비점 21℃, 비중 1.091
(2) 무색의 결정 또는 액체이며 **공기 중**에서 **산화**되어 **갈색**이 된다.

 하이드라조벤젠 ($C_6H_5NHHNC_6H_5$)

(1) 융점 126℃
(2) 무색 결정으로 물, 아세트산에 녹지 않고 유기용매에 녹는다.
(3) 아조벤젠을 **환원**하여 얻으며, **산화**하면 **아조벤젠**이 된다.

9 하이드록실아민(히드록실아민)의 성질

지정수량 : 100kg

 하이드록실아민 (NH_2OH)

(1) 융점 33℃, 분해온도 130℃
(2) 무색의 결정이며 공기 중에서 자연발화의 위험이 있다.

10 하이드록실아민염류(히드록실아민염류)의 성질

지정수량 : 100kg

 황산하이드록실아민 ($NH_2OH \cdot H_2SO_4$)

(1) 융점 170℃(융점 이상에서 폭발적으로 분해)
(2) 무색의 고체

 염산하이드록실아민 ($NH_2OH \cdot HCl$)

 질산하이드록실아민 ($NH_2OH \cdot HNO_3$)

적중 출제예상문제

아조화합물 등

1 제5류 위험물 중 아조벤젠의 지정수량은?
① 50kg   ② 100kg
③ 300kg   ④ 500kg

> 해 • 지정수량 : 100kg
> 답 ②

2 제5류 위험물 중 디아조메탄의 지정수량은?
① 10kg   ② 50kg
③ 100kg   ④ 200kg

> 해 • 지정수량 : 100kg
> 답 ③

3 제5류 위험물 중 페닐하이드라진의 지정수량은?
① 50kg   ② 100kg
③ 300kg   ④ 500kg

> 해 • 지정수량 : 100kg
> 답 ②

4 아조벤젠을 환원하면 생성되는 제5류 위험물은?
① 나이트로벤젠   ② 다이아조메테인
③ 아족시벤젠   ④ 하이드라조벤젠

> 해 • 환원제 : 하이드라조벤젠
> 답 ④

5 나이트로벤젠을 알코올칼륨으로 환원하면 생성되는 제5류 위험물은?
① 아조벤젠   ② 다이아조벤젠
③ 아족시벤젠   ④ 아미노아조벤젠

> 해 • 환원제 : 아족시벤젠
> 답 ③

6 다음 중 제5류 위험물이 아닌 것은 무엇인가?
① 나이트로벤젠   ② 파라다이나이트로소벤젠
③ 다이나이트로소레조르신 ④ 다이아조벤젠

> 해 • 나이트로벤젠 : 제4류 위험물
> 답 ①

7 다음 중 자기반응성 물질끼리 묶인 것이 아닌 것은?
① 과산화벤조일, 질산메틸
② 나이트로글리세린, 셀룰로이드
③ 아세트나이트릴, 트라이나이트로톨루엔
④ 아조벤젠, 파라다이나이트로소벤젠

> 해 • 아세트나이트릴(CH_3CN) : 제4류 위험물 중 제1석유류
> 답 ③

8 하이드록실아민의 지정수량은?
① 10kg   ② 100kg
③ 200kg   ④ 300kg

> 해 • 지정수량 : 100kg
> 답 ②

제 7 장

제6류 위험물

학습목표
- 필수 암기사항
- 과염소산 · 과산화수소 · 질산 · 발연질산 및 행정안전부령이 정하는 것의 성질

필수 암기사항

- 제6류 위험물의 품명 및 지정수량
- 제6류 위험물의 일반성질
- 제6류 위험물의 저장 및 취급방법

참고
※ 필수 암기사항에 대한 내용은 **완전 암기**하여 수험에 대비할 것

제6류 위험물의 품명 및 지정수량

유별 및 성질	위험등급	품 명	지정수량
제 6 류 산화성 액체	I	1. 질 산 2. 과 산 화 수 소 3. 과 염 소 산	300kg 300kg 300kg
	I	4. 그 밖에 행정안전부령이 정하는 것 5. 제1호 내지 제4호에 해당하는 어느 하나 이상을 함유한 것	300kg

※ 그 밖에 행정안전부령이 정하는 것
  • 할로젠간화합물(BrF$_3$, BrF$_5$, IF$_5$, ICl, IBr 등)

제6류 위험물의 일반성질

(1) 모두 **무기화합물**로서 부식성 및 유독성이 강한 **강산화제**이다.
(2) 산소를 많이 포함하여 다른 **가연물의 연소를 돕는다**.
(3) 비중이 1보다 크며 물에 잘 녹는다.
(4) 물과 만나면 **발열**한다.
(5) 가연물 및 분해를 촉진하는 약품과 접촉하면 분해폭발한다.

제6류 위험물의 저장 및 취급방법

(1) 저장용기는 **내산성**일 것
(2) 용기는 밀전·밀봉하고, **파손**과 위험물의 누설에 주의할 것
(3) 물·가연물·유기물·분해를 촉진하는 약품과 접촉을 **피할 것**
(4) 유출사고에는 **마른 모래** 및 **중화제**를 사용할 것

적중 출제예상문제

1 제6류 위험물의 지정수량은?
① 20kg　② 50kg
③ 100kg　④ 300kg

2 다음 중 6류 위험물의 공통적인 성질은?
① 비중은 1보다 작다.　② 강산성이고 강환원제이다.
③ 불에 잘 탄다.　④ 표준상태에서 모두가 액체이다.

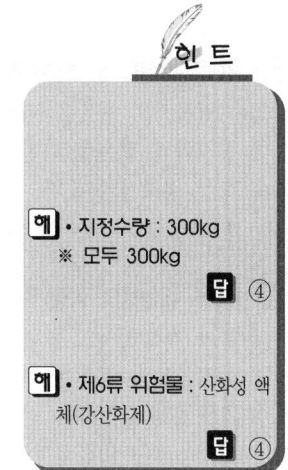

해 • 지정수량 : 300kg
　※ 모두 300kg
답 ④

해 • 제6류 위험물 : 산화성 액체(강산화제)
답 ④

③ 산화성 액체 위험물의 성질 중 잘못된 것은?
① 가연성 물질로 연소를 돕는다.
② 강산화제이다.
③ 증기는 유독하고 부식성이 강하다.
④ 가연물의 접촉이나 분해를 촉진하는 물품의 접근을 피한다.

[해] · 산화성 액체(제6류 위험물) : 불연성 액체로서 조연성을 갖는다.
※ 조연성 : 연소를 도와주는 성질
[답] ①

④ 제6류 위험물의 공통성질 중 잘못된 것은?
① 물과 잘 혼합된다.   ② 산화성 액체이다.
③ 황 화합물이다.   ④ 산화력이 강하다.

[해] · 제6류 위험물 : 황의 화합물은 없다.
[답] ③

⑤ 제6류 위험물의 공통된 특징은?
① 가연성 물질   ② 유기화합물
③ 환원성 물질   ④ 강산화제

[해] · 제6류 위험물 : 강산화제
[답] ④

⑥ 제6류 위험물의 수용액은 공통적인 일반성질이 있다. 다음 중 맞는 것은?
① 액성은 중성이다.   ② 무색투명하다.
③ 부식성이 강한 강산이다. ④ 비중은 1보다 작다

[해] · 제6류 위험물 : 무색투명한 산화성 액체이며, 과산화수소는 강산이 아니다.
[답] ②

⑦ 제6류 위험물의 성질 중 옳지 않은 것은?
① 강산 및 강염기성 물질이다.
② 강산화제로 부식성이 있다.
③ 일반적으로 물과 접촉하면 발열한다.
④ 산화되기 쉬운 가열물과 접촉하면 발화할 위험이 있다.

[해] · 제6류 위험물(산화성액체) : 대부분 강산이다.
[답] ①

⑧ 산화성 액체 위험물의 공통성질이 아닌 것은?
① 불연성 물질로 강산화제이며 다른 가연물의 연소를 돕는다.
② 비중이 1보다 크고 물과 접촉하여 발열한다.
③ 가연물 및 유기물과의 혼합 발화한다.
④ 부식성이 강하므로 산화성 고체 위험물과 혼합할 수 없다.

[해] · 제6류 위험물 : 물·가연물·유기물과 접촉금지(폭발), 산화성 고체(제1류 위험물)와 접촉가능
[답] ④

⑨ 제6류 위험물 중 화재예방상 제일 주의해야 할 일은?
① 가연물과의 접촉을 피한다.
② 공기와의 접촉을 피한다.
③ 항상 냉각시켜 둔다.
④ 용기에 통풍구를 설치해 둔다.

[해] · 문제 8 해설 참조
[답] ①

⑩ 제6류 위험물의 성질 및 취급법에서 틀린 것은?
① 물과 접촉하여도 좋다.
② 유기물과의 접촉은 피한다.
③ 가연물과의 접촉은 피한다.
④ 저장용기는 내산성이어야 한다.

[해] · 제6류 위험물 : 물과 접촉하여 발열한다.
[답] ①

⑪ 산화성 액체 위험물의 취급법으로 옳지 않은 것은?
① 습기가 많은 물로 씻어 내린다.
② 소화 후 많은 물로 씻어 내린다.
③ 피복이나 피부에 묻지 않게 주의한다.
④ 마른 모래로 위험물의 비산(飛散)을 방지한다.

해 · 문제 10 해설 참조
답 ①

⑫ 제6류 위험물의 취급방법이 아닌 것은?
① 습한 곳에서 취급해도 상관없다.
② 의류나 피부를 부식하므로 접촉하지 않도록 한다.
③ 가연물이 없는 곳에서 취급할 것
④ 통풍이나 환기가 좋지 않은 곳에서 취급하지 말 것

해 · 취급방법 : 물이나 습기와 발열반응을 하며 용기는 밀봉한다.
답 ①

⑬ 제6류 위험물의 성질에 있어서 옳지 않은 것은?
① 일반적으로 물과 반응하여 흡열한다.
② 강산화제로 부식성이 있다.
③ 유기물과 반응하여 산화, 착화하여 유독가스를 발생한다.
④ 강산화제로 자신은 불연성이다.

해 · 제6류 위험물 : 물과 접촉으로 발열반응
답 ①

⑭ 산화성 액체 위험물을 취급할 때 주의사항 중 틀리게 설명한 것은?
① 저장용기는 부식에 대하여 내식성이 있는 재료를 사용하여야 하며 새어나와서 다른 물질과 접촉하는 것을 막아야 한다.
② 물과 접촉하면 심하게 발열하므로 발열로 인한 온도상승, 비말현상에 주의한다.
③ 심한 부식성 때문에 피부에 접촉하면 화상, 피부를 침식하므로 피부와 접촉하지 않도록 한다.
④ 소화방법은 주수(注水)방법이 가장 적합하다.

해 · 제6류 위험물 : 물과의 접촉으로 인한 발열은 미세하며, 비말현상은 없다.
답 ②

⑮ 제6류 위험물의 취급방법 중에서 옳지 않은 것은?
① 가연물이 없는 곳에서 취급한다.
② 유별을 달리하는 위험물과는 동일한 위험물 저장소 내에서 저장하여서는 안된다.
③ 피부를 심하게 부식하므로 접촉하지 않도록 한다.
④ 위험물제조소등에 "물기엄금"라는 주의사항을 표시한 게시판을 설치한다.

해 · 주의사항 게시판 : 없음
※ 제3류 위험물 : 물기엄금
답 ④

2 질산

1 질산(HNO_3)

지정수량 : 300kg

(1) 융점 -42℃, 비점 86℃, 비중 1.49, 용해열 7.8kcal/mol
(2) 무색 액체이나 보관 중 **담황색**으로 되며, **부식성**이 강한 **강산**이지만 금·백금·이리듐·로듐만은 **부식시키지 못한다**.
(3) **진한 질산**은 Fe(철), Co(코발트), Ni(니켈), Cr(크로뮴), Al(알루미늄) 등을 **부동태화**한다.
(4) **공기** 중에서 또는 **직사일광**에게 분해하여 유독한 **갈색 증기**(이산화질소, NO_2)를 발생하므로 **갈색 병**에 넣어 냉암소에 저장한다.
(5) 액체·증기 및 **질소산화물**은 인체에 대단히 해롭다.
(6) **물**과 반응하여 **발열**한다.
(7) 탄화수소·**황화수소**·이황화수소·하이드라진류·아민류 등 **환원성 물질**과 혼합하면 **발화** 및 **폭발**을 한다.
(8) 톱밥, 대팻밥, 나무조각, 나무껍질, 종이, 섬유 등 **유기물질**과 혼합하면 **발화**한다.
(9) 가열된 **질산**과 **황린**이 반응하면 **인산**이 되며 **황**과 반응하면 **황산**이 된다.
(10) 단백질과는 **크산토프로테인반응**을 일으켜 **노란색**으로 반응한다.
(11) 구리와 **묽은 질산**이 반응하면 **일산화질소**(NO)를 발생하며, **진한 질산**과 반응하면 **이산화질소**(NO_2)를 발생한다.

> **참고**
>
> ※ 제6류 위험물 질산 : 비중 1.49 이상인 것
> ※ 부동태화 : 진한 질산이 Fe(철), Co(코발트), Ni(니켈), Cr(크로뮴), Al(알루미늄) 등의 표면에 다른 산에 의하여 부식되지 않게 **산화물의 얇은 막**을 만드는 현상(묽은 질산 제외)
> ※ 왕수는 질산 1 : 염산 3의 혼합산으로 금 또는 백금을 녹인다.
> ※ 분해반응식
> $4HNO_3 \rightarrow 4NO_2\uparrow + O_2\uparrow + 2H_2O$
> (질산) (이산화질소) (산소) (물)
> ※ 크산토프로테인반응(단백질 검출법) : 단백질에 진한 질산을 작용시키면 **노란색**으로 되는 반응
> ※ 구리와 묽은 질산의 반응식
> $3Cu + 8HNO_3 \rightarrow 3Cu(NO_3)_2 + 2NO\uparrow + 4H_2O$
> (구리) (질산) (질산구리) (일산화질소) (물)
> ※ 구리와 진한 질산의 반응식
> $Cu + 4HNO_3 \rightarrow Cu(NO_3)_2 + 2NO_2\uparrow + 2H_2O$
> (구리) (질산) (질산구리) (이산화질소) (물)

3 발연질산

1 발연질산(HNO₃+nNO₂)

지정수량 : 300kg
(1) 비중 약 1.52~1.54
(2) 진한 질산에 이산화질소를 과잉으로 녹인 무색 또는 **적갈색**의 발연성 액체
(3) 공기 중에서 부식성, 질식성으로 인체에 **유독한 이산화질소(NO_2)**를 발생하며 진한 질산보다 산화력이 세다.

적중 출제예상문제

질산

① 공기 중에서 적갈색의 가스를 발생하는 위험물은?
① 진한 질산   ② 진한 황산
③ 무수크로뮴산   ④ 발연황산

② 진한 질산이 공기 중에서 발생하는 자극성의 갈색 증기는?
① NO_2 ② NO
③ H_2O ④ NO_3

③ 공기 중에서 갈색의 연기를 내므로 갈색 병에 보관해야 하는 것은?
① 진한 질산   ② 진한 황산
③ 진한 염산   ④ 과산화수소

④ 진한 질산에 대한 성질이 옳은 것은?
① 충격에 의해 착화된다.
② 공기 속에서 자연발화한다.
③ 인화점이 낮고 발화하기 쉽다.
④ 공기와 만나면 갈색 증기를 낸다.

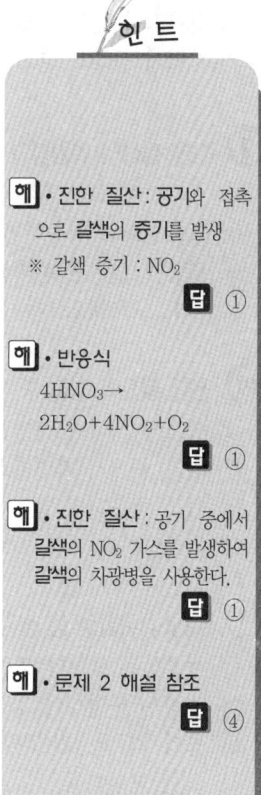

[해] • 진한 질산: 공기와 접촉으로 갈색의 증기를 발생
※ 갈색 증기 : NO_2
[답] ①

[해] • 반응식
$4HNO_3 \rightarrow 2H_2O + 4NO_2 + O_2$
[답] ①

[해] • 진한 질산 : 공기 중에서 갈색의 NO_2 가스를 발생하여 갈색의 차광병을 사용한다.
[답] ①

[해] • 문제 2 해설 참조
[답] ④

5 진한 질산의 위험성이 아닌 것은?
① 일광, 공기와 만나면 분해하여 자극성 갈색 증기를 낸다.
② 진한 질산은 부식성이 강해 모든 금속을 부식시킨다.
③ 질산 자신은 폭발성, 인화성이 없다.
④ 분해를 막기 위하여 갈색 병에 넣어 어두운 곳에 보관한다.

[해] • 진한 질산 : 부식성이 강하여 금속을 부식시키나 금, 백금, 이리듐, 로듐은 부식시키지 못한다.
[답] ②

6 알루미늄(Al)분을 침식시키지 못하는 산은?
① 묽은 질산
② 묽은 염산
③ 황산
④ 진한 질산

[해] • 진한 질산 : Fe·Co·Ni·Al 등과는 부동태를 만든다.
[답] ④

7 진한 질산을 보관할 때 마개로 가장 알맞는 것은?
① 코르크 마개
② 도자기 마개
③ 무명 천
④ 고무마개

[해] • 용기 마개 : 유리·도자기 등
[답] ②

8 진한 질산의 위험성에 관한 다음에서 옳은 것은?
① 충격에 의해 착화한다.
② 공기 속에서 자연발화한다.
③ 인화점이 낮고 발화하기 쉽다.
④ 환원성 물질과 혼합시 발화한다.

[해] • 진한 질산 : 산화성 물질이므로 환원성 물질인 가연물과는 혼합시 발화한다.
[답] ④

9 진한 질산의 위험성과 저장에 대한 설명 중 적당하지 않은 것은?
① 부식성이 크고 산화성이 강하다.
② 황화수소와 접촉하면 폭발을 한다.
③ 일광에 쪼이면 분해되어 산소를 발생한다.
④ 저장 보호액으로는 물이 안전하다.

[해] • 진한 질산 : 보호액은 없다.
[답] ④

10 진한 질산의 성질 중 맞는 것은?
① 충격에 의하여 자연발화한다.
② 공기 중에서 자연발화한다.
③ 물과 반응하여 발열한다.
④ 인화점이 낮아서 발화하기 쉽다.

[해] • 진한 질산 : 물과 반응하여 발열한다.
※ 용해열 : 7.8kcal/mol
[답] ③

11 질산의 위험성 중 틀린 것은?
① 폭발성은 없으나 환원성이 강한 물질과 혼합하면 발화 또는 폭발한다.
② 자신은 폭발성이 없으나 유기물과 혼합하면 발화한다.
③ 증기 및 발생된 분해가스는 모두 대단히 유독하며 부식성이 강해 인체에 해롭다.
④ 소방법상 비중이 0.82 이상이 되어야 위험물로 취급된다.

[해] • 제6류 위험물 질산 : 비중 1.49이상인 것
[답] ④

⑫ 질산을 유기화합물의 산화제로 사용할 때 주의할 점으로 옳은 것은?
① 산화반응이 일어나지 않는 물질에만 사용한다.
② 환원반응이 일어나는 물질에만 사용한다.
③ 나이트로화 반응을 일으키기 어려운 화합물에 사용한다.
④ 부가반응을 일으키는 물질에 사용한다.

해 · 질산 : 나이트로화제에 해당되는 산이므로 나이트로 반응을 일으키지 않는 화합물에 사용할 것
답 ③

⑬ 다음 제6류 위험물인 가열된 질산이 비금속원소 황린과 반응하였을 때 생성된 물질은?
① 오황화인   ② 인산
③ 황산   ④ 삼황화인

해 · 가열된 질산 : 황린과 반응하여 인산이 생성된다.
답 ②

⑭ 단백질(Protein)에 크산토프로테인반응(Xanthoprotenic reaction)을 일으키는 산(Acid)은 다음 중 어느 것인가?
① HCl   ② HClO
③ H_2SO_3 ④ HNO_3

해 · 크산토프로테인반응 : 단백질에 진한 질산을 작용시키면 노란색이 되는 반응
답 ④

⑮ 취급을 잘못하여 손 끝에 위험물이 묻어 피부가 노랗게 변하였다. 다음 중 어느 물질을 취급하였는가?
① 황산   ② 클로로슬폰산
③ 질산   ④ 무수크로뮴산

해 · 문제 14 해설 참조
답 ③

발연질산

⑯ 공기 중에서 적갈색의 증기를 발생하는 것은?
① 발연황산   ② 발연질산
③ 과염소산   ④ 염산

해 · 적갈색 증기 : 진한 질산·발연질산의 증기
답 ②

⑰ 발연질산의 용기가 열려 있을 때 어떤 가스가 발생하는가?
① NO   ② NO_2
③ NO_3 ④ SO_2

해 · 적갈색 증기 : 이산화질소(NO_2)
답 ②

⑱ 발연질산에 관한 설명 중 옳은 것은?
① 물과 작용하여 가연성가스를 발생시킨다.
② 마찰충격으로 폭발한다.
③ 공기 중에서 자연발화한다.
④ 진한 질산에서 이산화질소를 녹인 것이다.

해 · 발연질산(HNO_3 + nNO_2) : 진한 질산에 이산화질소(NO_2)를 과잉으로 녹인 무색 또는 적갈색 액체
답 ④

⑲ 발연질산의 성질에서 옳은 것은?
① 유체마찰에 의하여 정전기가 발생한다.
② 강산이나 산화력은 약하다.
③ 모든 금속을 모두 부식시킨다.
④ 비중은 물보다 크며, 질산보다 강산이다.

해 · 발연질산 : 비중 1.52~1.54 질산보다 센 산화력을 갖는다.
답 ④

4 과산화수소의 성질

 과산화수소(H_2O_2)

지정수량 : 300kg

(1) 융점 −0.89℃, 비점 80.2℃, 비중 1.465
(2) 순수한 것은 점성이 있는 **무색 액체**이며, 양이 많을 경우 **청색**
(3) 강산화제이나 환원제로도 사용한다.
(4) 시판품의 농도 30~40 중량 % 수용액
(5) 단독 폭발농도 60 중량 % 이상
(6) 분해시 산소(O_2)를 발생하므로 안정제로 인산·요산 등을 사용한다.
(7) 피부와 접촉하여 **수종**(물집)이 생기므로 물로 **충분히** 씻는다.
(8) 물, 에터, 알코올에 용해하며, **석유·벤젠에 불용해**
(9) 금속의 미립자 및 알칼리성용액에 의하여 분해
(10) 용기는 밀전하지 말고 통풍을 위하여 **구멍이 뚫린 마개**를 사용할 것

※ 위험물 : H_2O_2의 농도가 **36중량%** 이상의 것
  • 약국에서 시판하는 옥시풀(옥시돌)은 3%수용액이다.
※ 분해촉진제(촉매) : 이산화망가니즈(MnO_2)

5 과염소산의 성질

 과염소산($HClO_4$)

지정수량 : 300kg

(1) 융점 −112℃, 비점 39℃, 비중 1.76
(2) 무색의 액체로 공기 중에서 세게 연기를 내며 매우 유독하다.
(3) 종이, 나무조각 등과 접촉하면 **연소**한다.
(4) 물과 접촉하여 심하게 **발열**하며 **6종의 고체 수화물**을 만들며 **강한 산화력**을 갖는다.

※ 과염소산의 고체 수화물(6종류) : $HClO_4 \cdot H_2O$, $HClO_4 \cdot 2H_2O$, $HClO_4 \cdot 2.5H_2O$, $HClO_4 \cdot 3H_2O$(2종류), $HClO_4 \cdot 3.5H_2O$

적중 출제예상문제

과산화수소

1 제6류 위험물에 속하는 것은 어느 것인가?
① 알코올 ② 과산화수소
③ 이황화탄소 ④ 다이에틸에터

[해] • 제6류 위험물 : 과산화수소
[답] ②

2 과산화수소가 분해하여 발생하는 기체의 위험성은?
① 산소이며 가연성이다.
② 수소이며 가연성이다.
③ 산소이며 연소를 도와준다
④ 수소이며 연소를 도와준다.

[해] • 발생기체 : 산소(조연성)
※ 조연성 : 연소를 도와줌
[답] ③

3 과산화수소(H_2O_2)가 표백작용을 하는 이유는 분해할 때 무엇이 생기기 때문인가?
① 발생기산소 ② 발생기수소
③ 발생기염소 ④ 이산화황

[해] • 분해반응식
$H_2O_2 \xrightarrow{\Delta} H_2O + [O]$
※ [O] : 발생기산소
[답] ①

4 다음 제6류 위험물 중 산화성 액체로써 서서히 분해하며, 안정제를 첨가하는 것은?
① $HClO_4$ ② H_2O_2
③ H_2SO_4 ④ HNO_3

[해] • 과산화수소(H_2O_2)의 안정제 : 인산·요산
[답] ②

5 과산화수소는 분해하기 쉬우므로 사용목적에 따라 소량의 안정제를 혼입하여 사용하여야 한다. 안정제로 적당한 것은?
① 벤젠 ② 인산
③ 유기물 ④ 적린

[해] • 문제 4 해설 참조
[답] ②

6 경우에 따라서 산화제 또는 환원제로 쓸 수 있는 것은?
① F_2 ② $K_2Cr_2O_7$
③ H_2O_2 ④ CO

[해] • 과산화수소(H_2O_2) : 강산화제이나 환원제로도 사용된다.
[답] ③

7 다음 제6류 위험물인 과산화수소의 성질 중 틀린 것은?
① 에터, 알코올에 용해한다.
② 용기는 구멍이 뚫린 마개를 사용한다.
③ 석유, 벤젠에 불용해한다.
④ 순수한 것은 담황색의 액체이다.

[해] • 과산화수소 : 순수한 것은 무색이며 양이 많은 경우 청색
[답] ④

⑧ 과산화수소의 성질 및 취급에 있어서 옳지 않은 것은?
① 일광의 직사에 의해서 분해한다.
② 저장할 때 용기는 마개로 꼭 막아 둔다.
③ 산성에서는 분해하기 어렵다.
④ 물에는 자유로이 혼합한다.

[해] • 용기의 마개 : 구멍 뚫린 마개를 사용한다.
[답] ②

⑨ 제6류 위험물인 과산화수소 취급법으로 틀린 것은?
① 암냉소에 저장한다.
② 농도가 진한 것은 피부접촉시 물집이 생긴다.
③ 수용액은 서서히 분해되므로 안정제를 넣는다.
④ 착색된 용기를 사용하여 밀전시켜 보관한다.

[해] • 과산화수소 : 착색된 용기를 사용하여 밀전하지말고 구멍뚫린 마개로 막는다.
[답] ④

⑩ 과산화수소의 취급방법으로 틀리는 것은?
① 직사광선을 피해 냉암소에 보관한다.
② 누출 되었을 때는 다량의 물로 씻어 흘러 보낸다.
③ 알칼리성용액에는 분해가 어렵고, 벤젠에 용해한다.
④ 센 산화성이 있으므로 작은구멍이 있는 마개를 사용하여 보관한다.

[해] • 과산화수소 : 알칼리성 용액에서 심하게 분해한다.
※ 물·에터·알코올에 용해 되나 석유·벤젠에는 불용해
[답] ③

⑪ H_2O_2에 대하여 틀리는 것은?
① 보관시 직사광선에 분해하므로 일광을 피한다.
② 순수한 것은 비중이 1.465이고 분해하면 물과 산소로 된다.
③ 알칼리성에는 분해가 어렵고 약산성에서는 분해하기 쉽다.
④ 농도가 진한 것은 피부점막을 부식시킨다.

[해] • 과산화수소 : 금속의 미립자 및 알칼리성용액에 의하여 분해한다.
[답] ③

⑫ 과산화수소의 저장 및 취급상 주의사항이 아닌 것은?
① 직사광선을 피한다.
② 유기물로부터 격리시켜 저장한다.
③ 위험물이 샐 때는 다량의 물로 씻어낸다.
④ 용기는 밀봉, 밀전하여 냉암소에 저장한다.

[해] • 문제 9 해설 참조
[답] ④

⑬ 과산화수소에 대한 설명 중 틀린 것은?
① 산화작용도 하지만 환원제로 사용할 때도 있다.
② 이산화망가니즈는 부촉매로 산소의 발생을 억제한다.
③ 점성이 큰 액체이나 3%의 수용액은 살균 소독제로 쓰인다.
④ 상온 이하에서 묽은 황산에 과산화바륨을 조금씩 넣으면 발생한다.

[해] • 과산화수소 : 산소발생을 원활하게 하기 위하여 정촉매인 이산화망가니즈를 사용한다.
[답] ②

과염소산

⑭ 제6류 위험물 중 과염소산의 지정수량은?
① 200kg ② 250kg
③ 300kg ④ 350kg

[해] • 지정수량 : 300kg
[답] ③

⑮ 다음 제6류 위험물 중 과염소산의 화학식은?
① HClO
② HClO₂
③ HClO₃
④ HClO₄

⑯ 제6류 위험물인 과염소산에 대해 설명하였다. 옳은 것은?
① 1분자 내에 산소가 3개 있다.
② 1분자 내에 산소가 4개 있다.
③ 1분자 내에 산소가 2개 있다.
④ 1분자 내에 산소가 5개 있다.

⑰ 과염소산 위험물은 물과 접촉할 경우 반응은?
① 폭발반응
② 연소반응
③ 연쇄반응
④ 발열반응

해 • 화학식: ① 차아염소산 ② 아염소산 ③ 염소산 ④ 과염소산
답 ④

해 • 과염소산: HClO₄
※ 산소(O): 4개
답 ②

해 • 과염소산: 물과 심하게 발열한다.
답 ④

― 유계실 ―

◆ 우리조상의 위대한 지혜, 콩(대두·노란 콩) 식품 많이 먹고 건강하게 삽시다.

┌ **콩**(대두)으로 만든 식품 ─────────────────
│ • **두부**(연두부·순두부·비지)·**된장**·**간장**·**막장**·**고추장**(메줏가루 포함)·**청국장**
│ • **두유**·**콩가루**(인절미에 묻혀 먹음)·**초콩**(식초에 불린 콩) 등

1. **콩**(대두)에는 술에 의해 만들어진 **지방간**을 막아주는 **콜린**(Choline)이 들어있다.
2. **콩**(대두)에는 **동맥경화**를 막아주는 **리놀산 등 불포화지방산**이 들어있다.
3. **콩**(대두)에는 **빈혈**을 방지하는 **철분**(Fe)이 들어있다.
4. **콩**(대두)에는 **고혈압 예방**에 좋은 **칼륨**(K)이 들어있다.
5. **콩**(대두)에는 **뼈의 노화방지**에 좋은 **칼슘**(Ca)이 들어있다.
6. **콩**(대두)에는 **인간의 신체의 노화**를 방지하는 **비타민E**가 들어있다.
7. **콩**(대두)에는 **남성의 정자**를 만드는 **알기닌**이 들어있다.
8. **콩**(대두)에는 **체지방을 분해**(비만해소)하고 **활성산소**를 제거하며 **강력한 항암 효과**를 가진 **DDMP 사포닌**이 들어 있다.
9. **콩**(대두)에는 **대장암**을 예방하는 **식물섬유**가 들어있다.
10. **콩**(대두)에는 **여성 호르몬과 관계되는 유방암·대장암·골다공증 및 남성의 전립선암**을 예방하는 **아이소플라본**이 들어있다.
11. **콩**(대두)으로 만든 **된장**(재래식 된장)에는 **체내 발암물질**(간암·위암·대장암)을 **추방**하는 **리노레익산 등 효소**가 들어 있다.
12. **콩**(대두)으로 만든 **된장**(재래식 된장)에는 **간장을 해독**(숙취해소)하며 **소화를 촉진**하는 **아미노산이 다량** 들어있다.
13. **콩**(대두)을 식초에 불린 **초콩**에는 **두뇌발달**을 도와주는 **아세틸콜린**(acetylcholine)이 들어있다 (육류와 함께 먹으면 더욱 좋다).
※ 하루에 두부 1/2모를 먹으면 값싸게 우리의 건강을 확실히 지킬 수 있습니다.

참고문헌 오영근 역 「재미있는 화학상식」, 안현필 「삼위일체 장수법」

제 8 장

위험물의 저장 및 취급방법

1 위험물 제조소등의 설치 및 운영

1 위험물의 취급

(1) 지정수량 이상의 위험물 : 제조소등에서 취급
(2) 지정수량 미만의 위험물 : 시·도의 조례에 의하여 취급
(3) 지정수량 이상의 위험물을 임시로 저장할 경우 : 관할 소방서장에게 승인 후 **90일 이내**

> **참고**
> ※ 시·도 : 특별시·광역시·특별자치시·도 및 특별자치도
> **벌칙** • 지정수량 이상의 위험물을 제조소등에서 저장 또는 취급하지 않을 경우 : 3년 이하 징역 또는 3,000만원 이하의 벌금
> • 위험물 임시저장 및 취급기준 위반 : 200만원 이하의 과태료
> • 위험물을 유출·방출 또는 확산시켜 사람의 생명·신체 또는 재산에 대하여 위험을 발생시킨 자 : 1년 이상 10년 이하 징역에 처한다.
>   - 규정에 의하여 사람에게 상해를 입힌 자 : 무기 또는 3년 이상 징역
>   - 규정에 의하여 사람을 사망에 이르게 한 자 : 무기 또는 5년 이상 징역
> • 업무상 과실로 제조소등에서 위험물을 유출·방출·확산시켜 사람의 생명, 신체, 재산에 대하여 위험을 발생시킨 자 : 7년 이하의 금고 또는 7천만원 이하의 벌금에 처한다.
>   - 규정에 의하여 사람을 사망에 이르게 한 자 : 10년 이하 징역 또는 금고나 1억원 이하의 벌금에 처한다.

제조소등(제조소, 저장소, 취급소)의 정의

(1) **제조소** : 위험물을 제조할 목적으로 지정수량 이상의 위험물을 취급하기 위하여 허가를 받은 장소
(2) **저장소** : 지정수량 이상의 위험물을 저장하기 위한 대통령령이 정하는 장소로서 허가를 받은 장소
(3) **취급소** : 지정수량 이상의 위험물을 제조외의 목적으로 취급하기 위한 대통령령이 정하는 장소로서 허가 받은 장소

저장소의 종류

(1) **옥내저장소** : 옥내(지붕과 기둥 또는 벽 등에 의하여 둘러싸인 곳을 말한다)에 위험물을 저장하는 장소
(2) **옥외저장소** : 옥외의 장소에서,
  ① 제2류 위험물 중 **황** 또는 **인화성 고체**(인화점 0℃ 이상인 것에 한한다)
  ② 제4류 위험물 중 제1석유류(인화점 0℃ 이상인 것에 한한다), 알코올류, 제2석유류, 제3석유류, 제4석유류, 동·식물유류
  ③ 제6류 위험물
  ④ 제2류 위험물, 제4류 위험물 중 특별시, 광역시 또는 도의 **조례로 정하는 위험물**(관세법 154조의 규정에 의한 **보세구역 안에 저장하는 경우**에 한한다)
  ⑤ 국제해사기구에 관한 협약에 의하여 설치된 국제해사기구에서 채택한 **국제해상위험물규칙**(IMDG 코드)에 적합한 용기에 수납된 **위험물을 저장하는 장소**
(3) **옥내탱크저장소** : 옥내에 있는 탱크에 위험물을 저장하는 저장장소
(4) **옥외탱크저장소** : 옥외에 있는 탱크에 위험물을 저장하는 저장장소
(5) **지하탱크저장소** : **지하에** 매설되어 있는 탱크에 위험물을 저장하는 저장장소
(6) **이동탱크저장소** : **차량에 고정**된 탱크에 위험물을 저장하는 저장장소
(7) **간이탱크저장소** : 간이탱크에 위험물을 저장하는 저장장소
(8) **암반탱크저장소** : 암반 내의 공간을 이용한 탱크에 액체의 위험물을 저장하는 장소

취급소의 종류

(1) **주유취급소** : 고정된 주유설비에 의하여 위험물을 **자동차, 항공기, 선박** 등의 연료탱크에 직접 주유하기 위하여 위험물을 취급하는 장소
(2) **판매취급소** : 점포에서 위험물을 용기에 담아 판매하기 위하여 **지정수량의 40배 이하**의 위험물을 취급하는 장소
(3) **이송취급소** : 배관 및 이에 부속하는 설비에 의하여 위험물을 이송하는 취급소
(4) **일반취급소** : 주유취급소, 판매취급소, 이송취급소 외의 장소

위험물 안전관리자

제조소등의 설치자는 **국가기술자격법**에 의한 당해 **위험물기능장·산업기사·기능사 자격증**을 취득한 자와 행정안전부령이 정하는 사람을 위험물 안전관리자로 선임하여야 한다.

> **참고**
> ※ 위험물 안전관리자 : 위험물관리국가기술자격증을 취득한 자로서 사업소의 관할 소방본부 및 소방서에 선임신고를 하여야만 안전관리자가 되므로 자격증 취득자가 모두 안전관리자는 아니다.
> **[벌칙]** • 위험물 안전관리자를 선임하지 않은 자 : 1,500만원 이하의 벌금
> ※ 위험물 안전관리자를 선임하지 않아도 되는 제조소등 : **이동탱크저장소**
> ※ 위험물 기능사가 관리할 수 있는 위험물의 지정수량 : **부록**(위험물 안전관리법 시행령 별표 5, 별표 6) 참고

(1) 제조소등에서는 위험물 안전관리자의 참여 없이 위험물을 취급할 수 없다.
(2) 위험물 안전관리자가 보안감독 할 수 있는 위험물(부록 참조)
  ① **기능장 및 산업기사** : 1류에서 6류까지 전체의 위험물(지정수량 제한 없음)
  ② **기능사** : 1류에서 6류까지 전체의 위험물(지정수량 제한 있음)
(3) 해임할 경우 해임한 날부터 선임기간 : 30일 이내(신고 14일 이내)
(4) 위험물 안전관리자의 업무
  ① 화재 등의 재해의 방지에 관하여 **인접하는 제조소등**과 그 밖의 **관련되는** 시설의 관계자와 **협조체제**를 유지하는 일
  ② 화재예방 규정에 적합하도록 **작업자**에 대하여 **지시와 감독**을 하는 일
  ③ 위험물시설의 안전을 **담당**하는 자를 따로 두는 제조소등에 있어서는 그 담당자에게 **필요한** 업무 지시

④ 화재 등의 재난이 발생한 경우 응급조치 및 소방관서 등에 연락업무
⑤ 위험물 취급에 관한 일지 작성·기록하는 일
⑥ 그 밖의 위험물의 취급작업의 안전에 관하여 필요한 감독의 수행

적중 출제예상문제

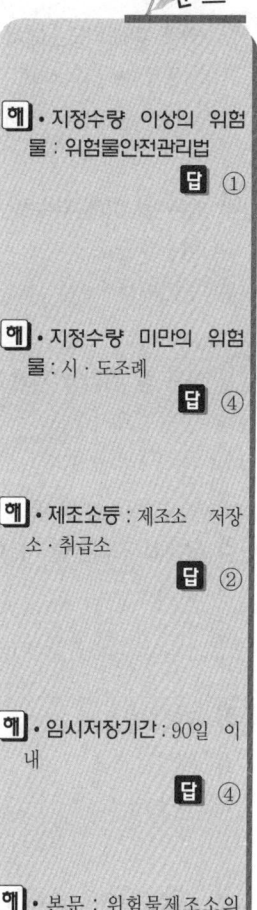

① 지정수량 이상의 위험물의 저장 또는 취급에 관하여는 어디에서 규정하고 있는가?
  ① 위험물안전관리법
  ② 석유사업법
  ③ 위험물안전관리법 시행령
  ④ 시 또는 도의 조례

[해] • 지정수량 이상의 위험물 : 위험물안전관리법
[답] ①

② 지정수량 미만의 위험물을 저장·취급하는 기준은 무엇으로 규정하는가?
  ① 위험물안전관리법
  ② 석유사업법
  ③ 위험물안전관리법 시행규칙
  ④ 시·도조례

[해] • 지정수량 미만의 위험물 : 시·도조례
[답] ④

③ 대통령이 정하는 수량(지정수량) 이상의 위험물 저장 또는 취급할 수 있는 곳이 아닌 곳은?
  ① 제조소
  ② 관리소
  ③ 저장소
  ④ 취급소

[해] • 제조소등 : 제조소 저장소·취급소
[답] ②

④ 지정수량 이상의 위험물 저장·취급시 임시저장기간은?
  ① 20일
  ② 30일
  ③ 60일
  ④ 90일

[해] • 임시저장기간 : 90일 이내
[답] ④

⑤ 위험물을 제조할 목적으로 지정수량 이상의 위험물을 취급하기 위하여 허가를 받은 장소를 무엇이라 하는가?
  ① 위험물제조소
  ② 위험물저장소
  ③ 위험물취급소
  ④ 위험물저유소

[해] • 본문 : 위험물제조소의 정의
[답] ①

⑥ 위험물의 취급소가 아닌 것은?
① 주유취급소　② 판매취급소
③ 옥외취급소　④ 일반취급소

해 • 위험물취급소 : 주유·판매·이송·일반·저장취급소
답 ③

⑦ 고정된 주유설비에 의하여 위험물을 자동차, 항공기, 선박 등의 연료탱크에 직접 주유하기 위하여 위험물을 취급하는 장소는?
① 판매취급소　② 주유취급소
③ 일반취급소　④ 이동판매취급소

해 • 주유취급소 : 고정주유설비로 자동차 선박에 주유 및 실소비자에 판매하는 곳
답 ②

⑧ 위험물 판매취급소에서는 지정수량 몇 배의 위험물을 취급할 수 있는가?
① 30배 이하　② 40배 이하
③ 50배 이하　④ 100배 이하

해 • 지정수량 : 40배 이하
답 ②

⑨ 제1종 판매취급소에서 취급할 수 있는 위험물의 양은?
① 지정수량 5배 이하　② 지정수량 10배 이하
③ 지정수량 20배 이하　④ 지정수량 35배 이하

해 • 지정수량 : 20배 이하
※ 제2종 판매취급소 : 지정수량 40배 이하
답 ③

⑩ 배관 및 이에 부속하는 설비로 위험물을 이송하는 취급소는?
① 이송취급소　② 이동취급소
③ 운반취급소　④ 일반취급소

해 • 본문 : 이송취급소
답 ①

⑪ 다음 중 위험물 저장소의 구분에 해당되지 않는 것은?
① 암반탱크저장소　② 지하탱크저장소
③ 옥내탱크저장소　④ 일반저장소

해 • 저장시설 : 옥내·옥외저장소, 옥내·옥외·이동·지하·간이·암반탱크저장소
답 ④

⑫ 옥내에 위험물을 저장 또는 취급하는 저장시설을 무엇이라 하는가?
① 옥외저장소　② 옥내저장소
③ 옥내탱크저장소　④ 옥외탱크저장소

해 • 옥내저장소 : 옥내에서 위험물을 저장하는 저장시설
답 ②

⑬ 옥외저장소에 저장할 수 있는 위험물은?
① 메틸알코올　② 휘발유
③ 아세톤　④ 적린

해 • 저장 위험물 : 메틸알코올의 인화점은 11℃이므로 저장 가능하다.
답 ①

⑭ 위험물자격증 소지자가 위험물 취급에 관하여 보안감독을 할 수 있는 위험물의 종류는 그 자격구분에 따라 무엇으로 정하는가?
① 지방자치령　② 행정안전부령
③ 산업자원부령　④ 대통령령

해 • 자격규정 : 행정안전부령
답 ②

⑮ 위험물 안전관리자를 해임한 때에 해임한 날로부터 선임은 며칠 이내에 하는가?
① 3일 이내   ② 7일 이내
③ 15일 이내 ④ 30일 이내

해 • 선임기간 : 30일 이내
답 ④

⑯ 위험물관리 산업기사 취득자가 보안, 감독할 수 있는 위험물의 종류는?
① 제1류 위험물   ② 제2류 위험물
③ 제4류 위험물   ④ 규정된 위험물의 전부

해 • 산업기사 : 전체 위험물
답 ④

⑰ 다음 내용 중 틀린 것은?
① 위험물 안전관리자 참여 없이 위험물을 취급하여서는 아니된다.
② 위험물관리 기능사는 국가기술자격증에 기재된 류를 보안감독할 수 있다.
③ 위험물 안전관리자로서 선임된 자는 한국소방안전협회의 회원의 자격이 있다.
④ 소방서장은 화재로 인하여 인명 위험이 절박하다고 인정할 때에는 거주자에게 퇴거 명령을 명할 수 있다.

해 • 위험물관리 기능사의 보안감독 위험물
 : 제1류에서 제6류까지 전체 위험물
답 ②

⑱ 위험물 안전관리자의 보안감독 업무에 해당되지 않는 것은?
① 작업자에게 인가받은 예방규정에 적합한 사항을 지시감독하는 일
② 화재 등 재해발생시 관계기관(소방관서)과 긴급 연락하는 일
③ 제조소등과 관련시설을 정보교환하지 않고 독자적으로 행하는 일
④ 안전원에게 필요한 지시전달 및 제조소등의 안전업무를 수행하는 일

해 • 위험물 안전관리자의 보안감독 업무 : 인접한 제조소등과 협조체제를 유지하여야 한다.
답 ③

2 제조소등의 설치기준

 제조소등의 설치허가

(1) 허가청 : 시 · 도지사
(2) 용도폐지 신고기관 : 시 · 도지사
(3) 설치허가 · 신고 제외의 곳
  ① **주택**의 **난방시설**(공동주택의 중앙난방시설을 제외한다)을 위한 저장소 · 취급소
  ② **농예용 · 축산용** 또는 **수산용**으로 필요한 **난방시설** 또는 **건조시설**을 위한 지정수량 **20배 이하**의 저장소

> **참고**
> **벌칙** • 제조소등의 설치허가를 받지 아니하고 제조소등을 설치한 자 : **5년 이하 징역** 또는 **1억원 이하의 벌금**
> • 제조소등의 위치, 구조 또는 설비의 변경 없이 저장 · 취급하는 **위험물의 품명 · 수량** 또는 지정수량의 배수를 변경할 경우 신고기간 : 변경하고자 하는 날의 **1일 전**
> • 용도폐지 신고기간 : 폐지한 날부터 **14일 이내**
> • 시 · 도지사 : 특별시장, 광역시장, 특별자치시장, 도지사 또는 특별자치도지사

 화재예방 규정을 할 곳(제조소등의 설치기준)

(1) 지정수량 10배 이상의 위험물을 저장 · 취급하는 제조소, 일반취급소
(2) 지정수량 100배 이상의 위험물을 저장 · 취급하는 옥외저장소
(3) 지정수량 150배 이상의 위험물을 저장 · 취급하는 옥내저장소
(4) 지정수량 200배 이상의 위험물을 저장 · 취급하는 옥외탱크저장소
(5) 암반탱크저장소
(6) 이송취급소

3 제조소

1 안전거리

제조소(제6류 위험물은 제외)외의 건축물의 외벽 또는 이에 상당하는 공작물의 외측으로부터 당해 제조소의 외벽 또는 이에 상당하는 공작물의 외측까지의 수평거리

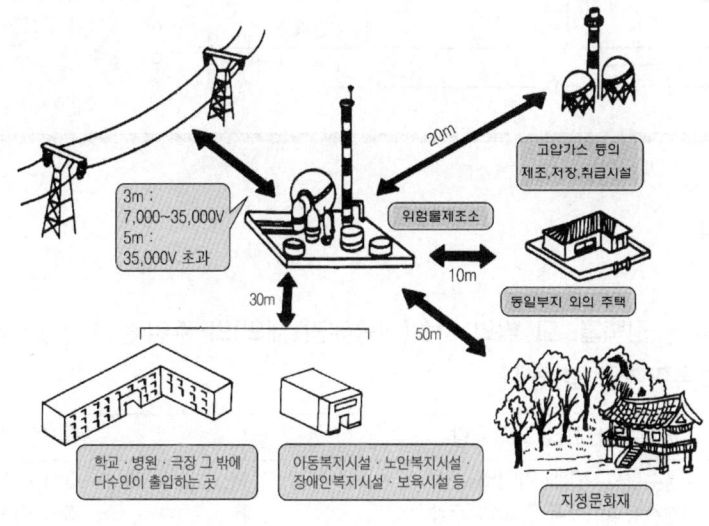

(1) 특고압 가공전선 7,000V 초과 35,000V 이하 : 3m 이상
(2) 특고압 가공전선 35,000V 초과 : 5m 이상
(3) 제조소의 동일부지 이외의 주택 : 10m 이상
(4) **고압가스 등**을 제조·저장 또는 취급하는 시설 : 20m 이상
(5) **학교·병원·극장**(300명 이상), 다수인이 출입하는 곳(20명 이상) : 30m 이상
(6) **유형문화재 및 지정문화재** : 50m 이상

> **참고**
> ※ **고압가스 등** : 고압가스, 액화석유가스, 도시가스
> ※ **하이드록실아민 제조소의 안전거리**
> $D = 51.1\sqrt[3]{N}$
> D = 안전거리, N = 취급하는 하이드록실아민의 지정수량의 배수

> **참고**
>
> ※ 방화상 유효한 담의 높이 산정방법
> - $H \leq PD^2 + a$ 인 경우 h=2m 이상
> - $H > PD^2 + a$ 인 경우 $h = H - P(D^2 - d^2)$

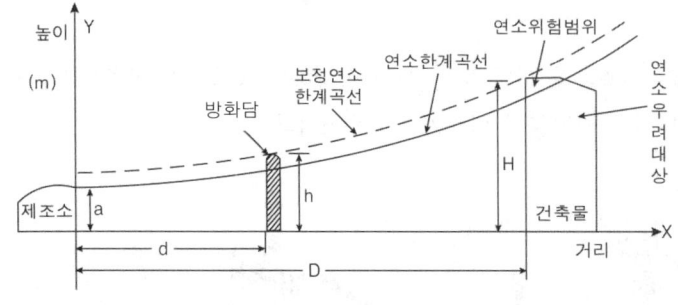

D : 제조소등과 인근 건축물 또는 공작물과의 거리(m)
H : 인근 건축물 또는 공작물의 높이(m)
a : 제조소등의 외벽의 높이(m)
d : 제조소등과 방화상 유효한 담과의 거리(m)
h : 방화상 유효한 담의 높이(m)
p : 상수

보유공지

위험물을 취급하는 **건축물, 그 밖의 시설(이송배관 제외)의 주위**에 그 취급하는 위험물의 최대 수량에 따라 **보유하여야 할 공지**

위험물의 취급 최대수량	공지의 너비
지정수량의 10배 이하의 수량	3m 이상
지정수량의 10배 초과의 수량	5m 이상

(1) 제외되는 경우

행정안전부령이 정하는 **방화상 유효한 격벽**을 내화구조로 설치하였을 경우(단, 제6류 위험물은 불연재료)

> **참고**
>
> ※ 방화벽의 설치기준
> - **출입구** : 자동폐쇄식 60분+방화문 또는 60분 방화문
> - **돌출기준** : 방화벽의 양단 및 상단을 외벽·지붕으로부터 **50cm 이상** 돌출시킬 것
>
> ※ 방화문의 종류
>
> | 방화문의 종류 | 연기 및 불꽃 차단시간 | 열 차단시간 | 비고 |
> |---|---|---|---|
> | 60분+방화문 | 60분 이상 | 30분 이상 | 공동 주택 세대의 대외공간에 설치 |
> | 60분 방화문 | 60분 이상 | 없음 | 기존의 갑종방화문 대체 |
> | 30분 방화문 | 30분 이상 | 없음 | 기존의 을종방화문 대체 |

건축물의 재질

(1) 벽·기둥·바닥·보·서까래·계단 : 불연재료
(2) 지붕 : 폭발력이 위로 방출될 정도의 가벼운 불연재료
(3) 연소 우려가 있는 외벽 : 개구부 없는 내화구조

- ※ 내화구조 : 철근콘크리트, 철골철근콘크리트 등
- ※ 불연재료 : 콘크리트, 석재, 벽돌, 기와, 석면판, 철강, 알루미늄, 유리, 몰탈, 회 등

 건축물의 바닥(액체 위험물)

(1) 위험물이 침윤하지 못하는 재료를 사용할 것
(2) 적당한 경사를 둘 것
(3) 최저부에 집유설비를 할 것

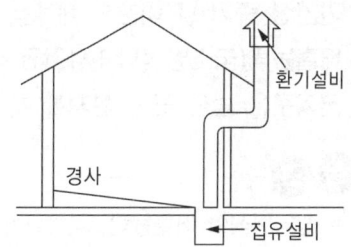

- ※ 액체 위험물을 취급하는 옥외시설의 바닥 둘레의 턱
  - 턱높이 : 0.15m 이상

 출입구(60분+방화문, 60분 방화문 또는 30분 방화문을 설치할 것)

(1) 60분+방화문 또는 60분 방화문 : 기존의 갑종방화문
(2) 30분 방화문 : 기존의 을종방화문
(3) 연소의 우려가 있는 제조소 외벽에 설치하는 출입구 : 자동폐쇄식 60분+방화문 또는 60분 방화문

 환기설비

(1) 자연배기방식
(2) 환기구 : 지붕 위 또는 지상 2m 이상 높이에 설치
(3) 급기구 : 바닥면적 150m²마다 1개 이상 설치하며, 크기는 800cm² 이상일 것

바닥면적	급기구의 면적
60m² 미만	150cm² 이상
60m² 이상 90m² 미만	300cm² 이상
90m² 이상 120m² 미만	450cm² 이상
120m² 이상 150m² 미만	600cm² 이상

[바닥면적 150m² 미만인 경우 급기구의 면적]

배출설비

(1) 가연성 증기 및 미분이 체류할 우려가 있는 곳에 설치할 것
(2) 배출능력(국소방식) : 1시간당 배출장소 용적의 **20배 이상**일 것
(3) 급기구는 높은 곳에 설치할 것

※ 전역방식의 배출능력 : 바닥면적 1m²당 18m³ 이상으로 할 수 있다.

피뢰설비

지정수량 10배 이상의 위험물을 저장·취급하는 곳에는 피뢰설비를 하여야 한다(**제6류 위험물 제외**).

옥외에 있는 제조소의 위험물취급탱크의 방유제

(1) 하나의 취급탱크 : 당해 탱크용량의 50% 이상
(2) 둘 이상의 취급탱크 : 용량이 최대인 것의 50%에 나머지 탱크용량 합계의 10%를 가산한 량 이상

※ 이황화탄소 저장탱크 : 방유제를 설치하지 아니한다.
※ 옥내에 있는 위험물탱크 저장시설의 방유턱 용량
 • 탱크 1기 : 당해 탱크에 수납하는 위험물의 양을 전부 수용할 수 있는 양
 • 탱크 2기 이상 : 당해 탱크에 수납하는 위험물의 최대인 탱크의 양을 전부 수용할 수 있는 양

위험물 제조설비의 금속의 사용제한

(1) 대상 위험물 : 아세트알데하이드 · 산화프로필렌(함유물 포함)
(2) 사용금지 금속 : 은 · 수은 · 동 · 마그네슘 또는 이의 합금

불활성기체 등의 봉입장치

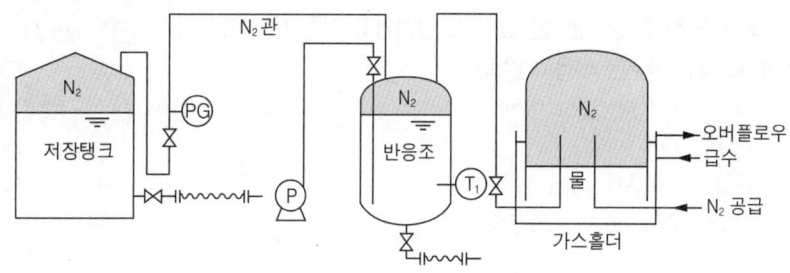

(1) 아세트알데하이드 · 산화프로필렌 : 불활성기체 · 수증기 봉입
(2) 알킬알루미늄 · 알킬리튬 : 불활성기체 봉입

적중 출제예상문제

① 제조소등의 설치허가를 받고자 한다. 허가청으로 옳은 것은?
① 총리
② 소방본부장
③ 시장 · 군수
④ 시 · 도지사

② 제조소등의 설치허가를 받은 자가 용도폐지 하고자 한다. 신고기간으로 옳은 것은?
① 7일 이내
② 10일 이내
③ 14일 이내
④ 15일 이내

해 · 허가청 : 시 · 도지사
답 ④

해 · 용도폐지 신고기간 : 14일 이내
답 ③

③ 화재에 관한 예방규정을 정하지 않아도 되는 것은?
① 지정수량 10배의 위험물을 저장·취급하는 제조소
② 지정수량 20배의 위험물을 저장·취급하는 저장취급소
③ 지정수량 10배의 위험물을 저장·취급하는 일반취급소
④ 지정수량 100배의 위험물을 저장·취급하는 옥외저장소

④ 일반취급소로서 예방규정을 정하여야 할 장소란 지정수량 몇 배 이상을 저장 취급하는 곳인가?
① 지정수량 10배 이상
② 지정수량 20배 이상
③ 지정수량 30배 이상
④ 지정수량 50배 이상

⑤ 위험물제조소와의 안전거리를 설명한 것이다. 안전거리 기준으로 옳은 것은?(단, 안전거리 예외기준은 적용치 않음)
① 학교·병원·극장으로부터 70m 이상
② 지정문화재로부터 70m 이상
③ 가연성가스 취급시설로부터 10m 이상
④ 고압 가공전선(35,000V 초과)으로부터 5m 이상

⑥ 제조소등은 사용전압 7,000V 이상 35,000V 이하의 고압 가공전선으로부터 수평거리 얼마 이상 떨어져야 하나?
① 3m 이상
② 5m 이상
③ 7m 이상
④ 9m 이상

⑦ 위험물을 취급하는 건축물 또는 기타 시설의 주위에는 그 취급하는 위험물의 최대수량에 따라 공지의 너비를 보유해야 한다. 옳은 것은?
① 지정수량 10배 이하의 수량 - 2m 이하
② 지정수량 10배 이하의 수량 - 3m 이상
③ 지정수량 10배 초과의 수량 - 4m 이하
④ 지정수량 10배 초과의 수량 - 6m 이상

⑧ 위험물제조소의 건축물의 방화벽을 내화구조로 하면 보유공지를 설치하지 아니할 수 있다. 이 경우 방화벽을 불연재료로 할 수 있는 위험물은 어느 것인가?
① 질산
② 탄화칼슘
③ 적린
④ 황린

⑨ 위험물제조소의 건축물의 환기설비 중 바닥면적이 150m² 이상일 경우 급기구의 크기로 옳은 것은 어느 것인가?
① 200cm²
② 400cm²
③ 600cm²
④ 800cm²

해 • 예방규정을 정하여야 할 곳: 10배 이상(제조소), 10배 이상(일반취급소), 100배 이상(옥외저장소), 150배 이상(옥내저장소), 200배 이상(옥외탱크저장소)
답 ②

해 • 문제 3 해설 참조
답 ①

해 • 제조소의 안전거리
※ 고압 가공전선(7,000V 이상 35,000V 이하): 3m 이상
※ 고압 가공전선(35,000V 초과): 5m 이상
답 ④

해 • 문제 5 해설 참조
답 ①

해 • 보유공지(위험물)
※ 지정수량 10배 이하: 3m 이상
※ 지정수량 10배 초과: 5m 이상
답 ②

해 • 제6류 위험물의 방화벽: 불연재료로 할 수 있다.
※ 제6류 위험물: 질산·과염소산·과산화수소
답 ①

해 • 환기설비 급기구의 규격: 150m²마다 800cm²이상
답 ④

⑩ 60분 방화문의 연기 및 불꽃 차단은 몇 분 이상의 성능의 것인가?
① 30분 이상　② 60분 이상
③ 2시간 이상　④ 3시간 이상

해 • 60분 방화문의 연기 및 불꽃 차단 시간 : 60분 이상
답 ②

⑪ 60분 방화문의 열 차단 시간은 얼마 이상인가?
① 없음　② 30분 이상
③ 60분 이상　④ 90분 이상

해 • 60분 방화문의 열 차단 시간은 없다.
답 ①

⑫ 위험물제조소의 배출설비의 배출능력은 1시간당 배출장소 용적의 몇 배 이상인 것으로 하여야 하는가?
① 5배　② 10배
③ 20배　④ 30배

해 • 배출설비의 배출능력(1시간당) : 배출장소 용적의 20배 이상
답 ③

⑬ 제조소의 배출설비는 전역방식일 경우 배출능력은 바닥면적 $1m^2$당 몇 m^3로 할 수 있는가?
① $9m^3$ 이상　② $18m^3$ 이상
③ $27m^3$ 이상　④ $36m^3$ 이상

해 • 배출능력 : 바닥면적 $1m^2$당 $18m^3$ 이상
답 ②

⑭ 피뢰설비는 지정수량 얼마 이상의 위험물을 취급하는 제조소등에 설치하는가?
① 1배 이상　② 10배 이상
③ 20배 이상　④ 50배 이상

해 • 피뢰설비 설치기준 : 지정수량 10배 이상의 위험물제조소등
※ 제6류 위험물은 설치제외
답 ②

⑮ 위험물제조소의 옥외에 있는 액체 위험물을 취급하는 $100m^3$ 및 $50m^3$의 용량인 2개의 탱크 주위에 설치하여야 할 방유제의 최소용량(m^3)은?
① 75　② 50
③ 55　④ 60

해 • 둘 이상의 탱크 : 최대 탱크용량의 50% 이상에 나머지 탱크용량의 10% 가산 양
∴ $100m^3 \times 0.5 + 50m^3 \times 0.1 = 55$
답 ③

⑯ 아세트알데하이드 · 산화프로필렌을 취급하는 제조설비에 사용할 수 없는 금속이 아닌 것은 어느 것인가?
① 스테인리스스틸　② 수은
③ 동　④ 마그네슘

해 • 금속의 사용제한 : 은 · 수은 · 동 · 마그네슘 또는 이들의 합금
답 ①

⑰ 연소성 혼합기체의 생성에 의한 폭발방지를 위하여 불활성기체 또는 수증기를 봉입하는 장치를 하여야 할 위험물은 어느 것인가?
① 에터　② 메타알데하이드
③ 크실레놀　④ 아세트알데하이드

해 • 불활성기체 등을 봉입하는 위험물 : 아세트알데하이드 · 산화프로필렌 · 알킬알루미늄 · 알킬리튬
답 ④

4 옥내저장소

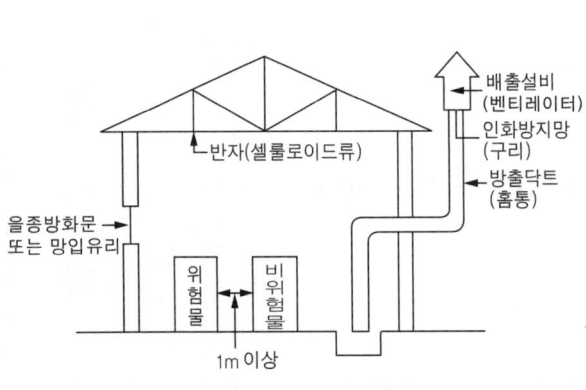

[옥내저장소 측면도]

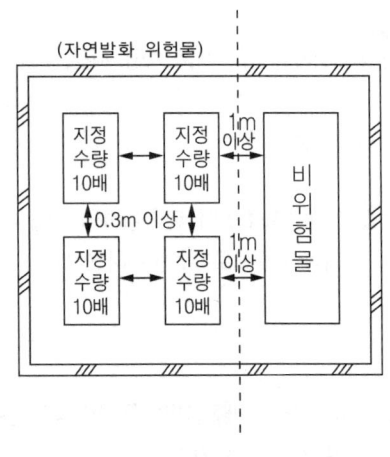

[옥내저장소 평면도]

안전거리

제조소에 준한다.

(1) 안전거리 기준에서 제외되는 경우(지정유기과산화물 제외)
  ① 위험물의 경우
    ㉮ 지정수량 20배 미만의 제4석유류
    ㉯ 지정수량 20배 미만의 동·식물유류
    ㉰ 제6류 위험물
  ② 건축물(지정수량 20배 이하인 경우)
    ㉮ 창고의 벽, 기둥, 바닥, 보 및 지붕을 내화구조로 한 것
    ㉯ 저장창고의 출입구에 수시로 열 수 있는 **자동폐쇄방식의 60분+방화문** 또는 **60분 방화문**을 설치할 경우
    ㉰ 저장창고의 **창을 설치하지 아니한 것**

※ 지정수량 50배 이하로 할 수 있는 경우
  • 하나의 저장창고의 바닥이 150m² 이하일 때

보유공지

저장 또는 취급하는 위험물의 최대수량	공 지 의 너 비	
	벽, 기둥 및 바닥이 내화구조로 된 건축물	기타의 건축물
지정수량의 5배 이하		0.5미터 이상
지정수량의 5배 초과 10배 이하	1미터 이상	1.5미터 이상
지정수량의 10배 초과 20배 이하	2미터 이상	3미터 이상
지정수량의 20배 초과 50배 이하	3미터 이상	5미터 이상
지정수량의 50배 초과 200배 이하	5미터 이상	10미터 이상
지정수량의 200배 초과	10미터 이상	15미터 이상

> **참고**
> ※ 동일부지 내에 지정수량 20배를 초과하는 **저장소와 다른** 옥내저장소를 **인접할 경우** 상호거리에 해당하는 보유공지 너비의 1/3 **이상**을 보유할 수 있으며 3m 미만은 3m일 것
> ※ 기타의 건축물(내화구조 이외의 건축물) 기준
> • 지정수량 10배 이하의 위험물을 저장할 경우
> • 제2류 위험물, 제4류 위험물(인화성 고체, 인화점 70℃ 미만인 것 제외)만을 저장하는 곳으로 **연소 우려가 없는 곳**

 건축물

(1) 건축물의 재질
  ① 벽, 기둥, 바닥 : 내화구조
  ② 보, 서까래 : 불연재료
  ③ 지붕 : 폭발력이 위로 방출될 정도의 **가벼운 불연재료**
  ④ 지붕을 내화구조로 할 경우 : 제2류 위험물(분상의 것과 인화성고체 제외), **제6류위험물**만 저장할 경우

(2) 저장창고의 건축면적 등
  ① 위험등급 Ⅰ등급 등(제4류 Ⅱ등급 포함) 위험물 : 1,000m² 이하
  ② 위험등급 Ⅱ등급 등(제4류 Ⅱ등급 제외) 위험물 : 2,000m² 이하
  ③ 위험등급 Ⅰ등급 등과 Ⅱ등급 위험물을 내화구조의 격벽으로 **완전히 구획된** 실에 각각 저장할 경우 : 1,500m² 이하(단, 위험등급 Ⅰ등급 위험물을 저장하는 실의 면적은 500m²를 초과할 수 없다)
  ④ 지면에서 처마까지의 높이 : 6m 미만

⑤ 지면에서 처마까지 높이를 20m 이하로 할 경우(제2류위험물과 제4류위험물만 저장)
  ㉮ 벽, 기둥, 바닥, 보를 내화구조로 할 것
  ㉯ 출입구를 60분+방화문 또는 60분 방화문로 할 것
  ㉰ 피뢰침을 설치할 것
⑥ 바닥 : 지면보다 높게 할 것
⑦ 반자를 설치하지 않을 것(제5류 위험물 셀룰로이드 제외)

※ 다층건물인 저장창고의 건축면적 등(제2류 위험물, 제4류 위험물 중 **인화점 70℃ 미만** 이외의 것)
  • 바닥면적 : 1,000m² 이하
  • 층고 : 6m 미만
※ 다른 용도로 사용하는 부분이 있는 건축물(복합건축물)에 설치하는 저장소의 기준
  • 옥내저장소의 용도에 사용되는 부분의 바닥면적 : 75m²를 초과할 수 없다.
  • 층고 : 6m 미만

(3) 물이 침투하지 않는 구조로 하여야 할 위험물
  ① 제1류 위험물 중 **알칼리금속의 과산화물**
  ② 제2류 위험물 중 **철분 · 금속분 · 마그네슘**
  ③ 제3류 위험물 중 **금수성 물품**
  ④ 제4류 위험물

(4) 피뢰설비를 설치하여야 하는 곳
   지정수량 10배 이상을 저장 · 취급하는 곳(제6류 위험물 제외)

4 저장기준

(1) 유별을 달리하는 위험물은 동일한 저장소에 저장금지
(2) 제3류 위험물 중 **황린**과 금수성 물품은 동일한 저장소에 **저장금지**
(3) 위험물과 위험물이 아닌 물품과 **상호거리 : 1m 이상**
(4) 위험물과 유별이 다른 위험물과의 **상호거리 : 1m 이상**
(5) 동일 품목이라도 **자연발화**의 위험이 있는 위험물의 상호거리 : **지정수량의 10배마다 0.3m 이상**

> **참고**
>
> ※ 유별을 달리하는 위험물을 동일장소에 저장할 수 있는 경우(1m 이상 간격을 둠)
> - 제1류 위험물과 제6류 위험물
> - 제1류 위험물과 제3류 위험물 중 자연발화성 물질(황린 또는 이를 함유한 것에 한한다)
> - 제1류 위험물(알칼리금속의 과산화물 또는 이를 함유한 것을 제외)과 제5류 위험물
> - 제2류 위험물 중 인화성 고체와 제4류 위험물
> - 제3류 위험물 중 알킬알루미늄 등과 제4류 위험물(알킬알루미늄 또는 알킬리튬을 함유한 것에 한한다)
> - 제4류 위험물 중 유기과산화물 또는 이를 함유한 것과 제5류 위험물 중 유기과산화물 또는 이를 함유한 것

 저장높이(규정높이를 초과하여 용기를 겹쳐 쌓지 아니할 것)

(1) 기계에 의하여 하역하는 구조로 된 용기만을 겹쳐 쌓는 경우 : 6m
(2) 제4류 위험물 중 제3석유류, 제4석유류 및 동·식물유류를 수납하는 용기만을 겹쳐 쌓는 경우 : 4m
(3) 그 밖의 경우 : 3m

 지정과산화물 옥내저장소

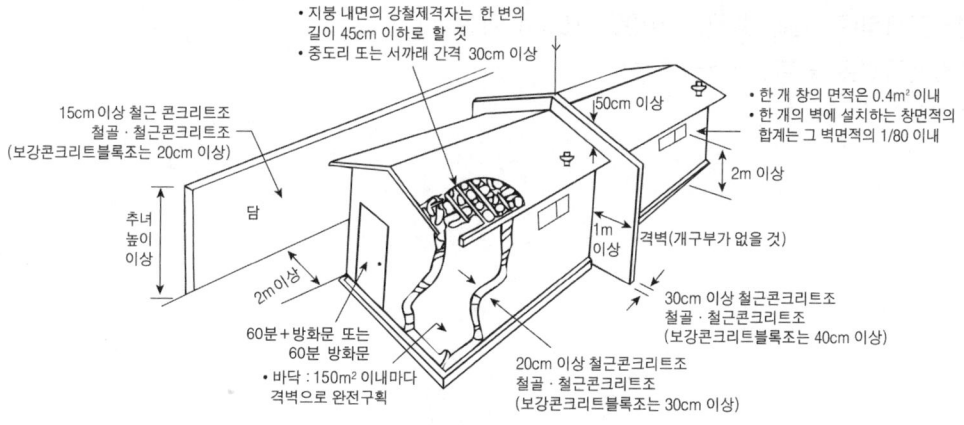

[지정과산화물의 지정창고]

(1) **지정과산화물** : 제5류 위험물 중 유기과산화물 또는 이를 함유하는 것으로 **지정수량**이 10kg 인 것

(2) 담 및 창문기준
   ① 담 높이 : 추녀 높이
   ② 저장창고 외벽과 담까지의 거리 : 2m 이상
   ③ 토지의 경사면의 경사로 : 60° 미만
   ④ 바닥으로부터 창문까지의 거리 : 2m 이상
   ⑤ 창문 1개의 면적 : $0.4m^2$ 이내
   ⑥ 창문 2개 이상의 면적 : 창문 있는 벽의 면적의 1/80 이내

(3) 지정과산화물 외벽의 두께
   ① 철근콘크리트, 철골철근콘크리트 : 20cm 이상
   ② 보강콘크리트 블록 : 30cm 이상

(4) 지정과산화물 저장창고의 격벽
   ① 바닥면적 $150m^2$ 이내마다 설치
   ② 격벽의 두께
      ㉮ 철근콘크리트 · 철골철근콘크리트 : 30cm 이상
      ㉯ 보강콘크리트 블록 : 40cm 이상
   ③ 격벽의 돌출기준
      ㉮ 격벽의 양측 : 외벽으로부터 1m 이상
      ㉯ 격벽의 상부 : 지붕으로부터 50cm 이상

(5) 지정과산화물의 담의 두께
   ① 철근콘크리트, 철골 철근콘크리트 : 15cm 이상
   ② 보강콘크리트 블록 : 20cm 이상

적중 출제예상문제

① 위험물 옥내저장소에 안전거리를 두어야 되는 경우는?
① 지정수량 20배 미만의 제4석유류
② 지정수량 20배 미만의 동·식물유류
③ 제5류 위험물
④ 제6류 위험물

해 · 안전거리 제외 : 지정수량 20배 미만의 제4석유류와 동·식물유류·제6류 위험물

답 ③

② 지정수량 20배 이하의 위험물을 저장·취급하는 건축물에는 안전거리를 하지 않아도 되는 규정이 있다. 그중 하나의 저장창고의 바닥이 150m² 이하일 때 저장할 수 있는 위험물의 지정수량은 몇 배까지인가?
① 20배 이하
② 30배 이하
③ 40배 이하
④ 50배 이하

해 · 안전거리 제외규정 : 바닥면적 150m² 이하일 때 지정수량 50배까지

답 ④

③ 내화구조인 옥내저장소에서 지정수량 200배 초과의 위험물을 저장할 경우 보유공지는 몇 m인가?
① 2m 초과
② 4m 초과
③ 6m 초과
④ 10m 초과

해 · 지정수량 200배 이상 : 10m 초과

답 ④

④ 위험등급에 따른 위험물 옥내저장소의 저장창고 바닥면적 기준 중 맞는 것은?
① Ⅰ등급 위험물 − 1천m² 이하, Ⅱ등급 위험물 − 2천 m² 이하
② Ⅰ등급 위험물 − 1천500m² 이하, Ⅱ등급 위험물 − 2천 m² 이하
③ Ⅰ등급 위험물 − 1천m² 이하, Ⅱ등급 위험물 − 1천 m² 이하
④ Ⅰ등급 위험물 − 1천m² 이하, Ⅱ등급 위험물 − 1천500m² 이하

해 · 옥내저장소의 저장창고 바닥면적 기준(연면적)
※ Ⅰ등급 위험물 : 1,000m² 이하
※ Ⅱ등급 위험물 : 2,000m² 이하

답 ①

⑤ 위험물 옥내저장소의 저장창고 바닥면적 기준 중 위험등급 Ⅰ등급 위험물과 Ⅱ등급 위험물을 내화구조의 격벽으로 완전히 구획된 실에 각각 저장할 경우 Ⅰ등급 위험물을 저장하는 실의 면적으로 옳은 것은?
① 300m² 이하
② 500m² 이하
③ 600m² 이하
④ 750m² 이하

해 · Ⅰ등급 위험물의 저장실의 면적 : 500m² 이하

답 ②

⑥ 위험물 저장창고의 처마높이는 지면으로부터 몇 m 미만인 단층건물이어야 하는가?
① 2m
② 4m
③ 6m
④ 7m

해 · 처마높이 : 지면으로부터 6m 미만

답 ③

⑦ 옥내저장소의 바닥을 물이 침투하지 못하는 구조로 해야 할 위험물이 아닌 것은?
① 제4류 위험물
② 제1류 위험물 중 알칼리금속의 과산화물
③ 제3류 위험물 중 금수성물품
④ 제5류 위험물

해 • 물 침투와 무관한 위험물 : 제5류 위험물
답 ④

⑧ 위험물 옥내저장소의 피뢰설비는 지정수량의 몇 배 이상인 경우 저장창고에 설치해야 하는가?
① 10배 이상
② 15배 이상
③ 20배 이상
④ 30배 이상

해 • 지정수량 : 10배 이상
답 ①

⑨ 위험물을 옥내저장소에 저장할 경우 기계에 의하여 하역하는 구조로 된 용기만을 겹쳐 쌓는 경우 몇 m를 초과하여 용기를 겹쳐 쌓지 아니하여야 하는가?
① 2m
② 3m
③ 4m
④ 6m

해 • 해당높이 : 6m
답 ④

⑩ 옥내저장소에서 위험물과 위험물이 아닌 물품을 한곳에 저장할 때 각각 모아서 저장하고 상호간에 간격을 둔다. 상호간의 거리로 옳은 것은?
① 0.3m 이상
② 0.5m 이상
③ 1m 이상
④ 2m 이상

해 • 상호거리 : 1m 이상
답 ③

⑪ 자연발화의 위험이 있는 위험물 또는 재해가 현저하게 증대할 위험물을 다량 저장할 때 지정수량의 ㉠ 배마다 구분 적재해야 하며 상호간의 간격은 ㉡ m로 한다. ㉠과 ㉡에 해당되는 것은?
① ㉠ 5, ㉡ 0.3
② ㉠ 10, ㉡ 0.5
③ ㉠ 5, ㉡ 0.5
④ ㉠ 10, ㉡ 0.3

해 • 자연발화 위험물 : 지정수량 10배마다 0.3m 이상 간격을 둔다.
답 ④

⑫ 지정과산화물의 옥내저장소의 주위에 설치하는 담 또는 흙더미는 그 저장창고의 외벽으로부터 얼마 이상 떨어진 곳에 설치하여야 하는가?
① 2m 이상
② 3m 이상
③ 4m 이상
④ 5m 이상

해 • 상호거리 : 2m 이상
답 ①

⑬ 옥내저장소로서 지정과산화물 저장창고의 출입문 설치기준으로 옳지 않은 것은?
① 창 하나의 면적은 0.4m² 이내로 할 것
② 창은 바닥으로부터 2m 이상의 높이에 설치할 것
③ 60분+방화문 또는 30분 방화문을 설치할 것
④ 1개의 벽에 설치하는 창의 합계가 그 벽의 면적의 1/80 이내로 할 것

[해] • 창문규정
※ 면적 : 0.4m² 이내(1개 면에 설치하는 창의 면적의 합계가 그 벽면적의 1/80 이내일 것)
※ 높이 : 바닥으로부터 2m 이상
※ 출입구 : 60분+방화문 또는 60분 방화문을 설치할 것
[답] ③

⑭ 옥내저장소에서 지정과산화물의 저장창고의 창문 하나의 면적은 얼마 이내로 하여야 하는가?
① 0.8m² 이내
② 0.6m² 이내
③ 0.4m² 이내
④ 0.2m² 이내

[해] • 문제 13 해설 참조
[답] ③

⑮ 지정과산화물 옥내저장소의 격벽은 바닥면적 몇 m² 이내마다 설치하는가?
① 100m²
② 150m²
③ 200m²
④ 250m²

[해] • 격벽 설치시 1개의 바닥면적 크기 : 150m² 이내
[답] ②

⑯ 지정과산화물 옥내저장소에 개구부가 없는 격벽으로 완전히 구획할 경우 지붕 위 돌출부분의 높이는 얼마인가?
① 10cm 이상
② 30cm 이상
③ 50cm 이상
④ 70cm 이상

[해] • 격벽 돌출규정
※ 격벽의 양측 : 외벽으로부터 1m 이상
※ 격벽의 상부 : 지붕으로부터 50cm 이상
[답] ③

⑰ 지정과산화물 저장창고의 외벽에 관한 내용이다. 맞는 것은?
① 두께 20cm 이상의 철근콘크리트조
② 두께 30cm 이상의 철근콘크리트조
③ 두께 30cm 이상의 철골철근콘크리트조
④ 두께 20cm 이상의 보강콘크리트조블록조

[해] • 지정과산화물 창고 외벽
※ 철근콘크리트조·철골철근크리트조 : 20m 이상
※ 보강콘크리트블록조 : 30cm 이상
[답] ①

⑱ 지정과산화물의 저장창고의 주위에 설치하는 담을 철근콘크리트조로 할 때는 두께 얼마 이상의 것으로 하여야 하는가?
① 15cm 이상
② 26cm 이상
③ 35cm 이상
④ 45cm 이상

[해] • 지정과산화물 창고의 철근콘크리트조 담 : 15cm 이상
※ 보강콘크리트블록조 : 20cm 이상
[답] ①

5 옥외저장소

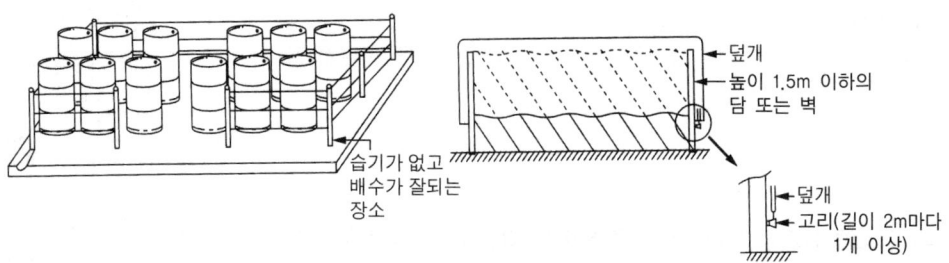

1 안전거리

제조소에 준한다.

2 보유공지

위험물을 취급하는 건축물 기타 시설의 주위에 그 취급하는 위험물의 최대수량에 따라 보유하여야 할 공지

저장 또는 취급하는 위험물의 최대수량	공지의 너비
지정수량의 10배 이하	3미터 이상
지정수량의 10배 초과 20배 이하	5미터 이상
지정수량의 20배 초과 50배 이하	9미터 이상
지정수량의 50배 초과 200배 이하	12미터 이상
지정수량의 200배 초과	15미터 이상

※ 보유공지의 너비를 1/3로 감축할 수 있는 경우
 • 제4류 위험물 중 제4석유류
 • 제6류 위험물

설치장소의 선정

(1) 다른 건축물과 **안전거리**를 둘 것
(2) 습기가 없고 배수가 잘 되는 곳
(3) **경계표시**를 설치할 것

> **참고**
>
> ※ 덩어리 상태의 황을 경계표시 안쪽에서 저장·취급
>   - 하나의 경계표시 내부면적 : 100m² 이하
>   - 2개 이상의 경계표시의 합계 : 1,000m² 이하
>   - 경계표시의 높이 : 1.5m 이하
>   - 경계표시 상호거리 : 보유공지의 1/2 이상(지정수량 200배 이상 : 10m 이상)

 저장기준

(1) 위험물과 위험물이 아닌 물품과 **상호거리** : 1m 이상
(2) 선반 등 구조물의 높이 : 위험물을 **적재한 상태**에서 6m를 초과하지 말 것
(3) **차광막**을 설치하여야 하는 위험물 : **과산화수소·과염소산**

> **참고**
>
> ※ 위험물의 저장높이(규정높이를 초과하여 용기를 겹쳐 쌓지 아니할 것)
>   - 기계에 의하여 하역하는 구조로 된 용기만을 겹쳐 쌓는 경우 : 6m
>   - 제4류 위험물 중 제3석유류, 제4석유류 및 동식물유류를 수납하는 용기만을 겹쳐 쌓는 경우 : 4m
>   - 그 밖의 경우 : 3m

적중 출제예상문제

1 지정수량 10배 이하의 위험물을 저장하는 옥외저장소의 보유공지는 몇 m 이상인가?
① 3m 이상
② 5m 이상
③ 9m 이상
④ 12m 이상

해 • 지정수량 10배 이하 : 3m 이상
답 ①

2 경유를 지정수량의 200배 초과하여 옥외에 저장하려고 할 때 보유공지의 너비는 얼마로 하여야 하는가?
① 3m 이상
② 9m 이상
③ 12m 이상
④ 15m 이상

해 • 지정수량 200배 초과 : 15m 이상
답 ④

3 옥외저장소에서 보유공지를 1/3로 감축할 수 있는 위험물은?
① 제2류 위험물
② 제4류 위험물
③ 제6류 위험물
④ 위험물 전체

해 • 보유공지 감축대상 : 제4류 위험물 중 제4석유류, 제6류 위험물
답 ③

4 옥외저장소 설치장소의 기준으로 옳지 않은 것은?
① 다른 건축물 등에 대한 안전거리를 둘 것
② 습기가 없고 배수가 잘되는 곳에 설치
③ 경계표시를 할 것
④ 덩어리 상태 황을 저장할 경우 높이 1m 이상의 경계표시를 할 것

해 • 황저장소의 경계표시의 높이 : 1.5m 이하
답 ④

5 옥외저장소에서 덩어리 상태의 황을 저장할 경우 경계표시의 높이는?
① 3m 이하
② 4m 이하
③ 1m 이하
④ 1.5m 이하

해 • 문제 4 해설 참조
답 ④

6 옥외저장시설에 2개 이상의 경계표시를 할 경우 경계표시의 합계는 몇 m^2 이하인가?
① $1000m^2$
② $800m^2$
③ $400m^2$
④ $200m^2$

해 • 경계표시의 합계 : $1000m^2$ 이하
답 ①

7 옥외저장소에 설치된 선반의 높이는 위험물을 적재한 상태에서 몇 m를 초과할 수 없는가?
① 2m
② 3m
③ 4m
④ 6m

해 • 선반의 높이 : 6m를 초과할 수 없다.
답 ④

8 다음 중 옥외저장시설에 저장할 수 없는 위험물은?
① 제2류 위험물 중 황
② 제4류 위험물 중 제4석유류
③ 제5류 위험물
④ 제6류 위험물 또는 동·식물유류

해 • 저장 위험물 : ①② 가능 ③ 불가 ④ 가능
답 ③

6 옥외탱크저장소

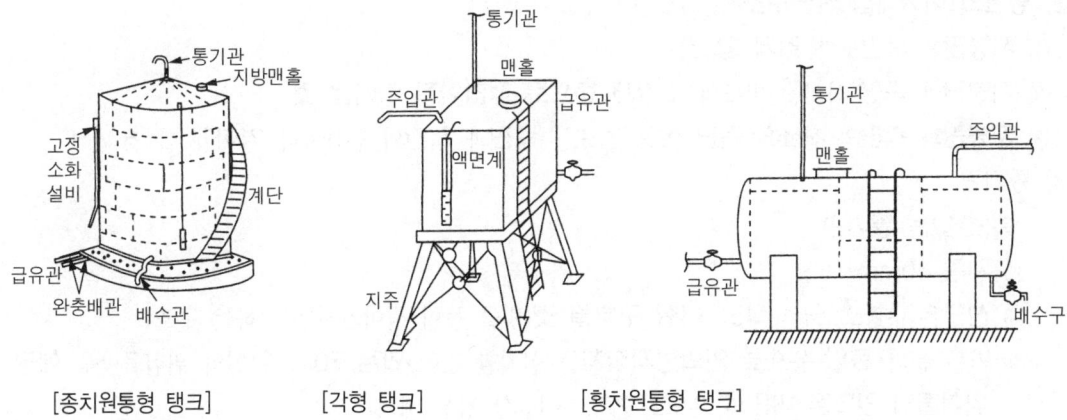

[종치원통형 탱크]　　[각형 탱크]　　[횡치원통형 탱크]

 안전거리

제조소에 준할 것

 보유공지

저장 또는 취급하는 위험물의 최대수량	공지의 너비
지정수량의 500배 이하	3미터 이상
지정수량의 500배 초과 1,000배 이하	5미터 이상
지정수량의 1,000배 초과 2,000배 이하	9미터 이상
지정수량의 2,000배 초과 3,000배 이하	12미터 이상
지정수량의 3,000배 초과 4,000배 이하	15미터 이상
지정수량의 4,000배 초과	① 당해 탱크의 수평단면의 최대지름(횡형인 경우에는 긴 변)과 높이 중 큰 것과 같은 거리 이상 ② 30m 초과의 경우에는 30m 이상으로 할 수 있고, 15m 미만의 경우에는 15m 이상으로 하여야 한다.

참고
- ※ 제6류 위험물 외의 위험물 : 저장소를 2개 이상 인접하여 설치하는 경우 보유공지 너비의 1/3 이상의 너비로 하며 3m 이상일 것
- ※ 제6류 위험물 : 보유공지 너비의 1/3 이상의 너비로 하며 1.5m 이상일 것
  - 저장소를 2개 인접할 경우 : 제6류 위험물 보유공지 너비의 1/3 이상의 너비로 하며 1.5m 이상일 것

3 탱크의 구조

(1) 강철판의 두께 : 3.2mm 이상
(2) 탱크의 이상내압 방출구조
　① 지붕판을 측판보다 **얇게 할 것**
　② 지붕판과 측판 사이를 별도의 보강재 등으로 접합하지 아니할 것
　③ 지붕판과 측판의 접합은 측판 상호간 또는 측판과 저판의 접합보다 **약하게 할 것**
(3) 통기관
　① 밸브 없는 통기관
　　㉮ 지름 30mm 이상
　　㉯ 선단은 수평으로부터 **45° 이상 구부릴 것**(빗물 등이 들어가지 아니하는 구조)
　　㉰ 가는 눈의 **동망** 등으로 **인화방지장치**를 설치할 것(인화점 70℃ 이상의 위험물만을 해당 위험물의 인화점 미만의 온도로 저장·취급할 경우 제외)
　② 대기밸브 부착 통기관
　　㉮ **5kPa 이하**의 압력 **차이**로 **작동**할 것
　　㉯ 가는 눈의 동망 등으로 **인화방지장치**를 설치할 것
　③ 가연성 증기 회수밸브
　　평소 개방되어 있으며, **위험물 주입시 폐쇄**시키며 10kPa 이하의 압력에서 **개방**되는 구조일 것(개방된 부분의 유효단면적은 777.15㎟ 이상일 것)

> **참고**
> ※ 통기관 : 빗물이 들어가지 아니하는 구조이면 **45° 이상 구부리지 아니하여도** 된다.

(4) 주입구
　① 탱크의 주입구에 게시판을 설치하여야 할 위험물의 인화점 : **인화점 21℃ 미만**
(5) 펌프 설비
　① 펌프 설비에 게시판을 설치하여야 할 위험물의 인화점 : **인화점 21℃ 미만**
　② 펌프 설비의 **보유공지**
　　㉮ 보유공지는 **너비 3m 이상**이어야 한다.
　　㉯ 펌프 설비와 옥외저장탱크와의 사이의 보유공지는 당해 옥외저장탱크 **보유공지의 1/3이상**의 거리이어야 한다.
　　㉰ 제6류 위험물과 **지정수량 10배 이하**의 위험물은 보유공지에서 제외된다.

> **참고**
> ※ **특정옥외탱크저장소** : 탱크용량 100만ℓ 이상인 탱크
> ※ **준특정옥외탱크저장소** : 탱크용량 50만ℓ 이상 100만ℓ 미만의 탱크

방유제

탱크의 균열 및 파손에 의하여 기름의 누설 확대를 방지하기 위한 둑

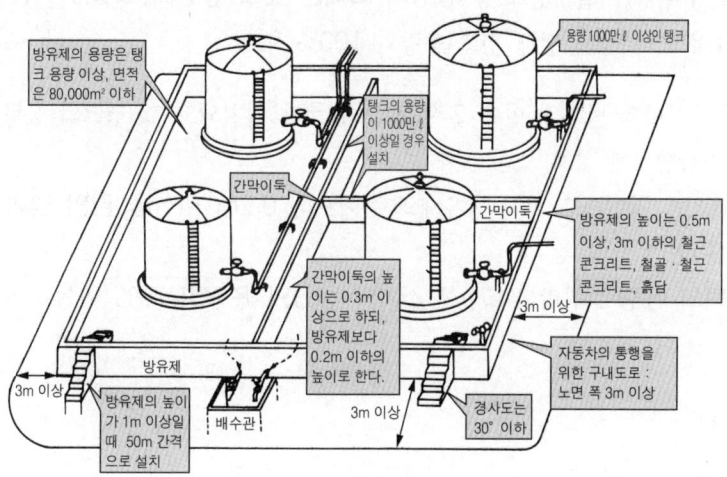

(1) 방유제의 구조
  ① 방유제의 면적 : 80,000m² 이하
  ② 재질 : 철근콘크리트·철골철근콘크리트·흙담
  ③ 높이 : 0.5m 이상 3m 이하, 두께 : 0.2m 이상, 지하 매설 깊이 : 1m 이상(액체의 제5류 위험물 방유제의 높이 : 3m 이상)
  ④ 계단 : 높이 1m 이상의 방유제는 50m 간격으로 방유제의 안과 밖에 설치
  ⑤ 방유제 외면에 직접 접하는 구내도로의 노면폭
    ㉮ 방유제 외면의 1/2 이상의 면으로부터 3m 이상
    ㉯ 용량합계가 20만ℓ 이하인 경우에는 3m 이상의 노면폭을 확보한 도로 또는 공지에 접할 것
  ⑥ 방유제 내의 탱크의 기수
    ㉮ 10기 이하
    ㉯ 20기 이하로 할 경우 : 방유제 내의 전탱크의 용량이 20만ℓ(200kℓ) 이하이고 인화점이 70℃ 이상 200℃ 미만인 것
    ㉰ 기수에 제한을 두지 않을 경우 : 인화점 200℃ 이상인 것
  ⑦ 방유제와 탱크 측면과의 상호거리
    ㉮ 탱크의 지름이 15m 미만 : 탱크높이의 1/3 이상
    ㉯ 탱크의 지름이 15m 이상 : 탱크높이의 1/2 이상
    ㉰ 인화점 200℃ 이상의 저장탱크 : 해당 없음

(2) 방유제의 용량기준
 ① 인화성액체(이황화탄소 제외)
  ㉮ 탱크 1기 : 당해 탱크 용량의 110% 이상
  ㉯ 탱크 2기 이상 : 설치탱크 중 **용량이 최대인 것의** 용량의 110% 이상
 ② 인화성이 없는 액체 : 당해 탱크 용량의 100% 이상

(3) 간막이 둑 : 하나의 방유제 안에 2 이상의 탱크가 설치되고 그 탱크의 용량이 1,000만ℓ 이상인 옥외저장탱크에 설치
 ① 높이 : 0.3m 이상으로 하되 방유제의 높이보다 0.2m 이상을 감한 높이(2억ℓ 이상인 경우) 1m 이상
 ② 간막이 둑의 용량 : 간막이 둑안에 설치된 **탱크의 용량의** 10% 이상

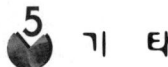 기 타

(1) 이황화탄소 옥외탱크 수조의 철근콘크리트 두께는 0.2m 이상일 것
(2) 특정옥외저장탱크의 풍하중(q) = $0.588k\sqrt{h}$
 k(풍력계수) : 원통형 0.7, 그 밖의 탱크 1, h : 지면으로부터의 높이(m)

적중 출제예상문제

1 옥외저장탱크는 틈이 없도록 제작되어야 하되 강철판의 두께는 얼마 이상이어야 하는가?
① 3mm
② 2.8mm
③ 3.2mm
④ 4.0mm

[힌트] 해 • 강철판 : 3.2mm 이상
답 ③

2 옥외저장탱크시설 주위의 보유공지 너비 중 틀린 것은?
① 지정수량의 500배 이하 – 3m 이상
② 지정수량의 500배 초과 1,000배 이하 – 5m 이상
③ 지정수량의 1,000배 초과 2,000배 이하 – 10m 이상
④ 지정수량의 2,000배 초과 3,000배 이하 – 12m 이상

해 • 지정수량 1,000배 초과 2,000배 이하 : 9m 이상
답 ③

3 위험물의 옥외탱크저장소의 보유공지는 동일부지 내에 2개 이상 인접하여 설치하는 경우 탱크 상호간의 보유공지의 너비는?(단, 제6류 위험물)
① 1.5m 이상
② 2.5m 이상
③ 3m 이상
④ 4m 이상

해 • 옥외탱크저장소 : 2개 인접 보유공지 3m 이상
※ 제6류 위험물의 경우는 1.5m 이상이어야 한다.
답 ①

4 옥외탱크의 이상내압 방출구조를 위한 방법이 아닌 것은?
① 지붕판과 측판의 접합을 측판의 상호접합보다 강하게 한다.
② 지붕판과 측판의 접합은 측판과 저판의 접합보다 약하게 한다.
③ 지붕판을 측판보다 얇게 한다.
④ 지붕판을 보강재 등으로 접합하지 아니한다.

해 • 이상내압 방출구조 : 탱크가 폭발할 때 탱크상부로 가스 및 증기를 방출하기 위한 구조로 지붕부분의 접합을 약하게 접합한다.
답 ①

5 옥외탱크저장소 주입구에는 몇 도 미만의 위험물을 저장하는 경우에 '옥외저장탱크주입구'라는 뜻과 방화에 관한 게시판을 설치하여야 하는가?
① 21℃ 미만
② 70℃ 미만
③ 130℃ 미만
④ 200℃ 미만

해 • 방화에 관한 게시판 설치 위험물 : 인화점 21℃ 미만의 위험물
답 ①

6 옥외탱크저장소의 밸브 없는 통기관(무판 통기관)은 지름이 얼마 이상의 것으로 설치하여야 하는가?
① 20mm 이상
② 30mm 이상
③ 40mm 이상
④ 50mm 이상

해 • 지름 : 30mm 이상
답 ②

7 밸브 없는 통기관의 선단은 수평보다 얼마 이상 구부려야 하는가?
① 15°이상
② 30°이상
③ 45°이상
④ 90°이상

해 • 통기관의 선단 : 빗물 등이 들어가지 아니하도록 수평면에 대하여 45° 이상 구부릴 것
답 ③

⑧ 대기밸브부착 통기관은 얼마만큼의 압력차 이하에서 작동할 수 있도록 하여야 하는가?
① 5kPa　　　　　② 10kPa
③ 50kPa　　　　　④ 100kPa

• 대기밸브 부착 통기관의 작동압력 : 5kPa 이하의 압력차이로 작동
답 ①

⑨ 옥외저장탱크 펌프 설비 주위에는 최소 얼마만큼의 보유공지를 확보하여야 하는가?
① 1m　　　　　② 2m
③ 3m　　　　　④ 4m

• 펌프 설비의 보유공지 : 3m 이상
답 ③

⑩ 옥외저장탱크의 펌프 설비는 당해 옥외탱크 주위의 공지너비의 얼마 이상의 거리를 확보하여야 하는가?
① $\frac{1}{2}$　　　　　② $\frac{1}{3}$
③ $\frac{1}{4}$　　　　　④ $\frac{1}{5}$

• 옥외저장탱크와 펌프실 상호거리 : 탱크보유공지 너비의 1/3 이상
답 ②

⑪ 옥외저장탱크 펌프실의 둘레에 설치된 턱의 높이는 몇 m 이상인가?
① 0.1m　　　　　② 0.15m
③ 0.2m　　　　　④ 0.25m

• 펌프실의 턱높이 : 0.2m 이상
※ 펌프실 외의 턱높이 : 0.15m 이상
답 ③

⑫ 인화성 액체를 하나의 옥외저장탱크의 주위에 설치하는 방유제의 용량은 탱크 용량의 얼마 이상으로 하여야 하는가?
① 10% 이상　　　　　② 30% 이상
③ 100% 이상　　　　　④ 110% 이상

• 방유제의 용량(1기) : 당해 탱크용량의 110% 이상
답 ④

⑬ 하나의 옥외탱크 방유제의 면적은 얼마까지 가능한가?
① 80,000m²　　　　　② 60,000m²
③ 40,000m²　　　　　④ 20,000m²

• 방유제의 면적 : 8만m² 이하
답 ①

⑭ 옥외탱크저장시설의 방유제는 그 높이가 제한되어 있다. 최대높이는 얼마까지 할 수 있는가?
① 0.3m　　　　　② 1.0m
③ 1.5m　　　　　④ 3.0m

• 방유제의 높이 : 0.5m 이상 3m 이하
답 ④

⑮ 방유제에 계단을 설치할 경우 방유제의 높이는?
① 1m 미만　　　　　② 1m 이상
③ 1m 이하　　　　　④ 10m 이상

• 계단설치 방유제 : 높이 1m 이상
답 ②

⑯ 이황화탄소의 옥외저장수조의 벽과 바닥은 두께가 얼마 이상의 철근콘크리트조로 설치하여야 하는가?
① 0.1m 이상　　　　　② 0.2m 이상
③ 0.3m 이상　　　　　④ 0.4m 이상

• 수조의 두께(철근콘크리트조) : 0.2m 이상
답 ②

7 옥내탱크저장소

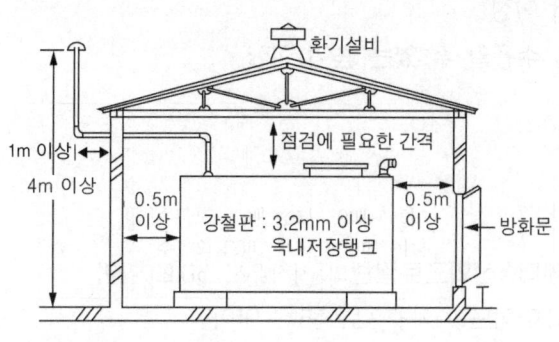
[탱크와 탱크전용실의 벽과의 상호거리]

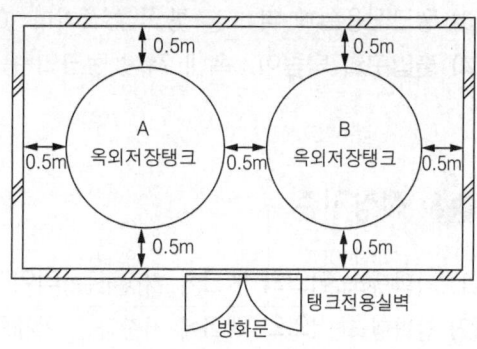
[탱크 상호간의 거리]

1 안전거리·보유공지 해당 없음

2 탱크의 구조

(1) **강철판의 두께** : 3.2mm 이상
(2) **통기관**(압력탱크 외의 탱크에 한한다)
  ① **지면**으로부터 선단까지의 거리 : **4m 이상**
  ② **건축물의 창** 또는 **개구부**로부터 **1m 이상** 떨어지도록 할 것
  ③ **인화점 40℃ 미만**인 위험물의 통기관은 **부지경계선과 1.5m이상** 이격시킬 것
  ④ 고 인화점의 위험물을 100℃ 미만으로 저장하는 위험물의 **통기관 선단**은 **탱크전용실** 내에 설치할 수 있다.
(3) **탱크용량 제한**
  ① **단층건축물** : 지정수량 **40배 이하**(제4석유류, 동·식물유류 외의 것은 2만ℓ 이하)
  ② **2층 이상의 층** : 지정수량 **10배 이하**(제4석유류, 동·식물유류 외의 것 5,000ℓ 이하)

3 탱크전용실

(1) 탱크전용실은 단층건축물에 설치할 것
(2) 단층건축물 외의 건축물에 저장·취급하는 위험물
  ① 제2류 위험물 중 황화인·적린 및 덩어리 황(1층·지하층에 설치)
  ② 제3류위험물 중 황린(1층·지하층에 설치)

③ 제6류위험물 중 질산(1층·지하층에 설치)
④ 제4류위험물 중 인화점이 38℃ 이상인 것만(1층·지하층이 아니어도 된다)

(3) 탱크전용실과 벽 또는 탱크 상호거리 : 0.5m 이상
(4) 출입구의 턱높이 : 옥내 저장 탱크의 용량을 수용할 수 있는 높이 이상

4 저장기준

(1) 압력탱크 이외의 탱크에 저장하는 다이에틸에터, 산화프로필렌의 저장온도 30℃ 이하
(2) 압력탱크 이외의 탱크에 저장하는 아세트알데하이드의 저장온도 15℃ 이하
(3) 압력탱크에서 다이에틸에터, 아세트알데하이드, 산화프로필렌을 저장할 때의 저장온도 40℃ 이하

적중 출제예상문제

① 옥내탱크저장시설의 탱크의 강철판의 두께는?
① 1.6mm 이상   ② 2.3mm 이상
③ 3.2mm 이상   ④ 7mm 이상

② 1층 이하의 옥내탱크저장소 탱크전용실에 설치하는 탱크는 그 용량이 지정수량 얼마 이하이어야 하는가?
① 20배   ② 30배
③ 40배   ④ 50배

③ 옥내탱크저장시설의 탱크와 탱크 상호간에는 얼마의 간격을 두어야 하는가?
① 0.1m 이상   ② 0.5m 이상
③ 0.6m 이상   ④ 1m 이상

④ 옥내탱크저장소의 통기관은 건축물의 창 또는 개구부로부터 얼마 이상 간격을 두는가?
① 1m   ② 1.5m
③ 2m   ④ 2.5m

⑤ 제4류 위험물의 옥내 및 지하저장탱크 중 압력탱크 이외의 탱크에 설치하는 밸브 없는 통기관은 선단이 지상 얼마 이상으로 설치하여야 하는가?
① 1m 이상   ② 2m 이상
③ 3m 이상   ④ 4m 이상

⑥ 옥내탱크저장시설의 설치기준으로 틀리는 것은?
① 탱크는 원칙적으로 단층건물의 탱크전용실에 설치하여야 한다.
② 탱크의 전용실 출입구에는 1.5m 이상의 문턱을 설치할 것
③ 탱크의 용량은 1층과 지하층은 2만ℓ 이하일 것
④ 통기관의 지름은 30mm 이상으로 할 것

⑦ 압력탱크 이외의 옥내저장탱크에 저장하는 다이에틸에터·산화프로필렌은 몇 도로 유지하여야 하는가?
① 15℃ 이하   ② 30℃ 이하
③ 35℃ 이하   ④ 40℃ 이하

⑧ 옥내저장탱크 중 압력탱크에 아세트알데하이드를 저장할 경우 유지해야 할 온도는?
① 50℃ 이하   ② 40℃ 이하
③ 30℃ 이하   ④ 15℃ 이하

힌트

해 • 강철판 : 3.2mm 이상
답 ③

해 • 옥내탱크저장소의 용량
※ 단층건축물
지정수량 40배 이하
답 ③

해 • 탱크와 탱크 상호거리
: 0.5m 이상
답 ②

해 • 상호간격 : 1m 이상
답 ①

해 • 통기관의 높이 : 4m 이상
※ 개구부와 거리 : 1m 이상
답 ④

해 • 출입구의 문턱은 탱크의 용량을 수용할 수 있는 높이 이상으로 한다.
답 ②

해 • 유지온도 : 30℃ 이하
답 ②

해 • 유지온도 : 40℃ 이하
답 ②

8 지하탱크저장소

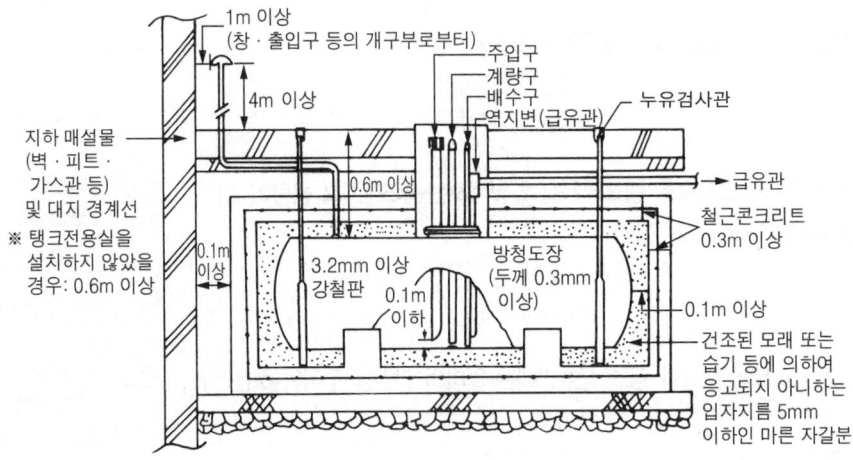

[탱크전용실에 설치된 탱크의 구조]

1 안전거리 · 보유공지 · 용량제한 해당 없음

2 탱크의 구조

(1) 강철판의 두께 : 3.2mm 이상
(2) 방청도장(부식의 우려가 없는 스테인레스강판 등은 제외한다)
(3) 주입배관 선단과 탱크 밑바닥 상호거리 : 0.1m 이하
(4) 배관 : 위쪽으로 할 것

> **참고**
> ※ **배관** : 배관을 위쪽으로 하지 않으면 **용접부에 균열**이 생겼을 경우 **위험물** 누출의 위험이 있다.

3 탱크전용실의 구조

(1) 탱크전용실 철근콘크리트의 두께(벽, 바닥 및 뚜껑) : 0.3m 이상
(2) 탱크전용실과 탱크 최외측과의 상호거리 : 0.1m 이상
(3) 탱크 본체 윗부분과 지면까지의 거리 : 0.6m 이상

(4) 탱크전용실과 지하매설물(벽·피트·가스관 등) 및 **대지경계선과의 거리 : 0.1m 이상**
(5) 탱크전용실을 설치하지 않을 경우 **탱크와 지하매설물**(벽·피트·가스관 등) 및 **대지경계선**과의 거리 : **0.6m 이상**
(6) 누유검사관의 개수 : 4개 이상을 적당한 위치에 설치한다.
(7) 탱크를 2개 인접할 때 **탱크 상호간의 거리 : 1m 이상**(지정수량 100배 이하일 경우 : 0.5m 이상)

> **참고**
> ※ **지하탱크저장소** : 땅 속에 매설하므로 위험물의 누설을 확인할 수 없으므로 **누유검사관**을 설치하며 탱크 주위에는 건조된 모래 또는 습기 등에 의하여 응고되지 않는 입자지름 5mm 이하인 **마른 자갈분**을 채워 놓는다.
> ※ 누유검사관의 밑부분으로부터 **탱크의 중심높이**까지의 부분에는 소공이 뚫려 있어야 한다.

4 탱크전용실을 설치하지 않아도 좋은 경우

(1) 탱크가 **지하철** 또는 **지하터널** 또는 **지하가의 외벽**으로부터 **수평거리** 10m 이상이 되는 곳에 설치할 것
(2) **탱크의 외면**이 행정안전부령으로 정하는 바에 따라 **보호**되어 있을 경우
(3) 탱크를 **견고한 기초 위에 고정**시킬 것
(4) 지하에 매설한 탱크 위에 두께가 0.3m 이상이고 길이 및 너비가 각각 당해 탱크 수평투영의 세로 및 가로보다 0.6m 이상이 되는 **철근콘크리트조의 뚜껑**을 덮을 것. 이 경우 뚜껑의 중량이 직접 당해 탱크에 가하여지지 아니하도록 하여야 한다.

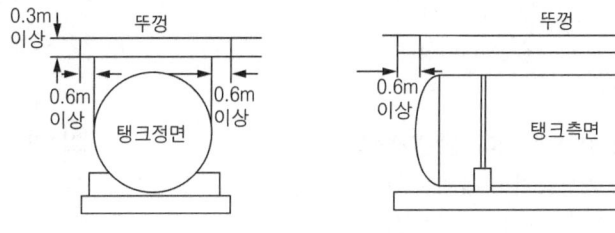

[철근콘크리트 뚜껑의 구조]

> **참고**
> ※ 탱크 외면의 보호
>   • 방청 및 아스팔트 도장 후 아스팔트 루핑 및 철망으로 피복하고 그 위에 2cm 이상의 몰탈도장
>   • 두께 1cm 이상이 되도록 방청 및 아스팔트 도장과 아스팔트 루핑에 의한 피복

적중 출제예상문제

1 지하탱크저장소의 저장·취급 특징에 해당 없는 것은?
① 안전거리가 없다.　② 보유공지가 없다.
③ 용량제한이 없다.　④ 지하에 매설할 수 없다.

해 · 해당 없는 것 : 안전거리 · 보유공지 · 용량제한
답 ④

2 지하탱크저장소의 주입배관의 선단은 탱크 안의 밑바닥으로부터 몇 m 이하에 달하도록 하여야 하는가?
① 0.1m 이하　② 0.2m 이하
③ 0.3m 이하　④ 0.5m 이하

해 · 주입배관선단과 탱크 밑바닥 상호거리 : 0.1m 이하
답 ①

3 지하저장탱크와 탱크실의 내측과의 사이는 얼마 이상의 간격을 보유하여야 하는가?
① 0.1m　② 0.3m
③ 0.4m　④ 0.5m

해 · 전용실 내측과 탱크 상하·좌우상호거리 : 0.1m 이상
답 ①

4 위험물을 저장하는 지하탱크저장소의 탱크전용실과 지하매설물(벽·피트·가스관 등) 및 대지경계선과의 거리는 몇 m 이상 두어야 하는가?
① 0.1m　② 0.2m
③ 0.3m　④ 0.6m

해 · 상호거리 : 0.1m 이상
※ 탱크전용실을 설치하지 아니할 경우 상호거리 0.6m 이상
답 ①

5 지하저장탱크를 2개 이상 인접하면 그 상호간의 간격은 얼마로 하여야 되나?
① 0.5m 이상　② 1m 이상
③ 1.5m 이상　④ 2m 이상

해 · 탱크 2개 인접 상호거리 : 1m 이상
답 ②

6 다음은 지하탱크저장소의 설치기준이다. 틀린 것은?
① 탱크실의 상단부로부터 지면까지의 높이는 0.6m 이상
② 탱크와 탱크실 내벽의 간격은 0.1m 이상
③ 탱크전용실과 지하매설물 및 대지경계선과의 거리는 0.1m 이상
④ 탱크실의 두께는 0.3m 이상의 철근콘크리트

해 · 탱크 본체 윗부분과 지면과의 거리 : 0.6m 이상
답 ①

7 지하저장탱크의 주위에는 건조된 모래와 마른 자갈분을 채워 놓는다. 이때 마른 자갈분의 입자지름은 몇 mm 이하이어야 하는가?
① 1mm　② 3mm
③ 5mm　④ 7mm

해 · 입자지름 : 5mm 이하
답 ③

⑧ 지하저장탱크는 주위에 액체 위험물이 새는 것을 검사하기 위하여 누유 검사관을 몇 개 이상 설치하는가?
① 1개 이상
② 2개 이상
③ 3개 이상
④ 4개 이상

해 • 누유검사관의 개수 : 4개 이상
답 ④

⑨ 지하탱크저장소의 탱크실에 설치하는 누유검사관의 설치기준으로 적합하지 않은 것은 어느 것인가?
① 삼중관으로 할 것
② 금속관 또는 경질합성수지관으로 할 것
③ 관은 탱크실의 바닥에 닿게 할 것
④ 관의 밑부분으로부터 탱크의 중심 높이까지의 부분에는 소공이 뚫려 있을 것

해 • 누유검사관 : 2중관으로 되어 있다.
답 ①

⑩ 제4류 위험물을 지하탱크저장소에서 저장할 경우 탱크를 지하철·지하터미널 또는 지하가의 외벽으로부터 몇 m 이상되는 곳에 설치하여야 탱크전용실을 설치하지 아니할 수 있는가?
① 0.6m 이상
② 1m 이상
③ 10m 이상
④ 20m 이상

해 • 탱크전용실을 설치하지 아니할 수 있는 경우: 지하가 등의 외벽으로부터 탱크까지의 수평거리가 10m 이상인 경우
답 ③

⑪ 위험물 저장기준으로 틀린 것은?
① 이동탱크저장소에는 완공검사필증을 비치하여야 한다.
② 지하저장탱크의 주된 밸브는 이송할 때 이외에는 폐쇄하여야 한다.
③ 산화프로필렌을 저장하는 이동저장탱크에는 탱크 안에 불연성 가스를 봉입하여야 한다.
④ 옥외저장탱크 주위에 설치된 방유제의 내부에 물이나 유류가 고였을 경우에는 즉시 배출 하여야 한다.

해 • 지하저장탱크 : 지하에 매설하므로 이송불가능하다.
답 ②

9 이동탱크저장소

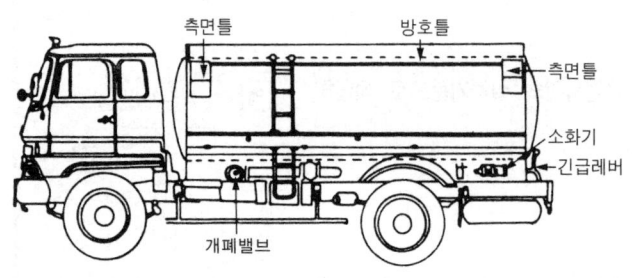 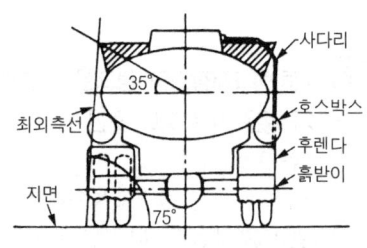

탱크의 구조

(1) 강철판의 두께
   ① 본체 : 3.2mm 이상
   ② 측면틀 : 3.2mm 이상
   ③ 안전칸막이 : 3.2mm 이상
   ④ 방호틀 : 2.3mm 이상
   ⑤ 방파판 : 1.6mm 이상

(2) 측면틀
   ① 탱크 상부 네모퉁이의 전후단 수평거리 : 1m 이내
   ② 탱크 중심에서 측면틀 최외측과 탱크 최외측이 이루는 각도 : 35° 이상
   ③ 탱크 최외측과 측면틀 최외측을 이은 연결선이 지면과 이루는 각도 : 75° 이상

> 참고
> ※ 측면틀 : 탱크가 전복되었을 경우 **탱크 본체를 보호**하기 위하여 설치한 것

(3) 방호틀

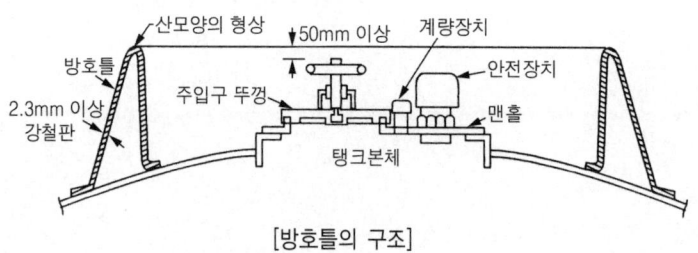

[방호틀의 구조]

① 산모양의 형상
② 탱크 정상부의 **부속장치보다 50mm 이상** 높게 할 것

>
> ※ **방호틀의 부속장치** : 필기 및 실기시험에 **자주 출제**되므로 잘 이해할 것
> • 부속장치 : ① 맨홀 ② 주입구 ③ 안전장치
> ※ 안전장치의 작동입력
> • 상용압력 20kPa 이하인 경우 : 20kPa 이상 24kPa 이하
> • 상용압력 20kPa 초과인 경우 : 상용압력의 1.1배 이하 압력

(4) **안전칸막이**
 ① 용량 **4,000 ℓ 마다 1개씩** 설치할 것

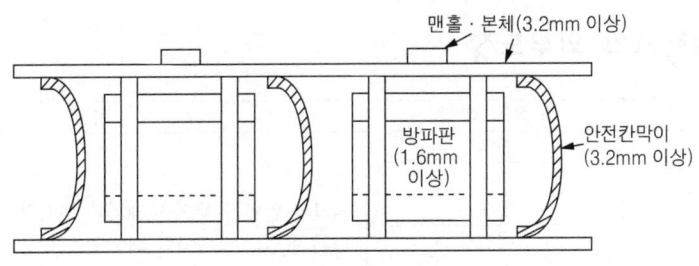

[안전칸막이 및 방파판]

> ※ 20,000 ℓ 의 탱크의 칸막이 개수
> 20,000 ÷ 4,000 − 1 = 4(개)

(5) **방파판**(탱크의 진행방향과 평행으로 설치하며, 각 방파판은 그 높이 및 칸막이로부터 거리를 다르게 할 것)
 ① 탱크의 용량 **2,000 ℓ 이상**의 탱크실에 설치할 것
 ② 각 **방파판의 면적의 합계**는 당해 구획부분의 **최대 수직단면적의 50% 이상**으로 할 것
 ③ 각 방파판의 면적의 합계를 당해 구획부분의 **최대 수직단면적의 40% 이상**으로 할 경우
  ㉮ 탱크의 **수직단면**의 형상이 **원형**일 경우
  ㉯ 탱크의 **짧은 지름**이 1m 이하의 **타원형**

> **참고**
> ※ **방파판** : 탱크(유조차)가 급회전할 경우 탱크 내의 **유체가 원심력**에 의하여 탱크가 **전복**되는 것을 막기 위하여 설치한 것

(6) 수동식 개폐장치(긴급레버)
  ① 15cm 이상일 것

 ## 옥외의 상치장소(차고)

(1) 화기를 취급하는 장소 또는 인근의 건축물과의 상호거리 : 5m 이상(인근 건축물이 1층인 경우 3m 이상)

 ## 이동저장탱크의 외부도장

유별	도장의 색상	비고
제1류	회색	
제2류	적색	
제3류	청색	탱크의 앞면과 뒷면을 제외한 면적의 40% 이내의 면적은 다른 유별의 색상외의 색상으로 도장하는 것이 가능하다.
제4류	적색권장	
제5류	황색	
제6류	청색	

 ## 저장·취급사항

(1) 위험물 주입시 속도 : 1m/sec
(2) **보냉장치가 있는 탱크**에 아세트알데하이드 및 산화프로필렌을 저장할 경우 유지온도 : **비점 이하**
(3) **보냉장치가 없는 탱크**에 아세트알데하이드 및 산화프로필렌을 저장할 경우 유지온도 : **40℃ 이하**
(4) **보냉장치가 없는 탱크**(압력탱크)에 아세트알데하이드·산화프로필렌을 저장할 때에는 **불활성가스를 봉입**할 수 있는 구조로 할 것
(5) 위험물을 주입할 때 인화점 40℃ 미만의 위험물은 이동탱크저장소의 **원동기를 정지**시켜야 한다.
(6) 결합금속구의 재질 : **놋쇠**(제6류 위험물은 사용금지)

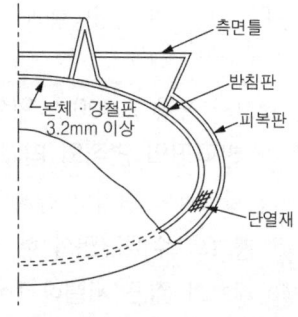

[보냉장치를 한 탱크의 구조]

컨테이너식 이동탱크 저장소

(1) 강철판의 두께
  ① 본체 : 6mm 이상
  ② 맨홀 : 6mm 이상
  ③ 주입구의 뚜껑 : 6mm 이상
  ④ 안전칸막이 : 3.2mm 이상

 ※ 당해 탱크의 직경 또는 장경이 1.8m 이하인 것의 강철판 두께 : 5mm 이상으로 할 것(동등 이상 기계적 성질을 가진 재료 포함)

(2) 상자틀
  ① 강재로 된 상자형태의 틀
  ② 부속장치와 상자틀 최외측과의 거리 : 50mm 이상

 알킬알루미늄 이동탱크

(1) 강철판 두께 : 10mm 이상
(2) 용량 : 1,900ℓ 미만
(3) 불활성가스 봉입압력(저장 시) : 20kPa 이하(2009.3.17 개정)
(4) 불활성가스 봉입압력(꺼낼 때) : 200kPa 이하

 ※ 안전장치의 작동압력 : 수압시험압력(1Mpa 이상)의 2/3를 초과하고 4/5를 넘지 아니할 것

 아세트알데하이드 이동탱크

(1) 불활성가스 봉입압력(꺼낼 때) : 100kpa 이하

적중 출제예상문제

1 이동탱크의 각 부분의 철판의 두께로서 옳지 않은 것은?
① 탱크 본체는 3.2mm 이상
② 방호틀은 2.5mm 이상
③ 주입구의 뚜껑은 3.2mm 이상
④ 방파판은 1.6mm 이상

2 이동탱크저장소의 측면틀은 탱크 상부의 네모퉁이에 당해 탱크의 전단 또는 후단으로부터 각각 몇 m 이내의 위치에 설치하는가?
① 1m 이내   ② 1.3m 이내
③ 1.5m 이내 ④ 2m 이내

3 이동탱크저장소의 탱크중량의 중심점에서 측면틀 최외측을 연결하는 직선과 중심점을 지나는 직선 중 최외측선과 직각을 이루는 직선과의 내각은 얼마인가?
① 15°이상   ② 25°이상
③ 35°이상   ④ 45°이상

4 이동탱크저장소의 측면틀의 최외측선은 지면과의 각도를 얼마 이상이 되도록 하여야 하는가?
① 55°이상   ② 65°이상
③ 75°이상   ④ 95°이상

5 이동탱크저장소의 방호틀의 정상부는 부속장치보다 최소 얼마 이상 높게 하여야 하는가?
① 30mm 이상 ② 50mm 이상
③ 70mm 이상 ④ 90mm 이상

6 다음 중 이동탱크의 부속장치가 아닌 것은?
① 맨홀   ② 안전장치
③ 주입구   ④ 결합금속구

7 이동저장탱크 내부의 안전칸막이는 용량 몇 ℓ마다 설치하여야 하는가?
① 4,000 ℓ   ② 6,000 ℓ
③ 8,000 ℓ   ④ 10,000 ℓ

8 용량이 20,000 ℓ의 이동탱크저장소의 안전칸막이는 몇 개인가?
① 3개   ② 4개
③ 5개   ④ 6개

힌트

[해] • 탱크강철판의 두께
※ 본체·맨홀·주입구 뚜껑·측면틀 : 3.2mm 이상
※ 방호틀 : 2.3mm 이상
※ 방파판 : 1.6mm 이상
답 ②

[해] • 측면틀의 설치위치 : 탱크 상부의 전후단 1m 이내
답 ①

[해] • 내각 : 35° 이상
답 ③

[해] • 지면과 이루는 각도 : 75° 이상
답 ③

[해] • 방호틀의 정상부와 부속장치와의 거리 : 50mm 이상
답 ②

[해] • 부속장치 : 맨홀·주입구·안전장치
답 ④

[해] • 이동탱크의 안전칸막이 기준 : 4,000ℓ 마다 1개 설치
답 ①

[해] • 안전칸막이의 개수
$\frac{20,000}{4,000} - 1 = 4$개
답 ②

⑨ 다음 중 방파판을 설치하여야 할 이동탱크저장소의 용량은 몇 ℓ 이상인가?
① 1,000ℓ 이상   ② 2,000ℓ 이상
③ 3,000ℓ 이상   ④ 4,000ℓ 이상

해 • 방파판설치 이동탱크용량 : 2,000ℓ 이상
답 ②

⑩ 방파판은 1개의 탱크실에서 몇 개 설치하는가?
① 1개 이상   ② 2개 이상
③ 3개 이상   ④ 4개 이상

해 • 방파판의 개수 : 2개 이상
답 ②

⑪ 하나의 구획부분에 설치하는 각 방파판의 면적의 합계는 당해 구획부분의 최대 수직단면적의 몇 % 이상으로 설치하는가?
① 30% 이상   ② 50% 이상
③ 70% 이상   ④ 100% 이상

해 • 방파판의 면적 : 탱크 구획부분의 최대 수직단면적의 50% 이상
답 ②

⑫ 이동탱크저장소의 탱크의 구조에 대한 설치기준으로 틀리는 것은?
① 맨홀의 두께는 3.2mm 이상의 강철판으로 할 것
② 압력탱크 외의 탱크는 0.7kg/cm² 압력으로 10분간의 수압시험
③ 탱크의 용량은 20,000ℓ 이하
④ 탱크의 내부는 4,000ℓ 이하마다 3.2mm 이상의 강철판의 칸막이 설치

해 ※ 탱크용량규정 없음
답 ③

⑬ 이동탱크저장소의 밑밸브에 설치하는 수동식 폐쇄장치의 레버의 길이는 몇 cm 이상인가?
① 10cm 이상   ② 15cm 이상
③ 20cm 이상   ④ 25cm 이상

해 • 긴급레버의 길이 : 15cm 이상
답 ②

⑭ 도로를 운행하는 이동저장탱크의 용량으로 옳은 것은?
① 용량제한 없음   ② 10,000ℓ
③ 20,000ℓ   ④ 34,000ℓ

해 • 용량제한 없음
답 ①

⑮ 다음은 위험물 이동탱크저장소에 비치하여야 할 용구이다. 틀린 것은?
① 밸브결합공구   ② 고무장갑
③ 확성기   ④ 휴대용 전지

해 • 비치용구 : 고무장갑 · 밸브결합 공구 · 확성기
답 ④

⑯ 이동탱크저장소의 옥외의 상치장소(차고)에 이동탱크저장소를 주차시키는 경우 인근 건축물로부터 몇 m 이상 거리를 확보하여야 하는가?
① 1m 이상   ② 3m 이상
③ 5m 이상   ④ 7m 이상

해 • 상호거리 : 5m 이상
답 ③

⑰ 컨테이너식 이동탱크 저장소의 강철판의 두께는 얼마인가?
① 2.3mm 이상   ② 3.2mm 이상
③ 5mm 이상   ④ 6mm 이상

해 • 강철판의 두께 : 6mm 이상
답 ④

⑱ 알킬알루미늄 이동탱크의 본체의 강철판 두께는?
① 3.2mm 이상   ② 6mm 이상
③ 8mm 이상   ④ 10mm 이상

해 • 강철판 두께 : 10mm 이상
답 ④

⑲ 알킬알루미늄 이동탱크에서 위험물을 꺼낼 때 불활성가스 봉입압력은?
① 20kpa 이하   ② 100kpa 이하
③ 150kpa 이하 ④ 200kpa 이하

해 • 꺼낼 때 봉입압력 : 200kpa 이하
• 저장 시 봉입압력 : 20kpa 이하
답 ④

⑳ 제5류위험물을 저장하는 이동저장탱크의 외부도장색깔로 옳은 것은?
① 회색   ② 적색
③ 청색   ④ 황색

해 외부도장색
• 제1류 : 회색
• 제2류 : 적색
• 제3류 : 청색
• 제4류 : 적색권장
• 제5류 : 황색
• 제6류 : 청색
답 ④

㉑ 이동저장탱크의 주입관에 의하여 탱크의 위로부터 주입할 때 위험물의 주입속도는?
① 1m/sec 이하   ② 1m/sec 이상
③ 1.5m/sec 이하 ④ 1.5m/sec 이상

해 • 주입속도 : 1m/sec 이하
답 ①

㉒ 보냉장치가 있는 이동탱크에 아세트알데하이드 및 산화프로필렌을 저장할 경우 유지온도는 몇 도인가?
① 20℃ 이하   ② 40℃ 이하
③ 60℃ 이하   ④ 비점 이하

해 • 보냉장치 있는 탱크 : 비점 이하
※ 보냉장치 없는 탱크 : 40℃ 이하
답 ④

㉓ 인화점이 몇 ℃ 미만의 위험물을 이동저장탱크로부터 다른 저장탱크에 주입할 때 그 이동탱크의 원동기를 정지시켜야 하는가?
① 20℃ 미만   ② 30℃ 미만
③ 40℃ 미만   ④ 50℃ 미만

해 • 원동기 정지대상 위험물 : 인화점 40℃ 미만의 위험물
답 ③

㉔ 다음 위험물 중 이동저장탱크로부터 다른 저장탱크에 주입할 때 그 이동탱크의 원동기를 정지시켜야 하는 것은?
① 담금질유   ② 중유
③ 테레핀유   ④ 개미산

해 • 문제 17번 해설 참조
※ 테레핀유의 인화점 : 39℃
답 ③

㉕ 이동탱크저장소에 저장하는 액체 위험물의 결합금속구로 놋쇠를 사용하고 있으나 놋쇠를 사용할 수 없는 위험물은 어느 것인가?
① 과산화수소   ② 시안화수소
③ 벤젠   ④ 황린

해 • 놋쇠 사용제한 위험물 : 제6류 위험물
※ 제6류 위험물 : 질산 · 과염소산 · 과산화수소
답 ①

10 간이탱크저장소

 강철판의 두께 : 3.2mm 이상

 간이탱크의 구조

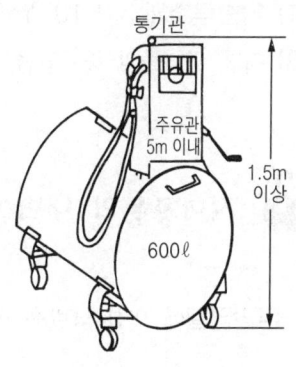

(1) 바퀴가 달려 있을 것
(2) 주유기가 달려 있을 것
(3) 용량은 600ℓ 이하
(4) 하나의 간이탱크저장시설에 설치하는 간이탱크는
    3개까지 설치
    단, 동일한 위험물의 탱크를 2개 이상 설치하지 못한다.
(5) 주유관의 길이 : 5m 이내

[간이탱크 저장소]

 밸브 없는 통기관

(1) 지름 : 25mm 이상
(2) 가는 눈의 동망 등으로 인화방지망을 설치할 것(인화점 70℃ 이상의 위험물만을 70℃ 미만의 온도로 저장·취급시 제외)
(3) 지면으로부터 선단까지의 거리 : 1.5m 이상
(4) 선단은 수평면으로부터 45° 이상 구부려 빗물의 침투를 막을 것

※ 간이탱크 : 소량의 위험물을 저장·취급하므로 통기관의 지름은 작다.

 기 타

(1) 탱크전용실과 탱크와의 거리 및 탱크 상호거리 : 0.5m 이상
(2) 옥외에서 탱크의 보유공지 및 탱크 상호거리 : 1m 이상

11 암반탱크저장소

 지하공동설치기준

(1) 암반투수계수가 10^{-5}m/sec 이하인 천연암반 내에 설치할 것
(2) 저장 위험물의 증기압을 억제할 수 있는 **지하수면하**에 설치할 것

 지하공동의 내벽설치기준

암반균열에 의한 낙반을 방지할 수 있도록 **록볼트·콘크리트 등**으로 보강할 것

유게실

◆ 탱크파손부 용접방법
　위험물을 저장하는 탱크에는 항상 **가연성 증기**가 체류하므로 증기를 제거하지 않은 상태에서 용접 등을 할 경우 **폭발의 위험**과 **탱크의 아랫부분**은 산소농도가 적으므로 탱크 내부에서 작업시 질식사의 위험이 있다. 그러므로 **위험물 저장탱크의 용접시**에는 반드시 탱크 안의 **유류**(가솔린, 등유, 경유, 벙커C유 등)를 **완전히 배출시킨 후 탱크 측면의 맨홀**을 열고(나사를 해체시킬 것) **방독 마스크** 또는 **공기 호흡기**를 착용(탱크용량이 클수록 반드시 착용할 것)하고 탱크 내부로 들어가 **더운물**이나 **스팀**으로 탱크 내벽에 묻어있는 **유분**을 완전히 제거하고 물기가 완전히 마른 후 **환풍기**(선풍기도 가능함)로 탱크 내부에 체류할 수 있는 **가연성 증기를 완전히 제거**한 후에 작업해야 한다.

적중 출제예상문제

간이탱크저장시설

1 간이탱크저장시설의 탱크 두께는 얼마 이상의 강철판으로 제작하여야 하는가?
① 0.7mm 이상
② 1.4mm 이상
③ 2.3mm 이상
④ 3.2mm 이상

힌트
해 • 강철판 : 3.2mm 이상
답 ④

2 간이탱크저장소에서 위험물을 최대로 저장할 수 있도록 허용된 양은?
① 지정수량 이상
② 600ℓ 이하의 양
③ 지정수량 5배 미만
④ 지정수량 10배 미만

해 • 간이탱크의 용량 : 600ℓ 이하
답 ②

3 하나의 간이탱크저장소에 설치하는 간이탱크는 몇 개 이하로 하여야 하는가?
① 3개 이하
② 5개 이하
③ 7개 이하
④ 9개 이하

해 • 간이탱크저장소의 개수 : 3개 이하
답 ①

4 간이탱크저장소 통기관의 지름은 몇 mm 이상인가?
① 20mm
② 25mm
③ 30mm
④ 50mm

해 • 통기관의 지름 : 25mm 이상
답 ②

5 간이탱크저장소 통기관의 선단은 지면으로부터 얼마의 높이에 설치하여야 하는가?
① 1m 이상
② 1m 이하
③ 1.5m 이상
④ 1.5m 이하

해 • 설치높이 : 1.5m 이상
답 ③

6 간이저장탱크에 설치하는 밸브 없는 통기관의 규정 중 옳지 않은 것은 어느 것인가?
① 지름 30mm 이상으로 할 것
② 선단의 높이는 지상 1.5m 이상으로 할 것
③ 선단은 수평보다 아래로 45° 이상 구부려 빗물 등이 들어가지 아니하도록 할 것
④ 가는 눈의 동망 등으로 인화방지장치를 할 것

해 • 통기관의 지름 : 25mm 이상으로 할 것
답 ①

7 간이탱크를 옥외에 설치할 경우, 주위에는 얼마만큼의 공지를 보유하여야 하는가?
① 0.5m 이상
② 1m 이상
③ 1.5m 이상
④ 2m 이상

해 • 간이탱크 주위의 공지 : 1m 이상
※ 전용실을 설치할 경우 탱크와 상호거리 : 0.5m 이상
답 ②

8 간이탱크저장시설의 위치 구조 및 설비의 기준으로 옳지 않은 것은?
① 하나의 간이탱크저장시설에 설치하는 탱크는 3개 이하로 할 것
② 동일한 위험물의 탱크는 2개 이상 설치할 수 없다.
③ 간이탱크저장시설의 1개의 탱크용량은 700ℓ 이하로 하여야 한다.
④ 옥외에 설치하는 간이탱크의 주위에는 너비 1m 이상의 공지를 두어야 한다.

해 • 간이탱크의 용량 : 600ℓ 이하
답 ③

암반탱크저장소

9 암반탱크저장소의 지하공동을 천연암반 내에 설치할 경우 암반투수계수는 몇 m/sec 이하이어야 하는가?
① 10^{-5}m/sec 이하
② 10^{-4}m/sec 이하
③ 10^{-3}m/sec 이하
④ 10^{-2}m/sec 이하

해 • 암반투수계수 : 10^{-5}m/sec 이하
답 ①

10 암반탱크저장소 공동의 기준으로 옳지 않은 것은?
① 지하공동은 저장할 위험물의 증기압을 억제할 수 있는 지하수면하에 설치한다.
② 지하암반저장소 안으로 유입되는 지하수의 양은 암반 내의 지하수 충전량보다 적을 것
③ 저장소의 상부로 물을 주입하여 수압을 유지할 필요가 있는 경우에는 수벽공을 설치할 것
④ 저장소에 가해지는 지하수압을 저장소의 최대운영압보다 적게 유지할 것

해 • 지하수압 : 저장소의 최대운영압보다 항상 크게 유지할 것
답 ④

휴게실

◆ 우리말 한마당(늦깎이)
• 본뜻 : "늦게 머리 깎은 사람"을 일컫는 말로, 나이가 들어서 머리를 깎고 중이 된 사람을 가리키는 말
• 바뀐뜻 : 본뜻으로도 쓰이지만 요즘에는 **세상 이치를 늦게 깨달은 사람**을 가르키는 말로 더 많이 쓰이고 있다. 또한, **늦게 익은 과일 등**을 가리키기도 함

12 저장탱크의 용량계산 및 변형시험

 탱크의 용량 = 탱크의 내용적 - 탱크의 공간용적

(1) 타원형 탱크

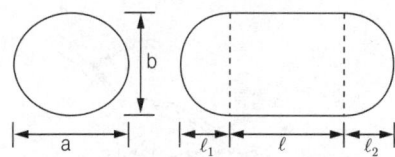

용량 : $\dfrac{\pi ab}{4}\left(\ell + \dfrac{\ell_1 + \ell_2}{3}\right)$

[양쪽이 볼록한 탱크]

용량 : $\dfrac{\pi ab}{4}\left(\ell + \dfrac{\ell_1 - \ell_2}{3}\right)$

[한쪽은 볼록하고 다른 한쪽은 오목한 탱크]

(2) 원형탱크

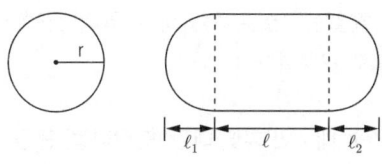 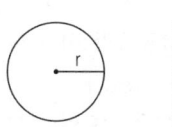 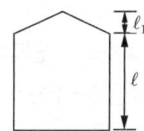

용량 : $\pi r^2\left(\ell + \dfrac{\ell_1 + \ell_2}{3}\right)$

[횡으로 설치된 탱크]

용량 : $\pi r^2 \ell$

[종으로 설치된 탱크]

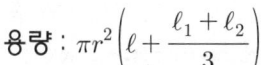 탱크의 공간용적

(1) 탱크의 내용적의 5/100 이상, 10/100 이하의 용적으로 한다.
(2) 소화설비를 설치한 곳은 소화설비약제 방출구의 **아래 0.3m 이상, 1m 미만의 면으로부터 윗부분의 용적**
(3) 암반탱크에 있어서는 **용출하는 7일간의 지하수의 양에** 상당하는 용적과 **당해 탱크 내용적의 1/100의 용적** 중에서 보다 큰 용적

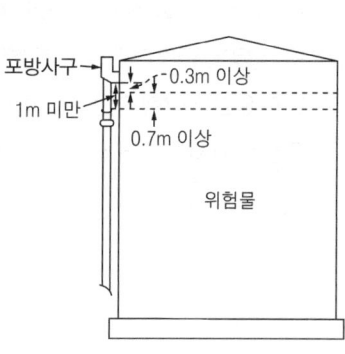

[저장탱크의 용량 및 공간용적]

3 옥내탱크 및 옥외탱크저장시설의 변형시험

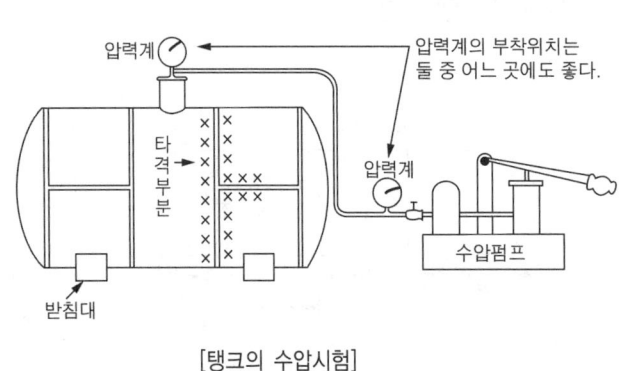

[탱크의 수압시험]

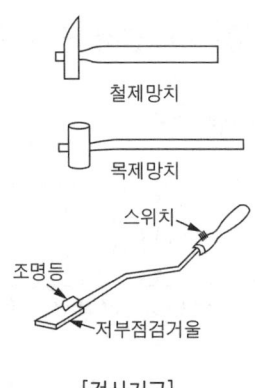

[검사기구]

(1) 압력탱크의 변형시험
수압시험 : 최대 상용압력의 **1.5배**로 **10분간** 실시하여 압력강하나 변형되지 말 것

>
> ※ **탱크의 구분** : 아세트알데하이드나 산화프로필렌 등과 같이 **불활성가스로 봉입**하는 **압력탱크**와 일반 위험물을 저장하는 **압력탱크가 아닌 탱크**로 크게 2종으로 구분한다.
> • **불활성가스** : 이산화탄소가스, 질소가스
> ※ **충수 · 수압시험** : 탱크가 완성된 상태에서 배관 등의 접속이나 내 · 외부에 대한 도장작업 등을 하기전에 위험물탱크의 **최대 상용높이 이상**으로 물을 가득 채워 실시한다.

(2) 압력탱크 이외의 탱크의 변형시험
충수시험(물 외의 적당한 액체를 채우는 시험을 포함한다)

> ※ **충수시험** : 물 또는 **적당한 액체**를 채워서 새거나 변형되지 아니하여야 한다.

(3) 특정옥외저장탱크의 용접부[비파괴시험(방사선투과시험, 진공시험 등)]
특정옥외저장탱크 : 탱크의 용량이 **100만 ℓ 이상**인 탱크

4 지하탱크 및 이동탱크저장시설의 변형시험

(1) 압력탱크의 변형시험
   ① **수압시험** : 최대 상용압력의 **1.5배**의 압력으로 **10분간** 실시하여 새거나 변형되지 아니할 것
   ② **기밀시험·비파괴시험**

   > **참고**
   > ※ **기밀시험** : 탱크가 완성된 상태에서 **배관 등을 접속하기 전**에 실시하며, 내부가압은 **공기, 질소** 등을 사용하여 설계압력 이상의 압력으로 **가압**하여 실시한다.
   > ※ **비파괴시험** : 방사선투과시험·자기탐상시험·초음파탐상시험·침투탐상시험 및 진공시험으로 강철판 접합부분을 시험한다.

(2) 압력탱크 이외의 탱크의 변형시험
   ① **수압시험** : 70kPa의 압력으로 **10분간** 실시하여 새거나 변형되지 아니할 것
   ② **기밀시험·비파괴시험**

   > **참고**
   > ※ **압력탱크** : 최대 상용압력이 **46.7kPa 이상**인 탱크
   > ※ **알킬알루미늄 이동탱크의 수압시험** : **1MPa 이상**의 압력으로 **10분간** 실시하여 새거나 변형되지 아니할 것

5 간이탱크저장소의 변형시험

수압시험 : 70kPa의 압력으로 **10분간** 실시하여 새거나 변형되지 아니할 것

6 탱크의 안전장치

(1) 안전장치의 종류
   ① **자동**으로 **압력**의 **상승**을 **정지**시키는 장치(안전밸브)
   ② **파괴판**
   ③ 안전밸브를 병용하는 **경보장치**
   ④ **감압측**에 안전밸브를 부착한 **감압밸브**

   > **참고**
   > ※ 파괴판의 설치 장소 : 안전밸브의 작동이 곤란한 가압설비에 한하여 사용한다.

적중 출제예상문제

저장 탱크의 용량계산

1 다음 중 탱크의 용량계산의 공식은 어느 것인가?
① 탱크의 용량 − 탱크의 공간용적
② 탱크의 용적 − 탱크의 용량
③ 탱크의 용적 − 탱크의 공간용적
④ 탱크의 용량 − 탱크의 용적

해·탱크의 용적 : 내용적−공간용적
답 ③

2 위험물탱크의 용적 산정방법으로 옳은 것은?
① 위험물탱크의 용량은 탱크의 내용적이다.
② 위험물탱크의 용량은 탱크의 내용적에서 공간용적을 뺀 용적량을 말한다.
③ 위험물탱크의 용량은 탱크의 외용적이다.
④ 위험물탱크의 용량은 탱크의 외용적에서 공간용적을 뺀 용적량을 말한다.

해·문제 1 해설 참조
답 ②

3 위험물을 저장 또는 취급하는 탱크용량은 당해 탱크의 내용적에서 공간용적을 뺀 용적으로 한다. 여기서 공간용적은 어느 것인가?
① 탱크용적의 1/100 이상, 5/100 이하로 한다.
② 탱크용적의 5/100 이상, 10/100 이하로 한다.
③ 탱크용적의 3/100 이상, 7/100 이하로 한다.
④ 탱크용적의 7/100 이상, 10/100 이하로 한다.

해·공간용적 : 탱크용적의 5/100 이상 10/100 이하
답 ②

4 위험물 저장탱크의 내용적을 산출하기 위한 계산식 중 다음 그림에 해당되는 것은?

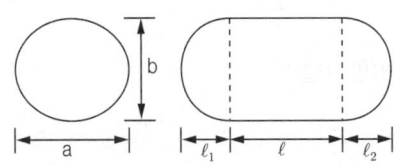

① $\dfrac{\pi ab}{4}\left(\ell + \dfrac{\ell_1 + \ell_2}{3}\right)$
② $\pi ab\left(\ell + \dfrac{\ell_1 + \ell_2}{3}\right)$
③ $\pi r^2\left(\ell + \dfrac{\ell_1 + \ell_2}{3}\right)$
④ $\pi r^2 \ell$

해·타원형 탱크 중 양쪽이 볼록한 것
$\dfrac{\pi ab}{4}\left(\ell + \dfrac{\ell_1 + \ell_2}{3}\right)$
답 ①

⑤ 다음 저장탱크의 내용적을 구하시오(단위 : m)

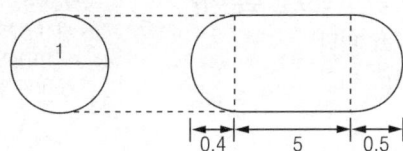

① $2.16m^3$
② $3.16m^3$
③ $4.16m^3$
④ $5.16m^3$

해 • 원형탱크 중 횡으로 설치한 것
$$\pi r^2\left(\ell+\frac{\ell_1+\ell_2}{3}\right) \text{에서}$$
$$3.14\times 0.5^2\left(5+\frac{0.4+0.5}{3}\right)$$
$$=4.160 \quad \therefore \ 4.16m^3$$
답 ③

⑥ 다음에 표시한 탱크(종으로 설치한 원형탱크)의 내용적은 몇 ℓ 인가? (단위 : m)

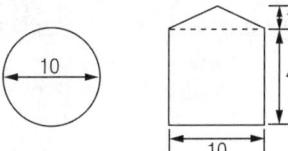

① 157,000 ℓ
② 314,000 ℓ
③ 471,000 ℓ
④ 628,000 ℓ

해 • 원형탱크 중 종으로 설치한 것 $\pi r^2 \ell$에서 내용적
$=3.14\times 5^2\times 4=314m^3$
$\therefore \ 314,000 \ \ell$
답 ②

⑦ 다음 저장탱크의 내용적은 몇 m^3인가?

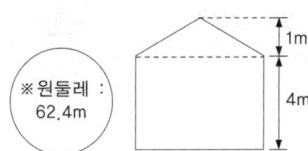
※원둘레 : 62.4m

① $157m^3$
② $314m^3$
③ $471m^3$
④ $1256m^3$

해 • 원형탱크 중 종으로 설치한 것
내용적(V)$=\pi r^2\ell=\pi(D/2)^2\ell$
※ 지름(D)=원둘레(R)/ $3.14(\pi)$
$\therefore$ 지름=62.4/3.14=20m
※ 내용적(V)$=\pi r^2\ell$
$=3.14\times 10^2\times 4$
$=1256m^3$
답 ④

⑧ 다음과 같은 모양의 저장탱크의 내용적을 구하는 공식은 어느 것인가?

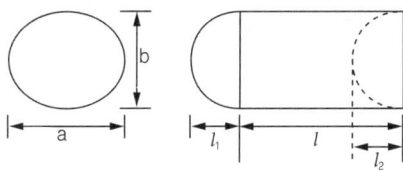

① $\dfrac{\pi ab}{4}\left(\ell+\dfrac{\ell_1+\ell_2}{3}\right)$
② $\dfrac{\pi ab}{4}\left(\ell+\dfrac{\ell_1-\ell_2}{3}\right)$
③ $\pi ab\left(\ell+\dfrac{\ell_1+\ell_2}{3}\right)$
④ $\pi ab\left(\ell+\dfrac{\ell_1-\ell_2}{3}\right)$

해 • 한쪽은 볼록하고 다른 한쪽은 오목한 탱크
$$\frac{\pi ab}{4}\left(\ell+\frac{\ell_1-\ell_2}{3}\right)$$
답 ②

⑨ 기계포설비를 설치한 경우 탱크의 공간용적은 소화설비의 소화약제 방출구 아래로부터 얼마 정도의 면에서부터 그 윗부분을 공간용적으로 보는가?
① 0.1m 이상 1m 미만
② 0.2m 이상 1m 미만
③ 0.3m 이상 1m 미만
④ 0.4m 이상 1m 미만

[해] • 소화설비 설치탱크의 공간용적 : 소화약제 방출구의 아래로부터 0.3m 이상 1m 미만의 면으로부터 윗부분의 용적

[답] ③

탱크의 변형시험

⑩ 위험물 저장탱크의 충수 및 수압시험의 검사 시기로서 가장 적합한 것은?
① 탱크부분에 배관과 부속기기를 설치하기 전
② 탱크부분에 배관과 부속기기를 설치한 후
③ 탱크부분에 배관과 부속기기를 설치하고 외관을 갖춘 후
④ 탱크부분에 배관을 설치하기 전

[해] • 충수 및 수압시험 검사시기 : 탱크가 완성된 상태에서 배관 등의 접속이나 내 · 외부에 대한 도장 작업 등을 하기전에 실시한다.

[답] ①

⑪ 위험물 옥외저장탱크로서 압력탱크의 수압시험의 방법으로서 옳은 것은?
① 70kPa의 압력으로 10분간 실시
② 90kPa의 압력으로 10분간 실시
③ 최대 상용압력의 2배의 압력으로 10분간 실시
④ 최대 상용압력의 1.5배의 압력으로 10분간 실시

[해] • 압력탱크의 수압시험 : 최대 상용압력의 1.5배의 압력으로 10분간 실시하여 새거나 변형되지 아니할 것

[답] ④

⑫ 압력탱크인 위험물 옥내탱크의 탱크변형시험에 속하지 않는 것은?
① 수압시험
② 충수시험
③ 기밀시험
④ 비파괴시험

[해] • 압력탱크의 변형시험 : 수압 · 기밀 · 비파괴시험

[답] ②

⑬ 지하저장탱크의 압력탱크가 아닌 탱크에 있어서는 매평방에 대하여 얼마의 압력으로 얼마간 수압시험을 실시하여야 하는가?
① 30kPa, 10분간
② 50kPa, 15분간
③ 70kPa, 10분간
④ 90kPa, 15분간

[해] • 압력탱크 외의 탱크의 수압시험 : 70kPa압력으로 10분간

[답] ③

⑭ 이동탱크저장소에서 압력탱크라 함은 몇 kPa 이상인 탱크인가?
① 20kPa
② 27.5kPa
③ 40kPa
④ 46.7kPa

[해] • 압력탱크 : 46.7kPa 이상

[답] ④

⑮ 알킬알루미늄이통탱크의 수압시험 압력은 몇 MPa 이상으로 실시하는가?
① 1MPa
② 1.5MPa
③ 2MPa
④ 2.75MPa

[해] • 수압시험압력 : 1MPa 이상

[답] ①

⑯ 간이탱크의 수압시험으로서 옳은 것은 어느 것인가?
① 최대 상용압력으로 10분간 실시하여 새거나 변형되지 말 것
② 최대 상용압력의 1.5배로 10분간 실시하여 새거나 변경되지 말 것
③ 70kPa의 압력으로 10분간 실시하여 새거나 변형되지 말 것
④ 130kPa의 압력으로 10분간 실시하여 새거나 변형되지 말 것

해 • 수압시험 : 70kPa의 압력으로 10분간 실시하여 새거나 변형되지 말 것

답 ③

⑰ 압력탱크인 옥외탱크저장소의 안전장치 중 안전밸브의 작동이 곤란한 가압설비에 설치하여야 하는 안전장치는?
① 자동적으로 압력의 상승을 정지시키는 장치
② 파괴판
③ 안전밸브를 병용하는 경보장치
④ 강압측에 안전밸브를 부착한 감압밸브

해 • 해당 안전장치 : 파괴판

답 ②

13 주유취급소

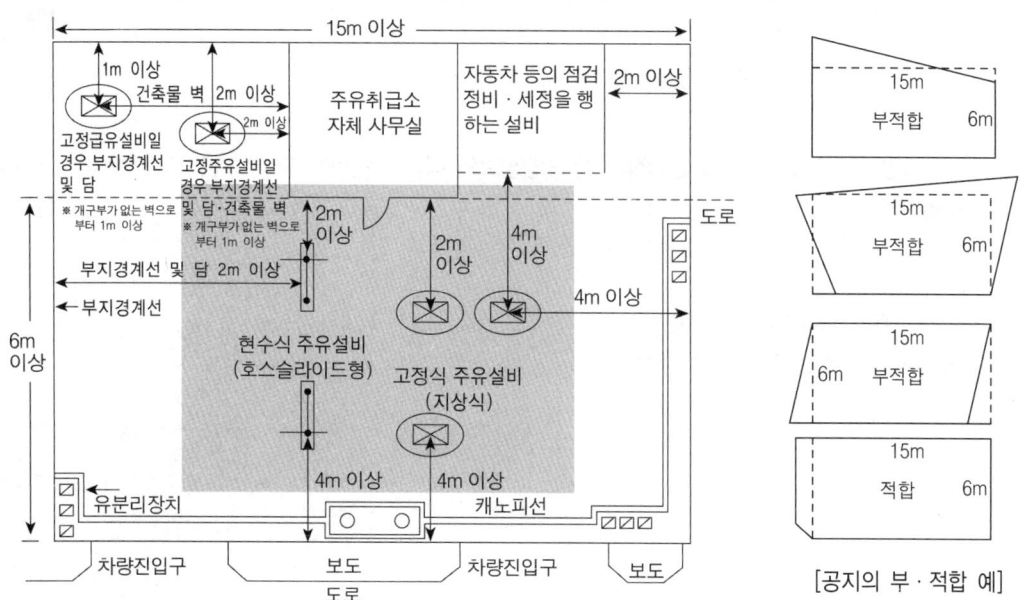

[공지의 부·적합 예]

1 건축물의 구조

(1) **주유취급소의 주유공지** : 너비 15m 이상, 길이 6m 이상의 콘크리트로 포장한 공지
(2) **주유취급소 상호거리** : 제한없음
(3) **옥내주유취급소**에서 **자동차 등의 출입** 및 **통풍**을 위하여 설치하지 아니하는 벽 : **2 이상의 방면**
(4) **방화벽의 높이** : 지면으로부터 **2m 이상**일 것(인근에 건축물이 없는 고속도로변이나 이와 유사한 도로변에서 설치하는 것은 제외)
(5) 담 또는 벽의 일부분 유리부착기준
  ① **유리부착위치** : 주입구, 고정주유설비 및 고정급유설비로부터 **4m 이상** 이격시킬 것
  ② **지반면**으로부터 **70cm 초과**하는 부분
  ③ **하나의 유리판의 가로길이** : **2m 이내**
  ④ **유리구조**는 **접합유리**로 하되 **비차열 30분 이상**의 방화성능일 것
(6) **사무실 및 화기를 사용**하는 곳의 출입구 및 창
  ① **출입구** : 안에서 밖으로 수시로 개방할 수 있는 **자동폐쇄식**일 것
  ② **출입구의 턱높이** : **15cm 이상**
  ③ **밀폐시켜야 하는 창** : 지면으로부터 높이 **1m 이하**의 것
  ④ **출입구** 및 **피난구**와 당해 피난구로 통하는 **통로·계단**에는 **유도등**을 설치할 것

※ 출입구 및 창의 유리
  • 종류 : 망입유리 · 강화유리
  • 강화유리의 두께(창) : 8mm 이상
  • 강화유리의 두께(출입구) : 12mm 이상

(7) 캔틸레버의 돌출길이 : 1.5m 이상

※ 캔틸레버 : 건축물에서 **옥내주유취급소**의 용도에 사용되는 부분에 **상층**이 있는 경우 화재 발생시 **상층**으로의 연소를 **방지**하기 위하여 설치하는 **외팔보**

고정주유설비

(1) 주유관의 길이 : 5m 이내(현수식은 지면위 0.5m의 수평면에 수직으로 내려 만나는 점을 중심으로 반경 3m 이내)
(2) 도로경계선으로부터의 거리 : 4m 이상
(3) 부지경계선 · 담 및 건축물 벽으로부터의 거리 : 2m 이상
(4) 개구부가 없는 벽으로부터의 거리 : 1m 이상

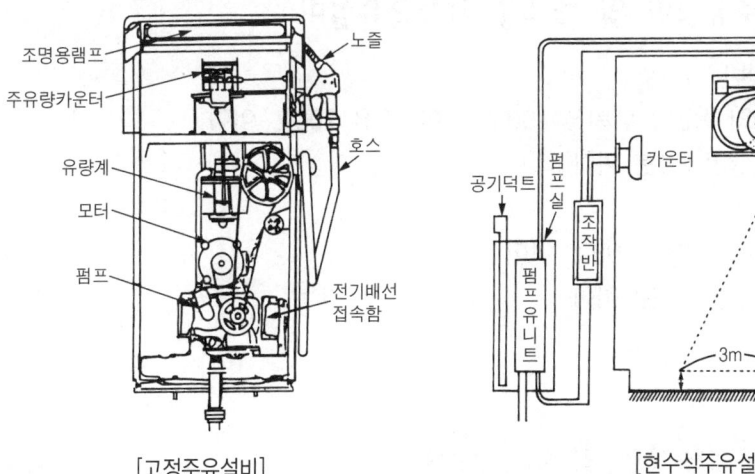

[고정주유설비]   [현수식주유설비]

(5) **자동차** 등의 **점검** · **정비** · **세정**을 행하는 설비와의 상호거리 : 4m 이상
(6) **자동차용** 고정주유설비와 고정급유설비와 상호거리 : 4m 이상
(7) 정전기제거장치 : 고정주유설비의 주유관 안에는 **정전기 발생제거 구리선**이 들어 있다.

※ 고정급유설비와 부지경계선 및 담까지의 거리 : 1m 이상

3 주유취급소 전용탱크 1개 용량

(1) 자동차용 고정주유설비 및 고정급유설비 : 5만ℓ 이하
(2) 고속도로변 주유취급소의 탱크 1개 용량 : 6만ℓ 이하
(3) 보일러에 직접 접속하는 탱크 : 1만ℓ 이하
(4) 자동차 등의 점검·정비로 인한 폐유·윤활유 탱크 : 2천ℓ 이하

4 고정주유설비 펌프기기의 주유관 선단에서 최대 토출량

(1) 제1석유류(휘발유) : 50ℓ/min 이하
(2) 등유 : 80ℓ/min 이하
(3) 경유 : 180ℓ/min 이하
(4) 이동저장탱크에 주입하기 위한 등유용 고정급유설비 : 300ℓ/min 이하

> **참고**
> ※ 분당 토출량이 200ℓ 이상인 경우 모든 배관의 안지름은 40mm 이상

5 셀프용 고정주유설비 및 셀프용 고정급유설비

(1) 셀프용 고정주유설비
  ① 1회 연속 주유량의 상한 : 휘발유 100ℓ 이하, 경유 200ℓ 이하
  ② 1회 주유시간의 상한 : 4분 이하
(2) 셀프용 고정급유설비
  ① 1회 연속 급유량의 상한 : 100ℓ 이하
  ② 1회 급유시간의 상한 : 6분 이하

적중 출제예상문제

1 주유취급소의 주유공지 최저기준 중 옳은 것은 어느 것인가?
  ① 너비 15m, 길이 8m
  ② 너비 15m, 길이 6m
  ③ 너비 10m, 길이 8m
  ④ 너비 10m, 길이 6m

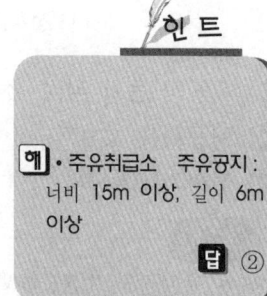

해 • 주유취급소 주유공지 : 너비 15m 이상, 길이 6m 이상

답 ②

② 주유취급소에는 몇 개 이상의 방면에 벽을 설치하지 아니하여야 하는가?
① 1개 이상　　　　② 2개 이상
③ 3개 이상　　　　④ 4개 이상

해 • 주유취급소 : 2개 방면에 벽을 설치하지 않는다.
답 ②

③ 주유취급소에 설치하는 방화벽의 높이는 몇 m 이상인가?
① 1m　　　　② 1.5m
③ 2m　　　　④ 2.5m

해 • 높이 : 지면으로부터 2m 이상
답 ③

④ 주유취급소에서 사무실 및 화기를 사용하는 곳의 출입구의 턱높이는 몇 cm 이상으로 하는가?
① 설치하지 않는다.　　　　② 10cm 이상
③ 15cm 이상　　　　④ 20cm 이상

해 • 출입구의 턱높이 : 15cm 이상
답 ③

⑤ 주유취급소에서 창문 등을 밀폐시킬 경우 바닥으로부터 몇 m 높이의 것이 해당되는가?
① 0.5m 이상　　　　② 0.5m 이하
③ 1m 이상　　　　④ 1m 이하

해 • 바닥으로부터 높이 : 1m 이하
답 ④

⑥ 주유취급소로 사용되는 부분의 상층과 경계에 설치하는 캔틸레버는 몇 m 이상 돌출하여야 하는가?
① 1m 이상　　　　② 1.5m 이상
③ 2m 이상　　　　④ 3m 이상

해 • 캔틸레버의 돌출길이 : 1.5m 이상
답 ②

⑦ 주유취급소의 고정주유설비의 주유관의 길이는?
① 2m 이내　　　　② 5m 이내
③ 7m 이내　　　　④ 10m 이내

해 • 주유관의 길이 : 5 이내
답 ②

⑧ 주유취급소의 현수식 고정주유설비는 지면 위 0.5m 의 수평면에 수직으로 만나는 점을 중심으로 반경 몇 m 이내로 하여야 하는가?
① 1m 이내　　　　② 2m 이내
③ 3m 이내　　　　④ 4m 이내

해 • 현수식 주유관의 길이 : 지면 위 0.5m에서 반경 3m 이내
답 ③

⑨ 주유취급소의 고정주유설비는 도로경계선으로부터 몇 m 이상 떨어져야 하는가?
① 2m 이상　　　　② 3m 이상
③ 4m 이상　　　　④ 5m 이상

해 • 고정주유설비와 도로경계선과 상호거리 : 4m 이상
답 ③

⑩ 주유취급소의 고정주유설비는 건축물의 벽으로부터 몇 m 이상 떨어져야 하는가?
① 1m　　　　② 2m
③ 3m　　　　④ 4m

해 • 건축물의 벽으로부터 거리 : 2m이상
답 ②

⑪ 주유취급소의 고정주유설비를 건축물의 개구부가 있는 곳에 설치할 때 고정주유설비는 건축물의 벽으로부터 얼마 이상 떨어져야 하는가?
① 1m 이상
② 2m 이상
③ 3m 이상
④ 4m 이상

[해] • 개구부 있는 벽과 고정주유설비 상호거리 : 2m 이상
※ 개구부 없는 경우 : 1m 이상
[답] ②

⑫ 주유취급소 내에 설치된 자동차 등의 점검 · 정비 · 세정설비와 고정주유설비와의 거리는 몇 m 이상 거리를 두어야 하는가?
① 1m 이상
② 2m 이상
③ 3m 이상
④ 4m 이상

[해] • 주유취급소 내에 설치된 시설과 고정주유설비 상호거리 : 4m 이상 거리를 둘 것
[답] ④

⑬ 자동차용 고정주유설비와 고정급유설비와의 상호거리는 몇 m 이상인가?
① 해당 없음
② 2m 이상
③ 3m 이상
④ 4m 이상

[해] • 상호거리 : 4m 이상
[답] ④

⑭ 주유취급소의 지하전용탱크의 최대용량은 몇 ℓ인가?
① 600 ℓ 이하
② 12,000 ℓ 이하
③ 20,000 ℓ 이하
④ 50,000 ℓ 이하

[해] • 전용탱크용량 : 50,000 ℓ 이하
• 고속도로면 : 60,000 ℓ
[답] ④

⑮ 고속도로변에 설치하는 주유취급소의 지하전용탱크의 용량은 얼마까지 할 수 있는가?
① 40,000 ℓ
② 50,000 ℓ
③ 60,000 ℓ
④ 70,000 ℓ

[해] • 고속도로변 주유취급소의 지하전용탱크의 용량 : 60,000 ℓ 까지
[답] ③

⑯ 자동차 등의 점검 · 정비로 인한 폐유 · 윤활유를 저장하는 탱크의 용량으로 옳은 것은?
① 1,000 ℓ 이하
② 5,000 ℓ 이하
③ 10,000 ℓ 이하
④ 2,000 ℓ 이하

[해] • 탱크용량 : 2천 ℓ 이하
[답] ④

⑰ 주유취급소의 고정주유설비 펌프기기의 주유관 선단에서 토출되는 제1석유류의 최대토출량은?
① 50 ℓ/min 이하
② 80 ℓ/min 이하
③ 180 ℓ/min 이하
④ 300 ℓ/min 이하

[해] • 최대토출량
※ 1석유류 : 50 ℓ/min 이하
※ 등유 : 80 ℓ/min 이하
※ 경유 : 180 ℓ/min 이하
[답] ①

⑱ 주유취급소의 위험물 취급기준이 틀린 것은?
① 주유취급소의 전용탱크에 위험물을 주입시 탱크에 접결되는 고정주유설비 사용을 중지한다.
② 유분리장치에 고인 유류는 넘치지 않게 수시로 퍼내야 한다.
③ 고정주유설비에 유류를 공급하는 배관에 제어밸브를 설치한다.
④ 자동차에 주유할 때는 고정주유설비를 사용하여 직접 주유한다.

[해] • 고정주유설비에 유류를 공급하는 배관에는 제어밸브를 설치하지 않는다.
[답] ③

14 판매취급소

 제1종 판매취급소

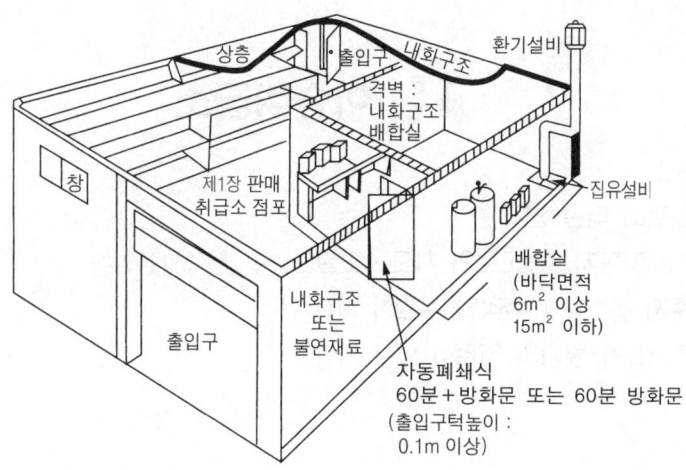

[제1종 판매취급소]

(1) 취급량 : 지정수량 20배 이하
(2) 설치장소 : 건축물의 1층
(3) 제1종 판매취급소 배합실의 기준
　① 바닥면적 : $6m^2$ 이상 $15m^2$ 이하
　② 바닥에는 **적당한 경사**를 두고 **낮은 곳**에 **집유설비**를 할 것
　③ **체류증기**를 지붕위로 방출할 수 있는 **환기장치**를 할 것
　④ **내화구조**로 된 **벽**으로 구획할 것
　⑤ **출입구**는 **자동폐쇄식 60분+방화문** 또는 **60분 방화문**으로 할 것
　⑥ **출입구의 턱 높이**는 바닥으로부터 **0.1m 이상**으로 할 것

 제2종 판매취급소

(1) 취급량 : 지정수량 40배 이하
(2) 기타 제1종 판매취급소에 준한다.

(3) 배합실에서 배합할 수 있는 위험물
① 황
② 도료류
③ 제1류 위험물 중 염소산염류 및 염소산염류만을 함유한 것
④ 제4류 위험물 중 인화점이 38℃ 이상인 것

15 이송취급소

(1) 설치 금지장소
① 철도 및 도로의 터널 안
② 고속국도 및 자동차전용도로의 차도 · 갓길(노견) 및 중앙분리대
③ 호수 · 저수지 등으로서 수리의 수원이 되는 곳
④ 급경사지역으로서 붕괴의 위험이 있는 지역

적중 출제예상문제

1 제4류 위험물을 취급하는 제1종 판매취급소의 작업실의 기준 중 옳지 않은 것은 어느 것인가?
① 바닥면적을 $6m^2$ 이상 $15m^2$ 이하로 할 것
② 내화구조로 된 벽을 구획할 것
③ 바닥에는 적당한 경사를 두고, 집유설비를 할 것
④ 출입구에는 30분방화문을 설치할 것

[해] · 작업실의 출입구 : 60분 + 방화문 또는 60분 방화문을 설치한다.
[답] ④

2 제1종 판매취급소의 작업실의 출입구에는 몇 m 이상의 턱을 설치하는가?
① 0.1m 이상
② 0.15m 이상
③ 0.2m 이상
④ 0.25m 이상

[해] · 출입구의 턱높이 : 0.1m 이상
[답] ①

3 제1종 판매취급소에서 배합할 수 있는 위험물이 아닌 것은?
① 황
② 도료류
③ 에터
④ 염소산염류

[해] · 배합 가능한 위험물 : 황 · 도료류 · 염소산염류 및 염소산염류만을 함유한 것
· 제4류 위험물 중 인화점이 38℃ 이상인 것
[답] ③

16 제조소등의 표지판 및 게시판

 위험물제조소의 표지판 및 게시판

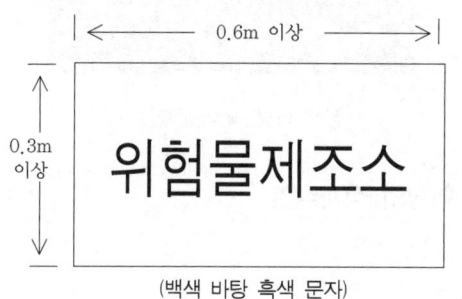

[위험물제조소의 표지판]　　　[위험물제조소의 게시판]

(1) 규격 : 한 변의 길이 0.3m 이상, 다른 한 변의 길이 0.6m 이상의 직사각형
(2) 색깔 : 백색 바탕, 흑색 문자
(3) 표지판에 기재할 사항 : 제조소등의 명칭(제조소, 옥내저장시설, 옥외저장시설 등)
(4) 게시판에 기재할 사항
  ① 위험물의 유별 및 품명
  ② 저장 최대수량 및 취급 최대수량
  ③ 지정수량의 배수
  ④ 안전관리자 성명 및 직명

※ 인화점 21℃ 미만의 옥내·옥외탱크저장소의 주입구 및 펌프 설비 표지판
 • 표지판 : 백색 바탕 흑색 문자
 • 주의사항 : 백색 바탕 적색 문자(화기엄금)

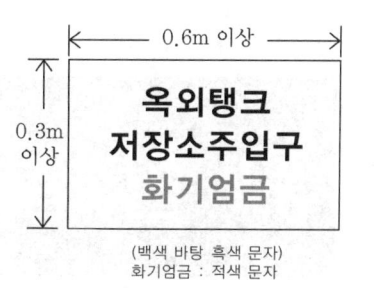

주의사항 게시판

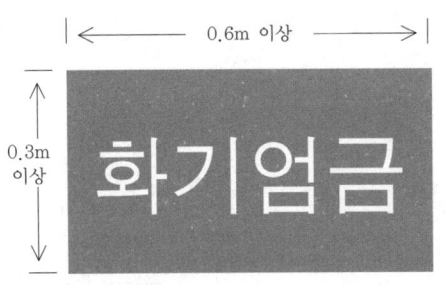
[적색 바탕 백색 문자]

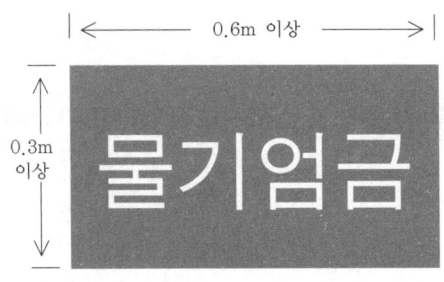
[청색 바탕 백색 문자]

(1) 규격 : 한 변이 0.3m 이상, 다른 한 변이 0.6m 이상의 직사각형
(2) 화기엄금(적색 바탕, 백색 문자)
   ① 제2류 위험물 중 **인화성 고체**
   ② 제3류 위험물 중 **자연발화성 물품**
   ③ 제4류 위험물
   ④ 제5류 위험물
(3) 화기주위(적색 바탕, 백색 문자)
   ① 제2류 위험물(인화성 고체 제외)
(4) 물기엄금(청색 바탕, 백색 문자)
   ① 제1류 위험물 중 **무기과산화물류**
   ② 제3류 위험물 중 **금수성 물품**

 ## 이동탱크저장소의 표지판 및 게시판(이동저장소 포함)

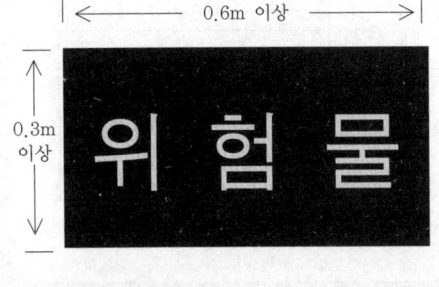
(흑색 바탕에 황색 반사도료 기타 반사성이 있는 재료)
[표지판]

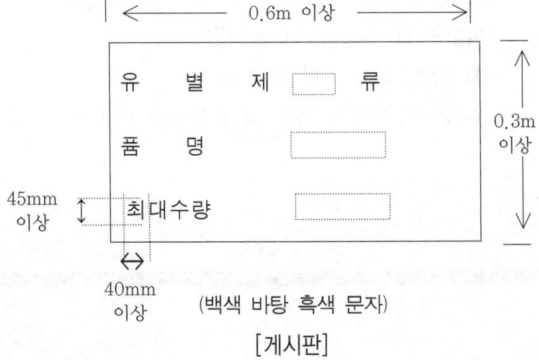
(백색 바탕 흑색 문자)
[게시판]

(1) 규격 : 한 변의 길이가 0.6m 이상, 다른 변의 길이가 0.3m 이상의 횡형사각형
(2) 표지판
   ① 색깔 : **흑색** 바탕에 **황색** 반사도료 기타 반사성이 있는 재료
   ② 기재할 사항 : "**위험물**"이라 표시한 것을 차량의 전후면에 부착
(3) 게시판
   ① 색깔 : **백색** 바탕에 **흑색** 문자
   ② 기재할 사항
      ㉠ 유별
      ㉡ 품명
      ㉢ 최대수량 또는 적재중량

주유 중 엔진정지 게시판

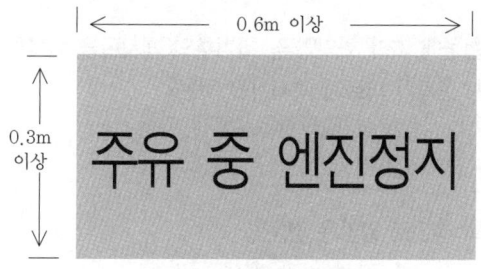

[황색 바탕 흑색 문자]

(1) 규격 : 한 변이 0.3m 이상, 다른 한 변이 0.6m 이상의 직사각형
(2) 색깔 : **황색** 바탕 **흑색** 문자
(3) 기재할 사항 : "**주유 중 엔진정지**"라 표시하여 게시할 것

※ 주유 중 엔진정지 게시판 : 이동탱크저장소의 표지판과 **반대색**이므로 참고할 것

적중 출제예상문제

1 위험물제조소등에 설치하는 표지 및 게시판에 관한 규격으로서 적합하지 아니한 것은?
① 표지의 규격은 한 변의 길이 0.3m 이상, 다른 한 변의 길이 0.6m 이상의 것이라야 한다.
② 표지의 바탕은 백색으로 하고 문자는 적색으로 할 것
③ 표지에는 반드시 위험물제조소라는 뜻을 표시할 것
④ 게시판의 바탕은 백색, 문자는 흑색으로 할 것

2 제조소등에서 위험물의 게시판에 기재할 사항이 아닌 것은?
① 위험물의 유별·품명
② 위험물의 성분 및 함량
③ 저장 최대수량 및 취급 최대수량, 지정수량의 배수
④ 안전관리 성명 및 직명

3 위험물제조소에는 지정위험물에 따라 화기엄금, 화기주의 게시판을 설치하여야 한다. 게시판의 바탕, 문자가 바르게 짝지어진 것은?
① 백색 바탕 – 청색 문자 ② 청색 바탕 – 백색 문자
③ 적색 바탕 – 백색 문자 ④ 백색 바탕 – 적색 문자

4 다음 중 물기엄금 게시판의 색깔로 알맞은 것은?
① 흑색 바탕 청색 문자 ② 적색 바탕 백색 문자
③ 청색 바탕 백색 문자 ④ 흑색 바탕 백색 문자

5 위험물제조소에서 제1류 위험물 중 알칼리금속의 과산화물을 저장할 경우 주의사항 게시판은?
① 청색 바탕 백색 문자로 "물기엄금"
② 청색 바탕 백색 문자로 "물기주의"
③ 적색 바탕 백색 문자로 "화기엄금"
④ 적색 바탕 백색 문자로 "화기주의"

6 위험물제조소에서 제2류 위험물에 대한 주의사항 게시판은?
① 적색 바탕 백색 문자로 "화기주의"
② 백색 바탕 적색 문자로 "물기주의"
③ 청색 바탕 백색 문자로 "물기주의"
④ 백색 바탕 청색 문자로 "물기엄금"

힌트

해 • 표지·게시판의 색깔
: 백색 바탕에 흑색 문자
답 ②

해 • 게시판 기재사항: 위험물의 유별·품명, 위험물취급 최대수량 및 저장 최대수량, 지정수량의 배수, 위험물의 안전관리자 성명 및 직명
답 ②

해 • 화기엄금·주의: 적색 바탕 백색 문자
답 ③

해 • 물기엄금: 청색 바탕 백색 문자
답 ③

해 • 제1류 위험물 중 알칼리금속의 과산화물: 물기엄금·청색 바탕 백색 문자
답 ①

해 • 제2류 위험물: 화기주의·적색 바탕 백색 문자
답 ①

⑦ 위험물제조소에서 제3류 위험물 중 금수성 물품을 저장하는 곳의 주의사항 게시판은?
① 청색 바탕 백색 문자로 "물기엄금"
② 청색 바탕 백색 문자로 "물기주의"
③ 적색 바탕 백색 문자로 "화기엄금"
④ 적색 바탕 백색 문자로 "화기주의"

해 • 제3류 위험물 중 금수성 물품 : 물기 엄금 · 청색 바탕 백색문자
답 ①

⑧ 위험물제조소에서 제4류 위험물과 제5류 위험물을 저장하는 곳의 주의사항 게시판은?
① 적색 바탕 백색 문자 "화기엄금"
② 백색 바탕 적색 문자 "화기엄금"
③ 청색 바탕 백색 문자 "물기엄금"
④ 백색 바탕 청색 문자 "물기엄금"

해 • 제4류 및 제5류 위험물 : 화기엄금 · 적색 바탕 백색 문자
답 ①

⑨ 위험물제조소의 주의사항 게시판에 대한 표시가 잘못된 것은?
① 제2류 위험물 → 화기주의
② 제3류 위험물 중 금수성 물품 → 물기엄금
③ 제4류 위험물 → 화기주의
④ 제5류 위험물 → 화기엄금

해 • 제4류 위험물 : 화기엄금
답 ③

⑩ 제3류 위험물 중 자연발화성 물품의 주의사항 게시판 표기에 내용이 맞는 것은?
① 적색 바탕 백색 문자의 "화기주의"
② 청색 바탕 백색 문자의 "물기엄금"
③ 적색 바탕 백색 문자의 "화기엄금"
④ 청색 바탕 백색 문자의 "물기주의"

해 • 제3류 위험물 중 자연발화성 물품 : 적색 바탕, 백색 문자, 화기엄금
답 ③

⑪ 이동탱크저장소의 표시판에 대한 설명으로 옳은 것은?
① 흑색판에 황색의 반사도료로 '위험물'이라 게시한다.
② 흑색판에 황색 도료로 '위험'이라고 게시한다.
③ 적색판에 백색의 반사도료로 '위험'이라고 게시한다.
④ 적색판에 흑색의 반사도료로 '위험'이라고 게시한다.

해 • 이동탱크저장소의 표지판 : 흑색 바탕에 황색 반사도료 또는 반사성이 있는 재료로 '위험물'이라 표시한다.
답 ①

⑫ 주유취급소에는 '주유 중 엔진정지'라는 게시판을 설치해야 한다. ㉠바탕과 문자는 ㉡으로 할 것, ㉠과 ㉡에 적합한 것은?
① ㉠ 황색 ㉡ 흑색
② ㉠ 흑색 ㉡ 황색
③ ㉠ 백색 ㉡ 황색
④ ㉠ 적색 ㉡ 백색

해 • 주유 중 엔진정지 게시판 색깔 : 황색 바탕 흑색 문자
답 ①

17 운반 및 이송기준

 이송기준

(1) 위험물의 운반은 **행정안전부령**이 정하는 **용기 · 적재방법** 또는 **운반방법**에 따를 것
(2) 운반용기는 그 수납구를 **위로 향하게** 적재하여야 한다.
(3) 위험물은 당해 위험물 또는 위험물을 **수납한 운반용기**가 운반도중에 **전도 · 낙하** 또는 **파손**되지 아니하도록 적재하여야 한다.

※ 위험물을 수납한 운반용기를 겹쳐 쌓는 경우의 높이 : 3m 이하

 운반용기

금속판, 강판, 삼, 합성섬유, 섬유판, 고무류, 양철판, 짚, 알루미늄판, 종이, 유리, 나무, 플라스틱

※ 운반용기 수납 제외 : 덩어리상태 황, 동일 구내에 있는 제조소등의 **상호운반**할 경우
※ **고체 위험물의 수납률** : 운반용기 내용적의 **95% 이하**
※ **액체 위험물의 수납률** : 운반용기 내용적의 **98% 이하**(55℃ 이상에서 누설되지 않도록 **충분한 공간용적**을 유지)
※ **알킬알루미늄 등의 수납률** : 운반용기 내용적의 **90% 이하**(50℃에서 5% 이상의 공간용적을 유지할 것)
※ 위험물의 운반용기와 수납방법 : 부록 참고

 운반용기 및 포장 외부 표시법

(1) 위험물의 **품명 · 위험등급 · 화학명** 및 **수용성**
(2) 위험물의 **수량**
(3) 수납 위험물의 **주의사항**

> **참고**
> ※ 수용성의 표시 : 제4류 위험물로서 **수용성인 것**에 한한다.
> ※ 수납 위험물의 주의사항
>   • **제1류 위험물** : 화기·충격주의, 가연물 접촉 주의
>   ◦ 알칼리금속의 과산화물 또는 이를 함유한 것 : 화기·충격주의, 가연물 접촉 주의, 물기엄금
>   • **제2류 위험물** : 화기주의
>   ◦ 철분·금속분·마그네슘 또는 이를 함유한 것 : 화기주의, 물기엄금
>   ◦ 인화성 고체 : 화기엄금
>   • **제3류 위험물**
>   ◦ 금수성 물품 : 물기엄금
>   ◦ 자연발화성 물품 : 화기엄금, 공기접촉엄금
>   • **제4류 위험물** : 화기엄금
>   • **제5류 위험물** : 화기엄금, 충격주의
>   • **제6류 위험물** : 가연물 접촉 주의
> ※ 수납 위험물의 주의사항 중 해당 주의사항과 **동일한 의미를 가진 다른 주의사항**으로 표시할 수 있는 경우
>   • 제4류 위험물에 해당하는 **화장품**의 운반용기 중 최대용적이 150㎖ **초과** 300㎖ **이하**인 것
>   • 표시 제외 : 제4류 위험물 중 화장품으로 150㎖ 이하, 에어졸 300㎖ 이하

4 운반덮개

위험물을 운반할 경우 위험물에 따라 **일광의 직사** 또는 **빗물의 침투**를 방지하기 위한 **조치**를 하여 적재하여야 한다.

(1) 차광덮개
  ① 제1류 위험물
  ② 제3류 위험물 중 **자연발화성 물질**
  ③ 제4류 위험물 중 **특수인화물**
  ④ 제5류 위험물
  ⑤ 제6류 위험물

(2) 방수덮개
  ① 제1류 위험물 중 알칼리금속의 과산화물 또는 이를 함유한 것
  ② 제2류 위험물 중 철분·금속분·마그네슘 또는 이를 함유한 것
  ③ 제3류 위험물 중 금수성 물질

>
> ※ 알칼리금속의 과산화물류 : **차광성** 및 **방수성**이 있는 덮개를 하여 적재

(3) 적정온도 유지 조치
① 제5류 위험물 중 55℃ 이하에서 분해될 수 있는 것은 보냉 컨테이너에 수납할 것

 혼재할 수 있는 위험물(대칭형 암기 : 사이삼·오이사·육하나)

	제 1 류	제 2 류	제 3 류	제 4 류	제 5 류	제 6 류
제 1 류		×	×	×	×	○
제 2 류	×		×	○	○	×
제 3 류	×	×		○	×	×
제 4 류	×	○	○		○	×
제 5 류	×	○	×	○		×
제 6 류	○	×	×	×	×	

비고 1. "○"표시는 혼재할 수 있음을 표시, "×"는 혼재할 수 없음을 표시한다.
 • 지정수량 10분의 1 이하의 위험물은 적용하지 않음

 운송 책임자의 감독·지원을 받아 운송하여야 하는 위험물

(1) 알킬알루미늄
(2) 알킬리튬
(3) 알킬알루미늄 및 알킬리튬을 함유하는 위험물

 위험물 운송자로 하여금 위험물 안전카드를 휴대하게 하여야 하는 제4류 위험물

(1) 특수인화물
(2) 제1석유류

 위험물을 장거리 운송 시 준수사항

① 고속도로 340km, 그 밖의 도로 200km 이상을 운송 시 2명 이상의 운전자가 운송할 것 (운송책임자동승시 1명 운전)
② 운송도중 2시간 이내마다 20분 이상씩 휴식하는 경우 1명이 운송할 수 있다.
③ 제2류위험물, 제3류위험물(칼슘 또는 알루미늄의 탄화물과 이것을 함유한 것), 제4류위험물(특수인화물제외)을 운송할 경우 1명이 운송할 수 있다.

적중 출제예상문제

① 위험물을 운반할 때 행정안전부령이 정하는 기술기준에 따라야 할 사항이 아닌 것은?
① 적재방법 ② 운반방법
③ 저장방법 ④ 용기

해 • 기술기준 : 용기 · 적재방법 · 운반방법
답 ③

② 위험물을 운반 및 수납할 때 운반용기의 재질로 적합하지 못한 것은?
① 금속판 ② 유리
③ 도기 ④ 플라스틱

해 • 운반용기재질 : 금속판, 강판, 삼, 합성섬유, 고무류, 양철판, 짚, 알루미늄판, 종이, 유리, 나무, 플라스틱, 섬유판
답 ③

③ 다음 위험물을 용기에 수납치 않고 운반할 수 있는 위험물은?
① 셀룰로이드 ② 금속나트륨
③ 염소산칼륨 ④ 황

해 • 수납제외위험물 : 황
답 ④

④ 액체 위험물 운반용기는 내용적의 몇 % 이하의 수납률로 수납하여야 하는가?
① 90% ② 92%
③ 95% ④ 98%

해 • 액체 위험물의 수납률 : 98% 이하
※ 고체 위험물 : 95% 이하
답 ④

⑤ 위험물의 포장 외부에 표시방법으로서 틀린 것은?
① 위험물의 품명 ② 위험물의 수량
③ 위험물의 화학명 ④ 위험물의 제조년월일

해 • 외부포장 표시 : 위험물의 품명 · 위험등급 · 화학명 및 수용성, 수량, 주의사항
답 ④

⑥ 제1류 위험물 중 운반용기 및 포장 외부에 화기·충격주의, 물기엄금 및 가연물 접촉 주의를 표시하여야 하는 것은?
① 알칼리금속의 과산화물류
② 과망가니즈산염류
③ 다이크로뮴산염류
④ 질산염류

해 • 해당 위험물 : 알칼리금속의 과산화물 또는 이를 함유한 것
답 ①

⑦ 제2류 위험물의 운반용기 및 포장 외부에 표시할 사항으로 옳은 것은?
① 화기주위 ② 충격주의
③ 물기엄금 ④ 취급주의

해 • 제2류 위험물 : 화기주의
※ 철분·금속분·마그네슘 : 화기주의·물기엄금
※ 인화성 고체 : 화기엄금
답 ①

⑧ 제3류 위험물 중 자연발화성 물품의 운반용기 및 포장 외부에 표시할 사항은?
① 물기엄금
② 공기접촉엄금
③ 물기주의
④ 가연물 접촉 주의

해 • 자연발화성 물품 : 화기엄금, 공기접촉엄금
답 ②

⑨ 제4류 위험물의 운반용기 및 포장 외부에 표시할 주의사항은?
① 화기주의
② 충격주의
③ 가연물 접촉 주의
④ 화기엄금

해 • 제4류 위험물 : 화기엄금
답 ④

⑩ 제5류 위험물 운반용기 및 포장 외부에 표시할 주의사항은?
① 화기주의
② 화기엄금
③ 물기주의
④ 폭발주의

해 • 제5류 위험물 : 화기엄금, 충격주의
답 ②

⑪ 과산화수소의 운반용기에 표기하는 적당한 주의사항은?
① 물기엄금
② 화기엄금
③ 가연물 접촉 주의
④ 충격주의

해 • 과염소산 · 과산화수소 · 질산 : 가연물 접촉 주의
답 ③

⑫ 제4류 위험물에 해당하는 화장품으로서 그 운반용기 포장의 주의사항을 해당주의사항과 동일한 의미를 가진 다른 주의사항으로 할 수 있는 운반용기의 용적은?
① 100mℓ 초과 150mℓ 이하
② 200mℓ 초과 300mℓ 이하
③ 150mℓ 초과 300mℓ 이하
④ 400mℓ 초과 500mℓ 이하

해 • 운반용기 포장표시를 동일한 의미의 다른 주의사항으로 할 수 있는 경우 : 화장품으로 사용되는 150mℓ 초과 300mℓ 이하의 제4류 위험물
답 ③

⑬ 다음 위험물 중 운반시 일광의 직사와 빗물 등을 피하기 위하여 차광성 및 방수성이 있는 피복재료를 덮어야 하는 것은?
① 알코올
② 무기과산화물류
③ 장뇌유
④ 가솔린

해 • 차광 · 방수성 덮개 설치 대상 위험물 : 무기과산화물류
답 ②

⑭ 다음 중 혼재할 수 없는 위험물은 어느 것인가?
① 4류와 2류
② 3류와 4류
③ 6류와 1류
④ 6류와 3류

해 • 혼재 위험물 : ① ② ③ 가능 ④ 불가능
※ 사이삼, 오이사, 육하나
답 ④

제 3 편
부록

1. 법령개정에 의한 위험물 45품명 및 지정수량 암기방법
2. 원소주기율표 암기법
3. 화학식 만드는 방법 및 읽는 방법
4. 화학적 변화의 종류
5. 그리스문자 및 숫자
6. 위험물의 종류 일람표
7. 운반용기와 수납방법
8. 혼합으로 위험이 따르는 화학물질 일람표
9. 소방대상물 및 위험물별 소화설비의 적응성
10. 소화난이도등급에 해당하는 제조소등 및 소화설비
11. 위험물취급자격자 및 위험물안전관리자의 자격기준

부 록

1 법령개정에 의한 위험물 45품명 및 지정수량 암기방법

유별	성질	품명	지정수량	위험등급	유별	성질	품명		지정수량	위험등급
제1류	산화성고체	아염소산염류	50kg	I	제4류	인화성액체	특수인화물		50L	I
		염소산염류	50kg	I			제1석유류	비수용성	200L	II
		과염소산염류	50kg	I				수용성	400L	
		무기과산화물	50kg	I			알코올류		400L	II
		브로민산염류	300kg	II			제2석유류	비수용성	1,000L	III
		아이오딘산염류	300kg	II				수용성	2,000L	
		질산염류	300kg	II			제3석유류	비수용성	2,000L	III
		과망가니즈산염류	1,000kg	III				수용성	4,000L	
		다이크로뮴산염류	1,000kg	III			제4석유류		6,000L	III
제2류	가연성고체	황화인	100kg	II			동식물유류		10,000L	III
		적린	100kg	II	제5류	자기반응성물질	질산에스터류		제1종 10kg	I
		황	100kg	II			유기과산화물			I
		마그네슘	500kg	III			나이트로화합물		제2종 100kg	II
		철분	500kg	III			나이트로소화합물			II
		금속분	500kg	III			아조화합물			II
		인화성고체	1,000kg	III			다이아조화합물			II
제3류	자연발화성물질 및 금수성물질	칼륨	10kg	I			하이드라진유도체			II
		나트륨	10kg	I			하이드록실아민			II
		알킬리튬	10kg	I			하이드록실아민염류			II
		알킬알루미늄	10kg	I	제6류	산화성액체	질산		300kg	I
		황린	20kg	I			과염소산		300kg	I
		알칼리금속(칼륨 및 나트륨제외) 및 알칼리토 금속	50kg	II			과산화수소		300kg	I
		유기금속화합물(알킬알루미늄 및 알킬리튬을 제외한다)	50kg	II						
		금속의 인화합물	300kg	III						
		금속의 수소화합물	300kg	III						
		칼슘 또는 알루미늄의 탄화물	300kg	III						

인천교향곡(위험물송)
아! 염소산 / 과염소산 / 과산화물 브라질로
사망 (die)크롬 / 황화적린 / 유마철금(이) / 칼나 알리 알킬린 / 알칼알칼토 유금속 / (김)인수카 / (토끼)알 제2, 제3, 제4, 똥~ /질해 유과산화 나이트로 / 아~조아 다이아조아~ 하이트 진로 아! / 질산 과산수 과염소산 / 짠짜라-잔

제1류 위험물

제1류 : 아! 염소산 / 과염소산 / 과산화물 브라질로~ / 사망 (die)크롬
제1류 지정수량 : 일류가 오시네 / 쌈빡 세 개 / 쳐 또쳐

유별	성질	품명	지정수량	위험등급
제1류	산화성고체	1. 아염소산염류	50kg	I
		2. 염소산염류	50kg	I
		3. 과염소산염류	50kg	I
		4. 무기과산화물	50kg	I
		5. **브로민산염류**(브롬산염류)	300kg	II
		6. **아이오딘산염류**(요오드산염류)	300kg	II
		7. 질산염류	300kg	II
		8. **과망가니즈산염류**(과망간산염류)	1,000kg	III
		9. **다이크로뮴산염류**(중크롬산염류)	1,000kg	III
		10. 그 밖에 행정안전부령이 정하는 것 　　차아염소산염류, 과아이오딘산, 과아이오딘산염류, 　　아질산염류, 크로뮴·납·아이오딘의 산화물, 　　퍼옥소붕산염류, 퍼옥소이황산염류, 　　염소화아이소시아누르산 [참고] 법령 개정에 의하여 변경되기 전의 품명과 변경된 품명의 명칭 　　　－ 브롬산염류를 브로민산염류로 변경 　　　－ 요오드산염류를 아이오딘산염류로 변경 　　　－ 과망간산염류를 과망가니즈산염류로 변경 　　　－ 중크롬산염류를 다이크로뮴산염류로 변경		

 제2류 위험물

제2류 : 황화적린 / 유마철금(이)
제2류 지정수량 : 이류도 빡세 / 오빠 세게 / 쳐

유별	성질	품명	지정수량	위험등급
제2류	가연성고체	1. **황화인**(황화린)	100kg	II
		2. 적린	100kg	II
		3. **황**(유황)	100kg	II
		4. 마그네슘	500kg	III
		5. 철분	500kg	III
		6. 금속분	500kg	III
		7. 인화성고체	1,000kg	III
		[참고] 법령 개정에 의하여 변경되기 전의 품명과 변경된 품명의 명칭을 기록합니다. 　　　－ 황화린을 황화인으로 변경 　　　－ 유황을 황으로 변경		

제3류 위험물

제3류 : 칼나 알리 / 알킬 린 알칼알칼토 / 유금속 (김)인수카 /
제3류 지정수량 : 삼류가 열네니 / 오오 / 셈통이다.

유별	성질	품명	지정수량	위험등급
제3류	자연발화성물질 및 금수성물질	1. 칼륨	10kg	I
		2. 나트륨	10kg	I
		3. 알킬리튬	10kg	I
		4. 알킬알루미늄	10kg	I
		5. 황린	20kg	I
		6. 알칼리금속(칼륨 및 나트륨은 제외한다) 및 알칼리토 금속	50kg	II
		7. 유기금속화합물(알킬알루미늄 및 알킬리튬을 제외한다)	50kg	II
		8. 금속의 인화합물	300kg	III
		9. 금속의 수소화합물	300kg	III
		10. 칼슘 또는 알루미늄의 탄화물	300kg	III
		11. 그 밖에 행정안전부령이 정하는 것 염소화규소화합물		

 제4류 위험물

제4류 : (토끼)알 제2, 제3, 제4 똥~
제4류 지정수량 : 사오십니 / 사천이 / 육천보다 / 많다.

유별	성질	품명		지정수량	위험등급
제4류	인화성액체	1. 특수인화물		50L	I
		2. 제1석유류	비수용성액체	200L	II
			수용성액체	400L	II
		3. 알코올류		400L	II
		4. 제2석유류	비수용성액체	1,000L	III
			수용성액체	2,000L	III
		5. 제3석유류	비수용성액체	2,000L	III
			수용성액체	4,000L	III
		6. 제4석유류		6,000L	III
		7. 동식물유류		10,000L	III

제5류 위험물

제5류 : 질해 유과산화 나이트로 / 아~조아 다이아조아~ 하이트 진로 아! /
제5류 지정수량 : 오십둘은 100이다.

유별	성질	품명	지정수량	위험등급
제5류	자기반응성물질	1. **질산에스터류**(질산에스테르류)	제1종 10kg	I
		2. 유기과산화물		
		3. **나이트로화합물**(니트로화합물)	제2종 100kg	II
		4. **나이트로소화합물**(니트로소화합물)		
		5. 아조화합물		
		6. **다이아조화합물**(디아조화합물)		
		7. **하이드라진유도체**(히드라진유도체)		
		8. **하이드록실아민**(히드록실아민)		
		9. **하이드록실아민염류**(히드록실아민염류)		
		10. 그 밖에 행정안전부령이 정하는 것 　　금속의 아지화합물, 질산구아니딘 [참고] 법령 개정에 의하여 변경되기 전의 품명과 변경된 품명의 명칭을 기록합니다. 　- 질산에스테르류를 질산에스터류로 변경 　- 니르토화합물을 나이트로화합물로 변경 　- 니트로소화합물을 나이트로소화합물로 변경 　- 디아조화합물을 다이아조화합물로 변경 　- 히드라진유도체를 하이드라진유도체로 변경 　- 히드록실아민을 하이드록실아민으로 변경 　- 히드록실아민염류를 하이드록실아민염류로 변경		

 제6류 위험물

제6류 : 질산 과산수 과염소산 짠짜라-잔
제6류 지정수량 : 육삼 빌딩은 높다.

유별	성질	품명	지정수량	위험등급
제6류	산화성액체	1. 질산	300kg	I
		2. 과염소산		
		3. 과산화수소		
		4. 그 밖에 행정안전부령이 정하는 것 [참고] 　- 할로겐간화합물을 **할로젠간화합물**로 변경		

2 원소주기율표 암기법

(a족 : 전형원소, b족 : 전이원소)

주기\족수	a 1족 b		a 2족 b		a 3족	a 4족	a 5족	a 6족 b		a 7족	o족
1주기	H(수)										He(헬)
2주기	Li(리)		Be(베)		B(붕)	C(탄)	N(질)	O(산)		F(플)	Ne(네)
3주기	Na(나)		Mg(마)		Al(알)	Si(실)	P(인)	S(유)		Cl(염)	Ar(알)
4주기	K(카)	Cu(구)	Ca(칼)	Zn(아)		Ge(게)	As(비)		Cr(크)	Br(브)	Kr(크리)
5주기		Ag(은)	Sr(스)	Cd(카)		Sn(주)	Sb(안)		Mo(몰)	I(아)	Xe(크)
6주기		Au(금)	Ba(바)	Hg(수)		Pb(납)	Bi(비)		W(텅)		Rn(라돈)
	알칼리금족	구리족	알칼리토금족	아연족	붕소족	탄소족	질소족	산소족	크로뮴	할로젠족	불활성기체

 제1단계 : 완전히 암기할 것

- 수리나카/구은금
- 붕알
- 질인/비안비
- 플염/브아

- 베마칼스바/아카수
- 탄실/게주납
- 산유/크몰텅
- 헬네알/크리크/라돈

참고

※ 위험물 국가기술자격 실기시험에서는 법령 개정 전의 명칭과 개정 후의 명칭을 함께 사용할 수 있습니다.

※ 중요한 원소기호의 국제명칭

원소기호		원소명	호 칭	원소기호		원소명	호 칭
1족	H	Hydrogen	수 소	5족	N	Nitrogen	질 소
	Li	Lithium	리 튬		P	Phosphorus	인
	Na	Soudium(Natrium)	나트륨		As	Arsenic	비 소
	K	Potassium(Kalium)	칼 륨		Sb	Antimony	안 티 몬
	Cu	Copper	구 리		Bi	Bismuth	비스므스
	Ag	Silver(Argent)	은	6족	O	Oxygen	산 소
	Au	Gold(Aurum)	금		S	Sulfun	
2족	Be	Berylium	베릴륨		Cr	Chromium	크 로 뮴
	Mg	Magnesium	마그네슘		Mo	Molybdenum	몰리브덴
	Ca	Calcium	칼 슘		W	Tungsten(wolfvan)	텅 스 텐
	Sr	Strontium	스트론튬	7족	F	Fluorine	플루오린
	Ba	Barium	바 륨		Cl	Chlorine	염 소
	Zn	Zinc	아 연		Br	Bromine	브 로 민
	Cd	Cadmium	카드뮴		I	Iodine	아이오딘
	Hg	Mercury	수 은	0족	He	Helium	헬 륨
3족	B	Boron	붕 소		Ne	Neon	네 온
	Al	Aluminum	알루미늄		Ar	Argon	아 르 곤
4족	C	Carbon	탄 소		Kr	Krypton	크 립 톤
	Si	Silicon	규 소		Xe	Xenon	제논/크세논
	Ge	Germanium	게르마늄		Rn	Radon	라 돈
	Sn	Tin(zinn)	주 석				
	Pb	lead(plomb)	납 (연)				

제2단계 : 원자번호 구하기

주기 \ 족수	1족	2족	3족	4족	5족	6족	7족	0족
1주기	H(1)							He(2)
2주기	Li(3)	Be(4)	B(5)	C(6)	N(7)	O(8)	F(9)	Ne(10)
3주기	Na(11)	Mg(12)	Al(13)	Si(14)	P(15)	S(16)	Cl(17)	Ar(18)
4주기	K(19)	Ca(20)						

(1) 1주기의 원자번호 1번인 H(수소)와 원자번호 2번인 He(헬륨)은 암기법이 필요없이 스스로 암기할 것
(2) 2주기와 3주기는 공식을 이용하여 암기할 것

> ※ 2주기 원소의 원자번호 = 족수 + 2
> ※ 3주기 원소의 원자번호 = 족수 + 10

(3) 4주기의 원자번호 19번인 K(칼륨)과 원자번호 20번인 Ca(칼슘)은 암기법이 필요 없이 스스로 암기할 것

> **참고**
> ※ 원자번호 1번에서 20번까지 순서대로 외우기
> 수 헤 리 베 붕 / 탄 질 산 플 네 / 나 마 알 규 / 인 황 염 아 / 카 칼
> H He Li Be B / C N O F Ne / Na Mg Al Si / P S Cl Ar / K Ca

제3단계 : 원자량 구하기

제4단계에서는 3단계에서 구한 **원자번호**를 이용해서 **원자량**을 구한다.

> ※ **짝수의 원자번호의 원자량 = 원자번호×2**
>   예 원자번호 6번인 C(탄소)의 원자량 : 6×2=12
>   원자번호 8번인 O(산소)의 원자량 : 8×2=16
>   원자번호 16번인 S(황)의 원자량 : 16×2=32
> ※ **홀수 원자번호의 원자량 = 원자번호×2+1**
>   예 원자번호 11번인 Na(나트륨)의 원자량 : 11×2+1=23
>   원자번호 15번인 P(인)의 원자량 : 15×2+1=31
>   원자번호 19번인 K(칼륨)의 원자량 : 19×2+1=39

※ $^1_1$H(수소), $^9_4$Be(베릴륨), $^{14}_7$N(질소), $^{35.5}_{17}$Cl(염소), $^{40}_{18}$Ar(아르곤)은 공식에서 제외된다.

> **참고**
> ※ 원소기호가 있으면 작은 숫자는 원자번호, 큰 숫자는 원자량이 되겠으며 위치가 바뀌어도 무관하다.

(주) 같은 족에 있는 원소들은 화학적 성질이 비슷하며 주기율표는 장주기표와 단주기표가 있으며 특히 단주기표에서는 화학적 성질이 비슷한 원소들은 8번째마다 주기적으로 나타나며 장주기표에서는 18번째마다 주기적으로 나타난다.

3. 화학식 만드는 방법 및 읽는 방법

 화학식 만드는 방법

(1) 화학식 : 각 원소 및 원자단의 원자가를 교차하여 만든다(단, 무기화합물에서 금속 및 양성원자단은 왼쪽, 유기화합물에서 금속 및 양성원자단은 오른쪽).

(2) 원자가 : 원소주기율표의 족수와 원자단에 의하여 결정된다.

① 주기율표에서의 원자가

주기＼족수	1	2	3	4	5	6	7	0
원자가	+1	+2	+3	+4 +2 -4	+5 +3 -3	+6 +4 -2	+7 +5 -1	0
	불변			가변				불변
	H_2O, NaCl, $CaCl_2$, $MgCl_2$, Al_2O_3							

※ 팔우설 : 최외각전자가 8개가 아닌 원자가 최외각전자를 **방출**하거나 **보충**하여 8개가 되어 **0족의 원소**와 같은 안정한 **전자배열**을 가지려는 경향

② 중요한 원자단의 원자가

이 름	원 자 단	원자가	화학식 예
암 모 늄 기	NH_4^+	+1	NH_4Cl, NH_4OH
수 산 기	OH^-	-1	NaOH, $Ca(OH)_2$, $Mg(OH)_2$, $Al(OH)_3$
사 이 안 기	CN^-	-1	KCN, HCN
질 산 기	NO_3^-	-1	KNO_3, HNO_3
과망가니즈산기	MnO_4^-	-1	$KMnO_4$, $HMnO_4$
망 가 니 즈 산 기	MnO_4^{-2}	-2	K_2MnO_4, H_2MnO_4
황 산 기	SO_4^{-2}	-2	Al_2SO_4, H_2SO_4
아 황 산 기	SO_3^{-2}	-2	K_2SO_3, H_2SO_3
탄 산 기	CO_3^{-2}	-2	Na_2CO_3, H_2CO3
크 로 뮴 산 기	CrO_4^{-2}	-2	K_2CrO_4, H_2CrO_4
다이크로뮴산기	$Cr_2O_7^{-2}$	-2	$K_2Cr_2O_7$, $H_2Cr_2O_7$
인 산 기	PO_4^{-3}	-3	Na_3PO_4, H_3PO_4

2. 화학식 만들기

(1) 원자와 원자의 원자가 교차

> 예 H_2O(물) : $H^{+1} \times O^{-2}$ NaCl(염화나트륨) : $Na^{+1} \times Cl^{-1}$
> Al_2O_3(산화알루미늄) : $Al^{+3} \times O^{-2}$

(2) 원자와 원자단의 교차

> 예 NaOH(수산화나트륨) : $Na^{+1} \times OH^{-1}$, $Ca(OH)_2$(수산화칼슘) : $Ca^{+2} \times OH^{-1}$
> HNO_3(질산) : $H^{+1} \times NO_3^{-1}$, H_2SO_4(황산) : $H^{+1} \times SO_4^{-2}$
> H_3PO_4(인산) : $H^{+1} \times PO_4^{-3}$, $Al_2(SO_4)_3$(황산알루미늄) : $Al^{+3} \times SO_4^{-2}$

※ Al_2SO_{43} → $Al_2(SO_4)_3$: Al(알루미늄)의 원자가(+3)를 교차한 것이 43과 같게 보이므로 **괄호**를 하여 원자단을 구분한다.

(3) 유기화합물의 원자가 교차

CH_3COOK(초산칼륨) : $CH_3COO^{-1} \times K^{+1}$
$(C_2H_5)_3Al$(트라이에틸알루미늄) : $C_2H_5^{-1} \times Al^{+3}$
$(C_2H_5)_4Pb$(사에틸납) : $C_2H_5^{-1} \times Pb^{+4}$

3. 화학식 읽는 방법

(1) 무기화합물 : 오른쪽에서 왼쪽(←)으로 읽는다.

① 각 원소의 명칭 뒷글자 ㉠를 ㉡로 바꾸어 읽으며, ㉠가 없을 때에는 ㉡를 붙여 읽는다.

② 각 원자단의 기를 생략하고 읽는다(단, **수산기**와 **사이안기**는 ㉠를 ㉡로 바꾸어 읽는다).

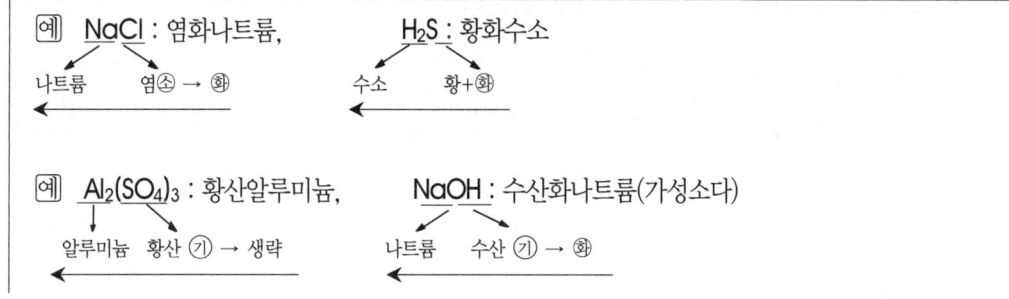

KCN : 사이안화칼륨(청산가리)

칼륨   사이안 ㉮ → ㉲

※ **산의 화학식 명명법** : OH⁻(수산기)를 제외한 음성의 원자단이 H(수소)와 결합된 물질을 산의 화학식이라 한다.
- HNO_3 : 질산수소라 읽지 않고 질산이라 한다.

㉠ H_2SO_4 : 황산, H_3PO_4 : 인산, CH_3COOH : 초산

참고

※ 양성원자의 원자가가 2개인 경우
- 작은 원자가 : 제1 또는 원자가를 로마자로 표시
- 큰 원자가 : 제2 또는 원자가를 로마자로 표시

㉠ FeO : $F^{+2} \times O^{-2}$ = FeO → 산화제1철, 산화철(Ⅱ)
    Fe_2O_3 : $Fe^{+3} \times O^{-2}$ → 산화제2철, 산화철(Ⅲ)

※ 음성원자의 원자가가 2개인 경우
- 큰 원자가 : "과"를 붙인다.

㉠ H_2O : $H^{+1} \times O^{-2}$ → 산화수소(물)
    H_2O_2 : $H_2O+[O]= H_2O_2$ → 과산화수소
    Na_2O : $Na^{+1} \times O^{-2}$ → 산화나트륨
    $Na_2O_2(NaO)$: $Na_2O+[O]= Na_2O_2$ → 과산화나트륨

참고

※ 음성원소의 원자수가 여러 개일 경우 : 음성 원소의 수를 부른다.

㉠ CO : 일산화탄소 SO_2 : 이산화황(아황산가스)
    CO_2 : 이산화탄소 SO_3 : 삼산화황(무수황산)

(2) **유기화합물** : 왼쪽에서 오른쪽(→)으로 읽는다.

CH_3COOK(초산칼륨) $(C_2H_5)_3Al$(트라이에틸알루미늄) $(C_2H_5)_4Pb$(사에틸납)

초신 ㉮ → 생략 칼륨   트라이에틸 ㉮ → 생략 알루미늄   사에틸 ㉮ → 생략 납

① 수에 관한 접두어

| 1 : mono(모노) | 2 : di(다이) | 3 : tri(트라이) | 4 : tetra(테트라) | 5 : penta(펜타) |
| 6 : hexa(헥사) | 7 : hepta(헵타) | 8 : octa(옥타) | 9 : nona(노나) | 10 : deca(데카) |

화학식 만드는 방법 및 읽는 방법

② 탄소수(AIK<알크> : 어간)에 관한 접두어

C : meth(메트)	C_2 : eth(에트)	C_3 : prop(프로프)	C_4 : but(뷰트)	C_5 : pent(펜트)
C_6 : hex(헥쓰)	C_7 : hept(헵트)	C_8 : Oct(옥트)	C_9 : non(논)	C_{10} : dec(데크)

③ 탄화수소화합물의 IUPAC 명명법 : AIK(알크·어간)에 대한 어미의 명명방법

탄소수 (일반식 및 명칭)	C_nH_{2n+2} (단일결합) Alkane(알케인〈알칸〉)	구조식	탄소수 (일반식 및 명칭)	C_nH_{2n} (2중결합) Alkene(알켄)	구조식
C	CH_4 : mthane (메테인〈메탄〉)	H-C-H (with H up/down)	C	CH_2 : methene(×)	
C_2	C_2H_6 : ethane (에테인〈에탄〉)	H-C-C-H	C_2	C_2H_4 : ethene(에텐), ethylene(에틸렌)	H-C=C-H
C_3	C_3H_8 : propane (프로페인〈프로판〉)	H-C-C-C-H	C_3	C_3H_6 : propene(프로펜), propylene(프로필렌)	H-C=C-C-H
C_4	C_4H_{10} : butane (뷰테인〈부탄〉)	H-C-C-C-C-H	C_4	C_4H_8 : butene(부텐), butylene(부틸렌)	H-C=C-C-C-H
C_5	C_5H_{12} : pentane (펜테인〈펜탄〉)	H-C-C-C-C-C-H	C_5	C_5H_{10} : pentene(펜텐), pentylene(펜틸렌)	H-C=C-C-C-C-H

탄소수 (일반식 및 명칭)	C_nH_{2n-2} (3중결합) Alkine(알카인〈알킨〉)	구조식	탄소수 (일반식 및 명칭)	C_nH_{2n+1} (알킬기 : 유기화학 최초의 원자단) Alkyl(알킬)	구조식
C	C : methine(×)		C	CH_3 : methyl(메틸)	H-C-H (with H)
C_2	C_2H_2 : ethine(에틴), acetylene(아세틸렌)	H-C≡C-H	C_2	C_2H_5 : ethyl(에틸)	H-C-C-
C_3	C_3H_4 : propine(프로핀), methyl acetylene (메틸아세틸렌)	H-C≡C-C-H	C_3	C_3H_7 : propyl(프로필)	H-C-C-C-
C_4	C_4H_6 : butine(부틴), ethyl acetylene (에틸 아세틸렌)	H-C≡C-C-C-H	C_4	C_4H_9 : butyl(부틸)	H-C-C-C-C-
C_5	C_5H_8 : pentine(펜틴), propyl acetylene (프로필 아세틸렌)	H-C≡C-C-C-C-H	C_5	C_5H_{11} : pentyl(펜틸), amyl(아밀)	H-C-C-C-C-C-

④ 유기화학의 원자단

관 능 기	식	구 조	화학식 예
에터기(ether 기)	—O—	—O—	$CH_3OC_2H_5$, $C_2H_5OC_2H_5$
카보닐기(케톤기) (Carbonyl 기)	—CO—	$>C=O$	CH_3COCH_3, $CH_3COC_2H_5$
에스터기(ester 기)	—COO—	$-C{\lessgtr}^O_{O-}$	$HCOOCH_3$, CH_3COOCH_3
카복실기(Carboxyl 기)	—COOH	$-C{\lessgtr}^O_{O-}$	$HCOOH$, CH_3COOH
수 산 기(Hydroxyl 기) (알코올성·페놀성)	—OH	—O—H	CH_3OH, C_2H_5OH
알데하이드기(aldehyde 기)	—CHO	$-C{\lessgtr}^O_H$	CH_3CHO
아세틸기(acetyl 기)	—COCH₃	$\overset{O}{\underset{}{\overset{\|}{-C}}}-\overset{H}{\underset{H}{\overset{\|}{C}}}-H$	CH_3COCH_3, CH_3COOCH_3, CH_3COOH, CH_3CHO 등
나이트로기(nitro 기)	—NO₂	$-N{\lessgtr}^O_O$	$C_6H_5NO_2$, TNT 등
나이트로소기(nitroso 기)	—NO	—N=O	$C_6H_4(NO)_2$
아미노기(amino 기)	—NH₂	$-N{\lessgtr}^H_H$	$C_6H_5NH_2$
술폰산기(sulfon 산기)	—SO₃H	$-\overset{O}{\underset{O}{\overset{\|}{S}}}-O-H$	$C_6H_5SO_3H$
페닐기(Phenyl 기)	—C₆H₅	⌬	C_6H_5OH, OH–⌬
아 조 기(azo 기)	N₂	—N=N—	$C_6H_5-N=N-C_6H_5$
비 닐 기(vinyl 기)	—CH=CH₂	$-\overset{H}{\underset{}{C}}=C{\lessgtr}^H_H$	$C_6H_5CH=CH_2$

⑤ 이성질체(분자식은 같으나 물리적·화학적 성질이 다른 것)

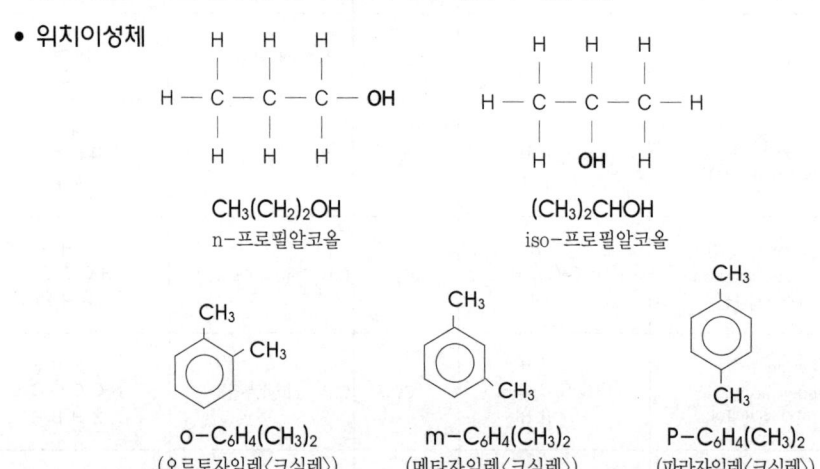

- n(노르말) : 표준상태, iso(아이소) : 비슷하다, neo(네오) : 새롭다.
- ortho(오르토) : 기본, meta(메타) : 중간, Para(파라) : 반대

4 화학적 변화의 종류

(1) **화합**: 두가지 또는 그 이상의 물질이 결합하여 전혀 새로운 성질을 갖는 한 가지 물질이 되는 변화

> 일반식 : A+B → AB 　　예) $2H_2$ + O_2 → $2H_2O$ ↑
> 　　　　　　　　　　　　　　(수소)　(산소)　　(물)

(2) **분해**: 한가지 물질이 두 가지 이상의 새로운 물질로 되는 변화를 분해라 한다.

> 일반식 : AB → A+B 　　예) $2H_2O$ $\xrightarrow{전기분해}$ $2H_2$ ↑ + O_2 ↑
> 　　　　　　　　　　　　　　　(물)　　　　　　(수소)　(산소)

(3) **치환**: 어떤 화합물의 성분 중 일부가 다른 원소로 바뀌어지는 변화를 치환이라 한다.

> 일반식 : A+BC → AC+B 　　예) Zn + H_2SO_4 → $ZnSO_4$ + H_2 ↑
> 　　　　　　　　　　　　　　　　(아연)　(황산〈묽은〉)　(황산아연)　(수소)

(4) **복분해**: 두 종류의 화합물의 성분 중 일부가 서로 바뀌어서 다른 성질을 갖는 물질을 만드는 변화를 복분해라 한다.

> 일반식 : AB+CD → AD+CB
>
> 예) NaOH + HCl → NaCl + H_2O
> 　　(수산화나트륨)　(염산)　(염화나트륨)　(물)
>
> 예) $6NaHCO_3$ + $Al_2(SO_4)_3$ · $18H_2O$ → $3Na_2SO_4$ + $2Al(OH)_3$ + $6CO_2$ ↑ + $18H_2O$
> 　　(탄산수소나트륨)　(황산알루미늄)　　　　　(황산나트륨)　(수산화알루미늄)(이산화탄소)　(물)
>
> **참고 : 계수 맞추기**
> 화학식 앞에 붙은 숫자를 계수라 합니다. 이 계수를 붙이는 방법은 질량불변의 법칙(화학반응식에서 반응 전후의 질량의 총합은 같다)에 의하여 붙여집니다. 즉, 화학반응식의 화살표를 전후로 하여 각 원자의 개수를 같게 해주는 것입니다.

5 그리스문자 및 숫자

 그리스문자

문자		호 칭		문자		호 칭	
A	α	Alpha	(알 파)	N	ν	Nu	(뉴 우)
B	β	Beta	(베 타)	Ξ	ξ	Xi	(크사이)
Γ	γ	Gamma	(감 마)	O	ο	Omicron	(오미크롱)
Δ	δ	Delta	(델 타)	Π	π	Pi	(파 이)
E	ε	Epsilon	(입실롱)	P	ρ	Rho	(로 오)
Z	ζ	Zeta	(제 타)	Σ	σ	Sigma	(시그마)
H	η	Eta	(이 타)	T	τ	Tau	(타 우)
Θ	θ	Theta	(시 타)	Υ	υ	Upsilon	(유우프실론)
I	ι	Iota	(이오타)	Φ	φ	Phi	(화 이)
K	κ	Kappa	(카 파)	X	χ	Chi	(카 이)
Λ	λ	Lambda	(람 다)	Ψ	ψ	Psi	(프사이)
M	μ	Mu	(뮤 우)	Ω	ω	Omega	(오메가)

 수에 관한 실용접두어

(화학명을 쓸 때의 수사접두어)

수	호 칭		수	호 칭	
1	mono	(모노)	21	heneicosa	(헨에이코사)
2	di	(다이)	22	doeicosa	(도에이코사)
3	tri	(트라이)	23	trieicosa	(트라이에이코사)
4	tetra	(테트라)	:		
5	penta	(펜타)	:		
6	hexa	(헥사)	30	triaconta	(트라이아콘타)
7	hepta	(헵타)	31	hentriaconta	(헨트라이아콘타)
8	octa	(옥타)	32	dotriaconta	(도트라이아콘타)
9	nona	(노나)	33	tritriaconta	(트라이트라이아콘타)
10	deca	(데카)	:		
11	hendeca	(헨데카)	:		
12	dodeca	(도데카)	40	tetraconta	(테트라콘타)
13	trideca	(트라이데카)	50	pentaconta	(펜타콘타)
14	tetradeca	(테트라데카)	:		
15	pentadeca	(펜타데카)	:		
16	hexadeca	(헥사데카)	100	hecta	(헥타)
17	heptadeca	(헵타데카)	1/2	hemi	(헤미)
18	octadeca	(옥타데카)	3/2	Sesqui	(세스퀴)
19	nonadeca	(노나데카)			
20	eicosa	(에이코사)			

6 위험물의 종류 일람표

위험물안전관리법 시행령 별표1(변경된 명칭과 변경된 명칭 함께 수록)

유 별	성질	품 명	지 정 수 량
제 1 류	산화성 고체	1. 아염소산염류	50킬로그램
		2. 염소산염류	50킬로그램
		3. 과염소산염류	50킬로그램
		4. 무기과산화물	50킬로그램
		5. 브로민산염류(브롬산염류)	300킬로그램
		6. 아이오딘산염류(요오드산염류)	300킬로그램
		7. 질산염류	300킬로그램
		8. 과망가니즈산염류(과망간산염류)	1,000킬로그램
		9. 다이크로뮴산염류(중크롬산염류)	1,000킬로그램
		10. 그 밖에 행정안전부령이 정하는 것 11. 제1호 내지 제10호의 1에 해당하는 어느 하나 이상을 함유한 것	50킬로그램, 300킬로그램 또는 1,000킬로그램
제 2 류	가연성 고체	1. 황화인(황화린)	100킬로그램
		2. 적린	100킬로그램
		3. 황(유황)	100킬로그램
		4. 마그네슘	500킬로그램
		5. 철분	500킬로그램
		6. 금속분	500킬로그램
		7. 그 밖에 행정안전부령이 정하는 것 8. 제1호 내지 제7호의 1에 해당하는 어느 하나 이상을 함유한 것	100킬로그램 또는 500킬로그램
		9. 인화성 고체	1,000킬로그램
제 3 류	자연발화성 및 금수성 물질	1. 칼륨	10킬로그램
		2. 나트륨	10킬로그램
		3. 알킬리튬	10킬로그램
		4. 알킬알루미늄	10킬로그램
		5. 황린	20킬로그램
		6. 알칼리금속(칼륨 및 나트륨 제외한다) 및 알칼리토금속	50킬로그램
		7. 유기금속화합물(알킬알루미늄 및 알킬리튬을 제외한다)	50킬로그램
		8. 금속의 인화물	300킬로그램
		9. 금속의 수소화물	300킬로그램
		10. 칼슘 또는 알루미늄의 탄화물	300킬로그램
		11. 그 밖에 행정안전부령이 정하는 것 12. 제1호 내지 제11호의 1에 해당하는 어느 하나 이상을 함유한 것	10킬로그램, 20킬로그램, 50킬로그램 또는 300킬로그램

유 별	성질	품 명		지 정 수 량
제 4 류	인화성 액체	1. 특수인화물류		50리터
		2. 제1석유류	비수용성 액체	200리터
			수용성 액체	400리터
		3. 알코올류		400리터
		4. 제2석유류	비수용성 액체	1,000리터
			수용성 액체	2,000리터
		5. 제3석유류	비수용성 액체	2,000리터
			수용성 액체	4,000리터
		6. 제4석유류		6,000리터
		7. 동식물유류		10,000리터
제 5 류	자기반응성 물질	1. 질산에스터류(질산에스테르류)		제1종 10킬로그램
		2. 유기과산화물		
		3. 나이트로화합물(니트로화합물)		제2종 100킬로그램
		4. 나이트로소화합물(니트로소화합물)		
		5. 아조화합물		
		6. 다이아조화합물(디아조화합물)		
		7. 하이드라진 유도체(히드라진 유도체)		
		8. 하이드록실아민(히드록실아민)		
		9. 하이드록실아민염류(히드록실아민염류)		
		10. 그 밖에 행정안전부령이 정하는 것 11. 제1호 내지 제10호의 1에 해당하는 어느 하나 이상을 함유한 것		10킬로그램 또는 100킬로그램
제 6 류	산화성 액체	1. 질산		300킬로그램
		2. 과산화수소		300킬로그램
		3. 과염소산		300킬로그램
		4. 그 밖에 행정안전부령이 정하는 것 5. 제1호 내지 제4호의 1에 해당하는 어느 하나 이상을 함유한 것		300킬로그램

(비고)

1. "산화성 고체"라 함은 고체[액체(1기압 및 섭씨 20도에서 액상인 것 또는 섭씨 20도 초과 섭씨 40도 이하에서 액상인 것을 말한다) 또는 기체(1기압 및 섭씨 20도에서 기상인 것을 말한다) 외의 것을 말한다. 이하 같다]로서 산화력의 잠재적인 위험성 또는 충격에 대한 민감성을 판단하기 위하여 소방청장이 정하여 고시(이하 "고시"라 한다)하는 시험에서 고시로 정하는 성질과 상태를 나타내는 것을 말한다. 이 경우 "액상"이라 함은 수직으로 된 시험관(안지름 30밀리미터, 높이 120밀리미터의 원통형 유리관을 말한다)에 시료를 55밀리미터까지 채운 다음 당해 시험관을 수평으로 하였을 때 시료액면의 선단이 30밀리미터를 이동하는 데 걸리는 시간이 90초 이내에 있는 것을 말한다.
2. "가연성 고체"라 함은 고체로서 화염에 의한 발화의 위험성 또는 인화의 위험성을 판단하기 위하여 고시로 정하는 시험에서 고시로 정하는 성질과 상태를 나타내는 것을 말한다.
3. 황은 순도가 60중량퍼센트 이상인 것을 말한다. 이 경우 순도측정에 있어서 불순물은 활석 등 불연성 물질과 수분에 한한다.
4. "철분"이라 함은 철의 분말로서 53마이크로미터의 표준체를 통과하는 것의 50중량퍼센트 미만인 것은 제외한다.
5. "금속분"이라 함은 알칼리금속·알칼리토금속·철 및 마그네슘 외의 금속의 분말을 말하고, 구리분·니켈분 및 150마이크로미터의 체를 통과하는 것이 50중량퍼센트 미만인 것은 제외한다.
6. 마그네슘 및 제2류 제8호의 물품 중 마그네슘을 함유한 것에 있어서는 다음 각목의 1에 해당하는 것은 제외한다.
    가. 2밀리미터의 체를 통과하지 아니하는 덩어리 상태의 것
    나. 직경 2밀리미터 이상의 막대 모양의 것
7. 황화인·적린·황 및 철분은 제2호의 규정에 의한 성상이 있는 것으로 본다.
8. "인화성 고체"라 함은 고형알코올 그 밖에 1기압에서 인화점이 섭씨 40도 미만인 고체를 말한다.
9. "자연발화성 물질 및 금수성 물질"이라 함은 고체 또는 액체로서 공기 중에서 발화의 위험성이 있거나 물과 접촉하여 발화하거나 가연성가스를 발생하는 위험성이 있는 것을 말한다.
10. 칼륨·나트륨·알킬알루미늄·알킬리튬 및 황린은 제9호의 규정에 의한 성상이 있는 것으로 본다.
11. "인화성 액체"라 함은 액체(제3석유류, 제4석유류 및 동식물유류에 있어서는 1기압과 섭씨 20도에서 액상인 것에 한한다)로서 인화의 위험성이 있는 것을 말한다.
12. "특수인화물"이라 함은 이황화탄소, 다이에틸에터 그 밖에 1기압에서 발화점이 섭씨 100도 이하인 것 또는 인화점이 섭씨 영하 20도 이하이고 비점이 섭씨 40도 이하인 것을 말한다.
13. "제1석유류"라 함은 아세톤, 휘발유 그 밖에 1기압에서 인화점이 섭씨 21도 미만인 것을 말한다.
14. "알코올류"라 함은 1분자를 구성하는 탄소원자의 수가 1개부터 3개까지인 포화1가 알코올(변성알코올을 포함한다)을 말한다. 다만, 다음 각목의 1에 해당하는 것은 제외한다.
    가. 1분자를 구성하는 탄소원자의 수가 1개 내지 3개의 포화1가 알코올의 함유량이 60중량퍼센트 미만인 수용액
    나. 가연성 액체량이 60중량퍼센트 미만이고 인화점 및 연소점(태그개방식 인화점 측정기에 의한 연소점을 말한다. 이와 같다)이 에틸알코올 60중량퍼센트 수용액의 인화점 및 연소점을 초과하는 것
15. "제2석유류"라 함은 등유, 경유 그 밖에 1기압에서 인화점이 섭씨 21도 이상 70도 미만인 것을 말한다. 다만, 도료류 그 밖의 물품에 있어서 가연성 액체량이 40중량퍼센트 이하이면서 인화점이 섭씨 40도 이상인 동시에 연소점이 섭씨 60도 이상인 것은 제외한다.

16. "제3석유류"라 함은 중유, 클레오소트유 그 밖에 1기압에서 인화점이 섭씨 70도 이상 섭씨 200도 미만인 것을 말한다. 다만, 도료류 그 밖의 물품은 가연성 액체량이 40중량퍼센트 이하인 것은 제외한다.
17. "제4석유류"라 함은 기어유, 실린더유 그 밖에 1기압에서 인화점이 섭씨 200도 이상 섭씨 250도 미만의 것을 말한다. 다만, 도료류 그 밖의 물품은 가연성 액체량이 40중량퍼센트 이하인 것은 제외한다.
18. "동·식물유류"라 함은 동물의 지육 등 또는 식물의 종자나 과육으로부터 추출한 것으로서 1기압에서 인화점이 섭씨 250도 미만인 것을 말한다. 다만, 법 제20조 제1항의 규정에 의하여 행정안전부령이 정하는 용기기준과 수납·저장기준에 따라 수납되어 저장·보관되고 용기의 외부에 물품의 통칭명, 수량 및 화기엄금(화기엄금과 동일한 의미를 갖는 표시를 포함한다)의 표시가 있는 경우를 제외한다.
19. "자기반응성 물질"이라 함은 고체 또는 액체로서 폭발의 위험성 또는 가열분해의 격렬함을 판단하기 위하여 고시로 정하는 시험에서 고시로 정하는 성질과 상태를 나타내는 것을 말한다.
20. 제5류 제11호의 물품에 있어서는 유기과산화물을 함유하는 것 중에서 불활성 고체를 함유하는 것으로서 다음 각목의 1에 해당하는 것은 제외한다.
    가. 과산화벤조일의 함유량이 35.5중량퍼센트 미만인 것으로서 전분가루, 황산칼슘2수화물 또는 인산1수소칼슘2수화물과의 혼합물
    나. 비스(4클로로벤조일)퍼옥사이드의 함유량이 30중량퍼센트 미만인 것으로 불활성 고체와의 혼합물
    다. 과산화지크밀의 함유량이 40중량퍼센트 미만인 것으로서 불활성 고체와의 혼합물
    라. 1·4비스(2-터셔리부틸퍼옥시이소프로필)벤젠의 함유량이 40중량퍼센트 미만인 것으로서 불활성 고체와의 혼합물
    마. 시크로헥사놀퍼옥사이드의 함유량이 30중량퍼센트 미만인 것으로서 불활성 고체와의 혼합물
21. "산화성 액체"라 함은 액체로서 산화력의 잠재적인 위험성을 판단하기 위하여 고시로 정하는 시험에서 고시로 정하는 성질과 상태를 나타내는 것을 말한다.
22. 과산화수소는 그 농도가 36중량퍼센트 이상인 것에 한하며, 제21호의 성상이 있는 것으로 본다.
23. 질산은 그 비중이 1.49 이상인 것에 한하며, 제21호의 성상이 있는 것으로 본다.
24. 위 표의 성질란에 규정된 성상을 2가지 이상 포함하는 물품(이하 이 호에서 "복수성상물품"이라 한다)이 속하는 품명은 다음 가목의 1에 의한다.
    가. 복수성상물품이 산화성 고체의 성상 및 가연성 고체의 성상을 가지는 경우 : 제2류 제8호의 규정에 의한 품명
    나. 복수성상물품이 산화성 고체의 성상 및 자기반응성 물질의 성상을 가지는 경우 : 제5류 제11호의 규정에 의한 품명
    다. 복수성상물품이 가연성 고체의 성상과 자연발화성 물질의 성상 및 금수성 물질의 성상을 가지는 경우 : 제3류 제12호의 규정에 의한 품명
    라. 복수성상물품이 자연발화성 물질의 성상, 금수성 물질의 성상 및 인화성 액체의 성상을 가지는 경우 : 제3류 제12호의 규정에 의한 품명
    마. 복수성상물품이 인화성 액체의 성상 및 자기반응성 물질의 성상을 가지는 경우 : 제5류 제12호의 규정에 의한 품명
25. 위 표의 지정수량란에 정하는 수량이 복수로 있는 품명에 있어서는 당해 품명이 속하는 유(類)의 품명 가운데 위험성의 정도가 가장 유사한 품명의 지정수량란에 정하는 수량과 같은 수량을 당해 품명의 지정수량으로 한다. 이 경우 위험물의 위험성을 실험·비교하기 위한 기준은 고시로 정할 수 있다.
26. 동 표에 의한 위험물의 판정 또는 지정수량의 결정에 필요한 실험은 「국가표준기본법」에 의한 공인시험기관, 한국소방산업기술원, 중앙소방학교 또는 소방청장이 지정하는 기관에서 실시할 수 있다.

7. 운반용기와 수납방법

 고체위험물

운반용기				수납위험물의 종류									
내장용기		외장용기		제1류			제2류		제3류			제5류	
용기의 종류	최대용적 또는 중량	용기의 종류	최대용적 또는 중량	I	II	III	II	III	I	II	III	I	II
유리용기 또는 플라스틱 용기	10ℓ	나무상자 또는 플라스틱상자(필요에 따라 불활성의 완충재를 채울 것)	125kg	O	O	O	O	O	O	O		O	O
			225kg		O	O		O		O	O		O
		파이버판 상자(필요에 따라 불활성의 완충재를 채울 것)	40kg	O	O	O	O	O	O	O	O	O	O
			55kg		O	O		O		O	O		O
금속제 용기	30ℓ	나무상자 또는 플라스틱 상자	125kg	O	O	O	O	O	O	O	O	O	O
			225kg		O	O		O		O	O		O
		파이버판 상자	40kg	O	O	O	O	O	O	O	O	O	O
			55kg		O	O		O		O	O		O
플라스틱 필름포대 또는 종이 포대	5kg	나무상자 또는 플라스틱 상자	50kg	O	O	O	O	O					O
	50kg		50kg	O	O	O	O	O					
	125kg		125kg		O	O	O	O					
	225kg		225kg			O		O					
	5kg	파이버판 상자	40kg	O	O	O	O	O					O
	40kg		40kg		O	O	O	O					O
	55kg		55kg			O		O					
		금속제용기(드럼제외)	60ℓ	O	O	O	O	O	O	O	O	O	O
		플라스틱용기(드럼제외)	10ℓ		O	O	O	O		O	O		O
			30ℓ			O		O			O		O
		금속제드럼	250ℓ	O	O	O	O	O	O	O	O	O	O
		플라스틱드럼 또는 파이버드럼 (방수성이 있는 것)	60ℓ	O	O	O	O	O	O	O	O	O	O
			250ℓ		O	O		O		O	O		O
		합성수지포대(방수성이 있는 것), 플라스틱필름포대, 섬유포대(방수성이 있는 것) 또는 종이 포대 (여러겹으로서 방수의 것)	50kg		O	O	O	O		O	O		O

(비고)

① "O" 표시는 수납위험물의 종류별 각항의 위험물에 대하여 당해 각 란에 정한 운반용기기가 적용성이 있음을 표시한다.

② 내장용기는 외장용기에 수납하여야 하는 용기로서 위험물을 직접 수납하기 위한 것을 말한다.

③ 내장용기의 용기의 종류란이 공란인 것은 외장용기에 위험물을 직접 수납하거나 유리용기, 플라스틱용기, 금속제용기, 폴리에틸렌포대 또는 종이포대를 내장용기로 할 수 있음을 표시한다.

액체위험물

운반용기				수납위험물의 종류								
내장용기		외장용기		제3류			제4류			제5류		제6류
용기의 종류	최대용적 또는 중량	용기의 종류	최대용적 또는 중량	I	II	III	I	II	III	I	II	I
유리용기	5ℓ	나무 또는 플라스틱상자 (불활성의 완충재를 채울 것)	75kg	O	O	O	O	O	O	O	O	O
	10ℓ		125kg		O	O		O	O		O	
			225kg						O			
	5ℓ	파이버판 상자(불연성의 완충제를 채울 것)	40kg	O	O	O	O	O	O	O	O	O
	10ℓ		55kg						O			
플라스틱 용기	10ℓ	나무 또는 플라스틱 상자(필요에 따라 불연성의 완충재를 채울 것)	75kg	O	O	O	O	O	O	O	O	O
			125kg		O	O		O	O		O	
			225kg						O			
		파이버판 상자(필요에 따라 불연성의 완충재를 채울 것)	40kg	O	O	O	O	O	O	O	O	O
			55kg						O			
금속제 용기	30ℓ	나무 또는 플라스틱 상자	125kg	O	O	O	O	O	O	O	O	O
			225kg						O			
		파이버판 상자	40kg	O	O	O	O	O	O	O	O	O
			55kg						O			
		금속제용기(금속제 드럼 제외)	60ℓ		O	O		O	O		O	
		플라스틱용기(플라스틱 드럼 제외)	10ℓ		O	O		O	O		O	
			20ℓ					O	O			
			30ℓ						O		O	
		금속제드럼(뚜껑 고정식)	250ℓ	O	O	O	O	O	O	O	O	O
		금속제드럼(뚜껑 탈착식)	250ℓ					O	O			
		플라스틱 또는 파이버드럼 (플라스틱내 용기부착의 것)	250ℓ		O	O			O		O	

(비고)

① "O" 표시는 수납 위험물의 종류별 각란 정한 위험물에 대하여 당해 각란에 정한 정한 운반용기가 적응성이 있음을 표시한다.
② 내장용기는 외장용기에 수납하여야 하는 용기로서 위험물을 직접 수납하기 위한 것을 말한다.
③ 내장용기는 용기의 종류란이 공란인 것은 외장용기에 위험물을 직접 수납하거나 유리용기, 플라스틱 용기 또는 금속제용기의 내장용기를 수납하는 외장용기로 할 수 있음을 표시한다.

8 혼합으로 위험이 따르는 화학물질 일람표

물질명		혼합 위험물질	조 건	현 상	비 고
아염소산염류	아염소산나트륨	유기물	혼 합	발화	
	아염소산나트륨	강산	혼 합	발화	
	아염소산나트륨	유지	혼 합	발화	
	아염소산나트륨	로단암몬	혼 합	발화	
	아염소산나트륨	수산 기타 유기산	혼 합	발화	
염소산염류	염소산염	황산	이산화염소 발생	폭발	
	염소산염	황화안티몬	밀폐공간에 방치	폭발	발화제
	염소산염	인화구리, 아인산염	혼합, 충격, 가열	폭발	
	염소산염	(알루미늄, 마그네슘, 철) 분말	점화, 충격	발화	흰색 불꽃, 섬광제
	염소산염	(알루미늄, 마그네슘, 철) + 스테아린산염	점화, 충격	발화	적색 불꽃, 섬광제
	염소산칼륨	설탕·황산		폭발	
	염소산칼륨	오황화안티몬	충 격	폭발	발화제
	염소산칼륨	설탕과 적혈염	충 격	폭발	발사약
	염소산칼륨	(황, 이황화탄소, 유기황, 적린)	마찰, 충격, 가열	폭발	
	염소산바륨	스테아린산염	마찰, 충격, 가열	폭발	녹색 불꽃
과염소산염류	과염소산칼륨	(목탄, 종이, 나무조각, 에터 등)	상온, 습기, 일광	발화	과염소산칼륨을 방치하면 이산화염소로 분해, 일부 철산화염소가 되고 이때 흡열에 의하여 발화한다.
	무수과염소산칼륨	(황, 안티몬, 목탄, 아연, 철)		폭발	
무기과산화물	과산화수소	금속분, 유류, 수지, 면, 모, 연망간광	상온 상온	폭발 발화	자연발화 자연폭발
	과산화나트륨	물 알루미늄 초산무수물 수산화칼륨	상온 약간의 수분 접촉 화학반응	발열 발화 발화 발화	산소의 발생으로 대단히 위험하다.
	과산화바륨				
	과산화 마그네슘	유기물질(목편)	마찰, 수분첨가	발화	
	과산화수은				
	과산화납	황산(황화수소)·황·주석산·구연산·수산	기류 중 마찰	발화	
브롬산염류	브로민산칼륨	유기물	가 열	폭발	
	브로민산칼륨	디오글리콜산암몬	혼산, 수용일 때는 수분이 휘발할 때 반응이 일어난다.	발화	
질산염류	질산칼륨(질산나트륨)	초산나트륨(또는 수산염) + 유기물	가온(저온)	폭발	초산납, 바륨은 안정
	질산칼륨(질산나트륨)	아인산나트륨		폭발	산화질소, 아질산가스 발생
	질산나트륨	하이포	용해할 때	폭발	
	질산나트륨	주 석	질산납이 되면서 오랜 반응으로 질산가스가 발생	폭발	
	질산암모늄	아 연	상온, 수분	발화	
	질산암모늄	유 안	외부에서 큰 에너지를 가함	폭발	
삼화산물	삼산화크로뮴	아닐린, 피리딘, 키노딘, 알코올, 아세톤, 신나, 그리스	자연발화	폭발	

물질명		혼합 위험물질	조 건	현 상	비 고
과망가니즈산염류	과망가니즈산염	피리딘	충격, 가온	폭발	
	과망가니즈산칼륨	황	177℃	폭발	
	과망가니즈산칼륨	글리세린		발화 폭발	분해로 발생된 수소가 폭발
	과망가니즈산칼륨	에탄올 + 황산		섬광 발화	
	과망가니즈산칼륨	피크린산(불이 붙은 나무, 농황산) 나무, 농황산	접 촉	발화	
	과망가니즈산칼륨	철(분말)	충 격	발화	
	과망가니즈산칼륨	질산암몬	충격, 마찰	폭발	과망가니즈산이 발생
다 이크로뮴산염류	다이크로뮴산칼륨	사이안화수은	마 찰	발화	
	다이크로뮴산암몬	암몬	가 열	급분해 (발열)	
	다이크로뮴산납	카바이트	마 찰	발화	
린	황 린		상온에서 건조	발화	
	황 린	발연질산(아질산염, 염산염)	혼 합	발화	
	적 린	질산납	혼합, 충격, 가열	폭발	
	적 린	아이오딘	접 촉	폭발	
	적 린	이황화탄소+암모니아	상 온	발화	
알칼리금속 및 토금속	알칼리 또는 알칼리토금속	물	혼합, 수분	발화	칼륨, 나트륨, 티탄, 칼슘, 마그네슘, 아연 등
	금속나트륨 금속칼슘 금속세슘 금속리튬	테트라클로로메탄, 클로로포름, 기타 염소화탄화수소, 염소화탄화수소물	마찰, 충격 반응열의 축적	폭발 발화	
	금 속 알루미늄	아이오딘, 산화철(녹)	상온, 습기, 가열(테르밋반응)	발화	
질산에스터류	질산 에스터		비점 이상 가열	폭발	
	질산메틸		상 온	폭발	
	질산에틸		밀폐실에서 개방할 때, 상온	폭발	
유기과산화물	벤조일퍼옥사이드 메틸에틸케톤퍼옥사이드 벤젠슬폰퍼옥사이드 피크라민산의 디아조화옥사이드 일부 과산화물이 된 키논 에틸렌퍼옥사이드 기타 유기과산화물류	나프텐산, 코발트, 희토류 금속	충격, 가온	폭발	
	에틸퍼옥사이드	에터를 방치할 때 일부에서 발생	과잉 산소, 햇빛	폭발	에터를 보관할 때는 공기, 햇빛, 아세톤, 과산화 수소에 주의
	메틸퍼옥사이드	〃	〃	〃	
나이트로화합물	나이트로메테인	유기물	혼 합	발화 폭발	
	다이나이트로메테인		일광, 열, 충격	폭발	
	나이트로구아니틴	농황산	혼 합	발화	
	나이트로메테인수은납		자폭성	폭발	
	피크르산염		가열, 충격	폭발	
	피크린산	생석회	혼 합	발화	
	탄산벤조하이드라진		단체자폭성	폭발	
나이트로소화합물	나이트로소 펜타메틸렌 테드라민	강산	접 촉	발화	
	헥사메틸렌테트라민	아이오도품화합물	혼합 178℃	폭발	
질산류	질 산	알코올		발화	발열반응
	발연질산	디오펜		폭발	
	발연질산	(아이오도수소가스 또는 셀렌화 수소)	접 촉	발화	

9 소방대상물 및 위험물별 소화설비의 적용성

위험물시설에 설치하는 소화설비는 그 위험물에 적응할 소화능력을 가지고 있어야 한다.

소화설비의 구분			대상물의 구분										
			건축물 기타 공작물	전기설비	제1류 위험물		제2류 위험물			제3류 위험물		제4류 위험물	제5류 위험물	제6류 위험물
					알칼리금속과 산화물 등	그 밖의 것	철분·금속분·마그네슘 등	인화성 고체	그 밖의 것	금수성 물품	그 밖의 것			
옥내소화전설비 또는 옥외소화전설비			○			○		○	○		○		○	○
스프링클러설비			○			○		○	○		○	△	○	○
물분무등소화설비	물 분무 소화설비		○	○		○		○	○		○	○	○	○
	포소화설비		○			○		○	○		○	○	○	○
	불활성가스 소화설비			○				○				○		
	할로젠화합물 소화설비			○				○				○		
	분말소화설비	인산염류 등	○	○		○		○	○			○		○
		탄산수소염류 등		○	○		○	○			○	○		
		그 밖의 것			○		○				○			
대형·소형 수동식 소화기	봉상수(棒狀水)소화기		○			○		○	○		○		○	○
	무상수(霧狀水)소화기		○	○		○		○	○		○		○	○
	봉상강화액 소화기		○			○		○	○		○		○	○
	무상강화액 소화기		○	○		○		○	○		○	○	○	○
	포소화기		○			○		○	○		○	○	○	○
	이산화탄소소화기			○				○				○		△
	할로젠화합물소화기			○				○				○		
	분말소화설비	인산염류소화기	○	○		○		○	○			○		○
		탄산수소염류소화기		○	○		○	○			○	○		
		그 밖의 것			○		○				○			
기타	물통 또는 수조		○			○		○	○		○		○	○
	건조사				○	○	○	○	○	○	○	○	○	○
	팽창질석 또는 팽창진주암				○	○	○	○	○	○	○	○	○	○

(비고) 1. "○" 표시는 당해 소방대상물 및 위험물에 대한 소화설비가 **적응성이 있음을** 표시하고 "△"표시는 **제4류 위험물**을 저장·취급하는 장소의 살수기준면적에 따라 **스프링클러설비의 살수밀도**가 다음 표에 정하는 **기준 이상**인 경우에는 당해 스프링클러설비가 제4류 위험물에 대하여 적응성이 있음을 표시, **제6류 위험물**을 저장 또는 취급하는 장소로서 폭발의 위험이 없는 장소에 한하여 이산화탄소소화기가 제6류 위험물에 대하여 적응성이 있음을 각각 표시한다.

살수기준면적(m^2)	방사밀도(L/m^2·분)		비고
	인화점 38℃ 미만	인화점 38℃ 이상	살수기준면적은 내화구조의 벽 및 바닥으로 구획된 하나의 실의 바닥면적을 말하고 하나의 실의 바닥면적이 465m^2 이상인 경우의 살수기준면적은 465m^2로 한다. 다만, 위험물의 취급을 주된 작업내용으로 하지 아니하고 **소량의 위험물**을 취급하는 설비 또는 부분이 **넓게 분산**되어 있는 경우에는 **방사밀도**는 8.2ℓ/m^2·분 이상, 살수기준면적은 279m^2 이상으로 할 수 있다.
279 미만	16.3 이상	12.2 이상	
279 이상 372 미만	15.5 이상	11.8 이상	
372 이상 465 미만	13.9 이상	9.8 이상	
465 이상	12.2 이상	8.1 이상	

2. **인산염류** 등은 인산염류, 황산염류 그 밖에 방염성이 있는 약제를 말한다.
3. **탄산수소염류** 등은 탄산수소염류 및 탄산수소염류와 요소의 반응 생성물을 말한다.
4. **알칼리금속과산화물** 등은 알칼리금속과산화물 및 알칼리금속의 과산화물을 함유한 것을 말한다.
5. **철분**, **금속분**, **마그네슘** 등은 철분, 금속분, 마그네슘과 철분, 금속분 또는 마그네슘을 함유한 것을 말한다.

10 소화난이도 등급에 해당하는 제조소등 및 소화설비

1 소화난이도 등급 I 의 제조소등 및 소화설비

가. 소화난이도 등급 I에 해당하는 제조소등

제조소등의 구분	제조소등의 규모, 저장 또는 취급하는 위험물의 품명 및 최대수량 등
제조소 일반취급소	연면적 1,000m² 이상인 것
	지정수량의 100배 이상인 것(고 인화점 위험물만을 100℃ 미만의 온도에서 취급하는 것 및 제48조의 위험물을 취급하는 것은 제외)
	지반면으로 부터 6m 이상의 높이에 위험물취급설비가 있는 것(고 인화점 위험물만을 100℃ 미만의 온도에서 취급하는 것은 제외)
	일반취급소로 사용되는 부분 외의 부분을 갖는 건축물에 설치된 것(내화구조로 개구부 없이 구획된 것 및 고 인화점위험물만을 100℃ 미만의 온도에서 취급하는 것 및 별표 16 X의 2의 화학실험의 일반취급소는 제외)
주유취급소	별표 13 V 제2호에 따른 면적 500m²를 초과하는 것
옥내저장소	지정수량의 150배 이상인 것(고 인화점 위험물만을 저장하는 것 및 제48조의 위험물을 저장하는 것은 제외)
	연면적 150m²을 초과하는 것(150m² 이내마다 불연재료로 개구부 없이 구획된 것 및 인화성 고체 외의 제2류 위험물 또는 인화점 70℃ 이상의 제4류 위험물만을 저장하는 것은 제외)
	처마높이가 6m 이상인 단층건물의 것
	옥내저장소로 사용되는 부분 외의 부분이 있는 건축물에 설치된 것(내화구조로 개구부 없이 구획된 것 및 인화성 고체 외의 제2류 위험물 또는 인화점 70℃ 이상의 제4류 위험물만을 저장하는 것은 제외)
옥외 탱크저장소	액표면적이 40m² 이상인 것(제6류 위험물을 저장하는 것 및 고 인화점 위험물만을 100℃ 미만의 온도에서 저장하는 것은 제외)
	지반면으로부터 탱크 옆판의 상단까지 높이가 6m 이상인 것(제6류 위험물을 저장하는 것 및 고 인화점 위험물만을 100℃ 미만의 온도에서 저장하는 것은 제외)
	지중탱크 또는 해상탱크로서 지정수량의 100배 이상인 것(제6류 위험물을 저장하는 것 및 고 인화점 위험물만을 100℃ 미만의 온도에서 저장하는 것은 제외)
	고체 위험물을 저장하는 것으로서 지정수량의 100배 이상인 것
옥내 탱크저장소	액표면적이 40m² 이상인 것(제6류 위험물을 저장하는 것 및 고 인화점 위험물만을 100℃ 미만의 온도에서 저장하는 것은 제외)
	바닥면으로부터 탱크 옆판의 상단까지 높이가 6m 이상인 것(제6류 위험물을 저장하는 것 및 고 인화점 위험물만을 100℃ 미만의 온도에서 저장하는 것은 제외)
	탱크전용실이 단층건물 외의 건축물에 있는 것으로서 인화점 38℃ 이상 70℃ 미만의 위험물을 지정수량의 5배 이상 저장하는 것(내화구조로 개구부 없이 구획된 것은 제외한다)

제조소등의 구분	제조소등의 규모, 저장 또는 취급하는 위험물의 품명 및 최대수량 등
옥외저장소	**덩어리 상태의 황**을 저장하는 것으로서 경계표시 내부의 면적(2 이상의 경계표시가 있는 경우에는 각 경계표시의 내부의 면적을 합한 면적)이 **100m² 이상**인 것
	별표 11 Ⅲ의 위험물을 저장하는 것으로서 지정수량의 100배 이상인 것
암반 탱크저장소	**액표면적이 40m² 이상**인 것(제6류 위험물을 저장하는 것 및 고 인화점 위험물만을 100℃ 미만의 온도에서 저장하는 것은 제외)
	고체 위험물을 저장하는 것으로서 **지정수량의 100배 이상**인 것
이송취급소	모든 대상

(비고) 제조소등의 구분별로 오른쪽란에 정한 제조소등의 규모, 저장 또는 취급하는 위험물의 수량 및 최대수량 등의 어느 하나에 해당하는 제조소등은 소화난이도 등급 Ⅰ에 해당하는 것으로 한다.

나. 소화난이도 등급 Ⅰ의 제조소등에 설치하여야 하는 소화설비

제조소등의 구분			소화설비
제조소 및 일반취급소			**옥내소화전설비, 옥외소화전설비, 스프링클러설비** 또는 **물 분무 등 소화설비**(화재 발생시 연기가 충만할 우려가 있는 장소에는 스프링클러설비 또는 이동식 외의 물 분무 등 소화설비에 한한다)
주유취급소			**스프링클러설비**(건축물에 한정한다) · **소형수동식소화기**(능력단위의 수치가 건축물 그 밖의 공작물 및 위험물의 소요단위의 수치에 이르도록 설치할 것
옥내 저장소	**처마높이가 6m 이상**인 단층건물 또는 다른 용도의 부분이 있는 건축물에 설치한 옥내저장소		**스프링클러설비** 또는 이동식 외의 **물 분무 등 소화설비**
	그 밖의 것		옥외소화전설비, 스프링클러설비, 이동식 외의 물 분무 등 소화설비 또는 이동식 포소화설비(포소화전을 옥외에 설치하는 것에 한한다)
옥외 탱크 저장소	지중탱크 또는 해상탱크 외의 것	**황**만을 저장·취급하는 것	**물 분무 소화설비**
		인화점 70℃ 이상의 제4류 위험물만을 저장·취급하는 것	**물 분무 소화설비** 또는 **고정식 포소화설비**
		그 밖의 것	고정식 포소화설비(포소화설비가 적응성이 없는 경우에는 분말소화설비)
	지중탱크		고정식 포소화설비, 이동식 외의 불활성가스 소화설비 또는 이동식 외의 할로젠화합물 소화설비
	해상탱크		고정식 포소화설비, 물 분무 소화설비, 이동식 외의 불활성가스 소화설비 또는 이동식 외의 할로젠화합물 소화설비

제조소등의 구분		소화설비
옥내탱크저장소	황만을 저장·취급하는 것	물 분무 소화설비
	인화점 70℃ 이상의 제4류 위험물만을 저장·취급하는 것	물 분무 소화설비, 고정식 포소화설비, 이동식 외의 불활성가스 소화설비, 이동식 외의 할로젠화합물 소화설비 또는 이동식 외의 분말소화설비
	그 밖의 것	고정식 포소화설비, 이동식 외의 불활성가스 소화설비, 이동식 외의 할로젠화합물 소화설비 또는 이동식 외의 분말소화설비
옥외저장소 및 이송취급소		옥내소화전설비, 옥외소화전설비, 스프링클러설비 또는 물 분무 등 소화설비(화재 발생시 연기가 충만할 우려가 있는 장소에는 스프링클러설비 또는 이동식 외의 물 분무 등 소화설비에 한한다)
암반탱크저장소	황만을 저장·취급하는 것	물 분무 소화설비
	인화점 70℃ 이상의 제4류 위험물만을 저장·취급하는 것	물 분무 소화설비 또는 고정식 포소화설비
	그 밖의 것	고정식 포소화설비(포소화설비가 적응성이 없는 경우에는 분말소화설비)

(비고)
1. 위 표 오른쪽란의 소화설비를 설치함에 있어서는 당해 소화설비의 방사범위가 당해 제조소, 일반취급소, 옥내저장소, 옥외탱크저장소, 옥내탱크저장소, 옥외저장소, 암반탱크저장소(암반탱크에 관계되는 부분을 제외한다) 또는 이송취급소(이송기지 내에 한한다)의 건축물, 그 밖의 공작물 및 위험물을 포함하도록 하여야 한다. 다만, 고 인화점 위험물만을 100℃ 미만의 온도에서 취급하는 제조소 또는 일반취급소의 경우에는 당해 제조소 또는 일반취급소의 건축물 및 그 밖의 공작물만 포함하도록 할 수 있다.
2. 고 인화점 위험물만을 100℃ 미만의 온도에서 취급하는 **제조소** 또는 **일반취급소**의 위험물에 대해서는 **대형 수동식 소화기 1개 이상**과 당해 위험물의 **소요단위에 해당하는 능력단위의 소형 수동식 소화기**를 설치하여야 한다. 다만, 당해 제조소 또는 일반취급소에 옥내·외소화전설비, 스프링클러설비 또는 물 분무 등 소화설비를 설치한 경우에는 당해 소화설비의 방사능력범위 내에는 대형 수동식 소화기를 설치하지 아니할 수 있다.
3. **가연성 증기** 또는 **가연성 미분**이 체류할 우려가 있는 건축물 또는 실내에는 **대형 수동식 소화기 1개 이상**과 당해 건축물, 그 밖의 공작물 및 위험물의 **소요단위에 해당하는 능력단위의 소형 수동식 소화기 등**을 추가로 설치하여야 한다.
4. 제4류 위험물을 저장 또는 취급하는 **옥외탱크저장소** 또는 **옥내탱크저장소**에는 **소형 수동식 소화기 등을 2개 이상** 설치하여야 한다.
5. 제조소, 옥내탱크저장소, 이송취급소, 또는 일반취급소의 작업공정상 소화설비의 방사능력범위 내에 당해 제조소등에서 저장 또는 취급하는 위험물의 전부가 포함되지 아니하는 경우에는 당

해 위험물에 대하여 대형 수동식 소화기 1개 이상과 당해 위험물의 소요단위에 해당하는 능력단위의 소형 수동식 소화기 등을 추가로 설치하여야 한다.

소화난이도 등급Ⅱ의 제조소등 및 소화설비

가. 소화난이도 등급Ⅱ에 해당하는 제조소등

제조소등의 구분	제조소등의 규모, 저장 또는 취급하는 위험물의 품명 및 최대수량 등
제 조 소 일반취급소	연면적 600m² 이상인 것
	지정수량의 10배 이상인 것(고 인화점 위험물만을 100℃ 미만의 온도에서 취급하는 것 및 제48조의 위험물을 취급하는 것은 제외)
	별표 16 Ⅱ·Ⅲ·Ⅳ·Ⅴ·Ⅷ·Ⅸ 또는 Ⅹ의 일반취급소로서 소화난이도 등급Ⅰ의 제조소등에 해당하지 아니하는 것(고 인화점 위험물만을 100℃ 미만의 온도에서 취급하는 것은 제외)
옥내저장소	단층건물 외의 것
	별표 5 Ⅱ 또는 Ⅳ제1호의 옥내저장소
	지정수량의 10배 이상인 것(고 인화점 위험물만을 저장하는 것 및 제48조의 위험물을 저장하는 것은 제외)
	연면적 150m² 초과인 것
	별표 5 Ⅲ의 옥내저장소로서 소화난이도 등급Ⅰ의 제조소등에 해당하지 아니하는 것
옥외 탱크저장소 옥내 탱크저장소	소화난이도 등급Ⅰ의 제조소등 외의 것(고 인화점 위험물만을 100℃ 미만의 온도로 저장하는 것 및 제6류 위험물만을 저장하는 것은 제외)
옥외저장소	덩어리 상태의 황을 저장하는 것으로서 경계표시 내부의 면적(2 이상의 경계표시가 있는 경우에는 각 경계표시의 내부의 면적을 합한 면적)이 5m² 이상 100m² 미만인 것
	별표 11 Ⅲ의 위험물을 저장하는 것으로서 지정수량의 10배 이상 100배 미만인 것
	지정수량의 100배 이상인 것(덩어리 상태의 황 또는 고 인화점 위험물을 저장하는 것은 제외)
주유취급소	옥내주유취급소로서 소화난이도 등급Ⅰ의 제조소등에 해당하지 아니하는 것
판매취급소	제2종 판매취급소

(비고) 제조소등의 구분별로 오른쪽란에 정한 제조소등의 규모, 저장 또는 취급하는 위험물의 수량 및 최대수량 등의 어느 하나에 해당하는 제조소등은 소화난이도 등급Ⅱ에 해당하는 것으로 한다.

나. 소화난이도 등급Ⅱ의 제조소등에 설치하여야 하는 소화설비

제조소등의 구분	소 화 설 비
제 조 소 옥내저장소 옥외저장소 주유취급소 판매취급소 일반취급소	방사능력범위 내에 당해 건축물, 그 밖의 공작물 및 위험물이 포함되도록 대형 수동식 소화기를 설치하고, 당해 위험물의 소요단위의 1/5 이상에 해당하는 능력단위의 소형 수동식 소화기 등을 설치할 것
옥외탱크저장소 옥내탱크저장소	대형 수동식 소화기 및 소형 수동식소 화기 등을 각각 1개 이상 설치할 것

(비고)
1. 옥내소화전설비, 옥외소화전설비, 스프링클러설비 또는 물 분무 등 소화설비를 설치한 경우에는 당해 소화설비의 방사능력범위 내의 부분에 대해서는 대형 수동식 소화기를 설치하지 아니할 수 있다.
2. 소형 수동식 소화기 등이란 제4호의 규정에 의한 소형 수동식 소화기 또는 기타 소화설비를 말한다. 이하 같다.

소화난이도 등급Ⅲ의 제조소등 및 소화설비

가. 소화난이도 등급Ⅲ에 해당하는 제조소등

제조소등의 구분	제조소등의 규모, 저장 또는 취급하는 위험물의 품명 및 최대수량 등
제 조 소 일반취급소	제48조의 위험물을 취급하는 것
	제48조의 위험물 외의 것을 취급하는 것으로서 소화난이도 등급Ⅰ 또는 소화난이도 등급Ⅱ의 제조소등에 해당하지 아니하는 것
옥내저장소	제48조의 위험물을 취급하는 것
	제48조의 위험물 외의 것을 취급하는 것으로서 소화난이도 등급Ⅰ 또는 소화난이도 등급Ⅱ의 제조소등에 해당하지 아니하는 것
지하탱크저장소 간이탱크저장소 이동탱크저장소	모든 대상

제조소등의 구분	제조소등의 규모, 저장 또는 취급하는 위험물의 품명 및 최대수량 등
옥외저장소	덩어리 상태의 황을 저장하는 것으로서 경계표시 내부의 면적(2 이상의 경계표시가 있는 경우에는 각 경계표시의 내부의 면적을 합한 면적)이 $5m^2$ 미만인 것
	덩어리 상태의 황 외의 것을 저장하는 것으로서 소화난이도 등급Ⅰ 또는 소화난이도 등급Ⅱ의 제조소등에 해당하지 아니하는 것
주유취급소	옥내주유취급소 외의 것
제1종 판매취급소	모든 대상

(비고) 제조소등의 구분별로 오른쪽란에 정한 제조소등의 규모, 저장 또는 취급하는 위험물의 수량 및 최대수량 등의 어느 하나에 해당하는 제조소등은 소화난이도 등급Ⅲ에 해당하는 것으로 한다.

나. 소화난이도 등급Ⅲ의 제조소등에 설치하여야 하는 소화설비

제조소등의 구분	소화설비	설치기준	
지하탱크저장소	소형 수동식 소화기 등	**능력단위의 수치가 3 이상**	2개 이상
이동탱크저장소	자동차용 소화기	무상의 강화액 8ℓ 이상	2개 이상
		이산화탄소 3.2kg 이상	
		브로오클로로다이플루오로메탄(CF_2ClBr) 2ℓ 이상	
		브로모트라이플루오로메탄(CF_3Br) 2ℓ 이상	
		다이브로오테트라플루오로에탄($C_2F_4Br_2$) 1ℓ 이상	
		소화분말 3.5kg 이상	
	마른 모래 및 팽창질석 또는 팽창진주암	마른 모래 150ℓ 이상	
		팽창질석 또는 팽창진주암 640ℓ 이상	
그 밖의 제조소등	소형 수동식 소화기 등	능력단위의 수치가 건축물 그 밖의 공작물 및 위험물의 소요단위의 수치에 이르도록 설치할 것. 다만, 옥내소화전설비, 옥외소화전설비, 스프링클러설비, 물 분무 등 소화설비 또는 대형 수동식 소화기를 설치한 경우에는 당해 소화설비의 방사능력범위 내의 부분에 대하여는 수동식 소화기 등을 그 능력단위의 수치가 당해 소요단위의 수치의 1/5 이상이 되도록 하는 것으로 족하다.	

(비고) 알킬알루미늄 등을 저장 또는 취급하는 이동탱크저장소에 있어서는 **자동차용 소화기**를 설치하는 외에 **마른 모래나 팽창질석** 또는 **팽창진주암**을 **추가로 설치**하여야 한다.

11 위험물취급자격자 및 위험물안전관리자의 자격기준

위험물 안전관리법 시행령 [별표 5, 별표 6]

[별표 5] 〈개정 2017.7.26〉

위험물취급자격자의 자격(제11조제1항 관련)

위험물취급자격자의 구분	취급할 수 있는 위험물
1. 「국가기술자격법」에 따라 위험물기능장, 위험물산업기사, 위험물기능사의 자격을 취득한 사람	별표 1의 모든 위험물
2. 안전관리자교육이수자(법 28조제1항에 따라 소방청장이 실시하는 안전관리자교육을 이수한 자를 말한다. 이하 별표 6에서 같다)	별표 1의 위험물 중 제4류 위험물
3. 소방공무원 경력자(소방공무원으로 근무한 경력이 3년 이상인 자를 말한다. 이하 별표 6에서 같다)	별표 1의 위험물 중 제4류 위험물

[별표 6] 〈개정 2012.1.6 [시행일 2014.1.1]〉

제조소등의 종류 및 규모에 따라 선임하여야 하는 안전관리자의 자격(규칙제13조관련)

제조소등의 종류 및 규모			안전관리자의 자격
제조소	1. 제4류 위험물만을 취급하는 것으로서 지정수량 5배 이하의 것		위험물기능장, 위험물산업기사, 위험물기능사, 안전관리자교육이수자 또는 소방공무원경력자
	2. 제1호에 해당하지 아니하는 것		위험물기능장, 위험물산업기사 또는 2년이상의 실무경력이 있는 위험물기능사
저장소	1. 옥내저장소	제4류 위험물만을 저장하는 것으로서 지정수량 5배 이하의 것	위험물기능장, 위험물산업기사, 위험물기능사, 안전관리자교육이수자 또는 소방공무원경력자
		제4류 위험물 중 알코올류·제2석유류·제3석유류·제4석유류·동식물유류만을 저장하는 것으로서 지정수량 40배 이하의 것	
	2. 옥외탱크저장소	제4류 위험물만 저장하는 것으로서 지정수량 5배 이하의 것	
		제4류 위험물 중 제2석유류·제3석유류·제4석유류·동식물유류만을 저장하는 것으로서 지정수량 40배 이하의 것	
	3. 옥내탱크저장소	제4류 위험물만을 저장하는 것으로서 지정수량 5배 이하의 것	
		제4류 위험물 중 제2석유류·제3석유류·제4석유류·동식물유류만을 저장하는 것	

제조소등의 종류 및 규모			안전관리자의 자격
저장소	4. 지하탱크저장소	제4류 위험물만을 저장하는 것으로서 지정수량 40배 이하의 것	위험물기능장, 위험물산업기사, 위험물기능사, 안전관리자교육이수자 또는 소방공무원경력자
		제4류 위험물 중 제1석유류·알코올류·제2석유류·제3석유류·제4석유류·동식물유류만을 저장하는 것으로서 지정수량 250배 이하의 것	
	5. 간이탱크저장소로서 제4류 위험물만을 저장하는 것		
	6. 옥외저장소 중 제4류 위험물만을 저장하는 것으로서 지정수량의 40배 이하의 것		
	7. 보일러, 버너 그 밖에 이와 유사한 장치에 공급하기 위한 위험물을 저장하는 탱크저장소		
	8. 선박주유취급소, 철도주유취급소 또는 항공기주유취급소의 고정주유설비에 공급하기 위한 위험물을 저장하는 탱크저장소로서 지정수량의 250배 (제1석유류의 경우에는 지정수량의 100배)이하의 것		
	9. 제1호 내지 제8호에 해당하지 아니하는 저장소		위험물기능장, 위험물산업기사 또는 2년이상의 실무경력이 있는 위험물기능사
취급소	1. 주유취급소		위험물기능장, 위험물산업기사, 위험물기능사, 안전관리자교육이수자 또는 소방공무원경력자
	2. 판매취급소	제4류 위험물만을 취급하는 것으로서 지정수량 5배 이하의 것	
		제4류 위험물 중 제1석유류·알코올류·제2석유류·제3석유류·제4석유류·동식물유류만을 취급하는 것	
	3. 제4류 위험물 중 제1류 석유류·알코올류·제2석유류·제3석유류·제4석유류·동식물유류만을 지정수량 50배 이하로 취급하는 일반취급소(제1석유류·알코올류의 취급량이 지정수량의 10배 이하인 경우에 한한다)로서 다음 각목의 어느 하나에 해당하는 것 가. 보일러, 버너 그 밖에 이와 유사한 장치에 의하여 위험물을 소비하는 것 나. 위험물을 용기 또는 차량에 고정된 탱크에 주입하는 것		
	4. 제4류 위험물만을 취급하는 일반취급소로서 지정수량 10배 이하의 것		
	5. 제4류 위험물 중 제2석유류·제3석유류·제4석유류·동식물유류만을 취급하는 일반취급소로서 지정수량 20배 이하의 것		
	6. 「농어촌 전기공급사업 촉진법」에 따라 설치된 자가발전시설에 사용되는 위험물을 취급하는 일반취급소		
	7. 제1호 내지 제6호에 해당하지 아니하는 취급소		위험물기능장, 위험물산업기사 또는 2년이상의 실무경력이 있는 위험물기능사

※ 비고
1. 왼쪽란의 제조소등의 종류 및 규모에 따라 오른쪽란에 규정된 안전관리자 자격이 있는 위험물취급자격자는 별표 5의 규정에 의하여 당해 제조소등에서 저장 또는 취급하는 위험물을 취급할 수 있는 자격이 있어야 한다.
2. 위험물기능사의 실무경력 기간은 위험물기능사 자격을 취득한 이후「위험물안전관리법」제15조에 따른 위험물안전관리자로 선임된 기간 또는 위험물안전관리자를 보조한 기간을 말한다.

제 4 편
CBT 모의고사 문제

■ 2019년~2023년

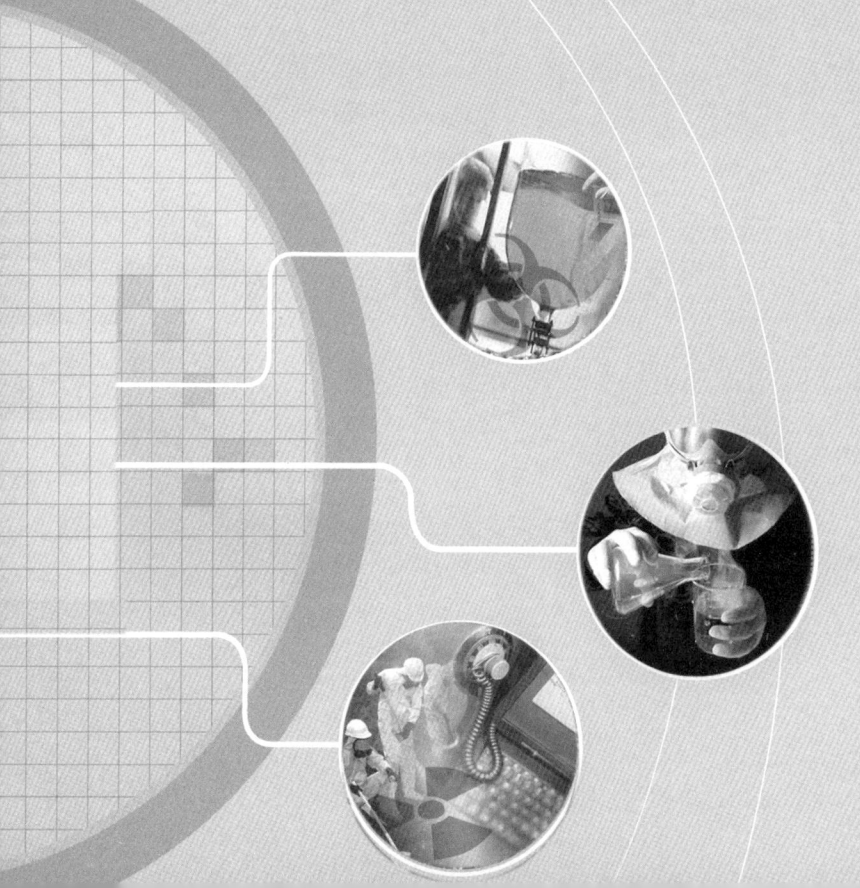

CBT 모의고사 10회
2019년 1월 19일 시행(대비문제)

1. 다음 중 연소에 필요한 산소의 공급원을 단절하는 것은?
① 제거작용　　　　　　② 질식작용
③ 희석작용　　　　　　④ 억제작용

해설 질식작용(질식소화) : 공기 중의 산소의 농도 21%를 15% 이하로 낮추어 주면 연소가 중단된다.

답 ②

2. 위험물안전관리법상 스프링클러헤드는 부착장소의 평상시 최고주위온도가 28℃ 미만인 경우 표시온도(℃)를 얼마의 것을 설치하여야 하는가?
① 58 미만　　　　　　② 58 이상 79 미만
③ 79 이상 121 미만　　④ 121 이상 162 미만

해설 스프링클러헤드 부착장소의 최고 주위온도에 따른 표시온도

부착장소의 최고 주위온도(℃)	표시온도(℃)
28 미만	58 미만
28 이상 39 미만	58 이상 79 미만
39 이상 64 미만	79 이상 121 미만
64 이상 106 미만	121 이상 162 미만
106 이상	162 이상

답 ①

3. 다음 중 제2류 위험물의 일반적인 취급 및 소화방법에 대한 설명으로 옳은 것은?
① 비교적 낮은 온도에서 착화되기 쉬우므로 고온체와 접촉시킨다.
② 인화성 액체(4류)와의 혼합을 피하고, 산화성 물질(1류, 6류)과 혼합하여 저장한다.
③ 금속분, 철분, 마그네슘, 황화인은 물에 의한 냉각소화가 적당한다.
④ 저장용기를 밀봉하고 위험물의 누출을 방지하여 통풍이 잘되는 냉암소에 저장한다.

해설 제2류 위험물은 가연성 고체로서 고온체와의 접촉을 피하여야 하며 일반적으로 제4류 위험물과의 혼합은 무관하나 제1류, 제3류, 제6류 위험물과의 혼합은 위험하다.

답 ④

4. 옥내소화전설비의 비상 전원은 몇 분 이상 작동할 수 있어야 하는가?
① 45분　　　　　　　② 30분
③ 20분　　　　　　　④ 10분

해설 위험물 전용 옥내소화전설비의 비상전원 : 45분
※ 일반 소방대상물 전용 옥내소화전설비의 비상전원 : 20분

답 ①

5. 다음 위험물 중 물과 반응하여 산소를 내는 것은?
① 과산화칼륨
② 과염소산칼륨
③ 염소산칼륨
④ 아염소산칼륨

해설 제1류 위험물(산화성고체) 중 물(H_2O)과 반응하여 산소(O_2)를 발생하는 것은 알칼리금속의 과산화물로서 과산화칼륨(K_2O_2)이 이에 해당한다.

참고 • 과산화칼륨(K_2O_2)와 물(H_2O)의 화학반응식
$$2K_2O_2 + 2H_2O \rightarrow 4KOH + O_2 \uparrow$$
(과산화칼륨)　(물)　(수산화칼륨)　(산소)

답 ①

6. 화학포의 소화약제인 탄산수소나트륨 6몰과 반응하여 생성되는 이산화탄소는 표준상태에서 몇 L 인가?
① 22.4
② 44.8
③ 89.6
④ 134.4

해설 탄산수소나트륨($NaHCO_3$) 6몰이 반응하면 이산화탄소(CO_2) 6몰이 생성되므로 표준상태에서 모든 기체 1몰은 22.4 ℓ를 차지하므로 이산화탄소의 체적은
∴ 22.4 ℓ/몰 × 6몰 = 134.4 ℓ 이다.

참고 • 화학포소화기의 화학반응식
$$6NaHCO_3 + Al_2(SO_4)_3 \cdot 18H_2O \rightarrow 3Na_2SO_4 + 2Al(OH)_3 + 6CO_2 \uparrow + 18H_2O$$
(탄산수소나트륨)　(황산알루미늄)　　　　(황산나트륨)　(수산화알루미늄)　(이산화탄소)　(물)

답 ④

7. 옥내주유취급소의 소화난이도 등급은?
① Ⅰ
② Ⅱ
③ Ⅲ
④ Ⅳ

해설 주유취급소 중 옥내주유취급소는 소화난이도 등급 Ⅱ등급에 해당되며 옥외주유취급소는 소화난이도 등급 Ⅲ등급에 해당된다.

참고 위험물안전관리법 시행규칙[별표 17] 소화설비, 경보설비 및 피난설비의 기준 중 2. 소화난이도등급Ⅱ의 제조소 등 및 소화설비 중 가. 소화난이도등급 Ⅱ에 해당하는 제조소 등 참조

답 ②

8. 다음 중 소화약제가 아닌 것은?
① CF_2ClBr
② CHF_2Br_4
③ CF_3Br
④ $C_2F_4Br_2$

해설 할론소화기의 할론넘버
- CF_2ClBr : 할론1211 소화제
- CHF_2Br_4 : 화학식 구성이 잘못되어 있음
- CF_3Br : 할론1301 소화제
- $C_2F_4Br_2$: 할론2402 소화제

답 ②

9. 옥외 저장시설에서 지정수량 200배 초과의 위험물을 저장할 경우 보유공지의 너비는 몇 m 이상으로 하는가? (단, 제4류 위험물과 제6류 위험물은 제외한다.)
① 0.5m
② 2.5m
③ 10m
④ 15m

해설 옥외저장소의 보유공지 규정

저장 또는 취급하는 위험물의 최대수량	공지의 너비
지정수량의 10배 이하	3m 이상
지정수량의 10배 초과, 20배 이하	5m 이상
지정수량의 20배 초과, 50배 이하	9m 이상
지정수량의 50배 초과, 200배 이하	12m 이상
지정수량의 200배 초과	15m 이상

참고 제4류 위험물(인화성액체) 중 제4석유류와 제6류 위험물을 저장할 경우 해당보유공지의 $\frac{1}{3}$ 이상으로 할 수 있다.

답 ④

10. 소화기의 사용방법에 대한 설명으로 가장 옳은 것은?
① 소화기는 화재 초기에만 효과가 있다.
② 소화기는 대형 소화설비의 대용으로 사용할 수 있다.
③ 소화기는 어떠한 소화에도 만능으로 사용할 수 있다.
④ 소화기는 구조와 성능, 취급법을 명시하지 않아도 된다.

해설 소화기는 화재 초기에만 효과가 있고 화재가 확대되면 소화기로 화재진압은 불가능하며 대형소화설비가 필요하다.

답 ①

11. 자연발화의 조건으로 거리가 먼 것은?
① 표면적이 넓을 것
② 열전도율이 클 것
③ 발열량이 클 것
④ 주위의 온도가 높을 것

해설 연소할 수 있는 가연물은 열전도율이 작아야 한다.

답 ②

12. 제3류 위험물인 인화칼슘(Ca_3P_2)의 소화방법으로 적당하지 않은 것은?
① 물
② CO_2
③ 건조석회
④ 금속화재용 분말소화약제

해설 인화칼슘(Ca_3P_2)은 제3류 위험물 중 금수성물질로 물(H_2O)과 반응하여 독성이며 가연성인 포스핀가스(PH_3)를 발생한다.

참고 • 인화칼슘(Ca_3P_2)과 물(H_2O)의 반응식
$Ca_3P_2 + 6H_2O \rightarrow 3Ca(OH)_2 + 2PH_3 \uparrow$
(인화칼슘) (물)   (수산화칼슘)   (인화수소 · 포스핀)

답 ①

13. 대형 수동식소화기의 설치기준은 방호대상물의 각 부분으로부터 하나의 대형 수동식소화기까지의 보행거리가 몇 m 이하가 되도록 설치하여야 하는가?
① 30
② 20
③ 10
④ 5

해설 소화기 설치기준
• 대형 수동식소화기 : 보행거리 30m 이하
• 소형 수동식소화기 : 보행거리 20m 이하

답 ①

14. 알칼리 금속은 화재예방상 다음 중 어떤 기(원자단)를 가지고 있는 물질과 접촉을 금해야 하는가?
① -OH
② -O-
③ -COO-
④ -NO₂

해설 알칼리금속은 알코올 등 수산기(-OH)를 갖는 물질과 반응하여 수소(H₂)를 발생한다.

답 ①

15. 불에 대한 제거 소화 방법의 적용이 잘못된 것은?
① 유전의 화재시 다량의 물을 이용하였다.
② 가스화재시 밸브 및 콕크를 잠갔다.
③ 산불화재시 벌목을 하였다.
④ 촛불을 바람으로 불어 가연성 증기를 날려 보냈다.

해설 유전의 화재는 다량의 주수(물)에 의한 냉각소화는 적당하지 않으며 폭약 등을 사용하여 폭풍을 일으켜 소화하는 제거소화가 적당하다.

답 ①

16. 탄화수소에서 탄소의 수가 증가할수록 나타나는 현상들로 옳게 짝 지워 놓은 것은?

| ㉠ 연소속도가 늦어진다. | ㉡ 발화온도가 낮아진다. |
| ㉢ 발열량이 커진다. | ㉣ 연소범위가 넓어진다. |

① ㉠
② ㉠ ㉡
③ ㉠ ㉡ ㉢
④ ㉡ ㉢ ㉣

해설 탄소수의 증가(분자량의 증가) 현상
1. 연소속도 : 늦어진다.
2. 발화온도(착화점) : 낮아진다.
3. 발열량 : 커진다.
4. 연소범위 : 낮아진다.
5. 수용성 및 휘발성 : 낮아진다.
6. 인화점 : 높아진다.
7. 증기비중 : 커진다.
8. 비점 : 높아진다.
9. 점도 : 커진다.
10. 비중 : 작아진다.
11. 이성질체 : 많아진다.

답 ③

17. 물이 소화제로 쓰이는 이유 중 거리가 먼 것은?
① 구입이 용이하다.
② 제거소화가 잘 된다.
③ 취급이 간편하다.
④ 기화잠열이 크다.

해설 물은 냉각소화에 적용성이 있으며 제거소화와는 관계가 없다.

답 ②

18. 축압식소화기의 압력계의 지침이 녹색을 가리키고 있다. 이 소화기의 상태는?
① 과충전된 상태　　　　② 압력이 미달된 상태
③ 정상상태　　　　　　④ 이상고온 상태

해설
- 녹색 : 정상상태
- 백색 또는 황색 : 압력 미달상태
- 적색 : 과충전 상태

답 ③

19. 분말소화약제의 주성분이 아닌 것은?
① 탄산수소나트륨　　　② 인산암모늄
③ 탄산나트륨　　　　　④ 탄산수소칼륨

해설 탄산나트륨($NaCO_3$)은 탄산수소나트륨($NaHCO_3$) 분말소화약제가 열분해시 생성되는 부산물로서 소화약제에 해당되지 않는다.

답 ③

20. 스프링클러헤드의 설치방법에 대한 설명으로 옳지 않은 것은?
① 개방형헤드는 원칙적으로 반사판으로부터 하방으로 0.45m, 수평방향으로 0.3m 공간을 보유할 것
② 폐쇄형헤드는 가연성물질 수납부분에 설치 시 반사판으로부터 하방으로 0.9m, 수평방향으로 0.4m의 공간을 확보할 것
③ 폐쇄형헤드 중 개구부에 설치하는 것은 당해 개구부의 상단으로부터 높이 0.15m 이내의 벽면에 설치할 것
④ 폐쇄형헤드설치 시 급배기용 덕트의 긴 변의 길이가 1.2m를 초과하는 것이 있는 경우에는 당해 덕트의 윗부분에도 헤드를 설치할 것

해설 폐쇄형 스프링클러헤드 설치 시 급배기용 덕트의 긴 변의 길이가 1.2m를 초과하는 것에는 덕트 아래 부분에도 헤드를 설치한다.

답 ④

21. 아세톤, 메탄올, 피리딘 및 아세트알데하이드 등의 공통된 성질은?
① 모두 액체로 무취이다.　　② 인화점이 0℃ 이하이다.
③ 모두 분자 내 산소를 함유하고 있다.　　④ 모두 물에 녹는다.

해설 아세톤(CH_3COCH_3), 메탄올(CH_3OH), 피리딘(C_5H_5N) 및 아세트알데하이드(CH_3CHO)는 모두 제4류 위험물(인화성 액체) 중 수용성이며, 각각의 특유취가 있고 인화점이 0℃ 이상인 메탄올(11℃)과 피리딘(20℃)이 있으며, 피리딘의 분자구조에는 산소를 포함하지 않는다.

답 ④

22. 다음 중 과염소산의 성상 중 올바른 것은?
① 흡습성이 강한 고체이다.
② 매우 불안전한 강산류이다.
③ 물과 반응하여 조연성 가스를 발생한다.
④ 공기 중 증기는 점화원에 의해 폭발한다.

해설 과염소산($HClO_4$)은 제6류 위험물인 산화성액체로서 강산에 해당되며 매우 불안정하다.

답 ②

23. 아이오딘값의 정의를 올바르게 설명한 것은?
① 유지 100kg에 흡수되는 아이오딘의 g 수
② 유지 10kg에 흡수되는 아이오딘의 g 수
③ 유지 100g에 흡수되는 아이오딘의 g 수
④ 유지 10g에 흡수되는 아이오딘의 g 수

해설 아이오딘값 : 유지 100g에 부가(흡수)되는 아이오딘의 g 수

답 ③

24. 다음 중 제5류 위험물이 아닌 것은?
① 질산에틸
② 나이트로글리세린
③ 초산메틸
④ 피크르산

해설 초산메틸(CH_3COOCH_3)은 제4류 위험물(인화성액체) 중 제1석유류에 해당된다.

참고 위험물의 유별 및 품명
- 질산에틸($C_2H_5ONO_2$) : 제5류(질산에스터류)
- 나이트로글리세린[$C_3H_5(ONO_2)_3$] : 제5류(질산에스터류)
- 피크르산[$C_6H_2OH(NO_2)_3$] : 제5류(나이트로화합물)

답 ③

25. 제5류 위험물을 저장할 때 주의하여야 할 사항 중 틀린 것은?
① 통기가 잘 되는 곳에 저장한다.
② 불꽃과의 접촉을 피한다.
③ 건조를 위해 온도가 높은 곳에 저장한다.
④ 심한 충격과 마찰을 피하도록 한다.

해설 위험물은 전반적으로 통풍이 잘 되며 온도가 낮은 냉암소에 저장한다.

답 ③

26. 다음은 위험물의 성질을 설명한 것이다. 옳은 것은?
① 황화인의 착화온도는 35℃이다.
② 황화인이 연소하면 O_3 가스가 발생한다.
③ 마그네슘은 알칼리수용액과 반응하여 O_2 가스를 발생시킨다.
④ 황은 전기의 절연재료로 사용되며, 3종의 동소체가 존재한다.

해설 황(S)은 전기절연제로 사용되며 사방정계, 단사정계, 비정계 3가지 동소체를 갖고 있다.

답 ④

27. 다음 괄호 안에 들어갈 알맞은 단어는?

"보냉장치가 있는 이동저장탱크에 저장하는 아세트알데하이드 등 또는 다이에틸에터 등의 온도는 당해 위험물의 ( ) 이하로 유지하여야 한다."

① 비점   ② 인화점
③ 융해점   ④ 발화점

해설 위험물안전관리법 시행규칙[별표 18] 제조소 등에서의 위험물의 저장 및 취급에 관한 기준 중 Ⅲ. 저장의 기준 중 21호
- 자목 : 보냉장치가 있는 이동저장탱크에 저장하는 아세트알데하이드 등 또는 다이에틸에터 등의 온도는 당해 위험물의 비점 이하로 유지할 것
- 차목 : 보냉장치가 없는 이동저장탱크에 저장하는 아세트알데하이드 등 또는 다이에틸에터 등의 온도는 40℃ 이하로 유지할 것

답 ①

28. 다음 물질 중 연소시 푸른 불꽃을 내며 타서 아황산가스를 발생하는 것은?
① 적린
② 황
③ 황화인
④ 황린

해설 황(S)은 제2류 위험물(가연성 고체)에 속하며 연소하면 푸른 불꽃을 내며 아황산가스(SO_2)를 발생한다.

참고
- 황(S)의 연소반응식
 $S + O_2 \rightarrow SO_2 \uparrow$
 (황) (산소) (아산화황, 아황산가스)

답 ②

29. 1기압에서 인화점이 70도 이상, 200도 미만인 위험물은 어디에 속하는가? (단, 도료류 그 밖의 물품은 가연성 액체량이 40중량% 이하인 것은 제외한다.)
① 제1석유류
② 제2석유류
③ 제3석유류
④ 제4석유류

해설 본문내용 : 제4류 위험물(인화성액체)중 제3석유류의 성상에 의한 품목의 기준

답 ③

30. 진한질산이 손이나 몸에 묻었을 때 응급처치 방법 중 가장 먼저 해야 할 일은?
① 묽은 황산으로 씻는다.
② 암모니아수로 중화시킨다.
③ 다량의 물로 충분히 씻는다.
④ 수산화나트륨용액으로 중화시킨다.

해설 진한질산(HNO_3)은 제6류 위험물(산화성 액체)이며 이분 아니라 강산이나 강알칼리가 손이나 몸에 묻었을 때는 다량의 물로 충분히 씻는 것을 최우선으로 한다.

답 ③

31. 스테아르산[$CH_3(CH_2)_{16}COOH$]에 대한 설명 중 틀린 것은?
① 고급지방산의 일종이다.
② 벤젠, 에터에 녹는다.
③ 양초나 비누제조 용도로 사용된다.
④ 상온에서 액체로 존재하고 아이오딘값이 높다.

해설 스테아르산은 소방기본법 시행령 별표2 특수가연물 중 가연성고체류에 해당되며 포화탄화수소의 고급 지방산으로 아이오딘값은 매우 낮다.

답 ④

32. 질산에틸에 대하여 틀린 것은?
① 에탄올을 진한 질산에 작용시켜서 얻는다.
② 방향을 가진 무색의 액체이다.
③ 비중 : 1.11, 끓는점 : 88℃이다.
④ 인화점이 높아서 인화의 위험이 적다.

해설 질산에틸($C_2H_5ONO_2$)은 제5류 위험물(자기반응성물질)중 질산에스터류에 속하며 인화점이 10℃로, 인화점이 낮으므로 인화의 위험이 크다.

답 ④

33. 알루미늄분이 염산과 반응하였을 경우 주로 생성되는 가연성 가스는?
① 산소
② 질소
③ 염소
④ 수소

해설 알루미늄(Al)분이 염산(HCl)과 반응하면 염화알루미늄($AlCl_3$)과 수소(H_2)를 발생한다.

참고 • 알루미늄(Al)분과 염산(HCl)의 반응식
$$2Al + 6HCl \rightarrow 2AlCl_3 + 3H_2 \uparrow$$
(알루미늄) (염산) (염화알루미늄) (수소)

답 ④

34. 동·식물유류의 일반적 성질에 관한 내용이다. 거리가 먼 것은?
① 아마인유는 건성유이므로 자연발화의 위험이 존재한다.
② 아이오딘값이 클수록 포화지방산이 많으므로 자연발화의 위험이 적다.
③ 화재시 액온이 상승하여 대형화재로 발전하기 때문에 소화가 곤란하다.
④ 동식물유는 대체로 인화점이 220~300℃ 정도이므로 연소위험성 측면에서 제4석유류와 유사하다.

해설 제4류 위험물(인화성 액체) 동·식물유에서 아이오딘값이 크다는 것은 불포화도가 높은 것은 불포화지방산이 많다는 것으로 자연발화의 위험이 크다는 것이다.

답 ②

35. 셀룰로이드류를 다량으로 저장하는 경우 가장 적절한 저장소는?
① 습도가 높고, 온도가 낮은 곳
② 습도가 낮고, 온도가 높은 곳
③ 통풍이 좋고, 온도가 낮은 곳
④ 통풍이 없고, 온도가 높은 곳

해설 모든 위험물은 일반적으로 통풍이 잘 되는 찬 곳에 저장한다.

답 ③

36. 탄화칼슘의 저장 및 취급과 관계없는 것은?
① 물, 습기와의 접촉을 피한다.
② 석유 속에 저장해 둔다.
③ 장기 저장할 때는 질소가스를 충전한다.
④ 화기로부터 먼 곳에 저장한다.

해설 탄화칼슘(CaC_2)은 제3류 위험물중 금수성물질로서 물과의 접촉을 피하며 공기 중에서 풍해현상을 가지므로 장기 저장 시 용기는 질소(N_2)를 충전시켜 밀봉하여 저장한다.
※ 석유 속에 저장하는 것은 제3류 위험물 중 금수성물질인 칼륨(K), 나트륨(Na)이 해당된다.

답 ②

37. 과염소산염류의 공통된 성질은?
① 특정물질과 혼합시 마찰 혹은 충격에 안전하지 못하다.
② 산화되기 쉽다.
③ 물을 가하면 격렬히 화학적으로 반응된다.
④ 흑색의 침상결정이다.

해설 과염소산염류는 제1류 위험물(산화성 고체)로서 일반적으로 무색의 결정이며 물에 잘 녹으며 강산화제이므로 자신은 환원되기 쉽고 가열, 충격에 의하여 분해되어 산소(O_2)를 발출하며 가연물과 혼합시 조그만 자극으로 연소 내지는 폭발한다.

답 ①

38. 제3류 위험물 중 취급상 가장 주의해야 될 사항은?
① 석유류와 접촉을 피해야 한다.
② 수분과 접촉을 피해야 한다.
③ 마른모래와 접촉을 피해야 한다.
④ 충격을 방지해야 한다.

해설 제3류 위험물은 금수성 및 자연발화성 물질로 자연발화성 물질인 황린(P_4)을 제외한 위험물은 수분과의 접촉을 피하여야 한다.

답 ②

39. 과염소산칼륨을 400도 이상으로 가열하면 분해되면서 발생하는 가스는?
① 수소   ② 질소
③ 탄산가스   ④ 산소

해설 과염소산칼륨($KClO_4$)은 제1류 위험물(산화성 고체) 과염소산염류에 속하며 400℃ 이상 가열하면 염화칼륨(KCl)과 산소(O_2)를 발생한다.

참고 • 과염소산칼륨($KClO_4$)의 열분해반응식
$$KClO_4 \rightarrow KCl + 2O_2 \uparrow$$
(과염소산칼륨) (염화칼륨) (산소)

답 ④

40. 다음 중 벤젠의 일반적 성질로서 틀린 것은?
① 증기는 유독하다.   ② 수지 및 고무 등을 잘 녹인다.
③ 휘발성 있는 무취의 노란색 액체이다. ④ 인화점은 −11℃ 이고, 분자량은 78.1이다.

해설 벤젠(C_6H_6)은 제4류 위험물(인화성액체)중 제1석유류에 해당하는 휘발성이 강하며 방향을 갖는 무색 투명한 액체이다.

답 ③

41. 다음 위험물 중 특수인화물이 아닌 것은?
① 메틸에틸케톤퍼옥사이드   ② 산화프로필렌
③ 아세트알데하이드   ④ 이황화탄소

해설 메틸에틸케톤퍼옥사이드(MEKPO) : 제5류 위험물(자기반응성물질) 중 유기과산화물류에 해당한다.

참고 제4류 위험물(인화성 액체) 특수인화물의 화학식
• 산화프로필렌 : OCH_2CHCH_3
• 아세트알데하이드 : CH_3CHO
• 이황화탄소 : CS_2

답 ①

42. 다음 중 제2석유류의 품목끼리 짝지어진 것은?
① 등유, 경유   ② 등유, 중유
③ 기계류, 글리세린   ④ 글리세린, 장뇌유

해설 제4류 위험물(인화성 액체)의 품명 및 품목
• 제2석유류 : 등유, 경유, 장뇌유
• 제3석유류 : 중유, 글리세린
• 제4석유류 : 기계류

답 ①

43. 아세트알데하이드와 아세톤의 성질을 설명한 것이다. 틀린 것은?
① 증기는 공기보다 모두 무겁다.
② 모두 무색 액체로서 인화점이 낮다.
③ 모두 물에 잘 녹는다.
④ 모두 특수인화물로 반응성이 크다.

> **해설** 아세트알데하이드(CH_3CHO)는 제4류 위험물(인화성액체)중 특수인화물이며 아세톤(CH_3COCH_3)은 제1석유류이다.

답 ④

44. 제1석유류 중에서 인화점이 -18℃, 분자량이 58.08이고 햇빛에 분해되며 착화온도가 538℃인 위험물은 다음 중 어느 것인가?
① 가솔린   ② 아세톤
③ 에틸알코올   ④ 벤젠

> **해설** 본문내용 : 제4류 위험물(인화성액체)중 제1석유류의 아세톤(CH_3COCH_3)을 설명하고 있다.

답 ②

45. 주유취급소의 위험물 취급기준이 틀린 것은?
① 고정급유설비에 접속하는 탱크에 위험물을 주입시 탱크에 접속된 고정급유설비의 사용을 중지한다.
② 유분리장치에 고인 유류는 넘치지 않게 수시로 퍼내야 한다.
③ 이동저장탱크로부터 위험물을 주유취급소 내의 탱크에 주입할 때 이동탱크저장소를 당해 탱크의 주입구에 근접시키지 않는다.
④ 자동차에 주유할 때는 고정주유설비를 사용하여 직접 주유한다.

> **해설** 위험물 안전관리법 시행규칙[별표 18] 제조소 등에서의 위험물의 저장 및 취급에 관한 기준 중 Ⅳ. 취급의 기준 중 5호, 가목, 5) 이동저장탱크로부터 위험물을 주유취급소 내의 탱크에 주입하는 때에는 이동탱크저장소를 당해 탱크의 주입구에 근접하여 정차시킬 것

답 ③

46. 다음 중 규조토에 흡수시켜 다이너마이트를 제조할 때 사용되는 위험물은?
① 장뇌   ② 질산에틸
③ 나이트로글리세린   ④ 나이트로셀룰로오스

> **해설** 다이너마이트의 주원료는 제5류 위험물(자기반응성물질)중 질산에스터에 속하는 나이트로글리세린[$C_3H_5(ONO_2)_3$]이다.

답 ③

47. H_2O_2에 대한 설명 중 틀린 것은?
① 무기과산화물이다.
② 5% 이상이면 위험물로 취급된다.
③ 표백제, 소독제로 쓰인다.
④ 구멍 뚫린 마개를 사용하여 보관한다.

> **해설** H_2O_2(과산화수소) : 제6류 위험물(산화성 액체)로서 농도가 36wt% 이상일 경우 위험물로 본다.

답 ②

48. 건조하면 타격, 마찰에 의하여 폭발하므로 저장, 운반할 때 물(20%) 또는 알코올(30%)를 첨가 습윤 시키는 위험물은?
① 셀룰로이드
② 트라이나이트로톨루엔
③ 나이트로셀룰로오스
④ 다이나이트로나프탈렌

> **해설** 제5류 위험물(자기반응성물질) 중 함수알코올로 습윤하여 저장·취급하는 위험물은 나이트로셀룰로오스[$C_6H_7O_2(ONO_2)_3$]$_n$이다.

답 ③

49. 불활성가스소화설비 중 이산화탄소소화설비의 기준에서 전역방출방식의 경우 몇 초 이내에 소화약제의 양을 균일하게 방사하여야 하는가?
① 30초 이내
② 60초 이내
③ 100초 이내
④ 120초 이내

> **해설** 위험물안전관리에 관한 세부기준 제134조(불활성가스소화설비의 기준) 제1호, 전역방출방식의 이산화탄소소화설비의 분사헤드기준 중, 다목 : 약제산출 기준에서 정하는 소화약제의 양을 60초 이내에 균일하게 방사할 것

답 ②

50. 다음 화합물중 망가니즈의 산화수가 +6인 것은?
① KMnO$_4$
② MnO$_2$
③ MnSO$_4$
④ K$_2$MnO$_4$

> **해설** 산화수 구하기
> - KMnO$_4$ = K^{+1} Mn^X O$_4^{-2}$
> $+1 + \chi + (-2 \times 4) = 0$, $\chi = +7$
> - MnO$_2$ = Mn^X +O$_2^{-2}$
> $\chi + (-2 \times 2) = 0$, $\chi = +4$
> - MnSO$_4$ = Mn^X SO$_4^{-2}$ (황산기는 원자단으로 -2가이다)
> $\chi - 2 = 0$, $\chi = +2$
> - K$_2$MnO$_4$ = K$_2^{+1}$Mn^{X}O$_4^{-2}$
> $+1 \times 2 + \chi + (-2 \times 4) = 0$, $\chi = +6$

답 ④

51. 산화프로필렌의 위험성에 대한 설명으로 틀린 것은?
① 산화프로필렌의 증기나 액체는 구리, 은, 마그네슘 등의 금속과의 접촉을 피해야 한다.
② 탱크에 저장하거나 용기에 수납할 때에는 질소 등의 불연성 가스를 채워둔다.
③ 증기압이 대단히 낮으므로 위험도가 크다.
④ 장시간 노출되면 동상, 폐부종 등의 위험이 있다.

> **해설** 산화프로필렌(OCH$_2$CHCH$_3$)은 제4류 위험물(인화성액체) 중 특수인화물에 해당하며 증기압이 대단히 높으므로 저장취급시 탱크의 온도상승에 주의하여야 하며 피부와 접촉시 동상과 같은 현상이 있으며 장시간 흡입시 폐부종을 일으키는 위험이 있다.

답 ③

52. $C_6H_2(NO_2)_3OH$와 $C_2H_5NO_3$의 공통성질 중 옳은 것은?

① 나이트로 화합물에 속한다.
② 인화성이고 또 폭발성이 있는 액체이다.
③ 무색 또는 담황색 액체로서 방향이 있다.
④ 모두 알코올에 녹는다.

해설 $C_6H_2(NO_2)_3OH$(피크린산)은 제5류 위험물(자기반응성 물질) 중 나이트로화합물이며 $C_2H_5NO_3$(질산에틸)은 제5류 위험물(자기반응성 물질) 중 질산에스터류에 해당하며 모두 알코올에 녹는다.

답 ④

53. 질산에 대한 설명 중 옳은 것은?

① 적갈색의 고체이다.
② 햇빛에 의해 분해되므로 보관시 직사광선을 차단한다.
③ 가열하여도 분해되지 않는다.
④ 금속을 부식시키지 않는다.

해설 질산(HNO_3)은 제6류 위험물(산화성액체)이며 햇빛에 의한 분해되어 이산화질소(NO_2)와 산소(O_2)를 발생하므로 보관시 갈색의 차광병에 넣어 저장한다.

참고 • 질산(HNO_3)의 분해반응식

$4HNO_3 \rightarrow 2H_2O + 4NO_2\uparrow + O_2\uparrow$
(질산)   (물)   (이산화질소) (산소)

답 ②

54. 다음 중 제1석유류에 대한 설명으로 옳은 것은?

① 1기압에서 인화점이 21℃ 미만인 것
② 1기압에서 액상으로 착화점 21℃ 미만인 것
③ 1기압 40℃에서 액상으로 인화점 70℃ 미만인 것
④ 1기압 40℃에서 액상의 것으로 인화점 200℃ 미만인 것

해설 제4류 위험물(인화성액체)중 제1석유류의 성상 : 1기압에서 인화점 21℃ 미만인 것

답 ①

55. 다음 설명 중 인화석회(인화칼슘)의 성질로 옳은 것은?

① 물보다 약간 가볍다.
② 백색 괴상의 고체이다.
③ 알코올에 잘 녹는다.
④ 물과 반응하여 포스핀을 발생한다.

해설 인화칼슘(Ca_3P_2)은 제3류 위험물중 금수성물질에 해당하며 비중이 2.51로 물보다 무거우며 적갈색 괴상의 고체로 물(H_2O)과 반응하면 발열하여 수산화칼슘[$Ca(OH)_2$]과 가연성이며 독성이 있는 포스핀가스(PH_3)를 발생한다.

참고 • 인화칼슘(Ca_3P_2)과 물(H_2O)과의 반응식

$Ca_3P_2 + 6H_2O \rightarrow 3Ca(OH)_2 + 2PH_3\uparrow + Q$ kcal
(인화칼슘) (물)   (수산화칼슘) (포스핀) (발열반응)

답 ④

56. 금속나트륨의 저장 보호액으로 사용할 수 있는 것은?

① 아세톤
② 메탄올
③ 식초
④ 파라핀

해설 금속나트륨(Na)과 금속칼륨(K)은 제3류 위험물중 금수성물질을 대표하며 보호액은 등유, 경유, 파라핀을 사용한다.

답 ④

57. 분자량이 약 26.98로 온수와 반응하여 수소를 발생하며 공기 중에서는 산화피막이 형성되어 내부를 보호하는 성질을 가진 제2류 위험물은?
① Zn
② Al
③ Sb
④ Fe

해설 Al(알루미늄분)은 제2류 위험물(가연성 고체) 금속분류에 해당하며 분자량은 약 26.98(27)이고 온수와 반응하면 수소(H_2)를 발생한다.

참고 • 알루미늄(Al)분과 물(H_2O)의 화학반응식
$$2Al + 6H_2O \rightarrow 2Al(OH)_3 + 3H_2 \uparrow$$
(알루미늄) (물)   (수산화알루미늄)   (수소)

답 ②

58. 제3류 위험물의 공통적인 성질을 설명한 것 중 옳은 것은? (단, 황린은 제외)
① 모두 무기화합물이다.
② 저장액으로 석유류를 이용한다.
③ 햇빛에 노출되는 순간 발화한다.
④ 물과 반응시 발열 또는 발화한다.

해설 제3류 위험물은 금수성 및 자연발화성물질로 황린(P_4)을 제외하고는 물과 접촉하여 발열하며 가연성가스를 발생하거나 발화한다.

답 ④

59. 다음 중 염소산나트륨의 성질로서 틀린 것은?
① 알코올, 에터에 녹지 않는다.
② 조해성이 크다.
③ 분해온도는 약 300도 이다.
④ 철을 부식시킨다.

해설 염소산나트륨($NaClO_3$)은 제1류 위험물(산화성고체)중 염소산염류에 해당되며 물, 알코올, 에터에 잘 녹는다.

답 ①

60. 다이에틸에터의 성질 중 맞는 것은?
① 착화 온도는 300℃이다.
② 증기는 공기보다 가볍고 물에 잘 녹는다.
③ 피부에 닿으면 피부가 상한다.
④ 연소 범위는 1.9~48%이다.

해설 다이에틸에터($C_2H_5OC_2H_5$)는 제4류 위험물(인화성액체)중 특수인화물이며 연소범위는 1.9~48%로 매우 넓다.

답 ④

CBT 모의고사 11회

2019년 4월 7일 시행(대비문제)

1. 인화점이 낮은 것부터 높은 순서로 나열된 것은?
① 아세톤 - 톨루엔 - 벤젠
② 톨루엔 - 벤젠 - 아세톤
③ 아세톤 - 벤젠 - 톨루엔
④ 톨루엔 - 아세톤 - 벤젠

해설 제4류 위험물(인화성액체) 제1석유류의 인화점
- 아세톤(CH_3COCH_3) : -18℃
- 벤젠(C_6H_6) : -11℃
- 톨루엔($C_6H_5CH_3$) : 4℃

답 ③

2. 등유의 성질로서 틀린 것은?
① 물에 녹지 않는다.
② 증기 비중은 1보다 크다.
③ 산화제로 주로 사용한다.
④ 물보다 가볍다.

해설 등유(케로신)는 제4류 위험물(인화성액체) 중 제2석유류를 대표하는 유류로서 산화제가 아니다. 위험물 중 산화제는 제1류 위험물(산화성 고체), 제6류 위험물(산화성 액체)가 대표적이다.

답 ③

3. 저팽창포 또는 고팽창포로 사용이 가능한 포소화약제는?
① 단백포 소화약제
② 플루오린화단백포 소화약제
③ 수성막포 소화약제
④ 합성계면활성제포 소화약제

해설 합성계면활성제포 소화약제는 저팽창에서 고팽창까지 팽창 범위가 넓어서 고체 및 기체연료의 화재에도 사용한다.

답 ④

4. 제2류 위험물인 황의 대표적인 연소형태는?
① 표면연소 ② 증발연소
③ 분해연소 ④ 자기연소

해설 황(S)은 제2류 위험물(가연성고체)이며, 가열하면 액체로 변하고 또한 액표면에서 발생하는 증기에 인화되므로 증발연소를 한다.

답 ②

5. 다음 위험물의 화재 시 이산화탄소 소화약제를 사용할 수 없는 것은?
① 글리세린 ② 등유
③ 인화성 고체 ④ 마그네슘

해설 마그네슘(Mg)의 화재에 이산화탄소(CO_2) 소화약제를 사용하면 폭발한다.

참고 • 마그네슘(Mg)과 이산화탄소(CO_2)의 폭발반응식
$$2Mg + CO_2 \rightarrow 2MgO + C$$
(마그네슘) (이산화탄소) (산화마그네슘) (탄소)

답 ④

6. 질산암모늄의 일반적 성질에 대한 설명 중 옳은 것은?
① 불안정한 물질이고 물에 녹을 때는 흡열반응을 나타낸다.
② 과일향의 냄새가 나는 적갈색 비결정체이다.
③ 물에 대한 용해도 값이 매우 작아 물에 거의 불용이다.
④ 상온에서 폭발성의 액체이다.

해설 질산암모늄(NH_4NO_3)은 제1류 위험물(산화성고체)중 질산염류에 속하며 불안정한 물질이고 물에 녹을 때는 흡열반응을 한다.

답 ①

7. 「위험물안전관리에 관한 세부기준」에서 정한 위험물의 유별에 따른 위험성 시험 방법을 옳게 연결한 것은?
① 제2류 – 작은 불꽃 착화시험 ② 제5류 – 충격민감성 시험
③ 제1류 – 가열분해성 시험 ④ 제5류 – 낙구타격감도시험

해설 유별에 따른 위험성 시험 방법
- 제1류 – 충격민감성 시험
- 제2류 – 착화의 위험성 시험(작은 불꽃 착화시험)
- 제2류 – 고체의 인화의 위험성 시험
- 제3류(자연발화성) – 고체 및 액체의 공기 중 발화의 위험성의 시험
- 제3류(금수성) – 물과 접촉하여 발화하거나 가연성가스를 발생할 위험성의 시험
- 제4류 – 태그밀폐식인화점측정기에 의한 인화점 측정시험
  신속평형법인화점측정기에 의한 인화점 측정시험
  클리브랜드개방컵인화점측정기에 의한 인화점 측정 시험
- 제5류 – 폭발성 및 가열분해성 시험
- 제6류 – 연소시간 측정시험

답 ①

8. B급 화재에 해당하는 가연물은?
① 종이 ② 질산칼륨
③ 등유 ④ 나트륨

해설 B급 화재 : 등유와 같은 유류화재

참고 화재의 구분
- 종이 : A급화재(일반화재)
- 질산칼륨(KNO_3) : D급화재(금속화재)
- 나트륨(Na) : D급화재(금속화재)

답 ③

9. 다음 중 산화성 물질이 아닌 것은?

① 질산염류
② 과염소산
③ 무기과산화물
④ 마그네슘

해설 마그네슘(Mg)은 제2류 위험물(가연성고체)에 해당하는 환원성물질이다.

답 ④

10. 포소화약제의 주된 소화효과는?

① 제거소화
② 자기소화
③ 희석소화
④ 질식소화

해설 포소화약제는 질식소화효과의 대표적 소화약제이다.
참고 질식소화약제 : 포, 분말, 이산화탄소, 간이소화용구

답 ④

11. 위험물 운반 시 동일한 트럭에 제1류 위험물과 함께 적재할 수 있는 유별은? (단, 지정수량의 5배 이상인 경우이다.)

① 제6류
② 없음
③ 제4류
④ 제3류

해설 혼재할 수 있는 위험물 : 사이삼, 오이사, 육하나

답 ①

12. 연소 시 고온체의 색상에 따라 온도를 구분할 때 다음 중 적색에 가장 가까운 온도는?

① 250℃
② 1,700℃
③ 1,500℃
④ 850℃

해설 고온체의 색깔과 온도
- 담암적색 : 522℃
- 암적색 : 700℃
- 적색 : 850℃
- 휘적색 : 950℃
- 황적색 : 1,100℃
- 백적색 : 1,300℃
- 휘백색 : 1,500℃

답 ④

13. 탄화알루미늄을 저장하는 저장고에 스프링클러소화설비를 설치할 수 없는 이유는?

① 물과 반응 시 에테인가스를 발생하기 때문에
② 물과 반응 시 메테인가스를 발생하기 때문에
③ 물과 반응 시 수소가스를 발생하기 때문에
④ 물과 반응 시 프로페인가스를 발생하기 때문에

해설 탄화알루미늄(Al_4C_3)은 제3류 위험물 중 금수성물질로 물(H_2O)과 반응하면 메테인(CH_4)을 발생한다.

참고 • 탄화알루미늄(Al_4C_3)과 물(H_2O)의 반응식

$$Al_4C_3 + 12H_2O \rightarrow 4Al(OH)_3 + 3CH_4 \uparrow$$
(탄화알루미늄) (물)   (수산화알루미늄) (메테인)

답 ②

14. 위험물안전관리법에서 정의하는 다음 용어는 무엇인가?

"인화성 또는 발화성 등의 성질을 가지는 것으로서 대통령령이 정하는 물품을 말한다."

① 자연발화성물질   ② 위험물
③ 인화성물질   ④ 가연물

해설 보기내용 : 위험물 안전관리법 제2조 제1항 제1호 "위험물"의 정의이다.

답 ②

15. 위험물안전관리법령상 소화설비의 설치기준으로 틀린 것은?
① 저장소의 외벽이 내화구조인 건축물의 연면적 $150m^2$를 1소요단위로 한다.
② 능력단위는 소요단위에 대응하는 소화설비의 소화능력의 기준단위이다.
③ 소요단위는 소화설비의 설치대상이 되는 건축물 그 밖의 공작물의 규모 또는 위험물의 양의 기준단위이다.
④ 취급소의 외벽이 내화구조인 건축물의 연면적 $50m^2$를 1소요단위로 한다.

해설 취급소의 외벽이 내화구조인 건축물의 연면적 $100m^2$를 1소요단위로 한다.

참고 소요단위(1단위)
- 제조소 또는 취급소용 건축물로 외벽이 내화구조인 것 : 연면적 $100m^2$
- 제조소 또는 취급소용 건축물로 외벽이 내화구조 이외인 것 : 연면적 $50m^2$
- 저장소용 건축물로 외벽이 내화구조인 것 : 연면적 $150m^2$
- 저장소용 건축물로 외벽이 내화구조 이외인 것 : 연면적 $75m^2$
- 위험물 : 지정수량 10배
※ 제조소등의 옥외에 설치된 공작물은 외벽이 내화구조인 것으로 간주하고 최대수평투영 면적을 연면적으로 간주한다.

답 ④

16. 다음 중 물과 반응성이 가장 낮은 것은?
① 황린   ② 인화알루미늄
③ 트라이에틸알루미늄   ④ 칼륨

해설 황린(P_4)은 제3류 위험물 자연발화성 물질이며, 물과 반응성이 없으므로 pH9의 물을 보호액으로 사용한다.

답 ①

17. 제5류 위험물을 취급하는 위험물제조소에 설치하는 주의사항 게시판에서 표시하는 내용과 바탕색 문자로 옳은 것은?
① "화기주의", 적색바탕에 백색문자   ② "화기엄금", 백색바탕에 적색문자
③ "화기엄금", 적색바탕에 백색문자   ④ "화기주의", 백색바탕에 적색문자

해설 제5류 위험물(자기반응성 물질)을 취급하는 위험물제조소에 설치하는 주의사항 게시판 : "화기엄금", 적색바탕에 백색문자

참고 물기엄금의 바탕색과 문자의 색 : 청색 바탕에 백색 문자

답 ③

18. 다음 중 질식소화 효과를 주로 이용하는 소화기는?
① 포소화기   ② 강화액 소화기
③ 수(물) 소화기   ④ 할로젠화합물소화기

[해설] 질식소화 효과를 주로 이용하는 소화기의 종류 : 포소화기, 분말소화기, 이산화탄소소화기, 간이소화제

[참고] 소화기의 소화효과
- 강화액 소화기 : 냉각효과
- 수(물) 소화기 : 냉각효과
- 할로젠화합물소화기 : 억제효과

[답] ①

19. 다음 중 화학적 소화에 해당하는 것은?
① 냉각소화 ② 질식소화
③ 억제소화 ④ 제거소화

[해설] 억제소화는 연소반응의 순조로운 연쇄반응을 차단하는 화학적 소화에 해당된다.

[답] ③

20. 물에 탄산칼륨을 보강시킨 강화액 소화약제에 대한 설명으로 틀린 것은?
① 물보다 점성이 있는 수용액이다. ② 물보다 비중이 큰 수용액이다.
③ 일반적으로 강산성을 나타낸다. ④ 응고점은 약 -30~-26℃이다.

[해설] 탄산칼륨(K_2CO_3) 포화수용액의 수소이온지수는 pH12로 강알칼리에 해당된다.

[답] ③

21. $KMnO_4$의 지정수량은 몇 kg인가?
① 500 ② 1000
③ 100 ④ 50

[해설] $KMnO_4$(과망가니즈산칼륨)의 지정수량 : 제1류 위험물(산화성고체)중 과망가니즈산염류에 해당하므로 지정수량은 1,000kg이다.

[답] ②

22. 다음 중 위험물안전관리법령에 따른 지정수량이 나머지 셋과 다른 하나는?
① 황린 ② 나트륨
③ 알킬리튬 ④ 칼륨

[해설] 제3류 위험물의 지정수량

성질	위험등급	품명	지정수량
자연발화성 물질 및 금수성물질	I	칼륨	10kg
	I	나트륨	10kg
	I	알킬리튬	10kg
	I	알킬알루미늄	10kg
	I	황린	20kg
	II	알칼리금속(칼륨 및 나트륨 제외) 및 알칼리토금속	50kg
	II	유기금속화합물(알킬알루미늄 및 알킬리튬을 제외한다)	50kg
	III	금속인화합물	300kg
	III	금속수소화합물	300kg
	III	칼슘 또는 알루미늄의 탄화물	300kg

[답] ①

23. 제4류 위험물 운반용기 외부에 표시하여야 하는 주의사항은?

① 화기주의　　　　　② 화기엄금
③ 물기엄금　　　　　④ 화기·충격주의

해설 제4류 위험물(인화성 액체) 운반용기 외부의 주의사항 표시 : 화기엄금

참고 위험물 운반용기의 외부포장 표시 중 수납위험물의 주의사항
- 제1류 위험물 : 화기·충격주의, 가연물 접촉주의
  ① 알칼리금속의 과산화물 또는 이를 함유하는 것 : 화기·충격주의, 가연물 접촉주의, 물기엄금
- 제2류 위험물 : 화기주의
  ① 철분, 금속분, 마그네슘 또는 이를 함유하는 것 : 화기주의, 물기엄금
  ② 인화성고체 : 화기엄금
- 제3류 위험물
  ① 금수성물질 : 물기엄금
  ② 자연발화성물질 : 화기엄금, 공기노출엄금
- 제4류 위험물 : 화기엄금
- 제5류 위험물 : 화기엄금, 충격주의
- 제6류 위험물 : 가연물 접촉주의

답 ②

24. 위험물안전관리법령상 제3류 위험물 중 금수성물질에 적응성이 있는 소화설비는?

① 포소화설비
② 탄산수소염류등 분말소화설비
③ 불활성가스소화설비
④ 할로젠화합물소화설비

해설 제3류 위험물 중 금수성물질에 적응성이 있는 소화설비 : 탄산수소염류 분말소화설비

참고 해당 소화약제
- 마른모래
- 팽창질석 및 팽창진주암
- 탄산수소염류 분말소화약제

답 ②

25. 다음 위험물의 지정수량 배수의 총합은 얼마인가? (질산 156kg, 과산화수소 420kg, 과염소산 300kg)

① 2.5　　　　　② 2.9
③ 3.9　　　　　④ 3.4

 지정수량 배수의 총합
$$= \frac{156\text{kg}}{300\text{kg}} + \frac{420\text{kg}}{300\text{kg}} + \frac{300\text{kg}}{300\text{kg}} = 2.92$$

위험물의 지정수량
- 질산(HNO$_3$) : 300kg
- 과산화수소(H$_2$O$_2$) : 300kg
- 과염소산(HClO$_4$) : 300kg

답 ②

26. 다음 중 제5류 위험물로서 화약류 제조에 사용되는 것은?
① 과산화수소 ② 다이크로뮴산나트륨
③ 클로로벤젠 ④ 나이트로셀룰로오스

해설 위험물의 류별
- 과산화수소(H_2O_2) : 제6류 위험물
- 다이크로뮴산나트륨($Na_2Cr_2O_7$) : 제1류 위험물
- 클로로벤젠(C_6H_5Cl) : 제4류 위험물
- 나이트로셀룰로오스$[C_6H_7O_2(ONO_2)_3]_n$: 제5류 위험물

참고 나이트로셀룰로오스는 무연화약의 제조원료로 사용한다.

답 ④

27. 제조소등에서 위험물을 유출·방출 또는 확산시켜 사람을 상해에 이르게 한 경우의 벌칙에 관한 기준에 해당하는 것은?
① 3년 이상 10년 이하의 징역 ② 무기 또는 5년 이상의 징역
③ 무기 또는 10년 이하의 징역 ④ 무기 또는 3년 이상의 징역

해설 해당 벌칙 : 무기 또는 3년 이상의 징역

참고 제조소등에서 위험물을 유출시켜 사람의 신체 또는 재산에 대하여 위험을 발생시킨 자 : 1년 이상 10년 이하의 징역
- 규정에서 사람에게 상해를 입힌 자 : 무기 또는 3년 이상 징역
- 규정에서 사람을 사망에 이르게 한 자 : 무기 또는 5년 이상 징역

답 ④

28. 다음 중 지정수량이 가장 작은 것은?
① 아세톤 ② 클로로벤젠
③ 다이에틸에터 ④ 크레오소트유

해설 제4류 위험물(인화성 액체)의 지정수량
- 아세톤(CH_3COCH_3) : 400L(제1석유류 중 수용성)
- 클로로벤젠(C_6H_5Cl) : 1,000L(제2석유류 중 비수용성)
- 다이에틸에터($C_2H_5OC_2H_5$) : 50L(특수인화물)
- 크레오소트유 : 2,000L(제3석유류 중 비수용성)

답 ③

29. 옥내저장탱크의 상호간에는 특별한 경우를 제외하고 최소 몇 m 이상의 간격을 유지하여야 하는가?
① 0.5 ② 0.2
③ 0.3 ④ 0.1

해설 옥내저장탱크의 상호간의 간격 및 전용실과의 간격 : 0.5m 이상

답 ①

30. 질산에틸과 아세톤의 공통적인 성질 및 취급 방법으로 옳은 것은?
① 인화점이 높으나 증기압이 낮으므로 햇빛에 노출된 것에 저장이 가능하다.
② 통풍이 잘 되는 곳에 보관하고 불꽃 등의 화기를 피하여야 한다.
③ 점성이 커서 다른 용기에 옮길 때 가열하여 더운 상태에서 옮긴다.
④ 휘발성이 낮기 때문에 마개 없는 병에 보관하여도 무방하다.

해설 질산에틸($C_2H_5ONO_2$)은 제5류 위험물(자기반응성물질) 중 질산에스터류에 속하는 액체위험물로서 인화점이 10°C이며, 아세톤(CH_3COCH_3)은 제4류 위험물(인화성액체) 제1석유류에 속하며 인화점이 -18°C이므로 용기는 밀전하여 통풍이 잘되는 찬 곳에 저장하고 불꽃 등의 화기로부터 멀리 저장하여야 한다.

답 ②

31. 염소산칼륨에 대한 설명으로 옳은 것은?
① 가열에 의해 분해하여 산소를 방출한다.
② 비중은 4.32이다.
③ 흑색 분말이다.
④ 글리세린과 에탄올에 잘 녹는다.

해설 염소산칼륨($KClO_3$)은 제1류 위험물(산화성고체)중 염소산염류에 해당하는 강산화제로 자체 내에 많은 산소(O)를 함유하므로 가열에 의하여 분해하여 다량의 산소(O_2) 가스를 발생한다.

답 ①

32. 위험물 제조소등별로 설치하여야 하는 경보설비의 종류에 해당하지 않는 것은?
① 비상경보설비
② 자동화재탐지설비
③ 비상방송설비
④ 비상조명등설비

해설 비상조명등설비는 피난설비에 해당된다.
참고 위험물 제조소등에 설치하는 경보설비
- 자동화재탐지설비
- 비상경보설비
- 비상방송설비
- 확성장치

답 ④

33. 이황화탄소 기체는 수소 기체보다 20°C, 1기압에서 몇 배 더 무거운가?
① 11
② 38
③ 22
④ 32

해설 이황화탄소(CS_2)와 수소(H_2)의 질량비[원자량 : C(12), S(32), H(1)]
12+32×2 : 2=76 : 2이므로 38배 무겁다.

답 ②

34. 다음 중 아이오딘값이 가장 낮은 것은?
① 오동유
② 낙화생유
③ 해바라기유
④ 아마인유

해설 동식물 유류의 아이오딘값
- 건성유(130 이상) : 해바라기유, 동유(오동유), 아마인유, 들기름, 정어리기름 등
- 반건성유(100~130) : 청어유, 쌀겨기름, 면실유, 채종유, 옥수수유, 참기름, 콩기름 등
- 불건성유(100 이하) : 피마자유, 올리브유, 팜유, 땅콩기름(낙화생유), 야자유 등

답 ②

35. 위험물안전관리법령상 특수인화물의 정의에 관한 내용이다. ( )에 알맞은 수치를 차례대로 나타낸 것은?

> "특수인화물"이라 함은 이황화탄소 다이에틸에터, 그 밖에 1기압에서 발화점이 섭씨 100도 이하인 것 또는 인화점이 섭씨 영하 ( )도 이하이고 비점이 섭씨 ( )도 이하인 것을 말한다.

① 20, 100
② 40, 100
③ 40, 20
④ 20, 40

해설 특수인화물은 제4류 위험물(인화성 액체)이며, 인화점은 섭씨 영하 20도 이하이고 비점이 섭씨 40도 이하인 것을 말한다.

답 ④

36. 위험물안전관리법령상 이동탱크저장소에 위한 위험물의 운송 시 장거리에 걸친 운송을 하는 때에는 2명 이상의 운전자로 하는 것이 원칙이다. 다음 중 예외적으로 1명의 운전자가 운송하여도 되는 경우의 기준으로 옳은 것은?

① 운송도중에 2시간 이내마다 10분 이상씩 휴식하는 경우
② 운송도중에 4시간 이내마다 20분 이상씩 휴식하는 경우
③ 운송도중에 4시간 이내마다 10분 이상씩 휴식하는 경우
④ 운송도중에 2시간 이내마다 20분 이상씩 휴식하는 경우

해설 이동탱크저장소에 의한 위험물의 운송 시에 준수기준
• 위험물운송자는 장거리(고속국도에 있어서는 340km 이상, 그 밖의 도로에 있어서는 200km 이상을 말한다)에 걸치는 운송을 하는 때에는 2명 이상의 운전자로 할 것. 다만, 다음의 1에 해당하는 경우에는 그러하지 아니하다.
  1) 규정에 의하여 운송책임자를 동승시킨 경우
  2) 운송하는 위험물이 제2류 위험물·제3류 위험물(칼슘 또는 알루미늄의 탄화물과 이것만을 함유한 것에 한한다)또는 제4류 위험물(특수인화물을 제외한다)인 경우
  3) 운송도중에 2시간 이내마다 20분 이상씩 휴식하는 경우

답 ④

37. 과산화수소에 대한 설명으로 옳은 것은?
① 60wt% 이상의 농도를 위험물로 규제한다.
② 강산화제이지만 환원제로도 사용한다.
③ 알코올, 에터에는 용해되지 않는다.
④ 알칼리성 용액에서는 분해가 되지 않는다.

해설 과산화수소(H_2O_2)는 제6류 위험물(산화성액체)에 해당하며 강산화제이지만 자기보다 센 산화제인 과망가니즈산칼륨($KMnO_4$), 이산화망가니즈(MnO_2)의 산성용액에서는 환원제로서 사용된다.

참고 과산화수소(H_2O_2)는 36wt% 이상의 농도를 위험물로 규제한다.

답 ②

38. 석유류(또는 석탄류)가 연소할 때 발생하는 가스로 강한 자극적인 냄새가 나며 취급하는 장치를 부식시키는 것은?
① NH_3
② SO_2
③ H_2
④ CH_4

해설 석유류 또는 석탄 안에 함유한 황(S)은 연소할 때 발생하는 이산화황(SO_2)은 아황산가스라 하며 석유류의 탄화수소가 연소하여 발생된 물(H_2O)에 녹아 아황산(H_2SO_3)되어 금속을 부식시킨다.

답 ②

39. 알루미늄분의 위험성에 대한 설명 중 틀린 것은?
① 발화하면 다량의 열이 발생한다.
② 할로젠원소와 접촉 시 자연발화의 위험성이 있다.
③ 산과 반응하여 가연성가스인 수소를 발생한다.
④ 뜨거운 물과 격렬히 반응하여 산화알루미늄을 발생한다.

해설 알루미늄(Al)분은 제2류 위험물(가연성 고체) 금속분에 속하며 뜨거운 물과 격렬히 반응하여 수산화알루미늄[$Al(OH)_3$]과 수소(H_2)를 발생한다.

참고 • 알루미늄(Al)분과 물(H_2O)과의 반응식
  $2Al + 6H_2O \rightarrow 2Al(OH)_3 + 3H_2 \uparrow$
  (알루미늄) (물) (수산화알루미늄) (수소)

답 ④

40. 다음과 같은 반응에서 $5m^3$의 탄산가스를 만들기 위해 필요한 탄산수소나트륨의 양은 몇 kg 인가? (단, 표준상태이고 나트륨의 원자량은 23이다.)

$2NaHCO_3 \rightarrow Na_2CO_3 + CO_2 + H_2O$

① 37.5 ② 18.75
③ 56.25 ④ 75

해설 $2NaHCO_3 \rightarrow Na_2CO_3 + CO_2$
[풀이1] $2NaHCO$의 질량 : $2 \times (23+1+12+16 \times 3) = 168kg$
모든 기체 1kmol은 표준상태에서 $22.4m^3$의 체적을 갖는다.
탄산수소나트륨 168kg이 분해할 때 탄산가스 1kmol($22.4m^3$)이 생성되므로
$168kg : 22.4m^3 = X : 5m^3$
$X = \dfrac{168 \times 5}{22.4} = 37.5kg$

[풀이2] $PV = \dfrac{WRT}{M}$ 에서 $W = \dfrac{PVM}{RT}$ 이므로
$W = \dfrac{1 \times 5 \times 84}{0.082 \times 273} \times 2 = 37.523 ≒ 37.5kg$
W(탄산수소나트륨의 질량) : ?kg
탄산수소나트륨($NaHCO_3$) 2kmol이 분해하면 이산화탄소(CO_2) 1kmol이 생성되므로 계산식에 2를 곱하여 질량을 계산한다.
P(압력) : 1atm
V(이산화탄소의 체적) : $5m^3$
M(탄산수소나트륨 1kg 분자량) : 84kg/kmol
R(기체상수) : $0.082atm \cdot m^3/kmol \cdot k$
T(절대온도) : (0°C+273)k

답 ①

41. 위험물안전관리법령에서 정하는 위험물이 아닌 것은? (단, 지정수량은 고려하지 않는다.)
① BrF_5 ② IF_5
③ BrF_3 ④ CCl_4

해설 CCl₄(사염화탄소)는 할론 소화약제이다.

참고 BrF₅, IF₅, BrF₃ : 제6류 위험물(산화성액체)중 그밖에 행정안전부령이 정하는 물품인 할로젠간 화합물이다.

답 ④

42. 건물의 외벽이 내화구조로서 연면적 300m²의 옥내저장소에 필요한 소화기 소요단위수는?
① 4단위　　　　　　　　　　② 3단위
③ 1단위　　　　　　　　　　④ 2단위

해설 소요단위 = $\frac{300kg}{150kg}$ = 2소요단위

저장소용 건축물로 외벽이 내화구조인 것은 연면적 150m²를 1소요단위로 한다.

답 ④

43. 지정수량이 나머지 셋과 다른 것은?
① 과염소산칼륨　　　　　　② 황
③ 과산화나트륨　　　　　　④ 칼슘

해설 위험물의 지정수량
- 과염소산칼륨(KClO₄)은 제1류 위험물 과염소산염류 : 50kg
- 황(S)은 제2류 위험물 : 100kg
- 과산화나트륨(Na₂O₂)은 제1류 위험물 무기과산화물 : 50kg
- 칼슘(Ca)은 제3류 위험물 알칼리금속의 과산화물(칼륨 및 나트륨제외) 및 알칼리토금속 : 50kg

답 ②

44. 강화액소화기에 대한 설명으로 틀린 것은?
① A급화재에 적응성이 있다.
② 어는점이 낮아서 동절기에도 사용이 가능하다.
③ 물의 표면장력을 강화시킨 것으로 심부화재에는 부적합하다.
④ 알칼리 금속염류가 포함된 수용액이다.

해설 강화액소화기는 물의 단점인 빙점(0℃)을 -30℃~-25℃로 강화시킨 소화기이며 물의 표면장력을 강화시킨 것이 아니다.

답 ③

45. 나트륨의 저장방법으로 옳은 것은?
① 에탄올 속에 넣어 저장한다.
② 젖은 모래 속에 넣어 저장한다.
③ 물 속에 넣어 저장한다.
④ 경유 속에 넣어 저장한다.

해설 나트륨(Na)은 제3류 위험물 중 금수성물질로 물 또는 알코올과 반응하여 수소(H₂)를 발생하므로 보호액인 석유(등유, 경유, 파라핀 등)속에 넣어 저장한다.

답 ④

46. 위험물안전관리법령에서 정한 제5류 위험물 이동저장탱크의 외부도장 색상은?
① 청색　　　　　　　　　　② 황색
③ 회색　　　　　　　　　　④ 적색

해설 • 이동저장탱크의 외부도장

유 별	도장의 색상	비 고
제 1 류	회 색	탱크의 앞면과 뒷면을 제외한 면적의 40% 이내의 면적은 다른 유별의 색상 외의 색상으로 도장하는 것이 가능하다.
제 2 류	적 색	
제 3 류	청 색	
제 4 류	도장의 색상 제한이 없으나 적색을 권장한다.	
제 5 류	황 색	
제 6 류	청 색	

답 ②

47. 간이소화제인 마른모래의 보관법으로 옳지 않은 것은?
① 능력단위를 고려하여 보관할 것
② 부속기구로 삽 등을 비치할 것
③ 충분한 습기를 함유할 것
④ 가연물이 함유되어 있지 않을 것

해설 소화약제로서 마른모래는 항상 건조한 상태로 보관되어야 하므로 습기를 함유하면 아니 된다.

답 ③

48. 저장용기에 물을 넣어 보관하며 $Ca(OH)_2$을 넣어 pH9의 약알칼리성으로 유지시키면서 저장하는 물질은?
① 황린
② 황화인
③ 적린
④ 질산

해설 본문의 위험물 : 제3류 위험물 자연발화성 물질인 황린(P_4)

답 ①

49. Halon 1001의 화학식에서 수소 원자의 수는?
① 3
② 0
③ 2
④ 1

해설 • 할론1001의 화학식은 C(탄소) 1개와 Br(브로민) 1개로 구성되므로 나머지 3개는 수소이다.

참고 Halon넘버는 C(탄소), F(플루오린), Cl(염소), Br(브로민), I(아이오딘)의 개수로 표시하며 기본골격은 C(탄소)가 1개일 때는 탄소 1개와 수소 4개인 CH_4(메테인)의 구조를 가지며 C(탄소)가 2개일 때는 탄소 2개와 수소 6개인 C_2H_6(에테인)의 구조를 가진다.

답 ①

50. 제4류 위험물을 저장 및 취급하는 위험물 제조소에 설치한 "화기엄금" 게시판의 색상으로 올바른 것은?
① 백색바탕에 적색문자
② 흑색바탕에 적색문자
③ 적색바탕에 흑색문자
④ 적색바탕에 백색문자

해설 "화기엄금" 게시판의 색상 : 적색바탕에 백색문자

답 ④

51. 주수소화를 할 경우 물과 반응하여 독성가스를 발생할 위험이 있는 것은?
① 인화알루미늄
② 과산화수소
③ 마그네슘
④ 수소화리튬

해설 인화알루미늄(AIP)은 제3류 위험물중 금수성물질이며 물(H_2O)과 반응하면 독성이며 가연성인 포스핀가스(PH_3)를 발생한다.

참고 • 인화알루미늄(AIP)과 물(H_2O)의 반응식
$$AIP + 3H_2O \rightarrow Al(OH)_3 + PH_3 \uparrow$$
(인화알루미늄) (물) (수산화알루미늄) (인화수소 · 포스핀)

답 ①

52. 위험물안전관련법령상 분말소화설비의 기준에서 가압용 가스용기에 사용되는 가스로 옳은 것은?
① CO_2, O_2
② N_2, CO_2
③ N_2, O_2
④ He, O_2

해설 분말소화설비의 기준에서 가압용 가스용기에 사용되는 가스 : N_2(질소), CO_2(이산화탄소)

답 ②

53. $HO-CH_2CH_2-OH$의 지정수량은 몇 L인가?
① 4,000
② 6,000
③ 1,000
④ 2,000

해설 $HO-CH_2CH_2-OH$(에틸렌글리콜)은 제4류 위험물(인화성액체) 제3석유류(수용성)이므로 지정수량은 4,000L이다.
• 에틸렌글리콜의 시성식 : $C_2H_4(OH)_2$

답 ①

54. 주유취급소에 다음과 같은 전용탱크를 설치하였다. 최대로 저장-취급 할 수 있는 용량은 얼마인가? (단, 고속도로 외의 도로변에 설치하는 자동차용 주유취급소인 경우이다.)

• 간이탱크 : 2기
• 폐유탱크등 : 1기
• 고정주유설비 및 급유설비 접속하는 전용 탱크 : 2기

① 103,200리터
② 123,200리터
③ 124,200리터
④ 104,600리터

해설 600L×2+2,000L+50,000L×2=103,200

참고 주유취급소에 설치하는 탱크 1기의 용량
• 간이탱크 : 600ℓ 이하
• 폐유탱크 : 2,000ℓ 이하
• 고정주유 및 고정급유설비에 접속하는 전용탱크 : 50,000ℓ 이하

답 ①

55. 다음 중 특수인화물에 해당하는 것은?
① 아세톤
② 이황화탄소
③ 핵세인
④ 가솔린

해설 제4류 위험물(인화성액체)의 품명
• 아세톤(CH_3COCH_3) : 제1석유류
• 이황화탄소(CS_2) : 특수인화물
• 핵세인(C_6H_{12}) : 제1석유류
• 가솔린 : 제1석유류

답 ②

56. 위험물안전관리법령에 의한 위험물 운송에 관한 규정으로 틀린 것은?
① 이동탱크 저장소에 의하여 위험물을 운송하는 자는 당해 위험물을 취급할 수 있는 국가기술자격자 또는 안전교육을 받은 자이어야 한다.
② 안전관리자・탱크시험자・위험물운송자 등 위험물의 안전관리와 관련된 업무를 수행하는 자는 시・도지사가 실시하는 안전교육을 받아야한다
③ 위험물운송자는 이동탱크저장소에 의하여 위험물을 운송하는 때에는 행정안전부령으로 정하는 기준을 준수하는 등 해당 위험물의 안전확보를 위하여 세심한 주의를 기울여야 한다.
④ 운송책임자의 범위, 감독 또는 지원의 방법 등에 관한 구체적인 기준은 행정안전부령으로 한다.

해설 안전관리자·탱크시험자·위험물운송자 등 위험물의 안전관리와 관련된 업무를 수행하는 자는 소방청장이 실시하는 안전교육을 받아야한다

답 ②

57. 정전기 발생의 예방법이 아닌 것은?
① 전기의 도체를 이용하는 방법
② 공기 중의 상대습도를 낮추는 방법
③ 공기를 이온화시키는 방법
④ 접지에 의한 방법

해설 정전기 발생의 방지방법
- 접지할 것
- 공기 중의 상대습도를 70% 이상으로 할 것
- 공기를 이온화할 것

답 ②

58. 위험물시설에 설치하는 자동화재탐지설비의 하나의 경계구역 면적과 그 한 변의 길이의 기준으로 옳은 것은? (단, 광전식분리형 감지기를 설치하지 않은 경우이다.)
① $300m^2$ 이하, 50m 이하
② $300m^2$ 이하, 100m 이하
③ $600m^2$ 이하, 50m 이하
④ $600m^2$ 이하, 100m 이하

해설 자동화재탐지설비의 경계구역
- 하나의 경계구역은 $600m^2$ 이하로 하고 한 변의 길이는 50m(광전식분리형 감지기를 설치할 경우에는 100m) 이하로 할 것
- 하나의 경계구역이 2개 이상의 건축물 및 층에 미치지 아니할 것
- 면적 $500m^2$ 이하의 범위 안에서는 2개층을 하나의 경계구역으로 할 수 있다.
- 하나의 경계구역의 주된 출입구에서 그 내부 전체가 보이는 것에 있어서는 면적 $1,000m^2$ 이하로 할 수 있다.
- 감지기는 지붕 또는 벽의 옥내에 면한 부분(천장이 있는 경우에는 천장 또는 천장의 뒷부분)에 유효하게 화재의 발생을 감지할 수 있도록 설치할 것

답 ③

59. 위험물제조소에 설치하는 안전장치 중 위험물의 성질에 따라 안전밸브의 작동이 곤란한 가열설비에 한하여 설치하는 것은?
① 안전밸브를 병용하는 경보장치
② 파괴판
③ 연성계
④ 감압측에 안전밸브를 부착한 감압밸브

해설 본문의 장치 : 파괴판

답 ②

60. 아세트알데하이드의 저장·취급 시 주의사항으로 틀린 것은?
① 옥외저장 탱크에 저장 시 조연성가스를 주입한다.
② 수용성이기 때문에 화재 시 물로 희석소화가 가능하다.
③ 강산화제와의 접촉을 피한다.
④ 취급설비에는 구리합금의 사용을 피한다.

해설 아세트알데하이드(CH_3CHO)는 제4류 위험물(인화성 액체) 특수인화물이며, 옥외저장 탱크에 저장 시 질소(N_2) 등 불연성 가스를 주입한다.

답 ①

CBT 모의고사 12회

2019년 7월 13일 시행(대비문제)

1. 제1류에서 제6류 위험물의 소화에 모두 사용될 수 있는 소화제는?
① 젖은 모래
② 마른 모래
③ 중조톱밥
④ 수증기

해설 마른 모래는 만능소화제로서 제1류에서 제6류까지 전체 위험물의 소화에 사용된다.

답 ②

2. 위험물의 자연발화를 방지하는 방법으로 옳지 않은 것은?
① 금속분은 강산류와의 접촉을 방지한다.
② 위험물 보관장소의 습도를 가급적 높게 유지한다.
③ 나이트로셀룰로오스 및 셀룰로이드류는 용제의 증발을 억제한다.
④ 반응속도는 온도에 크게 좌우되므로 온도의 상승을 방지한다.

해설 자연발화 방지 방법
• 습도가 높은 것을 피할 것
• 저장실의 온도를 낮춘다.
• 통풍을 잘 시킨다.
• 퇴적 및 수납시 열이 쌓이지 않게 한다.

답 ②

3. 탄산수소나트륨과 황산알루미늄을 소화약제로 사용하여 만들어진 소화기를 사용할 때 나타나는 소화방법은?
① 제거소화와 질식소화
② 냉각소화와 억제소화
③ 질식소화와 억제소화
④ 냉각소화와 질식소화

해설 화학포소화기는 거품에 의한 질식소화 효과와 내재된 물에 의한 냉각소화 효과를 갖는다.

답 ④

4. 금속칼륨의 취급 잘못으로 화재가 났을 때 가장 적당한 소화 방법은?
① 마른모래를 덮어 소화시킨다.
② 다량의 물을 사용하여 소화한다.
③ 할론소화기를 사용한다.
④ 분무상의 물을 사용한다.

해설 금속화재의 소화방법은 만능소화제인 마른 모래 및 팽창질석, 팽창진주암, 금속화재용 분말 소화제인 탄산수소염류 분말이 적합하다.

답 ①

5. 옥내소화전설비를 설치할 때 급수 배관에 대한 설명으로 옳지 않은 것은?

① 배관은 배관용 탄소 강관(KS D 3507)을 사용한다.
② 주 배관의 입상관 구경은 최소 60mm 이상으로 한다.
③ 흡수관은 펌프마다 전용으로 설치한다.
④ 원칙적으로 급수배관은 생활용수배관과 같이 사용 할 수 없으며 전용배관으로만 사용한다.

해설 옥내소화전설비의 급수배관 중 주배관의 입상배관의 구경 : 50mm 이상

답 ②

6. 무색이고 증기비중이 1.53인 대단히 안정된 불연성 가스상 물질로 값이 싸고 저장이 편리하여 주로 가연성 액체와 전기화재에 많이 쓰이는 소화약제는?

① 탄산수소칼슘
② 인산암모늄
③ 탄산수소나트륨
④ 이산화탄소

해설 해당 불연성가스 : 이산화탄소(CO_2)

답 ④

7. 제조소 또는 취급소용 건축물로서 외벽이 내화구조로 된 것의 1소요 단위는?

① $50m^2$
② $75m^2$
③ $100m^2$
④ $150m^2$

해설 소요단위(1단위)
- 제조소 또는 취급소용 건축물로 외벽이 내화구조인 것 : 연면적 $100m^2$
- 제조소 또는 취급소용 건축물로 외벽이 내화구조이외인 것 : 연면적 $50m^2$
- 저장소용 건축물로 외벽이 내화구조인 것 : 연면적 $150m^2$
- 저장소용 건축물로 외벽이 내화구조이외인 것 : 연면적 $75m^2$
- 위험물 : 지정수량 10배
※ 제조소등의 옥외에 설치된 공작물은 외벽이 내화구조인 것으로 간주하고 최대수평투영면적을 연면적으로 간주한다.

답 ③

8. B, C 화재에 효과가 있는 드라이케미칼의 주성분은?

① 인산염류
② 할로젠화물
③ 탄산수소나트륨
④ 수산화알루미늄

해설 B급, C급 전용 드라이케미칼(분말소화약제) : 탄산수소나트륨($NaHCO_3$), 탄산수소칼륨($KHCO_3$) 등

답 ③

9. 일반적인 석유난로의 연소형태로, 점도가 높고 비휘발성인 액체를 안개 상으로 분사하여 액체의 표면적을 넓혀 연소시키는 방법은?

① 액적연소
② 증발연소
③ 분해연소
④ 표면연소

해설 석유난로 및 방카C유를 사용하는 보일러 버너의 연소는 액체의 입자를 미립자 상태로 분무하는 액적연소를 사용한다.

답 ①

10. 소화 설비의 효과가 아닌 것은?

① 냉각효과 ② 질식효과
③ 희석효과 ④ 전도효과

해설 소화효과 : 제거효과, 질식효과, 냉각효과, 억제효과 및 희석효과

답 ④

11. 과산화나트륨의 화재 시 가장 적당한 소화제는?

① 포소화제 ② 마른 모래
③ 소화분말 ④ 젖은 피복물

해설 과산화나트륨(Na_2O_2)은 제1류 위험물(산화성 고체) 알칼리금속의 과산화물이며 소화약제로는 마른 모래는 만능소화제로서 모든 화재의 소화에 사용되는 마른 모래와 팽창질석, 팽창진주암, 탄산수소염류분말을 사용한다.

답 ②

12. 건축물의 1층 및 2층 부분만을 방사능력범위로 하는 소화설비는?

① 스프링클러설비 ② 포소화설비
③ 옥외소화전설비 ④ 물분무소화설비

해설 건축물의 1층, 2층 전용 소화설비 : 옥외소화전설비

답 ③

13. 대형 수동식 소화기 중 봉상수(棒狀水)소화기에 적응성이 없는 것은?

① 인화성고체 위험물 ② 제4류 위험물
③ 제5류 위험물 ④ 제6류 위험물

해설 제4류 위험물(인화성액체)은 일반적으로 물보다 가볍고 물에 녹지 않으므로 화재시 물을 소화제로 사용하면 화재면을 확대하므로 봉상수는 소화제로서 적합하지 않다.
※ 봉상수 : 굵은 줄기의 물

답 ②

14. 제5류 위험물의 화재 예방상 주의사항은?

① 자기반응성 유기질 화합물로 자연 발화의 위험성을 갖는다.
② 무기질 화합물로 가열, 충격, 마찰에는 위험성이 없다.
③ 무기질 화합물로 직사일광에는 자연발화가 일어나지 않는다.
④ 자기반응성 유기질 화합물로 연소가 잘 일어나지 않는다.

해설 제5류위험물은 자기반응성물질로서 대부분이 유기질화물(질소함유물질)로 자연발화의 위험을 갖는 것도 있다.

답 ①

15. 가연성 물질을 공기 중에서 연소시키고 공기 중 산소의 농도를 증가시켰을 때 나타나는 현상은?

① 발화온도가 높아진다.
② 연소범위가 좁아진다.
③ 화염온도가 낮아진다.
④ 점화에너지가 감소한다.

해설 가연성물질의 연소시 산소농도를 증가시키면 연소속도는 급격히 빨라지므로 점화에너지가 감소된다.

답 ④

16. 소화기에 표시된 "A - 2, B - 4"라고 하는 숫자의 뜻은?
① 사용순위　　　　　　　② 능력단위
③ 소요단위　　　　　　　④ 제조번호

해설 A-2, B-4의 의미는 A급화재 능력단위 2단위, B급화재 능력단위 4단위의 소화효과가 있는 소화기를 말한다.

참고 능력단위 : 소화능력에 따라 측정한 수치

답 ②

17. 가연물 연소에 필요한 산소의 공급원을 단절하는 것은 소화이론 중 어떤 작용을 이용한 것인가?
① 가연물제거작용　　　　② 질식작용
③ 희석작용　　　　　　　④ 냉각작용

해설 산소공급차단(단절)에 의한 소화방법을 질식소화라 한다.

답 ②

18. 이동식분말소화설비를 제3종 소화분말로 할 경우 하나의 노즐마다 소화약제의 양은 얼마 이상으로 하여야 하는가?
① 20kg　　　　　　　　② 25kg
③ 30kg　　　　　　　　④ 50kg

해설 이동식분말소화설비의 소화약제량(노즐 1개당)
- 제1종 분말 : 50kg
- 제2종 및 3종 분말 : 30kg
- 제4종 분말 : 20kg

답 ③

19. 위험물제조소에는 지정위험물에 따라 화기엄금, 화기주의 게시판을 설치하여야 한다. 게시판의 바탕-문자가 바르게 짝지어진 것은?
① 백색바탕-청색문자　　② 황색바탕-적색문자
③ 적색바탕-백색문자　　④ 백색바탕-적색문자

해설 주의사항 게시판
- 화기엄금 및 화기주의 : 적색바탕, 백색문자
- 물기엄금 : 청색바탕, 백색문자

답 ③

20. 개방형스프링클러헤드를 이용하는 스프링클러설비에서 수동식개방밸브를 개방조작 하는데 필요한 힘은 얼마 이하가 되도록 설치하여야 하는가?
① 5kg　　　　　　　　　② 10kg
③ 15kg　　　　　　　　④ 20kg

해설 일제살수식스프링클러설비의 수동개방밸브의 밸브조작 힘의 세기는 $151g/cm^2$ 이하

답 ③

21. 질산 메틸의 분자량은 얼마인가? (단, C, O, N, H의 원자량은 각각 12, 16, 14, 1이다.)
① 53　　　　　　　　　② 65
③ 77　　　　　　　　　④ 89

해설 질산메틸(CH_3ONO_2)의 분자량
∴ $12 + 3 + 14 + 16 \times 3 = 77$

답 ③

22. 다음 금속 중 진한질산에 의하여 부동태가 되는 금속은?
① Fe
② Sb
③ Zn
④ Mg

해설 진한질산(HNO_3)과 부동태가 되는 금속 :
Fe(철), Co(코발트), Ni(니켈), Al(알루미늄), Cr(크로뮴)등

참고 부동태 : 금속의 표면에 다른 산에 의하여 부식되지 않게 산화물의 얇은 피막을 만드는 현상

답 ①

23. 18mol농도의 황산에서 9N의 황산 60mL를 만드는데 약 몇 mL의 물이 필요한가?
① 30
② 45
③ 60
④ 75

해설 황산 18mol은 36N이므로 NV=N'V'에서
36N × χ mL = 9N × 60mL χ =15mL
필요한 물의 양 : 60mL−15mL=45mL

답 ②

24. 황의 성질을 옳게 나타낸 것은?
① 물에 잘 녹는다.
② 황색의 연한 금속이다.
③ 전기 절연체로 쓰이며 가연성고체이다.
④ 황의 동소체인 사방황, 단사황, 고무상황은 CS_2에 잘녹는다.

해설 황(S)은 제2류 위험물(가연성 고체)이며 전기절연체로도 사용되며 제2류위험물인 가연성고체에 해당된다.

답 ③

25. 금속수소화합물이 물과 반응 할 때 생성되는 것은?
① 수소
② 산소
③ 일산화탄소
④ 에틸아세테이트

해설 금속수소화합물은 제3류 위험물 중 금수성물질로 물과 접촉하면 격렬히 반응하며 수소(H_2)를 발생한다.

답 ①

26. 제4류 위험물의 위험물안전관리법령상 정의가 맞지 않은 것은?
① 특수인화물류라 함은 1기압에서 액체가 되는 것으로 발화점이 100℃이하 또는 인화점이 −20℃이하로서 비점이 40℃이하인 것을 말한다.
② 제1석유류라함은 1기압에서 액체로서 21℃미만인 것을 말한다.
③ 동·식물류라함은 1기압과 20℃에서 액체로 되는 동·식물류를 말한다.
④ 제2석유류라 함은 1기압에서 액체로서 인화점이 70℃이상 200℃ 미만인 것을 말한다.

해설 제2석유류 : 1기압에서 액체이며 인화점이 21℃ 이상 70℃ 미만의 인화성액체이다.

답 ④

27. 금속리튬의 화학적 성질로 옳지 않은 것은?
① 상온에서 리튬은 산소와 반응하여 진홍색의 산화리튬을 생성한다.
② 물과 반응하여 수산화리튬과 수소를 생성한다.
③ 질소와 직접 결합하여 생성물로 질화리튬을 만든다.
④ 금속칼륨, 금속나트륨 보다 화학 반응성이 크지 않다.

해설) 금속리튬(Li)은 제3류 위험물중 금수성물질이며 은백색의 경금속으로 공기 중에서 산화되어 백색의 산화리튬(Li_2O)을 생성한다.

참고) • 리튬(Li)의 공기중에서 산화 반응식
$$4Li + O_2 \rightarrow 2Li_2O$$
(리튬)　(공기)　(산화리튬)

답 ①

28. 다음 중 염소산칼륨($KClO_3$)의 성질에 대한 설명이 옳은 것은?
① 흑색 분말이다.
② 비중은 4.32이다.
③ 글리세린과 에터에 잘 녹는다.
④ 강산화제로 가열에 의해 분해하여 산소를 방출한다.

해설) 염소산칼륨($KClO_3$)은 제1류위험물 산화성고체에 해당하는 강산화제로서 가열하면 많은 산소(O_2)를 방출하여 다른 가연물의 연소를 돕는다.

답 ④

29. 제1류 위험물과 제6류 위험물의 공통성상은?
① 금수성　　　　　　② 가연성
③ 산화성　　　　　　④ 자기반응성

해설) 제1류 위험물은 산화성고체이며 제6류 위험물은 산화성액체이다.

답 ③

30. 이황화탄소의 성질에 대한 설명 중 옳지 않은 것은?
① 이황화탄소의 증기비중은 공기보다 무겁다.
② 순수한 것은 무취, 미황색 액체이다.
③ 나트륨과 접촉하면 발화한다.
④ 고무나 황린을 용해 시킨다.

해설) 이황화탄소(CS_2)는 제4류 위험물(인화성 액체) 특수인화물이며 순수한 이황화탄소(CS_2)는 냄새가 없으며 무색투명하다.

답 ②

31. 주유 취급소의 보유공지는 너비 15m 이상, 길이 6m 이상의 콘크리트로 포장되어야 한다. 다음 중 가장 적합한 보유공지라고 할 수 있는 것은?

①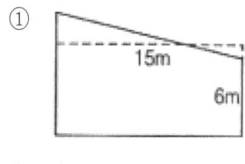
②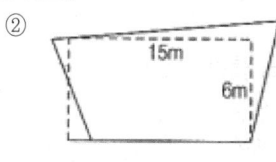
③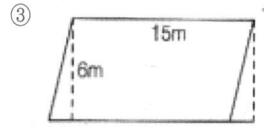
④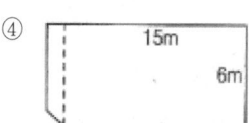

해설) 주유시설의 공지는 부지면적에 너비(15m) 및 길이(6m)가 직사각형으로 반드시 들어가야 한다.

답 ④

32. 다음 화학식 중에서 밑줄 친 원소의 산화수가 +5인 것은?

① Ca<u>C</u>O₃   ② Na₂<u>Cr</u>O₄
③ K<u>N</u>O₃   ④ Ba<u>S</u>O₄

해설 중성화합물에서 산화수의 합은 0이다.
① $CaCO_3$: $Ca^{+2}C^\chi O_3^{-2}$ 에서 C의 산화수
$+2+\chi+(-2\times3)=0$, $\chi=+4$
② Na_2CrO_4 : $Na_2^{+1}Cr^\chi O_4^{-2}$ 에서 Cr의 산화수 $(+1\times2)+\chi+(-2\times4)=0$, $\chi=+6$
③ KNO_3 : $K^{+1}N^\chi O_3^{-2}$ 에서 N의 산화수
$+1+\chi+(-2\times3)=0$, $\chi=+5$
④ $BaSO_4$: $Ba^{+2}S^\chi O_4^{-2}$ 에서 S의 산화수
$+2+\chi+(-2\times4)=0$, $\chi=+6$

답 ③

33. 다음 각 물질에 대한 설명 중 틀린 것은?
① 황은 물이나 산에 녹지 않는다.
② 오황화인은 CS₂에 녹는다.
③ 삼황화인은 가연성 물질이다.
④ 칠황화인은 더운물에 분해하여 이산화황을 발생한다.

해설 칠황화인(P_4S_7)은 제2류 위험물(가연성 고체) 황화인에 속하며 더운물에서는 급격히 분해하여 황화수소(H_2S)가스와 인산(H_3PO_4), 아인산(H_3PO_3)를 발생한다.

참고
• 칠황화인(P_4S_7)과 물(H_2O)과의 반응
$P_4S_7 + 13H_2O \rightarrow 7H_2S\uparrow + 2H_3PO_4 + 3H_3PO_3$
(칠황화인)   (물)   (황화수소)   (인산)   (아인산)

답 ④

34. 금속 나트륨의 저장방법으로 맞는 것은?
① 알코올 속에 넣어 저장한다.
② 물 속에 넣어 저장한다.
③ 모래 속에 넣어 저장한다.
④ 석유 속에 넣어 저장한다.

해설 금속나트륨(Na)은 제3류위험물 금수성물질로 석유 속에 넣어 저장한다.

답 ④

35. 염소산나트륨에 대한 설명 중 틀린 것은?
① 무취, 무색의 입방정계 주상결정이다.
② 산과 반응하여 유독하고, 폭발성의 ClO₂가 발생
③ 저장은 철제용기를 피한다.
④ 풍해성이 있기 때문에 포장을 잘해야 한다.

해설 염소산나트륨($NaClO_3$)은 제1류 위험물(산화성고체)로서 조해성이 있으므로 습기에 주의하여 포장을 하여야한다.

답 ④

36. 다음 중 방수성이 있는 덮개를 해야 할 위험물만으로 구성 된 것은?
① 과염소산염류, 삼산화크로뮴, 황린
② 무기과산화물, 과산화수소, 마그네슘분
③ 철분, 금속분, 마그네슘분
④ 염소산염류, 과산화수소, 금속분

해설 방수성덮개를 하여 운반하여야 하는 위험물
- 제1류위험물 중 알칼리금속의 과산화물과 이를 함유한 것
- 제2류위험물 중 마그세슘, 철분, 금속분과 이를 함유한 것
- 제3류위험물 중 금수성물질

답 ②

37. 과망가니즈산칼륨 2몰이 240°C에서 분해했을 때 생성되는 물질이 아닌 것은?
① O_2
② MnO_2
③ K_2O
④ K_2MnO_4

해설 과망가니즈산칼륨($KMnO_4$)은 제1류 위험물(산화성 고체) 과망가니즈산염류에 속하며 열분해하면 망가니즈산칼륨(K_2MnO_4), 이산화망가니즈(MnO_2), 산소(O_2)가 생성된다.

참고 • 과망가니즈산칼륨($KMnO_4$)의 열분해 반응식
$$2KMnO_4 \xrightarrow{\Delta} K_2MnO_4 + MnO_2 + O_2 \uparrow$$
(과망가니즈산칼륨)   (망가니즈산칼륨) (이산화망가니즈) (산소)

답 ③

38. 다음 위험물 중 독성이 강하고 물과 반응시 인화성 가스가 생성되는 적갈색 괴상의 물질은?
① 탄산나트륨
② 탄산칼슘
③ 인화칼슘
④ 탄화칼륨

해설 인화칼슘(Ca_3P_2)은 제3류 위험물중 금수성물질이며 적갈색의 고체로 물과 접촉하면 독성이 강하고 인화성인 포스핀(PH_3)가스를 발생한다.

답 ③

39. 진한 질산의 위험성과 저장에 대한 설명중 적당하지 않은 것은?
① 부식성이 크고 산화성이 강하다.
② 황화 수소와 접촉하면 폭발을 한다.
③ 일광에 쪼이면 분해되어 산소를 발생한다.
④ 저장 보호액으로는 물이 안전하다.

해설 진한질산(HNO_3)은 제6류 위험물(산화성액체)이며 보호액이 필요하지 않으며 물 속에 넣으면 발열하며 희석되어 묽은질산이 된다.

답 ④

40. 나이트로셀룰로오스의 성질에 대하여 잘못 설명한 것은?
① 별칭으로 질화면이라고 부른다.
② 질화도가 높은것 보다 낮은 것이 위험성이 크다.
③ 다이너마이트 원료, 무연화약의 원료, 셀룰로이드 제조 등의 용도로 쓰인다.
④ 물과 혼합할수록 위험성이 감소되므로 운반시 물 등의 용제를 첨가 습윤시킨다.

해설 질화도는 질소함유율을 말하며 질화도가 클수록 위험성이 크다.

답 ②

41. 탄화칼슘이 물과 반응하여 발생되는 가스는 무엇인가?
① 아세틸렌 ② 메테인
③ 수소 ④ 이산화탄소

해설 탄화칼슘(CaC_2)이 물(H_2O)과 반응하면 수산화칼슘[$Ca(OH)_2$]과 아세틸렌 가스(C_2H_2)를 발생한다.

참고 • 탄화칼슘(CaC_2)과 물(H_2O)과의 반응식
$$CaC_2 + 2H_2O \rightarrow Ca(OH)_2 + C_2H_2 \uparrow$$
(탄화칼슘) (물) (수산화칼슘) (아세틸렌)

답 ①

42. 다음 중 제3류 위험물의 공통된 성질로 옳은 것은? (단, 황린은 제외)
① 물과 만나면 산소를 발생하고 다른 물질을 산화시킨다.
② 일반적으로 불연성 물질이지만 유기물과 접촉하며 산소를 발생한다.
③ 착화온도가 낮은 액체이며 일반적으로 무기화합물이다.
④ 물과 접촉하여 발화하거나 가연성 가스를 발생한다.

해설 제3류위험물은 금수성 및 자연발화성으로 황린(P_4) 이외에는 모두 물과 접촉하면 발열하며 가연성가스를 발생하거나 급격히 연소한다.

답 ④

43. 금속나트륨이 물과 반응하면 위험한 이유 중 알맞는 것은?
① 물과 반응해서 질산나트륨이 되기 때문에
② 물과 반응해서 산소를 발생하기 때문에
③ 물과 반응해서 높은 열과 수소를 발생하기 때문에
④ 물과 반응해서 수산화칼륨을 만들기 때문에

해설 금속나트륨(Na)은 제3류 위험물중 금수성물질이며 물(H_2O)과 접촉하면 격렬히 발열반응하며 수산화나트륨(NaOH)과 폭발성의 수소(H_2)를 발생한다.
• 금속나트륨(Na)과 물(H_2O)의 반응식
$$2Na + 2H_2O \rightarrow 2NaOH + H_2 \uparrow$$
(나트륨) (물) (수산화나트륨) (수소)

답 ③

44. 다음은 제6류 위험물에 대한 설명이다. 틀린 것은?
① 무기화합물이다. ② 자신들은 불연성 물질이다.
③ 물보다 무겁고 물에 녹기 쉽다. ④ 강한 환원력을 모두 가지고 있다.

해설 제6류위험물은 산화성액체로 모두 강한 산화력을 갖으며 불연성이다.

답 ④

45. 다음 중 제1류 위험물로서 물과 반응하여 격렬하게 발열하는 것은?
① 염소산나트륨 ② 카바이트
③ 질산암모늄 ④ 과산화나트륨

해설 제1류 위험물(산화성고체) 중 물과 발열반응 하는 것은 무기과산화물 중 알칼리금속의 과산화물이 해당되며 과산화나트륨(Na_2O_2)는 알칼리금속의 과산화물이다.
• 과산화나트륨(Na_2O_2)과 물과의 반응식
$$2Na_2O_2 + 2H_2O \rightarrow 4NaOH + O_2 \uparrow$$
(과산화나트륨) (물) (수산화나트륨) (산소)

답 ④

46. 트라이나이트로톨루엔에 관한 다음 설명 중 틀린 것은?
① 피크린산이라고도 부른다.
② 중성물질이기 때문에 금속과 반응하지 않는다.
③ 톨루엔에 질산과 황산을 반응시켜 나이트로톨루엔을 만든 후 나이트로화하여 만든다.
④ 물에 녹지 않고 알코올, 벤젠, 아세톤 등에 잘 녹으며, 흡습성이 없으며 공기 중 자연분해하지 않는다.

해설 트라이나이트로페놀(TNP)을 피크린산 또는 피크르산이라 한다.

답 ①

47. 그림과 같이 설치한 원형 탱크의 내용적을 구하는 공식이 올바른 것은?

① $\pi r^2 \ell$
② $\pi r^2 \left(\ell + \dfrac{\ell_2}{3} \right)$
③ $\dfrac{\pi r^2 \ell}{3}$
④ $\dfrac{\pi r^2 (\ell + \ell_2)}{3}$

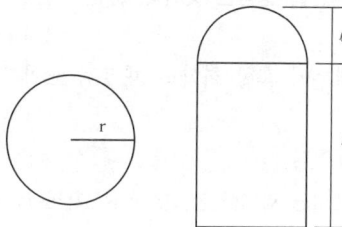

해설 입형탱크의 내용적 : $\pi r^2 \ell$
※ ℓ_2는 높이에 포함되지 않는다.

답 ①

48. 과산화수소의 성질 및 취급에 관한 설명이다. 틀린 것은?
① 직사광선에 의해서 분해한다.
② 저장할 때 용기는 마개로 꼭 막아둔다.
③ 산성에서는 분해하기 어렵다.
④ 물에는 자유로이 혼합한다.

해설 과산화수소(H_2O_2)는 제6류 위험물(산화성액체)이며 마개 뚜껑은 구멍 뚫린 마개 사용하며 안정제로 인산, 요산을 사용한다.

답 ②

49. 동·식물유류의 성질 중에서 틀린 것은?
① 상온에서 고체인것은 없다.
② 들기름은 건성유이고 올리브유는 불건성유이다.
③ 인화점은 대체로 250~300℃ 정도가 많다.
④ 불건성유일수록 자연발화의 위험이 크다.

해설 동식물유류는 제4류 위험물(인화성 액체)에 해당되며 동식물유류 중 자연발화의 위험성이 큰 것은 아이오딘값이 130 이상인 건성유이다.

답 ④

50. 메틸알코올에 대한 설명으로 옳지 않은 것은?
① 무색 투명한 액체이다.
② Pt, CuO 존재하에서 공기 중에서 서서히 산화하여 HCHO가 생긴다.
③ 물에 잘 녹는다.
④ 향기가 약간 있고, 마취성이 있으나 독성은 적다.

해설 메틸알코올(CH_3OH)은 제4류 위험물(인화성 액체) 알코올류에 속하며 방향이 있으며 독성이 강하여 마시면 실명 또는 사망한다.

답 ④

51. 메틸에틸케톤의 저장 또는 취급에 적당하지 않은 것은?
① 직사 광선을 피할 것
② 찬곳에 저장 할 것
③ 저장 용기에 가스 배출 구멍을 설치할 것
④ 통풍을 잘 시킬 것

해설 메틸에틸케톤($CH_3COC_2H_5$)은 제4류 위험물(인화성액체) 제1석유류이며 저장용기의 뚜껑을 밀전시켜 저장한다. 용기뚜껑에 가스배출 구멍을 내는 것은 제6류 위험물(산화성액체) 중 과산화수소(H_2O_2)에 해당된다.

답 ③

52. 다음은 질산암모늄의 성질을 설명한 것이다. 옳은 것은?
① 흡습성이 없다.
② 강력한 산화제이기 때문에 혼합 화약의 재료로 쓰인다.
③ 조해성이 없다.
④ 상온에서 폭발성 액체이다.

해설 질산암모늄(NH_4NO_3)은 제1류위험물(산화성고체)로서 강산화제로서 혼합화약의 원료로 사용한다.

답 ②

53. $C_3H_5(ONO_2)_3$의 지정수량은 몇 L인가?
① 5   ② 10
③ 100 ④ 200

해설 $C_3H_5(ONO_2)_3$은 제5류 위험물(자기반응성물질) 질산에스터류에 속하므로 지정수량은 10Kg이다.

답 ②

54. 아이오딘값이 큰 건성유가 나타내는 성질은?
① 건조되기 쉽고 자연발화가 용이하다.
② 공기 중 환원 중합으로 인화점이 아주 낮아진다.
③ 포화지방산을 많이 가지고 있어 공기 중에서 굳어지기 어렵다.
④ 불포화지방산을 적게 가지고 있으므로 공기 중에 방치하여도 액상을 유지한다.

해설 건성유는 제4류 위험물(인화성 액체) 동·식물유류에 속하며 아이오딘값이 130 이상으로 동식물유류 중 마르는 성질이 크며 불포화가 크므로 넝마, 종이에 스며 베어 있을 때 자연발화의 위험이 커진다.

답 ①

55. 염소산칼륨의 성질에 대한 설명 중 옳은 것은?
① 가열, 마찰에 의해서 가연성 가스가 발생한다.
② 그 자신은 불연성 물질이다.
③ 수용액은 약한 산성이다.
④ 물, 알코올에 잘 녹는다.

해설 염소산칼륨($KClO_3$)은 제1류 위험물(산화성고체)로서 불연성이므로 연소하지 않으며 산소를 많이 포함한 강산화제로 온수에는 잘녹으나 냉수 및 알코올에는 녹기 어렵다.

답 ②

56. 불활성가스소화약제 중 IG-541의 구성성분을 모두 나타낸 것은?
① 질소
② 아르곤
③ 질소와 아르곤
④ 질소, 아르곤, 이산화탄소

해설 불활성가스소화약제의 구성성분
- IG-100 : 질소 100%
- IG-55 : 질소와 아르곤의 용량비가 50대50인 혼합물
- IG-541 : 질소와 아르곤과 이산화탄소의 용량비가 52대 40대8인 혼합물
- IG-01 : 아르곤 100%

답 ④

57. 과산화마그네슘 성상 및 취급에 관한 설명으로 틀린 것은?
① 가연성유기물과 혼합되어 있을 때 가열, 충격에 의해 폭발 위험이 있다.
② 습기 또는 물과 접촉시 산소를 방출한다.
③ 산과 접촉하여 과산화수소를 발생한다.
④ 적녹색의 결정이다.

해설 과산화마그네슘(MgO_2)은 제1류 위험물(산화성고체) 무기과산화물에 속하는 강산화제로서 백색분말이다.

답 ④

58. 다음 중 위험물 제조소에 "물기엄금"이라고 표시한 게시판을 설치해야 하는 위험물을 포함하는 유별은?
① 제2류 위험물
② 제3류 위험물
③ 제4류 위험물
④ 제5류 위험물

해설
- 물기엄금 게시판을 할 곳 : 제1류위험물 중 무기과산화물, 제3류위험물 중 금수성물질
- 화기엄금 게시판을 할 곳 : 제2류위험물 중 인화성고체, 제3류위험물 중 자연발화성물질, 제4류위험물, 제5류위험물
- 화기주의 게시판을 할 곳 : 제2류위험물(인화성고체 제외)

답 ②

59. 다음의 조건을 갖추고 있는 위험물은?

[조건]
- 지정수량은 20kg이고 백색 또는 담황색 고체이다.
- 상온에서 증기를 발생하고 천천히 산화된다.
- 비중 1.92, 융점 44℃, 비점 280℃, 발화점

① 적린
② 황린
③ 황
④ 마그네슘

해설 본문내용 : 제3류 위험물중 자연발화성물질인 황린(P_4)의 성상이다.

답 ②

60. 황린의 일반적 성질 중 옳지 않은 것은?
① 백색 또는 담황색 자연발화성 물질이다.
② 화학적으로 활성이 작아 7족 원소와 결합하지 않는다.
③ 증기는 공기보다 무거우며, 유독성 물질이다.
④ 물과 반응하지 않으며 물에 녹지 않는다. 따라서 물 속에 저장한다.

해설 황린(P_4)은 제3류 위험물 자연발화성 물질이며 화학적으로 활성이 매우 크며, 7족의 원소(할로젠원소)와는 결합하지 않는다.

답 ②

CBT 모의고사 13회
2019년 10월 4일 시행(대비문제)

1. 다음 중 위험물과 그 보호액이 잘못 짝지어진 것은?
① 이황화탄소-물
② 나트륨-유동파라핀
③ 칼륨-에탄올
④ 황린-물

> **해설** 칼륨(K)은 제3류 위험물중 금수성물질로 물(H_2O)또는 에탄올(C_2H_5OH)등과 반응하여 수소(H_2)를 발생하므로 보호액으로 부적합하다.

답 ③

2. 아세톤의 성질에 관한 설명으로 옳은 것은?
① 비중은 1.02이다.
② 인화점이 0℃ 보다 낮다.
③ 증기 자체는 무해하나 피부에 닿으면 탈지작용이 있다.
④ 물에 불용이고 에터에 잘 녹는다.

> **해설** 아세톤(CH_3COCH_3)은 제4류 위험물(인화성액체) 제1석유이며 인화점이 -18℃로 0℃ 보다 낮다.

답 ②

3. B급 화재와 관련 있는 가연물은?
① 칼슘   ② 아세톤
③ 플라스틱   ④ 목재

> **해설** B급 화재는 유류화재이므로 제4류 위험물(인화성액체)인 아세톤(CH_3COCH_3)이 이에 해당된다.

답 ②

4. 유별을 달리하는 위험물을 운반할 때 혼재할 수 있는 것은? (단, 지정수량의 1/10을 넘는 양을 운반하는 경우이다.)
① 제1류와 제3류   ② 제4류와 제6류
③ 제3류와 제5류   ④ 제2류와 제4류

> **해설** 암기방법: ④23, ⑤24, ⑥1에서 4류와 2류, 4류와 3류, 5류와 2류, 5류와 4류, 6류와 1류는 혼재하여 운반할 수 있다.

답 ④

5. 정전기의 제거 방법으로 가장 거리가 먼 것은?
① 제전기를 설치한다.   ② 공기를 이온화 한다.
③ 접지를 한다.   ④ 습도를 낮춘다.

해설 습도를 높이면 정전기는 제거된다.
정전기 제거방법
- 접지할 것
- 공기중의 상대습도를 70%이상으로 할 것
- 공기를 이온화 할 것

답 ④

6. 고속국도 주유취급소의 특례기준에 따르면 고속국도 도로변에 설치된 주유취급소에 있어서 고정주유설비에 직접 접속하는 탱크의 용량은 몇 리터까지 할 수 있는가?
① 5만   ② 1만
③ 8만   ④ 6만

해설 주유취급소에 있어서 고정주유설비에 직접 접속하는 지하탱크의 용량
- 일반국도변 : 50,000리터 이하
- 고속국도변 : 60,000리터 이하

참고 자동차 점검등에 의한 폐유탱크 : 2000리터 이하
보일러에 직접 접속하는탱크 : 10,000리터 이하

답 ④

7. 다음 중 제6류 위험물에 해당하는 것은?
① NO_3 ② H_2O
③ IF_5 ④ $HClO_3$

해설 IF_5(펜타플루오로아이오딘)는 할로젠간화합물로 제6류 위험물(산화성 액체) 중 그밖에 행정안전부령이 정하는 것에 해당한다.

답 ③

8. 위험물 옥외저장소에서 지정수량 200배초과의 위험물을 저장할 경우 경계표시주위의 보유공지 너비는 몇 m 이상으로 하여야 하는가? (단, 제4류 위험물과 제6류 위험물이 아닌 경우이다.)
① 10   ② 0.5
③ 2.5   ④ 15

해설 옥외저장소의 보유공지 규정

저장 또는 취급하는 위험물의 최대수량	공지의 너비
지정수량의 10배 이하	3m 이상
지정수량의 10배 초과, 20배 이하	5m 이상
지정수량의 20배 초과, 50배 이하	9m 이상
지정수량의 50배 초과, 200배 이하	12m 이상
지정수량의 200배 초과	15m 이상

참고 제4류 위험물중 제4석유류와 제6류 위험물을 저장할 경우 해당 보유공지의 $\frac{1}{3}$ 이상으로 할 수 있다.

답 ④

9. 메테인 1g이 완전연소하면 발생되는 이산화탄소는 몇 g인가?
① 2.75g   ② 14g
③ 1.25 g   ④ 44g

해설) $CH_4 + 2O_2 \rightarrow CO_2\uparrow + 2H_2O$에서
메테인(CH_4)1g분자량 : 16g/mol
이산화탄소(CO_2)1g분자량 : 44g/mol
16g : 44g=1g : x
$x = \frac{44}{16} = 2.75g$

답 ①

10. 과산화나트륨에 대한 설명으로 틀린 것은?
① 에틸알코올에 잘녹아서 산소와 수소를 발생시킨다.
② 상온에서 물과 격렬하게 반응한다.
③ 비중이 약 2.8이다.
④ 조해성 물질이다.

해설) 과산화나트륨(Na_2O_2)은 제1류 위험물(산화성고체)알칼리금속의 과산화물이며 에틸알코올(C_2H_5OH)에 잘녹지 않으며 물(H_2O)과 반응하여 산소(O_2)를 발생시킨다.

답 ①

11. 0.99atm, 55℃에서 이산화탄소의 밀도는 약 몇 g/L 인가?
① 12.65　　　　　　② 0.62
③ 9.65　　　　　　　④ 1.62

해설) $\rho = \frac{PM}{RT} = \frac{0.99 \times 44}{0.082 \times (55+273)} = 1.619$ ∴ 1.62 g/L

- ρ (CO_2의 밀도) : ? g/L
- P(압력) : 0.99atm
- M(CO_2 1g 분자량) : 12 + 16 × 2 = 44g/mol
- R(기체상수) : 0.082atm · ℓ/mol · k
- T(절대온도) : (55℃+273)K

답 ④

12. 휘발유에 대한 설명으로 옳지 않은 것은?
① 제1석유류에 해당한다.
② 발화점은 -43~-20℃ 정도이다.
③ 원유의 성질, 상태, 처리방법에 따라 탄화수소의 혼합비율이 다르다.
④ 지정수량은 200리터이다.

해설) 휘발유(가솔린)은 제4류 위험물(인화성액체) 제1석유류에 속한다.
참고) • 휘발유(가솔린)의 성상
- 인화점 : -43℃~-20
- 착화점 : 약 300℃
- 연소범위 : 1.4~7.6%
- 지정수량 : 200리터

답 ②

13. 나이트로셀룰로오스의 안전한 저장을 위해 사용하는 물질은?
① 황산　　　　　　② 페놀
③ 에탄올　　　　　④ 아닐린

해설 나이트로셀룰로오스[$C_6H_7O_2(ONO_2)_3$]n는 제5류 위험물(자기반응성물질)중 질산에스터류에 속하며 직사일광등에 의하여 자연발화의 위험이 있으므로 함수알코올로 습면시켜 저장한다.

참고 함수알코올 : 에틸알코올(에탄올)과 물의 혼합액

답 ③

14. 위험물의 품명이 질산염류에 속하지 않는 것은?
① 질산메틸
② 질산나트륨
③ 질산칼륨
④ 질산암모늄

해설 질산메틸(CH_3ONO_2)은 제5류 위험물(자기반응성 물질) 중 질산에스터류에 속한다.

참고 • 질산염류는 제1류 위험물(산화성 고체)이며, 질산나트륨($NaNO_3$), 질산칼륨(KNO_3), 질산암모늄(NH_4NO_3)이 이에 속한다.

답 ①

15. 다음 중 가연성 증기의 증발을 방지하기 위하여 물 속에 저장하는 것은?
① K_2O_2
② C_2H_5OH
③ CH_3COCH_3
④ CS_2

해설 CS_2(이황화탄소)는 제4류 위험물(인화성 액체)중 휘발성이 강한 특수인화물이며 물보다 무겁고 물에 녹지않으므로 가연성증기의 증발을 방지하기 위하여 물속에 넣어 저장, 취급한다.

답 ④

16. 시·도의 조례가 정의하는 바에 따라 관할소방서장이 승인을 받아 지정수량 이상의 위험물을 제조소등이 아닌 장소에서 임시로 저장 또는 취급하는 기간은 최대 며칠 이내인가?
① 60
② 90
③ 120
④ 30

해설 지정수량 이상의 위험물을 제조소등이 아닌 장소에서 임시로 저장 또는 취급하는 기간 : 90일 이내

답 ②

17. 벤젠에 대한 설명으로 옳은 것은?
① 증기의 비중은 1.5이다.
② 휘발성이 강한 액체이다.
③ 물에 매우 잘 녹는다.
④ 순수한 것의 융점은 30℃이다.

해설 벤젠(C_6H_6)은 제4류 위험물(인화성액체)중 제1석유류이며 휘발성이 매우강한 액체이다.

참고 • 벤젠의 증기비중은 2.69이며 물에 녹지않는 기름종류로서 융점은 5.5℃이므로 겨울철에는 고체상태로 존재한다.

답 ②

18. 경유에 대한 설명으로 틀린 것은?
① 인화점은 상온 이하이다.
② 물에 녹지 않는다.
③ 발화점이 인화점보다 높다.
④ 비중은 1이하이다.

해설 경유(디젤유)는 제4류 위험물(인화성 액체)중 제2석유류를 대표하는 지정품목이며 인화점은 50~70℃로서 상온(20℃±5℃)보다 높다.

참고 • 경유의 발화점은 200℃전후로서 50~70℃인 인화점보다 매우 높다.

답 ①

19. 1기압 20℃에서 액상이며 인화점이 200℃이상인 물질은?
① 글리세린
② 실린더유
③ 톨루엔
④ 벤젠

해설 인화점이 200℃ 이상 250℃ 미만인 것은 제4류 위험물(인화성액체) 중 제4석유류이므로 실린더유가 이에 속한다.

참고 • 위험물의 인화점
글리세린[C₃H₅(OH)₃] : 160℃(제3석유류)
톨루엔(C₆H₅CH₃) : 4℃(제1석유류)
벤젠(C₆H₆) : -11℃(제1석유류)

답 ②

20. 위험물의 저장·취급에 관한 법칙 규제를 설명하는 것으로 옳은 것은?
① 지정수량 이상 위험물의 저장, 취급기준은 모두 중요 기준이므로 위반시에는 벌칙이 따른다.
② 지정수량 이상 위험물의 취급은 제조소, 저장소 또는 취급소에서 하여야 한다.
③ 제조소 또는 취급소에는 지정수량 미만의 위험물은 저장할 수 없다.
④ 지정수량 이상 위험물의 저장은 제조소, 저장소 또는 취급소에서 하여야 한다.

해설 지정수량 이상 위험물은 반드시 제조소등에서 저장 및 취급을 하며 위반시 벌칙에 의하여 처벌을 받는다.

답 ①

21. 소화약제의 분해반응식에서 다음 ( )안에 알맞은 것은?

$$2NaHCO_3 \rightarrow Na_2CO_3 + H_2O + (\ )$$

① CO_2 ② NH_3
③ H_2 ④ CO

해설 • $NaHCO_3$(탄산수소나트륨)의 열분해 반응

$$2NaHCO_3 \xrightarrow{\Delta} Na_2CO_3 + CO_2\uparrow + H_2O$$
(탄산수소나트륨) (탄산나트륨) (이산화탄소) (물)

답 ①

22. 고팽창포로 사용할 수 있는 포소화약제는?
① 수성막포 소화약제
② 합성계면활성제포 소화약제
③ 단백포 소화약제
④ 플루오린화단백포 소화약제

해설 합성계면활성제포 소화약제는 고팽창 및 저팽창포로 사용한다.

답 ②

23. 다음 중 위험물안전관리법이 적용되는 영역은?
① 자가용승용차에 의한 지정수량 이하의 위험물의 저장, 취급 및 운반
② 항공기에 의한 대한민국 영공에서의 위험물의 저장, 취급 및 운반
③ 철도에 의한 위험물의 저장, 취급 및 운반
④ 궤도에 의한 위험물의 저장, 취급 및 운반

해설 위험물안전관리법 제3조(적용제외)에 의하여 항공기·선박(선박법 제1조의2제1항의 규정에 따른 선박을 말한다)·철도 및 궤도에 의한 위험물의 저장·취급 및 운반은 위험물안전관리법이 적용하지 않는다.

참고 • 선박법 제1조의2제1항의 선박: 기선, 범선, 부선

답 ①

24. 위험물제조소등에 설치하는 옥내소화설비의 설치기준으로 옳은 것은?

① 수원의 수량은 옥내소화전이 가장 많이 설치된 층의 옥내 소화전 설치개수(5개 이상인 경우는 5개)에 $2.6m^3$를 곱한 양 이상이 되도록 설치하여야 한다.
② 당해 층의 모든 옥내소화전(5개 이상인 경우는 5개)을 동시에 사용할 경우 각 노즐선단에서의 방수압력은 250kPa 이상이어야 한다.
③ 옥내소화전은 건축물의 층마다 당해 층의 각 부분에서 하나의 호스접속구까지의 수평거리가 25미터 이하가 되도록 설치하여야 한다.
④ 당해 층의 모든 옥내소화전(5개 이상인 경우는 5개)을 동시에 사용할 경우 각 노즐선단에서의 방수량은 130L/min 이상이어야 한다.

해설 옥내소화설비의 설치기준
- 수원의 수량: 옥내소화전이 가장 많이 설치된 층의 옥내 소화전 설치개수(5개 이상인 경우는 5개)에 $7.8m^3$를 곱한 양 이상
- 옥내소화전(5개 이상인 경우는 5개)을 동시에 사용할 경우 각 노즐선단 방수압력은 350kPa 이상
- 옥내소화전(5개 이상인 경우는 5개)을 동시에 사용할 경우 각 노즐선단에서의 방수량은 260L/min 이상

답 ③

25. 황린에 대한 설명 중 옳은 것은?

① 공기 중에서 안정한 물질이다.
② 물, 이황화탄소, 벤젠에 잘 녹는다.
③ 담황색 또는 백색의 액체로 일광에 노출하면 색이 짙어지면서 적린으로 변한다.
④ KOH 수용액과 반응하여 유독한 포스핀가스가 발생한다.

해설 황린(P_4)은 제3류 위험물 자연발화성 물질이며 KOH(수산화칼륨) 수용액에서 반응하여 포스핀가스(PH_3)를 발생한다.

참고 • 황린(P_4)이 수산화칼륨(KOH)수용액에서 반응식
$P_4 + 3KOH + 3H_2O \rightarrow 3KH_2PO_2 + PH_3 \uparrow$
(황린) (수산화칼륨) (물) (차아인산칼륨) (인화수소·포스핀)

답 ④

26. 다음 위험물의 화재 시 이산화탄소 소화약제를 사용할 수 없는 것은?

① 마그네슘   ② 글리세린
③ 등유   ④ 인화성고체

해설 마그네슘(Mg)의 화재에 이산화탄소(CO_2) 소화약제를 사용하면 폭발한다.

참고 • 마그네슘(Mg)과 이산화탄소(CO_2)의 폭발반응식
$2Mg + CO_2 \rightarrow 2MgO + C$
(마그네슘) (이산화탄소) (산화마그네슘) (탄소)

답 ①

27. 자연발화의 방지방법 중 가장 거리가 먼 것은?

① 저장실의 온도를 낮출 것   ② 습도를 높게 유지할 것
③ 통풍을 잘 시킬 것   ④ 퇴적 및 수납 시 열축적이 없을 것

해설 자연발화의 방지방법
- 저장실의 온도를 낮출 것
- 습도를 낮게 유지할 것
- 통풍을 잘 시킬 것
- 퇴적 및 수납 시 열축적이 없을 것

답 ②

28. [보기]에서 설명하는 물질은 무엇인가?

[보기]
- 살균제 및 소독제로도 사용된다.
- 분해할 때 발생하는 발생기산소 [O]는 난분해성 유기물질을 산화시킬 수 있다.

① H_2SO_4 ② CH_3OH
③ $HClO_4$ ④ H_2O_2

해설 본문 설명의 위험물은 제6류 위험물(산화성액체)인 H_2O_2(과산화수소)의 설명이다.

답 ④

29. 그림과 같은 타원형 위험물 탱크의 내용적을 구하는 식을 옳게 나타낸 것은?

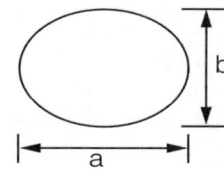
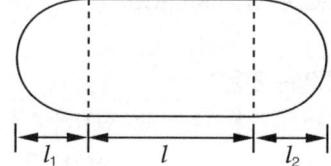

① $\dfrac{\pi ab}{4}\left(L + \dfrac{L_1 - L_2}{3}\right)$　　② $\pi ab L^2$

③ $\pi ab\left(L + \dfrac{L_1 + L_2}{3}\right)$　　④ $\dfrac{\pi ab}{4}\left(L + \dfrac{L_1 + L_2}{3}\right)$

해설 해당 내용적공식: $\dfrac{\pi ab}{4}\left(L + \dfrac{L_1 + L_2}{3}\right)$

답 ④

30. 셀룰로이드에 관한 설명 중 틀린 것은?

① 지정수량은 10kg이다.
② 탄력성이 있는 고체의 형태이다.
③ 장시간 방치된 것은 햇빛, 고온 등에 의해 분해가 촉진 된다.
④ 물에 잘 녹으며, 자연발화의 위험이 있다.

해설 셀룰로이드는 제5류 위험물(자기반응성물질)중 질산에스테르에 속하며 물에 녹지않으며 알코올, 에터, 초산에스터에 잘녹는다. 장시간 고온에 방치시 자연발화의 위험이 있다.

답 ④

31. 분자량이 약 169인 백색의 정방정계 분말로서 알칼리토금속의 과산화물중 매우 안정한 물질이며 테르밋 반응에 사용되는 제1류 위험물은?

① 과산화바륨　　② 과산화마그네슘
③ 과산화칼슘　　④ 과산화칼륨

해설 과산화바륨(BaO_2)은 제1류 위험물(산화성고체)중 알칼리토금속의 과산화물중 매우 안정한 물질이다.

참고 무기과산화물의 분자량(원자량 Ba:137, Mg:24, Ca:40, K: 39, O:16)
- 과산화바륨(BaO_2) : 137+16×2=169
- 과산화마그네슘(MgO_2) : 24+16×2=56

- 과산화칼슘(CaO_2) : $40+16 \times 2=72$
- 과산화칼륨(K_2O_2) : $39 \times 2+16 \times 2=110$

답 ①

32. 제3류 위험물에서 금수성물질의 화재시 적응성 있는 소화설비를 옳게 나타낸 것은?
① 인산염류등 분말소화설비
② 불활성가스 소화설비
③ 할로젠화합물 소화설비
④ 탄산수소염류등 소화설비

해설 제3류 위험물중 금수성물질의 화재시 적응성 있는 소화설비는 금속화재용 분말소화약제인 탄산수소염류 분말소화설비가 적응성이 있다.

참고 탄산수소염류 분말소화약제
- 탄산수소나트륨 : $NaHCO_3$
- 탄산수소칼륨 : $KHCO_3$
- 탄산수소칼륨 : $KHCO_3 + 요소[(NH_2)_2CO]$

답 ④

33. 제5류 위험물에 해당하지 않는 것은?
① 나이트로셀룰로오스
② 염산하이드라진
③ 나이트로벤젠
④ 나이트로글리세린

해설 나이트로벤젠($C_6H_5NO_2$)은 벤젠핵에 나이트로기(-NO_2)가 1개 결합되어 있는 제4류 위험물(인화성액체)중 제3석유류이다.

참고 제5류 위험물(자기반응성물질)중 나이트로화합물은 벤젠핵에 나이트로기(-NO_2)가 2개 이상 결합되어 있어야 한다.

제5류 위험물의 품명
- 나이트로셀룰로오스[$C_6H_7O_2(ONO_2)_3$]$_n$: 질산에스터류
- 염산하이드라진($N_2H_4 \cdot HCl$) : 하이드라진 유도체
- 나이트로글리세린[$C_2H_5(ONO_2)_3$] : 질산에스터류

답 ③

34. 위험물옥외저장탱크의 통기관에 관한 사항으로 옳지 않은 것은?
① 대기밸브부착 통기관은 항시 열려있어야 한다.
② 밸브없는 통기관의 선단은 수평면보다 45도 이상 구부려 빗물 등의 침투를 막는 구조로 한다.
③ 밸브 없는 통기관의 직경은 30mm 이상으로 한다.
④ 대기밸브부착 통기관은 5kPa 이하의 압력차이로 작동할 수 있어야 한다.

해설 옥외탱크에 설치된 대기밸브부착 통기관은 평상시 닫혀있으며 탱크에 위험물을 주입하거나 배출할때에 한하여 열려진다.

답 ①

35. 위험물 제조소등별로 설치하여야 하는 경보설비의 종류에 해당하지 않는 것은?
① 비상조명등설비
② 비상경보설비
③ 자동화재탐지설비
④ 비상방송설비

해설 비상조명등설비는 피난설비에 해당된다.

참고 위험물 제조소등에 설치하는 경보설비
- 자동화재탐지설비
- 비상경보설비
- 비상방송설비
- 확성장치

답 ①

36. 위험물안전관리법령상 예방규정을 정하여야 하는 제조소등에 해당하지 않는 것은?

① 암반탱크저장소
② 지정수량의 200배 이상의 위험물을 저장하는 옥내탱크저장소
③ 지정수량 10배 이상의 위험물을 취급하는 제조소
④ 이송취급소

해설 예방규정을 정하여야 하는 제조소등
- 지정수량의 10배 이상의 위험물을 취급하는 제조소, 일반취급소.
- 지정수량의 100배 이상의 위험물을 저장하는 옥외저장소
- 지정수량의 150배 이상의 위험물을 저장하는 옥내저장소
- 지정수량의 200배 이상의 위험물을 저장하는 옥외탱크저장소
- 암반탱크저장소
- 이송취급소

답 ②

37. 질소와 아르곤과 이산화탄소의 용량비가 52대40대 8인 혼합물 소화약제에 해당하는 것은?

① HFC-23
② HCFC BLEND A
③ IG-541
④ HFC-125

해설 할로젠화합물 소화약제 및 불활성가스 소화약제의 화학식
- HFC-23 : CHF_3
- HCFC BLEND A : HCFC-22, HCFC-123, HCFC-124, $C_{10}H_{16}$의 혼합물
- IG-541 : N_2(52%), Ar(40%), (CO_2 8%) 혼합물
- HFC-125 : C_2HF_5

참고
- HFC(Hydro Fluoro Carbons) : 불화탄화수소
- HCFC(Hydro Chloro Fluoro Carbons) : 염화불화탄화수소
- IG(Iner Gen) : 이너젠가스(불활성가스)

답 ③

38. 제2류 위험물에 대한 설명 중 틀린 것은?

① 황은 물에 녹지 않는다
② 칠황화인은 뜨거운물에 분해되어 이산화황을 발생한다.
③ 오황화인은 CS_2에 녹는다.
④ 삼황화인은 가연성 물질이다.

해설 칠황화인(P_4S_7)은 제2류 위험물(가연성고체)황 황화인에 속하며 뜨거운 물(온수)과 분해하여 황화수소(H_2S)을 발생한다

참고 칠황화인(P_2S_5)과 온수와의 반응
$$P_4S_7 + 13H_2O \rightarrow 7H_2S\uparrow + H_3PO_4 + 3H_3PO_3$$
(오황화인) (물) (황화수소) (인산) (아인산)

답 ②

39. 메틸알코올 8,000리터에 대한 소화능력으로 삽을 포함한 마른모래를 몇 리터 설치하여야 하는가?

① 400
② 100
③ 300
④ 200

해설 메틸알코올(CH_3OH)의 소요단위 = $\frac{8,000L}{400L \times 10}$ = 2단위

2소요단위에 해당하는 능력단위 = 2능력단위
마른모래(삽1개포함)50L = 0.5단위
0.5단위 : 50L = 2단위 : X

$X = \frac{2 \times 50}{0.5}$ = 200L

- 메틸알코올(CH_3OH)의 지정수량 : 400L
- 위험물의 소요단위 : 지정수량의 10배

답 ④

40. 열분해할 때 부착성이 좋은 메타인산을 만들 수 있는 소화약제의 주성분에 해당하는 것은?
① 제1인산암모늄　　　② 탄산수소나트륨
③ 황산알루미늄　　　④ 탄산수소칼륨

해설 제3종 분말인 제1인산암모늄[인산암모늄, $NH_4H_2PO_4$]이 열분하하면 부착성이 좋은 메타인산(HPO_3)을 생성한다.

참고 • 인산암모늄($NH_4H_2PO_4$)] 분말소화약제의 열분해반응식

$NH_4H_2PO_4 \xrightarrow{\Delta} HPO_3 + NH_3 \uparrow + H_2O$
(인산암모늄)　　　(메타인산)　(암모니아)　(물)

답 ①

41. 위험물의 운반에 관한 기준에서 규정한 운반용기의 재질에 해당하지 않는 것은?
① 짚　　　　　　② 도자기
③ 금속판　　　　④ 양철판

해설 도자기는 운반용기로 사용하지 않는다.
- 운반용기의 종류
  금속판, 강판, 삼, 합성섬유, 섬유판, 고무류, 양철판, 짚, 알루미늄판, 종이, 유리, 나무, 플라스틱

답 ②

42. 위험물안전관리법령상 옥내저장소 저장창고의 바닥은 물이 스며 나오거나 스며들지 아니하는 구조로하여야 한다. 다음 중 반드시 이 구조로 하지 않아도 되는 위험물은?
① 제1류 위험물 중 알칼리금속의 과산화물
② 제2류 위험물 중 철분
③ 제5류 위험물
④ 제4류 위험물

해설 제5류 위험물(자기반응성물질)은 물과 반응하지 않으므로 물이 스며 나오거나 스며들지 아니하는 구조로 꼭 하지아니하여도 된다.

답 ③

43. 위험물을 운반용기에 수납하여 적재할 때 위험물안전관리법령에 따라 차광성이 있는 피복으로 가려야 하는 위험물이 아닌 것은?
① 제5류 위험물　　　② 제2류 위험물
③ 제1류 위험물　　　④ 제6류 위험물

해설 제2류위험물(가연성고체)는 차광덮게를 하여야할 위험물에서 제외된다.
※ 위험물의 운반덮게중 차광덮게를 하여야할 위험물
- 제1류 위험물
- 제3류 위험물중 자연발화성물질
- 제4류 위험물중 특수인화물
- 제5류 위험물
- 제6류 위험물

답 ②

44. 다음 중 발화점이 가장 낮은 물질은?
① 아세트산
② 등유
③ 메틸알코올
④ 아세톤

해설 제4류 위험물(인화성 액체)의 발화점(착화점)
- 아세트산(CH_3COOH) : 427℃
- 등유 : 220℃ 전후
- 메틸알코올(CH_3OH) : 464℃
- 아세톤(CH_3COCH_3) : 538℃

답 ②

45. 위험물안전관리법령상 제5류 위험물의 공통된 취급 방법으로 옳지 않은 것은?
① 저장시 과열, 충격, 마찰을 피한다.
② 불티, 불꽃, 고온체와의 접근을 피한다.
③ 운반용기 외부에 주의사항으로 "화기주의" 및 "물기엄금"으로 표기한다.
④ 용기의 파손 및 균열에 주의한다.

해설 제5류 위험물(자기반응성물질)의 운반용기 외부에 주의사항 표기 "화기엄금" 및 "충격주의"로 표기한다.

답 ③

46. 제3류 위험물에 해당하지 않는 것은?
① 황화인
② 황린
③ 칼륨
④ 알칼리금속

해설 황화인은 제2류 위험물(가연성고체)에 속한다.

답 ①

47. 다음 중 화재 시 사용하면 독성의 $COCl_2$가스를 발생시킬 위험이 가장 높은 물질은?
① 테트라클로로메탄
② 제1종 분말
③ 공기포
④ 액화이산화탄소

해설 테트라클로로메탄(CCl_4 · 사염화탄소)는 할론소화약제로 화재에 사용시 독성이 매우강한 포스겐($COCl_2$)가스를 발생한다.

답 ①

48. 소화작용에 대한 설명 중 옳지 않은 것은?
① 가연물의 온도를 낮추려는 소화는 냉각작용이다.
② 물의 주된 소화작용 중 하나는 냉각작용이다.
③ 연소에 필요한 산소의 공급원을 차단하는 소화는 제거작용이다.
④ 가스화재 시 밸브를 차단하는 것은 제거작용이다.

해설 연소에 필요한 산소의 공급원을 차단하는 소화는 질식작용이다.

답 ③

49. 위험물안전관리법령상 물분무소화설비의 방사구역은 약 몇 m² 이상이어야 하는가? (단, 방호대상물의 표면적이 300m²이다.)

① 450   ② 150
③ 300   ④ 100

해설 물분무소화설비의 방사구역은 150m² 이상이며 150m² 미만이면 당해 표면적으로 한다.

답 ②

50. 위험물안전관리법령상 위험물의 운반시 운반용기는 다음의 기준에 따라 수납 적재하여야 한다. 다음 중 틀린 것은?

① 하나의 외장용기에는 다른 종류의 위험물을 수납하지 않는다.
② 고체위험물은 운반용기 내용적의 95%이하로 수납하여야 한다.
③ 액체위험물은 운반용기 내용적의 95%이하로 수납하여야 한다.
④ 수납하는 위험물과 위험한 반응을 일으키지 않아야한다.

해설 액체위험물은 운반용기 내용적의 98% 이하로 수납하여야 한다.

답 ③

51. 위험물안전관리법령상 제2류 위험물의 위험등급에 대한 설명으로 옳은것은?

① 제2류 위험물은 위험등급 Ⅰ에 해당되는 품명이 없다.
② 제2류 위험물 중 위험등급 Ⅲ에 해당되는 품명은 지정수량이 500kg인 품명만 해당된다.
③ 제2류 위험물 중 황화인, 적린, 황 등 지정수량이 100kg인 품명은 위험등급 Ⅰ에 해당한다.
④ 제2류 위험물 중 지정수량이 1,000kg인 인화성고체는 위험등급 Ⅱ에 해당한다.

해설 제2류 위험물(가연성고체)은 위험등급 Ⅰ에 해당되는 품명이 없다.

참고 • 제2류 위험물의 위험등급 및 품명과 지정수량

성 질	위험등급	품 명	지 정 수 량
가연성고체	Ⅱ	황화인	100kg
	Ⅱ	적린	100kg
	Ⅱ	황	100kg
	Ⅲ	마그네슘	500kg
	Ⅲ	철분	500kg
	Ⅲ	금속분	500kg
	Ⅲ	인화성고체	1,000kg

답 ①

52. 메틸알코올의 위험성에 대한 설명으로 틀린 것은?

① 독성이 있다.
② 증기밀도는 휘발유보다 크다.
③ 겨울에는 인화의 위험이 여름보다 작다.
④ 연소범위는 에틸알코올보다 넓다.

• 메틸알코올CH₃OH)의 증기밀도는 휘발유보다 작다.
 메틸알코올과 휘발유의 증기밀도(표준상태)
[휘발유를 옥테인(C_8H_{18})으로 가정한다.]

- 메틸알코올(CH_3OH) = $\dfrac{(12+4+16)g/mol}{22.4l/mol}$ = 1.428g/ℓ

- 휘발유(C_8H_{18}) = $\dfrac{(12\times 8+18)g/mol}{22.4l/mol}$ = 5.089g/ℓ

답 ②

53. 다음 중 증기밀도가 가장 큰 것은?
① 다이에틸에터 ② 옥테인
③ 벤젠 ④ 에틸알코올

 제4류 위험물(인화성 액체)의 증기밀도(g/ℓ)

- 다이에틸에터($C_2H_5OC_2H_5$)

  $\dfrac{(12\times 4+10+16)g/mol}{22.4l/mol}$ = 3.303

- 옥테인(C_8H_{18})

  $\dfrac{(12\times 8+18)g/mol}{22.4l/mol}$ = 5.089g/ℓ

- 벤젠(C_6H_6)

  $\dfrac{(12\times 6+6)g/mol}{22.4l/mol}$ = 3.482g/ℓ

- 에틸알코올(C_2H_5OH)

  $\dfrac{(12\times 2+6+18)g/mol}{22.4l/mol}$ = 2.142g/ℓ

답 ②

54. 금속분의 연소 시 주수소화하면 위험한 이유로 옳은 것은?
① 물에 녹아 산이된다.
② 물과 작용하여 산소가스를 발생한다.
③ 물과 작용하여 유독가스를 발생한다.
④ 물과 작용하여 수소가스를 발생한다.

 금속분(Al, Zn, Sn, Sb 등)은 제2류 위험물(가연성고체)에 해당하며 마그네슘(Mg)과 철(Fe)분과 함께 물(H_2O)과 반응하여 수산화물과 수소(H_2)를 발생한다.

답 ④

55. Halon 1211에 해당하는 물질의 분자식은?
① CF_2ClBr ② FC_2BrCl
③ CCl_2FBr ④ CBr_2FCl

해설 Halon 1211의 화학식: CF_2ClBr
※ 할론넘버(Halon No)는 탄소(C)와 할로젠원소(F, Cl, Br, I)의 개수를 순서대로 표시한 것이다.

답 ①

56. 제2류 위험물이 아닌 것은?
① 적린 ② 황린
③ 철분 ④ 마그네슘

해설 황린(P_4)은 제3류 위험물중 자연발화성물질로 위험등급 I 에 해당한다.

답 ②

57. 가연성 액체의 연소형태를 옳게 설명한 것은?
① 연소범위의 하한보다 낮은 범위에서라도 점화원이 있으면 연소한다.
② 가연성 액체의 증발연소는 액면에서 발생하는 증기가 공기와 혼합하여 연소하기 시작한다.
③ 가연성 증기의 농도가 연소범위 상한보다 높으면 연소의 위험성이 높다.
④ 증발성이 낮은 액체일수록 연소가 쉽고, 연소속도는 빠르다.

해설 가연성 액체란 제4류 위험물(인화성액체)를 의미하며 액체표면에서 발생한 증기가 공기와 혼합하여 연소하는 증발연소를 한다.

답 ②

58. 주수소화가 적합하지 않은 물질은?
① 피크린산
② 과산화나트륨
③ 과산화벤조일
④ 염소산나트륨

해설 과산화나트륨(Na_2O_2)은 제1류 위험물(산화성고체)중 알칼리금속의 과산화물로 물(H_2O)과 반응하여 산소(O_2)를 발생하므로 주수소화는 적합하지 않다.

참고 • 과산화나트륨(Na_2O_2)과 물(H_2O)과의 반응식
$$2Na_2O_2 + 2H_2O \rightarrow 4NaOH + O_2 \uparrow$$
(과산화나트륨) (물) (수산화나트륨) (산소)

답 ②

59. 위험물안전관리법령상 개방형 스프링클러 헤드를 이용하는 스프링클러설비에서 수동식개방밸브를 개방 조작하는 데 필요한 힘은 얼마 이하가 되도록 설치하여야 하는가?
① 20kg
② 5kg
③ 15kg
④ 10kg

해설 필요한 힘 : 15kg

답 ③

60. 영하 20°C 이하의 겨울철이나 한냉지에서 사용하기에 적합한 소화기는?
① 봉상주수소화기
② 물주수소화기
③ 강화액소화기
④ 분무주수소화기

해설 냉각소화기중 강화액소화기는 겨울절이나 한냉지에서 사용하기 위하여 물의 빙점(0°C)을 -30°C~-25°C까지 낮추기 위하여 탄산칼륨(K_2CO_3) 포화수용액을 소화약제로 사용한다.

답 ③

CBT 모의고사 14회
2020년 2월 15일 시행(대비문제)

1. 크레오소트유에 대한 설명으로 틀린 것은?
① 물보다 무겁고 물에 녹지 않는다.
② 무취이고 증기는 독성이 없다.
③ 제3석유류에 속한다.
④ 상온에서 액체이다.

해설 크레오소트유는 제4류 위험물(인화성액체) 제3석유류를 대표하는 지정품목이며, 황색 내지 암록색의 기름 모양 액체로 특유의 냄새를 가지며 독성이 있다.

답 ②

2. 위험물의 운반 시 혼재가 가능한 것은? (단, 지정수량 10배의 위험물인 경우이다.)
① 제4류 위험물과 제5류 위험물
② 제1류 위험물과 제2류 위험물
③ 제5류 위험물과 제6류 위험물
④ 제2류 위험물과 제3류 위험물

해설 유별을 달리하는 위험물의 혼재기준(암기법 : 사이삼, 오이사, 육하나)

위험물의 구분	제1류	제2류	제3류	제4류	제5류	제6류
제1류		×	×	×	×	○
제2류	×		×	○	○	×
제3류	×	×		○	×	×
제4류	×	○	○		○	×
제5류	×	○	×	○		×
제6류	○	×	×	×	×	

"×" 표시는 혼재할 수 없음을 표시한다.
"○" 표시는 혼재할 수 있음을 표시한다.
이 표는 지정수량의 $\frac{1}{10}$ 이하의 위험물에 대하여는 적용하지 아니한다.

답 ①

3. 가연성 액체의 연소형태를 옳게 설명한 것은?
① 증발성이 낮은 액체일수록 연소가 쉽고 연소속도는 빠르다.
② 연소범위의 하한보다 낮은 범위에서라도 점화원이 있으면 연소한다.
③ 가연성 액체의 증발연소는 액면에서 발생하는 증기가 공기와 혼합하여 연소하기 시작한다.
④ 가연성 증기의 농도가 연소범위 상한보다 높으면 연소의 위험이 높다.

해설 가연성 액체라 함은 제4류 위험물(인화성 액체)를 말하며, 액체 표면에서 발생하는 증기가 공기와 혼합될 때 점화원에 의하여 연소하기 시작한다. 증발성이 높은 액체일수록 연소가 쉽고 연소 속도는 빠르며 연소범위의 하한보다 낮은 범위와 상한보자 높은 범위에서는 점화원이 있어도 연소하지 않는다.

답 ③

4. 다음 소화약제의 분해반응을 완결시키려 할 때 ( ) 안에 옳은 것은?

$$2NaHCO_3 \rightarrow Na_2O + H_2O + (\quad)$$

① $6CO_2$ ② $6NaOH$
③ $6CO$ ④ $2CO_2$

해설 $NaHCO_3$의 850℃에서 분해반응식

$$2NaHCO_3 \xrightarrow{\triangle} Na_2O + 2CO_2\uparrow + H_2O$$

참고 270℃에서 $NaHCO_3$의 반응 메커니즘

$$2NaHCO_3 \xrightarrow{\triangle} Na_2CO_3 + CO_2\uparrow + H_2O$$
(탄산수소나트륨)　(탄산나트륨)　(이산화탄소)　(물)

답 ④

5. 취급하는 제4류 위험물의 수량이 지정수량의 30만배인 일반취급소가 있는 사업장에 자체소방대를 설치함에 있어서 전체 화학소방차 중 포수용액을 방사하는 화학소방차는 몇 대 이상 두어야 하는가?

① 3   ② 2
③ 1   ④ 필수적인 것은 아니다.

해설 포수용액을 방사하는 화학소방차의 대수

3대 × $\frac{2}{3}$ = 2대 이상

참고 자체소방대에서 화학소방자동차 및 자체소방대원의 수 기준

제4류 위험물 제조소 또는 일반취급소의 구분	화학 소방자동차	자체소방대원의 수
지정수량 3천배 이상 12만배 미만을 저장 취급하는 것	1대	5인
지정수량 12만배 이상 24만배 미만을 저장 취급하는 것	2대	10인
지정수량 24만배 이상 48만배 미만을 저장 취급하는 것	3대	15인
지정수량 48만배 이상을 저장 취급하는것	4대	20인
옥외탱크저장소에 저장하는 제4류 위험물의 최대수량이 지정수량의 50만배 이상인 사업소	2대	10인

화학소방차 중 포수용액을 방사하는 화학소방차는 전체 화학소방차 대수의 $\frac{2}{3}$ 이상으로 할 것

답 ②

6. 위험물에 대한 소화방법 중 금수성 물질의 질식소화 방법이 있다. 이때 사용되는 모래에 대한 설명으로 틀린 것은?
① 모래는 가연물을 함유하지 않아야 한다.
② 모래 저장 시 주변에 삽, 양동이 등의 부속기구를 상비하여야한다.
③ 모래는 약간 젖은 모래가 좋다.
④ 모래는 취급의 편리성을 위해 모래주머니에 담아둔다.

해설 소화약제로 사용되는 모래는 마른모래(건조사)를 사용하여야 한다.

답 ③

7. 메탄올에 관한 설명으로 옳지 않은 것은?
① 휘발성이 강하다.
② 인화점은 약 11℃이다.
③ 술의 원료로 사용된다.
④ 최종산화물은 의산(포름산)이다.

해설 메탄올(CH_3OH)은 제4류 위험물(인화성 액체) 알코올류에 해당하며, 독성이 매우 강하므로 30ml~100ml를 복용하면 사망 또는 실명하므로 절대 경구투입은 하지 말 것

답 ③

8. 다음 중 위험물과 그 보호액이 잘못 짝지어진 것은?
① 칼륨 - 에탄올
② 나트륨 - 파라핀
③ 황린 - 물
④ 이황화탄소 - 물

해설 칼륨(K)은 제3류 위험물 중 금수성 물질로서 물(H_2O) 또는 에탄올(C_2H_5OH) 등 알코올과 반응하여 수소(H_2)를 발생하며, 폭발적으로 연소한다.

참고 • 칼륨(K)과 에틸알코올(C_2H_5OH)의 화학반응식
  $2K + 2C_2H_5OH \rightarrow 2C_2H_5OK + H_2\uparrow$
  (칼륨) (에틸알코올) (칼륨에틸레이트) (수소)
※ 에탄올=에틸알코올

답 ①

9. 톨루엔에 대한 설명으로 틀린 것은?
① 알코올, 에터, 벤젠 등과 잘 섞인다.
② 증기는 마취성이 있다.
③ 휘발성이 있고 가연성 액체이다.
④ 노란색 액체로 냄새가 없다.

해설 톨루엔($C_6H_5CH_3$)은 제4류 위험물(인화성 액체) 제1석유류이며, 무색의 투명한 휘발성이 강한 액체로 벤젠(C_6H_6)과 같은 방향을 갖는다.

답 ④

10. 다음 중 제6류 위험물로서 분자량이 약 63인 것은?
① 과산화수소
② 질산
③ 과염소산
④ 브로모트라이플루오로메탄

해설 제6류 위험물(산화성 액체)의 분자량
• 과산화수소(H_2O_2) : $2+16\times2=34$
• 질산(HNO_3) : $1+14+16\times3=63$
• 과염소산($HClO_4$) : $1+35.5+16\times4=100.5$
• 브로모트라이플루오로메탄(BrF_3) : $80+19\times3=137$

답 ②

11. 제2종 분말소화약제의 화학식과 색상이 옳게 연결된 것은?
① $NaHCO_3$ - 담회색
② $NaHCO_3$ - 백색
③ $KHCO_3$ - 담회색
④ $KHCO_3$ - 백색

해설 분말소화약제의 구별 색
- 제1종분말 : 탄산수소나트륨($NaHCO_3$) 백색
- 제2종분말 : 탄산수소칼륨($KHCO_3$) 보라색
- 제3종분말 : 제1인산암모늄($NH_4H_2PO_4$) 담홍색
- 제4종분말 : 탄산수소칼륨($KHCO_3$)과 요소[$(NH_2)_2CO$] 회색

참고 제2종분말인 탄산수소칼륨($KHCO_3$)은 보라색으로 착색되어 있으나 실제 육안으로 담회색으로 보일 수 있음

답 ③

12. 위험물안전관리법에서 정의하는 "제조소등"에 해당되지 않는 것은?
① 취급소 ② 판매소
③ 저장소 ④ 제조소

해설 위험물안전관리법에서 제조소등이라 함은 제조소, 저장소, 취급소를 말한다.

답 ②

13. 위험물안전관리법령상 알코올류에 해당하는 것은?
① 알릴알코올(CH_2CHCH_2OH) ② 에틸알코올(CH_3CH_2OH)
③ 뷰틸알코올(C_4H_9OH) ④ 에틸렌글리콜($C_2H_4(OH)_2$)

해설
- 에틸알코올(CH_3CH_2OH)은 탄소수 2개의 포화1가 알코올이므로 위험물 안전관리법령상 알코올류에 해당된다.
- 알코올류에 해당되지 못하는 이유
  - 알릴알코올(CH_2CHCH_2OH) : 불포화1가 알코올
  - 뷰틸알코올(C_4H_9OH) : 탄소수 4개
  - 에틸렌글리콜($C_2H_4(OH)_2$) : 2가알코올

참고 위험물 안전관리법령에 의한 알코올류의 정의
알코올류라 함은 1분자를 구성하는 탄소원자의 수가 1개부터 3개까지인 포화1가 알코올(변성알코올을 포함)을 말한다.

답 ②

14. 금속분의 연소 시 주수소화하면 위험한 이유로 옳은 것은?
① 물에 녹아 산이 된다. ② 물과 작용하여 수소가스를 발생한다.
③ 물과 작용하여 산소가스를 발생한다. ④ 물과 작용하여 유독가스를 발생한다.

해설 금속분은 제2류 위험물(가연성 고체)에 해당한다. 따라서 화재 시 주수소화하면 수소(H_2)를 발생하며 폭발하므로 주수를 금한다.

답 ②

15. 제3종 분말소화약제의 열분해 반응식을 옳게 나타낸 것은?
① $2KNO_3 \rightarrow KNO_2 + O_2$
② $2CaHCO_3 \rightarrow 2CaO + H_2CO_3$
③ $KClO_4 \rightarrow KCl + 2O_2$
④ $NH_4H_2PO_4 \rightarrow HPO_3 + NH_3 + H_2O$

해설 제3종 분말소화약제의 열분해반응식

$$NH_4H_2PO_4 \xrightarrow{\Delta} HPO_3 + NH_3\uparrow + H_2O$$

(인산암모늄) (메타인산) (암모니아) (물)

답 ④

16. 위험물안전관리법령상 위험물 운반용기의 외부에 표시하여야 하는 사항에 해당하지 않는 것은?
① 위험물의 수량
② 위험물의 지정수량
③ 위험물의 품명
④ 위험물에 따라 규정된 주의사항

해설 위험물 운반용기 외부표시사항
- 위험물의 품명 · 위험등급 · 화학명 및 수용성("수용성" 표시는 제4류 위험물로서 수용성인 것에 한함)
- 위험물의 수량
- 수납하는 위험물에 따라 다음의 규정에 의한 주의사항

답 ②

17. 0.99atm, 55°C에서 이산화탄소의 밀도는 약 몇 g/L인가?
① 0.62
② 1.62
③ 9.65
④ 12.65

해설 $\rho = \dfrac{PM}{RT} = \dfrac{0.99 \times 44}{0.082 \times (55+273)} = 1.619$ ∴ 1.62g/L

- (CO_2의 밀도) : ?g/L
- P(압력) : 0.99atm
- M(CO_2 1g 분자량) : 12+16×2=44g/mol
- R(기체상수) : 0.082atm · ℓ/mol · k
- T(절대온도) : (55°C+273)K

답 ②

18. 위험물안전관리법령에 따른 이동저장탱크의 구조의 기준에 대한 설명으로 틀린 것은?
① 압력탱크는 최대상용압력의 1.5배의 압력으로 10분간 수압시험을 하여 새지 말 것
② 상용압력이 20kPa를 초과하는 탱크의 안전장치는 상용압력의 1.5배 이하의 압력에서 작동할 것
③ 탱크는 두께 3.2mm 이상의 강철판 또는 이와 동등 이상의 강도, 내산성 및 내열성을 갖는 재질로 할 것
④ 방파판은 두께 1.6mm 이상의 강철판 또는 이와 동등 이상의 강도, 내산성 및 내열성이 있는 금속성의 것으로 할 것

해설 상용압력이 20kPa를 초과하는 탱크의 안전장치는 상용압력의 1.1배 이하의 압력에서 작동할 것

참고 안전장치의 작동압력
- 상용압력 20kpa 이하일 경우 : 20kpa 이상 24kpa 이하의 압력으로 작동할 것
- 상용압력 20kpa 초과일 경우 : 상용압력의 1.1배 이하의 압력으로 작동할 것

답 ②

19. 분말소화약제와 함께 트윈 에이전트 시스템(Twin Agent System)으로 사용할 수 있는 포 소화약제는?
① 합성계면활성제포 소화약제
② 플루오르화단백포 소화약제
③ 수성막포 소화약제
④ 단백포 소화약제

해설 수성막포 소화약제는 분말소화약제와 함께 대형 화재의 진화를 위한 트윈 에이전트 시스템(Twin Agent System)에 사용한다.

답 ③

20. 적린과 황의 공통되는 일반적 성질이 아닌 것은?
① 비중이 1보다 크다.
② 연소하기 쉽다.
③ 산화되기 쉽다.
④ 물에 잘 녹는다.

해설 적린(P)과 황(S)은 제2류 위험물(가연성 고체)이며, 모두 물에 녹지 않는다.

답 ④

21. 위험물안전관리법령상 탄산수소염류의 분말소화기가 작용성을 갖는 위험물이 아닌 것은?
① 아세톤
② 과염소산
③ 톨루엔
④ 철분

해설 제6류 위험물(산화성 액체)인 과염소산($HClO_4$)에 적용성이 있는 분말소화기는 인산염류 분말소화기이다.

참고 탄산수소염류의 분말소화기는 제4류 위험물(인화성 액체) 및 제2류 위험물(가연성 고체) 중 마그네슘(Mg), 철(Fe)분, 금속분 및 제3류 위험물 금수성 물질 등 금속화재에 적용성이 있다.

답 ②

22. 과산화벤조일의 지정수량은 얼마인가?
① 50L
② 100kg
③ 1,000L
④ 10kg

해설 벤조일퍼옥사이드[$(C_6H_5CO)_2O_2$]은 제5류 위험물(자기반응성 물질) 유기과산화물에 속하므로 지정수량은 10kg이다.

답 ④

23. 위험물안전관리법령에서 정한 경보설비가 아닌 것은?
① 비상경보설비
② 자동화재탐지설비
③ 비상방송설비
④ 비상조명설비

해설 위험물안전관리법령에서 정한 경보설비
- 자동화재경보설비
- 비상경보설비
- 비상방송설비
- 확성장치

답 ④

24. 제4류 위험물의 품명 중 지정수량이 6,000L인 것은?
① 제4석유류
② 제3석유류 비수용성액체
③ 동식물유류
④ 제3석유류 수용성액체

해설 제4석유류의 지정수량 : 6,000L

참고 제4류 위험물(인화성액체)의 구성(영 별표 1)

유별	성질	위험 등급	품 명	지정수량
제4류	인화성 액체	I	특수인화물	50 ℓ
		II	제1석유류	비수용성 : 200 ℓ
				수용성 : 400 ℓ
		II	알코올류	400 ℓ
		III	제2석유류	비수용성 : 1,000 ℓ
				수용성 : 2,000 ℓ
		III	제3석유류	비수용성 : 2,000 ℓ
				수용성 : 4,000 ℓ
		III	제4석유류	6,000 ℓ
		III	동식물유류	10,000 ℓ

답 ①

25. 시·도의 조례가 정하는 바에 따라 관할소방서장의 승인을 받아 지정수량 이상의 위험물을 제조소등이 아닌 장소에서 임시로 저장 또는 취급하는 기간은 최대 며칠 이내인가?

① 60 ② 90
③ 30 ④ 120

해설 법 규정에 의한 위험물의 임시 저장 또는 취급 기간
90일 이내

답 ②

26. 다음 위험물 중 착화온도가 가장 높은 것은?

① 다이에틸에터
② 아세트알데하이드
③ 산화프로필렌
④ 이황화탄소

해설 제4류 위험물의 착화온도
- 다이에틸에터($C_2H_5OC_2H_5$) : 180℃
- 아세트알데하이드 : 185℃
- 산화프로필렌 : 465℃
- 이황화탄소 : 100℃

답 ③

27. 메테인 1g이 완전연소하면 발생되는 이산화탄소는 몇 g인가?

① 44 ② 1.25
③ 2.75 ④ 14

해설 $CH_4 + 2O \rightarrow CO_2 + 2H_2O$에서
메테인(CH_4) 1g의 분자량 : 16g/mol
이산화탄소(CO_2) 1g의 분자량 : 44g/mol
16g : 44g = 1g : x
∴ x = 2.75g

답 ③

28. 위험물안전관리법령상 제4류 위험물과 제6류 위험물에 모두 적용성이 있는 소화설비는?

① 인산염류 분말소화설비
② 할로젠화합물 소화설비
③ 탄산수소염류 분말소화설비
④ 불활성가스 소화설비

해설 인산염류 분말소화약제는 제4류 위험물(인화성 액체)과 제6류 위험물(산화성 액체) 화재에 적용성이 있다.

답 ①

29. 다음의 분말은 모두 150마이크로미터의 체를 통과하는 것이 50중량퍼센트 이상이 된다. 이들 분말 중 위험물안전관리법령상 품명이 "금속분"으로 분류되는 것은?

① 니켈분
② 알루미늄분
③ 철분
④ 구리분

해설 제2류 위험물(가연성 고체) 금속분에 해당되는 금속
알루미늄(Al)분, Zn(아연)분, 안티몬(Sb)분 등

참고 제2류 위험물(가연성 고체) 금속분에 해당되지 않는 금속
니켈(Ni)분, 구리(Cu)분, 철(Fe)분, 마그네슘(Mg) 등

답 ②

30. 위험등급 I의 위험물에 해당하지 않는 것은?

① 황린
② 아염소산칼륨
③ 황화인
④ 과염소산

해설 제2류 위험물(가연성 고체)에는 위험등급 I등급이 없으며, 황화인은 제2류 위험물에 해당하므로 위험등급 II등급이다.

참고 제2류 위험물의 위험등급 및 품명과 지정수량

성 질	위험등급	품 명	지 정 수 량
가연성고체	II	황화인	100kg
	II	적린	100kg
	II	황	100kg
	III	마그네슘	500kg
	III	철분	500kg
	III	금속분	500kg
	III	인화성고체	1,000kg

답 ③

31. 다음 중 발화점이 가장 낮은 물질은?

① 아세톤
② 메틸알코올
③ 아세트산
④ 등유

해설 제4류 위험물(인화성액체)의 착화점
- 아세톤(CH_3COCH_3) : 538°C
- 메틸알코올(CH_3OH) : 464°C
- 아세트산(CH_3COOH) : 427°C
- 등유(케로신) : 220°C 전후

답 ④

32. 위험물제조소의 경우 연면적이 최소 몇 m²이면 자동화재탐지설비를 설치해야 하는가? (단, 원칙적인 경우에 한함)
① 300
② 100
③ 1,000
④ 500

해설 자동화재탐지설비를 설치해야 하는 제조소의 연면적 500m² 이상인 곳

참고 제조소등의 자동화재경보설비의 설치기준(요약)(규칙 별표 17)

제조소등의 구분	제조소등의 규모, 저장 또는 취급하는 위험물의 종류 및 최대수량 등
제조소· 일반취급소	• 연면적 500m² 이상인 곳 • 옥내에서 지정수량의 100배 이상을 취급하는 것(고인화점 위험물만을 100℃ 미만의 온도에서 취급하는 것을 제외)
옥내저장소	• 연면적 150m² 초과하는 것 • 지정수량의 100배 이상을 저장 또는 취급하는 것(고인화점 위험물만을 저장 또는 취급하는 것을 제외한다.) • 처마높이 6m 이상인 단층 건물

답 ④

33. 위험물안전관리법령상 소화설비의 기준에서 불활성가스소화설비가 적응성이 있는 대상물은?
① 제3류 위험물의 금수성물질
② 알칼리금속 과산화물
③ 철분
④ 인화성 고체

해설 위험물안전관리법 시행규칙 [별표 17] 소화설비의 적응성
불활성가스소화설비 : 전기설비, 인화성고체, 제4류 위험물

답 ④

34. 그림의 시험장치는 제 몇 류 위험물의 위험성 판정을 위한 것인가? (단, 고체물질의 위험성 판정이다.)

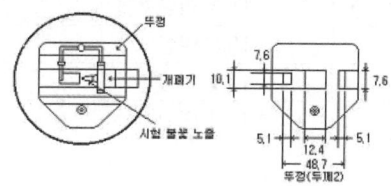
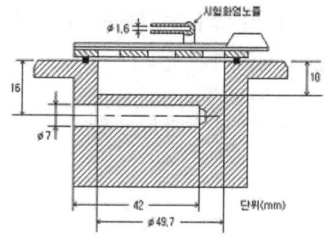

① 제1류
② 제2류
③ 제3류
④ 제5류

해설 위험물안전관리에 관한 세부기준 제9조(고체의 인화 위험성 시험방법)에 의한 시험장치이므로, 제2류 위험물(가연성 고체)의 시험방법에 해당한다.

답 ②

35. 위험물안전관리법령에서 정한 아세트알데하이드 등을 취급하는 제조소의 특례에 따라 다음 (   )에 해당하지 않는 것은?

> 아세트알데하이드 등을 취급하는 설비는 (   )+(   )+동+(   ) 또는 이들을 성분으로 하는 합금으로 만들지 아니할 것

① 마그네슘 ② 수은
③ 금 ④ 은

해설 아세트알데하이드 등을 취급하는 설비에 사용할 수 없는 금속
구리(Cu), 마그네슘(Mg), 수은(Hg), 은(Ag) 또는 이의 합금

답 ③

36. 위험물안전관리법령상 스프링클러설비가 제4류 위험물에 대하여 적응성을 갖는 경우는?
① 방사밀도(살수밀도)가 살수기준면적에 따른 기준 이상인 경우
② 연기가 증발할 우려가 없는 경우
③ 수용성 위험물인 경우
④ 지하층의 경우

해설 제조소등의 자동화재경보설비의 설치기준(요약)(규칙 별표 17)의 비고
제4류 위험물을 저장 또는 취급하는 장소의 살수기준면적에 따라 스프링클러설비의 살수밀도가 다음 표에 정하는 기준 이상인 경우에는 당해 스프링클러설비가 제4류 위험물에 대하여 적응성이 있음을 각각 표시한다.

참고

살수기준면적(m^2)	방사밀도(ℓ/m^2분)	
	인화점 38℃ 미만	인화점 38℃ 이상
279 미만	16.3 이상	12.2 이상
279 이상 372 미만	15.5 이상	11.8 이상
372 이상 456 미만	13.9 이상	9.8 이상
465 이상	12.2 이상	8.1 이상

답 ①

37. 위험물의 운반에 관한 기준에 따라 다음의 (A)와 (B)에 적합한 것은?

> 액체위험물은 운반용기 내용적의 (A) 이하의 수납률로 수납하되 (B)의 온도에서 누설되지 않도록 충분한 공간용적을 유지하여야 한다.

① A : 98%, B : 40℃
② A : 95%, B : 55℃
③ A : 98%, B : 55℃
④ A : 95%, B : 40℃

해설 액체위험물은 운반용기의 내용적의 98% 이하 수납률로 수납하되 55℃의 온도에서 누설되지 않도록 충분한 공간용적을 유지하여야 한다.

답 ③

38. 정전기의 제거 방법으로 가장 거리가 먼 것은?
① 접지를 한다.
② 공기를 이온화한다.
③ 제전기를 설치한다.
④ 습도를 낮춘다.

해설 위험물 안전관리법령상 정전기의 제거 방법: 시행규칙 [별표 4] Ⅷ. 기타설비 6
- 접지에 의한 방법
- 공기 중의 상대습도를 70% 이상으로 하는 방법
- 공기를 이온화하는 방법

답 ④

39. 위험물제조소의 기준에 있어서 위험물을 취급하는 건축물의 구조로 적당하지 않은 것은?
① 벽·기둥·바닥·보·서까래는 불연재료로 하여야 한다.
② 연소의 우려가 있는 외벽은 내화구조의 벽으로 하여야 한다.
③ 출입구는 연소의 우려가 있는 외벽에 설치하는 경우 을종방화문을 설치하여야 한다.
④ 지붕은 폭발력이 위로 방출될 정도의 가벼운 불연재료로 덮는다.

해설 위험물제조소의 출입구는 갑종방화문 및 을종방화문을 설치하나 연소의 우려가 있는 외벽에 설치하는 경우 자동폐쇄식 갑종방화문을 설치하여야 한다.

답 ③

40. 아세톤에 관한 설명 중 틀린 것은?
① 겨울철에도 인화의 위험성이 있다.
② 무색 휘발성이 강한 액체이다.
③ 조해성이 있으며, 물과 반응 시 발열한다.
④ 증기는 공기보다 무거우며 액체는 물보다 가볍다.

해설 아세톤(CH_3COCH_3)은 제4류 위험물(인화성 액체) 제1석유류를 대표하는 액체위험물이다. 조해성은 고체의 물질이 공기 중의 습기를 흡수하여 액체가 되는 현상으로, 아세톤은 액체이므로 조해성과 무관하다.

답 ③

41. 옥외탱크저장소의 제4류 위험물의 저장탱크에 설치하는 통기관에 관한 설명으로 틀린 것은?
① 밸브 없는 통기관은 직경 30mm 미만으로 하고, 선단은 수평면보다 45도 이상 구부려 빗물 등의 침투를 막는 구조로 한다.
② 제4류 위험물을 저장하는 압력탱크 외의 탱크에는 밸브가 없는 통기관 또는 대기밸브 부착 통기관을 설치하여야 한다.
③ 인화점 70℃ 이상의 위험물만을 해당 위험물의 인화점 미만의 온도로 저장 또는 취급하는 탱크에 설치하는 통기관에는 인화방지장치를 설치하지 않아도 된다.
④ 옥외저장탱크 중 압력탱크란 탱크의 최대상용압력이 부압 또는 정압 5kPa 등을 초과하는 탱크를 말한다.

해설 밸브 없는 통기관은 직경 30mm 이상으로 한다.

답 ①

42. 자연발화의 방지방법 중 가장 거리가 먼 것은?
① 습도를 높게 유지할 것
② 퇴적 및 수납 시 열축적이 없을 것
③ 저장실의 온도를 낮출 것
④ 통풍을 잘 시킬 것

해설 자연발화의 방지방법
- 습도가 높은 것을 피할 것
- 퇴적 및 수납 시 열이 쌓이지 않게 할 것
- 저장실의 온도를 낮출 것
- 통풍을 잘 시킬 것

답 ①

43. 건축물 외벽이 내화구조이며, 연면적 300m²인 위험물 옥내저장소의 건축물에 대하여 소화설비의 소화능력단위는 최소한 몇 단위 이상이 되어야 하는가?
① 2단위 ② 4단위
③ 1단위 ④ 3단위

해설 소화설비의 소화능력단위는 소요설비와 같은 단위를 적용한다.

소요단위 = $\dfrac{300\text{m}^2}{150\text{m}^2/\text{소요단위}}$ = 2소요단위

∴ 2능력단위

답 ①

44. 위험물을 보관하는 방법에 대한 설명 중 틀린 것은?
① 황화인 : 냉암소에 저장한다.
② 염소산나트륨 : 철제 용기의 사용을 피한다.
③ 산화프로필렌 : 저장 시 구리 용기에 질소 등 불활성기체를 충전한다.
④ 트라이에틸알루미늄 : 용기는 밀봉하고, 질소 등 불활성 기체를 충전한다.

해설 산화프로필렌(OCH_2CHCH_3)은 구리(Cu), 은(Ag), 수은(Hg), 마그네슘(Mg) 또는 이의 합금과 반응하여 폭발성의 아세틸레이트를 생성하므로, 저장 용기의 재질로 사용하지 말 것

답 ③

45. 제5류 위험물이 아닌 것은?
① 클로로벤젠   ② 과산화벤조일
③ 아조벤젠   ④ 염산하이드라진

해설 클로로벤젠(C_6H_5Cl)은 제4류 위험물(인화성 액체) 제2석유류로 DDT의 원료 등으로 사용한다.

답 ①

46. 위험물안전관리법령상 운송책임자의 감독·지원을 받아 운송하여야 하는 위험물은?
① 과산화수소   ② 알킬리튬
③ 경유   ④ 가솔린

해설 운송책임자의 감독·지원을 받아 운송하여야 하는 위험물
- 알킬알루미늄
- 알킬리튬
- 알킬알루미늄과 알킬리튬을 함유한 것

답 ②

47. $KMnO_4$와 혼합할 때 위험한 물질이 아닌 것은?
① CH_3OH ② H_2O
③ H_2SO_4 ④ $C_2H_5OC_2H_5$

해설 $KMnO_4$(과망가니즈산칼륨)은 흑자색이 강산화제이며, 물(H_2O)에 용해시켜 무좀약 등 살균제로도 사용한다.

참고 KMnO₄(과망가니즈산칼륨)은 강산화제인 제1류 위험물(산화성 고체)에 속하므로 가연물과 혼촉 발화 및 강산과 폭발한다.

답 ②

48. 다음 중 제1류 위험물에 해당되지 않는 것은?
① 과염소산암모늄 ② 염소산칼륨
③ 과산화바륨 ④ 질산구아니딘

해설 질산구아니딘[$HNO_3 \cdot C(CH)(NH_2)_2$]과 금속의 아지화합물인 아지드화나트륨($NaN_3$)은 제5류 위험물(자기반응성 물질) 중 그밖에 행정안전부령으로 정하는 것에 해당된다.

답 ④

49. 아염소산염류 500kg과 질산염류 3,000kg을 함께 저장하는 경우 위험물의 소요단위는 얼마인가?
① 8 ② 4
③ 6 ④ 2

해설 위험물의 소요단위 = $\dfrac{\text{위험물의 수량}}{\text{지정수량} \times 10}$

$\dfrac{500\text{kg}}{50\text{kg} \times 10} + \dfrac{3{,}000\text{kg}}{300\text{kg} \times 10} = 2$ 소요단위

답 ④

50. 다음 중 위험물안전관리법령상 위험물제조소와의 안전거리가 가장 먼 것은?
① 「고등교육법」에서 정하는 학교
② 「의료법」에 따른 병원급 의료기관
③ 「고압가스 안전관리법」에 의하여 허가를 받은 고압가스제조시설
④ 「문화재보호법」에 의한 유형문화재와 기념물 중 지정문화재

해설 위험물제조소와의 안전거리가 가장 먼 것 50m 이상인 「문화재보호법」에 의한 유형문화재와 기념물 중 지정문화재이다.

참고 위험물 제조소등의 안전거리
- 특고압가공전선(7,000V 초과 35,000V 이하) : 3m 이상
- 특고압가공전선(35,000V 초과) : 5m 이상
- 건축물 그 밖의 공작물로서 주거용으로 사용되는 곳(제조소가 설치된 부지 내에 있는 것을 제외) : 10m 이상
- 고압가스, 액화석유가스, 도시가스를 제조 · 저장 또는 취급하는 시설 : 20m 이상
- 학교 · 병원 · 극장(300인 이상), 아동복지시설 등 다수인이 출입하는 곳(20명 이상) : 30m 이상
- 문화재보호법에 의한 유형문화재 및 기념물중 지정문화재 : 50m 이상

답 ④

51. 피크르산의 성질에 대한 설명 중 틀린 것은?
① 황색의 액체이다.
② 쓴맛이 있으며 독성이 있다.
③ 납과 반응하여 예민하고 폭발 위험이 있는 물질을 형성한다.
④ 아세톤에 녹는다.

해설 피크르산[$C_6H_2OH(NO_2)_3$]을 피크린산이라고도 하며, 휘황색의 고체이다.

답 ①

52. 다음 물질을 과산화수소와 혼합했을 때 위험성이 가장 낮은 것은?
① 산화제이수은 ② 이산화망가니즈
③ 물 ④ 탄소분말

해설 과산화수소(H_2O_2)은 물(H_2O)에 잘 녹아 3% 수용액을 소독약인 옥시풀(옥시돌)로 사용한다.

답 ③

53. 다음에서 설명하고 있는 위험물은?

- 지정수량은 20kg이고, 백색 또는 담황색 고체이다.
- 비중은 약 1.82, 융점은 약 44°C이다.
- 비점은 약 280°C, 증기비중은 약 4.3이다.

① 황린 ② 황
③ 마그네슘 ④ 적린

해설 본문의 내용 제3류 위험물 자연발화성물질인 황린(P_4)

답 ①

54. B급 화재와 관련 있는 가연물은?
① 아세톤 ② 목재
③ 칼슘 ④ 플라스틱

해설 B급 화재는 제4류 위험물(인화성 액체) 제1석유류인 아세톤(CH_3COCH_3)을 포함한 유류의 화재를 말한다.

참고 화재의 종류
- 목재 : A급(일반화재)
- 칼슘(Ca) : D급(금속화재)
- 플라스틱 : A급(일반화재)

답 ①

55. 다음 (   ) 안에 알맞은 수치를 차례대로 옳게 나열한 것은?

위험물 암반탱크의 공간 용적은 당해 탱크 내에 용출하는 (   )일간의 지하수량에 상당하는 용적과 당해 탱크 내용적의 100분의 (   )의 용적 중에서 보다 큰 용적을 공간 용적으로 한다.

① 7, 5 ② 1, 5
③ 1, 1 ④ 7, 1

해설 위험물 암반탱크의 공간 용적은 당해 탱크 내에 용출하는 7일간의 지하수량에 상당하는 용적과 당해 탱크 내용적의 100분의 1의 용적 중에서 보다 큰 용적을 공간 용적으로 한다.

답 ④

56. 제3종 분말소화약제의 소화효과로 거리가 먼 것은?
① 냉각효과 ② 제거효과
③ 부촉매효과 ④ 질식효과

해설 제3종 분말소화약제($NH_4H_2PO_4$)는 화재 시 소화할 때 발생하는 생성물질에 의하여 주로 질식소화와 상승효과로 냉각효과 및 부촉매효과를 볼 수 있다.

참고 제3종 분말소화약제의 열분해반응식

$$NH_4H_2PO_4 \xrightarrow{\Delta} HPO_3 + NH_3\uparrow + H_2O$$

(인산암모늄) (메타인산) (암모니아) (물)

답 ②

57. 무색무취의 백색결정이며, 분자량이 약 122, 녹는점이 약 482°C인 강산화성 물질로 화약제조, 로켓추진제 등의 용도로 사용되는 위험물은?

① 과산화바륨
② 과염소산나트륨
③ 아염소산나트륨
④ 염소산바륨

해설 제1류 위험물(산화성고체)의 분자량
- 과산화바륨(BaO_2) : $137+16\times2=169$
- 과염소산나트륨($NaClO_4$) : $23+35.5+16\times4=122.5$
- 아염소산나트륨($NaClO_2$) : $23+35.5+16\times2=90.5$
- 염소산바륨($BaClO_3$) : $137+35.5+16\times3=220.5$

답 ②

58. 제5류 위험물 취급 시 일반적인 주의사항으로 다음 중 가장 거리가 먼 것은?

① 통풍이 잘되는 냉암소에 저장한다.
② 화기의 접근을 피한다.
③ 마찰과 충격을 피한다.
④ 물과 격리하여 저장한다.

해설 제5류 위험물(자기반응성 물질)은 화재 시 주수소화하며, 물(H_2O)과는 반응하지 않는다.

답 ④

59. 위험물안전관리법령상 염소화규소화합물은 제 몇 류 위험물에 해당하는가?

① 제2류
② 제1류
③ 제5류
④ 제3류

해설 염소화규소화합물은 제3류 위험물 중 그밖에 행정안전부령이 정하는 것이다.

답 ④

60. 다음 위험물의 화재 시 이산화탄소 소화약제를 사용할 수 없는 것은?

① 등유
② 마그네슘
③ 인화성 고체
④ 글리세린

해설 마그네슘(Mg)은 제2류 위험물(가연성 고체)이며, 이산화탄소(CO_2)와 접촉으로 폭발한다.

참고 마그네슘(Mg)과 이산화탄소(CO_2)의 폭발반응식
$$2Mg + CO_2 \rightarrow 2MgO + C$$
(마그네슘) (이산화탄소) (산화마그네슘) (탄소)

답 ②

CBT 모의고사 15회
2020년 4월 20일 시행(대비문제)

1. 다음 중 제5류 위험물이 아닌 것은?
① 트라이나이트로톨루엔
② 나이트로글리세린
③ 나이트로글리콜
④ 나이트로톨루엔

해설 나이트로톨루엔은 인화점이 106℃인 제4류 위험물 제3석유류이다.

답 ④

2. 다음 중 나이트로글리세린을 다공질의 규조토에 흡수시켜 제조한 물질은?
① 흑색화약
② 나이트로셀룰로오스
③ 다이너마이트
④ 면화약

해설 충격에 민감한 액체 상태의 나이트로글리세린을 규조토에 흡수시킨 것을 다이너마이트라 한다.

답 ③

3. 옥외탱크저장소에 보유공지를 두는 목적이 아닌 것은?
① 위험물시설의 화염이 인근의 시설이나 건축물 등으로의 연소 확대 방지를 위한 완충공간기능을 하기 위함
② 위험물시설의 주변에 장애물이 없도록 공간을 확보함으로써 피난자가 피난이 쉽도록 하기 위함
③ 위험물시설의 주변에 있는 시설과 50m 이상을 이격하여 폭발 발생 시 피해를 방지하기 위함
④ 위험물시설의 주변에 장애물이 없도록 공간을 확보함으로써 소화활동이 쉽도록 하기 위함

답 ③

4. 위험물을 유별로 정리하여 상호 1m 이상의 간격을 유지 하는 경우에도 동일한 옥내저장소에 저장할 수 없는 것은?
① 제1류 위험물(알칼리금속의 과산화물 또는 이를 함유한 것을 제외)과 제5류 위험물
② 제1류 위험물과 제6류 위험물
③ 인화성 고체를 제외한 제2류 위험물과 제4류 위험물
④ 제1류 위험물과 제3류 위험물 중 황린

해설 유별을 달리하는 위험물을 옥내저장소 또는 옥외저장소의 동일한 저장소에 저장하는 경우 위험물을 유별로 정리하여 저장하는 한편, 서로 1m 이상의 간격을 둘 것
① 제1류 위험물과 제6류 위험물을 저장하는 경우
② 제1류 위험물과 제3류 위험물 중 자연발화성 물질(황린 또는 이를 함유한 것에 한함)을 저장하는 경우
③ 제1류 위험물(알칼리금속의 과산화물 또는 이를 함유한 것을 제외)과 제5류 위험물을 저장하는 경우

④ 제2류 위험물 중 인화성 고체와 제4류 위험물을 저장하는 경우
⑤ 제3류 위험물 중 알킬알루미늄 등과 제4류 위험물(알킬알루미늄 또는 알킬리튬을 함유한 것에 한함)을 저장하는 경우
⑥ 제4류 위험물 중 유기과산화물 또는 이를 함유하는 것과 제5류 위험물 중 유기과산화물 또는 이를 함유한 것을 저장하는 경우

답 ③

5. 제6류 위험물에 대한 설명으로 옳은 것은?
① 질산은 자연발화의 위험이 높으므로 저온 보관한다.
② 과산화수소는 농도에 상관없이 단독으로 폭발하므로 취급에 주의한다.
③ 할로젠간화합물의 지정수량은 300kg이다.
④ 과염소산은 독성은 없지만 폭발의 위험이 있으므로 밀폐하여 보관한다.

해설 할로젠간화합물은 제6류 위험물 중 그밖에 행정안전부령이 정하는 것으로 지정수량은 300kg이다.

참고
- 질산(HNO_3)은 불연성 물질이므로 자연발화의 위험이 없다.
- 과산화수소(H_2O_2)는 농도 60중량% 이상에서 단독으로 폭발하므로 취급에 주의한다.
- 과염소산($HClO_4$)은 독성이 있고 종이, 나뭇조각 등과 접촉하면 폭발과 동시에 연소하므로 밀폐하여 보관한다.

답 ③

6. 각 소화설비의 주된 소화효과를 옳게 나타낸 것은?
① 스프링클러설비, 물분무소화설비 : 억제소화
② 옥내소화전, 옥외소화전 : 냉각소화
③ 할로젠화합물 소화설비 : 질식소화
④ 포, 분말, 불활성가스소화설비 : 냉각소화

해설 소화설비의 소화효과
- 스프링클러설비, 물분무소화설비 : 냉각소화
- 옥내소화전, 옥외소화전 : 냉각소화
- 할로젠화합물 소화설비 : 억제소화
- 포, 분말, 불활성가스소화설비 : 질식소화

답 ②

7. 다음 소화약제의 분해반응을 완결시키려 할 때 ( ) 안에 옳은 것은?

$$2NaHCO_3 \rightarrow Na_2O + H_2O + (\quad)$$

① $2CO_2$ ② $6NaOH$
③ $6CO_2$ ④ $6CO$

해설 $NaHCO_3$의 850°C에서 분해반응식

$$2NaHCO_3 \xrightarrow{\triangle} Na_2O + H_2O + 2CO_2\uparrow$$

참고 $NaHCO_3$의 270°C에서 분해반응식

$$2NaHCO_3 \xrightarrow{\triangle} Na_2CO_3 + CO_2\uparrow + H_2O$$

(탄산수소나트륨) (탄산나트륨) (이산화탄소) (물)

답 ①

8. 위험물안전관리법령에 의한 위험물 운송에 관한 규정으로 틀린 것은?
   ① 안전관리자, 탱크시험자, 위험물운송자 등 위험물의 안전관리와 관련된 업무를 수행하는 자는 시·도지사가 실시하는 안전교육을 받아야 한다.
   ② 위험물운송자는 이동탱크저장소에 의하여 위험물을 운송하는 때에는 행정안전부령으로 정하는 기준을 준수하는 등 해당 위험물의 안전확보를 위하여 세심한 주의를 기울여야 한다.
   ③ 운송책임자의 범위, 감독 또는 지원의 방법 등에 관한 구체적인 기준은 행정안전부령에 의한다.
   ④ 이동탱크저장소에 의하여 위험물을 운송하는 자는 당해 위험물을 취급할 수 있는 국가기술자격자 또는 안전교육을 받은 자이어야 한다.

   해설 안전관리자, 탱크시험자, 위험물운송자 등 위험물의 안전관리와 관련된 업무를 수행하는 자는 소방청장이 실시하는 안전교육을 받아야 한다.

   답 ①

9. 서로 접촉하였을 때 발화하기 쉬운 물질을 서로 짝지은 것은?
   ① 나트륨과 경유
   ② 나이트로셀룰로오스와 알코올
   ③ 과산화수소와 물
   ④ 무수크로뮴산과 아세트산

   해설 강산화제(제1류 위험물)인 무수크로뮴산(삼산화크로뮴)과 인화성 액체(제4류 위험물)인 아세트산과 접촉하면 발화한다.

   답 ④

10. 과산화나트륨이 물과 반응하면 어떤 물질과 산소를 발생하는가?
    ① 수산화나트륨
    ② 수산화칼륨
    ③ 아염소산나트륨
    ④ 아염소산칼륨

    해설 과산화나트륨(Na_2O_2)은 제1류 위험물(산화성 고체) 알칼리금속의 과산화물로 물(H_2O)과 반응하여 수산화나트륨(NaOH)과 산소(O_2)를 발생한다.

    참고 과산화나트륨(Na_2O_2)과 물(H_2O)과의 반응식
    $2Na_2O_2 + 2H_2O \rightarrow 4NaOH + O_2\uparrow$
    (과산화나트륨) (물) (수산화나트륨) (산소)

   답 ①

11. 다음 중 화재가 발생하였을 때 물로 소화하면 위험한 것은?
    ① K
    ② $KClO_3$
    ③ $NaClO_2$
    ④ KNO_3

    해설 K(칼륨)은 제3류 위험물 금수성 물질로 물(H_2O)과 격렬히 반응하며 수소(H_2)를 발생하고, 폭발적으로 연소하므로 물에 의한 주수소화는 부적합하다.

    참고 칼륨(K)과 물(H_2O)의 화학반응식
    $2K + 2H_2O \rightarrow 2KOH + H_2\uparrow$
    (칼륨) (물) (수산화칼륨) (수소)

   답 ①

12. 위험물안전관리법령상 제6류 위험물을 저장하는 장소에 적응성이 있는 소화설비가 아닌 것은?
    ① 옥내소화전설비
    ② 불활성가스소화설비
    ③ 물분무소화설비
    ④ 포소화설비

해설 제6류 위험물(산화성 액체)의 화재에는 불활성가스소화설비나 할로젠화합물 등 가스계소화설비는 폭발의 위험이 있으므로 적용성이 없으며, 물을 주성분으로 하는 수계소화설비는 적용성이 있다.

답 ②

13. 질산과 과산화수소의 공통적인 성질에 대한 설명으로 옳은 것은?
① 점성이 큰 액체로 환원제이다.
② 물보다 가볍다.
③ 물에 녹는다.
④ 연소가 매우 잘 된다.

해설 질산(HNO_3)과 과산화수소(H_2O_2)는 강산화제인 제6류 위험물(산화성 액체)이며, 물에 잘녹고 불연성 물질로 연소하지 않는다.

답 ③

14. 제3류 위험물 중 금수성 물질의 소화설비로 적응성이 있는 것은?
① 불활성가스소화설비
② 할로젠화합물소화설비
③ 탄산수소염류 등 분말소화설비
④ 인산염류 등 분말소화설비

해설 제3류 위험물 중 금수성 물질의 소화
- 마른모래
- 팽창질석, 팽창진주암
- 탄산수소염류 등 분말소화설비

참고 탄산수소염류 등 분말을 금속화재용 분말소화약제라 한다.

답 ③

15. 나이트로셀룰로오스의 자연발화는 일반적으로 무엇에 기인한 것인가?
① 분해열
② 중합열
③ 흡착열
④ 산화열

해설 나이트로셀룰로오스[$C_6H_7O_2(ONO_2)_3$]$_n$는 제5류 위험물(자기반응성 물질) 질산에스터류에 속하며, 분해열에 의하여 자연발화의 위험이 있으므로 저장 시 함수알코올로 습면시켜 저장한다.

답 ①

16. 위험물안전관리법령상 위험물 운반용기의 외부에 표시하여야 하는 사항에 해당하지 않는 것은?
① 위험물의 지정수량
② 위험물에 따라 규정된 주의사항
③ 위험물의 품명
④ 위험물의 수량

해설 위험물 운반용기의 외부에 표시하여야 하는 사항
- 위험물의 품명, 위험등급, 화학명
- 위험물의 수량
- 수납위험물의 주의사항

답 ①

17. 위험물안전관리법령상 옥내주유취급소에 있어서 해당 사무소 등의 출입구 및 피난구와 해당 피난구로 통하는 통로·계단 및 출입구에 무엇을 설치해야 하는가?
① 화재감지기
② 자동화재탐지설비
③ 스프링클러설비
④ 유도등

해설 해당설비 : 유도등

답 ④

18. 물의 주된 소화효과는 냉각소화이다. 물의 소화효과를 높이기 위하여 무상주수를 함으로써 부가적으로 작용하는 소화효과로 이루어진 것은?
① 질식소화작용, 제거소화작용
② 타격소화작용, 유화소화작용
③ 질식소화작용, 유화소화작용
④ 타격소화작용, 제거소화작용

해설 물을 소화효과를 높이기 위하여 무상(안개상)으로 주수하면 냉각소화효과 외에 질식소화효과 및 유화소화효과를 부가적으로 볼 수 있다.

답 ③

19. 위험물안전관리법령상 사업소의 관계인이 자체소방대를 설치하여야할 제조소등의 기준으로 옳은 것은?
① 제4류 위험물 중 특수인화물을 지정수량의 5천배 이상 취급하는 제조소 또는 일반취급소
② 제4류 위험물을 지정수량의 3천배 이상 취급하는 제조소 또는 일반취급소
③ 제4류 위험물 중 특수인화물을 지정수량의 3천배 이상 취급하는 제조소 또는 일반취급소
④ 제4류 위험물을 지정수량의 5천배 이상 취급하는 제조소 또는 일반취급소

해설 자체소방대를 설치기준
제4류 위험물을 지정수량의 3천배 이상 취급하는 제조소 또는 일반취급소

답 ②

20. 제1류 위험물 제조소의 게시판에 "물기엄금"이라고 쓰여 있다. 다음 중 어떤 위험물의 제조소 인가?
① 아이오딘산나트륨
② 다이크로뮴산나트륨
③ 과산화나트륨
④ 염소산나트륨

해설 제1류 위험물(산화성 고체) 중 알칼리금속의 과산화물인 과산화칼륨(K_2O_2), 과산화나트륨(Na_2O_2)을 제조하는 제조소의 주의사항 게시판에는 청색바탕에 백색문자로 "물기엄금"이라 표시한다.

답 ③

21. 위험물의 지정수량이 나머지 셋과 다른 하나는?
① 하이드라진 유도체
② 아조화합물
③ 질산에스터류
④ 다이아조화합물

해설 제5류 위험물의 품명 및 지정수량

유별	성질	위험등급	품명	지정수량
제5류	자기 반응성 물질	I	질산에스터류	제1종 10kg
		I	유기과산화물	제1종 10kg
		II	나이트로화합물	제2종 100kg
		II	나이트로소화합물	제2종 100kg
		II	아조화합물	제2종 100kg
		II	다이아조화합물	제2종 100kg
		II	하이드라진 유도체	제2종 100kg
		II	하이드록실아민	제2종 100kg
		II	하이드록실아민염류	제2종 100kg

답 ③

22. Na의 화재에 이산화탄소 소화기를 사용하였다. 화재현장에서 발생되는 현상은?
① 이산화탄소가 방출되어 냉각소화된다.
② 이산화탄소가 부착면을 만들어 질식소화된다.
③ 부촉매효과에 의해 소화된다.
④ 이산화탄소와 Na과 반응하여 화재가 지속된다.

해설
- Na(나트륨)은 제3류 위험물 금수성 물질이며, 화재에 이산화탄소(CO_2) 소화기를 사용하면 폭발한다.
- 나트륨(Na)과 이산화탄소(CO_2)의 폭발반응식
  $4Na + 3CO_2 \rightarrow 2Na_2CO_3 + C$
  (나트륨) (이산화탄소) (탄산나트륨) (탄소)

답 ④

23. 위험물의 소화방법으로 적합하지 않은 것은?
① 황의 소규모 화재 시에는 모래로 질식소화한다.
② 황화인의 소규모 화재 시에는 모래로 질식소화한다.
③ 금속분의 화재에는 주수에 의한 냉각소화한다.
④ 인화성 고체의 화재에는 주수에 의한 냉각소화한다.

해설 금속분은 제2류 위험물(가연성 고체) 중에서 화재 시 주수소화하면 반응하여 폭명기인 수소(H_2)를 발생하며, 2차적으로 분진폭발의 위험이 있으므로 주수소화는 적응성이 없다.

답 ③

24. 등유의 성질에 대한 설명 중 틀린 것은?
① 증기는 공기보다 가볍다.
② 전기에 대해 불량도체이다.
③ 인화점이 상온보다 높다.
④ 물보다 가볍다.

해설 등유(케로신)는 제4류 위험물(인화성 액체) 제2석유류로 증기는 공기보다 4.5배 무겁다.

답 ①

25. 위험물안전관리법령에서 정한 알킬알루미늄 등을 저장 또는 취급하는 이동탱크저장소에 비치해야 하는 물품이 아닌 것은?
① 고무장갑
② 방호복
③ 비상조명등
④ 휴대용확성기

해설 알킬알루미늄 이동탱크에 비치해야 하는 물품
- 방호복
- 고무장갑
- 밸브 등을 죄는 결합공구
- 휴대용 확성기
- 긴급시의 연락처
- 응급조치에 관하여 필요한 사항을 기재한 서류

답 ③

26. 위험물안전관리법령상 위험등급의 종류가 나머지 셋과 다른 하나는?
① 제4류 위험물 중 알코올류
② 제3류 위험물 중 금속의 인화물
③ 제1류 위험물 중 다이크로뮴산 염류
④ 제2류 위험물 중 인화성 고체

해설 위험물의 위험등급
- 제4류 위험물 중 알코올류(Ⅱ)
- 제3류 위험물 중 금속의 인화물(Ⅲ)
- 제1류 위험물 중 다이크로뮴산 염류(Ⅲ)
- 제2류 위험물 중 인화성 고체(Ⅲ)

27. 위험물안전관리법령에 따른 대형수동식소화기의 설치기준에서 방호대상물의 각 부분으로부터 하나의 대형수동식소화기까지의 보행거리는 몇 m 이하가 되도록 설치하여야 하는가? (단, 옥내소화설비, 옥외소화전설비, 스프링클러설비 또는 물분무등소화설비와 함께 설치하는 경우는 제외한다.)

① 10　　　　　　　　　② 15
③ 30　　　　　　　　　④ 20

해설 소화기구의 배치(방호대상물로부터)
- 소형수동식소화기 : 보행거리 20m 이하
- 대형수동식소화기 : 보행거리 30m 이하

28. 위험물안전관리법령상 위험물옥외저장소에 저장할 수 있는 품명은? (단, 국제해상위험물규칙에 적합한 용기에 수납하는 경우를 제외한다.)

① 특수인화물　　　　　② 칼륨
③ 무기과산화물　　　　④ 알코올류

해설 옥외저장소에서 저장할 수 있는 위험물
- 제2류 위험물 중 황 또는 인화성 고체(인화점이 섭씨 0도 이상인 것에 한함)
- 제4류 위험물 중 제1석유류(인화점이 섭씨 0도 이상인 것에 한함)·알코올류·제2석유류·제3석유류·제4석유류 및 동식물유류
- 제6류 위험물
- 제2류 위험물 및 제4류 위험물 중 특별시·광역시 또는 도의 조례에서 정하는 위험물(「관세법」 제154조의 규정에 의한 보세구역 안에 저장하는 경우에 한함)
- 「국제해사기구에 관한 협약」에 의하여 설치된 국제해사기구가 채택한 「국제해상위험물규칙」(IMDG Code)에 적합한 용기에 수납된 위험물

답 ④

29. 위험물안전관리법령에 명기된 위험물의 운반용기 재질에 포함되지 않는 것은?

① 종이　　　　　　　　② 도자기
③ 유리　　　　　　　　④ 고무류

해설 운반용기의 종류
금속판, 강판, 삼, 합성섬유, 섬유판, 고무류, 양철판, 짚, 알루미늄판, 종이, 유리, 나무, 플라스틱

30. 다음 중 일반적으로 알려진 세 종류의 황화인이 아닌 것은?

① P_2S_9　　　　　　　② P_4S_3
③ P_4S_7　　　　　　　④ P_2S_5

해설 황화인은 제2류 위험물(가연성 고체)이며, 3종류가 있다.
- P_4S_3(삼황화인)
- P_2S_5(오황화인)
- P_4S_7(칠황화인)

답 ①

31. 물의 융융잠열은 약 몇 cal/g인가?
① 180 ② 80
③ 539 ④ 32

해설
- 물의 융융잠열 : 80cal/g
- 물의 기화잠열 : 539cal/g

답 ②

32. 위험물안전관리법령상 다음 ( ) 안에 알맞은 수치는?

> 옥내저장소에서 위험물을 저장하는 경우 기계에 의하여 하역하는 구조로 된 용기만을 겹쳐 쌓는 경우에 있어서는 (   )미터 높이를 초과하여 용기를 겹쳐 쌓지 아니하여야 한다.

① 2 ② 8
③ 6 ④ 4

해설 옥내저장소에서 위험물의 저장 높이(규정 높이를 초과하여 용기를 겹쳐 쌓지 아니할 것)
- 기계에 의하여 하역하는 구조로 된 용기만을 겹쳐 쌓는 경우 : 6m
- 제4류 위험물 중 제3석유류, 제4석유류 및 동식물유류를 수납하는 용기만 겹쳐 쌓는 경우 : 4m
- 그 밖의 경우 : 3m

답 ③

33. 위험물안전관리법령상 전기설비에 적응성이 없는 소화설비는?
① 할로젠화합물소화설비 ② 불활성가스소화설비
③ 물분무소화설비 ④ 포소화설비

해설 물을 주성분으로 하는 포소화설비는 전기설비에 적응성이 없다.

참고 물분무소화설비는 물을 안개상으로 분무하며, 분무된 물은 전기설비에 절연막을 만들므로 전기설비에 적응성이 있다.

답 ④

34. A급, B급, C급 화재에 모두 적용이 가능한 소화약제는?
① 제4종 분말소화약제 ② 제1종 분말소화약제
③ 제2종 분말소화약제 ④ 제3종 분말소화약제

해설 분말소화약제의 적용화재의 급수
- 제1종 분말소화기[탄산수소나트륨($NaHCO_3$)] : BC급
- 제2종 분말소화기[탄산수소칼륨($KHCO_3$)] : BC급
- 제3종 분말소화기[제1인산암모늄($NH_4H_2PO_4$)] : ABC급
- 제4종 분말소화기[탄산수소칼륨($KHCO_3$)과 요소[($NH_2)_2CO$] : BC급

답 ④

35. 유기과산화물을 저장할 때 일반적인 주의사항에 대한 설명으로 틀린 것은?
① 습기 방지를 위해 건조한 상태로 저장한다.
② 필요한 경우 물질의 특성에 맞는 적당한 희석제를 첨가하여 저장한다.
③ 인화성 액체류와 접촉을 피하여 저장한다.
④ 다른 산화제와 격리하여 저장한다.

해설 유기과산화물은 제5류 위험물(자기반응성 물질)이며, 건조한 상태에서는 자연발화의 위험이 있으므로 약간의 물을 넣어 저장한다.

답 ①

36. 다음 중 B급 화재에 해당하는 것은?
① 전기화재
② 금속분화재
③ 목재화재
④ 유류화재

해설 화재의 종류와 색 표시
- A급 화재 : 일반화재(백색)
- B급 화재 : 유류화재(황색)
- C급 화재 : 전기화재(청색)
- D급 화재 : 금속화재(색 표시 없음)

답 ④

37. 위험물제조소등에 설치하여야 하는 자동화재탐지설비의 설치기준에 대한 설명 중 틀린 것은?
① 자동화재탐지설비의 경계구역은 건축물 그 밖의 공작 2 이상의 층에 걸치도록 할 것
② 자동화재탐지설비에는 비상전원을 설치할 것
③ 자동화재탐지설비의 감지기는 지붕 또는 벽의 옥내에 면한 부분에 유효하게 화재의 발생을 감지할 수 있도록 설치할 것
④ 하나의 경계구역에서 그 한 변의 길이는 광전식분리형 감지기를 설치할 경우 100m 이하로 할 것

해설 자동화재탐지설비의 경계구역에서 하나의 경계구역이 2개 이상의 건축물 및 층에 미치지 아니할 것

답 ①

38. 제3류 위험물에 해당하는 것은?
① 금속의 아지화합물
② 할로젠간화합물
③ 염소화규소화합물
④ 질산구아니딘

해설 그밖에 행정안전부령이 정하는 위험물의 유별
- 금속의 아지화합물 : 제5류 위험물
- 할로젠간화합물 : 제6류 위험물
- 염소화규소화합물 : 제3류 위험물
- 질산구아니딘 : 제5류 위험물

답 ③

39. 위험물안전관리법에서 규정하고 있는 내용으로 틀린 것은?

① 농예용·축산용으로 필요한 난방시설 또는 건조시설을 위한 지정수량 20배 이하의 취급소는 신고를 하지 아니하고 위험물의 품명·수량을 변경할 수 있다.
② 법정의 완공검사를 받지 아니하고 제조소등을 사용할 때 시·도지사는 허가를 취소하거나 6월 이내의 기간을 정하여 사용정지를 명할 수 있다.
③ 피성년 후견인 또는 피한정후견인, 탱크시험자의 등록이 취소된 날로부터 2년이 지나지 아니한 자는 탱크시험자로 등록하거나 탱크시험자의 업무에 종사할 수 없다.
④ 위치, 구조 또는 설비의 변경 없이 저장소에서 저장하는 위험물 지정수량의 배수를 변경하고자 하는 경우에는 변경하고자 하는 날의 7일 전까지 시·도지사에게 신고하여야 한다.

해설 위치, 구조 또는 설비의 변경 없이 저장소에서 저장하는 위험물 지정수량의 배수를 변경하고자 하는 경우에는 변경하고자 하는 날의 1일 전까지 시·도지사에게 신고하여야 한다.

답 ④

40. 황린과 적린의 성질에 대한 설명으로 가장 거리가 먼 것은?

① 황린과 적린은 이황화탄소에 녹는다.
② 황린과 적린을 각각 연소시키면 P_2O_5이 생성된다.
③ 황린과 적린은 물에 불용이다.
④ 적린은 황린에 비하여 화학적으로 활성이 작다.

해설 황린(P_4)은 제4류 위험물(인화성액체) 특수인화물인 이황화탄소(CS_2)에 녹으며, 적린(P)은 이황화탄소(CS_2)에 녹지 않는다.

답 ①

41. 건성유에 해당되지 않는 것은?

① 피마자유 ② 아미인유
③ 들기름   ④ 동유

해설 건성유의 종류
해바라기유, 동유, 아마인유, 들기름, 정어리유

답 ①

42. 나이트로셀룰로오스의 저장방법으로 올바른 것은?

① 물이나 알코올로 습윤시킨다. ② 에탄올과 에터 혼액에 침윤시킨다.
③ 수은염을 만들어 저장한다.   ④ 산에 용해시켜 저장한다.

해설 나이트로셀룰로오스[$C_6H_7O_2(ONO_2)_3$]$_n$는 제5류 위험물(자기반응성 물질) 질산에스터이며, 저장 및 취급 시 온도가 높아지면 분해하여 자연발화의 위험이 있으므로 물이나 알코올의 혼합액을 헝겊 등에 적시어 덮어준다.

답 ①

43. 다음 중 강화액 소화약제의 주성분에 해당하는 것은?

① K_2CO_3 ② $KBrO_3$
③ CaO_2 ④ K_2O_2

해설 강화액 소화기는 물에 탄산칼륨(K_2CO_3)을 용해시켜 물의 빙점을 낮추어 한랭지나 겨울철에 약제가 동결되지 않게 한 소화약제이다.

답 ①

44. 메틸알코올의 연소범위를 더 좁게 하기 위하여 첨가하는 물질로 거리가 먼 것은?
① 아르곤　　　　　　　　　② 이산화탄소
③ 질소　　　　　　　　　　④ 산소

해설 메틸알코올(CH_3OH)은 제4류 위험물(인화성 액체) 알코올류에 해당하며, 증기와 조연성의 산소(O_2)가 혼합되면 연소범위가 넓어진다.

참고 아르곤(Ar), 이산화탄소(CO_2), 질소(N_2)는 불활성가스이므로 혼합 시 연소범위는 좁아진다.

답 ④

45. 탄소 24g을 완전 연소시키는 데 필요한 이론 산소량은 표준상태를 기준으로 몇 L인가?
① 5.6　　　　　　　　　　② 44.8
③ 11.2　　　　　　　　　　④ 22.4

해설 탄소(C)의 연소반응식
$$C + O_2 \rightarrow CO_2 \uparrow$$
(탄소) (산소) (이산화탄소)

반응식에서 탄소(C) 1몰(12g)이 연소하기 위하여 산소(O_2) 1몰이 필요하다. 표준상태에서 모든 기체 1몰이 차지하는 체적은 22.4L이므로 탄소(C) 2몰(24g)이 차지하는 체적은 44.8L이다.

답 ②

46. 위험물안전관리법령상 예방규정을 정하여야 하는 제조소등에 해당하지 않는 것은?
① 지정수량의 200배 이상의 위험물을 저장하는 옥내탱크저장소
② 암반탱크저장소
③ 지정수량 10배 이상의 위험물을 취급하는 제조소
④ 이송취급소

해설 관계인이 예방규정을 정하여야 하는 제조소등
- 지정수량의 10배 이상의 위험물을 취급하는 제조소, 일반취급소
- 지정수량의 100배 이상의 위험물을 저장하는 옥외저장소
- 지정수량의 150배 이상의 위험물을 저장하는 옥내저장소
- 지정수량의 200배 이상의 위험물을 저장하는 옥외탱크저장소
- 암반탱크저장소
- 이송취급소

답 ①

47. 다음 중 인화점이 가장 낮은 것은?
① 산화프로필렌　　　　　　② 다이에틸에터
③ 벤젠　　　　　　　　　　④ 이황화탄소

해설 위험물의 인화점
- 산화프로필렌(OCH_2CHCH_3) : -37℃
- 다이에틸에터($C_2H_5OC_2H_5$) : -45℃
- 벤젠(C_6H_6) : -11℃
- 이황화탄소(CS_2) : -30℃

답 ②

48. 다음 중 물에 가장 잘 녹는 물질은?
① 아닐린　　　　　　　　　② 벤젠
③ 아세트알데하이드　　　　④ 이황화탄소

해설 아세트알데하이드(CH_3CHO)는 제4류 위험물(인화성 액체) 특수인화물로 에틸알코올(C_2H_5OH)이 산화되어 생성된 것으로 물에 아주 잘 녹는다.

정답 ③

49. 탄화칼슘의 성질에 대한 설명으로 틀린 것은?
① 물과 반응해서 수산화칼슘과 아세틸렌이 생성된다.
② 비중이 물보다 크다.
③ 질소와 저온에서 작용하며, 흡열반응을 한다.
④ 시판품은 회색 또는 회흑색의 고체이다.

해설 탄화칼슘(CaC_2)은 고온(700℃)에서 질소(N_2)와 반응하여 칼슘사이안아미드($CaCN_2$)를 만든다.

참고 탄화칼슘(CaC_2)과 질소(N_2)의 반응식

$$CaC_2 + N_2 \xrightarrow[\text{가열}]{\text{약 } 700℃} CaCN_2 + C$$

(탄화칼슘) (질소)   (칼슘사이안아미드) (탄소)

정답 ③

50. 위험물 저장탱크의 내용적이 300L일 때 탱크에 저장하는 위험물의 용량의 범위로 적합한 것은? (단, 원칙적인 경우에 한한다.)
① 270~285L
② 240~270L
③ 295~298L
④ 290~295L

해설 탱크의 용량=탱크의 내용적-탱크의 공간용적
탱크의 용량=탱크의 내용적×용적률
탱크의 공간용적=$\frac{5}{100} \sim \frac{10}{100}$
탱크의 용량=300L×0.9~300L×0.95=270L~285L

정답

51. 염소산칼륨 20킬로그램과 아염소산나트륨 10킬로그램을 과염소산과 함께 저장하는 경우 지정수량 1배로 저장하려면 과염소산은 얼마나 저장할 수 있는가?
① 30kg
② 60kg
③ 90kg
④ 120kg

해설 지정수량
염소산칼륨($KClO_3$) : 50kg
아염소산나트륨($NaClO_2$) : 50kg
과염소산($HClO_4$) : 300kg

$\frac{20}{50} + \frac{10}{50} + \frac{x}{300} = 1$에서

$x = (1 - \frac{20}{50} + \frac{10}{50}) \times 300 = 120$

정답 ④

52. 알루미늄분의 성질에 대한 설명으로 옳은 것은?
① 수산화나트륨 수용액과 반응해서 산소를 발생한다.
② 안전한 저장을 위해 할로젠 원소와 혼합한다.
③ 끓는 물과 반응해서 수소를 발생한다.
④ 금속 중에서 연소열량이 가장 작다.

해설 알루미늄(Al)분은 물(H_2O)또는 산과 반응하면 수소(H_2)를 발생하며, 양쪽성 원소로 알칼리와 반응하여 수소(H_2)를 발생한다.

참고
- 알루미늄(Al)분과 물(H_2O)과의 반응식
  $$2Al + 6H_2O \rightarrow 2Al(OH)_3 + 3H_2\uparrow$$
  (알루미늄) (물) (수산화알루미늄) (수소)
- 알루미늄(Al)분과 알칼리(KOH)와의 반응식
  $$2Al + 2KOH + 2H_2O \rightarrow 2KAlO_2 + 3H_2\uparrow$$
  (알루미늄)(수산화칼륨) (물) (알루미늄산칼륨) (수소)

답 ③

53. 이산화탄소소화기가 제6류 위험물의 화재에 대하여 적응성이 인정되는 장소의 기준은?
① 폭발위험성의 유무
② 건축물의 흡수
③ 밀폐성 유무
④ 습도의 정도

해설 이산화탄소소화기는 제6류 위험물을 저장 또는 취급하는 장소로서 폭발의 위험이 없는 장소에 한하여 설치할 수 있다.

답 ①

54. 다음 위험물 중 물(수조, 물탱크) 속에 저장하는 것은?
① 나트륨
② 아연
③ 삼산화크로뮴
④ 이황화탄소

해설 이황화탄소(CS_2)는 제4류 위험물(인화성 액체) 특수인화물이다. 휘발성 및 독성이 매우 강한 위험물이고, 물보다 무겁고 물에 녹지 않으므로 가연성 증기의 발생을 억제하기 위하여 수조에 넣어 저장한다.

답 ④

55. 위험물제조소등의 소화설비의 기준에 관한 설명으로 옳은 것은?
① 제조소등 중에서 소화난이도등급 Ⅰ, Ⅱ 또는 Ⅲ의 어느 것에도 해당하지 않는 것도 있다.
② 제4류 위험물을 저장·취급하는 제조소등에도 스프링클러소화설비가 적응성이 인정되는 경우가 있으며, 이는 수원의 수량을 기준으로 판단한다.
③ 옥외탱크저장소의 소화난이도등급을 판단하는 기준 중 탱크의 높이는 기초를 제외한 탱크 측판의 높이를 말한다.
④ 제조소의 소화난이도등급을 판단하는 기준 중 면적에 관한 기준은 건축물 외에 설치된 것에 대해서는 수평투영면적을 기준으로 한다.

해설 옥내탱크 및 옥외탱크저장소에서 고인화점 위험물만을 100℃ 미만의 온도로 저장하는 것 및 제6류 위험물만을 저장할 경우에는 소화난이도 등급Ⅰ, Ⅱ,Ⅲ에 해당되지 않는다.

참고
- 제4류 위험물을 저장·취급하는 제조소등에서 스프링클러소화설비가 적응성이 인정되는 경우는 살수기준면적에 대한 방사밀도 이상일 경우이다.
- 옥외탱크저장소의 소화난이도등급 판정기준 중 탱크의 높이는 지반면으로부터 탱크 옆판의 상단까지 높이를 말한다.
- 제조소의 소화난이도등급 판정기준 중 면적에 대한 기준은 연면적으로 한다.

답 ①

56. 탄화알루미늄이 물과 반응하여 폭발의 위험이 있는 것은 어떤 가스가 발생하기 때문인가?
① 암모니아 ② 수소
③ 메테인 ④ 아세틸렌

해설 탄화알루미늄이 물과 반응하면 메테인이 발생한다.
참고 탄화알루미늄(Al_4C_3)과 물(H_2O)의 반응식
$$Al_4C_3 + 12H_2O \rightarrow 4Al(OH)_3 + 3CH_4\uparrow$$
(탄화알루미늄) (물) (수산화알루미늄) (메테인)

답 ③

57. 탄화칼슘은 물과 반응 시 위험성이 증가하는 물질이다. 주수소화 시 물과 반응하면 어떤 가스가 발생하는가?
① 에테인 ② 아세틸렌
③ 메테인 ④ 수소

해설 탄화칼슘은 물과 반응하면 아세틸렌이 발생한다.
참고 탄화칼슘(CaC_2)과 물(H_2O)의 반응식
$$CaC_2 + 2H_2O \rightarrow Ca(OH)_2 + C_2H_2\uparrow$$
(탄화칼슘) (물) (수산화칼슘) (아세틸렌)

답 ②

58. 다음 중 화재 시 사용하면 독성의 $COCl_2$ 가스를 발생시킬 위험이 가장 높은 물질은?
① 액화이산화탄소 ② 테트라클로로메탄
③ 제1종 분말 ④ 공기포

해설 억제소화약제인 테트라클로로메탄(CCl_4 · 사염화탄소)를 소화제로 사용하면 독성이 매우 강한 포스겐($COCl_2$)이 발생한다.

답 ②

59. 다음 소화약제 중 오존파괴지수(ODP)가 가장 큰 것은?
① Halon 1211 ② Halon 1301
③ Halon 2402 ④ IG-541

해설 오존파괴지수(ODP)는 트라이클로로플루오로메탄($CFCl_3$)의 오존파괴능력을 1로 보았을 때의 상댓값이다.
- Halon-1211 : 3
- Halon-1301 : 10
- Halon-2402 : 6
- IG-541 : 0

답 ②

60. 품명과 위험물의 연결이 잘못된 것은?
① 제1석유류 - 아세톤
② 제2석유류 - 등유
③ 제4석유류 - 기어유
④ 제3석유류 - 경유

해설 경유(디젤유)는 등유(케로신)와 함께 제4류 위험물(인화성 액체) 제2석유류를 대표하는 지정품목이다.

답 ④

CBT 모의고사 16회
2020년 6월 28일 시행(대비문제)

1. 다음 물질 중 소화제로 사용되지 않는 것은?
① 탄산가스
② 공기
③ 물
④ 팽창질석

해설 공기는 연소의 3요소 중 산소공급원으로, 소화제로 사용될 수 없다.

답 ②

2. 드라이케미컬로 $10m^3$의 탄산가스를 얻자면 표준상태에서 몇 kg의 탄산수소나트륨을 쓰면 되는가? (단, 탄산수소나트륨의 분자량은 84이다.)
① 18.75kg
② 56.25
③ 75kg
④ 95kg

해설 $2NaHCO_3 \rightarrow Na_2CO_3 + CO_2 + H_2O$

$PV = \dfrac{WRT}{M}$ 에서 $W = \dfrac{PVM}{RT}$

즉, 탄산가스 1몰을 만들기 위해 탄산수소나트륨 2몰이 필요하므로 탄산수소나트륨의 양은 2를 곱하여 구한다.

$W = \dfrac{PVM}{RT} \times 2 = \dfrac{1 \times 10 \times 84}{0.082 \times 273} \times 2 = 75.046$

∴ 약 75kg

답 ③

3. 다음 위험물 중 화재발생 시에 적당한 소화제로 틀린 것은?
① CH_3COCH_3 - 물
② $(C_2H_5)_3Al$ - 팽창질석
③ 테레핀유 - 안개 모양의 물
④ $C_6H_5CH_3$ - 포 혹은 CO_2

해설 테레핀유는 제4류 위험물(인화성 액체) 제2석유류 중 비수용성 액체이므로 봉상수 또는 무상수(안개 모양의 물)로 소화할 수 없다.

답 ③

4. 제5류 위험물의 화재 시 적당한 소화제는 어느 것인가?
① 사염화탄소
② 탄산가스
③ 물
④ 질소

해설 제5류 위험물(자기반응성 물질)의 화재에는 다량의 물을 사용하는 냉각소화가 가장 적응성이 있다.

답 ③

5. 다음 중 제6류 위험물 화재예방에 가장 공통되는 주의 사항은 어느 것인가?
① 공기와의 접촉을 피한다.
② 산화제의 혼입을 피한다.
③ 불필요하게 가연물과 접촉시키지 않는다.
④ 항상 냉각시켜 저장한다.

> **해설** 제6류 위험물(산화성 액체)는 불연성 물질로 산소를 많이 함유하므로 화재발생 시 분해된 산소는 가연물의 연소를 급격히 발전시키므로 가연물과의 접촉을 피하여야 한다.

답 ③

6. 알칼리금속의 과산화물 화재 시 적당하지 않은 소화제는 어느 것인가?
① 마른모래
② 물
③ 팽창질석
④ 탄산수소칼륨

> **해설** 제1류 위험물(산화성 고체) 중 알칼리금속의 과산화물은 물과 격렬히 반응하며 산소(O_2)를 발생하므로 물과의 접촉을 피할 것

답 ②

7. 화재의 종류 중 가연성 액체, 반고체, 유지 등의 화재는 다음 중 어디에 속하는가?
① A급
② B급
③ C급
④ D급

> **해설** 화재의 종류
> - A급 화재 : 일반화재(백색)
> - B급 화재 : 유류화재(황색)
> - C급 화재 : 전기화재(청색)
> - D급 화재 : 금속화재(색 표시 없음)
>
> **참고** B급 화재인 유류화재는 가연성 액체 및 가연성 고체, 유지 등을 포함한다.

답 ②

8. 산화·환원 반응에서 환원제가 되기 위한 조건은?
① 산화수가 감소되기 쉬워야 한다.
② 전자를 잃기 쉬워야 한다.
③ 산소를 내놓기 쉬워야 한다.
④ 자기 자신은 환원되기 쉬워야 한다.

> **해설** 환원제는 다른 물질을 환원시키며, 자신은 산화되는 물질을 말한다.
> 산화
> - 산소와 화학 결합하는 것
> - 수소를 잃는 것
> - 전자를 잃는 것
> - 산화수가 증가하는 것

답 ②

9. 옥외탱크저장소의 밸브 없는 통기관은 지름이 얼마 이상이어야 하는가?
① 20mm 이상
② 30mm 이상
③ 40mm 이상
④ 50mm 이상

> **해설** 밸브 없는 통기관의 지름 : 30mm 이상

답 ②

10. 포소화약제의 성분 물질로 잘못된 것은?
① $NaHCO_3$
② 카제인
③ $Al_2(SO_4)_3$
④ Na_2CO_3

해설 Na_2CO_3(탄산나트륨)은 제1종 분말소화약제인 탄산수소나트륨($NaHCO_3$)의 열분해 시 생성 물질이다.

답 ④

11. 다음 중 제4류 위험물의 물에 대한 성질과 화재위험과 직접 관계가 있는 것은?
① 수용성과 인화성
② 비중과 인화성
③ 비중과 착화온도
④ 비중과 화재 확대성

해설 제4류 위험물(인화성 액체)는 일반적으로 물보다 가볍고 물에 녹지 않으므로 화재발생 시 물을 사용하면 물과 유류의 표면장력 차에 의하여 화재 면을 확대시키므로 물의 사용을 금한다.

답 ④

12. 다음 중에서 간이소화용구에 해당하는 것은?
① 마른모래
② 옥내소화전
③ 스프링클러
④ 포소화설비

해설 간이소화용구의 종류와 능력단위

소 화 설 비	용 량	능 력 단 위
소화전용 물통	8ℓ	0.3단위
수조(소화전용 물통 3개 포함)	80ℓ	1.5단위
수조(소화전용 물통 6개 포함)	190ℓ	2.5단위
마른모래(삽 1개 포함)	50ℓ	0.5단위
팽창질석 또는 팽창진주암(삽 1개 포함)	160ℓ	1단위

답 ①

13. 촛불의 연소 종류는 어느 것인?
① 분해연소
② 표면연소
③ 자기연소
④ 증발연소

해설 초는 파라핀으로 만들며, 파라핀을 가열하면 액체가 되고 더 가열되면 액체 표면에서 증기가 발생되어 점화에 의하여 연소가 되는 증발연소를 한다.

답 ④

14. 단백질에 크산토프로테인 반응을 일으키는 산은 다음 중 어느 것인가?
① HCl
② H_2SO_4
③ HNO_3
④ $HClO$

해설 크산토프로테인 반응(Xanthoprotein-reaction)
단백질에 질산(HNO_3)을 작용시키면 노란색이 되는 반응
※ Xanthoprotein-reaction
  • Xantho : 라틴어의 노랑(yellow)
  • protein : 단백질의 합성어

답 ③

15. 질화면의 성질에 알맞은 것은 어느 것인가?
① 질화도가 클수록 폭발성이 세다.
② 수분을 많이 포함할수록 폭발성이 크다.
③ 질화도가 클수록 아세톤에 녹기 힘들다.
④ 외관상 솜과 같은 진한 갈색의 물질이다.

해설 질화면은 제5류 위험물(자기반응성 물질) 질산에스터류인 나이트로셀룰로오스$[C_6H_7O_2(ONO_2)_3]_n$이며, 질화도(성분 중 질소의 함량)가 클수록 폭발의 위험성이 크다.

답 ①

16. 초산에스터류의 분자량이 증가할수록 달라지는 성질 중 옳지 않은 것은?
① 이성질체가 줄어든다.　② 인화점이 높아진다.
③ 수용성이 감소된다.　④ 증기비중이 커진다.

해설 분자량 증가에 따른 공통점
- 인화점이 높아진다.
- 착화점이 낮아진다.
- 연소범위가 감소한다.
- 비중이 작아진다.
- 증기비중이 커진다.
- 비점이 높아진다.
- 점도가 커진다.
- 수용성이 감소
- 휘발성이 감소
- 이성질체가 많아진다.

답 ①

17. 다음 중 황린의 취급에 있어서의 주의사항 중 틀린 것은 어느 것인가?
① 산화제와의 접촉을 피할 것　② 화기의 접근을 피할 것
③ 고온을 피할 것　④ 물의 접촉을 피할 것

해설 황린(P_4)은 제3류 위험물 중 자연발화성 물질로 pH9의 물속에 저장한다.

답 ④

18. 염소산칼륨과 염소산나트륨의 성질에 대한 설명 중 옳지 않은 것은?
① 융점 이상 가열하면 산소를 방출한다.
② 황, 목탄, 유기물 등과의 혼합은 연소의 우려가 있다.
③ 무색이나 백색의 분말로 물에 녹지 않는다.
④ 산과 반응하거나 중금속의 혼합은 폭발의 위험이 있다.

해설 염소산칼륨과 염소산나트륨은 제1류 위험물(산화성 고체) 염소산염류이며, 모두 물에 녹는다.

답 ③

19. 제5류 위험물의 주의사항 게시판 표기 내용이 맞는 것은?
① 적색바탕 백색문자 "화기주의"　② 적색바탕 백색문자 "화기엄금"
③ 청색바탕 백색문자 "물기주의"　④ 청색바탕 백색문자 "물기엄금"

해설 제5류 위험물(자기반응성 물질)의 주의사항 게시판
　　적색바탕 백색문자 "화엄주의"

답 ②

20. 옥내저장소에서 지정유기과산화물의 저장창고의 창 하나의 면적은 얼마 이내인가?

① 0.2m² 이내   ② 0.4m² 이내
③ 0.6m² 이내   ④ 0.8m² 이내

해설 옥내저장소에서 지정유기과산화물의 저장창고의 창 하나의 면적 0.4m² 이내

참고 창문 2 이상 : 해당 벽 면적의 $\frac{1}{80}$ 이내

답 ②

21. 공기 중에서 가열하면 노란색 불꽃을 내면서 연소하는 것은?

① LI   ② K
③ Na   ④ Ca

해설 공기 중에서 연소할 때의 불꽃색
- LI(리튬) : 진한 적색
- K(칼륨) : 보라색
- Na(나트륨) : 노랑색
- Ca(칼슘) : 주황색(황적색)

답 ③

22. 다이에틸에터의 성상에 대하여 틀린 것은?

① 인화성이 강하다.
② 착화온가 가솔린보다 낮다.
③ 연소범위가 가솔린보다 넓다.
④ 증기비중은 가솔린보다 크다.

해설 다이에틸에터와 가솔린의 성상 비교
- 착화점 : 다이에틸에터 - 180℃, 가솔린 - 약 300℃
- 연소범위 : 다이에틸에터 - 1.9~48%, 가솔린 - 1.4~7.6%
- 증기비중 : 다이에틸에터 - $\frac{74}{29}$ = 2.55, 가솔린 - 3~4

답 ④

23. 황린과 적린의 공통되는 사항은?

① 동위원소이다.   ② 착화온도가 같다.
③ 동소체이다.   ④ 맹독성이다.

해설 제3류 위험물인 황린(P₄)과 제2류 위험물인 적린(P)은 동소체이다.

답 ③

24. 다음 중 에틸알코올과 메틸알코올의 공통점이 아닌 것은?

① 독성이 작다.
② 휘발성이 있다.
③ 물에 잘 녹는다.
④ 비중이 물 보다 작다.

해설 에틸알코올(C_2H_5OH)은 독성이 없으며, 메틸알코올(CH_3OH)은 독성이 강하다.

답 ①

25. 벤젠의 저장 및 취급 시 주의사항으로 틀린 것은?
① 피부에 닿지 않도록 주의한다.
② 정전기에 주의한다.
③ 용기에 저장 시 가득 채워 저장한다.
④ 통풍이 잘되는 냉암소에 저장한다.

해설 벤젠(C_6H_6)은 제4류 위험물(인화성 액체)이므로, 저장용기는 수납률을 98% 이하로 한다. **답** ③

26. 이산화탄소(CO_2)의 주된 소화효과는 어느 것인가?
① 산소공급 차단   ② 가연물제거
③ 인화점 인하   ④ 점화원 파괴

해설 이산화탄소(CO_2)는 산소공급원을 차단하는 질식소화효과의 대표적인 소화약제이다. **답** ①

27. 각 물질의 저장 방법 설명 중 잘못된 것은?
① 황은 정전기 축적이 없도록 저장한다.
② 적린은 산화제로부터 멀리 저장한다.
③ 황린은 물속에 저장한다.
④ 마그네슘은 건조하면 공기 중에 부유하여 분진폭발 하므로, 물속에 저장한다.

해설 마그네슘(Mg)은 물(H_2O)과 반응하여 발열하며, 수소(H_2)를 발생하므로 물과의 접촉을 피하여 저장한다. **답** ④

28. 금속나트륨이 석유 중에 보관 시 화재의 요인이 되는 것은?
① 석유 중 먼지, 실 등 잡물이 혼입되어 있을 때
② 인화점이 낮은 석유를 사용했을 때
③ 석유의 비중이 금속나트륨보다 클 때
④ 석유 중 수분이 혼합되어 있을 때

해설 금속나트륨(Na)은 제3류 위험물 금수성 물질이므로 물과 접촉하면 발열하며, 수소(H_2)를 발생하므로 물과의 접촉을 피하여야 한다. **답** ④

29. 황린을 잘 녹이는 액체는 어느 것인가?
① 물   ② 삼염화인
③ 벤젠   ④ 알코올

해설 황린(P_4)은 이황화탄소(CS_2), 삼염화인(PCl_3)에 잘 녹는다. **답** ②

30. 다음 중 위험물안전관리법령상 알코올류가 아닌 것은?
① 변성알코올   ② 메틸알코올
③ 에틸알코올   ④ 뷰틸알코올

해설 뷰틸알코올(C_4H_9OH)의 탄소(C)는 4개이므로, 알코올류에 포함되지 않는다. **답** ④

31. 위험물제조소등에서 경보설비를 설치하여야 할 대상은 어느 것인가?
 ① 지정수량 10배 이상 ② 지정수량 20배 이상
 ③ 지정수량 30배 이상 ④ 지정수량 40배 이상
 해설 위험물제조소등에서 경보설비를 설치대상은 지정수량 10배 이상이다.

답 ①

32. 위험물 옥외탱크저장소의 보유공지는 동일 부지 내에 2개 이상 인접하여 설치할 경우 탱크 상호간의 보유공지의 너비는 최소 얼마인가? (단, 제6류 위험물)
 ① 1.5m 이상 ② 2.5m 이상
 ③ 3m 이상 ④ 4m 이상
 해설 제6류 위험물(산화성 액체)을 저장하는 옥외탱크저장소의 보유공지에서 동일 부지 내에 2개 이상 인접할 경우 최소보유공지 : 1.5m 이상

답 ①

33. 다음 물질 중 염소산칼륨은 어느 것인가?
 ① KClO ② $KClO_2$
 ③ $KClO_3$ ④ $KClO_4$
 해설 제1류 위험물(산화성고체)의 명칭
 • KClO : 차아염소산칼륨
 • $KClO_2$: 아염소산칼륨
 • $KClO_3$: 염소산칼륨
 • $KClO_4$: 과염소산칼륨

답 ③

34. 다음 중 가연물질이 아닌 것은?
 ① 이산화질소 ② 이황화탄소
 ③ 일산화탄소 ④ 아세톤
 해설 제6류 위험물(산화성 액체) 질산(HNO_3)이 열분해하여 생성되는 이산화질소(NO_2)는 가연물이 아니다.

답 ①

35. 탄화칼슘 60,000kg의 소화설비 설치 소요단위는 몇 소요단위인가?
 ① 20단위 ② 30단위
 ③ 40단위 ④ 50단위
 해설 소요단위 = $\dfrac{위험물의\ 수량}{위험물의\ 지정수량 \times 10}$
 = $\dfrac{60,000kg}{300kg \times 10}$ = 20소요단위

답 ①

36. 분말소화약제중 제1종 분말이란 어느 것인가?
 ① 탄산수소나트륨을 주성분으로 한 분말
 ② 탄산수소칼륨을 주성분으로 한 분말
 ③ 인산염을 주성분으로 한 분말
 ④ 탄산수소칼륨과 요소가 화합된 분말

해설 분말소화약제의 종류
- 제1종 분말소화기 : 탄산수소나트륨(NaHCO$_3$)
- 제2종 분말소화기 : 탄산수소칼륨(KHCO$_3$)
- 제3종 분말소화기 : 제1인산암모늄(NH$_4$H$_2$PO$_4$)
- 제4종 분말소화기 : 탄산수소칼륨(KHCO$_3$)과 요소[(NH$_2$)$_2$CO]

답 ①

37. 피크린산의 위험성과 소화 방법으로 틀린 것은?
① 이산의 금속염은 대단히 위험하다.
② 건조할수록 위험성이 증가한다.
③ 알코올 등과 혼합한 것은 폭발의 위험이 있다.
④ 화재 시에는 질식소화가 효과 있다.

해설 피크린산[C$_6$H$_2$OH(NO$_2$)$_3$]은 제5류 위험물(자기반응성 물질)이므로 다량의 주수에 의한 냉각소화가 적응성이 있다.

답 ④

38. 할론소화약제의 분자식과 그 약칭이 맞게 짝지어진 것은?
① C$_2$F$_4$Br$_2$ - CTC
② CH$_2$ClBr - FB
③ CF$_3$Br - MTB
④ CF$_2$ClBr - BC

해설 할론소화약제의 분자식과 그 약칭
- C$_2$F$_4$Br$_2$ - FB
- CH$_2$ClBr - CB
- CF$_3$Br - MTB
- CF$_2$ClBr - BCF

답 ③

39. 할론소화기에서 소화약제의 구비조건으로 틀린 것은?
① 비점이 낮을 것
② 기화되기 쉬울 것
③ 불연성일 것
④ 공기보다 가벼울 것

해설 할론소화기에서 소화약제는 약제의 증기는 공기보다 무거워 화재 면을 덮어야 한다.

답 ④

40. 제3류 위험물 중 물과 반응하여 포스핀을 발생하는 것은?
① 인화칼슘
② 탄화칼슘
③ 금속나트륨
④ 산화칼슘

해설 제3류 위험물중 물과 반응하여 발생하는 가스
- 인화칼슘(Ca$_3$P$_2$)과 물(H$_2$O)의 반응식
  Ca$_3$P$_2$ + 6H$_2$O → 3Ca(OH)$_2$ + 2PH$_3$↑
  (인화칼슘)   (물)   (수산화칼슘) (인화수소·포스핀)
- 탄화칼슘(CaC$_2$)과 물(H$_2$O)의 반응식
  CaC$_2$ + 2H$_2$O → Ca(OH)$_2$ + C$_2$H$_2$↑
  (탄화칼슘) (물)   (수산화칼슘) (아세틸렌)
- 금속나트륨(Na)과 물(H$_2$O)의 화학반응식
  2Na + 2H$_2$O → 2NaOH + H$_2$↑
  (나트륨) (물) (수산화나트륨) (수소)
- 산화칼슘(CaO) : 비위험물

답 ①

41. 금속칼륨과 금속나트륨의 공통적인 성질은?
① 은백색의 단단한 금속이다.
② 불연성이다.
③ 물과 반응해서 산소를 발생한다.
④ 물보다 가벼운 금속이다.

해설 금속칼륨(K)과 금속나트륨(Na)의 비중은 0.857, 0.97로 물의 비중 1보다 작은 경금속이다.

답 ④

42. 다음 액체의 비중이 1보다 큰 것은?
① 이황화탄소
② 벤젠
③ 톨루엔
④ 메틸에틸케톤

해설 이황화탄소(CS_2)는 제4류 위험물(인화성 액체) 특수인화물이며, 비중이 1.26으로 물보다 무거운 액체이다.

답 ①

43. 아세트알데하이드의 연소범위는 어느 것인가?
① 2.5~38.5%
② 1.4~7.6%
③ 1.9~48%
④ 4.1~57%

해설 아세트알데하이드(CH_3CHO)의 연소범위 4.1~57%

답 ④

44. 트라이나이트로톨루엔에 관한 다음 기술 중 틀린 것은?
① 담황갈색의 고체이다.
② 폭약으로 사용된다.
③ 물에 녹기 어렵다.
④ 피크르산이라고도 부른다.

해설 제5류 위험물(자기반응성 물질) 나이트로화합물인 트라이나이트로페놀[$C_6H_2OH(NO_2)_3$]의 별명을 피크르산(피크린산)이라 부른다.

답 ④

45. 나이트로글리세린에 관한 설명이다. 다음 중 옳은 것은?
① 액체이므로 개방한 용기에 저장하여도 안전하다.
② 심하게 가열, 마찰 또는 충격을 주면 격렬하게 폭발하는 위험성이 있다.
③ 유기용매에 잘 녹지 않으므로 물로 씻어내면 안전하다.
④ 증기밀도가 적어서 공기 중에 쉽게 확산되어 감지하기 쉽다.

해설 나이트로글리세린[$C_3H_5(ONO_2)_3$]은 제5류 위험물(자기반응성 물질) 질산에스터류로 다이너마이트의 원료로 사용하는 가열 및 마찰, 충격에 매우 민감한 위험물이다.

답 ②

46. 다음 위험물 중 폭발범위가 1~44%인 것은 어느 것인가?
① 이황화탄소
② 벤젠
③ 톨루엔
④ 가솔린

해설 위험물의 폭발범위(연소범위)
- 이황화탄소(CS_2) : 1~44%
- 벤젠(C_6H_6) : 1.4~7.1%
- 톨루엔($C_6H_5CH_3$) : 1.4~6.7%
- 가솔린 : 1.4~7.6%

답 ①

47. 다이에틸에터의 성질에 있어서 틀린 것은?
① 휘발성이 대단히 크다.
② 증기는 공기보다 무겁다.
③ 증기는 마취성이 있다.
④ 인화점이 -5℃이므로 자연발화하기 쉽다.

해설 다이에틸에터($C_2H_5OC_2H_5$)의 인화점은 -45℃이다.

답 ④

48. 저장 시 섬유류에 스며들어 자연발화의 위험이 있는 물질은?
① 땅콩기름   ② 야자유
③ 해바라기유 ④ 올리브유

해설 해바라기유는 아이오딘가가 높은 건성유이므로 자연발화의 위험성이 있다.

답 ③

49. 과산화나트륨의 성상에서 맞지 않는 것은?
① 심한 충격을 주면 폭발한다.
② 순수한 것은 백색이지만, 보통은 황백색의 분말이다.
③ 물에 대하여 안전성이 있으므로 수중에 저장한다.
④ 습한 유기물에 닿으면 연소하고 때에 따라서 폭발한다.

해설 과산화나트륨(Na_2O_2)은 제1류 위험물(산화성 고체) 알칼리금속의 과산화물로 물과 접촉하면 발열하며 산소(O_2)를 발생하므로 물과의 접촉을 피하여 저장하여야 한다.

답 ③

50. 칼륨의 보호액으로 적합한 것은?
① 석유   ② 물
③ 이황화탄소 ④ 아세톤

해설 칼륨(K)은 제3류 위험물 금수성 물질로 물과의 접촉으로 수소(H_2)를 발생하므로 보호액으로 석유를 사용한다.

답 ①

51. 담황색의 고체로 물속에 보관하여 치사량이 0.02~0.05g이면 사망하는 제3류 위험물은 무엇인가?
① 적린   ② 황
③ 탄화칼슘   ④ 황린

해설 황린(P_4)의 치사량은 0.02~0.05g으로, 매우 독성이 강하다.

답 ④

52. 적린의 성상에서 틀린 것은?
① 물, 알코올에 녹지 않는다.
② 어두운 곳에서 인광을 발하지 않는다.
③ 연소할 때 인화수소가 발생한다.
④ 발화온도가 약 260℃이다.

해설 적린(P)은 제2류 위험물(가연성 고체)이며, 연소하면 오산화인(P_2O_5)을 발생한다.

참고 적린(P)의 연소반응
$$4P + 5O_2 \rightarrow 2P_2O_5$$
(적린) (산소) (오산화인)

답 ③

53. 금속나트륨 취급을 잘못하여 표면이 회백색으로 변했다. 그물질의 분자식이 맞게 표시된 것은?
① NaOH
② NaCl
③ $NaNO_3$
④ Na_2O

해설
• 나트륨(Na)이 공기 중에서 산화하면 산화나트륨(Na_2O)이 생성된다.
• 나트륨(Na)이 공기중에서 산화반응식
$$4Na + O_2 \rightarrow 2Na_2O$$
(나트륨) (산소) (산화나트륨)

답 ④

54. 다음 위험물 중에서 지정수량이 다른 것은?
① KNO_3
② $KClO_3$
③ $KClO_4$
④ MgO_2

해설 제1류 위험물(산화성고체)의 지정수량
• KNO_3(질산칼륨) : 300kg
• $KClO_3$(염소산칼륨) : 50kg
• $KClO_4$(과염소산칼륨) : 50kg
• MgO_2(과산화마그네슘) : 50kg

답 ①

55. 메탄올의 성질에 맞지 않는 것은?
① 무색무취의 투명한 액체이다.
② 먹으면 눈이 멀거나 생명을 잃는다.
③ 물에는 무제한 녹는다.
④ 비중이 물보다 작다.

해설 메탄올은 메틸알코올(CH_3OH)을 말하며, 에틸알코올과 비슷한 특유의 냄새를 갖는다.

답 ①

56. 농도가 다른 질산이 있다. 이중 어느 것이 제6류 위험물에 해당하는가?
① 비중 1.1 이상
② 비중 1.29 이상
③ 비중 1.49 이상
④ 비중 1.39 이상

해설 질산(HNO_3)이 제6류 위험물(산화성 액체)가 되기 위해서는 비중이 1.49 이상이어야 한다.

답 ③

57. 다음 소화제의 반응을 완결시키려 할 때 옳은 것은?

$$6NaHCO_3 + Al_2(SO_4)_3 + 18H_2O$$
$$\rightarrow 3Na_2SO_4 + 2Al(OH)_3 + (\quad) + 18H_2O$$

① 6CO
② $6CO_2$
③ $6CO_3$
④ 6NaOH

해설 화학포의 화학반응식
$$6NaHCO_3 + Al_2(SO_4)_3 + 18H_2O$$
(탄산수소나트륨) (황산알루미늄)
$$\rightarrow 3Na_2SO_4 + 2Al(OH)_3 + 6CO_2\uparrow + 18H_2O$$
(황산나트륨) (수산화알루미늄) (이산화탄소) (물)

답 ②

58. 다음 중 포소화제의 조건 중에 해당하지 않는 것은?
① 부착성이 좋을 것
② 열에 의해 빨리 증발할 것
③ 유동성이 있을 것
④ 부서지기 어려운 응집성을 가질 것

해설 포소화제는 열에 대한 센 막과 유동성을 가지며, 화재 면과 부착성이 좋아야 하므로 빨리 증발하면 소화효과를 볼 수가 없다.

답 ②

59. 경유의 성질을 잘못 설명한 것은?
① 비중은 1 이하이다.
② 인화점이 등유보다 낮다.
③ 물에 녹기 어렵다.
④ 보통 시판되는 것은 담황색의 액체이다.

해설 등유와 경유의 인화점
등유(40~70℃), 경유(50~70℃)

답 ②

60. 셀룰로이드의 성질이 아닌 것은?
① 착화점이 180℃ 이상이다.
② 비중이 1보다 크다.
③ 자연발화하는 수가 있다.
④ 물에 용해한다.

해설 셀룰로이드는 제5류 위험물(자기반응성 물질) 질산에스터 중 나이트로셀룰로오스$[C_6H_7O_2(ONO_2)_3]_n$를 주성분으로 하며, 물에 녹지 않는다.

답 ④

CBT 모의고사 17회
2020년 10월 11일 시행(대비문제)

1. 염소산나트륨(NaClO₃)의 특성을 설명한 것 중 틀린 것은?
① 물, 알코올, 에터에 잘 녹는다.
② 가열, 충격, 마찰을 피한다.
③ 산과 반응하여 이산화염소(ClO₂)를 발생한다.
④ 섬유, 나뭇조각, 먼지 등에 침투하기 어렵다.

해설 염소산나트륨(NaClO₃)은 제1류 위험물(산화성고체) 염소산염류로서 조해성이 크므로 섬유, 먼지, 나뭇조각에 침투되기 쉬우므로 취급 시 방습에 주의하여야 한다.

참고 염소산나트륨(NaClO₃)은 산과반응하면 맹독성의 이산화염소(ClO₂)를 발생한다.

답 ④

2. 질산염류에 속하지 않는 것은?
① 질산에틸
② 질산암모늄
③ 질산나트륨
④ 질산칼륨

해설 질산에틸($C_2H_5ONO_2$)은 제5류위험물(자기반응성물질) 질산에스터류에 속한다.

답 ①

3. 산화프로필렌의 성상 및 위험성에 대하여 틀린 것은?
① 연소범위는 가솔린보다 넓다.
② 물에는 잘 녹지만 알코올, 벤젠 등 유기용제에는 잘 녹지 않는다.
③ 산·알칼리가 존재하면 발열하면서 중합한다.
④ 증기압이 대단히 높으므로 상온에서 위험한 농도에 달하기 쉽다.

해설 산화프로필렌(OCH_2CHCH_3)은 제4류 위험물(인화성액체) 특수인화물이며 물, 알코올, 에터, 벤젠 등 유기용제에 잘 녹는다.

참고
• 연소범위 비교 : 산화프로필렌(2.5~38.5%), 가솔린(1.4~7.6%)
• 산화프로필렌의 상온에서 증기압 : 445mmHg

답 ②

4. 황린의 취급 시 주의사항으로 틀린 것은?
① 피부에 닿지 않도록 주의할 것
② 산화제와의 접촉을 피할 것
③ 물의 접촉을 피할 것
④ 화기의 접근을 피할 것

해설 황린(P_4)은 제3류 위험물 자연발화성물질이며 물과의 접촉은 안전하다. pH9(약알칼리)의 물 속에 저장한다.

답 ③

5. CaC₂는 어디에 보관하는 것이 가장 좋은가?
① 물 ② 알코올
③ 밀폐용기 ④ 석유

[해설] CaC₂(탄화칼슘)은 제3류 위험물 금수성물질이며, 풍해성이 있으므로 밀폐된 용기에 보관한다.

[답] ③

6. 마그네슘분에 대한 설명 중 옳은 것은?
① 물보다 가벼운 금속이다.
② 분진폭발이 없는 물질이다.
③ 산과 반응하면 수소가스를 발생한다.
④ 소화방법으로 직접적인 주수소화가 가장 좋다.

[해설] 마그네슘(Mg)분은 제2류 위험물(가연성고체)이며, 산과 반응하여 수소(H_2)를 발생한다.

[참고] • 마그네슘(Mg)분과 염산(HCl)의 반응식
$$Mg + 2HCl \rightarrow MgCl_2 + H_2\uparrow$$
(마그네슘) (염산) (염화마그네슘) (수소)

[답] ③

7. 제1류 위험물 무기과산화물 중 알칼리금속의 과산화물에 대한 설명으로 틀린 것은?
① 피부와 접촉하여 피부를 부식시킨다.
② 양이 많을 경우 주수에 의하여 폭발위험이 있다.
③ 물과 발열반응하며, 수소를 방출한다.
④ 가연물과 혼합되어 있을 경우 마찰에 의해 발화한다.

[해설] 알칼리금속의 과산화물은 제1류 위험물(산화성고체) 무기과산화물이며, 물(H_2O)과 접촉하면 발열하며 산소(O_2)가스를 발생한다.

[답] ③

8. 다음 제4류 위험물 중 알코올류에 속하는 것은?
① 메틸알코올 ② 뷰틸알코올
③ 아밀알코올 ④ 알릴알코올

[해설] 위험물안전관리법령에서 정하는 알코올류
1분자를 구성하는 탄소원자수가 1개부터 3개까지인 포화1가 알코올(변성알코올을 포함한다)을 말한다.
• 메틸알코올(CH_3OH) : 탄소원자 1개(알코올류)
• 뷰틸알코올(C_4H_9OH) : 탄소원자 4개(인화점 2.8℃, 제2석유류)
• 아밀알코올($C_5H_{11}OH$) : 탄소원자 5개(인화점 32.7℃, 제2석유류)
• 알릴알코올($CH_2=CHCH_2OH$) : 탄소원자 3개이나 불포화알코올이다(인화점 22℃, 제2석유류).

[답] ①

9. 다음 설명 중 틀린 것은?
① 황린은 공기 중 방치하는 경우 자연발화한다.
② 미분상의 황은 물과 작용해서 자연발화할 때가 있다.
③ 적린은 염소산칼륨 등의 산화제와 혼합하면 발화 또는 폭발할 수 있다.
④ 마그네슘은 알칼리토금속으로 할로젠 원소와 접촉하여 자연발화의 위험이 있다.

해설 황(S)은 제2류 위험물(가연성고체)이며, 물에 녹지 않고 물과 반응성이 없다. **답** ②

10. 다음 중 인화점이 가장 높은 것은?
① 다이에틸에터
② 가솔린
③ 아세톤
④ 톨루엔

해설 제4류 위험물의 인화점
- 다이에틸에터($C_2H_5OC_2H_5$) : $-45℃$
- 가솔린 : $-43℃ \sim -20℃$
- 아세톤(CH_3COCH_3) : $-18℃$
- 톨루엔($C_6H_5CH_3$) : $4℃$

답 ④

11. 제조소등의 소요단위 산정 시 위험물은 지정수량의 몇 배를 소요단위로 하는가?
① 5배
② 10배
③ 20배
④ 50배

해설 위험물에 대한 소요단위 1단위 : 지정수량의 10배 **답** ②

12. 강화액 소화기에 관한 설명 중 바르지 못한 것은?
① 제5류 위험물 화재에 적응성이 있다.
② 제6류 위험물 화재에 적응성이 있다.
③ 봉상강화액소화기는 제4류 위험물에 적응성이 있다.
④ 무상(霧狀)과 봉상(棒狀)강화액 소화기로 대별된다.

해설 강화액소화기는 냉각효과의 소화기이지만 무상으로 방사할 경우에 제4류 위험물(인화성액체)에 소화적응성을 갖으며, 봉상주수 할 경우 화재확대 위험성을 가지므로 적응성이 없다. **답** ③

13. 다음 중 할론 소화약제인 Halon 1301의 분자식은?
① CH_3Br
② CH_3I
③ CF_2Br_2
④ CF_3Br

해설 할론 소화약제인 Halon의 할론 넘버
- CH_3Br : 할론 1001
- CH_3I : 할론 10001
- CF_2Br_2 : 할론 1202
- CF_3Br : 할론 1301

참고 할론 넘버는 C, F, Cl, Br, I의 개수를 순서대로 표시한 수이다(없는 원소는 0으로 표시한다). **답** ④

14. 위험물제조소등의 전기설비가 있는 곳에 적응하는 소화설비는?
① 옥내소화전설비
② 스프링클러설비
③ 포소화설비
④ 할로젠화합물소화설비

해설 전기설비의 적용 소화설비
물분무소화설비, 분말소화설비, 불활성가스소화설비(이산화탄소소화설비 포함), 할로젠화합물소화설비

답 ④

15. 다음 중 소화약제로 사용하지 않는 것은?
① CH_3Br ② $NaHCO_3$
③ $Al_2(SO_4)_3$ ④ $CaSO_4$

해설 $CaSO_4$(황산칼슘)은 소화약제로 사용하지 않는다.

참고
- CH_3Br(브로민화메탄) : 할론소화약제
- $NaHCO_3$(탄산수소나트륨) : 분말소화약제 및 화학포소화약제(외약제)
- $Al_2(SO_4)_3$(황산알루미늄) : 화학포소화약제(내약제)

답 ④

16. 제조소 또는 취급소용 건축물로서 외벽이 내화구조로 된 것은 연면적 몇 m^3를 소요단위 1단위로 하는가?
① $50m^3$ ② $100m^3$
③ $150m^3$ ④ $200m^3$

해설 제조소 또는 취급소용 건축물의 소요단위 1단위
- 외벽이 내화구조일 경우 연면적 : $100m^2$
- 외벽이 내화구조가 아닐 경우 : $50m^2$

참고 저장소일 경우
- 외벽이 내화구조일 경우 연면적 : $150m^2$
- 외벽이 내화구조가 아닐 경우 : $75m^2$
- 위험물의 경우 : 지정수량 10배

답 ②

17. 위험물의 제조소에는 주의사항을 표시한 게시판을 따로 설치해야 한다. 제4류 위험물에 표시해야 하는 내용은?
① 화기주의 ② 물기엄금
③ 화기엄금 ④ 충격주의

해설 제4류 위험물 주의사항 게시판 표시사항 : 화기엄금

참고
- 제1류 위험물 중 무기과산화물 : 물기엄금
- 제2류 위험물 : 화기주의(인화성고체 제외)
- 제2류 위험물 중 인화성고체 : 화기엄금
- 제3류 위험물 중 금수성물질 : 물기엄금
- 제3류 위험물 중 자연발화성물질 : 화기엄금
- 제4류 위험물 : 화기엄금
- 제5류 위험물 : 화기엄금
- 제6류 위험물 : 주의사항 표시 없음

답 ③

18. 다음 중 연소가 일어나기 위한 조건에 해당되지 않는 것은?
① 성냥불 ② 헬륨
③ 산소 ④ 황

해설
- 성냥불 : 점화원
- 헬륨(He) : 비활성기체로서 가연물이 되지 못한다.
- 산소(O_2) : 산소공급원
- 황(S) : 가연물

> **참고** 연소의 3요소 : 가연물, 산소공급원, 점화원

정답 ②

19. 다음 위험물 중 옥외탱크저장소에 저장하는 경우에 있어서 수조에 넣어 보관해야 하는 물질은?
① 이황화탄소 ② 휘발유
③ 경유 ④ 다이에틸에터

해설 이황화탄소(CS_2)는 제4류 위험물(인화성액체) 특수인화물로 물보다 1.26배 무겁고 물에 녹지 않는 액체로, 휘발성이 강하며 독성이 강하므로 가연성증기 발생을 억제하기 위하여 수조(물탱크)에 넣어 저장한다.

정답 ①

20. 다음 중 제4류 위험물 화재에 적용할 수 없는 소화기는?
① 포소화기 ② 물소화기
③ 인산염류소화기 ④ 이산화탄소소화기

해설 제4류 위험물(인화성액체)에 대한 소화방법은 공기차단에 의한 질식소화 방법을 사용하며, 냉각소화 방법인 물소화기를 사용하면 화재면을 확대할 위험이 있으므로 사용하지 않는다.

정답 ②

21. 다음 물질 중에서 제3석유류에 속하지 않는 것은?
① 크레소오트유 ② 산화프로필렌
③ 나이트로벤젠 ④ 에틸렌글리콜

해설 산화프로필렌(OCH_2CHCH_3) : 제4류 위험물(인화성액체) 특수인화물

정답 ②

22. 화재 시 알코올형포를 사용하여 진화하는 것이 가장 적합한 위험물은?
① 아세톤 ② 휘발유
③ 경유 ④ 등유

해설 제4류 위험물(인화성액체) 중 수용성인 아세톤(CH_3COCH_3)의 화재에는 화학포를 사용하면 거품이 소포되므로 거품이 터지지 않는 특수포인 알코올포소화기를 사용한다.

정답 ①

23. 주유소에서 기름을 넣을 때 자동차의 엔진을 끄는 것이 안전하다. 다음 중 주유소에서 게시하는 "주유중 엔진정지"라는 게시판의 색깔로 알맞은 것은?
① 황색바탕에 흑색문자 ② 황색바탕에 적색문자
③ 백색바탕에 흑색문자 ④ 백색바탕에 적색문자

해설 게시판의 색깔 : 황색바탕, 흑색문자

정답 ①

24. 제4류 위험물 중 제2석유류에 속하는 것은?
① 아세톤 ② 중유
③ 등유 ④ 기계유

해설 제4류 위험물(인화성액체)의 품명
- 아세톤(CH_3COCH_3) : 제1석유류
- 중유 : 제3석유류
- 등유 : 제2석유류
- 기계유 : 제4석유류

정답 ③

25. 알칼알루미늄 화재 시 가장 효과적인 소화제는?
① 물
② CO_2
③ 할로젠화합물
④ 팽창질석

해설 알칼알루미늄의 소화약제 : 팽창질석, 팽창진주암

답 ④

26. 공기 속에서 노란색 불꽃을 내면서 연소하는 것은?
① Li
② Na
③ K
④ Cu

해설 금속의 불꽃색깔
- Li(리튬) : 진한빨강
- Na(나트륨) : 노랑
- K(칼륨) : 보라
- Cu(구리) : 청록

답 ②

27. 피크린산(Picric acid)의 성상 및 위험성에 관한 설명 중 옳은 것은?
① 운반 시 에탄올을 첨가하면 안전하다.
② 공업용은 강한 쓴맛이 있고, 황색의 침상결정이다.
③ 저장용기는 폭발성 물질이므로 철로 만든 용기에 저장한다.
④ 물, 알코올, 벤젠 등에는 녹지 않고 금속과 반응하여 조연성가스를 발생시킨다.

해설 피크린산(TNP)은 제5류 위험물(자기반응성물질) 나이트로화합물에 속한다. 쓴맛을 갖고, 휘황색의 침상결정이며 알루미늄, 주석 외의 금속과는 반응하므로 용기 선택에 주의할 것

참고 피크린산(TNP) : 트라이나이트로페놀의 관용명 및 약칭
- 화학식 : $[C_6H_2OH(NO_2)_3]$

답 ②

28. 다음 중 함수 알코올로 습면하여 저장 및 취급하는 것은?
① 나이트로글리세린
② 나이트로셀룰로오스
③ 트라이나이트로톨루엔
④ 질산에틸

해설 나이트로셀룰로오스$[C_6H_7O_2(ONO_2)_3]_n$는 제5류 위험물(자기반응성물질) 질산에스터류에 속하며 저장, 운송 중에는 자연발화의 방지를 위하여 물이나 알코올로 습면할 필요가 있다.

답 ②

29. 염소산칼륨의 화학적, 물리적 위험성에 관한 설명 중 옳은 것은?
① 단독으로 연소한다.
② 자신은 강력한 환원제이다.
③ 열에 의해 분해되어 수소를 발생한다.
④ 유기물 등과 접촉시 충격을 가하면 폭발하는 수가 있다.

해설 염소산칼륨($KClO_3$)은 제1류 위험물(산화성고체) 염소산염류 속하며, 불연성이고 강산화제로서 가열하면 분해하여 산소(O_2)를 발생한다. 또한 유기물 등과 접촉하면 충격에 의하여 폭발한다.

답 ④

30. 질산에틸($C_2H_5ONO_2$)의 성질에 관한 설명 중 옳은 것은?
① 물에 잘 용해된다.
② 인화점은 경유와 같다.
③ 지정수량은 10kg이다.
④ 방향성을 갖고 있는 고체이다.

> **해설** 질산에틸($C_2H_5ONO_2$)은 제5류위험물(자기반응성물질) 질산에스터류에 속하고, 물에 녹지 않는 액체로서 인화점은 10℃며 지정수량은 10kg이다.
>
> **참고** 경유의 인화점 : 50℃~70℃

답 ③

31. 제4류 위험물 중에서 비중이 0.82~0.85 정도이며, 원유의 증류에서 나오는 혼합탄화수소로 끓는점이 200~350℃ 정도의 유분으로 탄소수가 11~19를 가지고 있는 물질은 어느 것인가?
① 휘발유   ② 경유
③ 납사   ④ 초산

> **해설** 제2석유류 경유에 대한 설명이다.

답 ②

32. 인화석회(Ca_3P_2) 성질을 기초로 할 때 취급 시 가장 주의해야 할 사항은?
① 환원제 혼합   ② 수분의 접촉
③ 햇빛에 노출   ④ 충격 및 마찰

> **해설** 인화석회(Ca_3P_2)는 제3류 위험물 중 금수성물질이므로 수분과 접촉을 하면 반응하여 발열하며, 가연성이며 유독성인 포스핀(PH_3)가스를 발생한다.
>
> **참고** • 인화칼슘(Ca_3P_2)과 물(H_2O)의 반응식
> $$Ca_3P_2 + 6H_2O \rightarrow 3Ca(OH)_2 + 2PH_3\uparrow$$
> (인화칼슘)   (물)   (수산화칼슘) (인화수소 · 포스핀)

답 ②

33. 다음 중 금속칼륨(K)을 석유에 넣어 보관하는 이유로 가장 타당한 것은?
① 산화력이 크기 때문
② 취급이 대단히 위험함을 표시
③ 수분과 접촉을 차단하고 산화를 방지
④ 마찰, 충격에 의한 분진발생 방지

> **해설** 금속칼륨(K)은 제3류 위험물 중 금수성물질로, 석유 속에 넣어 보관하므로 수분과의 접촉을 차단하고 산화를 방지한다.

답 ③

34. 과염소산의 저장 및 취급으로 옳지 않은 것은?
① 반드시 습기 많은 곳에서 취급한다.
② 피부 접촉 시 물로 충분히 씻는다.
③ 통풍을 좋게 하고 찬 곳에 저장한다.
④ 가연성 유기물과 떨어진 곳에서 취급한다.

> **해설** 과염소산($HClO_4$)은 제6류 위험물(산화성액체)로서 습기와 접촉하여 발열하며, 고체의 수화물을 만들므로 습기와 접촉시키지 말 것

답 ①

35. 위험물 안전관리법령상 동식물유류의 경우 1기압에서 인화점은 섭씨 몇도 미만으로 규정하고 있는가?
 ① 150℃
 ② 250℃
 ③ 450℃
 ④ 600℃

해설 동식물유류
 동물의 지육 등 또는 식물의 종자나 과육으로부터 추출한 것으로, 섭씨 250℃ 미만의 것을 말한다.

답 ②

36. 유기과산화물의 저장 시 주의사항으로서 옳은 것은?
 ① 일광이 드는 건조한 곳에 저장한다.
 ② 자신은 불연성이지만 다른 가연물이 있으면 폭발의 위험이 있다.
 ③ 알코올류, 아민류, 금속분류, 기타 가연성물질과 혼합하지 않는다.
 ④ 산화제이므로 다른 산화제와 같이 저장해도 좋다.

해설 유기과산화물은 제5류 위험물(자기반응성물질)에 해당하며, 가연물이며 산소공급원에 해당되는 위험물로 냉암소에 저장하며 가연성물질과의 혼합은 더욱 위험성을 증가시킬 수 있다.

답 ③

37. 황린의 취급 및 주의사항으로 잘못된 것은?
 ① 독성이 강하고 피부에 묻으면 화상을 입는다.
 ② 공기와 접촉을 피하기 위하여 석유 속에 보관한다.
 ③ 온도가 높아지면 용해도는 증가한다.
 ④ 물속에 저장하여 보관한다.

해설 황린(P_4)은 제3류 위험물 중 자연발화성물질로 공기 중에서 연소하므로 pH9 정도의 약알칼리 물속에 넣어 저장한다.
참고 석유 속에 저장하는 위험물은 칼륨(K), 나트륨(Na)이다.

답 ②

38. 화재발생 시 소화 조치방법으로 부적당한 것은?
 ① 가연물의 제거
 ② 산소공급원 차단
 ③ 불연물의 제거
 ④ 인화점 이하로 냉각

해설 화재발생 시 소화조치 방법으로 연소되지 않는 불연물의 제거는 의미가 없다.

답 ③

39. 마른모래 0.5단위란?
 ① 삽을 상비한 10ℓ 이상의 것 1포
 ② 삽을 상비한 25ℓ 이상의 것 1포
 ③ 삽을 상비한 50ℓ 이상의 것 1포
 ④ 삽을 상비한 100ℓ 이상의 것 1포

해설 간이소화약제의 능력단위
 마른모래 : 삽을 상비한 50ℓ 이상 1포(0.5단위)
참고 팽창질석, 팽창진주암 : 삽을 상비한 160ℓ 이상 1포(1단위)

답 ③

40. 다음 중 나이트로글리세린의 성상 및 용도에 관한 설명으로 맞지 않는 것은?
① 시판공업용 제품은 담황색이다.
② 물에는 녹지만, 유기용매에는 녹지 않는다.
③ 연소가 폭발적이므로 소화하기 힘들다.
④ 다이너마이트의 원료로 쓰인다.

해설 나이트로글리세린(NG)은 제5류 위험물(자기반응성물질) 중 질산에스터류에 속하는 액체위험물로 다이너마이트의 원료로서 물에는 녹지 않으나 유기용매(알코올, 벤젠, 아세톤 등)에 녹는다.　　**답** ②

41. 분진폭발의 위험이 없는 것은?
① 마그네슘가루　　② 아연가루
③ 밀가루　　　　　④ 시멘트가루

해설 시멘트가루($CaO + SiO_2 + CaSO_4$)는 불연성이므로 분진폭발의 위험이 없다.　　**답** ④

42. 할로젠화합물 소화약제가 가져야 할 성질로 옳지 않은 것은?
① 끓는점이 낮을 것
② 증기(기화)가 되기 쉬울 것
③ 전기화재에 적응성이 있을 것
④ 공기보다 가볍고 가연성일 것

해설 할로젠화합물 소화약제를 증발성액체 소화약제라고도 하며, 증발했을 경우 증기는 공기보다 무거워 화재면을 덮는 불연성물질이다.　　**답** ④

43. 폭굉유도거리(DID)가 짧아지는 경우는?
① 정상 연소속도가 작은 혼합가스일수록 짧아진다.
② 압력이 높을수록 짧아진다.
③ 관속에 방해물이 있거나 관지름이 넓을수록 짧아진다.
④ 점화원 에너지가 약할수록 짧아진다.

해설 폭굉유도거리가 짧아지는 경우
• 정상 연소속도가 큰 혼합물일 경우
• 고압일 경우
• 관속에 방해물이 있을 경우
• 관경이 작을 경우
• 점화원의 에너지가 클 경우　　**답** ②

44. 연소가 잘 이루어지는 조건 중 옳지 않은 것은?
① 가연물의 발열량이 클 것
② 가연물의 열전도율이 클 것
③ 산소와의 접촉표면적이 클 것
④ 가연성가스가 많이 발생할 것

해설 열전도가 잘 안 되는(열전도율이 작은) 물질일수록 가연물이 될 수 있다.

답 ②

45. 폐쇄형 스프링클러헤드를 사용하는 스프링클러설비의 제어밸브 설치기준은?
① 바닥면으로부터 0.5m 이상 0.8m 이하
② 바닥면으로부터 0.8m 이상 1.5m 이하
③ 바닥면으로부터 1.5m 이상 1.8m 이하
④ 바닥면으로부터 1.8m 이상 2.2m 이하

해설 밸브 설치 위치 : 바닥면으로부터 0.8m 이상 1.5m 이하

답 ②

46. 옥내소화전설비의 수원은 그 저수량이 옥내소화전의 설치개수가 가장 많은 층의 설치 개수의 몇 m^3를 곱한 양 이상이 되도록 하여야 하는가?
① $2.6m^3$
② $4.2m^3$
③ $5.4m^3$
④ $7.8m^3$

해설 위험물관련시설에 설치하는 옥내소화전설비의 수원의 양은 소화전 설치개수(5개 이상일 경우 5개)에 $7.8m^3$를 곱한 양 이상으로 한다.

답 ④

47. 소화약제 방사 시 열량을 흡수하므로 질식 및 냉각작용이 있는 것은?
① 탄산가스
② 탄산수소알루미늄
③ 황산알루미늄
④ 탄화칼슘

해설 불연성가스인 탄산가스(CO_2) 소화약제를 방출시키면 줄·톰슨효과에 의하여 $-80℃\sim-78℃$ 이하로 온도가 낮아지며, 드라이아이스(Dry ice)가 되어 화재면을 냉각 및 질식소화 한다.

답 ①

48. 제3석유류의 공통성 화재에 대한 내용 중 틀린 것은?
① 상온에서 가열하지 않는 한 인화 위험이 없다.
② 분무상태에서는 인화 위험성이 크다.
③ 섬유에 흡수 시에는 인화 위험성이 작다.
④ 연소 시는 화염이 강하므로 소화가 어렵다.

해설 제3석유류는 인화점이 70℃ 이상 200℃ 미만으로 높지만, 헝겊 등에 스며 배어 있으면 표면적이 넓어지므로 인화점 이하의 온도에서도 점화원에 의하여 연소한다.

답 ③

49. 다음 소화제의 반응을 완결시키려 할 때 (   ) 안에 옳은 것은?

$$6NaHCO_3 + Al_2(SO_4)_3 \cdot 18H_2O \rightarrow 3Na_2SO_4 + 2Al(OH)_3 + (\quad) + 18H_2O$$

① $6CO$
② $2NaOH$
③ $6CO_3$
④ $6CO_2$

해설 화학포소화약제의 반응식
$6NaHCO_3 + Al_2(SO_4)_3 \cdot 18H_2O \rightarrow 3Na_2SO_4 + 2Al(OH)_3 + 6CO_2\uparrow + 18H_2O$
(탄산수소나트륨) (황산알루미늄)   (황산나트륨)(수산화알루미늄)(이산화탄소)   (물)

답 ④

50. 옥외소화전이 6개 있을 경우 수원의 수량으로 올바른 것은?
① $48m^3$ 이상
② $54m^3$ 이상
③ $60m^3$ 이상
④ $81m^3$ 이상

해설 옥외소화전의 수원의 양은 설치개수(4개 이상인 경우에는 4개)에 $13.5m^3$를 곱한 양 이상으로 한다.
∴ 4개×$13.5m^3$/개=$54m^3$

답 ②

51. 금속칼륨의 지정수량은 몇 kg인가?
① 10
② 50
③ 500
④ 5,000

해설 금속칼륨(K)의 지정수량 : 10kg

답 ①

52. 액체위험물은 운반용기 내용적의 몇 % 이하로 수납해야 하는가? (단, 알킬알루미늄은 제외한다.)
① 100% 이하
② 98% 이하
③ 95% 이하
④ 85% 이하

해설 액체위험물 운반용기의 수납률 : 98% 이하
참고 고체위험물의 수납률 : 95% 이하

답 ②

53. 다음 물질 중에서 제5류 위험물에 해당하는 것은?
① 아세트산에스터
② 질산에스터
③ 포름산에스터
④ 프로피온산에스터

해설 위험물의 구분
• 아세트산에스터(제4류 위험물)
• 질산에스터(제5류 위험물)
• 포름산에스터(제4류 위험물)
• 프로피온산에스터(제4류 위험물)

답 ②

54. 옥외탱크저장소에서 제4류 위험물의 탱크에 설치하는 통기장치 중 밸브 없는 통기관은 지름이 얼마 이상인 것으로 설치해야 되는가? (단, 압력탱크 제외)
① 10mm
② 20mm
③ 30mm
④ 40mm

해설 옥내 및 옥외탱크저장소의 밸브 없는 통기관의 지름은 30mm 이상이다.
참고 간이탱크저장소의 밸브 없는 통기관의 지름은 25mm 이상이다.

답 ③

55. 법령상 제4류 위험물 중에서 제1석유류, 제2석유류로 분류하는 기준은 무엇인가?
① 비중으로 분류한다.
② 공기밀도로 구분한다.
③ 인화점으로 구분한다.
④ 연소범위로 구분한다.

해설 제4류 위험물(인화성액체)의 석유류 분류기준은 인화점이다.

답 ③

56. 다음 중 비중이 물보다 무거운 것은?
① 아세톤
② 이황화탄소
③ 벤젠
④ 경유

해설 제4류 위험물(인화성액체)의 비중
- 아세톤(CH_3COCH_3) : 0.79
- 이황화탄소(CS_2) : 1.26
- 벤젠(C_6H_6)의 비중 : 0.88
- 경유의 비중 : 0.83~0.88

답 ②

57. 산화성액체 위험물의 공통성질이 아닌 것은?
① 자신들은 모두 불연성 물질이다.
② 물보다 무겁고 물에 녹기 쉽다.
③ 과산화수소를 제외하고 강산성 물질이다.
④ 제1류 위험물과 혼합시 환원성이 증가한다.

해설 산화성액체(제6류 위험물)은 강산화제로, 제1류 위험물(산화성고체)과 혼합하면 산화성이 증가한다.

답 ④

58. 다음 제3류 위험물의 지정수량이 잘못된 것은?
① $(C_2H_5)_3Al$ – 10kg
② Na – 10kg
③ LiH – 300kg
④ CaC_2 – 500kg

해설 CaC_2(탄화칼슘)의 지정수량 : 300kg

참고 제3류 위험물의 지정수량
- $(C_2H_5)_3Al$(트라이에틸알루미늄) : 10kg
- Na(나트륨) : 10kg
- LiH(수소화리튬) : 300kg

답 ④

59. 질산암모늄의 일반적인 성질에 관한 설명으로 올바른 것은?
① 조해성이 없다.
② 무색무취의 액체이다.
③ 물에 녹을 때에는 발열반응을 나타낸다.
④ 급격한 가열충격에 따라 폭발의 위험이 있다.

해설 질산암모늄(NH_4NO_3)은 제1류 위험물(산화성고체) 질산염류에 속하며, 무색·무취의 결정으로 조해성이 있으며 물, 알코올에 잘 녹고 물에 녹을 때에는 흡열반응을 하며 단독으로도 급격한 가열·충격으로 분해·폭발한다.

답 ④

60. 질산을 오산화인과 작용시키면 어떤 물질이 생성되는가?
① P_2O_5
② NO
③ N_2O
④ N_2O_5

해설 질산(HNO_3)은 제6류 위험물(산화성액체)이며 오산화인(P_2O_5)과 함께 증류시켜 탈수하여 사산화이질소(N_2O_4)를 만든 후 오존(O_3)을 작용시켜 오산화이질소(N_2O_5)를 만든다. 오산화이질소(N_2O_5)는 무색의 결정으로 물에 녹으면 질산(HNO_3)이 된다.

답 ④

CBT 모의고사 18회

2021년 1월 31일 시행(대비문제)

1. 위험물안전관리법상 위험물을 운반 및 수납할 때 운반용기의 재질에 포함되지 않는 것은?
① 금속판 ② 유리
③ 도자기 ④ 플라스틱

해설 운반용기의 재질
금속판, 강판, 삼, 합성섬유, 고무류, 양철판, 짚, 알루미늄판, 종이, 유리, 나무, 플라스틱, 섬유판

답 ③

2. 다음 중 축축한 상태로 안정제를 가하여 찬 곳에 저장하는 것은?
① 질산에틸 ② 나이트로셀룰오스
③ 나이트로글리세린 ④ 피크르산

해설 나이트로셀룰오스는 제5류 위험물(자기반응성물질) 질산에스터류이며, 분해열에 의한 자연발화의 위험이 있으므로 함수알코올로 습면시켜 저장시킨다.

답 ②

3. 제3류 위험물 취급시 주의해야 할 사항으로 알맞은 것은?
① 산화물의 혼합을 피할 것 ② 물의 접촉을 피할 것
③ 마찰 충격을 피할 것 ④ 화기의 접근을 피할 것

해설 제3류위험물은 급수성 또는 자연발화성 물질로 물 또는 공기와의 접촉을 피하여야 한다.

답 ②

4. 다음 위험물 중 연소할 때 아황산가스를 발생시키는 것은?
① 황 ② 황린
③ 적린 ④ 마그네슘분

해설 황(S)은 제2류 위험물(가연성고체)이며, 연소하면 아황산가스(이산화황)을 발생한다.

참고 $S + O_2 \rightarrow SO_2 \uparrow$
(황) (산소) (아황산가스, 이산화황)

답 ①

5. 물과 탄화칼슘이 반응해서 생성되는 것은?
① 소석회+수소 ② 생석회+일산화탄소
③ 생석회+인화수소 ④ 소석회+아세틸렌

해설 탄화칼슘(CaC_2)은 제3류 위험물(금수성물질)이며, 물(H_2O)과 반응하면 수산화칼슘(소석회)과 가연성의 아세틸렌(C_2H_2)을 생성한다.

참고 $CaC_2 + 2H_2O \rightarrow Ca(OH)_2 + C_2H_2 \uparrow$
(탄화칼슘) (물) (소석회) (아세틸렌)

답 ④

6. 질산의 성질에 대한 설명 중 틀린 것은?
① 진한 질산을 가열하면 분해하여 수소를 발생한다.
② 햇빛에 의해 일부 분해하여 자극성의 이산화질소를 만든다.
③ 부식성이 강한 강산이지만 금, 백금, 이리듐, 로듐만은 부식시키지 못한다.
④ 물과 반응하여 발열한다.

해설 질산(HNO_3)은 제6류 위험물(산화성액체)이며, 가열하면 이산화질소(NO_2)와 물(H_2O), 산소(O_2)를 발생한다.

참고 $4HNO_3 \rightarrow 4NO_2 + 2H_2O + O_2$
　　　　(질산)　(이산화질소)　(물)　(산소)

답 ①

7. 과산화벤조일의 지정수량은 얼마인가?
① 10kg　　　　② 50ℓ
③ 100kg　　　　④ 1,000ℓ

해설 과산화벤조일은 제5류 위험물 유기과산화물로 지정수량은 10kg이다.

답 ①

8. 과산화나트륨은 CO_2 가스를 흡수하여 무엇으로 변화하는가?
① 산화나트륨
② 수산화나트륨
③ 나트륨과 탄산
④ 탄산나트륨

해설 과산화나트륨(Na_2O_2)은 제1류 위험물(산화성고체)이며, 알칼리금속의 과산화물로서 이산화탄소(CO_2)와 반응하여 탄산나트륨(Na_2CO_3)과 산소(O_2)를 생성한다.

참고 $2Na_2O_2 + 2CO_2 \rightarrow 2Na_2CO_3 + O_2 \uparrow$
　　　(과산화나트륨)　(이산화탄소)　(탄산나트륨)　(산소)

답 ④

9. 다음 중 적린의 위험성에 대한 설명이 올바른 것은?
① 착화온도가 낮고 공기 중에서 자연발화하기 쉽다.
② 산화할 때 인광을 발하며 연소한다.
③ 물과 반응하면 가연성의 가스를 발생한다.
④ 산화제와 혼합하면 착화한다.

해설 제2류 위험물(가연성고체)인 적린(P)은 환원성이 큰 가연성고체로서 산화제와 혼합하면 낮은 온도에서도 착화한다.

답 ④

10. 다음은 위험물안전관리법상 제3류 위험물들이다. 다음 중 지정수량이 다른 것은?
① 칼륨
② 리튬
③ 나트륨
④ 알킬알루미늄

해설 지정수량 : 칼륨(10kg), 리튬(50kg), 나트륨(10kg), 알킬알루미늄(10kg)

답 ②

11. 다음 소화제를 사용할 때 적당하지 않은 것은?
 ① 마른모래는 모든 위험물류의 화재에 적용된다.
 ② 분말소화제는 셀룰로이드의 화재에 가장 적당하다.
 ③ 물은 탄화칼슘의 화재에 사용하여서는 안 된다.
 ④ 자기반응성물질의 화재에는 일반적으로 다량의 주수가 유효하다.

> **해설** 셀룰로이드는 제5류 위험물(자기반응성물질) 질산에스터류에 속하며, 화재에는 냉각소화 방법인 다량의 주수소화 방법이 효과적이다.

답 ②

12. 자연발화의 형태 중 산화열에 의하여 발화될 가능성이 가장 큰 것은?
 ① 건성유, 석탄   ② 퇴비, 먼지
 ③ 목탄, 활성탄   ④ 코크스, 셀룰로이드

> **해설** 자연발화의 형태
> • 산화열에 의한 발열 : 건성유, 석탄
> • 분해열에 의한 발열 : 코크스, 셀룰로이드
> • 흡착열에 의한 발열 : 목탄, 활성탄
> • 미생물에 의한 발열 : 퇴비, 먼지

답 ①

13. 주수소화에 의하여 위험이 따르는 물질은?
 ① 초산   ② 나이트로셀룰로오스
 ③ 금속나트륨   ④ 황

> **해설** 금속나트륨(Na)은 제3류 위험물 중 금수성 물질로 주수소화하면 격렬히 반응하며, 이때 발생된 수소(H_2) 가스는 폭발적으로 연소하므로 주수소화하면 안 된다.

답 ③

14. 제2류 위험물인 마그네슘 분말의 성질 및 화재예방법과 소화방법에 대한 설명으로 옳지 않는 것은?
 ① 2mm 체를 통과한 것만 위험물에 해당된다.
 ② 이산화탄소 소화약제를 방사하면 소화가 가능하다.
 ③ 가연성고체로 산소와 반응하여 산화반응을 하면서 몰당 143.7kcal의 열을 발생한다.
 ④ 주수소화를 하면 가연성의 수소가스가 발생한다.

> **해설** 제2류 위험물인 마그네슘(Mg) 분말의 소화방법은 금속화재용 분말소화약제(탄산수소염류)가 적당하며, 이산화탄소 및 할로젠화합물 소화약제와는 접촉으로 폭발하므로, 소화방법으로 적당하지 않다.

답 ②

15. 위험물안전관리법상의 소화설비 중 "기타 소화설비"가 아닌 것은?
 ① 팽창질석   ② 마른모래
 ③ 물통, 수조   ④ 소화약제에 의한 간이소화용구

> **해설** 기타 소화설비
> 위험물안전관리법 시행규칙 별표 17 제4호 소화설비의 적용성에 의하여 물통 또는 수조, 건조사, 팽창질석 또는 팽창진주암을 말한다.

답 ④

16. 다음 화학물질 중 저장 시 물을 이용하여 저장하는 것은?
① 황린   ② 탄화칼슘
③ 나트륨   ④ 생석회

해설 제3류 위험물의 저장방법
- 황린(P_4) : pH9 정도의 약알칼리 물속에 넣어 저장
- 탄화칼슘(CaC_2) : 밀폐용기에 질소가스 봉입
- 나트륨(Na) : 공기 및 습기와 접촉을 피하기 위하여 석유 속에 보관
- 생석회(CaO) : 비위험물

답 ①

17. 위험물안전관리법상 대형소화기의 방호대상물이 각 부분으로부터 설치방법으로 옳은 것은? (단, 옥내소화전, 옥외소화전, 스프링클러 또는 물분무소화설비와 함께 설치하는 경우 외의 경우)
① 보행거리 30m 이하일 것
② 보행거리 20m 이하일 것
③ 수평거리 30m 이하일 것
④ 수평거리 20m 이하일 것

해설
- 대형소화기 : 보행거리 30m 이하
- 소형소화기 : 보행거리 20m 이하

답 ①

18. 제조소등에 전기설비가 설치된 경우에는 당해 장소의 면적 몇 m^2마다 소형수동식 소화기를 1개 이상 설치하여야 하는가?
① 50   ② 100
③ 150   ④ 200

해설 제조소등에 전기설비(전기배선, 조명기구 등은 제외한다)가 설치된 경우에는 당해 장소의 면적 $100m^2$이다. 소형수동식 소화기를 1개 이상 설치할 것

답 ②

19. 다음 위험물에 해당되는 것은?

- 대부분 무색의 결정 백색분말이다.
- 물과 작용하여 열과 산소를 발생시키는 것도 있다.
- 가열 등에 의해 산소를 발생한다.

① 제1류 위험물   ② 제2류 위험물
③ 제3류 위험물   ④ 제5류 위험물

해설 본문내용 : 제1류 위험물의 일반 성질
① 대부분 무색결정이나 백색결정이며, 비중이 1보다 크고 수용성인 것이 많다.
② 일반적으로 불연성이며, 산소를 많이 함유하고 있는 강산화제이다.
③ 반응성이 풍부하여 열, 타격, 충격, 마찰 및 다른 약품과의 접촉으로 분해하여 많은 산소를 방출하여 다른 가연물의 연소를 돕는다.
④ 알칼리금속의 과산화물은 물과 접촉하여 산소를 발생한다.

답 ①

20. 위험물안전관리법상 화재예방 규정을 정하여야 할 제조소등으로 옳지 않은 것은?
① 지정수량 10배 이상의 위험물을 취급하는 제조소
② 지정수량 50배 이상의 위험물을 취급하는 일반취급소
③ 지정수량 100배 이상을 저장·취급하는 옥외저장소
④ 지정수량 150배 이상을 저장·취급하는 옥내저장소

> **해설** 화재예방 규정을 정하여야 할 제조소등에서 저장·취급하는 위험물 지정수량
> - 제조소, 일반취급소 : 지정수량 10배 이상
> - 옥외저장소 : 지정수량 100배 이상
> - 옥내저장소 : 지정수량 150배 이상
> - 옥외탱크저장소 : 지정수량 200배 이상
> - 암반탱크저장소 및 이송취급소 : 지정수량 해당 없음

답 ②

21. 강화액 소화기의 특성으로 잘못된 것은?
① ABC 소화기이다.
② 부동성이 높아 한랭 또는 겨울에 사용 가능하다.
③ 독성, 부식성이 없다.
④ 소화제는 강산성을 나타낸다.

> **해설** 강화액소화기의 약제는 pH(수소이온지수) 12의 강알칼리성의 수용액이다.

답 ④

22. 다음 (   ) 안에 알맞은 것은?

> 질식소화의 정의는 가연물이 연소할 때 공기 중의 산소의 농도를 (   ) 이하로 떨어뜨려 산소공급을 차단하여 연소를 중단시키는 것이다.

① 10% ② 15%
③ 18% ④ 21%

> **해설** 질식소화는 공기 중의 산소의 농도 21%를 15% 이하로 낮추는 소화방법이다.

답 ②

23. 어떤 소화기에 "A3, B5, C 적용"이라고 표시되어 있다. 여기에서 알 수 있는 것이 아닌 것은?
① 일반화재인 경우 이 소화기의 능력단위는 5단위이다.
② 유류화재에 적용할 수 있는 소화기이다.
③ 전기화재에 적용할 수 있는 소화기이다.
④ ABC 소화기이다.

> **해설** A3, B5, C는 화재의 종류와 능력단위를 표시한 것이다.
> - A3 : 일반화재, 능력단위 3단위
> - B5 : 유류화재, 능력단위 5단위
> - C : 전기화재, 능력단위 표시하지 않음

답 ①

24. 다음은 위험물을 저장할 때 필요한 보호액으로 짝지은 것이다. 올바른 것은?
① 황린 – 질산
② 금속칼륨 – 에탄올
③ 이황화탄소 – 물
④ 금속나트륨 – 황산

해설 이황화탄소(CS_2)는 제4류 위험물(인화성액체) 특수인화물이며, 물에 녹지 않고 물보다 무거운 액체로서 휘발성이 강하고 유독하므로 가연성증기의 발생을 억제하기 위하여 물속(수조)에 저장한다. 답 ③

25. 알칼알루미늄 화재 시 가장 효과적인 소화제는?
① 물
② CO_2
③ 할로젠화합물
④ 팽창질석

해설 알칼알루미늄의 소화약제 : 팽창질석, 팽창진주암 답 ④

26. 소화작용에 대한 설명으로 옳지 않은 것은?
① 냉각소화 : 물을 뿌려서 온도를 저하시키는 방법
② 질식소화 : 불연성 포말로 연소물을 덮어씌우는 방법
③ 제거소화 : 가연물을 제거하여 소화시키는 방법
④ 희석소화 : 산알칼리를 중화시켜 소화시키는 방법

해설 희석소화
알코올과 같은 수용성인 액체는 물에 잘 녹아서 희석되므로 물분무소화설비로 희석소화 한다. 답 ④

27. 제6류 위험물 화재 시 소화 및 예방에 관한 설명으로 가장 알맞은 것은?
① 할로젠화합물 소화약제는 효과가 좋다.
② 환원성물질로 소화한다.
③ 실내에는 사염화탄소가 좋다.
④ 유독성 가스의 발생 등에 대비하여 보호장구와 공기호흡기를 착용한다.

해설 제6류 위험물은 산화성액체로서 화재 시 유독가스 발생으로 인한 인체의 위해를 방지하기 위하여 보호장구와 공기호흡기를 착용한다. 답 ④

28. 소화난이도 등급 I에 해당하는 제조소의 연면적은?
① 1,000m² 이상
② 800m² 이상
③ 700m² 이상
④ 500m² 이상

해설 소화난이도 등급 I에 해당되는 제조소의 연면적은 1,000m² 이상일 것 답 ①

29. 화학포에 사용되는 기포안정제인 것은?
① 황산알루미늄
② 탄산수소나트륨
③ 사포닝
④ 탄산가스

해설 화학포의 기포안정제 : 단백질 분해물, 사포닝, 계면활성제 등 답 ③

30. 금속 칼륨(K)에 대한 초기의 소화제로서 적당한 것은?
① 물 ② 마른모래
③ CCl₄ ④ CO_2

해설 마른모래는 만능소화제로 제3류 위험물 금수성물질인 칼륨(K)의 화재에 유효하다.

답 ②

31. 다음은 황의 동소체를 나열한 것이다. 이들 중 이황화탄소(CS_2)에 녹는 것들로 바르게 짝지워 놓은 것은?

⊙ 사방황	ⓒ 단사황	ⓒ 고무상황

① ⊙, ⓒ ② ⊙, ⓒ
③ ⓒ, ⓒ ④ ⊙, ⓒ, ⓒ

해설 이황화탄소(CS_2)에 녹는 황 : 단사황, 사방황

답 ①

32. 아세트산에틸의 일반 성질 중에서 틀린 것은?
① 과일냄새를 가진 무색투명한 액체이다.
② 수용액 상태에서도 인화의 위험이 있다.
③ 물에 녹으며 수지, 유기물을 잘 녹인다.
④ 인화성 물질로서 인화점은 -30℃ 이하이다.

해설 아세트산에틸($CH_3COOC_2H_5$)은 제4류 위험물(인화성액체) 제1석유류로서 인화점은 -4℃이다.

답 ④

33. 다음 물질의 성질상 분진폭발 또는 연소의 위험이 없는 것은?
① 황 ② 알루미늄
③ 수산화칼슘 ④ 마그네슘

해설 $Ca(OH)_2$(수산화칼슘)은 불연성물질로 분진폭발하지 않는다.

답 ③

34. 다음 보기 항 중 질산염류 물질을 취급하는 과정에서 화재(혼촉발화)나 폭발 등의 위험성이 없는 것은?
① 황린을 섞은 경우 ② 마찰시키는 경우
③ 가열하는 경우 ④ 물에 용해시키는 경우

해설 질산염류는 제1류 위험물(산화성고체)인 강산화제로서 물에 잘 녹으며, 물과 반응하여 폭발 등의 위험성은 없다.

참고 제1류 위험물 중 무기과산화물은 물과 격렬히 반응하며, 산소(O_2) 가스를 발생한다.

답 ④

35. 염소산나트륨($NaClO_3$)의 성상에 관한 설명으로 올바른 것은?
① 황색의 결정이다.
② 비중은 1.0이다.
③ 환원력이 매우 강한 물질이다.
④ 물, 에터, 글리세린에 잘 녹으며 조해성이 강하다.

해설 염소산나트륨($NaClO_3$)은 제1류 위험물(산화성액체) 염소산염류로서 무색의 결정이며, 비중은 2.5(20℃)이고 산화력이 매우 강하다. 산과 반응하여 이산화염소(ClO_2)를 발생하고 물, 에터, 알코올에 잘 녹으며, 조해성이 있는 물질이다.

답 ④

36. 다음 위험물(법령상) 중 단독으로는 마찰 충격에 둔감하나 금속염으로 했을 때 폭발이 쉬운 것은?
① 피크린산
② 암모니아
③ 알루미늄
④ 톨루엔

해설 본문내용 : 피크린산(트라이나이트로페놀)의 성질

답 ①

37. 제3류 위험물의 일반적 성질로 옳은 것은?
① 황린을 제외하고 물에 대하여 위험한 반응을 초래하는 물질이다.
② 조연성 고체로서 비교적 낮은 온도에서 착화하기 쉬운 이연성(易燃性), 속연성(速燃性) 물질이다.
③ 모두 무기금속화합물이며, 대부분 무색의 결정이나 백색분말 상태의 고체이다.
④ 물에 대한 비중은 1보다 크며 조해성이 있다.

해설 제3류 위험물은 황린(P_4)을 제외하고 금수성물질, 자연발화성물질 모두 물과 격렬히 반응하는 물질로 되어 있다.

답 ①

38. 인화석회에 물을 가했을 때 발생하는 가스는?
① H_2
② C_2H_4
③ PH_3
④ O_2

해설 인화석회(Ca_3P_2)는 인화칼슘이라 하며, 제3류 위험물 금수성물질로서 물(H_2O)과 반응하면 발열하고 수산화칼슘($Ca(OH)_2$)과 가연성이며 유독성인 인화수소(PH_3)를 발생한다.
 • 인화칼슘(Ca_3P_2)과 물(H_2O)의 반응식
  Ca_3P_2 + $6H_2O$ → $3Ca(OH)_2$ + $2PH_3$↑
  (인화칼슘) (물)   (수산화칼슘) (인화수소·포스핀)

답 ③

39. 등유에 관해서 다음 중 틀린 것은?
① 물보다 가볍다.
② 착화온도 120℃이다.
③ 석유류분 중 비점이 약 150~300℃의 유분이다.
④ 증기는 공기보다 무겁다.

해설 제4류 위험물(인화성액체) 제2석유류 등유의 착화점 : 220℃ 전후

답 ②

40. 과염소산칼륨의 일반적인 성질에 대한 설명 중 틀린 것은?
① 강력한 산화제이다.
② 자신은 불연성물질이다.
③ 180℃에서 분해하기 시작하여 340℃에서 완전 분해한다.
④ 진한 황산에 접촉하면 폭발성가스를 생성하고, 튀는 듯이 폭발할 위험이 있다.

해설 과염소산칼륨($KClO_4$)은 제1류 위험물(산화성고체) 과염소산염류에 속하며, 400℃에서 분해하기 시작하여 610℃에서 완전 분해한다.

답 ③

41. 인화점 -10℃, 방향을 갖는 무색투명한 액체로, 아질산과 같이 있으면 폭발하며 제4류 위험물의 제1석유류와 같은 위험성이 생기는 위험물 품명은?
① 질산메틸
② 질산에틸
③ 트라이나이트로톨루엔
④ 트라이나이트로페놀

해설 본문내용 : 제5류 위험물(자기반응성물질) 질산에스터류인 질산에틸($C_2H_5ONO_2$)의 설명
참고 질산에틸의 인화점은 10℃이다.

답 ②

42. 다음 중 특수인화물에 해당하는 위험물은?
① 벤젠
② 피리딘
③ 다이에틸에터
④ 아세토니트릴

해설 벤젠(제1석유류), 피리딘(제1석유류), 다이에틸에터(특수인화물), 아세토니트릴(제1석유류)

답 ③

43. 다음 중 나이트로화합물에 속하는 것은?
① 나이트로벤젠
② 나이트로셀룰로오스
③ 질산에틸
④ 피크린산

해설 나이트로화합물은 제5류 위험물(자기반응성물질)의 품명이다.
참고 위험물의 유별 및 품명
- 나이트로벤젠(제4류 위험물 제3석유류)
- 나이트로셀룰로오스(제5류 위험물 질산에스터류)
- 질산에틸(제5류 위험물 질산에스터류)
- 피크린산(제5류 위험물 나이트로화합물)

답 ④

44. 제6류 위험물과 혼재할 수 있는 것은? (단, 지정수량의 5배의 경우임)
① 제1류 위험물
② 제2류 위험물
③ 제3류 위험물
④ 제4류 위험물

해설 제6류와 혼재할 수 있는 위험물은 제1류 위험물 한가지이다(지정수량의 1/10 이하는 적용하지 않는다).

답 ①

45. 열과 전기의 도체로 산과 알칼리에 녹아 수소를 발생하며, 은백색의 광택을 가지는 연한 금속은?
① Fe
② Cs
③ Al
④ Sb

해설 양쪽성원소인 알루미늄(Al)은 산, 염기(알칼리)와 반응하여 수소를 발생한다.

답 ③

46. 이황화탄소에 대한 설명 중 틀린 것은?
  ① 이황화탄소의 증기는 공기보다 무겁다.
  ② 수조(물탱크)에 저장한다.
  ③ 증기는 유독하며, 피부를 해치고 신경계통을 마비시킨다.
  ④ 인화점이 물의 비점과 같다

  해설 이황화탄소(CS_2)의 착화점이 물의 비점 100℃와 같다.

  답 ④

47. 벤조일퍼옥사이드의 취급상 주의해야 할 사항으로 틀린 것은?
  ① 가열, 마찰을 피해야 한다.
  ② 단독으로 가열해도 무방하다.
  ③ 다른 물질과 혼합을 피한다.
  ④ 바람이 잘 통하는 찬 곳에 저장한다.

  해설 벤조일퍼옥사이드(과산화벤조일)은 제5류 위험물 유기과산화물로, 단독으로도 가열하면 100℃에서 흰 연기를 내며 심하게 분해하고 착화되면 순식간에 연소하며 폭발적이다.

  답 ②

48. 적린의 연소 시 흰 연기의 성분은?
  ① H_3PO_4　　　　　　② SO_2
  ③ P_2O_5　　　　　　　④ H_2S

  해설 적린(P)은 제2류 위험물(가연성고체)이며, 연소 시 오산화인(P_2O_5)을 생성한다.

  참고 $4P + 5O_2 \rightarrow 2P_2O_5$
  　　　　(적린)　(산소)　(오산화인)

  답 ③

49. 다음은 과염소산나트륨에 대한 설명이다. 틀린 것은?
  ① 조해성이 없는 백색 결정이다.
  ② 에틸알코올, 아세톤에 녹는다.
  ③ 과염소산칼륨보다 용해도가 크다.
  ④ 일수염을 공기 중에서 가열하면 무수물이 생긴다.

  해설 과염소산나트륨($NaClO_4$)은 제1류 위험물(산화성고체) 과염소산염류로서 조해성이며, 가열하면 약 58℃에서 무수물이 생기고 200℃에서 결정수를 잃고 약 400℃ 이상에서 분해하여 산소를 방출한다.

  답 ①

50. 다음 중 인화칼슘(Ca_3P_2)의 성상으로 옳은 것은?
  ① 물과 작용하여 인화수소를 발생한다.
  ② 백색 괴상의 고체이다.
  ③ 물보다 약간 가볍다.
  ④ 인화성 액체이다.

  해설 인화칼슘(Ca_3P_2)은 제3류 위험물(금수성물질)이며, 물(H_2O)과 반응하여 인화수소(포스핀)를 발생한다.

  참고 $Ca_3P_2 + H_2O \rightarrow Ca(OH)_2 + PH_3 \uparrow$
  　　　(인화칼슘)　(물)　(수산화칼슘)　(인화수소·포스핀)

  답 ①

51. 휘발유의 일반적인 성질에서 틀린 것은?
① 주성분은 C_5H_{12}~C_9H_{20}의 알칸 또는 알켄이다.
② 특유한 냄새를 가지며 고무, 유지 등을 녹인다.
③ 물에는 거의 용해되지 않으며, 비전도성 물질이다.
④ 인화점은 -43℃~-20℃이고 발화점은 약 100℃ 이하이다.

해설 휘발유(가솔린)는 제4류 위험물(인화성액체) 제1석유류로서 착화점은 300℃이다.

답 ④

52. 다음은 동·식물유에 관한 설명이다. 관계가 가장 먼 것은?
① 아마인유는 건성유이므로 자연발화의 위험이 있다.
② 아이오딘가가 클수록 자연발화의 위험이 작다.
③ 아이오딘가가 130 이상인 것이 건성유이므로 저장할 때 주의를 요한다.
④ 동·식물유는 대체로 인화점이 220~230℃ 정도이므로 연소위험성 측면에서 제4석유류와 유사하다.

해설 아이오딘가가 큰 건성유(130 이상)는 종이, 헝겊 등에 스며 배어있을 때 산화열에 의하여 자연발화의 위험성을 갖는다.

답 ②

53. 적린의 성질에 대한 설명 중 틀린 것은?
① 물이나 에틸알코올에 녹지 않는다.
② 착화온도는 약 260℃ 정도이다.
③ 연소할 때 인화수소 가스가 발생한다.
④ 산화제가 섞여 있으면 마찰에 의해 착화하기 쉽다.

해설 제2류 위험물(가연성고체) 적린(P)이 연소되면 오산화인(P_2O_5)이 생성된다.
$4P + 5O_2 \rightarrow 2P_2O_5$
(적린) (산소) (오산화인)

답 ③

54. 다음은 아세톤의 성질에 관한 설명이다. 틀린 것은?
① 휘발성이 강하며 인화성이다.
② 물에 불용이므로 물속에 보관한다.
③ 아이오도폼 반응을 한다.
④ 무색의 액체로 특이한 냄새가 있다.

해설 아세톤(CH_3COCH_3)은 제4류 위험물(인화성액체) 제1석유류이며, 물에 잘 녹는 수용성이므로, 물속에 저장하지 않는다.

답 ②

55. 아세트알데하이드의 성질에 관한 설명 중 잘못된 것은?
① 물보다 가볍다.
② 증기의 냄새는 자극성이 없다.
③ 무색의 액체로 인화성이 강하다.
④ 물에 잘 녹고 유기물을 잘 녹인다.

해설 아세트알데하이드(CH_3CHO)는 제4류 위험물(인화성액체) 특수인화물이며, 과실과 같은 자극성 냄새를 갖는 무색 액체로 증기는 피부점막을 자극한다.

답 ②

56. 과산화수소(H_2O_2)의 성질에서 틀린 것은?
① H_2O_2는 무색 또는 엷은 파란색으로 특유의 냄새가 나는 액체이다.
② 유리용기에 장기간 보존하지 않는다.
③ 과산화수소는 석유, 벤젠에는 녹지 않는다.
④ 농도가 높아질수록 과산화수소는 안정하여 분해하기가 어렵다.

해설 과산화수소(H_2O_2)는 제6류 위험물(산화성액체)로서 농도가 높을수록 불안정하며, 분해하여 산소(O_2)를 발생한다.

답 ④

57. 제3류 위험물의 성질로서 적합한 것은?
① 산화력이 강하다.
② 물과 반응하여 화학적으로 활성화된다.
③ 전부 보호액 중에 보관해야 된다.
④ 전부 단체 금속이다.

해설 제3류 위험물은 황린(P_4)을 제외하고 물과 격렬히 반응하여 화학적으로 활성화된다.

답 ②

58. 제2류 위험물이 공통으로 요구되는 안전관리 사항이 아닌 것은?
① 산화제와의 접촉을 피해야 한다.
② 화기를 가까이 하거나 가열해서는 안 된다.
③ 냉암소에 저장해서는 안 된다.
④ 습기를 유의하고 용기는 밀봉해야 한다.

해설 제2류 위험물(가연성고체)은 냉암소에 저장하는 것이 바람직하다.

답 ③

59. 다음 반응 중 부동태가 형성되어 수소기체가 발생하지 않는 것은?
① $Al + con \cdot HNO_3$
② $Al + dil \cdot H_2SO_4$
③ $Mg + dil \cdot HCl$
④ $Al + NaOH(aq)$

해설 부동태란 농질산($con-HNO_3$)이 특정 금속(Al, Fe, Co, Ni 등)의 표면에 수산화물의 얇은 막을 만들어 다른 산으로부터 부식되지 않게 하는 것을 말한다.

참고
• con0(concentrate) : 농축된
• dil(dilute) : 묽은(희석된)

답 ①

60. 다음 중 나이트로 화합물은 어느 것인가?
① TNT
② 질산암모늄
③ 질산메틸
④ 셀룰로이드류

해설 TNT(트라이나이트로톨루엔)는 제5류 위험물 나이트로화합물에 속한다.

참고 위험물의 유별 및 품명
• 질산암모늄 : 제1류 위험물 질산염류
• 질산에틸 : 제5류 위험물 질산에스터류
• 셀룰로이드류 : 제5위험물 질산에스터류

답 ①

CBT 모의고사 19회
2021년 4월 18일 시행(대비문제)

1. 연소 시 고온체의 색상에 따라 온도를 구분할 때 다음 중 적색에 가장 가까운 온도는?
① 1,500℃　　　　　　② 250℃
③ 1,700℃　　　　　　④ 850℃

해설 고온체의 색깔과 온도
- 담암적색 : 522℃
- 암적색 : 700℃
- 적색 : 850℃
- 휘적색 : 950℃
- 황적색 : 1,100℃
- 백적색 : 1,300℃
- 휘백색 : 1,500℃

답 ④

2. 이동저장탱크는 그 내부에 4,000L 이하마다. 몇 mm 이상의 강철판 칸막이를 설치하여야 하는가?
① 3.2　　　　　　② 0.7
③ 2.4　　　　　　④ 1.2

해설 이동탱크 내부 칸막이의 강철판 두께 3.2mm 이상

답 ①

3. B급 화재에 해당하는 가연물은?
① 등유　　　　　　② 질산칼륨
③ 종이　　　　　　④ 나트륨

해설 등유는 제4류 위험물(인화성액체) 제2석유류로서 B급 화재(유류화재)에 해당된다.

답 ①

4. 다음 위험물의 화재 시 이산화탄소 소화약제를 사용할 수 없는 것은?
① 인화성 고체　　　　② 등유
③ 글리세린　　　　　　④ 마그네슘

해설 마그네슘(Mg)의 화재에 이산화탄소(CO_2)소화약제를 사용하면 폭발하므로 사용을 금한다.

답 ④

5. 제6류 위험물에 해당하지 않는 것은?
① 브로모트라이플루오로메탄　　② 비중이 1.5인 질산
③ 농도가 50wt%인 과산화수소　④ 과아이오딘산

해설 과아이오딘산은 제1류 위험물(산화성 고체) 중 그밖에 행정안정부령이 정하는 것에 해당된다.

답 ④

6. 위험물의 지정수량이 나머지 셋과 다른 하나는?
① 나이트로화합물
② 아조화합물
③ 질산에스터류
④ 하이드라진 유도체

해설 제5류 위험물의 지정수량
- 나이트로화합물 : 100kg
- 아조화합물 : 100kg
- 질산에스터류 : 10kg
- 하이드라진 유도체 : 100kg

답 ③

7. 1기압 20°C에서 액체인 미상의 위험물에 대하여 인화점과 발화점을 측정한 결과 인화점이 32.2°C, 발화점이 257°C로 측정되었다. 위험물안전관리법령상 이 위험물의 유별과 품명의 지정으로 다음 중 옳은 것은?
① 제4류 특수인화물
② 제4류 제1석유류
③ 제4류 제2석유류
④ 제4류 제3석유류

해설 제4류 위험물 석유류의 인화점 범위
- 제1석유류 : 1기압에서 인화점이 21°C 미만인 것
- 제2석유류 : 1기압에서 인화점이 21°C 이상 70°C 미만인 것
- 제3석유류 : 1기압에서 인화점이 70°C 이상 200°C 미만인 것
- 제4석유류 : 1기압에서 인화점이 200°C 이상 250°C 미만인 것

답 ③

8. 인화점이 낮은 것부터 높은 순으로 나열된 것은?
① 톨루엔 - 벤젠 - 아세톤
② 아세톤 - 톨루엔 - 벤젠
③ 톨우엔 - 아세톤 - 벤젠
④ 아세톤 - 벤젠 - 톨루엔

해설 제4류 위험물의 인화점
- 아세톤(CH_3COCH_3) : $-18°C$
- 벤젠(C_6H_6) : $-11°C$
- 톨루엔($C_6H_5CH_3$) : $4°C$

답 ④

9. 위험물안전관리법령상 제4류 위험물 운반 용기의 외부에 표시하여야 하는 주의사항을 모두 옳게 나타낸 것은?
① 화기엄금
② 가연물접촉주의
③ 화기주의 및 충격주의
④ 화기엄금 및 충격주의

해설 수납하는 위험물에 따라 다음의 규정에 의한 주의사항 표시
- 제1류 위험물 : 화기·충격주의, 가연물 접촉주의
  ① 알칼리금속의 과산화물 또는 이를 함유하는 것 : 화기·충격주의, 가연물 접촉주의, 물기엄금
- 제2류 위험물 : 화기주의
  ① 철분, 금속분, 마그네슘 또는 이를 함유하는 것 : 화기주의, 물기엄금
  ② 인화성고체 : 화기엄금
- 제3류 위험물
  ① 금수성물질 : 물기엄금
  ② 자연발화성물질 : 화기엄금, 공기접촉엄금
- 제4류 위험물 : 화기엄금
- 제5류 위험물 : 화기엄금, 충격주의
- 제6류 위험물 : 가연물 접촉주의

답 ①

10. 다음 중 운반 시 제4류 위험물과 혼재할 수 없는 위험물은? (단, 지정수량의 10배 위험물인 경우이다.)
① 제2류 위험물
② 제1류 위험물
③ 제3류 위험물
④ 제5류 위험물

 • 유별을 달리하는 위험물의 혼재기준
(암기법 : 사이삼, 오이사, 육하나)

위험물의 구분	제1류	제2류	제3류	제4류	제5류	제6류
제1류		×	×	×	×	○
제2류	×		×	○	○	×
제3류	×	×		○	×	×
제4류	×	○	○		○	×
제5류	×	○	×	○		×
제6류	○	×	×	×	×	

"×"표시는 혼재할 수 없음을 표시한다.
"○"표시는 혼재할 수 있음을 표시한다.
이 표는 지정수량의 $\frac{1}{10}$ 이하의 위험물에 대하여는 사용하지 아니한다.

답 ②

11. 다음 중 증기밀도가 가장 큰 것은?
① 목탄
② 에틸알코올
③ 다이에틸에터
④ 벤젠

증기밀도(g/L)는 분자량이 가장 큰 것이 크다.
• 위험물의 분자량
– 목탄(C)은 비위험물이며 고체이므로 증기밀도가 없다.
– 에틸알코올(C_2H_5OH) : 12×2+6+16=46
– 다이에틸에터($C_2H_5OC_2H_5$) : 12×4+10+16=74
– 벤젠(C_6H_6) : 12×6+6=78

답 ④

12. 위험물안전관리법령에서 정한 위험물의 유별·성질을 잘못 나타낸 것은?
① 제6류 : 가연성
② 제4류 : 인화성
③ 제1류 : 산화성
④ 제5류 : 자기반응성

위험물의 유별 성질

유 별	성 질
제1류 위험물	산화성 고체
제2류 위험물	가연성 고체
제3류 위험물	자연발화성 및 금수성물질
제4류 위험물	인화성 액체
제5류 위험물	자기반응성 물질
제6류 위험물	산화성 액체

답 ①

13. 이황화탄소를 화재예방상 물속에 저장하는 이유는?
① 공기와 접촉하면 즉시 폭발하기 때문에
② 불순물을 물에 용해시키기 위하여
③ 가연성 증기의 발생을 억제하기 위하여
④ 상온에서 수소가스를 발생시키기 때문에

해설 이황화탄소(CS_2)는 제4류 위험물(인화성액체) 특수인화물 중 물보다 무겁고 물에 녹지 않으며 액체 및 증기가 매우 유독하므로 가연성이며 유독성인 증기의 발생을 억제하기 위하여 물속에 넣어 저장한다.

답 ③

14. 제3류 위험물에 해당하는 것은?
① 황린   ② 적린
③ 황   ④ 삼황화인

해설 위험물의 류별
• 황린(P_4) : 제3류 위험물
• 적린(P), 황(S), 삼황화인(P_4S_3) : 제2류 위험물

답 ①

15. 석유류(또는 석탄류)가 연소할 때 발생하는 가스로 강한 자극적인 냄새가 나며 취급하는 장치를 부식시키는 것은?
① NH_3 ② CH_4
③ SO_2 ④ H_3

답 ③

16. 주수소화를 할 경우 물과 반응하여 독성가스를 발생할 위험이 있는 것은?
① 마그네슘   ② 인화알루미늄
③ 과산화수소   ④ 수소화리튬

해설 인화알루미늄(AlP)과 물(H_2O)이 반응하면 독성이며 가연성인 인화수소(PH_3)를 발생한다.
위험물과 물과의 반응식
• 마그네슘(Mg)과 물(H_2O)의 반응식.
  $Mg + 2H_2O \rightarrow Mg(OH)_2 + H_2 \uparrow$
  (마그네슘) (물) (수산화마그네슘) (수소)
• 인화알루미늄(AlP)과 물(H_2O)의 반응식
  $AlP + 3H_2O \rightarrow Al(OH)_3 + PH_3 \uparrow$
  (인화알루미늄) (물) (수산화알루미늄) (인화수소 · 포스핀)
• 수소화리튬(LiH)과 물(H_2O)의 반응식
  $LiH + H_2O \rightarrow LiOH + H_2 \uparrow$
  (수소화리튬) (물) (수산화리튬) (수소)

답 ②

17. 제3종 분말 소화약제의 열분해 반응식을 옳게 나타낸 것은?
① $2KNO_3 \rightarrow 2KNO_2 + O_2 \uparrow$
② $NH_4H_2PO_4 \rightarrow HPO_3 + NH_3 \uparrow + H_2O$
③ $CaHCO_3 \rightarrow CaO + H_2CO_3$
④ $KClO_4 \rightarrow KCl + 2O_2$

해설 • 제3종 분말소화약제($NH_4H_2PO_4$)의 열분해반응식

$$NH_4H_2PO_4 \xrightarrow{\Delta} HPO_3 + NH_3\uparrow + H_2O$$
(인산암모늄)　　(메타인산)(암모니아)　(물)

답 ②

18. 과산화벤조일의 지정수량은 얼마인가?
① 10kg
② 1,000L
③ 50kg
④ 50L

해설 과산화벤조일[$(C_6H_5CO)_2O_2$]은 제5류 위험물(자기반응성물질) 위험등급 Ⅰ인 유기과산화물에 속하므로 지정수량은 10kg이다.

답 ①

19. 휘발유에 대한 설명으로 옳은 것은?
① 용기는 따뜻한 곳에 환기가 잘 되게 보관한다.
② 연소범위는 15~75vol%이다.
③ 화재 소화 시 포소화약제에 의한 소화가 가능하다.
④ 전도성이므로 감전에 주의한다.

해설 휘발유와 같은 제4류 위험물(인화성액체)의 화재에는 공기 중의 산소의 농도를 낮추는 질식소화 방법인 포소화약제에 의한 소화가 적응성이 있다.

답 ③

20. 위험물안전관리법에서 사용하는 용어의 정의 중 틀린 것은?
① "제조소"라 함은 위험물을 제조할 목적으로 지정수량 이상의 위험물을 취급하기 위하여 규정에 따라 허가를 받은 장소이다.
② "제조소등"이라 함은 제조소 · 저장소 및 판매소를 말한다.
③ "지정수량"은 위험물의 종류별로 위험성을 고려하여 대통령령이 정하는 수량이다.
④ "저장소"라 함은 지정수량 이상의 위험물을 저장하기 위한 대통령령이 정하는 장소로서 허가를 받은 장소이다.

해설 "제조소등"이라 함은 제조소 저장소 및 취급소를 말한다.

답 ②

21. 위험물안전관리법령상 위험물제조소 표지 및 게시판에 대한 설명이다. 옳지 않은 것은?
① 제2류 위험물(인화성고체 제외)은 "화기엄금"의 게시판을 설치하여야 한다.
② 표지판의 바탕은 백색, 문자는 흑색으로 하여야 한다.
③ 표지는 한 변의 길이가 0.3m, 다른 한 변의 길이가 0.6m 이상인 직사각형으로 하여야 한다.
④ 취급하는 위험물에 따라 규정에 의한 주의사항을 표시한 게시판을 설치하여야 한다.

해설 제2류 위험물(인화성고체 제외)은 "화기주의"의 게시판을 설치하여야 한다.

답 ①

22. 착화점이 232°C에 가장 가까운 위험물은?
① 오황화인
② 적린
③ 황
④ 칠황화인

해설 본문의 위험물은 제2류 위험물(가연성고체) 황(S) 중 사방정계황이다.   답 ③

23. 다음 소화약제의 분해반응식을 완결시켜야 할 때 ( ) 안에 옳은 것은?

$$2NaHCO_3 \rightarrow Na_2O + H_2O + (\quad)$$

① $6CO_2$ ② $6NaOH$
③ $6CO$ ④ $2CO_2$

해설 • 850°C에서 탄산수소나트륨($NaHCO_3$)의 반응식

$$2NaHCO_3 \xrightarrow{\Delta} Na_2O + H_2O + 2CO_2\uparrow$$
(탄산수소나트륨) (산화나트륨) (물) (이산화탄소)   답 ④

24. 휘발유의 성질 및 취급 시의 주의사항에 관한 설명 중 틀린 것은?
① 정전기 발생에 주의하여야 한다.
② 강산화제 등과 혼촉 시 발화할 위험이 있다.
③ 증기가 체류하지 않도록 통풍을 잘 시킨다.
④ 증기는 높은 곳으로 배출한다.

해설 강산화제 등과 혼촉 시 발화할 위험이 있는 것은 환원성물질인 제2류 위험물(가연성고체) 이며 휘발유와는 반응하지 않는다.   답 ②

25. 다음 중 산화성 물질이 아닌 것은?
① 질산염류
② 마그네슘
③ 과염소산
④ 무기과산화물

해설 산화성 물질은 제1류 위험물(산화성고체), 제6류 위험물(산화성액체)을 말하며 마그네슘 (Mg)과 같은 제2류 위험물(가연성고체)은 환원성 물질에 해당한다.   답 ②

26. 정전기 발생의 예방법이 아닌 것은?
① 접지에 의한 방법
② 전기의 도체를 사용하는 방법
③ 공기 중의 상대습도를 낮추는 방법
④ 공기를 이온화시키는 방법

해설 공기 중의 상대습도는 높여야 정전기가 발생하지 않는다.   답 ③

27. 이동저장탱크에 알킬알루미늄을 저장하는 경우에 불활성 기체를 봉입하는데 이때의 압력은 몇 kPa 이하이어야 하는가?
① 40 ② 20
③ 10 ④ 30

해설 저장 시 봉입압력 : 20kPa 이하
꺼낼 때 봉입압력 : 200kPa 이하

답 ②

28. 위험물 제조소의 건축물 구조기준 중 연소의 우려가 있는 외벽은 출입구 외의 개구부가 없는 내화구조의 벽으로 하여야 한다. 이때 연소의 우려가 있는 외벽은 제조소가 설치된 부지의 경계선에서 몇 m 이내에 있는 외벽을 말하는가? (단, 단층 건물일 경우이다.)
① 4 ② 6
③ 3 ④ 5

해설 외벽과 부지의 경계선과 거리
• 단층 건물일 경우 : 3m 이내
• 2층 이상의 경우 : 5m 이내

답 ③

29. 위험물안전관리법령상 스프링클러설비가 제4류 위험물에 대하여 적응성을 갖는 경우는?
① 방사밀도(살수밀도)가 살수기준면적에 따른 기준 이상인 경우
② 지하층의 경우
③ 연기가 충만할 우려가 없는 경우
④ 수용성 위험물인 경우

해설 • 위험물안전관리법 시행규칙 [별표 17] 소화설비, 경보설비 및 피난설비의 기준 [비고](요약)
제4류 위험물을 저장 또는 취급하는 장소의 살수기준면적에 따라 스프링클러 설비의 살수밀도가 소화설비의 적응성에서 정하는 기준 이상인 경우에는 당해 스프링클러 설비가 제4류 위험물에 대하여 적응성이 있다.

답 ①

30. 분말소화약제와 함께 트윈 에이전트 시스템(twin agent system)으로 사용할 수 있는 포소화약제는?
① 합성계면활성제포 소화약제 ② 수성막포 소화약제
③ 단백포 소화약제 ④ 플루오린화단백포 소화약제

해설 해당 포소화약제는 수성막포 소화약제를 사용한다.

답 ②

31. 과산화칼륨과 과산화마그네슘이 염산과 각각 반응했을 때 공통으로 나오는 물질의 지정수량은?
① 50kg ② 100kg
③ 200kg ④ 300kg

해설 과산화수소(H_2O_2)는 제6류 위험물(산화성액체)이며 지정수량은 300kg이다.
• 과산화칼륨(K_2O_2)과 염산(HCl)과의 반응식
$$K_2O_2 + 2HCl \rightarrow 2KCl + H_2O_2$$
(과산화칼륨) (염산) (염화칼륨) (과산화수소)

- 과산화마그네슘(MgO$_2$)과 염산(HCl)과의 반응식

  MgO$_2$ + 2HCl → MgCl$_2$ + H$_2$O$_2$
  (과산화마그네슘) (염산) (염화마그네슘) (과산화수소)

답 ④

32. 적린의 성질 및 취급방법에 대한 설명으로 틀린 것은?

① 산화제와 격리하여 저장한다.
② 공기 중에 방치하면 자연발화한다.
③ 비금속 원소이다.
④ 화재발생 시 냉각소화가 가능하다.

해설 적린(P)은 제2류 위험물(가연성고체)인 환원제에 속하는 비금속의 원소이며 상온에서 안정된 물질로 화재 시 주수에 의한 냉각소화가 적응성이 있다.

답 ②

33. 제2종 분말소화약제의 화학식과 색상이 옳게 연결된 것은?

① 탄산수소나트륨(NaHCO$_3$) : 백색
② 탄산수소칼륨(KHCO$_3$) : 보라색
③ 제1인산암모늄(NH$_4$H$_2$PO$_4$) : 담홍색
④ 탄산수소칼륨(KHCO$_3$)+요소[(NH$_2$)$_2$CO] : 회색

해설
- 제1종분말소화기 : 탄산수소나트륨(NaHCO$_3$) 백색
- 제2종분말소화기 : 탄산수소칼륨(KHCO$_3$) 보라색
- 제3종분말소화기 : 제1인산암모늄(NH$_4$H$_2$PO$_4$) 담홍색
- 제4종분말소화기 : 탄산수소칼륨(KHCO$_3$)과 요소[(NH$_2$)$_2$CO] 회색

답 ②

34. 다음 중 황 분말과 혼합했을 때 가열 또는 충격에 의해서 폭발할 위험이 가장 높은 것은?

① 질산암모늄
② 물
③ 이산화탄소
④ 마른 모래

해설 황(S) 분말은 환원성 물질이며 산화성의 질산암모늄(NH$_4$NO$_3$)과 혼합하면 가열 및 마찰, 충격에 의하여 폭발한다.

답 ①

35. 다음 각 위험물의 지정수량의 총 합은 얼마인가?

알킬리튬, 리튬, 수소화나트륨, 인화칼슘, 탄화칼슘

① 820
② 1,269
③ 900
④ 960

해설 위험물의 지정수량
- 알킬리튬 : 10kg
- 리튬 : 50kg
- 수소화나트륨 : 300kg
- 인화칼슘 : 300kg
- 탄화칼슘 : 300kg
지정수량의 합=10kg+50kg+300kg+300kg+300kg=960kg

답 ④

36. 위험물안전관리법령상 탄산수소염류의 분말소화기가 적응성을 갖는 위험물이 아닌 것은?
① 과염소산 ② 철분
③ 톨루엔 ④ 아세톤

해설 과염소산(HClO$_4$)은 제6류 위험물(산화성액체)이며 소화약제는 인산염류 분말소화약제가 적응성이 있다.

참고 탄산수소염류의 분말소화기는 제2류(가연성고체) 마그네슘, 철분, 금속분 및 인화성고체의 소화와 제4류 위험물(인화성액체)의 소화에 적응성이 있다.

답 ①

37. 다음과 같은 반응에서 5m^{3}의 탄산가스를 만들기 위해 필요한 탄산수소나트륨의 양은 약 몇 kg인가? (단, 표준상태이고 나트륨의 원자량은 23이다.)

$$2NaHCO_3 \xrightarrow{\triangle} Na_2CO_3 + CO_2\uparrow + H_2O$$

① 75 ② 56.25
③ 18.76 ④ 37.5

해설 $PV = \dfrac{WRT}{M}$ 에서 $W = \dfrac{PVM}{RT}$

탄산가스 1몰을 만들기 위해 탄산수소나트륨 2몰이 필요하므로 탄산수소나트륨의 양은 2를 곱하여 구한다.

$W = \dfrac{PVM}{RT} \times 2 = \dfrac{1 \times 5 \times 84}{0.082 \times 273} \times 2 = 37.523$ 약 37.5kg

답 ④

38. 비스코스레이온 원료로서 비중이 약 1.3, 인화점이 약 -30℃이고 연소 시 유독한 이산화황을 발생시키는 위험물은?
① 황린 ② 테레핀유
③ 이황화탄소 ④ 장뇌유

해설 본문의 위험물은 제4류 위험물(인화성액체) 특수인화물 이황화탄소(CS$_2$)이다.

답 ③

39. 위험물에 대한 소화방법 중 질식소화 방법이 있다. 이때 사용 방법에 대한 설명으로 틀린 것은?
① 모래 저장 시 주변에 삽, 양동이 등 부속기구를 상비하여야 한다.
② 모래는 약간 젖은 모래가 좋다.
③ 모래는 취급의 편리 상 포대에 담아둔다.
④ 모래는 가연물을 함유하지 말아야 한다.

해설 소화약제로 사용되는 마른 모래에는 수분이 함유되면 안 된다.

답 ②

40. 제4류 위험물의 옥외저장탱크에 대기밸브부착통기관을 설치할 때 몇 kPa 이하의 압력 차이로 작동하여야 하는가?
① 5kPa 이하 ② 10kPa 이하
③ 20kPa 이하 ④ 15kPa 이하

해설 작동압력 : 5kPa 이하

답 ①

41. 위험물안전관리법령상 옥내 주유취급소의 소화난이도 등급은? (단, 주유 또는 그에 부대하는 업무를 위하여 사용되는 건축물 또는 시설의 총면적의 합은 400m²이다.)
① Ⅲ ② Ⅳ
③ Ⅱ ④ Ⅰ′

해설 주유취급소로서 면적의 합이 500m²를 초과하는 것이 소화난이도 등급 Ⅰ이므로 면적이 400m²인 경우 소화난이도 등급 Ⅱ에 해당된다.

답 ③

42. 다음 중 화학적 소화에 해당하는 것은?
① 질식소화 ② 억제소화
③ 제거소화 ④ 냉각소화

해설 억제소화제인 할로젠화합물 소화약제는 부촉매효과로 소화하는 화학적 소화방법에 해당한다.

답 ②

43. 물과 접촉하면 발열하면서 산소를 방출하는 것은?
① 염소산칼륨 ② 염소산암모늄
③ 과산화칼륨 ④ 과망가니즈산칼륨

해설 과산화칼륨(K_2O_2)는 제1류 위험물 알칼리 금속의 과산화물로 물과 격렬히 반응하여 산소(O_2)를 방출한다.

답 ③

44. 가연성고체에 해당하는 물품으로서 위험등급 Ⅱ에 해당하는 것은?
① Mg, $(CH_3CHO)_4$ ② NaH, Zn
③ P_4S_3, P ④ S, AlP

해설 제2류 위험물(가연성고체) 황화인 중 삼황화인(P_4S_3)과 적린(P)은 위험등급 Ⅱ에 해당된다.

참고 위험물의 위험등급
- Mg(마그네슘) : 제2류 위험물(Ⅲ)
- $(CH_3CHO)_4$(메타알데하이드) : 비위험물
- NaH(수소화나트륨) : 제3류 위험물(Ⅲ)
- Zn(아연) : 제2류 위험물(Ⅲ)
- S(황) : 제2류 위험물(Ⅱ)
- AlP(인화알루미늄) : 제3류 위험물(Ⅲ)

답 ③

45. 다음은 위험물을 저장하는 탱크의 공간용적의 산정기준이다. ( ) 안에 알맞은 수치로 옳은 것은?

암반탱크에 있어서는 당해 탱크 내에 용출하는 ( )일간의 지하수의 양에 상당하는 용적과 당해 탱크의 내용적의 ( )의 용적 중에서 보다 큰 용적을 공간용적으로 한다.

① 10, 1/100 ② 10, 5/100
③ 7, 1/100 ④ 7, 5/100

해설 암반탱크저장소의 공간용적 : 7일 간의 지하수의 양 또는 내용적의 1/100 중 큰 용적

답 ③

46. 제조소등의 소화설비 설치 시 소요단위 산정에 관한 내용으로 다음 (   ) 안에 알맞은 수치를 차례대로 나열한 것은?

> 제조소 또는 취급소의 건축물은 외벽이 내화구조인 것은 연면적 (   )m²를 1소요단 위로 하며, 외벽이 내화구조가 아닌 것은 연면적 (   )m²를 1소요단위로 한다.

① 100, 50
② 150, 100
③ 150, 50
④ 200, 100

해설 소요단위의 계산방법(1단위)
- 제조소 또는 취급소용 건축물로 외벽이 내화구조인 것 : 연면적 100m²
- 제조소 또는 취급소용 건축물로 외벽이 내화구조 이외인 것 : 연면적 50m²
- 저장소용 건축물로 외벽이 내화구조인 것 : 연면적 150m²
- 저장소용 건축물로 외벽이 내화구조 이외인 것 : 연면적 75m²
- 위험물 : 지정수량 10배
- ※ 제조소등의 옥외에 설치된 공작물은 외벽이 내화구조인 것으로 간주하고 최대수평투영 면적을 연면적으로 간주한다.

답 ①

47. 위험물안전관리법령상 운송책임자의 감독·지원을 받아 운송하여야 하는 위험물은?
① 알킬리튬
② 가솔린
③ 과산화수소
④ 경유

해설 해당 위험물의 종류
- 알킬알루미늄
- 알킬리튬
- 알킬알루미늄과 알킬리튬을 함유한 위험물

답 ①

48. 유기과산화물에 대한 설명으로 옳은 것은?
① 제1류 위험물이다.
② 산화제 또는 환원제와 같이 보관하여 화재에 대비한다.
③ 지정수량은 10kg이다.
④ 화재발생시 질식소화가 가장 효과적이다.

해설 유기과산화물은 제5류 위험물(자기반응성물질) 중 지정수량 10kg인 위험등급 Ⅰ에 해당한다.

참고 제5류 위험물의 소화방법은 다량의 주수에 의한 냉각소화가 적응성이 있다.

답 ③

49. 탄화칼슘의 취급방법에 대한 설명으로 옳은 것은?
① 습기와 작용하여 다량의 메테인을 발생하고 저장 중에 메테인가스의 발생유무를 조사한다.
② 저장용기에 질소가스 등 불활성 가스를 충전하여 저장한다.
③ 건조한 장소에 밀봉·밀전하여 보관한다.
④ 물, 습기와의 접촉을 피한다.

해설 탄화칼슘(CaC_2)은 제3류 위험물 금수성물질이므로 취급 시 물, 습기와의 접촉을 피하여야 한다.

답 ④

50. 위험물안전관리법령상 제4류 위험물과 제6류 위험물에 모두 적응성이 있는 소화설비는?
① 할로젠화합물 소화설비
② 불활성가스 소화설비
③ 인산염류 분말소화설비
④ 탄산수소염류 분말소화설비

해설 제4류 위험물(인화성액체)의 소화에는 탄산수소염류 및 인산염류 분말소화설비 모두 적응성이 있으며 제6류 위험물(산화성액체)의 소화에 적응성이 있는 분말소화설비는 인산염류 분말소화설비 한 가지만 해당된다.

답 ③

51. 염소산칼륨의 성질에 대한 설명으로 옳은 것은?
① 강력한 산화제이다.
② 열분해하면 수소를 발생한다.
③ 가연성 고체이다.
④ 물보다 가볍다.

해설 염소산칼륨($KClO_3$)은 제1류 위험물(산화성고체) 염소산염류에 해당하는 불연성이며 산소를 다량 함유한 강산화제이다.

답 ①

52. 제3종 분말소화약제의 소화효과로 거리가 먼 것은?
① 부촉매효과
② 냉각효과
③ 질식효과
④ 제거효과

해설 제3종 분말소화약제($NH_4H_2PO_4$)로 가연물을 제거시키지 못한다.
참고 제3종 분말소화약제($NH_4H_2PO_4$)의 소화효과는 질식효과, 냉각효과, 부촉매효과를 갖는다.

답 ④

53. 다음 중 위험물 제조소등에 설치하는 경보설비에 해당하는 것은?
① 확성장치
② 피난사다리
③ 완강기
④ 구조대

해설 제조소등에 설치하는 경보설비의 종류
자동 화재탐지설비, 비상경보설비, 확성장치 또는 비상방송설비

답 ①

54. 위험물제조소등에 설치하는 옥외소화전설비의 기준에서 옥외소화전함은 옥외소화전으로부터 보행거리 몇 m 이하의 장소에 설치하여야 하는지?
① 7.5
② 10
③ 5
④ 1.5

해설 옥외소화전함은 옥외소화전으로부터 보행거리 5m 이하의 장소에 설치한다.

답 ③

55. 제6류 위험물 성질로 알맞은 것은?
① 산화성액체
② 산화성고체
③ 자연발화성물질
④ 금수성물질

해설 위험물의 성질 및 류별 분류
- 산화성고체 : 제1류 위험물
- 가연성고체 : 제2류 위험물
- 자연발화성물질, 금수성물질 : 제3류 위험물
- 인화성고체 : 제4류 위험물
- 자기반응성물질 : 제5류 위험물
- 산화성액체 : 제6류 위험물

답 ①

56. 위험물안전관리법령상 소화설비의 기준에서 불활성가스소화설비가 적응성이 있는 대상물은?
① 철분
② 알칼리금속의 과산화물
③ 제3류 위험물의 금수성물질
④ 제4류 위험물

해설 불활성가스소화설비는 제4류 위험물(인화성액체)의 화재에 적응성이 있다.

답 ④

57. 위험물안전관리법령상 알코올류에 해당하는 것은?
① 에틸렌글리콜[$C_2H_4(OH)_2$]
② 에틸알코올(C_2H_5OH)
③ 알릴알코올(CH_2CHCH_2OH)
④ 뷰틸알코올(C_4H_9OH)

해설 C_2H_5OH(에틸알코올)은 탄소수가 2개인 포화 1가 알코올이므로 위험물안전관리법상 제4류 위험물(인화성액체) 중 알코올류에 속한다.

참고 알코올류라 함은 1분자를 구성하는 탄소원자의 수가 1개부터 3개까지인 포화1가 알코올(변성알코올을 포함한다.)

답 ②

58. 아염소산염류의 운반 용기 중 적응성이 있는 내장 용기의 종류와 최대 용적이나 중량을 옳게 나타낸 것은? (단, 외장 용기의 종류는 나무상자 또는 플라스틱 상자이고, 외장 용기의 최대 중량은 125kg으로 한다.)
① 금속제 용기 : 20L
② 종이 포대 : 55kg
③ 플라스틱 필름 포대 : 60kg
④ 유리 용기 : 10L

해설 운반 용기의 최대용적 또는 중량(별표 19 관련)
1. 고체위험물

운반 용기				수납 위험물의 종류
내장 용기		외장 용기		제1류
용기의 종류	최대용적 또는 중량	용기의 종류	최대용적 또는 중량	I
유리 용기 또는 플라스틱 용기	10ℓ	나무상자 또는 플라스틱 상자	125kg	○
금속제 용기	30ℓ	나무상자 또는 플라스틱 상자	125kg	○
플라스틱필름 포대 또는 종이 포대	125kg	나무상자 또는 플라스틱 상자	125kg	

답 ④

59. 정기점검 대상 제조소등에 해당하지 않는 것은?

① 지정수량 120배의 위험물을 저장하는 옥외저장소
② 이동탱크저장소
③ 지정수량 120배의 위험물을 저장하는 옥내저장소
④ 지하탱크저장소

해설 정기점검 대상인 제조소등
- 예방규정(화재예방규정)을 정하여야 하는 제조소등
- 지하탱크저장소
- 이동탱크저장소
- 위험물을 취급하는 탱크로서 지하에 매설된 탱크가 있는 제조소·주유취급소 또는 일반취급소

참고 예방규정을 정하여야 하는 제조소등
- 지정수량의 10배 이상의 위험물을 취급하는 제조소, 일반취급소
- 지정수량의 100배 이상의 위험물을 저장하는 옥외저장소
- 지정수량의 150배 이상의 위험물을 저장하는 옥내저장소
- 지정수량의 200배 이상의 위험물을 저장하는 옥외탱크저장소
- 암반탱크저장소
- 이송취급소

답 ③

60. 위험물안전관리법령에 의한 안전교육에 대한 설명으로 옳은 것은?

① 탱크시험자의 업무에 대한 강습교육을 받으면 탱크시험자의 기술인력이 될 수 있다.
② 안전관리자, 탱크시험자의 기술인력 및 위험물 운송자는 안전교육을 받을 의무가 없다.
③ 소방서장은 교육대상자가 교육을 받지 아니한 때에는 그 자격을 정지하거나 취소할 수 있다.
④ 제조소등의 관계인은 교육대상자에 대하여 안전교육을 받게 할 의무가 있다.

해설 탱크시험자의 기술인력은 국가기술 자격을 가진 자이어야 하며, 위험물 관련 자격자는 안전교육을 받을 의무가 있으며 그 교육대상자가 교육을 받을 때까지 이 법의 규정에 따라 그 자격으로 행하는 행위를 제한할 수 있다.

답 ④

CBT 모의고사 20회
2021년 6월 28일 시행(대비문제)

1. 다음 중 연소에 필요한 산소의 공급원을 단절하는 것은?
① 억제작용
② 제거작용
③ 희석작용
④ 질식작용

해설 질식소화의 질식작용은 연소에 필요한 산소의 공급원을 차단(단절)하는 소화방법이다.

답 ④

2. 20℃의 물 100kg이 100℃ 수증기로 증발하면 약 몇 kcal의 열량을 흡수할 수 있는가?
① 62,000
② 108,000
③ 540
④ 7,800

해설
- $Q(총열량)=Q_1+Q_2=8,000+53,900=61,900$kcal
  ∴ 약 62,000kcal
  $Q_1=Cm\varDelta t$에서 $Q_1=1\times100\times(100-20)=8,000$kcal
  $Q_2=mr$에서 $Q_2=100\times539=53,900$kcal

답 ①

3. 위험물의 자연발화를 방지하는 방법으로 가장 거리가 먼 것은?
① 저장실의 온도를 낮출 것
② 습도가 높은 곳에 저장할 것
③ 통풍을 잘 시킬 것
④ 정촉매 작용을 하는 물질과의 접촉을 피할 것

해설 자연발화를 방지하기 위해서는 습도가 높은 곳을 피하여 저장하여야 한다.

참고 자연발화 방지방법
- 습도가 높은 것을 피할 것
- 저장실의 온도를 낮출 것
- 퇴적 및 수납 시 열이 쌓이지 않게 할 것
- 통풍을 잘 시킬 것
- 정촉매 작용을 하는 물질과의 접촉을 피할 것

답 ②

4. 가연성 물질과 주된 연소 형태의 연결이 틀린 것은?
① 셀룰로이드, TNT – 자기연소
② 황, 알코올 – 증발연소
③ 종이, 섬유 – 분해연소
④ 목재, 석탄 – 표면연소

해설 연소의 형태 중 목재와 석탄은 분해연소한다.

답 ④

5. 포소화약제의 주된 소화효과는?
① 자기소화
② 질식소화
③ 제거소화
④ 희석소화

해설 포소화약제는 화재 면을 거품으로 덮어 공기 중의 산소의 공급을 차단하는 질식소화효과로 화재를 진압한다.

답 ②

6. Halon 1001의 화학식에서 수소원자의 수는?
① 2
② 0
③ 3
④ 1

해설 Halon 1001의 화학식 : CH_3Br(브로민화메탄)
수소(H)의 수 : 3개이다.

답 ③

7. 폭발의 종류에 따른 물질이 잘못 짝지어진 것은?
① 분진폭발 – 금속분, 밀가루
② 산화폭발 – 하이드라진, 과산화수소
③ 중합폭발 – 사이안화수소, 염화비닐
④ 분해폭발 – 아세틸렌, 산화에틸렌

해설 과산화수소(H_2O_2)는 통상적으로 폭발은 불가능하나 오염된 경우 분해폭발의 위험이 있다.

답 ②

8. 위험물의 품명이 질산염류에 속하지 않는 것은?
① 질산칼륨
② 질산메틸
③ 질산암모늄
④ 질산나트륨

해설 위험물의 류별 및 품명
- 질산칼륨(KNO_3) : 제1류 질산염류
- 질산메틸(CH_3ONO_2) : 제5류 질산에스터류
- 질산암모늄(NH_4NO_3) : 제1류 질산염류
- 질산나트륨($NaNO_3$) : 제1류 질산염류

답 ②

9. 경유에 대한 설명으로 틀린 것은?
① 비중은 1 이하이다.
② 발화점이 인화점보다 높다.
③ 물에 녹지 않는다.
④ 인화점은 상온 이하이다.

해설 경유는 제4류 위험물(인화성액체) 제2석유류이며 인화점이 50~70℃인 포화불포화탄화수소의 혼합물이므로 인화점은 상온(20℃±5℃) 이상이다.

답 ④

10. 탄산수소나트륨 6몰이 황산알루미늄 1몰과 물 18몰과 반응할 때 생성되는 이산화탄소의 부피는 표준상태에서 몇 L인가?
① 44.8
② 134.4
③ 89.6
④ 22.4

해설 표준상태(0℃, 1atm)에서 모든 기체 1mol의 체적 : 22.4L/mol
반응 중 이산화탄소(CO_2)는 6mol 생성되므로
6mol×22.4L/mol=134.4L

참고 • 화학포의 화학반응식
$6NaHCO_3 + Al_2(SO_4)_3 \cdot 18H_2O \rightarrow 3Na_2SO_4 + 2Al(OH)_3 + 6CO_2\uparrow + 18H_2O$
(탄산수소나트륨)　(황산알루미늄)　　　(황산나트륨)　(수산화알루미늄)　(이산화탄소)　　(물)

답 ②

11. 위험물제조소에 옥외소화전이 5개가 설치되어 있다. 이 경우 확보하여야 하는 수원의 법정 최소량은 몇 m^3인가?
① 35   ② 54
③ 67.5   ④ 28

해설 $13.5m^3/개 \times 4개 = 54m^3$
옥외소화전 1개의 수원의 량 $13.5m^3$에 옥외소화전의 개수가 4개 이상인 경우 4개를 곱하여 구한다.

답 ②

12. 저팽창포 또는 고팽창포로도 사용이 가능한 포소화약제는?
① 합성계면활성제포 소화약제   ② 플루오린화단백포 소화약제
③ 수성막포 소화약제   ④ 단백포 소화약제

해설 해당 포소화약제 : 합성계면활성제포 소화약제

답 ①

13. 다음 중 질식소화 효과를 주로 이용하는 소화기는?
① 강화액 소화기   ② 포소화기
③ 할로젠화합물 소화기   ④ 수(물)소화기

해설 • 포소화기는 거품으로 연소물을 덮어 공기 중의 산소공급을 차단하는 질식소화 효과를 갖는다.

참고 소화기의 소화효과
• 강화액 소화기 : 냉각소화 효과
• 할로젠화합물 소화기 : 억제소화 효과
• 수(물)소화기 : 냉각소화 효과

답 ②

14. 물에 탄산칼륨을 보강시킨 강화액 소화약제에 대한 설명으로 틀린 것은?
① 일반적으로 강산성을 나타낸다.   ② 물보다 점성이 있는 수용액이다.
③ 물보다 비중이 큰 수용액이다.   ④ 응고점은 약 -30℃ ~ -26℃이다.

해설 강화액 소화기는 pH12의 수용액이므로 일반적으로 강알칼리성을 나타낸다.

답 ①

15. 제5류 위험물에 해당하지 않는 것은?
① 염산하이드라진   ② 나이트로벤젠
③ 나이트로셀룰로오스   ④ 나이트로글리세린

해설 위험물의 류별 및 품명
• 염산하이드라진($N_2H_4 \cdot HCl$) : 제5류 하이드라진 유도체
• 나이트로벤젠($C_6H_5NO_2$) : 제4류 제3석유류
• 나이트로셀룰로오스$[C_6H_7O_2(ONO_2)_3]n$: 제5류 질산에스터류
• 나이트로글리세린$[C_3H_5(ONO_2)_3]$: 제5류 질산에스터류

답 ②

16. 다음 중 제6류 위험물에 해당하는 것은?
① IF_3 ② H_2O
③ $HClO_3$ ④ NO_3

해설 IF₃(트라이플로오로아이오딘)는 할로젠간 화합물로 그 밖에 행정안전부령이 정하는 제6류 위험물이다.

답 ①

17. 위험물안전관리법령상 제조소등에 설치하여야 하는 옥내소화전의 개폐밸브 및 호스 접속구는 바닥면으로부터 몇 m 이하의 높이에 설치하여야 하는가?
① 1.8　　　　　　　　　　② 1.5
③ 1　　　　　　　　　　　④ 0.5

해설 해당 높이 : 1.5m 이하

답 ②

18. 아세톤의 성질에 관한 설명으로 옳은 것은?
① 비중은 1.02
② 물에 불용이고, 에터에 잘 녹는다.
③ 증기 자체는 무해하나, 피부에 닿으면 탈지작용이 있다.
④ 인화점이 0℃보다 낮다.

해설 아세톤(CH_3COCH_3)은 제4류 위험물(인화성액체) 제1석유류로 인화점이 -18℃로 0℃보다 낮다.

답 ④

19. 제2류 위험물에 대한 설명 중 틀린 것은?
① 칠황화인은 뜨거운 물에 분해되어 이산화황을 발생한다.
② 삼황화인은 가연성 물질이다.
③ 오황화인은 CS_2에 녹는다.
④ 황은 물에 녹지 않는다.

해설 칠황화인(P_2S_5)은 온수와 반응하여 황화수소(H_2S)를 발생한다.
 • 칠황화인(P_2S_5)과 온수와의 반응
　　$P_4S_7 + 13H_2O \rightarrow 7H_2S\uparrow + H_3PO_4 + 3H_3PO_3$
　　(칠황화인)　(물)　(황화수소)　(인산)　(아인산)

답 ①

20. [보기]에서 설명하는 물질은 무엇인가?

[보기]
 • 살균제 및 소독제로도 사용된다.
 • 분해할 때 발생하는 발생기산소 [O]는 난분해성 유기물질을 산화시킬 수 있다.

① $HClO_4$　　　　　　② CH_3OH
③ H_2O_2　　　　　　　④ H_2SO_4

해설 보기에서 정하는 물질은 제6류 위험물(산화성액체)인 과산화수소(H_2O_2)이다.

답 ③

21. 위험물안전관리법령에서 정한 제5류 위험물 이동저장탱크의 외부 도장색상은?
① 청색　　　　　　　　　② 회색
③ 황색　　　　　　　　　④ 적색

해설 이동저장탱크의 외부도장

유 별	도장의 색상	비 고
제1류	회 색	탱크의 앞면과 뒷면을 제외한 면적의 40% 이내의 면적은 다른 유별의 색상 외의 색상으로 도장하는 것이 가능하다.
제2류	적 색	
제3류	청 색	
제4류	도장의 색상 제한이 없으나 적색을 권장한다.	
제5류	황 색	
제6류	청 색	

답 ③

22. 간이소화제인 마른 모래의 보관법으로 옳지 않은 것은?
① 능력단위를 고려하여 보관할 것
② 충분한 습기를 함유할 것
③ 가연물이 함유되어 있지 않을 것
④ 부속기구로 삽 등을 비치할 것

해설 마른 모래(건조사)는 항상 건조한 상태로 보관하여야 한다.

답 ②

23. 다음 중 산화성액체 위험물의 화재예방상 가장 주의해야 할 점은?
① 공기와의 접촉을 피한다.
② 0℃ 이하로 냉각시킨다.
③ 금속용기에 저장한다.
④ 가연물과의 접촉을 피한다.

해설 제6류 위험물인 산화성액체는 산소를 다량 함유한 불연성물질이며 가연물과 접촉하여 발화할 수 있으므로 가연물과 접촉을 피하여 저장하여야 한다.

답 ④

24. 금속나트륨, 금속칼륨 등을 보호액 속에 저장하는 이유를 가장 옳게 설명한 것은?
① 운반 시 충격을 적게 하기 위하여
② 온도를 낮추기 위하여
③ 공기와의 접촉을 막기 위하여
④ 승화하는 것을 막기 위하여

해설 제3류 위험물 금수성 물질인 금속나트륨(Na), 금속칼륨(K)은 공기 중의 습기와 반응하여 연소하므로 석유등 보호액 속에 넣어 공기와의 접촉을 차단시켜 저장한다.

답 ③

25. 제조소등의 소화설비의 기준에 대한 설명으로 옳은 것은?
① 제조소의 경우 외벽이 내화구조인 것은 연면적 $100m^2$를 1소요 단위로 한다.
② 제조소등에 전기설비가 설치된 경우 면적 $50m^2$ 마다 소형수동소화기를 1개 이상 설치한다.
③ 저장소의 경우 외벽이 내화구조인 것은 연면적 $200m^2$를 1소요단위로 한다.
④ 소화설비의 소화능력의 기준단위를 소요단위라 한다.

해설 소요단위의 계산방법(1단위)
- 제조소 또는 취급소용 건축물로 외벽이 내화구조인 것 : 연면적 $100m^2$
- 제조소 또는 취급소용 건축물로 외벽이 내화구조 이외인 것 : 연면적 $50m^2$
- 저장소용 건축물로 외벽이 내화구조인 것 : 연면적 $150m^2$
- 저장소용 건축물로 외벽이 내화구조 이외인 것 : 연면적 $75m^2$
- 위험물 : 지정수량 10배

참고
- 제조소등에 전기설비가 설치된 경우 면적 100m² 마다 소형수동소화기를 1개 이상 설치한다.
- 소화설비의 소화능력의 기준단위를 능력단위라 한다.

답 ①

26. 위험물안전관리법령상 옥내탱크저장소의 기준에서 옥내저장탱크 상호 간에는 몇 m 이상의 간격을 유지하여야 하는가?
① 0.7 ② 1.0
③ 0.5 ④ 0.3

해설 옥내저장탱크 상호 간의 거리 : 0.5m 이상

답 ③

27. 다음 그림은 옥외저장탱크와 방유제를 나타낸 것이다. 탱크의 지름이 10m이고 높이가 15m라고 할 때 방유제는 탱크의 옆 판으로부터 몇 m 이상의 거리를 유지하여야 하는가? (단, 인화점 200℃ 미만의 위험물을 저장한다.)

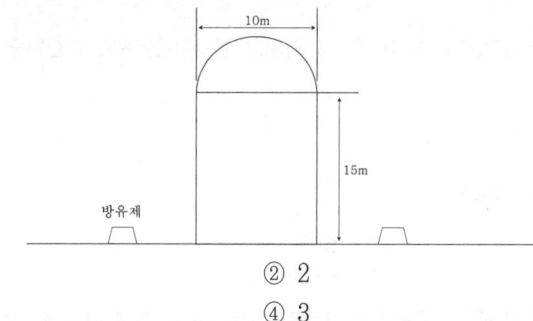

① 4 ② 2
③ 5 ④ 3

해설 탱크의 지름이 15m 미만이므로 탱크 높이의 $\frac{1}{3}$을 곱한 값이 탱크 옆 판으로부터 방유제와의 거리이다.

$15m \times \frac{1}{3} = 5m$ 이상 거리를 둔다.

참고 탱크의 지름이 15m 이상인 경우에는 $\frac{1}{2}$을 곱하여 구한다.

답 ③

28. 나이트로셀룰로오스의 저장·취급방법으로 틀린 것은?
① 직사광선을 피해 저장한다.
② 유기과산화물류, 강산화제와의 접촉을 피한다.
③ 되도록 장기간 보관하여 안정화된 후에 사용한다.
④ 건조 상태에 이르면 위험하므로 습한 상태를 유지한다.

해설 나이트로셀룰로오스[$C_6H_7O_2(ONO_2)_3$]n는 장기간 보관한다 하여 안정화되지 않는다.

답 ③

29. 제2류 위험물이 아닌 것은?
① 적린 ② 철분
③ 마그네슘 ④ 황린

해설 황린(P_4)은 제3류 위험물 자연발화성물질이다.

답 ④

30. 위험물안전관리법령상 소화설비의 설치기준으로 틀린 것은?

① 소요단위는 소화설비의 설치대상이 되는 건축물 그 밖의 공작물의 규모 또는 위험물의 양의 기준단위이다.
② 능력단위는 소요단위에 대응하는 소화설비의 소화능력의 기준단위이다.
③ 취급소의 외벽이 내화구조인 건축물의 연면적 $50m^2$를 1소요단위로 한다.
④ 저장소의 외벽이 내화구조인 건축물의 연면적 $150m^2$를 1소요단위로 한다.

해설 취급소의 외벽이 내화구조인 건축물의 연면적 $100m^2$를 1소요단위로 한다.
참고 문제 25번 해설을 참조

답 ③

31. 분자량이 약 169인 백색의 정방정계 분말로서 알칼리토금속의 과산화물 중 매우 안정한 물질이며 테르밋 반응에 사용되는 제1류 위험물은?

① 과산화칼륨
② 과산화바륨
③ 과산화마그네슘
④ 과산화나트륨

해설 과산화바륨(BaO_2)의 분자량은 169이며 제1류 위험물 알칼리토금속의 과산화물 중 매우 안정한 물질이다.
참고 바륨(Ba)의 원자량 : 137

답 ②

32. 다음 중 증기밀도가 가장 큰 것은?

① 에틸알코올
② 벤젠
③ 다이에틸에터
④ 옥테인

해설 표준상태(0℃, 1atm)에서 증기밀도는 물질 1g분자량(1mol)을 22.4L로 나눈 값으로 분자량이 가장 큰 것이 증기밀도가 가장 큰 것이다.
제4류 위험물의 1g분자량
- 에틸알코올(C_2H_5OH) : $12×2+6+16=46g$
- 벤젠(C_6H_6) : $12×6+6=78g$
- 다이에틸에터($C_2H_5OC_2H_5$) : $12×4+10+16=74g$
- 옥테인(C_8H_{18}) : $12×8+18=114g$

답 ④

33. 위험물안전관리법령상 옥내저장소에서 기계에 의하여 하역하는 구조로 된 용기만을 겹쳐 쌓아 위험물을 저장하는 경우 그 높이는 몇 m를 초과하지 않아야 하는가?

① 8
② 4
③ 6
④ 2

해설 옥내저장소에서 위험물의 저장 높이(규정 높이를 초과하여 용기를 겹쳐 쌓지 아니할 것)
- 기계에 의하여 하역하는 구조로 된 용기만을 겹쳐 쌓는 경우 : 6m
- 제4류 위험물 중 제3석유류, 제4석유류 및 동식물유류를 수납하는 용기만 겹쳐 쌓는 경우 : 4m
- 그 밖의 경우 : 3m

답 ③

34. 이동탱크저장소에 의한 위험물의 운송에 있어서 운송책임자의 감독 또는 지원을 받아야 하는 위험물은?

① 아세트알데하이드
② 알킬알루미늄
③ 하이드록실아민
④ 금속분

해설 운송책임자의 감독·지원을 받아 운송하여야 하는 위험물
- 알킬알루미늄
- 알킬리튬
- 알킬알루미늄과 알킬리튬을 함유한 위험물

답 ②

35. 과산화나트륨에 대한 설명으로 틀린 것은?
① 조해성 물질이다.
② 비중이 약 2.8이다.
③ 에틸알코올에 잘 녹아서 산소와 수소를 발생시킨다.
④ 상온에서 물과 격렬하게 반응한다.

해설 과산화나트륨(Na_2O_2)은 에틸알코올(C_2H_5OH) 등 알코올에 녹지 않는다.

답 ③

36. 위험물 탱크의 용량은 탱크의 내용적에서 공간용적을 뺀 용적으로 한다. 이 경우 소화약제 방출구를 탱크 안의 윗부분에 설치하는 탱크의 공간용적은 당해 소화설비의 소화약제방출구 아래의 어느 범위의 면으로부터 윗부분의 용적으로 하는가?
① 0.5m 이상 1m 사이의 면
② 0.5m 이상 1.5m 미만 사이의 면
③ 0.3m 이상 1m 미만 사이의 면
④ 0.1m 이상 0.5m 미만 사이의 면

해설 소화약제방출구 아래 0.3m 이상 1m 미만 사이의 면으로부터 윗부분의 용적을 공간용적으로 한다.

답 ③

37. 위험물안전관리법령상 제2류 위험물의 위험등급에 대한 설명으로 옳은 것은?
① 제2류 위험물 중 황화인, 적린, 황 등 지정수량이 100kg인 품명은 위험등급 Ⅰ에 해당한다.
② 제2류 위험물은 위험등급Ⅰ에 해당되는 품명이 없다.
③ 제2류 위험물 중 지정수량이 1,000kg인 인화성고체는 위험등급 Ⅱ에 해당한다.
④ 제2류 위험물 중 위험등급 Ⅲ에 해당되는 품명은 지정수량이 500kg인 품명만 해당된다.

해설 제2류 위험물(가연성고체)은 위험등급Ⅰ에 해당되는 품명이 없다.

참고 • 제2류 위험물의 위험등급 및 품명과 지정수량

성질	위험등급	품명	지정수량
가연성고체	Ⅱ	황화인	100kg
	Ⅱ	적린	100kg
	Ⅱ	황	100kg
	Ⅲ	마그네슘	500kg
	Ⅲ	철분	500kg
	Ⅲ	금속분	500kg
	Ⅲ	인화성고체	1,000kg

답 ②

38. 탄화알루미늄을 저장하는 저장고에 스프링클러 소화설비를 설치할 수 없는 이유는?

① 물과 반응 시 수소가스를 발생하기 때문에
② 물과 반응 시 메테인가스를 발생하기 때문에
③ 물과 반응 시 프로페인가스를 발생하기 때문에
④ 물과 반응 시 에테인가스를 발생하기 때문에

해설 제3류 위험물 금수성물질인 탄화알루미늄(Al_4C_3)은 물(H_2O)과 반응 시 메테인(CH_4)을 발생한다.

참고 • 탄화알루미늄(Al_4C_3)과 물(H_2O)의 반응식

$$Al_4C_3 + 12H_2O \rightarrow 4Al(OH)_3 + 3CH_4\uparrow$$
(탄화알루미늄)　(물)　　(수산화알루미늄)　(메테인)

답 ②

39. 위험물안전관리법령상 제3류 위험물 중 금수성물질에 적응성이 있는 소화설비는?

① 불활성가스소화설비
② 할로젠화합물소화설비
③ 포소화설비
④ 탄산수소염류 등 분말소화설비

해설 탄산수소염류 등 분말소화설비는 제3류 위험물 중 금수성물질 및 금속화재에 적응성이 있는 소화설비이다.

답 ④

40. 메틸알코올의 위험성에 대한 설명으로 틀린 것은?

① 연소 범위는 에틸알코올보다 넓다.
② 겨울에는 인화의 위험이 여름보다 작다.
③ 증기밀도는 휘발유보다 크다.
④ 독성이 있다.

해설 증기밀도는 분자량이 큰 물질이 증기밀도가 크므로 휘발유의 분자량을 옥테인으로 할 경우 휘발유의 분자량은 메틸알코올보다 매우 크다.

• 메틸알코올(CH_3OH)의 1g 분자량 : $12+4+16=32g/mol$
• 휘발유를 옥테인(C_8H_{18})으로 할 경우 옥테인의 1g분자량 : $12\times8+18=114g/mol$

답 ③

41. 위험물을 운반 용기에 수납하여 적재할 때 일광의 직사를 피하기 위하여 차광성 있는 피복으로 가려야 하는 위험물은?

① 아세트산
② 이황화탄소
③ 에틸알코올
④ 아세톤

해설 제4류 위험물(인화성액체) 중 차광성 덮개를 하여야 하는 위험물은 특수인화물에 한한다.
제4류 위험물의 품명
• 아세트산(CH_3COOH) : 제2석유류
• 이황화탄소(CS_2) : 특수인화물
• 에틸알코올(C_2H_5OH) : 알코올류
• 아세톤(CH_3COCH_3) : 제1석유류

답 ②

42. 위험물안전관리법령상 제조소등에 대한 긴급 사용정지 명령 등을 할 수 있는 권한이 없는 자는?

① 소방청장
② 소방서장
③ 소방본부장
④ 시·도지사

해설 시·도지사, 소방본부장 또는 소방서장은 공공의 안전을 유지하거나 재해의 발생을 방지하기 위하여 긴급한 필요가 있다고 인정하는 때에는 제조소등의 관계인에 대하여 당해 제조소등의 사용을 일시정지하거나 그 사용을 제한할 것을 명할 수 있다.

답 ①

43. 제3류 위험물에 해당하지 않는 것은?

① 칼륨
② 황린
③ 알칼리금속
④ 황화인

해설 위험물의 류별
- 칼륨(K) : 제3류
- 황린(P_4) : 제3류
- 알칼리금속[리튬(Li)]등 : 제3류
- 황화인[삼황화인(P_4S_3)]등 : 제2류

답 ④

44. 황린에 대한 설명으로 옳은 것은?

① 공기 중에서 안정한 물질이다.
② 물, 이황화탄소, 벤젠에 잘 녹는다.
③ 담황색 또는 백색의 액체로 일광에 노출하면 색이 짙어지면서 적린으로 변한다.
④ KOH 수용액과 반응하여 유독한 포스핀가스가 발생한다.

해설 황린(P_4)은 KOH(수산화칼륨) 수용액과 반응하여 유독한 포스핀(PH_3)가스가 발생한다.
- 황린(P_4)이 수산화칼륨(KOH) 수용액에서 반응식

참고 $P_4 + 3KOH + 3H_2O \rightarrow 3KH_2PO_2 + PH_3 \uparrow$
(황린) (수산화칼륨) (물) (차아인산칼륨) (인화수소·포스핀)

답 ④

45. 위험물안전관리법령상 제5류 위험물의 공통된 취급방법으로 옳지 않은 것은?

① 저장 시 과열, 충격, 마찰을 피한다.
② 용기의 파손 및 균열에 주의한다.
③ 불티, 불꽃, 고온체와의 접근을 피한다.
④ 운반 용기 외부에 주의사항으로 "화기주의" 및 "물기엄금"을 표기한다.

해설 제5류 위험물(자기반응성물질)의 운반 용기 외부에 주의사항으로 "화기엄금" 및 "충격주의"을 표기한다.

참고 운반 용기에 수납하는 위험물에 따라 다음의 규정에 의한 주의사항 표시
① 제1류 위험물 : 화기·충격주의, 가연물 접촉주의
- 알칼리금속의 과산화물 또는 이를 함유하는 것 : 화기·충격주의, 가연물 접촉주의, 물기엄금
② 제2류 위험물 : 화기주의
- 철분, 금속분, 마그네슘 또는 이를 함유하는 것 : 화기주의, 물기엄금
- 인화성고체 : 화기엄금

③ 제3류 위험물
  • 금수성물질 : 물기엄금
  • 자연발화성물질 : 화기엄금, 공기접촉엄금
④ 제4류 위험물 : 화기엄금
⑤ 제5류 위험물 : 화기엄금, 충격주의
⑥ 제6류 위험물 : 가연물 접촉주의

답 ④

46. 휘발유에 대한 설명으로 옳지 않은 것은?
① 발화점은 -43℃~-20℃ 정도이다.
② 지정수량은 200L이다.
③ 원유의 성질·상태·처리방법에 따라 탄화수소의 혼합비율이 다르다.
④ 제1석유류에 해당한다.

해설 휘발유는 제4류 위험물(인화성액체) 제1석유류이며 발화점은 약 300℃, 인화점이 -43℃ ~ -20℃ 정도이다.

답 ①

47. 과염소산의 저장창고에서 화재가 발생했을 때 조치 방법으로 적합하지 않은 것은?
① 마른 모래로 소화한다.
② 물과 반응하여 발열하므로 주의한다.
③ 인산염류 분말로 소화한다.
④ 환원성 물질로 중화한다.

해설 제6류 위험물(산화성액체)인 과염소산($HClO_4$) 저장창고 화재에 환원성물질을 사용하면 화재를 더욱 확대시키므로 사용하면 안 된다.

답 ④

48. 제5류 위험물의 화재예방과 진압 대책으로 옳지 않은 것은?
① 이산화탄소소화기와 할로젠화합물소화기는 모두 적응성이 없다.
② 서로 1m 이상의 간격을 두고 유별로 정리한 경우라도 제3류 위험물과는 동일한 옥내 저장소에 저장할 수 없다.
③ 운반 용기의 외부에는 주의사항으로 "화기엄금"만 표시하면 된다.
④ 위험물제조소의 주의사항 게시판에는 주의사항으로 "화기엄금"만 표기하면 된다.

해설 운반 용기의 외부에는 주의사항으로 "화기엄금" 및 "충격주의"를 표시하여야 한다.

답 ③

49. 1기압 20℃에서 액상이며 인화점이 200℃ 이상인 물질은?
① 글리세린   ② 톨루엔
③ 실린더유   ④ 벤젠

해설 • 실린더유는 인화점이 200℃ 이상인 제4석유류이다.

참고 기어유, 실린더유 그 밖에 1기압 20℃에서 액상이며 인화점이 200℃ 이상 200℃ 미만인 물질은 제4류 위험물(인화성액체) 중 제4석유류이다.

답 ③

50. 위험물의 품명 · 수량 또는 지정수량 배수의 변경신고에 대한 설명으로 옳은 것은?

① 허가청과 협의하여 설치한 군용위험물시설의 경우에도 적용된다.
② 위험물의 품명 · 수량 및 지정수량의 배수를 모두 변경할 때에는 신고를 할 수 없고 허가를 신청하여야 한다.
③ 위험물의 품명이나 수량의 변경을 위해 제조소등의 위치 · 구조 또는 설비를 변경하는 경우에 신고한다.
④ 변경신고는 변경한 날로부터 7일 이내에 완공검사필증(합격증)을 첨부하여 신고하여야 한다.

해설
- 허가청과 협의하여 설치한 군용위험물시설의 경우에는 신고의무는 없음
- 위험물의 품명 · 수량 및 지정수량의 배수를 모두 변경할 때에는 신고사항이다.
- 변경신고는 변경한 날로부터 1일 이내에 완공검사필증(합격증)을 첨부하여 신고하여야 한다.

답 ①

51. 위험물 제조소등의 소화설비의 기준에 관한 설명으로 옳은 것은?

① 제조소등 중에서 소화난이도 등급 Ⅰ,Ⅱ 또는 Ⅲ 의 어느 것에도 해당하지 않는 것도 있다.
② 제4류 위험물을 저장 · 취급하는 제조소등에도 스프링클러 소화설비가 적응성이 인정되는 경우가 있으며 이는 수원의 수량을 기준으로 판단한다.
③ 옥외탱크저장소의 소화난이도 등급을 판단하는 기준 중 탱크의 높이는 기초를 제외한 탱크 측판의 높이를 말한다.
④ 제조소의 소화난이도 등급을 판단하는 기준 중 면적에 관한 기준은 건축물 외에 설치된 것에 대해서는 수평투영면적을 기준으로 한다.

해설
- 옥내탱크 및 옥외탱크저장소에서 고인화점 위험물만을 100℃ 미만의 온도로 저장하는 것 및 제6류 위험물만을 저장하는 경우에는 소화난이도 등급 Ⅰ,Ⅱ 또는 Ⅲ의 어느 것에도 해당하지 않는다.

참고
- 제4류 위험물을 저장 또는 취급하는 장소의 살수기준면적에 따라 스프링클러 설비의 방사밀도 이상일 경우 스프링클러설비를 설치할 수 있다.
- 옥외탱크저장소의 소화난이도 등급을 판단하는 기준 중 탱크의 높이는 지반면으로부터 탱크 옆 판의 상단까지 높이를 말한다.
- 제조소의 소화난이도 등급을 판단하는 기준 중 면적에 관한 기준은 연면적을 기준으로 한다.

답 ①

52. 강화액소화기에 대한 설명으로 틀린 것은?

① 어는점이 낮아서 동절기에도 사용이 가능하다.
② A급 화재에 적응성이 있다.
③ 물의 표면장력을 강화시킨 것으로 심부화재에는 부적합하다.
④ 알칼리 금속염류가 포함된 수용액이다.

해설 강화액소화기는 물의 빙점을 -35℃ ~ -25℃로 낮추기 위하여 물에 알칼리 금속염류인 탄산칼륨(K_2CO_3)을 넣은 포화용액을 소화약제로 사용하는 것으로 물의 표면장력과는 무관하다.

답 ③

53. 위험물안전관리법령상 알킬알루미늄 운반용기의 수납율에 관한 기준으로 옳은 것은?

① 내용적의 95% 이하
② 내용적의 85% 이하
③ 내용적의 98% 이하
④ 내용적의 90% 이하

해설 알킬알루미늄 운반용기의 수납율은 용기 내용적의 90% 이하(50℃에서 5% 이상의 공간용적을 유지할 것)이다.

답 ④

54. 다음 중 위험물과 그 보호액이 잘못 짝지어진 것은?

① 칼륨 - 에탄올
② 이황화탄소 - 물
③ 황린 - 물
④ 나트륨 - 파라핀

해설 제3류 위험물 금수성물질인 칼륨(K)은 제4류 위험물 에탄올(C_2H_5OH)과 급격히 반응하며 폭발적으로 연소한다.

참고 • 칼륨(K)과 에탄올(C_2H_5OH)의 화학반응식
$$2K + 2C_2H_5OH \rightarrow 2C_2H_5OK + H_2\uparrow$$
(칼륨)　(에탄올)　　(칼륨에틸레이트)　(수소)

답 ①

55. 셀룰로이드에 관한 설명 중 틀린 것은?

① 장시간 방치된 것은 햇빛, 고온 등에 의해 분해가 촉진된다.
② 지정수량은 10kg이다.
③ 물에 잘 녹으며, 자연발화의 위험이 있다.
④ 탄력성이 있는 고체의 형태이다.

해설 셀룰로이드는 나이트로셀룰로오스를 주제로 한 물질로 물에 녹지 않는다.

답 ③

56. 벤젠에 대한 설명으로 옳은 것은?

① 휘발성이 강한 액체이다.
② 증기의 비중은 1.5이다.
③ 물에 매우 잘 녹는다.
④ 순수한 것의 융점은 30℃이다.

해설 벤젠(C_6H_6)은 제4류 위험물(인화성액체) 제1석유류로 휘발성이 강한 비수용성의 액체이다.

참고 벤젠(C_6H_6)의 증기비중 = $\dfrac{12 \times 6 + 6}{29}$ = 2.689

∴ 약 2.69

답 ①

57. 그림과 같은 타원형 위험물 탱크의 내용적을 구하는 식을 옳게 나타낸 것은?

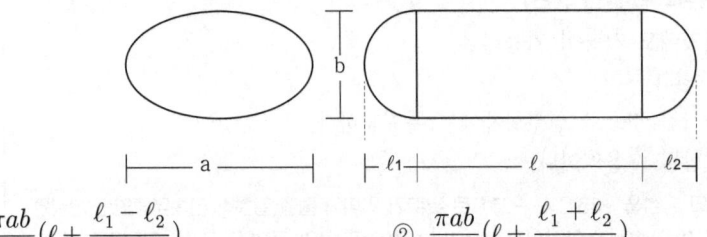

① $\dfrac{\pi ab}{4}(\ell + \dfrac{\ell_1 - \ell_2}{3})$
② $\dfrac{\pi ab}{4}(\ell + \dfrac{\ell_1 + \ell_2}{3})$
③ $\pi ab\ell^2$
④ $\pi ab(\ell + \dfrac{\ell_1 + \ell_2}{3})$

답 ②

58. 다음의 위험물 중에서 위험물 운송자로 하여금 위험물 안전카드를 휴대하게 하여야 하는 제4류 위험물은?
① 금속의 수소화물
② 아세트알데하이드
③ 마그네슘
④ 알킬리튬

해설 아세트알데하이드(CH_3CHO)는 특수인화물이다.

참고 위험물 운송자로 하여금 위험물 안전카드를 휴대하게 하는 제4류 위험물
1. 특수인화물
2. 제1석유류

답 ②

59. 위험물안전관리법령상 운반 시 혼재할 수 없는 위험물은? (단, 위험물은 지정수량의 1/10을 초과하는 경우이다.)
① 칼륨과 특수인화물
② 질산염류와 질산
③ 적린과 황린
④ 유기과산화물과 황

해설 제2류 위험물인 적린(P)과 제3류 위험물인 황린(P_4)은 혼위험물안전관리법령상 혼재하여 운반할 수 없다.

참고 유별을 달리하는 위험물의 혼재기준
(암기법 : 사이삼, 오이사, 육하나)

위험물의 구분	제1류	제2류	제3류	제4류	제5류	제6류
제1류		×	×	×	×	○
제2류	×		×	○	○	×
제3류	×	×		○	×	×
제4류	×	○	○		○	×
제5류	×	○	×	○		×
제6류	○	×	×	×	×	

"×" 표시는 혼재할 수 없음을 표시한다.
"○" 표시는 혼재할 수 있음을 표시한다.

답 ③

60. 위험물의 위험등급이 나머지 셋과 다른 것은?
① 아염소산염류
② 질산에스터류
③ 알칼리토금속
④ 제6류 위험물

해설 위험물의 류별 및 위험등급
- 아염소산염류 : 제1류 Ⅰ
- 질산에스터류 : 제1류 Ⅰ
- 알칼리토금속 : 제3류 Ⅱ
- 제6류 위험물 : 제1류 Ⅰ

답 ③

CBT 모의고사 21회
2021년 10월 3일 시행(대비문제)

1. 다음 중 증발연소를 하는 물질이 아닌 것은?
① 파라핀
② 나프탈렌
③ 석탄
④ 황

해설 석탄은 분해연소한다.
참고 고체상태인 파라핀, 나프탈렌, 황은 가열하면 액체가 되고 더욱 가열하면 액체 표면에서 증기를 발생하여 점화원에 의하여 증발연소한다.

답 ③

2. 가연물이 될 수 있는 조건이 아닌 것은?
① 산소와 친화력이 좋아야 한다.
② 열전달이 잘 되는 물질이어야 한다.
③ 산화반응 시 발열량이 커야 한다.
④ 반응에 필요한 에너지가 작아야 한다.

해설 가연물이 될 수 있는 물질은 열전달이 잘 안 되는(열전도율이 작은) 물질이어야 열의 축적에 의하여 분해 연소하기 쉽다.

답 ②

3. 산화열에 의해 자연발화 하는 물질은?
① 셀룰로이드
② 건성유
③ 목탄
④ 시멘트

해설 자연발화의 종류
- 셀룰로이드 : 분해열에 의한 발열
- 건성유 : 산화열에 의한 발열
- 목탄 : 흡착열에 의한 발열
- 시멘트 : 불연성 물질

답 ②

4. 다음 소화제 중 수용성 액체의 화재 시 가장 적합한 것은?
① 단백포 소화약제
② 알코올형포 소화약제
③ 수성막포 소화약제
④ 합성계면활성제포 소화약제

해설 수용성 액체의 화재에는 특수포인 알코올포 소화약제를 사용하여야 거품이 터지지 않고 산소공급을 차단할 수 있다.
참고 알코올포 이외의 포소화약제는 수용성 액체의 화재에 사용하면 거품이 터지므로 소화효과를 볼 수 없다.

답 ②

5. 위험물안전관리법령상 제3류 위험물 중 금수성물질에 적응할 수 있는 소화설비는?
① 탄산수소염류 분말소화설비
② 할로젠화합물소화설비
③ 포소화설비
④ 불활성가스소화설비

해설 제3류 위험물 중 금수성물질에 적용할 수 있는 소화설비는 탄산수소염류 분말소화설비 및 마른 모래, 팽창질석 및 팽창진주암을 사용한다.

답 ①

6. 위험물안전관리법령상 제4류 위험물과 제6류 위험물에 모두 적응성이 있는 소화설비는?
① 할로젠화합물 소화설비
② 인산염류 분말소화설비
③ 불활성가스 소화설비
④ 탄산수소염류 분말소화설비

해설 인산염류($NH_4H_2PO_4$) 분말소화설비는 제4류 위험물(인화성액체)과 제6류 위험물(산화성액체)에 모두 적응성이 있다.

참고 할로젠화합물 소화설비, 불활성가스 소화설비, 탄산수소염류 분말소화설비는 제4류 위험물(인화성액체)에는 적응성이 있으나 제6류 위험물(산화성액체)과는 화학 반응하므로 적응성이 없다.

답 ②

7. 제3종 분말소화약제의 주성분에 해당하는 것은?
① 탄산수소나트륨
② 제1인산암모늄
③ 탄산수소칼륨과 질산칼륨의 반응생성물
④ 탄산수소칼륨

해설 분말소화약제의 종별명칭과 화학식
- 제1종 분말 : 탄산수소나트륨($NaHCO_3$)
- 제2종 분말 : 탄산수소칼륨($KHCO_3$)
- 제3종 분말 : 제1인산암모늄($NH_4H_2PO_4$)
- 제4종 분말 : 탄산수소칼륨($KHCO_3$)과 요소$[(NH_2)_2CO]$의 반응물

참고 탄산수소칼륨($KHCO_3$)과 질산칼륨(KNO_3)의 반응생성물은 분말소화약제에 해당되지 않는다.

답 ②

8. 열분해할 때 부착성이 좋은 메타인산을 만들 수 있는 소화약제의 주성분에 해당하는 것은?
① 제1인산암모늄
② 탄산수소나트륨
③ 탄산수소칼륨
④ 황산알루미늄

해설 제3종 분말인 제1인산암모늄이 열분해하면 화재 면에 부착성이 좋은 메타인산을 발생한다.

참고 • 제3종 분말소화약제($NH_4H_2PO_4$)의 열분해반응식

$$NH_4H_2PO_4 \xrightarrow{\Delta} HPO_3 + NH_3 + H_2O$$
(제1인산암모늄)　(메타인산)　(암모니아)　(물)

답 ①

9. 액화 이산화탄소 1kg이 방출되었다. 방출된 기체상의 이산화탄소의 부피는 25℃, 2atm에서 약 몇 L 인가?
① 340
② 308
③ 278
④ 237

해설 $PV = \dfrac{WRT}{M}$ 에서 $V = \dfrac{WRT}{PM}$ 에서

이산화탄소의 체적(V) = $\dfrac{1,000 \times 0.082 \times (25+273)}{2 \times 44}$ = 277.681 ≒ 278L

V(이산화탄소의 체적) : ?L
P(압력) : 2atm
M(이산화탄소의 1g 분자량) : 44g/mol
W(산소의 질량) : 1kg=1,000g
R(기체상수) : 0.082atm · L/mol · k
T(절대온도) : (25℃+273)k

답 ③

10. 다음 중 Halon 번호가 잘못 짝지어진 것은?
① CF_2ClBr – Halon 1211
② CH_3I – Halon 10001
③ CH_3Br – Halon 101
④ CCl_4 – Halon 104

해설 CH_3Br(브로민화메탄)의 Halon 번호 : 1001이다.

참고 Halon 번호는 C F Cl Br I의 개수를 순서대로 표시한 것임. 단, 수소(H)의 개수는 표시하지 않는다.

답 ③

11. 탄산수소칼륨과 요소의 반응생성물로 된 것은 제 몇 종 분말소화약제인가?
① 제1종
② 제2종
③ 제3종
④ 제4종

해설 제4종 분말소화약제는 탄산수소칼륨($KHCO_3$)과 요소[$(NH_2)_2CO$]의 반응생성물이다.

참고 종별 분말소화약제의 성분
 • 제1종 분말소화기[탄산수소나트륨($NaHCO_3$)]
 • 제2종 분말소화기[탄산수소칼륨($KHCO_3$)]
 • 제3종분말소화기 : [제1인산암모늄($NH_4H_2PO_4$)]

답 ④

12. 다음 중 위험물제조소등에 설치하는 경보설비에 해당하는 것은?
① 피난사다리
② 완강기
③ 구조대
④ 확성장치

해설 위험물제조소등에 설치하는 경보설비
 • 자동화재 탐지설비 및 자동화재 속보설비
 • 비상경보설비
 • 비상방송설비
 • 확성장치

참고 피난사다리, 완강기, 구조대는 피난설비에 해당된다.

답 ④

13. 옥내에서 지정수량 100배 이상을 취급하는 일반취급소에 설치하여야 하는 경보설비는? (단, 고인화점 위험물만을 취급하는 경우는 제외한다.)
① 비상방송설비
② 비상경보설비
③ 비상벨설비 및 확성장치
④ 자동화재탐지설비

해설 위험물안전관리법 시행규칙 [별표 17] 1호의 표(요약)
• 자동화재탐지설비를 설치하여야 할 곳

제조소등의 구분	제조소등의 규모, 저장 또는 취급하는 위험물의 종류 및 최대수량 등
제조소 · 일반취급소	• 연면적 500m² 이상인 곳 • 옥내에서 지정수량의 100배 이상을 취급하는 것(고인화점 위험물만을 100℃ 미만의 온도에서 자동화재 취급하는 것을 제외한다.)
옥내저장소	• 처마높이 6m 이상인 단층건물
옥내탱크저장소	단층 건축물 외의 건축물에 설치된 옥내탱크저장소로서 소화난이도 등급 Ⅰ에 해당하는 것
주유취급소	옥내주유취급소

답 ④

14. 위험물안전관리법령상 자동 화재탐지설비를 설치하지 않고 비상경보설비로 대신할 수 있는 것은?
① 일반취급소로서 연면적 600m²인 것
② 지정수량 20배를 저장하는 옥내저장소로서 처마 높이가 8m인 단층 건물
③ 단층 건물 외에 건축물에 설치된 지정수량 15배의 옥내탱크저장소로서 소화난이도등급 Ⅱ에 속하는 것
④ 지정수량 20배를 저장 취급하는 옥내주유취급소

해설 단층 건물 외에 건축물에 설치된 옥내탱크저장소로서 소화난이도 등급 Ⅱ에 속하는 것에는 비상경보설비를 설치하여도 된다.

참고 위험물안전관리법 시행규칙 [별표 17] 1호의 표(요약)
• 자동화재탐지설비를 설치하여야 할 곳

제조소등의 구분	제조소등의 규모, 저장 또는 취급하는 위험물의 종류 및 최대수량 등
제조소 · 일반취급소	• 연면적 500m² 이상인 곳 • 옥내에서 지정수량의 100배 이상을 취급하는 것(고인화점 위험물만을 100℃ 미만의 온도에서 자동화재취급하는 것을 제외한다.)
옥내저장소	• 처마높이 6m 이상인 단층건물
옥내탱크저장소	단층 건축물 외의 건축물에 설치된 옥내탱크저장소로서 소화난이도 등급 Ⅰ에 해당하는 것
주유취급소	옥내주유취급소

답 ③

15. 과산화수소가 이산화망가니즈 촉매 하에서 분해가 촉진될 때 발생하는 가스는?
① 질소   ② 아세틸렌
③ 수소   ④ 산소

 과산화수소(H_2O_2)는 산소(O)를 많이 함유한 제6류 위험물(산화성액체)이며 분해하면 산소(O_2)를 발생하며 정촉매인 이산화망가니즈(MnO_2)를 첨가 가열하면 빠른 속도로 산소(O_2)를 발생한다.

참고 • 과산화수소(H_2O_2)와 이산화망가니즈(MnO_2) 정촉매와 반응식

$$2H_2O_2 \xrightarrow[\Delta]{MnO_2} 2H_2O + O_2\uparrow$$
(과산화수소)　　　　(물)　(산소)

달 ④

16. 과산화바륨과 물이 반응하였을 때 발생하는 것은?
① 수성가스　　② 탄산가스
③ 수소　　　　④ 산소

해설 과산화바륨(BaO_2)은 제1류 위험물(산화성고체) 중 알칼리토금속의 과산화물로 물(H_2O)과 반응하면 산소(O_2)를 발생한다.

참고 • 과산화바륨(BaO_2)과 물(H_2O)과의 반응식

$$2BaO_2 + 2H_2O \rightarrow 2Ba(OH)_2 + O_2\uparrow$$
(과산화바륨)　(물)　　(수산화바륨)　(산소)

달 ④

17. 다음 위험물 중 인화점이 가장 낮은 것은?
① 클로로벤젠　　　② 아세톤
③ 다이에틸에터　　④ 이황화탄소

해설 위험물의 인화점
• 클로로벤젠(C_6H_5Cl) : 32℃
• 아세톤(CH_3COCH_3) : −18℃
• 다이에틸에터($C_2H_5OC_2H_5$) : −45℃
• 이황화탄소(CS_2) : −30℃

달 ③

18. 제4류 위험물이 화재예방 및 취급방법으로 옳지 않은 것은?
① 이황화탄소는 물속에 저장한다.
② 초산은 내산성 용기에 저장하여야 한다.
③ 건성유는 다공성 가연물과 함께 보관한다.
④ 아세톤은 열광에 의해 분해될 수 있으므로 갈색병에 보관한다.

해설 건성유는 제4류 위험물(인화성액체) 동식물유류에 해당하며 다공성의 종이, 헝겊 등에 스며 배어있으면 산화열에 의하여 자연발화의 위험이 있으므로 보관에 주의할 것

달 ③

19. 탄화칼슘의 성질에 대한 설명으로 틀린 것은?
① 비중이 물보다 크다.
② 질소와 저온에서 작용하며 흡열반응을 한다.
③ 시판품은 회색 또는 회흑색의 고체이다.
④ 물과 반응해서 수산화칼슘과 아세틸렌이 생성된다.

해설 탄화칼슘(CaC_2)은 제3류 위험물 금수성물질로 다량을 보관할 경우 질소(N_2)를 봉입시키며 저장하고 저온에서는 반응하지 않는다.

참고 • 고온에서 탄화칼슘(CaC_2)과 질소(N_2)의 반응식

$$CaC_2 + N_2 \xrightarrow[\text{가열}]{\text{약700℃}} CaCN_2 + C$$
(탄화칼슘)(질소)　　　　(칼슘사이안아미드)(탄소)

달 ②

20. 위험물 이동저장탱크의 외부도장 색상으로 적합하지 않은 것은?
① 제2류 - 적색
② 제5류 - 황색
③ 제6류 - 회색
④ 제3류 - 청색

 이동저장탱크의 외부도장

유 별	도장의 색상	비 고
제 1 류	회 색	탱크의 앞면과 뒷면을 제외한 면적의 40% 이내의 면적은 다른 유별의 색상 외의 색상으로 도장하는 것이 가능하다.
제 2 류	적 색	
제 3 류	청 색	
제 4 류	도장의 색상 제한이 없으나 적색을 권장한다.	
제 5 류	황 색	
제 6 류	청 색	

달 ③

21. 저장하는 위험물의 최대수량이 지정수량의 15배일 경우, 건축물의 벽·기둥 및 바닥이 내화구조로 된 위험물옥내저장소의 보유공지는 몇 m 이상이어야 하는가?
① 0.5
② 2
③ 1
④ 3

 위험물안전관리법 시행규칙 [별표 5]
옥내저장소의 위치·구조 및 설비의 기준 Ⅰ. 2호 (요약)

저장 또는 취급하는 위험물의 최대수량	보유공지의 너비	
	벽. 기둥 및 바닥이 내화구조로 된 건축물	기타의 건축물
지정수량의 5배 이하		0.5m 이상
지정수량의 5배 초과 10배 이하	1m 이상	1.5m 이상
지정수량의 10배 초과 20배 이하	2m 이상	3m 이상
지정수량의 20배 초과 50배 이하	3m 이상	5m 이상
지정수량의 50배 초과 200 이하	5m 이상	10m 이상
지정수량의 200배 초과	10m 이상	15m 이상

달 ②

22. 위험물제조소 내의 위험물을 취급하는 배관에 대한 설명으로 옳지 않은 것은?
① 배관을 지하에 매설하는 경우 금속성 배관의 외면에는 부식방지 조치를 하여야 한다.
② 배관을 지하에 매설하는 경우 접합 부분에는 점검구를 설치하여야 한다.
③ 지상에 설치하는 경우에는 안전한 구조의 지지물로 지면에 밀착하여 설치하여야 한다.
④ 최대 상용압력의 1.5배 이상의 압력으로 수압시험을 실시하여 이상이 없어야 한다.

해설 위험물안전관리법 시행규칙 [별표 4] 제조소의 위치·구조 및 설비의 기준 Ⅹ. 3호
3. 배관을 지상에 설치하는 경우에는 지진·풍압·지반침하 및 온도변화에 안전한 구조의 지지물에 설치하되, 지면에 닿지 아니하도록 하고 배관의 외면에 부식방지를 위한 도장을 하여야 한다. 다만, 불변강관 또는 부식의 우려가 없는 재질의 배관의 경우에는 부식방지를 위한 도장을 아니 할 수 있다.

달 ③

23. 위험물안전관리법령상 소화설비의 적응성에 관한 내용 중 소화설비의 구분에 해당하지 않는 것은?
① 물 분무 소화설비
② 방화설비
③ 물통
④ 옥내소화전설비

해설 방화설비는 소화설비에 해당하지 아니한다.

참고 방화설비는 「소방시설 설치유지 및 안전관리에 관한 법률」에 의한 소방시설 중 소화용수설비를 말한다.
- 소화용수설비의 종류 : 화재를 진압하는데 필요한 물을 공급하거나 저장하는 설비로서 상수도소화용수설비, 소화수조·저수조와 그 밖의 소화용수설비를 말한다.

답 ②

24. 화재 시 주수에 의해 오히려 위험성이 증대되는 것은?
① 과산화수소
② 나이트로셀룰로오스
③ 금속나트륨
④ 황린

해설 금속나트륨(Na)은 제3류 위험물 중 금수성물질에 속하며 물과 접촉하면 폭발적으로 반응하며 수소(H_2)를 발생하므로 주수에 의한 냉각소화는 적응성이 없다.

답 ③

25. 각각 지정수량의 10배인 위험물을 운반할 경우 제5류 위험물과 혼재 가능한 위험물에 해당하는 것은?
① 제6류 위험물
② 제1류 위험물
③ 제3류 위험물
④ 제2류 위험물

해설 위험물안전관리법 시행규칙 [별표 19] 부표2
- 유별을 달리하는 위험물의 혼재기준
  (암기법 : 사이삼, 오이사, 육하나)

위험물의 구분	제1류	제2류	제3류	제4류	제5류	제6류
제1류		×	×	×	×	○
제2류	×		×	○	○	×
제3류	×	×		○	×	×
제4류	×	○	○		○	×
제5류	×	○	×	○		×
제6류	○	×	×	×	×	

"×"표시는 혼재할 수 없음을 표시한다.
"○"표시는 혼재할 수 있음을 표시한다.
이 표는 지정수량의 $\frac{1}{10}$ 이하의 위험물에 대하여는 적용하지 아니한다.

답 ④

26. 다음 중 모두 고체로만 이루어진 위험물은?
① 제2류 위험물, 제3류 위험물
② 제1류 위험물, 제5류 위험물
③ 제1류 위험물, 제2류 위험물
④ 제3류 위험물, 제5류 위험물

해설 위험물의 상태
- 제1류 위험물(산화성고체) : 고체만 존재
- 제2류 위험물(가연성고체) : 고체만 존재
- 제3류 위험물(자연발화성 및 금수성물질) : 고체 및 액체 존재
- 제4류 위험물(인화성액체) : 액체만 존재
- 제5류 위험물(자기반응성물질) : 고체 및 액체 존재
- 제6류 위험물(산화성액체) : 액체만 존재

답 ③

27. 과산화칼륨의 저장창고에서 화재가 발생하였다. 다음 중 가장 적합한 소화약제는?
① 팽창질석　　　　　　② 이산화탄소
③ 염산　　　　　　　　④ 포

해설 제1류 위험물인 과산화칼륨(K_2O_2)의 화재에는 금속화재용 분말소화약제(탄산수소염류 분말) 및 마른모래, 팽창질석 및 팽창진주암을 사용한다.

참고 과산화칼륨(K_2O_2)은 제1류 위험물(산화성고체) 알칼리금속의 과산화물에 속하므로 화재 시 물(H_2O)이 함유한 포(거품)나 화학반응을 하는 이산화탄소(CO_2)나 염산(HCl)은 소화약제로 사용할 수 없다.

답 ①

28. 탄화칼슘 저장탱크에 수분이 침투하여 반응하였을 때 발생하는 가연성 가스는?
① 메테인　　　　　　　② 아세틸렌
③ 프로페인　　　　　　④ 에테인

해설 탄화칼슘(CaC_2)과 물(H_2O)이 반응하면 아세틸렌(C_2H_2)가스를 발생한다.
- 탄화칼슘(CaC_2)과 물(H_2O)의 반응식
$$CaC_2 + 2H_2O \rightarrow Ca(OH)_2 + C_2H_2\uparrow$$
(탄화칼슘)　(물)　　(수산화칼슘)　(아세틸렌)

답 ②

29. 안전거리에 관한 규제를 적용받지 않는 위험물시설은?
① 옥외저장소　　　　　② 옥내저장소
③ 판매취급소　　　　　④ 일반취급소

해설 안전거리에 관한 규제를 적용받지 않는 저장소 및 취급소
- 옥내탱크저장소
- 지하탱크 저장소
- 암반탱크 저장소
- 판매취급소
- 이동탱크저장소
- 간이탱크저장소
- 주유취급소
- 이송취급소

답 ③

30. 위험물안전관리법령상 옥외저장소에 저장할 수 없는 위험물은? (단, 국제해상위험물규칙에 적합한 용기에 수납된 경우는 제외한다.)
① 칼륨　　　　　　　　② 황
③ 알코올류　　　　　　④ 동식물유류

해설 제3류 위험물 중 금수성물질인 칼륨(K)을 옥외저장소에 저장할 경우 빗물과 눈 등 수분과 접촉할 우려가 있으므로 옥외저장소에 저장할 수 없다.

> **참고** 옥외저장소에서 저장할 수 있는 위험물
> - 제2류 위험물 중 황 또는 인화성고체(인화점이 섭씨 0℃ 이상인 것에 한한다)
> - 제4류 위험물 중 제1석유류(인화점이 섭씨 0℃ 이상인 것에 한한다)·알코올류·제2석유류·제3석유류·제4석유류 및 동식물유류
> - 제6류 위험물
> - 제2류 위험물 및 제4류 위험물 중 특별시·광역시 또는 도의 조례에서 정하는 위험물(「관세법」 제154조의 규정에 의한 보세구역 안에 저장하는 경우에 한한다)
> - 「국제해사기구에 관한 협약」에 의하여 설치된 국제해사기구가 채택한 「국제해상위험물규칙」(IMDG Code)에 적합한 용기에 수납된 위험물

답 ①

31. 과염소산나트륨에 대한 설명으로 옳지 않은 것은?
① 가열하며 분해하여 산소를 방출한다.
② 제1류 위험물이다.
③ 환원제이며 수용액은 강한 환원성이 있다.
④ 수용성이며 조해성이 있다.

> **해설** 과염소산나트륨($NaClO_4$)은 제1류 위험물(산화성고체)로 강산화제이며 강한 산화성을 갖는 위험물이다.

답 ③

32. 열의 이동원리 중 복사에 관한 예로 적당하지 않은 것은?
① 더러운 눈이 빨리 녹는 현상
② 그늘이 시원한 이유
③ 해풍과 육풍이 일어나는 원리
④ 보온병 내부를 거울벽으로 만드는 것

> **해설** 해풍과 육풍이 일어나는 원리는 공기의 대류현상에 의하여 일어난다.
> - 해풍은 낮에 육지의 공기가 빨리 데워져 대류 현상에 의하여 상승하고 해수면의 차가운 공기가 육지를 채우려 육지 쪽으로 부는 바람을 해풍이라 한다.
> - 육풍은 밤에 육지의 공기는 빨리 식어 응축되어 있고 바다는 천천히 식으므로 따뜻하여 대류현상에 의하여 상승하고 비워진 바다를 채우려 육지의 차갑고 무거운 공기가 바다 쪽으로 이동하는 바람을 육풍이라 한다.

답 ③

33. 제1류 위험물 중의 과산화칼륨을 다음과 같이 반응시켰을 때 공통적으로 발생되는 기체는?

> ㄱ. 물과 반응을 시켰다.
> ㄴ. 가열하였다.
> ㄷ. 탄산가스와 반응시켰다.

① 산소
② 이산화탄소
③ 이산화황
④ 수소

> **해설** 제1류 위험물 중의 과산화칼륨(K_2O_2)과 물(H_2O) 또는 가열 및 탄산가스(CO_2)와 각각 반응하면 산소(O_2)를 발생한다.
>
> **참고** • 과산화칼륨(K_2O_2)과 물(H_2O)과의 반응식
> $$2K_2O_2 + 2H_2O \rightarrow 4KOH + O_2\uparrow$$
> (과산화칼륨) (물)   (수산화칼륨) (산소)

- 과산화칼륨(K_2O_2)의 열분해 반응식

    $2K_2O_2 \xrightarrow{\triangle} 2K_2O + O_2\uparrow$
    (과산화칼륨)   (산화칼륨) (산소)

- 과산화칼륨(K_2O_2)과 이산화탄소(CO_2)와의 반응식

    $2K_2O_2 + 2CO_2 \rightarrow 2K_2CO_3 + O_2\uparrow$
    (과산화칼륨) (이산화탄소)   (탄산칼륨) (산소)

답 ①

34. 위험물안전관리법령상 품명이 유기금속화합물에 속하지 않는 것은?

① 트라이에틸갈륨 ② 트라이에틸인듐
③ 다이에틸아연   ④ 트라이에틸알루미늄

해설 유기금속화합물은 제3류 위험물 중 알킬알루미늄 및 알킬리튬을 제외한 것이므로 알킬알루미늄인 트라이에틸알루미늄[$(C_2H_5)_3Al$]은 제외된다.

참고 유기금속화합물
- 트라이에틸갈륨 : $(C_2H_5)_3Ga$
- 트라이에틸인듐 : $(C_2H_5)_3In$
- 다이에틸아연 : $(C_2H_5)_2Zn$

답 ④

35. 유기과산화물의 화재예방상 주의사항으로 틀린 것은?

① 산화제와 접촉하지 않도록 주의한다.
② 불꽃, 불티 등의 화기 및 열원으로부터 멀리한다.
③ 대형화재 시 분말소화기를 이용한 질식소화가 유효하다.
④ 직사광선을 피하고 냉암소에 저장한다.

해설 유기과산화물은 제5류 위험물(자기반응성물질)로서 대형화재 시 다량의 주수소화가 적응성이 있다.

답 ③

36. 적린의 성상 및 취급에 대한 설명 중 틀린 것은?

① 황린에 비하여 화학적으로 안정하다.
② 연소 시 오산화인이 발생한다.
③ 화재 시 냉각소화가 가능하다.
④ 안전을 위해 산화제와 혼합하여 저장한다.

해설 적린(P)은 제2류 위험물(가연성고체)이며 주로 환원제로 분류되므로 산화제와의 혼합은 매우 위험하다.

답 ④

37. 아세톤에 관한 설명 중 틀린 것은?

① 겨울철에도 인화의 위험성이 있다.
② 증기는 공기보다 무거우며 액체는 물보다 가볍다.
③ 조해성이 있으며 물과 반응 시 발열한다.
④ 무색 휘발성이 강한 액체이다.

해설 조해성이란 고체가 공기 중의 수분을 흡수하여 액체가 되는 현상을 말하므로 제4류 위험물(인화성액체)인 아세톤(CH_3COCH_3)은 조해성을 가질 수 없다.

답 ③

38. 그림과 같은 위험물 저장탱크의 내용적은 약 몇 m³인가?

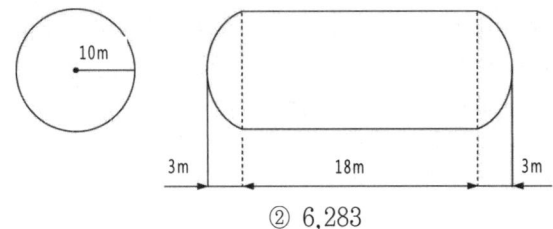

① 5,482
② 6,283
③ 4,681
④ 7,080

해설 내용적(V)=$\pi r^2 (\ell + \frac{\ell_1 + \ell_2}{3})$

$V = \pi \times 10^2 \times (18 + \frac{3+3}{3}) = 6,283.185 m^2$

답 ②

39. 제1류 위험물 제조소의 게시판에 "물기엄금"이라고 쓰여 있다. 다음 중 어떤 위험물의 제조소인가?
① 과산화나트륨
② 아이오딘산나트륨
③ 염소산나트륨
④ 다이크로뮴산나트륨

해설 제1류 위험물을 제조하는 제조소에 설치하는 주의사항 게시판에 "물기엄금"을 표시한 것은 알칼리금속의 과산화물을 취급하는 제조소이므로 과산화나트륨(Na_2O_2)이 이에 해당한다.

참고 제1류 위험물 중 아이오딘산나트륨($NaIO_3$), 염소산나트륨($NaClO_3$), 다이크로뮴산나트륨($Na_2Cr_2O_7 \cdot 2H_2O$)을 취급하는 제조소에는 주의사항 게시판을 설치하지 아니한다.

답 ①

40. 질산의 비중이 1.5일 때, 1소요단위는 몇 L인가?
① 200
② 150
③ 1,500
④ 2,000

해설
• 1소요단위는 위험물의 지정수량의 10배
• 질산(HNO_3)의 지정수량 : 30kg

비중(S)=$\frac{질량(W)}{체적(V)}$ 이므로 $V = \frac{W}{S}$

질산(HNO_3)의 체적=$\frac{질산의 지정수량}{질산의 비중} \times 10 = \frac{300kg}{1.5} \times 10 = 2,000L$

답 ④

41. 제6류 위험물에 해당되지 않는 것은?
① 비중이 1.5인 질산
② 농도가 50wt%인 과산화수소
③ 브로모트라이플루오린
④ 과아이오딘산

해설 과아이오딘산(HIO_4)은 위험물안전관리법 시행령 [별표 1]에서 정하는 제1류 위험물(산화성 고체) 중 그밖에 행정안전부령으로 정하는 것에 해당된다.

참고 제6류 위험물(산화성액체)의 조건
• 비중이 1.49 이상인 질산
• 농도가 36wt%인 과산화수소
• 그밖에 행정안전부령으로 정하는 것인 할로젠간화합물에 해당하는 브로모트라이플루오린(F_3Br)

답 ④

42. 식용유 화재 시 제1종 분말소화약제를 이용하여 화재의 제어가 가능하다. 이때의 소화원리에 가장 가까운 것은?
① 촉매효과에 의한 질식소화
② 비누화 반응에 의한 질식소화
③ 아이오딘화에 의한 냉각소화
④ 가수분해 반응에 의한 냉각소화

해설 동식물유류에 속하는 식용유 화재 시 제1종 분말소화약제인 탄산수소나트륨($NaHCO_3$)을 사용할 경우 비누화 반응이 일어나 산소공급원을 차단하는 질식소화효과를 볼 수 있다.

답 ②

43. 물의 단점인 동결현상을 방지하기 위하여 사용되는 물질은?
① 나이트로페놀
② 칼슘
③ 에틸렌글리콜
④ 피크린산

해설 제4류 위험물(인화성액체) 제3석유류의 에틸렌글리콜[$C_2H_4(OH)_2$]은 겨울철 자동차의 엔진 냉각수 동결현상을 방지하기 위하여 부동액으로 사용한다.

참고
- 나이트로페놀($C_6H_4OHNO_2$) : 제5류 위험물 나이트로화합물
- 칼슘(Ca) : 제3류 위험물 금수성물질
- 피크린산(트라이나이트로페놀) : [$C_6H_2OH(NO_2)_3$] : 제5류 위험물 나이트로화합물

답 ③

44. 유기과산화물의 화재예방상 주의사항으로 틀린 것은?
① 직사광선을 피해야 한다.
② 열원으로부터 멀리한다.
③ 산화제와 격리하고 환원제와 접촉시켜야 한다.
④ 용기의 파손에 의해서 누출되면 위험하므로 정기적으로 점검하여야 한다.

해설 제5류 위험물(자기반응성물질)인 유기과산화물은 산소를 많이 함유한 산화제로서 환원제와 접촉하면 매우 위험하므로 접촉을 피한다.

답 ③

45. 메탄올과 비교한 에탄올의 성질에 대한 설명 중 틀린 것은?
① 증기비중이 크다.
② 인화점이 낮다.
③ 비점이 높다.
④ 발화점이 낮다.

해설
- 메틸알코올(CH_3OH)의 인화점 : 11℃
- 에틸알코올(C_2H_5OH)의 인화점 : 13℃

참고 알코올 등의 동족열에서 분자량 증가에 따른 공통점
- 증기비중 커진다(증기비중 = $\frac{해당 물질의 분자량}{공기의 평균 분자량 29}$).

  메틸알코올(CH_3OH)의 분자량 : 12+4+16=32

  증기비중 = $\frac{32}{29}$ = 1.103

  에틸알코올(C_2H_5OH)의 분자량 : 24+6+16=46

  증기비중 = $\frac{46}{29}$ = 1.586

- 인화점이 높아진다(메탄올 : 11℃, 에탄올 : 13℃).

- 비점이 높아진다(메탄올 : 65℃, 에탄올 : 79℃).
- 착화점이 낮아진다(메탄올 : 464℃, 에탄올 : 423℃).
- 연소범위 감소한다(메탄올 : 7.3~36%, 에탄올 : 4.3~19%).
- 비중 작아진다(메탄올 : 1.1, 에탄올 : 0.79).

답 ②

46. 지정수량이 100kg인 물질은?
① 과산화벤조일　　　　② 질산메틸
③ 피크린산　　　　　　④ 질산

[해설] 피크린산[$C_6H_2OH(NO_2)_3$]은 제5류 위험물(자기반응성물질) 중 나이트로화합물에 속하므로 지정수량이 100kg이다.
- 위험물의 지정수량
  과산화벤조일[$(C_6H_5CO)_2O_2$] : 유기과산화물 10kg, 질산메틸(CH_3ONO_2) : 질산에스터류 10kg
  질산(HNO_3) : 제6류 위험물 300kg

[참고] 지정수량이 100kg인 물질은 제5류 위험물 중 나이트로화합물, 나이트로소화합물, 아조화합물, 다이아조화합물, 하이드라진 유도체 등이 해당된다.

답 ③

47. 제2류 위험물에 대한 설명 중 틀린 것은?
① 칠황화인은 뜨거운 물에 분해되어 이산화황을 발생한다.
② 삼황화인은 가연성 물질이다.
③ 황은 물에 녹지 않는다.
④ 오황화인은 CS_2에 녹는다.

[해설] 제2류 위험물(가연성고체) 황화인 중 칠황화인(P_4S_7)은 뜨거운 물에 분해되어 황화수소(H_2S) 발생한다.

[참고]
- 칠황화인(P_4S_7)과 온수와의 반응
  $$P_4S_7 + 13H_2O \rightarrow 7H_2S\uparrow + H_3PO_4 + 3H_3PO_3$$
  (칠황화인)　(물)　　　(황화수소)　(인산)　(아인산)

답 ①

48. 다음 중 산을 가하면 이산화염소를 발생시키는 물질로 분자량이 약 90.5인 것은?
① 아이오딘산칼륨　　　② 브로민산나트륨
③ 아염소산나트륨　　　④ 다이크로뮴산나트륨

[해설] 아염소산나트륨($NaClO_2$)의 분자량 : $23+35.5+16\times2=90.5$

[참고] 아염소산염류, 염소산염류에 산을 가하면 이산화염소가 생성된다.

답 ③

49. 등유의 성질로서 틀린 것은?
① 증기비중은 1보다 크다.　② 산화제로 주로 사용된다.
③ 물에 녹지 않는다.　　　　④ 물보다 가볍다.

[해설] 등유는 제4류 위험물(인화성액체) 중 제2석유류에 속하는 기름이다.

[참고] 산화제는 제1류 위험물(산화성고체)과 제6류 위험물(산화성액체)이 해당된다.

답 ②

50. 위험성 예방을 위해 물속에 저장하는 것은?

① 칠황화인 ② 오황화인
③ 톨루엔 ④ 이황화탄소

해설 제4류 위험물(인화성액체) 중 특수인화물인 이황화탄소(CS_2)는 휘발성과 독성이 매우 강하며 물에 녹지 않고 비중이 1.26으로 물보다 무거우므로 수조(물탱크)에 넣어 저장한다.

답 ④

51. 다이에틸에터의 안전관리에 관한 설명 중 틀린 것은?

① 물에 잘 녹으므로 대규모 화재 시 집중 주수하여 소화한다.
② 폭발성의 과산화물 생성을 아이오딘화칼륨 수용액으로 확인한다.
③ 증기는 마취성이 있으므로 증기 흡입에 주의하여야 한다.
④ 정전기 불꽃에 의한 발화에 주의하여야 한다.

해설 다이에틸에터($C_2H_5OC_2H_5$)은 제4류 위험물(인화성액체) 특수인화물로 물에 잘 녹지 않으며 비중이 0.72로 물보다 가벼우므로 화재 시 주수소화는 화재 면을 확대하는 위험성을 갖는다.

답 ①

52. 질산의 성상에 대한 설명으로 옳은 것은?

① 햇빛에 의해 분해하여 암모니아가 생성되어 흰색을 띤다.
② Au, Pt와 잘 반응하여 질산염과 질소가 생성된다.
③ 흡습성이 강하고 부식성이 있는 무색 또는 담황색의 액체이다.
④ 비휘발성이고 정전기에 의한 발화에 주의해야 한다.

해설 질산(HNO_3)은 제6류 위험물(산화성액체)을 대표하는 강산화제이며 부식성이 있는 무색 또는 담황색의 액체이다.

참고 질산(HNO_3)은 햇빛에 분해하여 갈색의 이산화질소(NO_2)를 발생한다.

• 질산(HNO_3)의 햇빛에 의한 분해 반응식

$$4HNO_3 \xrightarrow[\text{분해}]{\text{햇빛}} 4NO_2\uparrow + 2H_2O + O_2\uparrow$$

(질산) (이산화질소) (물) (산소)

Au(금), Pt(백금)과는 반응하지 않으며 불연성물질이므로 점화원에 의하여 발화하지 않는다.

답 ③

53. 다음 위험물 중 비중이 물보다 큰 것은?

① 산화프로필렌
② 아세트알데하이드
③ 이황화탄소
④ 다이에틸에터

해설 제4류 위험물(인화성액체) 중 특수인화물인 이황화탄소(CS_2)는 비중이 1.26으로 물보다 무겁다.

참고 특수인화물의 비중
• 산화프로필렌(OCH_2CHCH_3) : 0.83
• 아세트알데하이드(CH_3CHO) : 0.78
• 다이에틸에터($C_2H_5OC_2H_5$) : 0.72

답 ③

54. 인화점이 섭씨 200°C 미만인 위험물을 저장하기 위하여 높이가 15m이고 지름이 18m인 옥외저장탱크를 설치하는 경우 옥외저장탱크와 방유제와의 사이에 유지하여야 하는 거리는?
① 9.0m 이상
② 6.0m 이상
③ 5.0m 이상
④ 7.5m 이상

해설 탱크의 지름이 15m 이상이므로 탱크 높이의 $\frac{1}{2}$을 곱한 값이 탱크 옆 판으로부터 방유제와의 거리이다.
$15m \times \frac{1}{2} = 7.5m$ 이상 거리를 둔다.

참고 탱크의 지름이 15m 미만인 경우에는 $\frac{1}{3}$을 곱하여 구한다.

답 ④

55. 위험물 운반에 관한 사항 중 위험물안전관리법령에서 정하는 내용과 다른 것은?
① 운반 용기에 수납하는 위험물이 다이에틸에터라면 운반 용기 중 최대용적이 1L 이하라 하더라도 규정에 따른 품명, 주의사항 등 표시사항을 부착하여야 한다.
② 운반 용기에 담아 적재하는 물품이 황린이라면 파라핀, 경유 등 보호액으로 채워 밀봉한다.
③ 기계에 의하여 하역하는 구조로 된 경질플라스틱 운반 용기는 제조된 때부터 5년 이내의 것이어야 한다.
④ 운반 용기에 담아 적재하는 물품이 알킬알루미늄이라면 운반 용기의 내용적의 90% 이하의 수납율을 유지하여야 한다.

해설 황린(P_4)은 제3류 위험물 중 자연발화성물질로이며 공기 중에서 자연발화하므로 보호액으로는 pH9인 약알칼리 수용액을 사용한다.

참고 파라핀과 경유를 보호액으로 사용하는 위험물은 제3류 위험물 중 금수성물질인 칼륨(K)과 나트륨(Na)이다.

답 ②

56. 제조소등의 허가청이 제조소등의 관계인에게 제조소등의 사용정지처분 또는 허가취소처분을 할 수 있는 사유가 아닌 것은?
① 소방서장의 출입검사를 정당한 사유 없이 거부할 때
② 정기점검을 하지 아니한 때
③ 소방서장의 수리·개조 또는 이전의 명령을 위반한 때
④ 소방서장으로부터 변경허가를 받지 아니하고 제조소등의 위치·구조 또는 설비를 변경한 때

해설 위험물안전관리법 제22조(출입, 검사)에 의거하여 소방서장의 출입검사를 정당한 사유 없이 거부할 경우 상황에 따라 1년 이하의 징역 또는 1천만 원 이하의 벌금, 1천500만 원 이하의 벌금에 처한다.

참고 위험물안전관리법 제12조(제조소등 설치허가의 취소와 사용정지 등) 1호 내지 8호(요약)
1. 변경허가를 받지 아니하고 제조소등의 위치·구조 또는 설비를 변경한 때
2. 완공검사를 받지 아니하고 제조소등을 사용한 때
3. 수리·개조 또는 이전의 명령을 위반한 때

4. 위험물안전관리자를 선임하지 아니한 때
   5. 대리자를 지정하지 아니한 때
   6. 정기점검을 하지 아니한 때
   7. 정기검사를 받지 아니한 때
   8. 제26조의 규정에 따른 저장·취급기준 준수명령을 위반한 때

답 ①

57. 옥내저장소에서 위험물을 유별로 정리하고 서로 1m 이상의 간격을 두는 경우 유별을 달리하는 위험물을 동일한 저장소에 저장할 수 있는 것은?
① 과염소산나트륨과 질산
② 황과 아세톤
③ 질산암모늄과 알킬리튬
④ 과산화나트륨과 벤조일퍼옥사이드

해설 위험물안전관리법 시행규칙 [별표 18] 제조소등에서의 위험물의 저장 및 취급에 관한 기준 Ⅲ 2호 가목 내지 바목 (요약)에 의하여 제1류 위험물인 과염소산나트륨($NaClO_4$)과 제6류 위험물인 질산(HNO_3)은 서로 1m 이상의 간격을 두는 경우 동일한 장소에 저장할 수 있다.

참고
- 제2류 위험물 중 인화성고체와 제4류 위험물을 저장할 수 있으므로 제2류 위험물 황(S)과 아세톤(CH_3COCH_3)은 함께 저장할 수 없다.
- 제1류 위험물인 질산암모늄(NH_4NO_3)은 제3류 위험물 중 황린(P_4)과 저장할 수 있으며 알킬리튬(RLi)과는 저장할 수 없다.
- 제1류 위험물 중 알칼리금속의 과산화물을 제외한 위험물과 제5류 위험물인 벤조일퍼옥사이드[$(C_6H_5CO)_2O_2$]은 저장할 수 있으므로 알칼리금속의 과산화물인 과산화나트륨(Na_2O_2)과는 저장할 수 없다.

답 ①

58. 위험물제조소등의 허가에 관계된 설명으로 옳은 것은?
① 농예용으로 필요한 난방시설을 위한 지정수량 20배 이하의 저장소는 허가대상이 아니다.
② 저장하는 위험물의 변경으로 지정수량의 배수가 달라지는 경우는 언제나 허가대상이 아니다.
③ 위험물의 품명을 변경하고자 하는 경우에는 언제나 허가를 받아야 한다.
④ 제조소등을 변경하고자 하는 경우에는 언제나 허가를 받아야 한다.

해설 위험물안전관리법 제6조(위험물시설의 설치 및 변경 등) 3항 1호 및 2호의 규정에 의하여 농예용, 축산용 또는 수산용으로 필요한 난방시설을 위한 지정수량 20배 이하의 저장소는 허가 및 신고대상이 아니다.

참고
- 저장하는 위험물의 변경으로 지정수량의 배수가 달라지는 경우는 변경하고자 하는 날의 1일 전에 행정안전부령이 정하는 바에 따라 시·도지사에게 신고하여야 한다.
- 위험물의 품명을 변경하고자 하는 경우에는 변경하고자 하는 날의 1일 전에 행정안전부령이 정하는 바에 따라 시·도지사에게 신고하여야 한다.
- 제조소등을 변경하고자 하는 경우에는 변경하고자 하는 날의 1일 전에 행정안전부령이 정하는 바에 따라 시·도지사에게 신고하여야 한다.

답 ①

59. 위험물안전관리법령에서 정한 탱크안전성능 검사의 구분에 해당하지 않는 것은?
① 배관검사　　　　　　② 기초 · 지반검사
③ 충수 · 수압검사　　　④ 용접부검사

해설 위험물안전관리법 시행령 [별표 4] 탱크안전성능검사의 내용
- 기초 · 지반검사
- 충수 · 수압검사
- 용접부검사
- 암반탱크검사

답 ①

60. 운반을 위하여 위험물을 적재하는 경우에 차광성이 있는 피복으로 가려주어야 하는 것은?
① 동식물유류　　　　　② 알코올류
③ 제1석유류　　　　　　④ 특수인화물

해설 제4류 위험물 중 특수인화물을 적재하여 운반하는 차량에는 차광성 덮개로 피복한다.

참고 위험물안전관리법 시행규칙 [별표 19] Ⅱ. 5호 가목
차광덮개를 하여야 할 위험물
- 제1류 위험물
- 제3류 위험물 중 자연발화성물질
- 제4류 위험물 중 특수인화물
- 제5류 위험물
- 제6류 위험물

답 ④

CBT 모의고사 22회
2022년 1월 23일 시행(대비문제)

1. 소화기에 대한 설명 중 틀린 것은?
① 화학포, 기계포 소화기는 포소화기에 속한다.
② 탄산가스소화기는 질식 및 냉각소화 작용이 있다.
③ 분말소화기는 가압가스가 필요 없다.
④ 화학포소화기에는 탄산수소나트륨과 황산알루미늄이 사용된다.

해설 분말소화기는 가스가압식 및 축압식이 있으며, 가압가스로는 CO_2(이산화탄소) 및 N_2(질소)를 사용한다.

답 ③

2. 건조사와 같은 고체로 가연물을 덮는 것은 어떤 소화에 해당하는가?
① 제거소화
② 질식소화
③ 냉각소화
④ 억제소화

해설 건조사(마른모래)는 질식소화에 사용한다.

답 ②

3. 화학포를 만들 때 사용되는 기포안정제가 아닌 것은?
① 사포닌
② 암분
③ 가수분해 단백질
④ 계면활성제

해설 기포안정제는 가수분해 단백질(단백질분해물), 사포닝, 계면활성제, 소다회를 사용한다.

답 ②

4. 제5류 위험물의 일반적인 화재 예방 및 소화방법에 대한 설명으로 옳지 않은 것은?
① 불꽃, 고온체의 접근을 피한다.
② 할로젠화합물소화기는 소화에 적응성이 없으므로 사용해서는 안 된다.
③ 위험물제조소에는 "화기엄금" 주의사항 게시판을 설치한다.
④ 화재 발생시 탄산가스에 의한 질식소화를 한다.

해설 제5류위험물(자기반응성물질)의 소화방법은 다량의 주수에 의한 냉각소화가 적응성이 있으며, 탄산가스(CO_2)에 의한 질식 소화는 적응성이 없다.

답 ④

5. 탄산수소칼륨과 요소의 반응생성물로 된 것은 제 몇 종 분말인가?
① 제1종
② 제2종
③ 제3종
④ 제4종

해설 종별 분말소화약제의 명칭
제1종분말(탄산수소나트륨), 제2종분말(탄산수소칼륨)제3종분말(인산암모늄), 제4종분말(탄산수소칼륨+요소)

답 ④

6. 다음 위험물 중 저장할 때 보호액으로 물을 사용하는 것은?
① 삼산화크로뮴
② 아연
③ 나트륨
④ 황린

해설 황린(P_4)은 제3류 위험물 자연발화성물질로 공기와 접촉을 피하기 위하여 pH9(약알칼리)의 물속에 저장한다.

답 ④

7. 벤조일퍼옥사이드의 성질 및 저장에 관한 설명으로 틀린 것은?
① 직사일광을 피하고 찬 곳에 저장한다.
② 산화제이므로 유기물, 환원성 물질과 접촉을 피해야 한다.
③ 발화점이 상온 이하이므로 냉장 보관해야 한다.
④ 건조방지를 위해 물 등의 희석제를 사용한다.

해설 벤조일퍼옥사이드[$(C_6H_5CO)_2O_2$]는 제5류 위험물(자기반응성물질) 중 유기과산화물로서 발화점(착화점)은 125℃이므로 상온(20℃)보다 높다.

답 ③

8. 다이에틸에터와 벤젠의 공통성질에 대한 설명으로 옳은 것은?
① 증기비중은 1보다 크다.
② 인화점은 -10℃ 보다 높다.
③ 착화온도는 200℃ 보다 낮다.
④ 연소범위의 상한이 60% 보다 크다.

해설 다이에틸에터($C_2H_5OC_2H_5$)와 벤젠(C_6H_6)은 제4류 위험물(인화성액체)로 증기비중은 모두 1보다 크다.

답 ①

9. 아세트산의 일반적 성질에 대한 설명 중 틀린 것은?
① 무색 투명한 액체이다.
② 수용성이다.
③ 증기비중은 등유보다 크다.
④ 겨울철에 고화될 수 있다

해설 아세트산(CH_3COOH)의 증기비중은 약2로 등유의 증기비중인 4.5보다 작다.
아세트산(CH_3COOH)의 증기비중
아세트산(CH_3COOH)의 분자량
$12 \times 2 + 4 + 16 \times 2 = 60$
공기의 평균분자량 = 약 29
아세트산의 증기비중 = $\frac{60}{29}$ = 2.068 약 2

답 ③

10. TNT가 폭발했을 때 발생하는 유독기체는?
① N_2
② CO_2
③ H_2
④ CO

해설 TNT(트라이나이트로톨루엔)이 분해 폭발할 때 생기는 CO(일산화탄소)는 맹독성 가스이다.

참고 TNT[$C_6H_2CH_3(NO_2)_3$]의 분해반응식
$2C_6H_2CH_3(NO_2)_3$ → $12CO↑ + 5H_2↑ + 2C + 3N_2↑$
(트라이나이트로톨루엔) (일산화탄소) (수소) (탄소) (질소)

답 ④

11. 다이에틸에터의 성질이 아닌 것은?
① 유동성
② 마취성
③ 인화성
④ 비휘발성

해설 다이에틸에터($C_2H_5OC_2H_5$)는 제4류 위험물(인화성액체) 중 특수인화물을 대표하며, 휘발성이 매우 강하다.

답 ④

12. 다음 중 착화온도가 가장 낮은 것은?
① 피크르산
② 적린
③ 에틸알코올
④ 트라이나이트로톨루엔

해설 위험물의 착화온도
피크르산(약 300℃), 적린(260℃), 에틸알코올(423℃), 트라이나이트로톨루엔(약 300℃)

답 ②

13. 과염소산이 물과 접촉한 경우 일어나는 반응은?
① 중합반응
② 연소반응
③ 흡열반응
④ 발열반응

해설 과염소산($HClO_4$)은 제6류 위험물(산화성액체)로서 물과 발열반응하며, 고체의 수화물을 생성한다.

답 ④

14. 아이소프로필알코올에 대한 설명으로 옳지 않은 것은?
① 탈수하면 프로필렌이 된다.
② 탈수소하면 아세톤이 된다.
③ 물에 녹지 않는다.
④ 무색투명한 액체이다.

해설 이소프로필알코올[$(CH_3)_2CHOH$]은 제4류 위험물(인화성액체) 중 알코올류에 속하며, 물에 잘 녹는다.

답 ③

15. 황(사방황)의 성질을 옳게 설명한 것은?
① 황색 고체로서 물에 녹는다.
② 이황화탄소에 녹는다.
③ 전기 양도체이다.
④ 연소시 붉은색 불꽃을 내며 탄다.

해설 황(사방황)은 제2류 위험물(가연성고체)이며, 제4류 위험물(인화성액체) 중 특수인화물인 이황화탄소(CS_2)에 잘 녹는다.

답 ②

16. 지정수량 이상의 위험물을 소방서장의 승인을 받아 제조소 등이 아닌 장소에서 임시로 저장 또는 취급할 수 있는 기간은 얼마 이내인가? (단, 군부대가 군사목적으로 임시로 저장 또는 취급하는 경우는 제외한다.)
① 30일 ② 60일
③ 90일 ④ 180일

해설 임시저장기간 : 90일

답 ③

17. $(C_2H_5)_3Al$ 이 공기 중에 노출되어 연소할 때 발생하는 물질은?
① Al_2O_3 ② CH_4
③ $Al(OH)_3$ ④ C_2H_6

해설 $(C_2H_5)_3Al$(트라이에틸알루미늄)은 제3류 위험물(자연발화성물질)로 공기중에서 자연발화하여 Al_2O_3(산화알루미늄), CO_2(이산화탄소), H_2O(물)을 생성한다.

참고 트라이에틸알루미늄[$(C_2H_5)_3Al$]이 공기중에서 연소반응식
$$2(C_2H_5)_3Al + 21O_2 \rightarrow 12CO_2 + 15H_2O + Al_2O_3$$
(트라이에틸알루미늄) (산소) (이산화탄소) (물) (산화알루미늄)

답 ①

18. 과산화수소의 위험성에 대한 설명 중 틀린 것은?
① 오래 저장하면 자연발화의 위험이 있다.
② 햇빛에 의해 분해되므로 햇빛을 차단하여 보관한다.
③ 고농도의 것은 분해 위험이 있으므로 인산 등을 넣어 분해를 억제시킨다.
④ 농도가 진한 것은 피부와 접촉하면 수종을 일으킨다.

해설 과산화수소(H_2O_2)는 제6류 위험물(산화성액체)로서 불연성물질이므로 장시간 저장해도 발화의 위험은 없다.

답 ①

19. 금속칼륨의 저장 및 취급상 주의사항에 대한 설명으로 틀린 것은?
① 물과의 접촉을 피한다. ② 피부에 닿지 않도록 한다.
③ 알코올 속에 저장한다. ④ 가급적 소량으로 나누어 저장한다.

해설 금속칼륨(K)은 알코올과 반응하여 폭명기인 수소(H_2)를 발생하므로 접촉을 금한다.

참고 칼륨(K)과 에틸알코올(C_2H_5OH)의 반응식
$$2K + 2C_2H_5OH \rightarrow 2C_2H_5OK + H_2\uparrow$$
(칼륨) (에틸알코올) (칼륨에틸레이트) (수소)

답 ③

20. 제1류 위험물에 충분한 에너지를 가하면 공통적으로 발생하는 가스는?
① 염소 ② 질소
③ 수소 ④ 산소

해설 제1류 위험물(산화성고체)은 산소를 다량 함유한 강산화제로서 가열 등 충분한 에너지를 공급하면 분해하여 산소를 방출한다.

답 ④

21. 8L 용량의 소화전용 물통의 능력단위는?
① 0.3   ② 0.5
③ 1.0   ④ 1.5

해설 간이소화용구의 능력단위
- 소화전용 물통 : 8ℓ (0.3단위)
- 수조(소화전용 물통 3개포함) : 80ℓ (1.5단위)
- 수조(소화전용 물통 6개포함) : 190ℓ (2.5단위)

답 ①

22. 다음 (   ) 안에 알맞은 용어는?

(   )이란 불을 끌어당기는 온도라는 뜻으로 액체 표면의 근처에서 불이 붙는데 충분한 농도의 증기를 발생하는 최저 온도를 말한다.

① 연소점   ② 발화점
③ 인화점   ④ 착화점

해설 본문은 인화점에 대한 설명이다.

답 ③

23. 물에 녹지 않고 알코올에 녹으며 비점이 약 87℃, 분자량 약 91인 무색 투명한 액체로서 제5류 위험물에 해당하는 물질의 지정수량은?

① 10kg   ② 20kg
③ 100kg ④ 200kg

해설 본문설명은 제5류 위험물 지정수량 10Kg인 질산에스터류 중 질산에틸($C_2H_5ONO_2$)에 관한 설명이다.

참고 질산에틸($C_2H_5ONO_2$)의 분자량
$12 \times 2 + 5 + 16 \times 3 + 14 = 91$

답 ①

24. BCF 소화기의 약제를 화학식으로 옳게 나타낸 것은?

① CCl_4 ② CH_2ClBr
③ CF_3Br ④ CF_2ClBr

해설 할로젠화합물 소화기인 할론1211(CF_2ClBr) 소화기를 BCF 소화기라 하는 이유는 약제를 구성하는 할로젠원소의 명칭 앞의 철자를 역순으로 조합한 것이다.

답 ④

25. 나이트로셀룰로오스에 대한 설명 중 틀린 것은?
① 천연 셀룰로오스를 염기와 반응시켜 만든다.
② 질화도가 클수록 위험성이 크다.
③ 질화도에 따라 크게 강면약과 약면약으로 구분할 수 있다.
④ 약 130℃에서 분해한다.

해설 나이트로셀룰로오스는 제5류 위험물(자기반응성물질)중 질산에스터류에 해당되며, 천연 셀룰로오스에 나이트로화제(진한질산과 진한황산)을 반응시켜 만든다.

답 ①

26. 아세트알데하이드의 저장·취급 시 주의사항으로 틀린 것은?
① 강산화제와의 접촉을 피한다.
② 취급설비에는 구리합금의 사용을 피한다.
③ 수용성이기 때문에 화재시 물로 희석 소화가 가능하다.
④ 옥외저장 탱크에 저장시 조연성 가스를 주입한다.

해설 아세트알데하이드(CH_3CHO)는 제4류 위험물(인화성액체)중 특수인화물로서 탱크에 저장할 경우 탱크 상부에 불활성 가스(불연성 가스)인 질소(N_2)를 넣어 봉입시킨다.

답 ④

27. 위험물안전관리법상 위험물을 분류할 때 나이트로화합물에 해당하는 것은?
① 나이트로셀룰로오스 ② 하이드라진
③ 질산메틸 ④ 피크린산

해설 TNT(트라이나이트로톨루엔), TNP(트라이나이트로페놀 또는 피크린산)은 제5류 위험물(자기반응성 물질)중 나이트로화합물을 대표한다.

답 ④

28. 위험물제조소등에 전기배선, 조명기구 등을 제외한 전기설비가 설치되어 있는 경우에는 당해 장소의 면적 몇 m^2 마다 소형수동식소화기를 1개 이상 설치하여야 하는가?
① 100 ② 150
③ 200 ④ 300

해설 본문 설명에 대한 장소의 면적은 $100m^2$이다.

답 ①

29. 위험물의 운반에 관한 기준에서 규정한 운반용기의 재질에 해당되지 않는 것은?
① 금속판 ② 양철판
③ 짚 ④ 도자기

해설 위험물 운반용기의 재질 : 금속판, 강판, 삼, 합성섬유, 섬유판, 고무류, 양철판, 짚, 알루미늄판, 종이, 유리, 나무, 플라스틱

답 ④

30. 벤젠의 위험성에 대한 설명으로 틀린 것은?
① 휘발성이 있다.
② 인화점이 0℃보다 낮다.
③ 증기는 유독하여 흡입하면 위험하다.
④ 이황화탄소보다 착화온도가 낮다.

해설 벤젠(C_6H_6)의 착화온도는 562℃로 이황화탄소(CS_2)의 착화온도 100℃보다 높다.

답 ④

31. 다음 중 탄화칼슘을 대량으로 저장하는 용기에 봉입하는 가스로 가장 적합한 것은?
① 포스겐 ② 인화수소
③ 질소가스 ④ 아황산가스

해설 탄화칼슘(CaC_2)은 제3류 위험물(금수성물질)로 공기 중에 방치하면 풍해 되므로 대량 저장시 저장용기는 질소(N_2)가스를 충전하여 밀봉시킨다.

답 ③

32. 화학포소화약제에 사용되는 약제가 아닌 것은?
① 황산알루미늄　　　② 과산화수소수
③ 탄산수소나트륨　　④ 사포닌

해설 화학포소화약제
- 탄산수소나트륨(중탄산나트륨, 중조)
- 황산알루미늄(황산반토)
- 기포안정제(단백질분해물, 계면활성제, 사포닌)

답 ②

33. 제3종 분말소화약제의 소화효과로 가장 거리가 먼 것은?
① 질식효과　　② 냉각효과
③ 제거효과　　④ 부촉매효과

해설 제3종 분말소화약제(인산암모늄)는 질식, 냉각, 부촉매소화효과를 가진다.

답 ③

34. 소화설비의 소요단위 산정방법에 대한 설명 중 옳은 것은?
① 위험물은 지정수량의 100배를 1 소요단위로 함
② 저장소용 건축물로 외벽이 내화구조인 것은 연면적 $100m^2$를 1 소요단위로 함
③ 제조소용 건축물로 외벽이 내화구조가 아닌 것은 연면적 $50m^2$를 1소요단위로 함
④ 저장소용 건축물로 외벽이 내화구조가 아닌 것은 연면적 $25m^2$를 1소요단위로 함

해설 1소요단위의 기준
- 위험물 : 지정수량의 10배
- 제조소용 건축물로 외벽이 내화구조인 것 : 연면적 $100m^2$
- 제조소용 건축물로 외벽이 내화구조 이외인 것 : 연면적 $50m^2$
- 저장소용 건축물로 외벽이 내화구조인 것 : 연면적 $150m^2$
- 저장소용 건축물로 외벽이 내화구조 이외인 것 : 연면적 $75m^2$

답 ③

35. 분말 약제의 식별 색을 옳게 나타낸 것은?
① $KHCO_3$: 백색
② $NH_4H_2PO_4$: 담홍색
③ $NaHCO_3$: 보라색
④ $KHCO_3 + (NH_2)_2CO$: 초록색

해설 분말 소화약제의 식별색
- $NaHCO_3$(탄산수소나트륨) : 무색
- $KHCO_3$(탄산수소칼륨) : 보라색
- $NH_4H_2PO_4$(인산암모늄) : 담홍색(핑크색)
- $KHCO_3$(탄산수소칼륨) + $(NH_2)_2CO$(요소) : 회색

답 ②

36. 법령상 위험물을 수납한 운반용기의 포장 외부에 표시하지 않아도 되는 사항은?
① 위험물의 품명　　② 위험물 제조회사
③ 위험물의 수량　　④ 수납위험물의 주의사항

해설 운반용기 포장외부 표시사항
위험물의 품명, 위험등급, 화학명 및 수용성, 위험물의 수량, 수납위험물의 주의사항

답 ②

37. 황가루가 공기 중에 떠 있을 때의 주된 위험성에 해당하는 것은?
① 수증기 발생 ② 감전
③ 분진폭발 ④ 흡열반응

해설 황(S)은 제2류 위험물(가연성고체)로서 가루상태로 부유할 경우 분진폭발의 위험이 있다.

답 ③

38. 다음 중 특수인화물에 해당하는 것은?
① 헥세인 ② 아세톤
③ 가솔린 ④ 이황화탄소

해설 석유류의 구분
- 헥세인, 아세톤, 가솔린 : 제1석유류
- 이황화탄소 : 특수인화물

답 ④

39. 위험물안전관리법령상 자연발화성 물질 및 금수성 물질은 제 몇 류 위험물로 지정되어 있는가?
① 제1류 ② 제2류
③ 제3류 ④ 제4류

해설 자연발화성물질 및 금수성물질은 제3류 위험물에 속한다.

답 ③

40. 다음 중 피크린산과 반응하여 피크린산염을 형성하는 것은?
① 물 ② 수소
③ 구리 ④ 산소

해설 피크린산($C_6H_2(NO_2)_3OH$)은 제5류 위험물(자기반응성물질)중 나이트로화합물로서 단독으로는 안정하나 구리, 납, 아연등과 피크린산염을 만들면 마찰, 충격에 예민하여 폭발의 위험성을 가진다.

답 ③

41. 지하탱크저장소 탱크전용실의 안쪽과 지하저장탱크와의 사이는 몇 m 이상의 간격을 유지하여야 하는가?
① 0.1 ② 0.2
③ 0.3 ④ 0.5

해설 상호 간격은 0.1m 이상을 둔다.

답 ①

42. 자동화재탐지설비의 설치기준으로 옳지 않은 것은?
① 경계구역은 건축물의 최소 2개 이상의 층에 걸치도록 할 것
② 하나의 경계구역의 면적은 600m² 이하로 할 것
③ 감지기는 지붕 또는 벽의 옥내에 면한 부분에 유효하게 화재의 발생을 감지할 수 있도록 설치할 것
④ 비상전원을 설치할 것

해설 자동화재탐지설비는 경보설비로서 하나의 경계구역은 2개 이상의 건축물 및 층에 미치지 아니할 것

답 ①

43. 나트륨 20kg과 칼슘 100kg을 저장하고자 할 때 각 위험물의 지정수량 배수의 합은 얼마인가?
① 2　　　　　　　　　　　　② 4
③ 5　　　　　　　　　　　　④ 12

해설 위험물의 지정수량
- 나트륨(Na)의 지정수량 : 10kg
- 칼슘(Ca)의 지정수량 : 50kg
- 지정수량 배수의 합 = $\frac{20}{10} + \frac{100}{50}$ = 4배

답 ②

44. 제6류 위험물인 질산은 비중이 최소 얼마 이상 되어야 위험물로 볼 수 있는가?
① 1.29　　　　　　　　　　② 1.39
③ 1.49　　　　　　　　　　④ 1.59

해설 질산(HNO_3)은 비중이 1.49 이상인 것을 위험물로 본다.

답 ③

45. 소화기에 "A-2"로 표시되어 있었다면 숫자 "2"가 의미하는 것은 무엇인가?
① 소화기의 제조번호　　　　② 소화기의 소요단위
③ 소화기의 능력단위　　　　④ 소화기의 사용순위

해설 숫자의 의미는 지정수량이다.

답 ③

46. 다음 중 B급 화재로 볼 수 있는 것은?
① 목재, 종이 등의 화재　　　② 휘발유, 알코올 등의 화재
③ 누전, 과부하 등의 화재　　④ 마그네슘, 알루미늄 등의 화재

해설 B급화재는 유류화재로서 휘발유, 알코올 등의 화재에 해당한다.

답 ②

47. HCFC-123의 화학식으로 옳은 것은?
① C_2HClF_4　　　　　　　　② $C_2HCl_2F_3$
③ CCl_2FBr　　　　　　　　④ $CHClF_2$

해설 HCFC-123의 화학식은 $C_2HCl_2F_3$이다.

참고 HCFC(클로로플루오린화탄화수소화합물)의 화학식은 호칭 HCFC-123에서 123의 1에 C(탄소)를 하나 더하고, 2에 H(수소)를 하나 빼주므로 C(탄소)가 2개가 되므로 6에서 수소의 개수(1)와 F(플루오린)의 개수(3)를 빼준 2개가 염소(Cl)의 개수이다. 그러므로 HCFC-123의 화학식은 $C_2HCl_2F_3$이다.

답 ②

48. 다음 중 물이 소화약제로 이용되는 주된 이유로 가장 적합한 것은?
① 물의 기화열로 가연물을 냉각하기 때문이다.
② 물이 산소를 공급하기 때문이다.
③ 물은 환원성이 있기 때문이다.
④ 물이 가연물을 제거하기 때문이다.

해설 물을 소화약제로 사용하는 주된 이유는 물의 기화잠열이 539cal/g으로 다른 물질보다 월등히 높아 일반화재 등에 주수하면 물이 기화할 때 많은 열을 빼앗아가는 냉각작용이 크기 때문이다.

답 ①

49. 지정수량 20배 이상의 제1류 위험물을 저장하는 옥내저장소에서 내화구조로 하지 않아도 되는 것은?(단, 원칙적인 경우에 한한다.)
① 바닥
② 보
③ 기둥
④ 벽

해설 옥내저장소의 건축물은 기본적으로 벽, 기둥 및 바닥은 내화구조로 하고, 보와 서까래는 불연재료로 한다.

답 ②

50. 제3류 위험물 중 금수성물질에 적응성이 있는 소화설비는?
① 할로젠화합물소화설비
② 포소화설비
③ 이산화탄소소화설비
④ 탄산수소염류등 분말소화설비

해설 제3류 위험물 중 금수성물질의 화재에 탄산수소염류 분말소화설비(금속화재용 분말소화설비)이다.

답 ④

51. 탄화칼슘의 성질에 대한 설명으로 틀린 것은?
① 물보다 무겁다.
② 시판품은 회색 또는 회흑색의 고체이다.
③ 물과 반응해서 수산화칼슘과 아세틸렌이 생성된다.
④ 질소와 저온에서 작용하며 흡열반응을 한다.

해설 탄화칼슘(CaC_2)은 회색 또는 흑회색의 고체로서 제3류 위험물중 금수성물질에 해당하며, 질소와는 저온에서 반응하지 않으며, 고온(700℃)에서 발열반응하여 칼슘사이안아미드($CaCN_2$)와 탄소(C)가 된다.

답 ④

52. 제1류 위험물의 일반적인 공통성질에 대한 설명 중 틀린 것은?
① 대부분 유기물이며 무기물도 포함되어 있다.
② 산화성 고체이다.
③ 가연물과 혼합하면 연소 또는 폭발의 위험이 크다.
④ 가열, 충격, 마찰 등에 의해 분해될 수 있다.

해설 제1류 위험물(산화성고체)은 다량의 산소를 포함한 강산화제로서 모두 무기물질로 구성되어있다.

답 ①

53. 다음 중 제1석유류에 속하지 않는 위험물은?
① 아세톤
② 사이안화수소
③ 클로로벤젠
④ 벤젠

해설 제4류 위험물(인화성액체) 제1석유류의 인화점은 21℃미만이다.
- 아세톤(CH_3COCH_3) : 제1석유류(-18℃)
- 사이안화수소(HCN) : 제1석유류(-17℃)
- 클로로벤젠(C_6H_5Cl) : 제2석유류(32℃)
- 벤젠(C_6H_6) : 제1석유류(-11℃)

답 ③

54. 다음 중 위험물안전관리법령에서 정한 지정수량이 50킬로그램이 아닌 위험물은?

① 염소산나트륨　　　　　② 금속리튬
③ 과산화나트륨　　　　　④ 다이에틸에터

해설 위험물의 지정수량
- 염소산나트륨($NaClO_3$) : 50kg
- 금속리튬(Li) : 50kg
- 과산화나트륨(Na_2O_2) : 50kg
- 다이에틸에터($C_2H_5OC_2H_5$) : 50ℓ

답 ④

55. 위험물의 성질에 대한 설명 중 틀린 것은?

① 황린은 공기 중에서 산화할 수 있다.
② 적린은 $KClO_3$와 혼합하면 위험하다.
③ 황은 물에 매우 잘 녹는다.
④ 황은 가연성 고체이다.

해설 황(S)은 불용성으로 물에 녹지 않는다.
- 황린(P_4)은 공기 중에서 산화(자연발화)하여 오산화인(P_2O_5)이 된다.
- 적린(P)은 환원성물질로서 염소산칼륨($KClO_3$)과 같이 산화성물질과 혼합되면 제5류 위험물(자기반응성물질)과 같은 위험성을 가진다.
- 황(S)은 물에 녹지 않는 제2류 위험물(가연성고체)이다.

답 ③

56. 다음 중 나트륨 또는 칼륨을 석유 속에 보관하는 이유로 가장 적합한 것은?

① 석유에서 질소를 발생하므로
② 기화를 방지하기 위하여
③ 공기 중 질소와 반응하여 폭발하므로
④ 공기 중 수분 또는 산소와의 접촉을 막기 위하여

해설 나트륨(Na), 칼륨(K)은 제3류 위험물 중 금수성물질로 공기 중의 수분 또는 산소와 반응하므로 보호액(석유)속에 넣어 공기와의 접촉을 막아야 한다.

답 ④

57. 다음 중 위험물의 유별 구분이 나머지 셋과 다른 하나는?

① 황린　　　　　② 뷰틸리튬
③ 칼슘　　　　　④ 황

해설 위험물의 유별구분
- 황린(P_4) : 제3류 위험물
- 뷰틸리튬(C_4H_9Li) : 제3류 위험물
- 칼슘(Ca) : 제3류 위험물
- 황(S) : 제2류 위험물

답 ④

58. 오황화인이 물과 반응하여 발생하는 유독한 가스는?

① 황화수소　　　　　② 이산화황
③ 이산화탄소　　　　④ 이산화질소

해설 오황화인(P_2S_5)과 물(H_2O)과 반응하면 황화수소(H_2S)와 인산(H_3PO_4)이 생성된다.

참고 오황화인(P_2S_5)과 물(H_2O)과의 반응식

$$P_2S_5 + 8H_2O \rightarrow 5H_2S + 2H_3PO_4$$
(오황화인)　(물)　　(황화수소)　(인산)

답 ①

59. 아세톤의 성질에 대한 설명 중 틀린 것은?
① 무색의 액체로서 인화성이 있다.
② 증기는 공기보다 무겁다.
③ 물에 잘 녹는다.
④ 무취이며 휘발성이 없다.

해설 아세톤(CH_3COCH_3)은 제4류 위험물(인화성액체) 중 제1석유류로서 물에 잘 녹으며 독특한 냄새가 나는 휘발성이 강한 액체이다.

답 ④

60. 불활성가스 소화설비의 기준에서 저장용기 설치 기준에 관한 내용으로 틀린 것은?
① 방호구역 외의 장소에 설치할 것
② 온도가 50℃ 이하이고 온도 변화가 적은 장소에 설치할 것
③ 직사일광 및 빗물이 침투할 우려가 적은 장소에 설치할 것
④ 저장용기에는 안전장치를 설치할 것

해설 불활성가스 소화설비의 저장용기는 주위의 온도가 40℃ 이하이고 온도의 변화가 적은 장소에 설치한다.

답 ②

CBT 모의고사 23회

2022년 3월 27일 시행(대비문제)

1. 탄화알루미늄이 물과 반응하여 폭발의 위험이 있는 것은 어떤 가스를 발생하기 때문인가?
① 수소　　　　　　　　② 메테인
③ 아세틸렌　　　　　　④ 암모니아

　해설 탄화알루미늄(Al_4C_3)은 물(H_2O)과 반응하여 수산화알루미늄($Al(OH)_3$)과 메테인(CH_4)을 발생시킨다.

　참고 탄화알루미늄(Al_4C_3)과 물(H_2O)의 반응식
$$Al_4C_3 + 12H_2O \rightarrow 4Al(OH)_3 + 3CH_4 \uparrow$$
(탄화알루미늄)　(물)　(수산화알루미늄)　(메테인)

답 ②

2. 고체의 연소 형태에 해당하지 않는 것은?
① 증발연소　　　　　　② 확산연소
③ 분해연소　　　　　　④ 표면연소

　해설 고체의 연소형태는 분해연소, 표면연소, 증발연소, 자기연소가 있다.

　참고 확산연소는 기체의 연소형태이다.

답 ②

3. 다음 중 B급 화재에 속하는 것은?
① 일반화재　　　　　　② 유류화재
③ 전기화재　　　　　　④ 금속화재

　해설 화재의 종류와 표시
일반화재(A급), 유류화재(B급), 전기화재(C급), 금속화재(D급)

답 ②

4. 과염소산에 화재가 발생했을 때 조치방법으로 적합하지 않은 것은?
① 환원성 물질로 중화한다.
② 물과 반응하여 발열하므로 주의한다.
③ 마른모래로 소화한다.
④ 인산염류 분말로 소화한다.

　해설 과염소산($HClO_4$)은 제6류위험물(산화성액체)로 강한 산화성을 가지므로 환원성 물질과는 반응하여 연소 또는 폭발한다.

답 ①

5. 다음 중 주수소화를 하면 위험성이 증가하는 것은?
① 과산화칼륨　　　　　② 과망가니즈산칼륨
③ 과염소산칼륨　　　　④ 브로민산칼륨

해설 과산화칼륨(K_2O_2)은 제1류 위험물(산화성고체) 중 알칼리금속의 과산화물로서 물(H_2O)을 주수하면 발열하여 산소(O_2)를 발생시키므로 주수소화는 적용성이 없다.

답 ①

6. 자기반응성물질의 화재예방에 대한 설명으로 옳지 않은 것은?
① 가열 및 충격을 피한다.
② 할로젠화합물 소화기를 구비한다.
③ 가급적 소분하여 저장한다.
④ 차고 어두운 곳에 저장하여야 한다.

해설 자기반응성물질은 제5류 위험물로서 화재시 다량의 주수에 의한 냉각소화가 적용성이 있으며, 탄산가스(CO_2)나 할로젠화합물 소화약제는 적용성이 없다.

답 ②

7. 할론 1301의 증기 비중은? (단, 플루오린의 원자량은 19, 브로민의 원자량은 80, 염소의 원자량은 35.5이고 공기의 분자량은 29이다.)
① 2.14
② 4.15
③ 5.14
④ 6.15

해설 할론1301의 화학식 : CF_3Br

$$증기비중 = \frac{분자량}{공기의\ 평균\ 분자량(29)}$$
$$= \frac{12+19\times3+80}{29} = 5.137 ≒ 5.14$$

답 ③

8. 가솔린의 위험성에 대한 설명 중 틀린 것은?
① 인화점이 낮아 인화되기 쉽다.
② 증기는 공기보다 가벼우며 쉽게 착화된다.
③ 자동차용 가솔린은 옥테인가를 높이기 위하여 안티노킹제가 섞여 있다.
④ 정전기 발생에 주의하여야 한다.

해설 가솔린(휘발유)은 제4류 위험물(인화성액체) 중 제1석유를 대표하며, 증기비중은 3~4로 공기보다 무겁다.

답 ②

9. 트라이나이트로톨루엔의 성상으로 틀린 것은?
① 물에 잘 녹는다.
② 담황색의 결정이다.
③ 폭약으로 사용된다.
④ 착화점은 약 300℃ 이다.

해설 트라이나이트로톨루엔(TNT)은 제5류 위험물(자기반응성물질)로서 제4류 위험물인 톨루엔($C_6H_5CH_3$)을 나이트로화한 것으로서 물에 녹지 않는다.

답 ①

10. 피크르산의 성질에 대한 설명 중 틀린 것은?
① 황색의 액체이다.
② 쓴맛이 있으며 독성이 있다.
③ 납과 반응하여 예민하고 폭발 위험이 있는 물질을 형성한다.
④ 에터, 알코올에 녹는다.

해설 피크르산(TNP)은 제5류 위험물(자기반응성물질) 나이트로화합물로서 휘황색의 고체이다.

답 ①

11. 질산의 성질에 대한 설명으로 틀린 것은?
① 연소성이 있다.   ② 물과 혼합하여 발열한다.
③ 부식성이 있다.   ④ 강한 산화제이다.

　해설　질산(HNO₃)은 제6류 위험물(산화성액체)로 불연성 물질이므로 연소성이 없는 불연성 물질이다.

답 ①

12. 질산칼륨을 약 400℃에서 가열하여 열분해시킬 때 주로 생성되는 물질은?
① 질산과 산소   ② 질산과 칼륨
③ 아질산칼륨과 산소   ④ 아질산칼륨과 질소

　해설　질산칼륨(KNO₃)은 제1류 위험물(산화성고체) 중 질산염류로 열분해하면 아질산칼륨(KNO₂)과 산소(O₂)를 발생한다.

　참고　질산나트륨(NaNO₃) 열분해반응식

$$2NaNO_3 \xrightarrow{\Delta} 2NaNO_2 + O_2\uparrow$$
　　　(질산나트륨)　(아질산나트륨)　(산소)

답 ③

13. 제6류 위험물의 공통적 성질이 아닌 것은?
① 산화성 액체이다.   ② 지정수량이 300kg이다.
③ 무기화합물이다.   ④ 물보다 가볍다.

　해설　제6류 위험물(산화성액체)은 모두 비중이 1보다 크므로 물보다 무겁다.

답 ④

14. 제2류 위험물의 화재예방 및 진압대책이 틀린 것은?
① 산화제와의 접촉을 금지한다.
② 화기 및 고온체와의 접촉을 피한다.
③ 저장용기의 파손과 누출에 주의한다.
④ 금속분은 냉각소화하고 그 외는 마른모래를 이용하여 소화한다.

　해설　제2류 위험물(가연성고체) 중 금속분은 냉각소화(주수소화)하면 금속분과 물이 반응하여 수소(H₂)를 발생시키며, 2차적으로 비산된 분말은 분진폭발의 위험이 있다.

답 ④

15. 그림과 같은 타원형 위험물 탱크의 내용적을 구하는 식을 옳게 나타낸 것은?

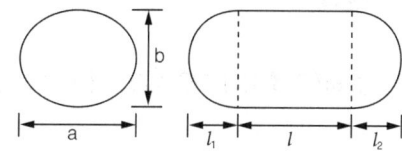

① $\dfrac{\pi ab}{4}\left(l+\dfrac{l_1+l_2}{3}\right)$ ② $\dfrac{\pi ab}{4}\left(l+\dfrac{l_1-l_2}{3}\right)$

③ $\pi ab\left(l+\dfrac{l_1+l_2}{3}\right)$ ④ πabl

해설 타원형 탱크 중 양쪽이 볼록한 탱크의 내용적

$$V = \frac{\pi ab}{4}\left(l + \frac{l_1 + l_2}{3}\right)$$

답 ①

16. 지정수량의 $\frac{1}{10}$ 을 초과하는 위험물을 혼재할 수 없는 경우는?

① 제1류 위험물과 제6류 위험물
② 제2류 위험물과 제4류 위험물
③ 제4류 위험물과 제5류 위험물
④ 제5류 위험물과 제3류 위험물

해설 유별을 달리하는 위험물의 혼재기준
(암기법: 사이삼, 오이사, 육하나)

답 ④

17. 유기과산화물에 대한 설명으로 옳은 것은?

① 제1류 위험물이다.
② 화재발생시 질식소화가 가장 효과적이다.
③ 산화제 또는 환원제와 같이 보관하여 화재에 대비한다.
④ 지정 수량은 10Kg이다.

해설 유기과산화물은 제5류 위험물(자기반응성물질)로 위험등급 I등급에 해당하며, 지정수량은 10kg이다.

답 ④

18. 다량의 주수에 의한 냉각소화가 효과적인 위험물은?

① CH_3ONO_2
② Al_4C_3
③ Na_2O_2
④ Mg

해설 CH_3ONO_2(질산메틸)은 제5류 위험물 질산에스터류에 속하므로 다량의 주수에 의한 냉각소화가 적용성이 있다.

답 ①

19. 위험물 제조소등별로 설치하여야 하는 경보설비의 종류에 해당하지 않는 것은?

① 비상방송설비
② 비상조명등설비
③ 자동화재탐지설비
④ 비상경보설비

해설 비상조명등설비는 피난설비에 해당된다.

답 ②

20. 화재가 발생한 후 실내온도는 급격히 상승하고 축적된 가연성가스가 착화하면 실내 전체가 화염에 휩싸이는 화재현상은?

① 보일오버
② 슬롭오버
③ 플래쉬오버
④ 화이어볼

해설 본문은 플래쉬오버에 대한 설명이다.

답 ③

21. 알코올류 20000L에 대한 소화설비 설치 시 소요단위는?
① 5   ② 10
③ 15   ④ 20

해설 위험물의 1소요단위는 지정수량의 10배이다.
알코올의 지정수량은 400ℓ
소요단위 = $\dfrac{수량}{지정수량의\ 10배}$ = $\dfrac{20,000ℓ}{400ℓ \times 10}$
= 5소요단위

답 ①

22. 위험물안전관리법상 제6류 위험물에 해당하지 않는 것은?
① HNO_3 ② H_2SO_4
③ H_2O_2 ④ $HClO_4$

해설 황산(H_2SO_4)은 강산이나 위험물에 속하지 않는다.
참고 제6류 위험물은 HNO_3(질산), H_2O_2(과산화수소), $HClO_4$(과염소산)와 그 밖에 행정안전부령이 정하는 할로젠간화합물을 말한다.

답 ②

23. 자연발화성 물질 및 금수성 물질에 해당되지 않는 것은?
① 칼륨   ② 황화인
③ 탄화칼슘   ④ 수소화나트륨

해설 황화인은 제2류 위험물(가연성고체)에 해당된다.
참고 자연발화성 물질 및 금수성 물질은 제3류 위험물로서 칼륨(K), 탄화칼슘(CaC_2), 수소화나트륨(NaH) 등이 이에 속한다.

답 ②

24. 제3류 위험물 중 금수성 물질을 제외한 위험물에 적응성이 있는 소화설비가 아닌 것은?
① 분말소화설비
② 스프링클러설비
③ 팽창질석
④ 포소화설비

해설 제3류 위험물 중 금수성 물질을 제외한 위험물이란 자연발화성 물질인 황린(P_4)을 말하며 분말소화설비 및 가스계 소화설비는 적응성이 없으며 주수에 의한 냉각소화 및 마른모래, 팽창질석 및 팽창진주암에 의한 질식소화는 적응성이 있다.

답 ①

25. 금속칼륨과 금속나트륨의 공통성질이 아닌 것은?
① 비중이 1보다 작다.
② 용융점이 100℃보다 낮다.
③ 열전도도가 크다.
④ 강하고 단단한 금속이다.

해설 금속칼륨(K)과 금속나트륨(Na)은 제3류 위험물중 금수성물질에 속하며 연하고 무른 금속이다.

답 ④

26. 적린의 일반적인 성질에 대한 설명으로 틀린 것은?
① 비금속 원소이다.
② 암적색의 분말이다.
③ 승화온도가 약 260℃이다.
④ 이황화탄소에 녹지 않는다.

해설 적린(P)는 416℃에서 승화한다. 260℃는 적린(P)의 착화점이다.

답 ③

27. 제6류 위험물의 일반적 성질에 대한 설명 중 틀린 것은?
① 물에 잘 녹는다.
② 산화제이다.
③ 물보다 무겁다.
④ 쉽게 연소한다.

해설 제6류 위험물(산화성액체)은 불연성 물질로 연소하지 않는다.

답 ④

28. 제4류 위험물의 일반적인 화재 예방방법이나 진압대책과 관련한 설명 중 틀린 것은?
① 인화점이 높은 석유류일수록 불연성가스를 봉입하여 혼합기체의 형성을 억제하여야 한다.
② 메틸알코올의 화재에는 내알코올 포를 사용하여 소화하는 것이 효과적이다.
③ 물에 의한 냉각소화보다는 이산화탄소, 분말, 포에 의한 질식소화를 시도하는 것이 좋다.
④ 중유탱크 화재의 경우 boil over 현상이 일어나 위험한 상황이 발생할 수 있다.

해설 제4류 위험물 중 인화점이 낮은 아세트알데하이드 등의 저장탱크에는 불연성가스인 질소(N_2)를 넣어 공기와의 혼합기체를 형성하지 못하도록 한다.

답 ①

29. 벤조일퍼옥사이드 10kg, 나이트로글리세린 50kg, TNT 400kg을 저장하려 할 때 각 위험물의 지정수량 배수의 총합은?
① 5   ② 7
③ 8   ④ 10

해설 위험물의 지정수량
 • 벤조일퍼옥사이드 : 10Kg,
 • 나이트로글리세린 : 10Kg,
 • TNT(트라이나이트로톨루엔) : 100Kg

지정수량 배수의 총합 = $\frac{10}{10} + \frac{50}{10} + \frac{400}{100}$ = 10배

답 ④

30. 지하저장탱크에 경보음을 울리는 방법으로 과충전 방지장치를 설치하고자 한다. 탱크 용량의 최소 몇 %가 찰 때 경보음이 울리도록 하여야 하는가?
① 80   ② 85
③ 90   ④ 95

해설 경보음 작동시 탱크용량은 90%이다.

답 ③

31. 화학포 소화약제로 사용하여 만들어진 소화기를 사용할 때 다음 중 가장 주된 소화효과에 해당하는 것은?
① 제거소화와 질식소화
② 냉각소화와 제거소화
③ 제거소화와 억제소화
④ 냉각소화와 질식소화

해설 화학포 소화약제의 소화효과는 질식소화 및 냉각소화효과이다.

답 ④

32. 가연물이 될 수 있는 조건이 아닌 것은?
① 열전달이 잘되는 물질이어야 한다.
② 반응에 필요한 에너지가 작아야 한다.
③ 산화반응시 발열량이 커야 한다.
④ 산소와 친화력이 좋아야 한다.

해설 연소란 산화현상이며, 가연물은 산화되기 쉬운 물질로서 열전달이 잘되지 않으므로 열의 축적에 의하여 연소한다. 그러므로 열전달이 잘되는 물질은 가연물이 될 수 없다.

답 ①

33. 폭발시 연소파의 전파속도 범위에 가장 가까운 것은?
① 0.1~10m/s
② 100~1,000m/s
③ 2,000~3,500m/s
④ 5,000~10,000m/s

해설 폭발의 연소파의 전파속도는 0.1~10m/sec이다.
참고 폭굉의 연소파의 전파속도는 1,000~3,500m/sec이다.

답 ①

34. 연소 중인 가연물의 온도를 떨어뜨려 연소반응을 정지시키는 소화의 방법은?
① 냉각소화
② 질식소화
③ 제거소화
④ 억제소화

해설 본문의 설명은 냉각소화방법을 말한다.

답 ①

35. 아이오딘값에 관한 설명 중 틀린 것은?
① 기름 100g에 흡수되는 아이오딘의 g 수를 말한다.
② 아이오딘값은 유지에 함유된 지방산의 불포화 정도를 나타낸다.
③ 불포화결합이 많이 포함되어 있는 것이 건성유이다.
④ 불포화 정도가 클수록 반응성이 작다.

해설 아이오딘값은 클수록 불포화도가 크며, 반응성 또한 크므로 헝겊 등에 스며 베어 있을시 자연발화의 위험이 있다.

답 ④

36. 이동탱크저장소에 의한 위험물의 운송에 있어서 운송책임자의 감독 또는 지원을 받아야 하는 위험물은?
① 금수성물질
② 알킬알루미늄등
③ 아세트알데하이드등
④ 하이드록실아민등

해설 위험물의 운송책임자의 감독·지원을 받아 운송하여야 하는 위험물
- 알킬알루미늄
- 알킬리튬
- 알킬알루미늄 및 알킬리튬을 함유하는 위험물

정답 ②

37. 위험물에 관한 설명 중 틀린 것은?
① 할로젠간화합물은 제6류 위험물이다.
② 할로젠간화합물의 지정수량은 200kg이다.
③ 과염소산은 불연성이나 산화성이 강하다.
④ 과염소산은 산소를 함유하고 있으며 물보다 무겁다.

해설 할로젠간화합물은 제6류 위험물(산화성액체)중 그 밖에 행정안전부령으로 정하는 위험물에 속하며, 제6류 위험물의 지정수량은 모두 300kg이다.

정답 ②

38. 과산화마그네슘의 저장 및 취급상 주의사항이 아닌 것은?
① 산화제와의 혼합은 폭발의 위험이 있으나 환원제와 혼합은 안전하다.
② 이물질의 혼입을 방지한다.
③ 분해를 촉진하는 약품과의 접촉을 피한다.
④ 용기는 밀봉, 밀전한다.

해설 과산화마그네슘(MgO_2)은 제1류위험물(산화성고체) 중 무기과산화물로서 환원제와의 접촉은 제5류위험물과 같은 위험을 갖는다.

정답 ①

39. 제조소등의 용도를 폐지한 경우 제조소등의 관계인은 용도를 폐지한 날로부터 며칠 이내에 용도폐지 신고를 하여야 하는가?
① 3일   ② 7일
③ 14일 ④ 30일

해설 신고기간은 14일 이내에 할 것

정답 ③

40. 다음 중 위험등급 Ⅰ의 위험물이 아닌 것은?
① 무기과산화물   ② 적린
③ 나트륨   ④ 과산화수소

해설 위험물의 위험등급
무기과산화물, 나트륨(Na), 과산화수소(H_2O_2)는 위험등급 Ⅰ이며 적린(P)은 위험등급 Ⅱ이다.

정답 ②

41. 제3종 분말소화약제의 주성분에 해당하는 것은?
① 탄산수소칼륨
② 인산암모늄
③ 탄산수소나트륨
④ 탄산수소칼륨과 요소의 반응생성물

해설 제3종분말소화약제는 인산암모늄($NH_4H_2PO_4$)이다.

정답 ②

42. 위험물안전관리법령에서 다음의 위험물시설 중 안전거리에 관한 기준이 없는 것은?

① 옥내저장소
② 옥내탱크저장소
③ 충전하는 일반취급소
④ 지하에 매설된 이송취급소 배관

해설 위험물 안전관리법상 옥내탱크저장소는 안전거리 유지규정이 없다.

답 ②

43. 화재예방 시 자연발화를 방지하기 위한 일반적인 방법으로 옳지 않은 것은?

① 통풍을 막는다.
② 저장실의 온도를 낮춘다.
③ 습도가 높은 장소를 피한다.
④ 열의 축적을 막는다.

해설 자연발화의 방지방법
- 습도가 높은 것을 피할 것
- 저장실의 온도를 낮출 것
- 퇴적 및 수납할 때에 열이 쌓이지 않게 할 것
- 통풍을 잘시킬 것

답 ①

44. 높이 15m, 지름 20m인 옥외저장탱크에 보유공지의 단축을 위해서 물분무설비로 방호조치를 하는 경우 수원의 양은 약 몇 L 이상으로 하여야 하는가?

① 46,496
② 58,090
③ 70,259
④ 95,880

해설 물분무설비의 수원의 양(V)
V = 원주둘레(m) × 37 ℓ/m·min × 20min에서
V = π × 20m × 37 ℓ/m·min × 20min
= 46,495.57 ≒ 46,596 ℓ

답 ①

45. 자동화재탐지설비 설치기준에 따르면 하나의 경계구역의 면적은 몇 m² 이하로 하여야 하는가?(단, 원칙적인 경우에 한한다.)

① 150
② 450
③ 600
④ 1,000

해설 하나의 경계구역의 면적은 600m² 이하이다.

답 ③

46. 다음 [보기]에서 올바른 정전기 방지방법을 모두 나열한 것은?

[보기]
㉠ 접지할 것
㉡ 공기를 이온화할 것
㉢ 공기 중의 상대습도를 70% 미만으로 할 것

① ㉠, ㉡
② ㉠, ㉢
③ ㉡, ㉢
④ ㉠, ㉡, ㉢

해설 정전기를 제거하기 위한방법중 공기 중의 상대습도는 70% 이상으로 하여야 한다.

답 ①

47. 줄-톰슨 효과에 의하여 드라이아이스를 방출하는 소화기로 질식 및 냉각효과가 있는 것은?
① 산·알칼리소화기
② 강화액소화기
③ 이산화탄소소화기
④ 할로젠화합물소화기

해설 본문 해당소화기 : 이산화탄소 소화기

답 ③

48. 다음 중 제5류 위험물이 아닌 것은?
① 질산에틸
② 나이트로글리세린
③ 나이트로벤젠
④ 나이트로글리콜

해설 위험물의 종류
- 질산에틸($C_2H_5ONO_2$) : 제5류 위험물 중 질산에스터류
- 나이트로글리세린[$C_3H_5(ONO_2)_3$] : 제5류 위험물 중 질산에스터류
- 나이트로벤젠($C_6H_5NO_2$) : 제4류 위험물 중 제3석유류
- 나이트로글리콜[$C_2H_4(ONO_2)_2$] : 제5류 위험물 중 질산에스터류

답 ③

49. 다음 위험물 중 착화온도가 가장 낮은 것은?
① 이황화탄소
② 다이에틸에터
③ 아세톤
④ 아세트알데하이드

해설 위험물의 착화온도
- 이황화탄소(CS_2) : 100℃
- 다이에틸에터($C_2H_5OC_2H_5$) : 180℃
- 아세톤(CH_3COCH_3) : 538℃
- 아세트알데하이드(CH_3CHO) : 185℃

답 ①

50. 다음 중 제5류 위험물로서 화약류 제조에 사용되는 것은?
① 다이크로뮴산나트륨
② 클로로벤젠
③ 과산화수소
④ 나이트로셀룰로오스

해설 위험물의 유별
- 다이크로뮴산나트륨($Na_2Cr_2O_7$) : 제1류 위험물
- 클로로벤젠(C_6H_5Cl) : 제4류 위험물
- 과산화수소(H_2O_2) : 제6류 위험물
- 나이트로셀룰로오스[$C_6H_7O_2(ONO_2)_3$]$_n$: 제5류 위험물

답 ④

51. 다음 ( )안에 알맞은 수치를 차례대로 옳게 나열한 것은?

"위험물 암반 탱크의 공간 용적은 당해 탱크 내에 용출하는 ( )일간의 지하수 양에 상당하는 용적과 당해 탱크 내용적의 100분의 ( )의 용적 중에서 보다 큰 용적을 공간 용적으로 한다."

① 1, 7
② 3, 5
③ 5, 3
④ 7, 1

해설 암반탱크 저장서의 공간용적은 당해 탱크 내에 용출하는 7일간의 지하수양에 상당하는 용적과 당해 탱크 내용적의 $\frac{1}{100}$의 용적 중에서 보다 큰 용적을 공간용적으로 한다.

답 ④

52. 마그네슘에 대한 설명으로 옳은 것은?
① 수소와 반응성이 매우 높아 접촉하면 폭발한다.
② 브로민과 혼합하여 보관하면 안전하다.
③ 화재시 CO_2 소화약제의 사용이 가장 효과적이다.
④ 무기과산화물과 혼합한 것은 마찰에 의해 발화할 수 있다.

해설 마그네슘(Mg)은 환원성인 제2류 위험물(가연성고체)에 속하므로 무기과산화물과 같은 제1류 위험물(산화성고체)과 혼합하면 마찰 및 충격에 의하여 발화 또는 폭발할 수 있다.

답 ④

53. 알루미늄의 성질에 대한 설명 중 틀린 것은?
① 묽은 질산보다는 진한 질산에 훨씬 잘 녹는다.
② 열전도율, 전기전도도가 크다.
③ 할로젠 원소와의 접촉은 위험하다.
④ 실온의 공기 중에서 표면에 치밀한 산화피막이 형성되어 내부를 보호하므로 부식성이 적다.

해설 알루미늄(Al)은 제2류 위험물(가연성고체)로서 묽은질산($d-HNO_3$)과는 반응하며, 진한질산($c-HNO_3$)과는 부동태가 되므로 반응하지 않는다.

참고 부동태는 진한질산이 알루미늄(Al) 등의 금속표면에 다른 산에도 부식되지 않는 수산화물의 얇은 막을 형성하는 상태
d-: dilute(묽게하다), c-: Concentrated(농축하다)

답 ①

54. 다음 위험물에 대한 설명 중 틀린 것은?
① 아세트산은 약 16℃ 정도에서 응고한다.
② 아세트산의 분자량은 약 60이다.
③ 피리딘은 물에 용해되지 않는다.
④ 자일렌은 3가지의 이성질체를 가진다.

해설 피리딘(C_5H_5N)은 제4류 위험물(인화성액체) 중 제1석유류이며, 물에 매우 잘 녹으며 독성 및 악취가 매우 강한 노란색(순수한 것은 무색)의 휘발성액체이다.

답 ③

55. 화재시 이산화탄소를 사용하여 공기 중 산소의 농도를 21vol%에서 13vol%로 낮추려면 공기 중 이산화탄소의 농도는 약 몇 vol%가 되어야 하는가?
① 34.3
② 38.1
③ 42.5
④ 45.8

해설 CO_2의 농도% = $\frac{21-O_2(\%)}{21} \times 100$

$= \frac{21-13}{21} \times 100 = 38.095 ≒ 38.1\%$

답 ②

56. 제5류 위험물의 위험성에 대한 설명으로 옳은 것은?
① 유기질소화합물에는 자연발화의 위험성을 갖는 것도 있다.
② 연소시 주로 열은 흡수하는 성질이 있다.
③ 나이트로화합물은 나이트로기가 적을수록 분해가 용이하고, 분해발열량도 크다.
④ 연소시 발생하는 연소 가스가 없으나 폭발력이 매우 강하다.

해설 제5류 위험물(자기반응성물질) 중 질산에스터인 나이트로셀룰로오스는 유기질화합물로서 자연발화의 위험성을 갖는다.

답 ①

57. 적갈색 고체로 융점이 1,600°C이며, 물 또는 산과 반응하여 유독한 포스핀가스를 발생하는 제3류 위험물의 지정수량은 몇 kg인가?
① 10　　　　　　　　　② 20
③ 30　　　　　　　　　④ 300

해설 본문의 위험물 인화석회(Ca_3P_2)의 지정수량은 300kg이다.

답 ④

58. 소화에 대한 설명 중 틀린 것은?
① 소화작용을 기준으로 크게 물리적 소화와 화학적 소화로 나눌 수 있다.
② 주수소화의 주된 소화효과는 냉각효과이다.
③ 공기 차단에 의한 소화는 제거소화이다.
④ 불연성가스에 의한 소화는 질식소화이다.

해설 공기 차단에 의한 소화는 질식소화라 한다.

답 ③

59. 분자량이 약 106.5이며, 조해성과 흡습성이 크고 산과 반응하여 유독한 ClO_2를 발생시키는 것은?
① $KClO_4$　　　　　　② $NaClO_3$
③ NH_4ClO_4　　　　　④ $AgClO_3$

해설 ClO_2(이산화염소)는 제1류 위험물(산화성고체) 아염소산염류와 염소산염류중 칼륨과 나트륨의 염과 산이 반응하여 생성된다.

참고 염소산나트륨($NaClO_3$)과 염산(HCl)의 반응식
　　$2NaClO_3 + 4HCl$
　　(염소산나트륨) (염산)
→ $2NaCl + Cl_2\uparrow + 2ClO_2\uparrow + 2H_2O$
　(염화나트륨) (염소)　(이산화염소)　(물)

답 ②

60. 브로민산칼륨과 아이오딘산아연의 공통적인 성질에 해당하는 것은?
① 갈색의 결정이고 물에 잘 녹는다.　② 융점이 600°C 이상이다.
③ 열분해하면 산소를 방출한다.　　　④ 비중이 5보다 크고 알코올에 잘 녹는다.

해설 브로민산칼륨($KBrO_3$)과 아이오딘산아연[$Zn(IO_3)_2$]은 제1류 위험물(산화성고체)로 강산화제로서 가열하면 열분해하여 산소(O_2)를 발생한다.

답 ③

CBT 모의고사 24회
2022년 6월 12일 시행(대비문제)

1. 물의 증발잠열은 약 몇 cal/g인가?
① 329
② 439
③ 539
④ 639

해설 물의 증발잠열은 539cal/g이다.

답 ③

2. 위험물 중 위험등급 I에 속하지 않는 것은?
① 제6류 위험물
② 제5류 위험물 중 나이트로화합물
③ 제4류 위험물 중 특수인화물
④ 제3류 위험물 중 나트륨

해설 제5류 위험물(자기반응성물질)에서 위험등급 I등급에 해당하는 것은 지정수량 10kg인 질산에스터류와 유기과산화물이며, 그 이외의 것(나이트로화합물 등)은 위험등급 II에 해당된다.

답 ②

3. 메틸알코올 8,000리터에 대한 소화능력으로 삽을 포함한 마른모래를 몇 리터 설치하여야 하는가?
① 100
② 200
③ 300
④ 400

해설 소요단위와 같은 수치의 능력단위 만큼 소화약제를 설치한다.
- 위험물 지정수량의 10배 : 1소요단위
- 메틸알코올의 지정수량 : 400 ℓ
- 마른모래는 삽 포함 50 ℓ 가 0.5 능력단위
- 메틸알코올의 소요단위 = $\dfrac{8,000\ell}{400\ell \times 10}$ = 2소요단위

∴ 마른모래 2능력단위 = $50\ell \times \dfrac{2}{0.5} = 200\ell$

답 ②

4. 일반적 성질이 산소공급원이 되는 위험물로 내부연소를 하는 것은?
① 제1류 위험물
② 제2류 위험물
③ 제5류 위험물
④ 제6류 위험물

해설 본문의 설명은 제5류 위험물(자기반응성물질)의 연소를 말한다.

답 ③

5. 화염의 전파속도가 음속보다 빠르며, 연소시 충격파가 발생하여 파괴효과가 증대되는 현상을 무엇이라 하는가?
① 폭연　　　　　　　　　② 폭압
③ 폭굉　　　　　　　　　④ 폭명
해설 본문의 설명은 폭굉(데토네이션)을 말한다.　　　　　　　　　　답 ③

6. 피난설비를 설치하여야 하는 위험물제조소등에 해당하는 것은?
① 건축물의 2층 부분을 자동차 정비소로 사용하는 주유취급소
② 건축물의 2층 부분을 전시장으로 사용하는 주유취급소
③ 건축물의 2층 부분을 주유사무소로 사용하는 주유취급소
④ 건축물의 2층 부분을 관계자의 주거시설로 사용하는 주유취급소
해설 피난설비 설치 대상 위험물 제조소등은 건축물의 2층 이상의 부분을 점포, 휴게 음식점, 전시장으로 사용하는 주유취급소에 설치한다.　　　　　　　　　　답 ②

7. 질산에스터류에 속하지 않는 것은?
① 트라이나이트로톨루엔
② 질산에틸
③ 나이트로글리세린
④ 나이트로셀룰로오스
해설 트라이나이트로톨루엔(TNT)은 제5류 위험물(자기반응성물질)로서 나이트로화합물을 대표하는 위험물이다.　　　　　　　　　　답 ①

8. 제6류 위험물에 해당하지 않는 것은?
① 염산　　　　　　　　　② 질산
③ 과염소산　　　　　　　④ 과산화수소
해설 염산(HCl)은 강산이지만 위험물에 해당되지 않는다.　　　　　　　　　　답 ①

9. 위험물의 이동탱크저장소 차량에 "위험물"이라고 표시한 표지를 설치할 때 표지의 바탕색은?
① 흰색　　　　　　　　　② 적색
③ 흑색　　　　　　　　　④ 황색
해설 이동탱크저장소의 "위험물" 표지판의 바탕은 흑색, 글자색은 황색의 반사도료를 사용한다.　　　　　　　　　　답 ③

10. 적린의 성질 및 취급방법에 대한 설명으로 틀린 것은?
① 화재발생시 냉각소화가 가능하다.
② 공기 중에 방치하면 자연 발화한다.
③ 산화제와 격리하여 저장한다.
④ 비금속 원소이다.
해설 적린(P)은 제2류 위험물(가연성고체)로 상온에서 안정된 위험물로 자연발화의 위험은 없다.　　　　　　　　　　답 ②

11. 증기압이 높고 액체가 피부에 닿으면 동상과 같은 증상을 나타내며, Cu, Ag, Hg 등과 반응하여 폭발성 화합물을 만드는 것은?
① 메탄올   ② 가솔린
③ 톨루엔   ④ 산화프로필렌

해설 본문의 설명은 제4류 위험물(인화성액체) 중 특수인화물인 산화프로필렌(OCH_2CHCH_3)의 설명이다.

답 ④

12. 마그네슘은 제 몇 류 위험물인가?
① 제1류 위험물   ② 제2류 위험물
③ 제3류 위험물   ④ 제5류 위험물

해설 마그네슘(Mg)은 제2류 위험물(가연성 고체)에 해당된다.

답 ②

13. 다음 중 증기비중이 가장 큰 것은?
① 벤젠   ② 등유
③ 메틸알코올   ④ 다이에틸에터

해설 위험물의 증기비중

벤젠(C_6H_6) = $\dfrac{12 \times 6 + 6}{29}$ = 2.689

등유 : 4.5

메틸알코올(CH_3OH) = $\dfrac{12 + 4 + 16}{29}$ = 1.10

다이에틸에터($C_2H_5OC_2H_5$) = $\dfrac{12 \times 4 + 10 + 16}{29}$ = 2.55

답 ②

14. 정전기 발생의 예방방법이 아닌 것은?
① 접지에 의한 방법
② 공기를 이온화시키는 방법
③ 전기의 도체를 사용하는 방법
④ 공기 중의 상대습도를 낮추는 방법

해설 정전기를 제거하는 방법에는 공기중의 상대습도를 70% 이상으로 높이는 방법을 사용하기도 한다.

답 ④

15. 탄산수소나트륨 분말소화약제에서 분말에 습기가 침투하는 것을 방지하기 위해서 사용하는 물질은?
① 스테아린산아연
② 수산화나트륨
③ 황산마그네슘
④ 인산

해설 분말소화약제가 습기와 접촉하면 응고되므로 습기방지제인 금속비누 또는 실리콘수지를 사용하며, 금속비누에는 스테아르산아연 또는 스테아르산알루미늄이 있다.

답 ①

16. 옥내주유취급소에 있어서는 당해 사무소 등의 출입구 및 피난구와 당해 피난구로 통하는 통로·계단 및 출입구에 무엇을 설치해야 하는가?
① 화재감지기
② 스프링클러
③ 자동화재탐지설비
④ 유도등

해설 화재발생시 피난을 위하여 소방대상물의 출입구에는 피난구유도등, 통로 및 계단 등에는 통로유도등을 설치하여야 한다.

답 ④

17. 스프링클러설비의 장점이 아닌 것은?
① 화재의 초기 진압에 효율적이다.
② 사용 약제를 쉽게 구할 수 있다.
③ 자동으로 화재를 감지하고 소화할 수 있다.
④ 다른 소화 설비보다 구조가 간단하고 시설비가 적다.

해설 스프링클러설비는 화재발생시 화염에 의하여 감지기의 감지 및 스프링클러헤드의 개방으로 소화수를 자동으로 방출하는 설비로서 다른 소화설비에 비해 구조가 복잡하고 시설비가 많이 든다.

답 ④

18. 인화점이 낮은 것부터 높은 순서로 나열된 것은?
① 톨루엔 – 아세톤 – 벤젠
② 아세톤 – 톨루엔 – 벤젠
③ 톨루엔 – 벤젠 – 아세톤
④ 아세톤 – 벤젠 – 톨루엔

해설 위험물의 인화점
아세톤($-18°C$), 벤젠($-11°C$), 톨루엔($4°C$)

답 ④

19. 제6류 위험물과 혼재가 가능한 위험물은? (단, 지정수량의 10배를 초과하는 경우이다.)
① 제1류 위험물
② 제2류 위험물
③ 제3류 위험물
④ 제5류 위험물

해설 제6류 위험물(산화성액체)은 제1류 위험물(산화성고체)과 혼재 가능하다.

참고 혼재가능 위험물 암기방법
사이삼, 오이사, 육하나

답 ①

20. 다음 중 방향족 탄화수소에 해당하는 것은?
① 톨루엔
② 아세트알데하이드
③ 아세톤
④ 다이에틸에터

해설 방향족 탄화수소인 벤젠(C_6H_6)의 직접치환체인 톨루엔($C_6H_5CH_3$) 등이 이에 해당된다.

답 ①

21. 위험물의 운반에 관한 기준에 따라 다음의 (①)과 (②)에 적합한 것은?

> 액체 위험물은 운반용기의 내용적의 (①) 이하의 수납율로 수납하되 (②)의 온도에서 누설되지 않도록 충분한 공간용적을 두어야 한다.

① ① 98% ② 40℃
② ① 98% ② 55℃
③ ① 95% ② 40℃
④ ① 95% ② 55℃

해설 액체위험물은 운반용기의 내용적의 (98%)이하의 수납율로 수납하되 (55℃)의 온도에서 누설되지 않도록 충분한 공간용적을 두어야 한다.

답 ②

22. 다음 중 제3석유류로만 나열된 것은?
① 아세트산, 테레핀유
② 글리세린, 아세트산
③ 글리세린, 에틸렌글리콜
④ 아크릴산, 에틸렌글리콜

해설 제4류 위험물 석유류의 분류
아세트산(제2석유류), 테레핀유(제2석유류), 글리세린(제3석유류), 에틸렌글리콜(제3석유류), 아크릴산(제2석유류)

답 ③

23. 다음 품명 중 위험물의 유별 구분이 나머지 셋과 다른 것은?
① 질산에스터류
② 아염소산염류
③ 질산염류
④ 무기과산화물

해설 지문 위험물의 유별 구분
- 질산에스터류 : 제5류 위험물
- 아염소산염류 : 제1류 위험물
- 질산염류 : 제1류 위험물
- 무기과산화물 : 제1류 위험물

답 ①

24. 물에 의한 냉각소화가 가능한 것은?
① 황
② 철분
③ 뷰틸리튬
④ 마그네슘

해설 황(S)은 제2류 위험물(가연성고체)로서 화재발생시 주수에 의한 냉각소화가 적응성이 있다.
참고 철(Fe)분, 뷰틸리튬(C_4H_9Li), 마그네슘(Mg)은 금수성물질로 물과 반응하여 가연성가스를 발생한다.

답 ①

25. 칼륨의 저장시 사용하는 보호물질로 가장 적당한 것은?
① 에탄올
② 이황화탄소
③ 석유
④ 이산화탄소

해설 칼륨(K)은 제3류 위험물 금수성물질로 보호액은 석유(등유, 경유, 파라핀)를 사용한다.

답 ③

26. 다음 중 모두 고체로만 이루어진 위험물은?

① 제1류 위험물, 제2류 위험물
② 제2류 위험물, 제3류 위험물
③ 제3류 위험물, 제5류 위험물
④ 제1류 위험물, 제5류 위험물

해설 위험물의 성질
- 제1류 위험물(산화성고체)
- 제2류 위험물(가연성고체)

답 ①

27. 과산화벤조일 취급시 주의사항에 대한 설명 중 틀린 것은?

① 수분을 포함하고 있으면 폭발하기 쉽다.
② 가열, 충격, 마찰을 피해야 한다.
③ 저장용기는 차고 어두운 곳에 보관한다.
④ 희석제를 첨가하여 폭발성을 낮출 수 있다.

해설 과산화벤조일[$(C_6H_5CO)_2O_2$]은 제5류 위험물(자기반응성 물질) 중 유기과산화물에 속하며, 분해 폭발을 방지하기 위하여 수분을 포함시키거나 희석제를 첨가한다.

답 ①

28. 과염소산칼륨에 황린이나 마그네슘분을 혼합하면 위험한 이유를 가장 옳게 설명한 것은?

① 외부의 충격에 의해 폭발할 수 있으므로
② 정전기가 형성되어 열이 발생하므로
③ 발화점이 높아지므로
④ 용융하므로

해설 과염소산칼륨($KClO_4$)은 제1류 위험물(산화성고체)로서 산소를 많이 함유한 강산화제이므로 황린(P_4)이나 마그네슘분(Mg)과 같은 환원제와 혼합하면 외부의 충격에 의하여 폭발위험이 있다.

답 ①

29. 다음 반응식과 같이 벤젠 1kg이 연소할 때 발생되는 CO_2의 양은 약 몇 m^3인가? (단, 27°C, 750mmHg 기준이다.)

$$C_6H_6 + 7.5\ O_2 \rightarrow 6\ CO_2 + 3H_2O$$

① 0.72
② 1.22
③ 1.92
④ 2.42

해설 이상기체방정식에 의한 체적의 양
벤젠(C_6H_6) 1몰이 연소하면 이산화탄소(CO_2) 6몰이 생성된다.
벤젠(C_6H_6)의 1g분자량 12×6+6=78g/mol

$PV = \dfrac{WRT}{M}$ 에서 $V = \dfrac{WRT}{PM}$

CO_2의 체적(V) = $\dfrac{1 \times 0.082 \times (27+273)}{\dfrac{750}{760} \times 78} \times 6 = 1.917 m^3$

∴

답 ③

30. 다음 중 황 분말과 혼합했을 때 가열 또는 충격에 의해서 폭발할 위험이 가장 높은 것은?
① 질산암모늄　　② 물
③ 이산화탄소　　④ 마른모래

해설 황(S)분말은 제2류 위험물(가연성고체)로서 제1류 위험물(산화성고체) 중 질산염류에 해당하는 강산화제인 질산암모늄(NH_4NO_3)과 혼합했을 때 가열 및 충격에 의하여 폭발의 위험이 있다.

답 ①

31. 위험물의 저장·취급에 관한 법적 규제를 설명하는 것으로 옳은 것은?(수정문제)
① 지정수량 이상 위험물의 저장은 제조소, 저장소 또는 취급소에서 하여야 한다.
② 지정수량 이상 위험물의 취급은 제조소 또는 취급소에서 하여야 한다.
③ 제조소 또는 취급소에는 지정수량 미만의 위험물은 저장 할 수 없다.
④ 지정수량 이상 위험물의 저장·취급기준은 모두 중요기준이므로 위반시에는 벌칙이 따른다.

해설 지정수량 이상의 위험물의 취급은 제조소, 취급소에서 하여야 한다.

답 ②

32. 다음 중 전기화재의 표시색상은?
① 백색　　② 황색
③ 무색　　④ 청색

해설 화재의 종류 표시색
- A급(일반화재) : 백색
- B급(유류화재) : 황색
- C급(전기화재) : 청색
- D급(금속화재) : 색표시 없음

답 ④

33. 위험물안전관리법령상 제3류 위험물 중 금수성물질에 적응성이 있는 것은?
① 스프링클러설비　　② 포소화설비
③ 탄산수소염류 분말소화설비　　④ 할로젠화합물소화설비

해설 제3류 위험물 중 금수성물질은 물과 반응하여 가연성가스를 발생하거나, 가연성가스를 발생하며 폭발하므로 수계의 소화방법은 사용할 수 없으며, 금속화재용분말소화약제(탄산수소염류 분말) 및 마른모래 등을 사용한다.

답 ③

34. 인화점에 대한 설명으로 가장 옳은 것은?
① 가연성 물질을 산소 중에서 가열할 때 점화원 없이 연소하기 위한 최저 온도
② 가연성 물질이 산소 없이 연소하기 위한 최저 온도
③ 가연성 물질을 공기 중에서 가열할 때 가연성 증기가 연소범위 하한에 도달하는 최저 온도
④ 가연성 물질이 공기 중 가압하에서 연소하기 위한 최저온도

해설 인화점은 가연물을 가열할 때 가연성증기가 발생하는 최저온도라고도 한다.

답 ③

35. 할로젠화물 소화설비가 적응성이 있는 대상물은?
① 제1류 위험물
② 제3류 위험물
③ 제4류 위험물
④ 제5류 위험물

해설 할로젠화합물 소화약제는 억제, 희석, 냉각효과가 있으므로 제4류 위험물(인화성액체)의 화재시 소화효과가 있다.

답 ③

36. 산화성 고체 위험물에 속하지 않는 것은?
① $KClO_3$
② $NaClO_4$
③ KNO_3
④ $HClO_4$

해설 산화성고체는 제1류 위험물의 성질이다.
- $KClO_3$(염소산칼륨) : 제1류 위험물
- $NaClO_4$(과염소산나트륨) : 제1류 위험물
- KNO_3(질산칼륨) : 제1류 위험물
- $HClO_4$(과염소산) : 제6류 위험물

답 ④

37. 나이트로글리세린에 대한 설명으로 옳은 것은?
① 물에 매우 잘 녹는다.
② 공기 중에서 점화하면 연소하나 폭발의 위험은 없다.
③ 충격에 대하여 민감하여 폭발을 일으키기 쉽다.
④ 제5류 위험물의 나이트로화합물에 속한다.

해설 나이트로글리세린($C_3H_5(ONO_2)_3$)은 다이너마이트의 원료로 제5류 위험물(자기반응성물질) 중 질산에스터류에 속하며, 작은 충격에도 폭발하는 위험성을 가진다.

답 ③

38. 염소산칼륨의 지정수량을 옳게 나타낸 것은?
① 10kg
② 50kg
③ 500kg
④ 1000kg

해설 염소산칼륨($KClO_3$)은 제1류 위험물(산화성고체) 중 위험등급 I 에 해당하는 염소산염류에 속하므로 지정수량은 50kg이다.

답 ②

39. 질산에 대한 설명으로 옳은 것은?
① 산화력은 없고 강한 환원력이 있다.
② 자체 연소성이 있다.
③ 구리와 반응을 한다.
④ 조연성과 부식성이 없다.

해설 질산(HNO_3)은 제6류 위험물(산화성액체)로서 자체내에 산소를 많이 함유한 강산화제이며, 진한질산 및 묽은질산 모두 구리(Cu)와 반응하여 이산화질소(NO_2)와 일산화질소(NO)를 발생시킨다.

답 ③

40. 제4류 위험물을 취급하는 제조소가 있는 사업소에서 지정수량 몇 배 이상의 위험물을 취급하는 경우 자체소방대를 설치해야 하는가?
① 2,000
② 2,500
③ 3,000
④ 3,500

해설 제4류 위험물에 한하며 지정수량 3,000배 이상을 취급하는 제조소등에 설치한다.

답 ③

41. 제4류 위험물 운반용기 외부에 표시하여야 하는 주의사항은?
① 화기·충격주의
② 화기엄금
③ 물기엄금
④ 화기주의

해설 위험물 운반용기 외부포장 표시 주의사항
- 화기·충격주의 : 제1류 위험물
- 화기엄금 : 제4류 위험물
- 화기엄금·충격주의 : 제5류 위험물
- 물기엄금 : 제3류 위험물 중 금수성물질
- 화기주의 : 제2류 위험물

답 ②

42. 다음 중 제4류 위험물과 혼재할 수 없는 위험물은?(단, 지정수량의 10배 위험물인 경우이다.)
① 제1류 위험물
② 제2류 위험물
③ 제3류 위험물
④ 제5류 위험물

해설 별을 달리하는 위험물의 혼재기준 암기법
사이삼, 오이사, 육하나

답 ①

43. 다음 중 자기반응성 물질이면서 산소공급원의 역할을 하는 것은?
① 황화인
② 탄화칼슘
③ 이황화탄소
④ 트라이나이트로톨루엔

해설 위험물의 성질
- 황화인 : 가연성고체(제2류 위험물)
- 탄화칼슘 : 가연성고체(제3류 위험물)
- 이황화탄소 : 인화성액체(제4류 위험물)
- 트라이나이트로톨루엔 : 자기반응성물질(제5류 위험물)

답 ④

44. 보일 오버(boil over) 현상과 가장 거리가 먼 것은?
① 기름이 열의 공급을 받지 아니하고 온도가 상승하는 현상
② 기름의 표면부에서 조용히 연소하다 탱크 내의 기름이 갑자기 분출하는 현상
③ 탱크바닥에 물 또는 물과 기름의 에멀젼 층이 있는 경우 발생하는 현상
④ 열유층이 탱크 아래로 이동하여 발생하는 현상

해설 보일오버현상 : 연소열에 의하여 탱크하부의 수분이 이상팽창하여 연소유를 탱크밖으로 비산시키며 연소하는 현상

참고 연소열에 의하여 탱크표면이 가열되어 가열된 열이 탱크내부의 기름에 전달되어 기름이 열을 흡수하지 않으면 보일오버현상은 일어나지 않는다.

답 ①

45. 질소가 가연물이 될 수 없는 이유를 가장 옳게 설명한 것은?
① 산소와 산화반응을 하지 않기 때문이다.
② 산소와 산화반응을 하지만 흡열반응을 하기 때문이다.
③ 산소와 환원반응을 하지 않기 때문이다.
④ 산소와 환원반응을 하지만 발열반응을 하기 때문이다.

해설 질소(N_2)는 산화반응을 하여 일산화질소(NO)를 생성시키며 흡열반응(-43.2Kcal/mol)하므로 가연물이 될 수 없다.

참고 질소(N_2)의 산화반응
$N_2 + O_2 \rightarrow 2NO -43.2kcal$
(질소) (산소) (일산화질소) (반응열)

답 ②

46. 고정식의 포소화설비의 기준에서 포헤드방식의 포헤드는 방호대상물의 표면적 몇 m^2 당 1개 이상의 헤드를 설치하여야 하는가?
① 3   ② 9
③ 15   ④ 30

해설 포헤드의 설치는 표면적(건축물일 경우 바닥면적) $9m^2$마다 1개 이상 설치한다.

답 ②

47. 다음 중 주된 연소형태가 분해연소인 것은?
① 목탄   ② 나트륨
③ 석탄   ④ 다이에틸에터

해설 가연물질의 연소형태
목탄(표면연소), 나트륨(표면연소), 석탄(분해연소), 다이에틸에터(증발연소)

답 ③

48. 이산화탄소소화기가 제6류 위험물의 화재에 대하여 적응성이 인정되는 장소의 기준은?
① 습도의 정도
② 밀폐성 유무
③ 폭발위험성의 유무
④ 건축물의 층수

해설 제6류 위험물을 저장 또는 취급하는 장소로서 폭발의 위험이 없는 장소에 한하여 이산화탄소소화기를 설치할 수 있다.

답 ③

49. 과염소산의 성질에 대한 설명이 아닌 것은?
① 가연성 물질이다.
② 산화성이 있다.
③ 물과 반응하여 발열한다.
④ Fe와 반응하여 산화물을 만든다.

해설 과염소산($HClO_4$)은 제6류 위험물(산화성액체)로서 불연성인 강산화제이다.

답 ①

50. 질산나트륨의 성상에 대한 설명 중 틀린 것은?
① 조해성이 있다.
② 강력한 환원제이며 물보다 가볍다.
③ 열분해하여 산소를 방출한다.
④ 가연물과 혼합하면 충격에 의해 발화할 수 있다.

해설 질산나트륨($NaNO_3$)은 제1류 위험물(산화성고체)로서 자체내에 다량의 산소를 함유한 강산화제이며 물보다 무겁다.

답 ②

51. 다음 중 물과 반응하여 메테인을 발생시키는 것은?
① 탄화알루미늄   ② 금속칼슘
③ 금속리튬   ④ 수소화나트륨

해설 탄화알루미늄(Al_4C_3)과 물(H_2O)이 반응하면 수산화알루미늄[$Al(OH)_3$]과 메테인(CH_4)을 발생한다.

참고 탄화알루미늄(Al_4C_3)과 물(H_2O)의 반응식
$$Al_4C_3 + 12H_2O \rightarrow 4Al(OH)_3 + 3CH_4$$
(탄화알루미늄)   (물)   (수산화알루미늄)   (메테인)

답 ①

52. 제5류 위험물에 대한 설명으로 옳지 않은 것은?
① 대표적인 성질은 자기반응성 물질이다.
② 피크린산은 나이트로화합물이다.
③ 모두 산소를 포함하고 있다.
④ 나이트로화합물은 나이트로기가 많을수록 폭발력이 커진다.

해설 제5류 위험물(자기반응성물질) 중 아조화합물, 다이아조화합물, 하이드라진 유도체 중에는 산소를 포함하지 않은 것도 있다.
- 아조벤젠($C_6H_5N=NC_6H_5$)
- 다이아조벤젠(CH_2N_2)
- 페닐하이드라진($C_6H_5NHNH_2$)

답 ③

53. 다음 위험물 중 지정수량이 나머지 셋과 다른 것은?
① C_4H_9Li ② K
③ Na   ④ LiH

해설 위험물의 지정수량
C_4H_9Li(뷰틸리튬) : 10kg, K(칼륨) : 10kg, Na(나트륨) : 10kg, LiH(수소화리튬) : 300kg

답 ④

54. 과망가니즈산칼륨에 대한 설명으로 틀린 것은?
① 분자식은 $KMnO_4$이며 분자량은 약 158이다.
② 수용액은 보라색이며 산화력이 강하다.
③ 가열하면 분해하여 산소를 방출한다.
④ 에탄올과 아세톤에는 불용이므로 보호액으로 사용한다.

해설 과망가니즈산칼륨($KMnO_4$)은 제1류 위험물(산화성고체)로서 강산화제이므로 제4류 위험물(인화성액체)인 에탄올(C_2H_5OH)과 아세톤(CH_3COCH_3) 등과 접촉하면 분해·폭발하므로 이들을 보호액으로 사용할 수 없다.

답 ④

55. 옥내소화전설비의 설치기준에서 옥내소화전은 제조소 등의 건축물의 층마다 당해 층의 각 부분에서 하나의 호스접속구까지의 수평거리가 몇 m 이하가 되도록 설치하여야 하는가?
① 5 ② 10
③ 15 ④ 25

해설 수평거리 : 25m 이하
참고 옥외소화전 : 수평거리 40m 이하

답 ④

56. 적린의 성상 및 취급에 대한 설명 중 틀린 것은?
① 황린에 비하여 화학적으로 안정하다.
② 연소시 오산화인이 발생한다.
③ 화재시 냉각소화가 가능하다.
④ 안전을 위해 산화제와 혼합하여 저장한다.

해설 적린(P)은 제2류 위험물(가연성고체)로서 강한 환원제이므로 산화제와의 접촉은 매우 위험하다.

답 ④

57. 다음 중 물과 접촉할 때 열과 산소를 발생하는 것은?
① 과산화칼륨 ② 과망가니즈산칼륨
③ 과산화수소 ④ 과염소산칼륨

해설 과산화칼륨(K_2O_2)은 제1류 위험물(산화성고체)중 금수성물질인 알칼리 금속의 과산화물로서 물과 격렬히 반응하며 산소(O_2)를 발생한다.
참고 과산화칼륨(K_2O_2)과 물(H_2O)의 반응식
$$2K_2O_2 + 2H_2O \rightarrow 4KOH + O_2$$
(과산화칼륨) (물) (수산화칼륨) (산소)

답 ①

58. A~D에 분류된 위험물의 지정수량을 각각 합하였을 때 다음 중 그 값이 가장 큰 것은?

| A. 이황화탄소 + 아닐린 |
| B. 아세톤 + 피리딘 + 경유 |
| C. 벤젠 + 클로로벤젠 |
| D. 중유 |

① A 위험물의 지정수량 합 ② B 위험물의 지정수량 합
③ C 위험물의 지정수량 합 ④ D 위험물의 지정수량 합

해설 위험물의 지정수량
- A : 50+2,000=2,050 ℓ
- B : 400+400+1,000=1,800 ℓ
- C : 200+1,000=1,200 ℓ
- D : 2,000 ℓ

답 ①

59. 제3류 위험물의 위험성에 대한 설명으로 틀린 것은?
① 칼륨은 피부에 접촉하면 화상을 입을 위험이 있다.
② 수소화나트륨은 물과 반응하여 수소를 발생한다.
③ 트라이에틸알루미늄은 자연발화하므로 물속에 넣어 밀봉 저장한다.
④ 황린은 독성 물질이고 증기는 공기보다 무겁다.

해설 제3류 위험물(금수성물질 및 자연발화성물질) 중 트라이에틸알루미늄$[(C_2H_5)_3Al]$은 공기중에서 또는 물과 반응하여 폭발적으로 연소하므로 공기 또는 물과의 접촉을 피하여야 한다.

참고 트라이에틸알루미늄$[(C_2H_5)_3Al]$의 반응식
- 트라이에틸알루미늄$[(C_2H_5)_3Al]$이 공기중에서 연소반응식
  $2(C_2H_5)_3Al + 21O_2 \rightarrow 12CO_2 + 15H_2O + Al_2O_3$
  (트라이에틸알루미늄) (산소)   (이산화탄소) (물) (산화알루미늄)
- 트라이에틸알루미늄$[(C_2H_5)_3Al]$과 물(H_2O)과의 반응식
  $(C_2H_5)_3Al + 3H_2O \rightarrow Al(OH)_3 + 3C_2H_6\uparrow$
  (트라이에틸알루미늄) (물) (수산화알루미늄) (에테인)

답 ③

60. 제4류 위험물의 위험성에 대한 설명으로 올바른 것은?
① 수용성 위험물은 난용성 위험물보다 소화가 곤란하다
② 증기비중이 큰 것일수록 작은것보다 인화의 위험성이 높다.
③ 인화점이 높을수록 인화점이 낮은것보다 위험하다.
④ 비휘발성 석유류가 휘발성 석유류보다 위험하다.

해설 제4류 위험물(인화성액체)중에서 증기비중이 큰 것은 증기가 낮은곳에 체류하므로 인화의 위험성이 크다.

답 ②

CBT 모의고사 25회

2022년 8월 28일 시행(대비문제)

1. 탄화칼슘의 성질에 대한 설명 중 틀린 것은?
① 질소 중에서 고온으로 가열하면 석회질소가 된다.
② 융점은 약 300℃이다.
③ 비중은 약 2.2이다.
④ 물질의 상태는 고체이다.

해설 탄화칼슘(CaC_2)은 제3류 위험물(금수성물질)로서 융점은 2,300℃로 매우 높다.

답 ②

2. 제3류 위험물에 대한 설명으로 옳은 것은?
① 대부분 물과 접촉하면 안정하게 된다.
② 일반적으로 불연성 물질이고 강산화제이다.
③ 대부분 산과 접촉하면 흡열반응을 한다.
④ 물에 저장하는 위험물도 있다.

해설 제3류 위험물 중 자연발화성 물질인 황린(P_4)은 물 속에 저장한다.

답 ④

3. 제4류 위험물에 대한 설명 중 틀린 것은?
① 이황화탄소는 물보다 무겁다.
② 아세톤은 물에 녹지 않는다.
③ 톨루엔 증기는 공기보다 무겁다.
④ 다이에틸에터의 연소범위 하한은 약 1.9%이다.

해설 제4류 위험물(인화성액체) 중 아세톤(CH_3COCH_3)은 제1석유류로서 수용성이며, 물에 완전히 혼합된다.

답 ②

4. 화재시 이산화탄소를 방출하여 산소의 농도를 12.5%로 낮추어 소화하려면 공기 중의 이산화탄소의 농도는 약 몇 vol %로 해야 하는가?
① 30.7   ② 32.8
③ 40.5   ④ 68.0

해설 CO_2 농도%

$$\frac{21 - O_2(\%)}{21} \times 100 = \frac{21 - 12.5}{21} \times 100$$
$$= 40.47 ≒ 40.5$$

답 ③

5. 다음 중 제1류 위험물로서 물과 반응하여 발열하면서 산소를 발생하는 것은?
① 염소산나트륨
② 탄화칼슘
③ 질산암모늄
④ 과산화나트륨

해설 과산화나트륨(Na_2O_2)은 제1류 위험물(산화성고체) 중 알칼리금속의 과산화물로서 물과 접촉하면 발열하며, 산소(O_2)를 발생한다.

참고 과산화나트륨(Na_2O_2)과 물(H_2O)과의 반응식
$$2Na_2O_2 + 2H_2O \rightarrow 4NaOH + O_2\uparrow$$
(과산화나트륨)　(물)　(수산화나트륨)　(산소)

답 ④

6. 제2류 위험물 마그네슘에 대한 설명으로 옳은 것은?
① 물보다 가벼운 금속이다.
② 분진폭발이 없는 물질이다.
③ 황산과 반응하면 수소가스를 발생한다.
④ 소화방법으로 직접적인 주수소화가 가장 좋다.

해설 마그네슘(Mg)과 황산(H_2SO_4)이 반응하면 발열하며 수소(H_2)를 발생한다.

참고 마그네슘(Mg)과 황산(H_2SO_4)의 반응식
$$Mg + H_2SO_4 \rightarrow MgSO_4 + H_2\uparrow$$
(마그네슘)　(황산)　(황산마그네슘)　(수소)

답 ③

7. 일반적인 제5류 위험물 취급시 주의사항으로 가장 거리가 먼 것은?
① 화기의 접근을 피한다.
② 물과 격리하여 저장한다.
③ 마찰과 충격을 피한다.
④ 통풍이 잘되는 냉암소에 저장한다.

해설 제5류 위험물(자기반응성물질)은 물과는 반응하지 않으며, 화재시 물은 소화제로 사용된다.

답 ②

8. 가연물이 되기 쉬운 조건이 아닌 것은?
① 산소와 친화력이 클 것
② 열전도율이 클 것
③ 발열량이 클 것
④ 활성화에너지가 작을 것

해설 가연물이 되는 물질은 열전도율이 작아 열의 축적이 잘 되어야 한다.

답 ②

9. 다음 중 물에 녹지 않는 인화성 액체는?
① 벤젠
② 아세톤
③ 메틸알코올
④ 아세트알데하이드

해설 벤젠(C_6H_6)은 제4류 위험물(인화성액체) 중 비수용성인 제1석유류이다.

답 ①

10. 휘발유의 일반적인 성상에 대한 설명으로 틀린 것은?
  ① 물에 녹지 않는다.
  ② 전기전도성이 뛰어나다.
  ③ 물보다 가볍다.
  ④ 주성분은 알칸 또는 알칸계 탄화수소이다.

  해설 휘발유(가솔린)는 제4류 위험물(인화성액체)로서 전기의 부도체이므로 전기전도성이 없어 정전기 발생에 주의하여야 한다.

  달 ②

11. 질산이 직사일광에 노출될 때 어떻게 되는가?
  ① 분해되지는 않으나 붉은 색으로 변한다.
  ② 분해되지는 않으나 녹색으로 변한다.
  ③ 분해되어 질소를 발생한다.
  ④ 분해되어 이산화질소를 발생한다.

  해설 질산(HNO_3)은 제6류 위험물(산화성액체)로서 직사일광에서 분해하여 이산화질소(NO_2)를 발생한다.

  참고 질산(HNO_3)의 분해반응식
  $4HNO_3 \rightarrow 2H_2O + 4NO_2 + O_2$
  (질산)   (물)   (이산화질소) (산소)

  달 ④

12. 나이트로셀룰로오스에 대한 설명 중 틀린 것은?
  ① 약 130℃에서 서서히 분해된다.
  ② 셀룰로오스를 진한 질산과 진한 황산의 혼산으로 반응시켜 제조한다.
  ③ 수분과의 접촉을 피하기 위해 석유 속에 저장한다.
  ④ 발화점은 약 160℃~170℃이다.

  해설 나이트로셀룰로오스[$C_6H_7O_2(ONO_2)_3$]n는 제5류 위험물(자기반응성물질)로서 저장·취급 중 자연발화의 위험이 있으므로 물과 알코올을 헝겊에 적셔서 저장하며, 석유속에 저장하는 것은 제3류 위험물 중 칼륨(K)과 나트륨(Na)이다.

  달 ③

13. 다음 중 발화점이 가장 낮은 물질은?
  ① 메틸알코올
  ② 등유
  ③ 아세트산
  ④ 아세톤

  해설 제4류 위험물의 발화점(착화점)
  • 메틸알코올(CH_3OH) 464℃
  • 등유 220℃전후
  • 아세트산(CH_3COOH) 427℃
  • 아세톤(CH_3COCH_3) 538℃

  달 ②

14. 옥외소화전설비의 기준에서 옥외소화전함은 옥외소화전으로부터 보행거리 몇 m 이하의 장소에 설치하여야 하는가?
① 1.5
② 5
③ 7.5
④ 10

해설 소화전과 소화전함까지의 상호거리는 보행거리 5m 이하의 장소에 설치한다.

답 ②

15. 다음 중 연소의 3요소를 모두 갖춘 것은?
① 휘발유 + 공기 + 수소
② 적린 + 수소 + 성냥불
③ 성냥불 + 황 + 산소
④ 알코올 + 수소 + 산소

해설 지문 각물질과 연소의 3요소의 소속
휘발유(가연물), 공기(산소공급원), 수소(가연물), 적린(가연물), 성냥불(점화원), 황(가연물), 산소(산소공급원), 알코올(가연물)

답 ③

16. 다음 중 화재 시 사용하면 독성의 $COCl_2$ 가스를 발생시킬 위험이 가장 높은 소화약제는?
① 액화이산화탄소
② 제1종 분말
③ 테트라클로로메탄
④ 공기포

해설 할로젠화합물 소화약제 중 테트라클로로메탄(CCl₄ · 사염화탄소)를 소화제로 사용할 때는 독성의 포스겐($COCl_2$)을 발생한다.

답 ③

17. 포소화약제의 주된 소화효과에 해당하는 것은?
① 부촉매효과
② 질식효과
③ 억제효과
④ 제거효과

해설 포소화약제는 대표적인 질식소화제이다.

답 ②

18. 산·알칼리 소화기에서 소화약을 방출하는데 방사 압력원으로 이용되는 것은?
① 공기
② 질소
③ 아르곤
④ 탄산가스

해설 산·알칼리 소화기는 물을 주성분으로 하는 냉각소화기로서 외약제인 탄산수소나트륨($NaHCO_3$)수용액과 내약제인 황산(H_2SO_4)의 반응에 의하여 생성된 이산화탄소(CO_2, 탄산가스)의 압력에 의하여 소화약제를 방출시키는 소화기이다.

참고 산·알칼리 소화기의 반응식
$$2NaHCO_3 + H_2SO_4 \rightarrow Na_2SO_4 + 2CO_2 + 2H_2O$$
(탄산수소나트륨) (황산) (황산나트륨) (이산화탄소) (물)

답 ④

19. 위험물의 성질에 대한 설명으로 틀린 것은?
① 인화칼슘은 물과 반응하여 유독한 가스를 발생한다.
② 금속나트륨은 물과 반응하여 산소를 발생시키고 발열한다.
③ 칼륨은 물과 반응하여 수소 가스를 발생한다.
④ 탄화칼슘은 물과 작용하여 발열하고 아세틸렌 가스를 발생한다.

해설 금속나트륨(Na)은 제3류 위험물 중 금수성 물질로 물과 반응하면 급격히 반응하면서 수산화나트륨(NaOH)과 수소(H_2)를 발생한다.

참고 금속나트륨(Na)과 물(H_2O)의 반응식
$2Na + 2H_2O \rightarrow 2NaOH + H_2$
(나트륨) (물) (수산화나트륨) (수소)

답 ②

20. 과염소산 300kg, 과산화수소 450kg, 질산 900kg을 보관하는 경우 각각의 지정수량 배수의 합은 얼마인가?
① 1.5   ② 3
③ 5.5   ④ 7

해설 과염소산($HClO_4$), 과산화수소(H_2O_2), 질산(HNO_3)은 제6류 위험물(산화성액체)이다.
제6류 위험물의 지정수량은 300kg

지정수량 배수의 합 = $\frac{300}{300} + \frac{450}{300} + \frac{900}{300}$ = 5.5배

답 ③

21. 트라이나이트로페놀의 성상 및 위험성에 관한 설명 중 옳은 것은?
① 운반시 에탄올을 첨가하면 안전하다.
② 강한 쓴맛이 있고 공업용은 휘황색의 침상결정이다.
③ 폭발성 물질이므로 철로 만든 용기에 저장한다.
④ 물, 아세톤, 벤젠 등에는 녹지 않는다.

해설 트라이나이트로페놀[$C_6H_2OH(NO_2)_3$]은 제5류 위험물(자기반응성물질) 중 나이트로화합물에 속하고 휘황색을 띠며, 쓴맛을 갖는다.

답 ②

22. 과산화수소의 저장 및 취급 방법으로 옳지 않은 것은?
① 갈색 용기를 사용한다.
② 직사광선을 피하고 냉암소에 보관한다.
③ 농도가 클수록 위험성이 높아지므로 분해방지 안정제를 넣어 분해를 억제시킨다.
④ 장기간 보관 시 철분을 넣어 유리용기에 보관한다.

해설 과산화수소(H_2O_2)는 제6류 위험물(산화성액체)로서 철(Fe)분 등 금속분과 접촉하면 폭발한다.

답 ④

23. 위험물의 위험등급을 구분할 때 위험등급 II에 해당하는 것은?
① 적린   ② 철분
③ 마그네슘   ④ 인화성고체

해설 제2류 위험물(가연성고체)의 위험등급 II 등급에 해당하는 위험물은 지정수량 100Kg인 황화인, 적린(P), 황(S) 3가지이다. (III 등급 : 마그네슘(Mg), 철(Fe)분, 금속분, 인화성 고체)

답 ①

24. 알루미늄분의 성질에 대한 설명으로 옳은 것은?
① 금속 중에서 연소열량이 가장 작다.
② 끓는 물과 반응해서 수소를 발생한다.
③ 수산화나트륨 수용액과 반응해서 산소를 발생한다.
④ 안전한 저장을 위해 할로젠 원소와 혼합한다.

해설 알루미늄(Al)분은 제2류 위험물(가연성고체)중 금속분에 해당되는 위험물로서 더운물에서 수소(H_2)를 발생한다.

답 ②

25. 위험물의 지하저장탱크 중 압력탱크 외의 탱크에 대해 수압시험을 실시할 때 몇 kPa의 압력으로 하여야 하는가? (단, 소방청장이 정하여 고시하는 기밀시험과 비파괴시험을 동시에 실시하는 방법으로 대신하는 경우는 제외한다.)
① 40 ② 50
③ 60 ④ 70

해설 지하저장탱크의 수압시험압력은 70Kpa의 압력으로 10분간 실시하여 새거나 변형되지 말아야 한다.

답 ④

26. 다음 중 지정수량이 나머지 셋과 다른 것은?
① 염소산나트륨
② 과산화칼슘
③ 질산칼륨
④ 아염소산나트륨

해설 위험물의 지정수량
• 염소산나트륨($NaClO_3$), 과산화칼슘(CaO_2), 아염소산나트륨($NaClO_2$)은 10Kg
• 질산칼륨(KNO_3)은 300Kg

답 ③

27. 운송책임자의 감독·지원을 받아 운송하여야 하는 것으로 대통령령으로 정하는 위험물에 해당하는 것은?
① 알킬리튬 ② 다이에틸에터
③ 과산화나트륨 ④ 과염소산

해설 운송책임자의 감독·지원을 받아 운송하여야 하는 위험물
• 알킬알루미늄
• 알킬리튬
• 알킬알루미늄 및 알킬리튬을 함유하는 위험물

답 ①

28. 위험물안전관리법에서 정의하는 "제조소등"에 해당되지 않는 것은?
① 제조소 ② 저장소
③ 판매소 ④ 취급소

해설 제조소등 이라함은 제조소, 저장소, 취급소를 말한다.

답 ③

29. 이산화탄소소화설비의 기준에서 전역방출방식의 분사헤드의 방사압력은 저압식의 것에 있어서는 1.05MPa 이상이어야 한다고 규정하고 있다. 이 때 저압식의 것은 소화약제가 몇 ℃ 이하의 온도로 용기에 저장되어 있는 것을 말하는가?
① -18℃
② 0℃
③ 10℃
④ 25℃

해설 저압식 이산화탄소 소화설비의 분사헤드 방사압력은 1.05MPa 이상이며, 소화약제가 -18℃ 이하의 온도로 용기에 저장되어 있어야 한다.

참고 고압식 이산화탄소 소화설비의 분사헤드 방사압력 : 2.1MPa 이상

답 ①

30. 정전기의 제거 방법으로 가장 거리가 먼 것은?
① 제전기를 설치한다.
② 공기를 이온화한다.
③ 습도를 낮춘다.
④ 접지를 한다.

해설 정전기의 제거방법
- 접지를 한다.
- 공기중의 상대습도를 70% 이상으로 한다.
- 공기를 이온화시킨다.

참고 제전기는 정전기 제거장치를 말한다.

답 ③

31. 염소산칼륨의 위험성에 관한 설명 중 옳은 것은?
① 아이오딘, 알코올류와 접촉하면 심하게 반응한다.
② 인화점이 낮은 가연성 물질이다.
③ 물에 접촉하면 가연성 가스를 발생한다.
④ 물을 가하면 발열하고 폭발한다.

해설 염소산칼륨($KClO_3$)은 제1류 위험물(산화성고체)중 염소산염류에 해당하는 강산화제이므로 가연물인 아이오딘, 알코올과 접촉으로 심하게 반응한다.

답 ①

32. 제2류 위험물에 대한 설명 중 틀린 것은?
① 아연분은 염산과 반응하여 수소를 발생한다.
② 적린은 연소하여 P_2O_5를 생성한다.
③ P_2S_5은 물에 녹아 주로 이산화황을 발생한다.
④ 제2류 위험물은 가연성 고체이다.

해설 제2류 위험물(가연성고체)인 오황화인(P_2S_5)은 물과 반응하여 황화수소(H_2S)와 인산(H_3PO_4)을 생성한다.

답 ③

33. 황린에 대한 설명 중 옳은 것은?
① 공기 중에서 안정한 물질이다.
② 물, 이황화탄소, 벤젠에 잘 녹는다.
③ KOH 수용액과 반응하여 유독한 포스핀가스가 발생한다.
④ 담황색 또는 백색의 액체로 일광에 노출하면 색이 짙어지면서 적린으로 변한다.

해설 황린(P_4)은 제3류 위험물 금수성물질이며 수산화칼륨(KOH)수용액 속에 넣어 60℃로 가열하면 차아인산칼륨(KH_2PO_2)과 포스핀(PH_3)을 발생한다.

참고 황린(P_4)이 수산화칼륨(KOH)수용액에서 반응식
P_4 + 3KOH + $3H_2O$ → $3KH_2PO_2$ + PH_3↑
(황린) (수산화칼륨) (물)   (차아인산칼륨) (인화수소·포스핀)

답 ③

34. 다음 중 금속칼륨의 보호액으로 가장 적당한 것은?
① 물
② 아세트산
③ 등유
④ 에틸알코올

해설 금속칼륨(K)은 제3류 위험물 중 금수성물질로서 공기 중의 수분 및 알코올 등과의 접촉으로 급격히 반응하여 수소(H_2)를 발생하며 연소하므로 보호액인 석유(등유, 경유, 파라핀) 속에 넣어 보관한다.

답 ③

35. 다음 중 물과 작용하여 분자량이 26인 가연성 가스를 발생시키고 발생한 가스가 구리와 작용하면 폭발성 물질을 생성하는 것은?
① 칼슘
② 인화석
③ 탄화칼슘
④ 금속나트륨

해설 탄화칼슘(CaC_2)이 물과 반응하면 아세틸렌(C_2H_2)을 발생하며, C_2H_2(아세틸렌)의 분자량은 12×2+2=26이다.

참고 C_2H_2(아세틸렌)은 Cu(구리)와 중합반응하여 폭발성의 Cu_2C_2(구리아세틸라이드)를 만든다.

답 ③

36. 포름산에 대한 설명으로 옳은 것은?
① 환원성이 있다.
② 초산 또는 빙초산이라고도 한다.
③ 독성은 거의 없고 물에 녹지 않는다.
④ 비중은 약 0.6이다.

해설 포름산(HCOOH)은 제4류 위험물(인화성액체)중 제2석유류에 속하며, 개미산 또는 의산이라 하고 알데하이드와 같은 강한 환원성을 가진다.

답 ①

37. 다음 위험물 중 인화점이 가장 낮은 것은?
① 산화프로필렌
② 벤젠
③ 다이에틸에터
④ 이황화탄소

해설 위험물의 인화점
- 산화프로필렌(OCH_2CHCH_3) : -37℃
- 벤젠(C_6H_6) : -11℃
- 다이에틸에터($C_2H_5OC_2H_5$) : -45℃
- 이황화탄소(CS_2) : -30℃

답 ③

38. 다음 중 벤젠 증기의 비중에 가장 가까운 값은?
① 0.7
② 0.9
③ 2.7
④ 3.9

해설 벤젠(C_6H_6)의 증기비중

증기비중 = $\dfrac{\text{분자량}}{\text{공기의 평균분자량}} = \dfrac{12 \times 6 + 6}{29}$

= 2.689

≒ 2.7

답 ③

39. 다음 물질을 과산화수소에 혼합했을 때 위험성이 가장 낮은 것은?
① 산화제이수은
② 물
③ 이산화망가니즈
④ 탄소분말

해설 과산화수소(H_2O_2)는 제6류 위험물(산화성액체)로서 강산화제이며, 물과는 자유로이 희석되며, 3% 수용액은 소독약(옥시풀)으로 사용된다.

답 ②

40. 염소산나트륨의 저장 및 취급에 관한 설명으로 틀린 것은?
① 건조하고 환기가 잘 되는 곳에 저장한다.
② 방습에 유의하여 용기를 밀전시킨다.
③ 유리용기는 부식되므로 철제용기를 사용한다.
④ 금속분류의 혼입을 방지한다.

해설 염소산나트륨($NaClO_3$)은 제1류 위험물(산화성고체) 중 염소산염류에 해당되는 강산화제로서 철제용기를 부식시키므로 유리 등의 용기를 사용한다.

답 ③

41. 질산기의 수에 따라서 강면약과 약면약으로 나눌 수 있는 위험물로서 함수 알코올로 습면하여 저장 및 취급하는 것은?
① 나이트로글리세린
② 나이트로셀룰로오스
③ 트라이나이트로톨루엔
④ 질산에틸

해설 질화면, 면화약은 제5류 위험물(자기반응성물질) 질산에스터류에 속하는 나이트로셀룰로오스 $[C_6H_7O_2(ONO_2)_3]n$를 말한다.

답 ②

42. 다음 중 물과 접촉하면 발열하면서 산소를 방출하는 것은?
① 과산화칼륨
② 염소산암모늄
③ 염소산칼륨
④ 과망가니즈산칼륨

해설 제1류 위험물(산화성고체) 중 알칼리금속의 과산화물인 과산화칼륨(K_2O_2)은 물(H_2O)과 접촉하여 급격히 반응하며, 수산화칼륨(KOH)과 산소(O_2)를 발생한다.

답 ①

43. 제1류 위험물이 위험을 내포하고 있는 이유를 옳게 설명한 것은?
① 산소를 함유하고 있는 강산화제이기 때문에
② 수소를 함유하고 있는 강환원제이기 때문에
③ 염소를 함유하고 있는 독성물질이기 때문에
④ 이산화탄소를 함유하고 있는 질식제이기 때문에

해설 제1류 위험물(산화성고체)은 자체내부에 산소를 다량 함유한 강산화제로서 열분해로 발생된 조연성 가스인 산소(O_2)는 다른 가연물의 연소를 돕는다.

답 ①

44. 과염소산의 저장 및 취급방법이 잘못된 것은?
① 가열, 충격을 피한다.
② 화기를 멀리한다.
③ 저온의 통풍이 잘되는 곳에 저장한다.
④ 누설하면 종이, 톱밥으로 제거한다.

해설 과염소산($HClO_4$)은 제6류 위험물(산화성액체)로서 강산화제이며, 종이·헝겊·톱밥 등과 접촉하면 연소한다.

답 ④

45. 다음 위험물 중 지정수량이 나머지 셋과 다른 것은?
① 적린   ② 황
③ 황화인 ④ 철분

해설 위험물의 지정수량
- 적린, 황, 황화인 : 100kg
- 철분 : 500kg

답 ④

46. 물과 반응하여 포스핀가스를 발생하는 것은?
① Ca_3P_2 ② CaC_2
③ LiH   ④ P_4

해설 Ca_3P_2(인화칼슘)과 물과의 반응식
Ca_3P_2 + $6H_2O$ → $3Ca(OH)_2$ + $2PH_3$
(인화칼슘) (물) (수산화칼슘) (인화수소·포스핀)

답 ①

47. 비중이 0.8인 메틸알코올의 지정수량을 kg으로 환산하면 얼마인가?
① 200   ② 320
③ 460   ④ 500

해설 메틸알코올의 지정수량 400ℓ

비중(S) = $\dfrac{W}{V}$ 에서

질량(W) = S×V = 0.8 × 400 = 320kg

답 ②

48. 위험물안전관리법령에서 농도를 기준으로 위험물을 정의하고 있는 것은?
① 아세톤
② 마그네슘
③ 질산
④ 과산화수소

해설 위험물의 정의기준
- 아세톤(CH_3COCH_3) : 인화점
- 마그네슘(Mg) : 입자의 직경 및 성분의 중량%
- 질산(HNO_3) : 비중
- 과산화수소(H_2O_2) : 농도%

답 ④

49. 지정수량의 얼마 이하의 위험물에 대하여는 위험물안전관리법령에서 정한 유별을 달리하는 위험물의 혼재기준을 적용하지 아니하여도 되는가?
① 1/2
② 1/3
③ 1/5
④ 1/10

해설 지정수량 $\frac{1}{10}$ 이하의 위험물은 위험물의 혼재기준을 적용하지 않는다.

답 ④

50. 2몰의 브로민산칼륨이 모두 열분해되어 생긴 산소의 양은 2기압 27℃에서 약 몇 L인가?
① 32.42
② 36.92
③ 41.34
④ 45.64

해설 이상기체상태방정식에 의한 산소의 체적구하기
$2KBrO_3 \rightarrow 2KBr + 3O_2$
PV = nRT에서 $V = \dfrac{nRT}{P}$

$V = \dfrac{3 \times 0.082 \times (27+273)}{2} = 36.9\,\ell$

답 ②

51. 시약(고체)의 명칭이 불분명한 시약병의 내용물을 확인하려고 뚜껑을 열어 시계접시에 소량을 담아놓고 공기중에서 햇빛을 받는 곳에 방치하던 중 시계접시에서 갑자기 연소현상이 일어났다. 다음 물질 중 이 시약의 명칭으로 예상할 수 있는 것은?
① 황
② 황린
③ 적린
④ 질산암모늄

해설 제3류 위험물중 자연발화성물질인 황린(P_4)은 공기중에서 자연발화한다.

답 ②

52. 과산화수소의 성질에 대한 설명 중 틀린 것은?
① 알칼리성 용액에 의해 분해될 수 있다.
② 산화제이다.
③ 농도가 높을수록 안정하다.
④ 열, 햇빛에 의해 분해될 수 있다.

해설 과산화수소(H_2O_2)는 제6류 위험물(산화성액체)로서 위험물의 농도는 36% 이상이어야 하며, 농도가 증가하여 60% 이상에서는 단독으로 폭발한다.

답 ③

53. 질산칼륨에 대한 설명 중 틀린 것은?
① 물에 녹는다.
② 흑색화약의 원료로 사용된다.
③ 가열하면 분해하여 산소를 방출한다.
④ 단독 폭발 방지를 위해 유기물 중에 보관한다.

해설 질산칼륨(KNO_3)은 제1류 위험물(산화성고체)로서 자체내부에 다량의 산소를 함유하는 강산화제이므로 유기물과 같은 가연물과 혼합하면 제5류 위험물(자기반응성물질)과 같은 위험성을 가진다.

답 ④

54. 벤조일퍼옥사이드에 대한 설명 중 틀린 것은?
① 물과 반응하여 가연성 가스가 발생하므로 주수소화는 위험하다.
② 상온에서 고체이다.
③ 진한 황산과 접촉하면 분해폭발의 위험이 있다.
④ 발화점은 약 125℃ 이고 비중은 약 1.33 이다.

해설 벤조일퍼옥사이드[($C_6H_5CO)_2O_2$]는 제5류 위험물(자기반응성물질)중 유기과산화물에 속하며 물에는 불용성이며 반응하지 않으므로 연소시 주수소화는 적용성이 있다.

답 ①

55. 물질의 일반적인 연소형태에 대한 설명으로 틀린 것은?
① 파라핀의 연소는 표면연소이다.
② 산소공급원을 가진 물질이 연소하는 것을 자기연소라고 한다.
③ 목재의 연소는 분해연소이다.
④ 공기와 접촉하는 표면에서 연소가 일어나는 것을 표면연소라고 한다.

해설 파라핀은 고체상태이나 가열하면 액체가 되어 액체표면에서 발생하는 증기는 점화원에 의하여 증발연소한다.

답 ①

56. 화재의 종류와 급수의 분류가 잘못 연결된 것은?
① 일반화재 – A급 화재
② 유류화재 – B급 화재
③ 전기화재 – C급 화재
④ 가스화재 – D급 화재

해설 가스화재는 유류화재와 함께 B급 화재에 속하며 D급 화재는 금속화재이다.

답 ④

57. 제4류 위험물 중 특수인화물에 해당하지 않는 것은?
① 아이소프로필아민
② 다이에틸에터
③ 메틸에틸케톤
④ 아세트알데하이드

> **해설** 메틸에틸케톤($CH_3COC_2H_5$)은 제4류 위험물(인화성액체) 중 제1석유류에 속한다.

답 ③

58. 유류나 전기설비 화재에 적합하지 않은 소화기는?
① 이산화탄소소화기
② 분말소화기
③ 봉상수소화기
④ 할로젠화합물소화기

> **해설** 유류 화재에 봉상수소화기는 화재면을 확대시키며 전기화재에는 감전의 위험이 있다.

답 ③

59. 위험물안전관리법에서 정한 제6류 위험물의 성질은?
① 자기반응성 물질
② 금수성 물질
③ 산화성 액체
④ 인화성 액체

> **해설** 제6류 위험물의 성질은 산화성액체이다.

답 ③

60. 다음 중 제2류 위험물이 아닌 것은?
① 적린
② 황린
③ 황
④ 황화인

> **해설** 황린(P_4)은 제3류 위험물 자연발화성물질이다.

답 ②

CBT 모의고사 26회
2023년 1월 28일 시행(대비문제)

1. 다음 중 정전기를 제거하는 방법으로 옳지 않은 것은?
① 접지를 하였다.
② 공기를 이온화하였다.
③ 공기 중의 상대습도를 70% 이상으로 하였다.
④ 공기를 4℃ 이하로 냉각하였다.

   해설 정전기 제거방법에서 공기의 온도는 무관하다. 답 ④

2. 산소 공급원을 차단하여 가연물 연소를 소화하는 작용은?
① 희석작용
② 냉각작용
③ 질식작용
④ 가연물제거작용

   해설 산소 공급원의 차단에 의한 소화방법을 질식작용이라 한다. 답 ③

3. 위험물 화재 시 연소를 중단시키기 위한 방법으로 옳지 않은 것은?
① 증발잠열을 이용한 주수로 냉각시킨다.
② 열전도율이 좋은 금속분말로 온도를 낮춘다.
③ 불연성 기체를 방사하여 산소 공급을 차단한다.
④ 불연성 분말을 뿌려 산소 공급을 차단한다.

   해설 제2류 위험물(가연성고체) 금속분말을 화재 시 사용하면 분진폭발의 위험을 갖는다. 답 ②

4. 분말소화제로 분류되지 않는 것은?
① 탄산수소나트륨
② 제1인산암모늄
③ 탄산수소칼륨
④ 물 슬러리

   해설 물 슬러리(slurry)는 고체와 액체의 혼합물 또는 미세한 고체입자가 물속에 현탁 된 현탁액으로 소화제로 사용하지 않는다. 답 ④

5. 자기반응성 물질은 제 몇류 위험물인가?
① 제2류 위험물
② 제3류 위험물
③ 제5류 위험물
④ 제6류 위험물

해설 자기반응성물질은 위험물안전관리법에서 정하는 제5류 위험물의 성질에 해당한다.
- 제2류 위험물 : 가연성고체
- 제3류 위험물 : 자기반응성 물질과 금수성 물질
- 제6류 위험물 : 산화성 액체

답 ③

6. 다음 중 위험물의 위험등급이 다른 것은?
① 알칼리금속
② 아염소산염류
③ 질산에스터류
④ 제6류 위험물

해설 제3류 위험물 금수성 물질인 알칼리금속은 지정수량 50kg으로 위험등급 Ⅱ등급에 속한다.
- 제1류 위험물(산화성고체) 아염소산염류, 제5류 위험물(자기반응성물질) 질산에스터류, 제6류 위험물(산화성액체)는 모두 위험등급 Ⅰ등급에 속한다.

답 ①

7. 소화기의 공통된 유지 관리에 관한 사항으로 가장 거리가 먼 것은?
① 동결, 변질의 우려가 없는 곳에 설치할 것
② 화재의 위험성이 높은 장소에는 집중적으로 설치할 것
③ 통행이나 피난에 지장이 없는 곳에 설치할 것
④ 설치된 지점은 잘 보이도록 "소화기"표시를 할 것

해설 소화기의 설치방법은 소방대상물의 규모와 위험물의 양에 대하여 산출된 소요단위에 맞추어 능력단위 이상을 비치하여야 한다.

답 ②

8. 소화기구의 능력단위를 가장 잘 설명한 것은?
① 위험물의 양에 대한 기준단위이다.
② 소화기 1개로 소화할 수 있는 능력이다.
③ 소화능력에 따라 측정한 수치이다.
④ 지정수량을 초과하여 보관할 수 있는 능력이다.

해설 소화기구의 능력단위는 A급, B급에 의한 소화능력시험에 따라 측정한 수치를 말한다. 전기화재인 C급 화재는 능력단위를 표시하지 않는다.

답 ③

9. 분말 소화약제의 분류가 바르게 연결된 것은?
① 제1종 분말약제 : $KHCO_3$
② 제2종 분말약제 : $KHCO_3 + (NH_2)_2CO$
③ 제3종 분말약제 : $NH_4H_2PO_4$
④ 제4종 분말약제 : $NaHCO_3$

해설 제3종 분말(제1인산암모늄)의 화학식은 $NH_4H_2PO_4$이다.
- 제1종 분말 : $NaHCO_3$(탄산수소나트륨)
- 제2종 분말 : $KHCO_3$(탄산수소칼륨)
- 제4종 분말 : $KHCO_3+(NH_2)_2CO$(탄산수소칼륨과 요소의 혼합 반응물)

답 ③

10. 다음 중 분진 폭발의 위험성이 가장 적은 것은?
① 금속분
② 밀가루
③ 플라스틱분
④ 염소산칼륨의 가루

해설 제1류 위험물(산화성고체) 염소산염류인 염소산칼륨($KClO_3$)은 불연성물질인 강산화제로 분진 폭발의 위험이 없으며 화재 주변에 있을 경우 강력한 산소공급원이 된다.
- 분진폭발은 공기중에 가연성인 비휘발성의 액체 또는 고체가 미세한 입자로 폭발범위 내에 존재할 때 착화에너지에 의하여 일어나는 현상이다.

답 ④

11. 금속칼륨의 지정수량은 몇 kg인가?
① 10
② 50
③ 500
④ 5,000

해설 제3류 위험물 금수성 물질인 금속칼륨(K)의 지정수량은 10kg이며 위험등급 Ⅰ등급에 해당된다.

답 ①

12. 등유에 관해서 다음 중 틀린 것은?
① 물보다 가볍다.
② 착화온도 120℃이다.
③ 석유류분 중 비점이 약 150~300℃의 유분이다.
④ 증기는 공기보다 무겁다.

해설 제4류 위험물(인화성액체) 제2석유류를 대표하는 지정품목인 등유의 착화점 220℃ 전후이다.

답 ②

13. 다음 물질 중에서 제5류 위험물에 해당하는 것은?
① 아세트산에스터
② 질산에스터
③ 포름산에스터
④ 프로피온산에스터

해설 제5류 위험물(자기반응성물질) 질산에스터류는 위험등급Ⅰ에 해당하는 위험성이 매우 높은 제5류 위험물에 해당한다.
- 아세트산에스터, 포름산에스터, 프로피온산에스터는 모두 제4류 위험물(인화성액체)에 해당한다.

답 ②

14. 옥외탱크저장소에서 제4류 위험물의 탱크에 설치하는 통기장치 중 밸브 없는 통기관은 지름이 얼마 이상인 것으로 설치해야 되는가? (단, 압력탱크 제외)
① 10mm
② 20mm
③ 30mm
④ 40mm

> **해설** 옥내 및 옥외탱크저장소의 밸브 없는 통기관의 지름은 30mm 이상이다.
> • 간이탱크저장소의 밸브 없는 통기관의 지름은 25mm 이상이다.

답 ③

15. 법령상 제4류 위험물 중에서 제1석유류, 제2석유류로 분류하는 기준은 무엇인가?
① 비중으로 분류한다.
② 공기밀도로 구분한다.
③ 인화점으로 구분한다.
④ 연소범위로 구분한다.

> **해설** 제4류 위험물(인화성액체)의 석유류 분류기준은 인화점으로 한다.

답 ③

16. 다음 중 비중이 물보다 무거운 것은?
① 아세톤
② 이황화탄소
③ 벤젠
④ 경유

> **해설** 제4류 위험물(인화성액체) 특수인화물인 이황화탄소(CS_2)의 비중은 1.26으로 물의 비중 1보다 1.26배 무겁다.
> • 아세톤(CH_3COCH_3)의 비중 0.79, 벤젠(C_6H_6)의 비중 0.88, 경유의 비중 0.75~0.85로 모두 물의 비중 1보다 작으므로 물보다 가볍다.

답 ②

17. 산화성액체 위험물의 공통성질이 아닌 것은?
① 자신들은 모두 불연성 물질이다.
② 물보다 무겁고 물에 녹기 쉽다.
③ 과산화수소를 제외하고 강산성 물질이다.
④ 제1류 위험물과 혼합 시 환원성이 증가한다.

> **해설** 산화성액체(제6류 위험물)은 강산화제로써 제1류 위험물(산화성고체)과 혼합하면 산화성이 증가한다.

답 ④

18. 인화석회에 물을 가했을 때 발생하는 가스는?
① H_2
② C_2H_4
③ PH_3
④ O_2

> **해설** 제3류 위험물 금수성 물질 금속의 인화합물인 인화석회(Ca_3P_2)와 물(H_2O)이 반응[$Ca_3P_2 + 6H_2O \rightarrow 3Ca(OH)_2 + 2PH_3\uparrow$]하면 발열하며 수산화칼슘[$Ca(OH)_2$]과 유독성이며 가연성인 인화수소($PH_3$)를 발생한다.

답 ③

19. 질산암모늄의 일반적인 성질에 관한 설명으로 올바른 것은?
① 조해성이 없다.
② 무색무취의 액체이다.
③ 물에 녹을 때에는 발열반응을 나타낸다.
④ 급격한 가열충격에 따라 폭발의 위험이 있다.

해설 제1류 위험물(산화성고체) 질산염류인 질산암모늄(NH_4NO_3)은 무색, 무취의 결정으로 조해성이 있으며 물, 알코올에 잘 녹으며 물에 녹을 때에는 흡열반응을 하며 단독으로도 급격한 가열, 충격으로 분해, 폭발하므로 ANFO화약의 원료로 사용한다.

답 ④

20. 질산을 오산화인과 작용시키면 어떤 물질이 생성되는가?
① P_2O_5
② NO
③ N_2O
④ N_2O_5

해설 제6류 위험물(산화성액체) 질산(HNO_3)과 오산화인(P_2O_5)이 반응[$2HNO_3+P_2O_5 \rightarrow N_2O_5+ 2HPO_3$]하면 오산화이질소($N_2O_5$)와 메타인산($HPO_3$)이 생성된다.

답 ④

21. 다음 황린에 대한 설명 중 옳은 것은?
① 공기 중에서 안정한 물질이다.
② 물, 이황화탄소, 벤젠에 잘 녹는다.
③ KOH용액과 반응하여 유독성 포스핀가스가 발생한다.
④ 담황색 또는 백색의 액상으로 일광에 노출하면 색이 짙어지면서 적린으로 변한다.

해설 제3류 위험물 자연발화성물질인 황린(P_4)이 수산화칼륨(KOH) 수용액과 반응[$P_4+3KOH+3H_2O \rightarrow 3KH_2PO_2+PH_3 \uparrow$]하면 차아인산칼륨($KH_2PO_2$)과 유독성이며 가연성인 포스핀($PH_3$)을 발생한다.
- 황린(P_4)은 담황색 또는 백색의 고체로서 착화점이 낮으므로 공기중에서 불안정하며 물에 녹지 않으며 pH9의 물속에 저장하며 벤젠에 극히 적게 녹으며 250℃로 가열 후 냉각시키면 적린(P)이 된다.

답 ③

22. 다음은 벤조일퍼옥사이드에 관한 설명이다. 틀린 것은?
① 상온에서는 충격에 의해 폭발하지 않는다.
② 물에는 녹지 않으며 무색의 입상결정 고체이다.
③ 진한 황산, 질산 등에 의해서 분해폭발의 위험이 있다.
④ 용기는 완전히 밀전 밀봉하고 환기가 잘되는 찬곳에 저장한다.

해설 제5류 위험물(자기반응성물질) 유기과산화물인 벤조일퍼옥사이드[$(C_6H_5CO)_2O_2$]는 상온에서 건조한 상태의 것은 마찰 및 충격에 의한 폭발의 위험이 있다.

답 ①

23. 메탄올과 에탄올의 공통점이 아닌 것은?
① 증기 비중이 같다.
② 무색투명한 액체이다.
③ 비중(물=1)이 1보다 작다.
④ 물에 잘 녹는다.

해설 제4류 위험물(인화성액체) 알코올류인 메탄올(CH_3OH)과 에탄올(C_2H_5OH)은 서로 분자량이 다르기 때문에 분자량을 공기의 평균분자량 29로 나누어 구하는 증기 비중은 다르다.

답 ①

24. 염소산칼륨의 성질로 맞는 것은?
① 황색의 분말이다.
② 글리세린에 녹는다.
③ 100℃에서 분해된다.
④ 냉수, 알코올에 잘 녹는다.

해설 제1류 위험물(산화성고체) 염소산염류인 염소산칼륨($KClO_3$)은 온수 및 글리세린에 잘 녹으며 냉수 및 알코올에 녹기 어렵다.
• 염소산칼륨($KClO_3$)은 무색의 결정 또는 백색 분말이며 분해온도는 400℃이다.

답 ②

25. 경유의 성상을 잘못 설명한 것은?
① 물에 녹기 어렵다.
② 비중은 1 이하이다.
③ 인화점은 중유보다 높다.
④ 보통 시판되는 것은 담갈색의 액체이다.

해설 제4류 위험물(인화성액체) 제2석유류인 경유의 인화점 50~70℃는 중유(직류)의 인화점 60~150℃보다 낮다.

답 ③

26. 황린의 성질로서 다음 중 잘못된 것은?
① 물속에 저장하는 경우는 약 알칼리성으로 하는 것이 좋다.
② 독성이 있는 물질로 공기 중에서 인광을 낸다.
③ 착화온도는 낮고 공기 중에서 자연발화한다.
④ 담황색의 액체로서 특이한 냄새를 풍긴다.

해설 제3류 위험물 자연발화성 물질인 황린(P_4)은 담황색 또는 백색의 고체이다.

답 ④

27. 다음은 질산에틸의 성질을 설명한 것이다. 틀린 것은?
① 증기는 공기보다 무겁다.
② 인화점이 35℃이므로 겨울철에는 인화 위험이 없다.
③ 물에는 녹지 않으나 알코올에는 녹는다.
④ 무색 투명한 액체이다.

해설 제5류 위험물(자기반응성물질) 질산에스터류인 질산에틸($C_2H_5ONO_2$)의 인화점은 10℃ 이므로 겨울철에 인화의 위험이 있다.

답 ②

28. 나이트로셀룰로오스를 저장 운반 시 어느 물질에 습면하는 것이 좋은가?
① 에터 또는 물
② 물 또는 알코올
③ 파라핀
④ 아세톤

해설 제5류 위험물(자기반응성물질) 질산에스터류인 나이트로셀룰로오스$[C_6H_7O_2(ONO_2)_3]n$는 분해열에 의하여 자연발화의 위험이 있으므로 함수알코올(물을 함유한 알코올)로 습면시켜 저장, 운반하는 것이 좋다.

답 ②

29. 오황화인이 공기 중의 습기를 흡수하여 분해하였을 때 생성되는 물질은?

① C_2H_2
② H_2S
③ H_2
④ PH_3

해설 제2류 위험물(가연성고체) 황화인 중 오황화인(P_2S_5)은 습기(H_2O)를 흡수하면 발열하며 분해[$P_2S_5 + 8H_2O \rightarrow 5H_2S \uparrow + 2H_3PO_4$]하여 인산($H_3PO_4$)과 가연성이며 유독성인 황화수소($H_2S$)를 생성한다.

답 ②

30. 다음은 황의 성질을 설명한 것이다. 옳은 것은?

① 전기의 양도체이다.
② 물에 잘 녹는다.
③ 매우 연소하기 어려운 가연성 고체이다.
④ 높은 온도에서 탄소와 반응하며 인화성이 큰 이황화탄소가 생긴다.

해설 제4류 위험물(인화성액체) 특수인화물인 이황화탄소(CS_2)는 황(S)과 코크스(C)를 혼합하여 전기로에서 고온으로 강열 $C + 2S \xrightarrow[\Delta]{800 \sim 900℃} CS_2$하여 만든다.

답 ④

31. 제조소 등의 소요단위 산정 시 위험물은 지정수량의 몇 배를 소요단위로 하는가?

① 5배
② 10배
③ 20배
④ 50배

해설 위험물 제조소등에서 저장·취급하는 위험물에 대한 소요단위 1단위는 지정수량의 10배를 말한다.

답 ②

32. 강화액 소화기에 관한 설명 중 바르지 못한 것은?

① 제5류 위험물 화재에 적응성이 있다.
② 제6류 위험물 화재에 적응성이 있다.
③ 봉상강화액소화기는 제4류 위험물에 적응성이 있다.
④ 무상(霧狀)과 봉상(棒狀)강화액 소화기로 대별된다.

해설 물줄기를 굵게 하는 봉상강화액소화기는 제4류 위험물(인화성액체)의 화재에 주수할 경우 화재 확대 위험성을 가지므로 적응성이 없다.
• 안개 상태의 분무 주수를 하는 강화액소화기는 제4류 위험물(인화성액체)의 소화적응성을 갖는다.

답 ③

33. 다음 중 할로젠화합물 소화약제인 Halon 1301의 분자식은?

① CH_3Br
② CH_3I
③ CF_2Br_2
④ CF_3Br

해설 Halon 1301의 숫자는 C, F, Cl, Br, I를 문자와 개수로 표시한 것으로 분자식은 CF_3Br(브로모트라이플루오로메탄)이다.
분자식에 대한 Halon No.
- CH_3Br(브로모화메탄) : Halon 1001
- CH_3I(아이오도메탄) : 소화제로 부적합,
- CF_2Br_2(다이브로모다이플루오로메탄) : Halon 1202

답 ④

34. 위험물제조소 등의 전기설비가 있는 곳에 적응하는 소화설비는?
① 옥내소화전설비
② 스프링클러설비
③ 포소화설비
④ 할로젠화합물소화설비

해설 위험물 제조소등에 설치된 전기설비의 적응소화 설비는 이산화탄소 소화설비, 할로젠화합물 소화설비가 적응성이 있다.
- 전기설비의 화재에 물을 주제로 하는 옥내소화전설비, 스프링클러설비, 포소화설비를 사용하면 감전의 위험이 있으므로 사용을 금한다.

답 ④

35. 다음 중 소화약제로 사용하지 않는 것은?
① CH_3Br
② $NaHCO_3$
③ $Al_2(SO_4)_3$
④ $CaSO_4$

해설 $CaSO_4$(황산칼슘)을 석고하 하며 소화약제로 사용하지 않는 물질이다.

답 ④

36. 제조소 또는 취급소용 건축물로서 외벽이 내화구조로 된 것은 연면적 몇 m^2를 소요단위 1단위로 하는가?
① $50m^2$
② $100m^2$
③ $150m^2$
④ $200m^2$

해설 제조소 또는 취급소용 건축물 외벽이 내화구조일 경우 연면적 $100m^2$를 소요단위 1단위로 하며 외벽이 내화구조가 아닐 경우는 $50m^2$를 소요단위 1단위로 한다.

답 ②

37. 위험물의 제조소에는 주의사항을 표시한 게시판을 따로 설치해야 한다. 제4류 위험물에 표시해야 하는 내용은?
① 화기주의
② 물기엄금
③ 화기엄금
④ 충격주의

해설 제4류 위험물(인화성액체)의 제조소에 설치하는 주의사항 게시판 표시사항은 "화기엄금"이다.

답 ③

38. 다음 중 연소가 일어나기 위한 조건에 해당되지 않는 것은?
① 성냥불
② 헬륨
③ 산소
④ 황

해설 원소 주기율표 0족(비활성기체) 헬륨(He)은 가연물이 될 수 없으므로 연소하지 않는다.

답 ②

39. 다음 위험물 중 옥외탱크저장소에 저장하는 경우에 있어서 수조에 넣어 보관해야 하는 물질은?
① 이황화탄소
② 휘발유
③ 경유
④ 다이에틸에터

해설 제4류 위험물(인화성액체) 특수인화물인 이황화탄소(CS_2)는 물보다 무겁고 물에 녹지 않는 휘발성과 독성이 강한 위험물로써 저장방법은 수조(물탱크)에 넣어 저장한다.

답 ①

40. 다음 중 제4류 위험물 화재에 적용할 수 없는 소화기는?
① 포소화기
② 물소화기
③ 인산염류소화기
④ 이산화탄소소화기

해설 제4류 위험물(인화성액체)은 대부분 물보다 가벼운 액체로서 화재 발생 시 소화 방법은 공기 차단에 의한 질식소화 방법을 사용하며 물을 소화제로 사용하면 비중 차이에 의하여 화재면을 확대할 위험이 있으므로 사용하지 않는다.

답 ②

41. 황린의 저장 보호액을 pH9로 유지하는 이유로 옳은 것은?
① 착화점을 낮추기 위하여
② PH_3의 생성을 방지하기 위하여
③ P_2O_5의 생성을 방지하기 위하여
④ 적린으로 변이하는 것을 방지하기 위하여

해설 제3류 위험물 자연발화성물질인 황린(P_2)은 공기 중에서 자연발화하므로 물속에 저장하나 장시간 보관 시 독성이며 가연성인 PH_3(포스핀)을 생성하므로 이를 제거하기 위하여 pH9(약알칼리)의 물속에 저장한다.

답 ②

42. 다음은 위험물의 성질을 설명한 것이다. 잘못된 것은?
① 인화석회는 물과 반응하여 독성 가스를 발생한다.
② 금속나트륨은 물과 반응하여 수소를 발생시키나, 수소는 공기와 혼합하므로 위험은 없다.
③ 칼륨은 물보다 가볍고 물과 작용하여 수소 가스를 발생한다.
④ 탄화칼슘은 물과 작용하여 발열하며 수산화칼슘과 아세틸렌가스를 발생한다.

해설 수소(H_2)는 공기와 혼합하면 폭발의 위험이 있으므로 폭명기라 말한다.

답 ②

43. 다음 제4류 위험물 중 제4석유류에 속하는 것은?
① 중유
② 윤활유
③ 글리세린
④ 테레핀유

해설 제4류 위험물(인화성액체)중 제4석유류는 윤활유가 속한다.
제4류 위험물(인화성액체)의 품명
- 중유 제3석유류
- 글리세린[$C_3H_5(OH)_3$] 제3석유류
- 테레핀유($C_{10}H_{16}$ 80~90%) 제2석유류

답 ②

44. 법령상 피뢰설비는 지정수량 얼마 이상의 위험물을 취급하는 제조소등에 설치하는가? (단, 제6류 위험물을 취급하는 위험물제조소 제외)
① 5배 이상
② 10배 이상
③ 15배 이상
④ 20배 이상

해설 위험물을 취급하는 제조소등에서 지정수량 10배 이상을 취급하는 곳에는 피뢰설비를 설치한다(제6류 위험물 제외).

답 ②

45. 휘발유의 연소 범위로 올바른 것은?
① 1.4 ~ 7.6%
② 1.5 ~ 45.7%
③ 1.8 ~ 35.5%
④ 2 ~ 23%

해설 제4류 위험물(인화성액체) 제1석유류를 대표하는 휘발유(가솔린)의 연소범위는 1.4 ~ 7.6%이다.

답 ①

46. 아마인유에 대한 기술 중 옳지 않은 것은?
① 건성유이다.
② 공기 중 산소와 결합하기 쉽다.
③ 아이오딘가가 올리브유보다 작다.
④ 자연발화의 위험이 있다.

해설 제4류 위험물 (인화성액체) 동식물유류 중 아마인유는 건성유이며 올리브유는 불건성유이므로 아마인유의 아이오딘가(170~204)가 올리브유의 아이오딘가(79~90)보다 크다.

답 ③

47. 옥내탱크저장소의 탱크와 탱크 전용실의 벽 및 탱크 상호 간의 거리는 몇 m 이상의 간격을 두어야 하는가? (단, 예외 상황은 고려치 않음)
① 0.1
② 0.2
③ 0.3
④ 0.5

해설 옥내탱크저장소의 탱크와 탱크 전용실의 벽 및 탱크 상호 간의 거리는 0.5m 이상으로 한다.

답 ④

48. 과염소산나트륨의 성질 중 가장 거리가 먼 것은?
① 황백색의 분말로 물과 반응하여 산소를 발생한다.
② 가열하면 분해되어 산소가 방출한다.
③ 융점 480℃로 물에 잘 녹는다.
④ 무색, 무취의 조해하기 쉬운 결정이다.

해설 제1류 위험물(산화성고체) 과염소산염류인 과염소산나트륨(NaClO₂)은 물과 반응하지 않으며 제1류 위험물 중에서 물(H_2O)과 반응하여 산소(O_2)를 발생하는 것은 무기과산화물류이다.

답 ①

49. 특수인화물 200L, 제4석유류 12,000L 저장 시 지정수량 배수의 합은 얼마인가?
① 3
② 4
③ 5
④ 6

해설 제4류 위험물(인화성액체)의 지정수량 배수의 합
- 특수인화물의 지정수량 : 50L
- 제4석유류의 지정수량 : 6,000L
- 지정수량 배수의 합 = $\frac{200L}{50L} + \frac{12,000L}{6,000L} = 6$

답 ④

50. 다음 중 제2류 위험물에 속하지 않은 것은?
① 적린
② 황화인
③ 과산화나트륨
④ 마그네슘

해설 제2류 위험물(가연성고체)에는 황화인, 적린(P), 황(S), 마그네슘(Mg), 철(Fe)분, 금속분 등이 있으며 과산화나트륨(Na_2O_2)은 제1류 위험물(산화성고체) 무기과산화물에 해당된다.

답 ③

51. 제4류 위험물 중에서 비중이 0.82~0.85 정도이며, 원유의 증류에서 나오는 혼합탄화수소로 끓는점이 200~350℃ 정도의 유분으로 탄소수가 11~19를 가지고 있는 물질은 어느 것인가?
① 휘발유   ② 경유
③ 납사   ④ 초산

해설 원유의 증류에서 나오는 혼합탄화수소로 끓는점이 200~350℃ 정도의 유분은 제2석유류를 대표하는 경유에 대한 설명이다.

답 ②

52. 인화석회 성질을 기초로 할 때 취급 시 가장 주의해야 할 사항은?
① 환원제 혼합
② 수분의 접촉
③ 햇빛에 노출
④ 충격 및 마찰

해설 제3류 위험물 금수성물질 금속의 인화합물인 인화석회(Ca_3P_2)는 수분과 접촉을 하면 반응 [$Ca_3P_2+6H_2O\rightarrow3Ca(OH)_2+2PH_3\uparrow$]하여 발열하며 수산화칼슘[$Ca(OH)_2$]과 가연성이며 유독성인 포스핀($PH_3$)가스를 발생한다.

답 ②

53. 다음 중 금속칼륨을 석유에 넣어 보관하는 이유로 가장 타당한 것은?
① 산화력이 크기 때문
② 취급이 대단히 위험함을 표시
③ 수분과 접촉을 차단하고 산화를 방지
④ 마찰, 충격에 의한 분진 발생 방지

해설 제3류 위험물 금수성물질인 칼륨(K)은 석유 속에 넣어 보관하므로 수분과의 접촉을 차단하고 산화를 방지한다.

답 ③

54. 과염소산의 저장 및 취급으로 옳지 않은 것은?
① 반드시 습기 많은 곳에서 취급한다.
② 피부 접촉 시 물로 충분히 씻는다.
③ 통풍을 좋게 하고 찬 곳에 저장한다.
④ 가연성 유기물과 떨어진 곳에서 취급한다.

해설 제6류 위험물(산화성액체) 과염소산($HClO_4$)은 습기와 접촉하여 발열하며 6종류의 고체상태의 수화물을 만들므로 습기와 접촉시키지 말아야 한다.

답 ①

55. 다음 중 축축한 상태로 안정제를 가하여 찬 곳에 저장하는 것은?
① 질산에틸   ② 나이트로셀룰로오스
③ 나이트로글리세린   ④ 피크르산

해설 제5류 위험물(자기반응성물질) 질산에스터류인 나이트로셀룰로오스[$C_6H_7O_2(ONO_2)_3$]n는 분해열에 의한 자연발화의 위험이 있으므로 함수알코올로 습면시켜 저장시킨다.

답 ②

56. 유기과산화물의 저장 시 주의사항으로서 옳은 것은?
① 일광이 드는 건조한 곳에 저장한다.
② 자신은 불연성이지만 다른 가연물이 있으면 폭발의 위험이 있다.
③ 알코올류, 아민류, 금속분류, 기타 가연성물질과 혼합하지 않는다.
④ 산화제이므로 다른 산화제와 같이 저장해도 좋다.

해설 제5류 위험물(자기반응성물질) 유기과산화물은 가연물이며 산소공급원에 해당하는 위험물로써 냉암소에 저장하며 가연성물질과의 혼합은 더욱 위험성을 증가시킬 수 있다.

답 ③

57. 황린의 취급 및 주의사항으로 잘못된 것은?
① 독성이 강하고 피부에 묻으면 화상을 입는다.
② 공기와 접촉을 피하기 위하여 석유 속에 보관한다.
③ 온도가 높아지면 용해도는 증가한다.
④ 물속에 저장하여 보관한다.

[해설] 제3류 위험물 자연발화성물질인 황린(P_4)은 공기 중에서 연소하므로 pH9 정도의 약알칼리 물속에 넣어 저장한다.

[답] ②

58. 화재발생 시 소화 조치 방법으로 부적당한 것은?
① 가연물의 제거
② 산소공급원 차단
③ 불연물의 제거
④ 인화점 이하로 냉각

[해설] 화재발생 시 소화조치 방법으로 불연물을 제거하는 것은 아무 의미가 없음

[답] ③

59. 다음 중 나이트로글리세린의 성상 및 용도에 관한 설명으로 맞지 않는 것은?
① 시판공업용 제품은 담황색이다.
② 물에는 녹지만 유기용매에는 녹지 않는다.
③ 연소가 폭발적이므로 소화하기 힘들다.
④ 다이너마이트의 원료로 쓰인다.

[해설] 제5류 위험물(자기반응성물질) 질산에스터류인 나이트로글리세린[$C_3H_5(ONO_2)_3$]은 액체 상태의 위험물. 물에 녹지 않으나 유기용매(알코올, 벤젠, 아세톤 등)에 잘 녹는다.

[답] ②

60. 다음 화학물질 중 저장 시 물을 이용하여 저장하는 것은?
① 황린
② 탄화칼슘
③ 나트륨
④ 생석회

[해설] 제3류 위험물 자연발화성물질인 황린(P_4)은 pH9 정도의 약알칼리 물속에 넣어 저장한다.

[답] ①

CBT 모의고사 27회

2023년 4월 8일 시행(대비문제)

1. 나이트로 화합물을 저장할 경우 가장 옳은 방법은?
① 담은 용기의 마개를 꼭 막아 밀폐된 장소에 놓아둔다.
② 담은 용기의 마개를 꼭 막아 햇볕이 잘드는 곳에 놓아둔다.
③ 담은 용기의 마개를 꼭 막아 통풍이 잘되는 곳에 놓아둔다.
④ 담은 용기의 마개를 조금 헐겁게 막아 통풍이 잘되는 곳에 놓아둔다.

해설 모든 위험물의 용기는 용기의 마개를 꼭 막아서(과산화수소 제외) 통풍이 잘되는 찬 곳에 저장하는 것이 좋다.

답 ③

2. 질산은 대부분의 금속을 부식시킨다. 다음 중 부식시키지 못하는 금속은?
① 철
② 구리
③ 은
④ 백금

해설 제6류 위험물(산화성액체) 질산(HNO_3)이 부식시키지 못하는 금속은 금(Au), 백금(Pt), 이리듐(Ir), 로듐(Rh)이 있다.

답 ④

3. 과염소산칼륨과 가연성고체 위험물이 혼합되는 것은 대단히 위험하다. 그 주된 이유는 무엇인가?
① 전기가 발생하고 자연가열 되기 때문이다.
② 중합반응을 하여 열이 발생되기 때문이다.
③ 혼합하면 과염소산칼륨이 연소하기 쉬운 액체로 변하기 때문이다.
④ 가열, 충격 및 마찰에 의하여 발화·폭발되기 때문이다.

해설 제1류 위험물(산화성고체) 과염소산염류인 과염소산칼륨($KClO_4$)은 산소(O)를 많이 함유한 강산화제이며 제2류 위험물(가연성고체)은 환원성을 갖는 물질로서 혼합하면 제5류 위험물(자기반응성물질)과 같은 위험성을 가지므로 점화원에 의하여 발화 또는 폭발의 위험이 있다.

답 ④

4. 가솔린의 저장 및 취급 시 주의해야 할 사항으로 틀린 것은?
① 화기를 피해야 한다.
② 통풍이 잘되는 냉암소에 저장해야 한다.
③ 마개가 없는 개방용기에 저장해야 한다.
④ 실내에서 취급할 때는 발생 된 증기를 배출할 수 있는 설비를 갖추어야 한다.

해설 제4류 위험물(인화성액체) 제1석유류 가솔린(휘발유)은 휘발성이 강하므로 용기의 마개는 밀전시켜 저장한다.

답 ③

5. 인화성액체 위험물로 특수인화물에 속하지 않는 것은?
① 초산에틸
② 다이에틸에터
③ 아세트알데하이드
④ 산화프로필렌

> **해설** 제4류 위험물(인화성액체) 초산에틸($CH_3COOC_2H_5$)은 제1석유류 초산에스터류에 속한다.
> • 특수인화물에는 이황화탄소(CS_2), 다이에틸에터($C_2H_5OC_2H_5$), 아세트알데하이드(CH_3CHO), 산화프로필렌(OCH_2CHCH_3)등이 있다.

답 ①

6. 위험물안전관리법상 위험물 제조소등의 설치허가의 취소 또는 사용정지 처분권자는?
① 행정안전부장관
② 시·도지사
③ 경찰서장
④ 시장·군수

> **해설** 위험물 제조소등의 설치허가 및 설치허가 취소권자는 시, 도지사이다.

답 ②

7. 다음 위험물의 일반적 성질에 관한 설명 중 잘못된 것은?
① 적린은 적갈색으로서 가열하면 약 400℃에서 승화한다.
② 황린은 자연발화성 물질이고, 보호액으로 물을 사용한다.
③ 황린은 황색의 고체로 냄새가 있으며 물과 맹렬히 반응한다.
④ 황은 사방정계, 단사정계 등 여러 가지 동소체가 있다.

> **해설** 제3류 위험물 자연발화성물질인 황린(P_4)은 물과 반응하지 않으며 보호액으로 물을 사용한다.

답 ③

8. 과산화수소의 특성이 아닌 것은?
① 물보다 무겁다.
② 벤젠에 잘 녹는다.
③ 알코올에 잘 녹는다.
④ 에터에 잘 녹는다.

> **해설** 제6류 위험물(산화성액체) 과산화수소(H_2O_2)는 물, 알코올, 에터에 잘 녹으나 석유, 벤젠에는 녹지 않는다.

답 ②

9. 아염소산나트륨의 저장 및 취급 시 주의사항과 거리가 먼 것은?
① 건조한 냉암소에 저장한다.
② 강산류와의 접촉을 피한다.
③ 저장, 취급, 운반 시 충격, 마찰을 피한다.
④ 무기물 등 산화성 물질과 격리한다.

> **해설** 제1류 위험물(산화성고체) 아염소산염류인 아염소산나트륨($NaClO_2$)은 무기물이며 산화성 물질이므로 같은 특성을 갖는 물질과는 함께 저장할 수 있다.

답 ④

10. 톨루엔의 성질이 아닌 것은?
① 물에 잘 녹는다.
② 수지를 잘 녹인다.
③ 고무를 잘 녹인다.
④ 유기용제에 잘 녹는다.

해설 제4류 위험물(인화성액체) 제1석유류인 톨루엔($C_6H_5CH_3$)은 유기용제로서 물에 녹지 않는다.

답 ①

11. 다음 소화제를 사용할 때 적당하지 않은 것은?
① 마른 모래는 모든 위험물류의 화재에 적응된다.
② 분말소화제는 셀룰로이드의 화재에 가장 적당하다.
③ 물은 탄화칼슘의 화재에 사용하여서는 안 된다.
④ 자기반응성물질의 화재에는 일반적으로 다량의 주수가 유효하다.

해설 제5류 위험물(자기반응성물질) 질산에스터류인 셀룰로이드의 화재에는 분말소화약제등을 사용하여 산소공급을 차단하는 질식소화는 적응성이 없으며 물을 사용하는 냉각소화 방법인 다량의 주수소화 방법이 효과적이다.

답 ②

12. 자연발화의 형태 중 산화열에 의하여 발화될 가능성이 가장 큰 것은?
① 건성유, 석탄
② 퇴비, 먼지
③ 목탄, 활성탄
④ 코우코스, 셀룰로이드

해설 자연발화의 형태에서 동식물유류인 건성유와 비위험물인 석탄은 산화열에 의하여 자연발화의 위험이 있다.
• 분해열에 의한 발열 : 코우크스, 셀룰로이드
• 흡착열에 의한 발열 : 목탄, 활성탄
• 미생물에 의한 발열 : 퇴비, 먼지

답 ①

13. 주수소화에 의하여 위험이 따르는 물질은?
① 초산
② 나이트로셀룰로오스
③ 금속나트륨
④ 황

해설 제3류 위험물 금수성물질인 금속나트륨(Na)은 주수소화하면 격렬히 반응[$2Na+2H_2O \rightarrow 2NaOH+H_2 \uparrow$]하며 수산화나트륨(NaOH)과 수소($H_2$)를 발생하고 이때 발생 된 수소($H_2$)는 폭발적으로 연소하므로 주수소화는 적응성이 없다.

답 ③

14. 제2류 위험물인 마그네슘의 성질 및 화재예방법과 소화방법에 대한 설명으로 옳지 않은 것은?
① 2mm 체를 통과한 것만 위험물에 해당한다.
② 이산화탄소 소화약제를 방사하면 소화가 가능하다.
③ 가연성 고체로 산소와 반응하여 산화반응을 하면서 몰당 143.7kcal의 열을 발생한다.
④ 주수소화를 하면 가연성의 수소가스가 발생한다.

해설 제2류 위험물(가연성고체) 마그네슘(Mg)의 화재에 이산화탄소소화약제를 방사하면 폭발 [$2Mg+CO_2 \rightarrow 2MgO+C$]하므로 사용을 금하며 소화방법은 마른모래, 팽창질석 및 팽창진주암, 탄산수소염류 분말이 적용성이 있다. **답** ②

15. 위험물안전관리법상의 물 분무 등 소화설비가 아닌 것은?
① 할로젠화합물소화설비
② 포소화설비
③ 분말소화설비
④ 스프링클러설비

해설 위험물안전관리법에서 정하는 물 분무 등 소화설비에 스프링클러는 단독소화설비로 포함되지 않는다. **답** ④

16. 기타 소화설비 중 마른 모래 0.5 단위란?
① 삽을 상비한 10ℓ 이상의 것 1포
② 삽을 상비한 25ℓ 이상의 것 1포
③ 삽을 상비한 50ℓ 이상의 것 1포
④ 삽을 상비한 100ℓ 이상의 것 1포

해설 마른 모래는 삽 1개를 상비한 50ℓ 이상 1포를 0.5단위로 한다.
• 팽창질석, 팽창진주암은 삽 1개를 상비한 160ℓ 이상 1포를 1단위로 한다. **답** ③

17. 위험물안전관리법상 대형수동식소화기의 방호대상물 각 부분으로부터 설치 방법으로 옳은 것은? (단, 옥내소화전, 옥외소화전, 스프링클러 또는 물분무소화설비와 함께 설치하는 경우 외의 경우)
① 보행거리 30m 이하일 것
② 보행거리 20m 이하일 것
③ 수평거리 30m 이하일 것
④ 수평거리 20m 이하일 것

해설 대형수동식소화기는 보행거리 30m 이하가 되도록 설치하며 소형수동식소화기는 보행거리 20m 이하가 되도록 설치한다. **답** ①

18. 제조소등에 전기설비가 설치 된 경우에는 당해 장소의 면적 몇 m^2마다 소형수동식소화기를 1개 이상 설치하여야 하는가?
① 50
② 100
③ 150
④ 200

해설 제조소등에 전기설비(전기배선, 조명기구 등은 제외한다)가 설치된 경우에는 당해 장소의 면적 100m^2마다 소형수동식 소화기를 1개 이상 설치할 것 **답** ②

19. 다음 위험물에 해당하는 것은?

> ㉠ 대부분 무색의 결정 백색분말이다.
> ㉡ 물과 작용하여 열과 산소를 발생시키는 것도 있다.
> ㉢ 가열 등에 의해 산소를 발생한다.

① 제1류 위험물
② 제2류 위험물
③ 제3류 위험물
④ 제5류 위험물

해설 본문의 내용은 제1류 위험물(산화성고체)의 일반 성질이다.

답 ①

20. 위험물안전관리법상 화재예방 규정을 정하여야 할 제조소등으로 옳지 않은 것은?
① 지정수량 10배 이상의 위험물을 취급하는 제조소
② 지정수량 50배 이상의 위험물을 취급하는 일반취급소
③ 지정수량 100배 이상을 저장, 취급하는 옥외저장소
④ 지정수량 150배 이상을 저장, 취급하는 옥내저장소

해설 화재예방 규정을 정하여야 할 제조소등에서 제조소, 일반취급소는 저장, 취급하는 위험물 지정수량 10배 이상이어야 한다.
화재예방 규정을 정하여야 할 제조소등
- 옥외저장소 : 지정수량 100배 이상
- 옥내저장소 : 지정수량 150배 이상
- 옥외탱크저장소 : 지정수량 200배 이상
- 암반탱크저장소 및 이송취급소 : 지정수량 해당 없음

답 ②

21. 할로젠화합물 소화기에서 사용되는 할론 명칭과 화학식을 옳게 짝지은 것은?
① CBr_2F_2 - 1202
② $C_2Br_2F_2$ - 2422
③ $CBrClF_2$ - 1102
④ $C_2Br_2F_4$ - 1242

해설 할론 넘버(번호)는 C, F, Cl, Br, I를 문자와 개수로 표시한 것 CBr_2F_2 = C 1개, F 2개, Br 2개이므로 1202이다.
- $C_2Br_2F_2$ = 잘못된 화학식입니다.
- $CBrClF_2$ = C 1개, F 2개, Cl 1개, Br 2개이므로 1211
- $C_2Br_2F_4$ = C 2개, F 4개, Br 2개이므로 2402

답 ①

22. 액화 이산화탄소 1kg이 25℃, 1atm의 대기 중으로 방출되었을 때 기체상의 이산화탄소의 부피(L)는? (단, CO_2의 분자량은 44이고 이상기체방정식을 적용)
① 555.36 ② 509
③ 1964   ④ 985.6

해설 이산화탄소(CO_2)의 1g분자량 44g/mol
이상기체방정식에서 구하고자 하는 체적의 단위가 L이면 질량의 단위를 g으로 환산하여 공식에 대입하여야 한다.

$PV = \dfrac{WRT}{M}$ 에서 $V = \dfrac{WRT}{PM}$ 이므로

$V = \dfrac{1,000g \times 0.082 atm \cdot L/mol \cdot k \times (25℃ + 273)k}{1atm \times 44g/mol}$ =555.363L ≒ 555.36L

답 ①

23. 자기반응성물질의 화재예방에 대한 설명으로 옳지 않은 것은?
① 가열 충격을 피해야 한다.
② 통풍이 잘 안 되는 곳에 보관한다.
③ 습기에 주의하여 보관한다.
④ 차고 어두운 곳에 저장하여야 한다.

해설 제5류 위험물(자기반응성물질) 등 모든 위험물은 통풍이 잘되는 찬 곳에 저장 또는 보관해야 한다.

답 ②

24. B급 화재란?
① 섬유 및 목재화재
② 반고체 유지화재
③ 금속분화재
④ 전기화재

해설 화재의 종류중 B급 화재는 유류화재(반고체 유지화재를 포함한다)를 말한다.
• A급 화재 : 일반화재, C급 화재 : 전기화재, D급 화재 : 금속화재

답 ②

25. 다음 중 제1류 위험물인 산화성 고체는 어느 것인가?
① 황과 적린  ② 칼륨과 나트륨
③ 나이트로화합물 ④ 염소산염류

해설 제1류 위험물(산화성고체)은 강산화제로 염소산염류를 포함한다.
• 황(S)과 적린(P)은 제2류 위험물(가연성고체)
• 칼륨(K)과 나트륨(Na)은 제3류 위험물 금수성물질
• 나이트로화합물은 제5류 위험물(자기반응성물질)

답 ④

26. 위험물제조소에서 가연성의 증기 또는 미분이 체류할 우려가 있는 곳에 설치하는 배출설비(국소방식)의 능력은?
① 1시간당 배출장소 용적의 5배 이상
② 1시간당 배출장소 용적의 10배 이상
③ 1시간당 배출장소 용적의 15배 이상
④ 1시간당 배출장소 용적의 20배 이상

해설 제조소등에 설치하는 국소방식의 배출설비 배출 능력은 1시간당 배출장소 용적의 20배 이상일 것
전역방식 배출설비의 배출 능력은 바닥면적 $1m^2$당 $18m^3$ 이상일 것

답 ④

27. 수성막포(Aqueous Film Forming Foam)에 대한 설명으로 옳지 않은 것은?
① 주성분은 플루오르계 계면활성제이다.
② 장기간 사용이 가능하다.
③ 주 소화작용은 질식 작용이다.
④ 포 안정제로 단백질분해물, 사포닌을 사용한다.
　해설 포소화약제의 안정제로 단백질분해물, 사포닌을 사용하는 것은 단백포 소화약제이다.　**답** ④

28. 제6류 위험물의 일반적인 성질에 대한 설명으로 가장 거리가 먼 것은?
① 강산화제로서 상온에서 액체상태이고 불연성이다.
② 내부연소성물질로, 가연물과 동시에 자체내부에 산소를 함유하고 있다.
③ 물과 접촉하여 발열한다.
④ 증기는 유독하고 부식성이 강하다.
　해설 제6류 위험물(산화성액체)은 강산화제이며 제5류 위험물(자기반응성물질)과 같이 가연물과 동시에 자체 내부에 산소를 함유한 물질이 아니다.　**답** ②

29. 제4류 위험물의 화재에 가장 널리 쓰이는 소화방법은?
① 주수 소화　　　　② 냉각 소화
③ 질식 소화　　　　④ 촉매 소화
　해설 제4류 위험물(인화성 액체)의 화재에는 공기 중의 산소의 농도를 낮추어 산소공급원을 차단하는 질식소화 방법을 사용한다.　**답** ③

30. 제6류 위험물 중 수용액의 농도가 36wt% 이상인 경우만 위험물로 취급하며 분해 시 발생기 산소를 내는 것은?
① 과산화수소
② 과염소산
③ 할로젠간화합물
④ 질산
　해설 제6류 위험물(산화성액체) 과산화수소(H_2O_2)는 수용액의 농도가 36wt% 이상인 경우만 위험물로 취급한다.　**답** ①

31. 다음은 황의 동소체를 나열한 것이다. 이들 중 이황화탄소(CS_2)에 녹는 것들로 바르게 짝지어 놓은 것은?

㉠ 사방황	㉡ 단사황	㉢ 고무상황

① ㉠, ㉡　　　　　　② ㉠, ㉢
③ ㉡, ㉢　　　　　　④ ㉠, ㉡, ㉢
　해설 제2류 위험물(가연성고체) 황의 동소체중 제4류 위험물(인화성액체) 특수인화물인 이황화탄소(CS_2)에 녹는 것은 사방정계황과 단사정계황 두종류이다.　**답** ①

32. 아세트산에틸의 일반 성질 중에서 틀린 것은?
① 과일 냄새를 가진 무색투명한 액체이다.
② 수용액 상태에서도 인화의 위험이 있다.
③ 물에 녹으며 수지, 유기물을 잘 녹인다.
④ 인화성 물질로서 인화점은 $-30℃$ 이하이다.

해설 제4류 위험물(인화성액체) 제1석유류인 아세트산에틸($CH_3COOC_2H_5$)은 인화점은 $-4℃$이다. 답 ④

33. 다음 물질의 성질상 분진폭발 또는 연소의 위험이 없는 것은?
① 황
② 알루미늄
③ 수산화칼슘
④ 마그네슘

해설 $Ca(OH)_2$(수산화칼슘)은 소석회라 하며 불연성물질로 분진폭발의 위험이 없다. 답 ③

34. 다음 보기 항 중 질산염류 물질을 취급하는 과정에서 화재(혼촉발화)나 폭발 등의 위험성이 없는 것은?
① 황린을 섞은 경우
② 마찰시키는 경우
③ 가열하는 경우
④ 물에 용해시키는 경우

해설 제1류 위험물(산화성고체) 질산염류는 강산화제로서 물에 잘 용해되며 물과 반응하지 않으므로 폭발 등의 위험성은 없다. 답 ④

35. 염소산나트륨($NaClO_3$)이 성상에 관한 설명으로 올바른 것은?
① 황색의 결정이다.
② 비중은 1.0이다.
③ 환원력이 매우 강한 물질이다.
④ 물, 에터, 글리세린에 잘 녹으며 조해성이 강하다.

해설 제1류 위험물(산화성고체) 염소산염류인 염소산나트륨($NaClO_3$)은 무색의 결정이며 비중은 2.5(20℃)이며 산화력이 매우 강한 물질이며 물, 에터, 알코올에 잘 녹고 조해성이 강한 물질이다. 답 ④

36. 다음 위험물(법령상) 중 단독으로는 마찰 충격에 둔감하나 금속염으로 했을 때 폭발이 쉬운 것은?
① 피크린산   ② 암모니아
③ 알루미늄   ④ 톨루엔

해설 제5류 위험물(자기반응성물질) 나이트로화합물인 피크린산(트라이나이트로페놀)은 단독으로 마찰 및 충격에 둔감하나, 금속염으로 될 경우 마찰 및 충격에 민감하게 변한다. 답 ①

37. 제3류 위험물의 일반적 성질로 옳은 것은?
① 황린을 제외하고 물에 대하여 위험한 반응을 초래하는 물질이다.
② 조연성 고체로서 비교적 낮은 온도에서 착화하기 쉬운 이연성, 속연성 물질이다.
③ 모두 무기금속화합물이며 대부분 무색의 결정이나 백색분말 상태의 고체이다.
④ 물에 대한 비중은 1보다 크며 조해성이 있다.

> **해설** 제3류 위험물은 자연발화성물질 및 금수성물질로 자연발화성물질인 황린(P_4)을 제외하고는 모두 금수성물질로 물과 격렬히 반응하는 물질로 되어 있다.
> - 제3류 위험물은 고체가 습기와 접촉하여 액체가 되는 조연성은 없다.
> - 제3류 위험물은 알킬알루미늄과 같은 액체상태의 유기금속화합물이 공존한다.
> - 제3류 위험물은 비중이 1보다 작은 위험물도 공존한다.

답 ①

38. 다음 제3류 위험물의 지정수량이 잘못된 것은?
① $(C_2H_5)_3Al$ - 10kg
② Na - 10kg
③ LiH - 300kg
④ CaC_2 - 500kg

> **해설** 제3류 위험물 금수성물질인 칼슘의 탄소화합물인 CaC_2(탄화칼슘)의 지정수량은 300kg이다.

답 ④

39. 액체위험물은 운반용기 내용적의 몇 % 이하로 수납해야 하는가? (단, 알킬알루미늄은 제외한다.)
① 100% 이하
② 98% 이하
③ 95% 이하
④ 85% 이하

> **해설** 액체위험물 운반용기의 수납율은 98% 이하로 하며 고체위험물의 수납율은 95% 이하로 한다.

답 ②

40. 과염소산칼륨의 일반적인 성질에 대한 설명 중 틀린 것은?
① 강력한 산화제이다.
② 자신은 불연성물질이다.
③ 180℃에서 분해하기 시작하여 340℃에서 완전 분해한다.
④ 진한황산에 접촉하면 폭발성가스를 생성하고, 튀는 듯이 폭발할 위험이 있다.

> **해설** 제1류 위험물(산화성고체) 과염소산염류인 과염소산칼륨($KClO_4$)은 400℃에서 분해하기 시작하여 610℃에서 완전분해 한다.

답 ③

41. 다음 중 수용성이 아닌 위험물은?
① 아세트알데하이드
② 아세톤
③ 메틸알코올
④ 톨루엔

> **해설** 제4류 위험물(인화성액체) 제1석유류인 톨루엔($C_6H_5CH_3$)은 물에 녹지 않는 비수용성이다.
> - 특수인화물인 아세트알데하이드(CH_3CHO), 제1석유류인 아세톤(CH_3COCH_3), 알코올류인 메틸알코올(CH_3OH)은 모두 수용성이다.

답 ④

42. 나이트로글리세린에 대한 설명 중 옳은 것은 어떤 것인가?
① 나이트로기를 세 개 가지고 있으므로 제5류의 나이트로화합물에 속한다.
② 물에 의해 쉽게 분해된다.
③ 대기 중에서 점화하면 연소하나 폭발을 일으키는 일은 없다.
④ 충격에 대하여 매우 민감하여 폭발을 일으키기 쉽다.

해설 제5류 위험물(자기반응성물질) 질산에스터류인 나이트로글리세린[$C_3H_5(ONO_2)_3$]은 액체상태의 것으로 물에 녹지 않으며 충격에 매우 민감(폭발)하므로 다공질의 규조토에 흡수시켜 다이너마이트로 만들어 사용한다.

답 ④

43. 아래의 물질 중 인화점이 0℃ 이하이며, 물에 녹는 것은 모두 몇 개인가?

"테레핀유, 아세톤, 톨루엔, 초산, 나이트로벤젠"

① 1개　　　　　　　　　② 2개
③ 3개　　　　　　　　　④ 4개

해설 제4류 위험물(인화성액체)에서 인화점이 0℃ 이하이며, 물에 녹는 것은 제1석유류를 대표하는 지정품목인 아세톤(CH_3COCH_3)이며, 인화점이 -18℃이다.
초산(CH_3COOH)도 수용성이나 인화점이 40℃로 제2석유류에 속한다.

답 ①

44. 염소산나트륨이 산과 반응하면 유독하고 폭발성 가스가 발생한다. 이 가스는?
① 수소　　　　　　　　② 이산화염소
③ 질소　　　　　　　　④ 산소

해설 제1류 위험물(산화성고체) 염소산염류인 염소산나트륨($NaClO_3$)이 염산(HCl)과 반응 [$2NaClO_3+4HCl \rightarrow 2NaCl+2H_2O+Cl_2\uparrow+2ClO_2\uparrow$]하면 이산화염소($ClO_2$)를 발생한다.

답 ②

45. 금속나트륨이나 금속칼륨은 석유에 보관한다. 그 이유는 무엇인가?
① 공기 중 수분과 접촉을 금하기 위해서이다.
② 화기를 피하기 위해서이다.
③ 산소의 발생을 방지하기 위해서이다.
④ 표면을 미끄럽게 하기 위해서다.

해설 제3류 위험물 금수성물질인 금속나트륨(Na)이나 금속칼륨(K)은 은백색의 가벼운 금속으로 공기중의 수분과 접촉하면 격렬히 반응하며 해당 금속의 수산화물과 수소(H_2)를 발생하므로 석유속에 넣어 저장한다.

답 ①

46. 다음은 피크린산에 관한 설명이다. 잘못된 것은?
① 냉수에는 거의 녹지 않는다.
② 순수한 것은 무색이지만 보통 공업용은 휘황색을 나타낸다.
③ 나이트로글리세린과 같이 단맛을 낸다.
④ 일명 트라이나이트로페놀이라고도 부른다.

해설 제5류 위험물(자기반응성물질) 나이트로화합물인 피크린산 $C_6H_2OH(NO_2)_3$은 온수에 잘 녹으며 쓴맛이 있으며 독성이 있다.

답 ③

47. 질산염류의 성질에 관한 설명으로 가장 알맞은 것은?
① 대개 무색 또는 흰색 결정이다.
② 화재 초기에는 물을 사용할 수 없다.
③ 질산염류는 대체로 물에 녹지 않는다.
④ 저장 시에는 가연물을 피하고 습기 있는 곳에 저장한다.

해설 제1류 위험물(산화성고체) 질산염류는 대개 무색 또는 백색 결정이며 적용화재는 주수에 의한 냉각소화가 적용성이 있으며 물에 녹는 것이 많으며(조해성포함) 가연물의 접촉을 피하고 습기가 없는 건조한 장소에 저장하는 것이 좋다.

답 ①

48. 다음 위험물 중 제5류 위험물에 속하는 것은?
① 아크릴산
② 과염소산
③ 뷰틸리튬
④ 하이드라진 유도체

해설 제5류 위험물(자기반응성물질) 하이드라진 유도체는 지정수량 100kg으로 위험등급 Ⅱ등급에 해당한다.
- 아크릴산($CH_2=CHCOOH$) 인화점 46℃로 제4류 위험물(인화성액체) 제2석유류
- 과염소산($HClO_4$) 제6류 위험물(산화성액체)
- 뷰틸리튬(C_4H_9Li) 제3류 위험물 알킬리튬

답 ④

49. 질산칼륨에 대한 설명 중 옳은 것은?
① 유기물 및 강산과 접촉 시 매우 안정하다.
② 열에 안정하며 1,000℃에서도 분해되지 않는다.
③ 알코올에는 잘 녹으나 물, 글리세린에는 잘 녹지 않는다.
④ 무색, 무취의 결정 또는 분말로서 흑색화약의 원료로 쓰인다.

해설 제1류 위험물(산화성고체) 질산염류인 질산칼륨(KNO_3)은 숯(C)과 황(S)과 함께 혼합하여 흑색화약 제조 원료로 쓰인다.
- 질산칼륨(KNO_3)은 유기물, 강산류와 접촉 및 혼합하면 위험하며 열을 가하면 400℃에서 분해하며 알코올에는 잘 녹지 않으나 물(H_2O), 글리세린[$C_3H_5(OH)_3$]에는 잘 녹는다.

답 ④

50. 질산의 위험성에 관해 다음에서 옳은 것은?
① 충격에 의해 착화한다.
② 공기속에서 자연발화한다.
③ 인화점이 낮고 발화하기 쉽다.
④ 환원성물질과 혼합 시 발화한다.

해설 제6류 위험물(산화성액체) 질산(HNO_3)은 강한 산화성을 갖으므로 환원성물질과 혼합 시 발화한다.
- 질산(HNO_3)은 불연성물질이므로 충격에 의해 착화하지도 공기 속에서 자연발화하지 않으며 제4류 위험물과 같이 인화성물질이 아니므로 인화점을 가지고 있지 않다.

답 ④

51. 휘발유의 일반적인 성질에서 틀린 것은?

① 주성분은 $C_5H_{12} \sim C_9H_{20}$의 알칸 또는 알켄이다.
② 특유한 냄새를 가지며 고무, 유지 등을 녹인다.
③ 물에는 거의 용해되지 않으며, 비전도성 물질이다.
④ 인화점은 $-43 \sim -20℃$이고 발화점은 약 $100℃$ 이하이다.

[해설] 제4류 위험물(인화성액체) 제1석유류를 대표하는 휘발유(가솔린)의 착화점은 약 300℃이다. **[답]** ④

52. 다음은 동, 식물유에 관한 설명이다. 관계가 가장 먼 것은?

① 아마인유는 건성유이므로 자연발화의 위험이 있다.
② 아이오딘가가 클수록 자연발화의 위험이 작다.
③ 아이오딘가가 130 이상인 것이 건성유이므로 저장할 때 주의를 요한다.
④ 동, 식물유는 대체로 인화점이 250℃ 미만이므로 연소위험성 측면에서 제4석유류와 유사하다.

[해설] 제4류 위험물(인화성액체) 동식물유류에서 아이오딘가가 큰 건성유(130 이상)는 종이, 헝겊 등에 스며 배어있을 때 산화열에 의하여 자연발화의 위험성을 갖는다. **[답]** ②

53. 적린의 성질에 대한 설명 중 틀린 것은?

① 물이나 에틸알코올에 녹지 않는다.
② 착화온도는 약 260℃ 정도이다.
③ 연소할 때 인화수소 가스가 발생한다.
④ 산화제가 섞여 있으면 마찰에 의해 착화하기 쉽다.

[해설] 제2류 위험물(가연성고체) 적린(P)이 연소[$4P+5O_2 \rightarrow 2P_2O_5$]하면 오산화인($P_2O_5$)이 생성되며 인화수소($PH_3$)는 발생하지 않는다. **[답]** ③

54. 다음은 아세톤의 성질에 관한 설명이다. 틀린 것은?

① 휘발성이 강하며 인화성이다.
② 물에 불용이므로 물속에 보관한다.
③ 아이오도폼 반응을 한다.
④ 무색의 액체로 특이한 냄새가 있다.

[해설] 제4류 위험물(인화성액체) 제1석유류 아세톤(CH_3COCH_3)은 물에 잘 녹는 수용성이므로 물속에 저장하지 않는다. **[답]** ②

55. 아세트알데하이드의 성질에 관한 설명 중 잘못된 것은?

① 물보다 가볍다.
② 증기의 냄새는 자극성이 없다.
③ 무색의 액체로 인화성이 강하다.
④ 물에 잘 녹고 유기물을 잘 녹인다.

[해설] 제4류 위험물(인화성액체) 특수인화물인 아세트알데하이드(CH_3CHO)는 자극성 냄새를 갖는 무색액체로 증기는 피부점막을 자극한다. **[답]** ②

56. 과산화수소의 성질에서 틀린 것은?
① H_2O_2는 무색 또는 엷은 파란색으로 특유의 냄새가 나는 액체이다.
② 유리용기에 장기간 보존하지 않는다.
③ 과산화수소는 석유, 벤젠에는 녹지 않는다.
④ 농도가 높아질수록 과산화수소는 안정하여 분해하기가 어렵다.

해설 제6류 위험물(산화성액체) 과산화수소(H_2O_2)는 불연성의 강산화제로 농도가 높을수록 불안정하여 60wt% 이상에서는 충격에 의하여 분해 폭발한다.

답 ④

57. 제3류 위험물의 성질로서 적합한 것은?
① 산화력이 강하다.
② 물과 반응하여 화학적으로 활성화된다.
③ 전부 보호액 중에 보관해야 한다.
④ 전부 단체 금속이다.

해설 제3류 위험물 자연발화성물질인 황린(P_4)을 제외한 금수성물질은 물(H_2O)과 격렬히 반응하여 화학적으로 활성화된다.

답 ②

58. 제2류 위험물이 공통으로 요구되는 안전관리 사항이 아닌 것은?
① 산화제와의 접촉을 피해야 한다.
② 화기를 가까이하거나 가열해서는 안 된다.
③ 냉암소에 저장해서는 안 된다.
④ 습기를 유의하고 용기는 밀봉해야 한다.

해설 제2류 위험물(가연성고체)는 연소되기 쉬운 환원성물질로 냉암소에 저장하는 것이 바람직하다.

답 ③

59. 다음 중 나이트로화합물은 어느 것인가?
① TNT
② 질산암모늄
③ 질산메틸
④ 셀룰로이드류

해설 제5류 위험물(자기반응성물질) 나이트로화합물에는 TNT[$C_6H_2CH_3(NO_2)_3$]가 속해 있다.
• 질산암모늄(NH_4NO_3)은 제1류 위험물(산화성고체) 질산염류에 속한다.
• 질산메틸(CH_3ONO_2), 셀룰로이드류는 제5류 위험물(자기반응성물질) 질산에스터류에 속한다.

답 ①

60. 다음 반응 중 부동태가 형성되어 수소기체가 발생하지 않는 것은?
① Al + con·HNO_3
② Al + dil·H_2SO_4
③ Mg + dil·HCl
④ Al + NaOH(aq)

해설 제6류 위험물(산화성액체) 농질산(C-HNO_3)은 특정 금속(Al, Fe, Co, Ni 등)표면에 수산화물의 얇은 막을 만들어 다른 산으로부터 부식되지 않게 하는 부동태를 만든다.

답 ①

CBT 모의고사 28회
2023년 6월 24일 시행(대비문제)

1. 화학포를 만들 때 사용되는 기포안정제가 아닌 것은?
① 사포닌
② 암분
③ 가수분해 단백질
④ 계면활성제

해설 기포안정제 : 가수분해 단백질(단백질분해물), 사포닌, 계면활성제

답 ②

2. 소화기에 대한 설명 중 틀린 것은?
① 화학포, 기계포 소화기는 포소화기에 속한다.
② 탄산가스소화기는 질식 및 냉각소화 작용이 있다.
③ 분말소화기는 가압가스가 필요 없다.
④ 화학포소화기에는 탄산수소나트륨과 황산 알루미늄이 사용된다.

해설 분말소화기는 가스가압식 및 축압식이 있으며, 가압가스로는 CO_2(이산화탄소) 및 N_2(질소)를 사용한다.

답 ③

3. 마른모래와 같은 고체로 가연물을 덮는 것은 어떤 소화에 해당하는가?
① 제거소화
② 질식소화
③ 냉각소화
④ 억제소화

해설 마른모래는 질식소화 방법에 해당한다.

답 ②

4. 제5류 위험물의 일반적인 화재 예방 및 소화방법에 대한 설명으로 옳지 않은 것은?
① 불꽃, 고온체의 접근을 피한다.
② 할로젠화합물소화기는 소화에 적응성이 없으므로 사용해서는 안 된다.
③ 위험물제조소에는 "화기엄금" 주의사항 게시판을 설치한다.
④ 화재 발생 시 탄산가스에 의한 질식소화를 한다.

해설 제5류 위험물(자기반응성물질)의 소화방법은 다량의 주수에 의한 냉각소화가 적응성이 있으며, 탄산가스(CO_2)에 의한 질식소화는 적응성이 없다.

답 ④

5. 탄산수소칼륨과 요소의 반응생성물로 된 것은 제 몇 종 분말인가?
   ① 제1종
   ② 제2종
   ③ 제3종
   ④ 제4종

   해설 제4종분말(탄산수소칼륨+요소의 반응물), 제1종분말(탄산수소나트륨), 제2종분말(탄산수소칼륨), 제3종분말(인산암모늄)

   답 ④

6. 소화약제에 대한 설명으로 틀린 것은?
   ① 물은 기화잠열이 크고 구하기 쉽다.
   ② 화학포소화약제는 물에 탄산칼슘을 보강시킨 소화약제를 말한다.
   ③ 산, 알칼리 소화약제에는 황산이 사용된다.
   ④ 탄산가스는 전기화재에 효과적이다.

   해설 화학포소화약제는 외통(탄산수소나트륨과 기포안정제), 내통(황산알루미늄) 두 가지 약제를 혼합하여 거품을 발생시키는 소화방법을 사용한다.

   답 ②

7. 고체의 연소 형태에 해당하지 않는 것은?
   ① 증발연소
   ② 확산연소
   ③ 분해연소
   ④ 표면연소

   해설 고체의 연소형태 : 분해연소, 표면연소, 증발연소, 자기연소
   ※ 확산연소는 기체의 연소형태이다.

   답 ②

8. 탄화알루미늄이 물과 반응하여 폭발의 위험이 있는 것은 어떤 가스를 발생하기 때문인가?
   ① 수소
   ② 메테인
   ③ 아세틸렌
   ④ 암모니아

   해설 제3류 위험물 금수성물질인 탄화알루미늄(Al_4C_3)은 물(H_2O)과 반응[$Al_4C_3+12H_2O \rightarrow 4Al(OH)_3+3CH_4 \uparrow$]하여 수산화알루미늄($Al(OH)_3$)과 메테인($CH_4$)을 발생시킨다.

   답 ②

9. 다음 중 B급 화재에 속하는 것은?
   ① 일반화재
   ② 유류화재
   ③ 전기화재
   ④ 금속화재

   해설 B급 화재는 유류화재에 속한다.
   일반화재(A급), 유류화재(B급), 전기화재(C급), 금속화재(D급)

   답 ②

10. 과염소산에 화재가 발생했을 때 조치방법으로 적합하지 않은 것은?

① 환원성 물질로 중화한다.
② 물과 반응하여 발열하므로 주의한다.
③ 마른모래로 소화한다.
④ 인산염류 분말로 소화한다.

해설 제6류 위험물(산화성액체) 과염소산($HClO_4$)은 강산으로 강한 산화성을 가지므로 환원성 물질과는 반응하여 연소 또는 폭발한다.

답 ①

11. 다음 중 주수소화를 하면 위험성이 증가하는 것은?

① 과산화칼륨　　② 과망가니즈산칼륨
③ 과염소산칼륨　④ 브로민산칼륨

해설 제1류 위험물(산화성고체) 알칼리금속의 과산화물인 과산화칼륨(K_2O_2)은 물(H_2O)과 반응 [$2K_2O_2+2H_2O \rightarrow 4KOH+O_2\uparrow$]하여 격렬히 발열하며 수산화칼륨(KOH)과 산소(O_2)를 발생시키므로 주수소화는 적용성이 없다.

답 ①

12. 자기반응성물질의 화재예방에 대한 설명으로 옳지 않은 것은?

① 가열 및 충격을 피한다.
② 할로젠화합물 소화기를 구비한다.
③ 가급적 소분하여 저장한다.
④ 차고 어두운 곳에 저장하여야 한다.

해설 자기반응성물질은 제5류 위험물로서 화재 시 다량의 주수에 의한 냉각소화가 적용성이 있으며, 탄산가스(CO_2)나 할로젠화합물 소화약제는 적용성이 없다.

답 ②

13. 물의 증발잠열은 약 몇 cal/g인가?

① 329　　② 439
③ 539　　④ 639

해설 물의 증발잠열(기화잠열)은 539cal/g이다.

답 ③

14. 메틸알코올 8,000리터에 대한 소화능력으로 삽을 포함한 마른모래를 몇 리터 설치하여야 하는가?

① 100　　② 200
③ 300　　④ 400

해설 메틸알코올의 지정수량 : 400 ℓ
위험물 지정수량의 10배 : 1소요단위
마른모래는 삽 포함 50 ℓ 가 0.5 능력단위
메틸알코올의 소요단위 $= \dfrac{8,000\ell}{400\ell \times 10} =$ 2소요단위

∴ 마른모래 2능력단위의 체적 $= 50\ell \times \dfrac{2}{0.5} = 200\ell$

답 ②

15. 위험물 중 위험등급 I에 속하지 않는 것은?
① 제6류 위험물
② 제5류 위험물 중 나이트로화합물
③ 제4류 위험물 중 특수인화물
④ 제3류 위험물 중 나트륨

해설 제5류 위험물(자기반응성물질)에서 위험등급 I등급에 해당하는 것은 지정수량 10kg인 질산에스터류와 유기과산화물이며, 그 이외의 것(나이트로화합물 등)은 위험등급 II에 해당된다.

답 ②

16. 화재 시 이산화탄소를 방출하여 산소의 농도를 12.5%로 낮추어 소화하려면 공기 중의 이산화탄소의 농도는 약 몇 vol %로 해야 하는가?
① 30.7
② 32.8
③ 40.5
④ 68.0

해설 CO_2 농도% $= \dfrac{21-O_2(\%)}{21} \times 100 = \dfrac{21-12.5}{21} \times 100 = 40.47 ≒ 40.5$ vol %

답 ③

17. 할론 1301의 증기 비중은? (단, 플루오린의 원자량은 19, 브로민의 원자량은 80, 염소의 원자량은 35.5이고 공기의 분자량은 29이다.)
① 2.14
② 4.15
③ 5.14
④ 6.15

해설 할론1301의 화학식 : CF_3Br
할론1301(CF_3Br)의 분자량 = $12 + 19 \times 3 + 80 = 149$
공기의 평균분자량 = 29
증기비중 $= \dfrac{\text{분자량}}{\text{공기의 평균 분자량(29)}} = \dfrac{149}{29} = 5.137 ≒ 5.14$

답 ③

18. 일반적 성질이 산소공급원이 되는 위험물로 내부연소를 하는 것은?
① 제1류 위험물
② 제2류 위험물
③ 제5류 위험물
④ 제6류 위험물

해설 제5류 위험물(자기반응성물질)을 내부연소성 또는 자기연소성물질이라 한다.

답 ③

19. 화염의 전파속도가 음속보다 빠르며, 연소 시 충격파가 발생하여 파괴효과가 증대되는 현상을 무엇이라 하는가?
① 폭연
② 폭압
③ 폭굉
④ 폭명

해설 본문의 내용을 폭굉(데토네이션)이라 한다.

답 ③

20. 피난설비를 설치하여야 하는 위험물제조소등에 해당하는 것은?
① 건축물의 2층 부분을 자동차 정비소로 사용하는 주유취급소
② 건축물의 2층 부분을 전시장으로 사용하는 주유취급소
③ 건축물의 2층 부분을 주유사무소로 사용하는 주유취급소
④ 건축물의 2층 부분을 관계자의 주거시설로 사용하는 주유취급소

해설 주유취급소에서 피난설비를 설치할 대상은 건축물의 2층 부분을 다수인이 출입하는 전시장 등으로 사용하는 곳 등에 설치한다.

답 ②

21. 다음 중 제1류 위험물로서 물과 반응하여 발열하면서 산소를 발생하는 것은?
① 염소산나트륨
② 탄화칼슘
③ 질산암모늄
④ 과산화나트륨

해설 제1류 위험물 중 알칼리금속의 과산화물 과산화나트륨(Na_2O_2)은 물과 접촉하면 격렬히 반응[$2Na_2O_2 + 2H_2O \rightarrow 4NaOH + O_2 \uparrow$]하여 발열하며 수산화나트륨($NaOH$)과 산소($O_2$)를 발생한다.

답 ④

22. 마그네슘분에 대한 설명으로 옳은 것은?
① 물보다 가벼운 금속이다.
② 분진폭발이 없는 물질이다.
③ 황산과 반응하면 수소가스를 발생한다.
④ 소화방법으로 직접적인 주수소화가 가장 좋다.

해설 제2류 위험물(가연성고체) 마그네슘(Mg)분은 황산(H_2SO_4)과 반응[$Mg + H_2SO_4 \rightarrow MgSO_4 + H_2 \uparrow$]하면 발열하며 황산마그네슘($MgSO_4$)과 수소($H_2$)를 발생한다.

답 ③

23. 제3류 위험물에 대한 설명으로 옳은 것은?
① 대부분 물과 접촉하면 안정하게 된다.
② 일반적으로 불연성 물질이고 강산화제이다.
③ 대부분 산과 접촉하면 흡열반응을 한다.
④ 물에 저장하는 위험물도 있다.

해설 제3류 위험물 중 자연발화성물질인 황린(P_4)은 약알칼리(pH9) 물속에 저장한다.

답 ④

24. 탄화칼슘의 성질에 대한 설명 중 틀린 것은?
① 질소 중에서 고온으로 가열하면 석회질소가 된다.
② 융점은 약 300℃이다.
③ 비중은 약 2.2이다.
④ 물질의 상태는 고체이다.

해설 제3류 위험물 금수성물질인 탄화칼슘(CaC_2)의 융점은 2,300℃로 매우 높다.

답 ②

25. 제4류 위험물에 대한 설명 중 틀린 것은?
① 이황화탄소는 물보다 무겁다.
② 아세톤은 물에 녹지 않는다.
③ 톨루엔 증기는 공기보다 무겁다.
④ 다이에틸에터의 연소범위 하한은 약 1.9%이다.

해설 제4류 위험물(인화성액체) 제1석유류를 대표하는 아세톤(CH_3COCH_3)은 수용성으로 물에 완전히 혼합된다.

답 ②

26. 벤조일퍼옥사이드의 성질 및 저장에 관한 설명으로 틀린 것은?
① 직사일광을 피하고 찬 곳에 저장한다.
② 산화제이므로 유기물, 환원성 물질과 접촉을 피해야 한다.
③ 발화점이 상온 이하이므로 냉장 보관해야 한다.
④ 건조방지를 위해 물 등의 희석제를 사용한다.

해설 제5류 위험물(자기반응성물질) 중 유기과산화물 벤조일퍼옥사이드는 발화점(착화점)은 125℃이므로 상온(20℃)보다 높다.

답 ③

27. 다이에틸에터와 벤젠의 공통성질에 대한 설명으로 옳은 것은?
① 증기비중은 1보다 크다.
② 인화점은 -10℃보다 높다.
③ 착화온도는 200℃보다 낮다.
④ 연소범위의 상한이 60%보다 크다.

해설 제4류 위험물(인화성액체) 특수인화물인 다이에틸에터($C_2H_5OC_2H_5$)와 제1석유류인 벤젠(C_6H_6)의 증기비중은 모두 1보다 크다.

답 ①

28. 아세트산의 일반적 성질에 대한 설명 중 틀린 것은?
① 무색 투명한 액체이다.
② 수용성이다.
③ 증기비중은 등유보다 크다.
④ 겨울철에 고화될 수 있다.

해설 제4류 위험물(인화성액체) 제2석유류인 아세트산(CH_3COOH)의 분자량은 60으로 증기비중이 약 2로 등유의 증기비중 4.5보다 작다.

답 ③

29. TNT가 폭발했을 때 발생하는 유독기체는?
① N_2
② CO_2
③ H_2
④ CO

해설 제5류 위험물(자기반응성물질) 나이트로화합물인 TNT(트라이나이트로톨루엔)이 분해 폭발 [$2C_6H_2CH_3(NO_2)_3 \rightarrow 12CO\uparrow + 5H_2\uparrow + 2C + 3N_2\uparrow$]할 때 생기는 CO(일산화탄소)는 맹독성 가스이다.

답 ④

30. 가솔린의 위험성에 대한 설명 중 틀린 것은?
① 인화점이 낮아 인화되기 쉽다.
② 증기는 공기보다 가벼우며 쉽게 착화된다.
③ 사에틸납이 혼합된 가솔린은 유독하다.
④ 정전기 발생에 주의하여야 한다.

해설 제4류 위험물(인화성액체) 제1석유를 대표하는 가솔린(휘발유)의 증기비중은 3 ~ 4로 공기(1)보다 무겁다.

답 ②

31. 다이에틸에터의 성질이 아닌 것은?
① 유동성
② 마취성
③ 인화성
④ 비휘발성

해설 제4류 위험물(인화성액체) 특수인화물을 대표하는 다이에틸에터($C_2H_5OC_2H_5$)는 휘발성이 매우 강하다.

답 ④

32. 다음 중 착화온도가 가장 낮은 것은?
① 피크르산
② 적린
③ 에틸알코올
④ 트라이나이트로톨루엔

해설 제2류 위험물(가연성고체) 적린의 착화온도는 260℃로 피크르산(약 300℃), 에틸알코올(423℃), 트라이나이트로톨루엔(약 300℃)보다 작다.

답 ②

33. 트라이나이트로톨루엔의 성상으로 틀린 것은?
① 물에 잘 녹는다.
② 담황색의 결정이다.
③ 폭약으로 사용된다.
④ 착화점은 약 300℃ 이다.

해설 제5류 위험물(자기반응성물질) 나이트로화합물인 트라이나이트로톨루엔(TNT)은 물에 녹지 않는다.

답 ①

34. 피크르산의 성질에 대한 설명 중 틀린 것은?
① 황색의 액체이다.
② 쓴맛이 있으며 독성이 있다.
③ 납과 반응하여 예민하고 폭발 위험이 있는 물질을 형성한다.
④ 에터, 알코올에 녹는다.

해설 제5류 위험물(자기반응성물질) 나이트로화합물인 피크르산(TNP, 트라이나이트로페놀)은 휘황색의 고체이다.

답 ①

35. 질산에스터류에 속하지 않는 것은?
① 트라이나이트로톨루엔
② 질산에틸
③ 나이트로글리세린
④ 나이트로셀룰로오스

해설 제5류 위험물(자기반응성물질) 트라이나이트로톨루엔(TNT)은 나이트로화합물을 대표하는 위험물로 질산에스터류에 속하지 않는다.

답 ①

36. 나이트로셀룰로오스에 대한 설명 중 틀린 것은?
① 약 130℃에서 서서히 분해된다.
② 셀룰로오스를 진한 질산과 진한 황산의 혼산으로 반응시켜 제조한다.
③ 수분과의 접촉을 피하기 위해 석유 속에 저장한다.
④ 발화점은 약 160℃ ~ 170℃이다.

해설 제5류 위험물(자기반응성물질) 질산에스터류에 속하는 나이트로셀룰로오스$[C_6H_7O_2(ONO_2)_3]n$는 저장·취급 중 자연발화의 위험이 있으므로 물과 알코올을 헝겊에 적셔서 저장하며, 석유속에 저장하는 것은 제3류 위험물 중 칼륨(K)과 나트륨(Na)이다.

답 ③

37. 질산의 성질에 대한 설명으로 틀린 것은?
① 연소성이 있다.
② 물과 혼합하여 발열한다.
③ 부식성이 있다.
④ 강한 산화제이다.

해설 제6류 위험물(산화성액체) 질산(HNO_3)은 불연성 물질이므로 연소성은 없다.

답 ①

38. 질산칼륨을 약 400℃에서 가열하여 열분해시킬 때 주로 생성되는 물질은?
① 질산과 산소
② 질산과 칼륨
③ 아질산칼륨과 산소
④ 아질산칼륨과 질소

해설 제1류 위험물(산화성고체) 질산염류인 질산칼륨(KNO_3)은 열분해[$2KNO_3 \xrightarrow[\Delta]{400℃} 2KNO_2 + O_2 \uparrow$]하면 아질산칼륨($KNO_2$)과 산소($O_2$)를 발생한다.

답 ③

39. 제6류 위험물에 해당하지 않는 것은?
① 염산
② 질산
③ 과염소산
④ 과산화수소

해설 염산(HCl)은 강산이지만 위험물에 해당되지 않는다.

답 ①

40. 질산이 직사일광에 노출될 때 어떻게 되는가?
① 분해되지는 않으나 붉은색으로 변한다.
② 분해되지는 않으나 녹색으로 변한다.
③ 분해되어 질소를 발생한다.
④ 분해되어 이산화질소를 발생한다.

해설 제6류 위험물(산화성액체) 질산(HNO_3)은 직사일광에서 분해[$4HNO_3 \xrightarrow{\Delta} 4NO_2 \uparrow + 2H_2O + O_2 \uparrow$]하여 이산화질소($NO_2$)와 물($H_2O$)과 산소($O_2$)를 발생한다.

답 ④

41. 과염소산이 물과 접촉한 경우 일어나는 반응은?
① 중합반응
② 연소반응
③ 흡열반응
④ 발열반응

해설 제6류 위험물(산화성액체) 과염소산($HClO_4$)은 물과 발열반응하며 6종의 고체 수화물을 생성한다.

답 ④

42. 위험물의 이동탱크저장소 차량에 "위험물"이라고 표시한 표지를 설치할 때 표지의 바탕색은?
① 흰색
② 적색
③ 흑색
④ 황색

해설 이동탱크저장소의 "위험물" 표지판의 바탕은 흑색, 글자색은 황색의 반사도료를 사용한다.

답 ③

43. 유기과산화물에 대한 설명으로 옳은 것은?
① 제1류 위험물이다.
② 화재발생 시 질식소화가 가장 효과적이다.
③ 산화제 또는 환원제와 같이 보관하여 화재에 대비한다.
④ 지정수량은 약 10Kg이다.

해설 제5류 위험물(자기반응성물질) 유기과산화물은 위험등급 I등급에 해당하며, 지정수량은 10kg이다.

답 ④

44. 적린의 성질 및 취급방법에 대한 설명으로 틀린 것은?
① 화재발생 시 냉각소화가 가능하다.
② 공기 중에 방치하면 자연 발화한다.
③ 산화제와 격리하여 저장한다.
④ 비금속 원소이다.

해설 제2류 위험물(가연성고체) 적린(P)은 상온에서 안정된 위험물로 자연발화의 위험은 없다.

답 ②

45. 증기압이 높고 액체가 피부에 닿으면 동상과 같은 증상을 나타내며, Cu, Ag, Hg 등과 반응하여 폭발성 화합물을 만드는 것은?
① 메탄올
② 가솔린
③ 톨루엔
④ 산화프로필렌

해설 본문의 내용은 제4류 위험물(인화성액체) 중 특수인화물인 산화프로필렌(OCH_2CHCH_3)의 설명이다.

답 ④

46. 일반적인 제5류 위험물 취급 시 주의사항으로 가장 거리가 먼 것은?
① 화기의 접근을 피한다.
② 물과 격리하여 저장한다.
③ 마찰과 충격을 피한다.
④ 통풍이 잘되는 냉암소에 저장한다.

해설 제5류 위험물(자기반응성물질)은 물과는 반응하지 않으며, 화재 시 물은 소화제로 사용된다.

답 ②

47. 다음 중 탄화칼슘을 대량으로 저장하는 용기에 봉입하는 가스로 가장 적합한 것은?
① 포스겐
② 인화수소
③ 질소가스
④ 아황산가스

해설 제3류 위험물(금수성물질) 탄화칼슘(CaC_2)은 공기 중에 방치하면 풍해 되므로 저장용기는 질소(N_2)가스로 충전하여 밀봉한다.

답 ③

48. 마그네슘은 제 몇 류 위험물인가?
① 제1류 위험물
② 제2류 위험물
③ 제3류 위험물
④ 제5류 위험물

해설 제2류 위험물(가연성 고체)에 마그네슘(Mg)은 해당된다.

답 ②

49. 다음 중 물에 녹지 않는 인화성 액체는?
① 벤젠
② 아세톤
③ 메틸알코올
④ 아세트알데하이드

해설 제4류 위험물(인화성액체) 제1석유류인 벤젠(C_6H_6)은 비수용성으로 물에 녹지 않는다.

답 ①

50. 휘발유의 일반적인 성상에 대한 설명으로 틀린 것은?
① 물에 녹지 않는다.
② 전기전도성이 뛰어나다.
③ 물보다 가볍다.
④ 주성분은 알칸 또는 알칸계 탄화수소이다.

해설 제4류 위험물(인화성액체) 제1석유류를 대표하는 휘발유(가솔린)는 전기의 부도체이므로 정전기 발생에 주의하여야 한다.

답 ②

51. 아이소프로필알코올에 대한 설명으로 옳지 않은 것은?
① 탈수하면 프로필렌이 된다.
② 탈수소하면 아세톤이 된다.
③ 물에 녹지 않는다.
④ 무색투명한 액체이다.

해설 제4류 위험물(인화성액체) 알코올류에 속하는 아이소프로필알코올($(CH_3)_2CHOH$)은 물에 잘 녹는다.

답 ③

52. 황(사방황)의 성질을 옳게 설명한 것은?
① 황색 고체로서 물에 녹는다.
② 이황화탄소에 녹는다.
③ 전기 양도체이다.
④ 연소시 붉은색 불꽃을 내며 탄다.

해설 제2류 위험물(가연성고체) 황(사방황)은 제4류 위험물(인화성액체) 특수인화물인 이황화탄소(CS_2)에 잘 녹는다.

답 ②

53. 지정수량 이상의 위험물을 소방서장의 승인을 받아 제조소등이 아닌 장소에서 임시로 저장 또는 취급할 수 있는 기간은 얼마 이내인가? (단, 군부대가 군사목적으로 임시로 저장 또는 취급하는 경우는 제외한다.)
① 30일
② 60일
③ 90일
④ 180일

해설 위험물안전관리법에서 정하는 지정수량 이상의 위험물 임시저장기간은 90일 이내이다.

답 ③

54. $(C_2H_5)_3Al$ 이 공기 중에 노출되어 연소할 때 발생하는 물질은?
① Al_2O_3
② CH_4
③ $Al(OH)_3$
④ C_2H_6

해설 제3류 위험물 자연발화성물질 및 금수성물질에 해당하는 $(C_2H_5)_3Al$(트라이에틸알루미늄)은 공기 중에서 자연발화[$2(C_2H_5)_3Al+21O_2 \rightarrow 12CO_2+15H_2O+Al_2O_3$]하여 Al_2O_3(산화알루미늄), CO_2(이산화탄소), H_2O(물)을 생성한다.

답 ①

55. 과산화수소의 위험성에 대한 설명 중 틀린 것은?
① 오래 저장하면 자연발화의 위험이 있다.
② 햇빛에 의해 분해되므로 햇빛을 차단하여 보관한다.
③ 고농도의 것은 분해 위험이 있으므로 인산 등을 넣어 분해를 억제시킨다.
④ 농도가 진한 것은 피부와 접촉하면 수종을 일으킨다.

해설 제6류 위험물(산화성액체) 과산화수소(H_2O_2)는 불연성물질이므로 장시간 저장해도 발화의 위험은 없다.

답 ①

56. 다음 중 증기비중이 가장 큰 것은?
① 벤젠
② 등유
③ 메틸알코올
④ 다이에틸에터

해설 제4류 위험물(인화성액체) 증기비중에서 등유의 증기비중이 4.5로 벤젠(C_6H_6) 약 2.7, 메틸알코올(CH_3OH) 1.1, 다이에틸에터($C_2H_5OC_2H_5$) 2.55보다 크다.

증기비중 $= \dfrac{\text{분자량}}{\text{공기의 평균 분자량}(29)}$

- 벤젠(C_6H_6) $= \dfrac{12 \times 6 + 6}{29} = 2.689$
- 등유 : 4.5
- 메틸알코올(CH_3OH) $= \dfrac{12 + 4 + 16}{29} = 1.10$
- 다이에틸에터($C_2H_5OC_2H_5$) $= \dfrac{12 \times 4 + 10 + 16}{29} = 2.55$

답 ②

57. 제6류 위험물의 공통적 성질이 아닌 것은?
① 산화성 액체이다.
② 지정수량이 300kg이다.
③ 무기화합물이다.
④ 물보다 가볍다.

해설 제6류 위험물(산화성액체)은 모두 비중이 1보다 크므로 물보다 무겁다.

답 ④

58. 제2류 위험물의 화재예방 및 진압대책이 틀린 것은?
① 산화제와의 접촉을 금지한다.
② 화기 및 고온체와의 접촉을 피한다.
③ 저장용기의 파손과 누출에 주의한다.
④ 금속분은 냉각소화하고 그 외는 마른모래를 이용하여 소화한다.

해설 제2류 위험물(가연성고체) 금속분은 냉각소화(주수소화)하면 금속분과 물이 반응하여 수소(H_2)를 발생시키며, 2차적으로 비산된 분말은 분진폭발의 위험이 있으므로 냉각소화는 매우 위험하다.

답 ④

59. 지정수량의 $\frac{1}{10}$ 을 초과하는 위험물을 혼재할 수 없는 경우는?

① 제1류 위험물과 제6류 위험물
② 제2류 위험물과 제4류 위험물
③ 제4류 위험물과 제5류 위험물
④ 제5류 위험물과 제3류 위험물

해설 혼재 금지 위험물 중 제5류 위험물과 제3류 위험물은 혼재할 수 없다.
※ 혼재할 수 있는 위험물 암기방법 사이삼 오이사 육하나

위험물의 구분	제1류	제2류	제3류	제4류	제5류	제6류
제1류		×	×	×	×	○
제2류	×		×	○	○	×
제3류	×	×		○	×	×
제4류	×	○	○		○	×
제5류	×	○	×	○		×
제6류	○	×	×	×	×	

답 ④

60. 그림과 같은 타원형 위험물 탱크의 내용적을 구하는 식을 옳게 나타낸 것은?

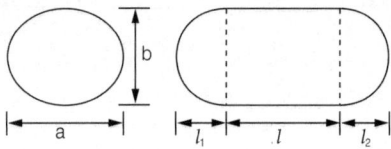

① $\dfrac{\pi ab}{4}\left(l+\dfrac{l_1+l_2}{3}\right)$

② $\dfrac{\pi ab}{4}\left(l+\dfrac{l_1-l_2}{3}\right)$

③ $\pi ab\left(l+\dfrac{l_1+l_2}{3}\right)$

④ πabl

해설 타원형 탱크 중 양쪽이 볼록한 탱크의 내용적
$V= \dfrac{\pi ab}{4}\left(l+\dfrac{l_1+l_2}{3}\right)$

답 ①

memo

memo

위험물기능사
필기시험문제

발 행 일	2026년 1월 10일 개정 16판 1쇄 인쇄
	2026년 1월 20일 개정 16판 1쇄 발행
저 자	이보상
발 행 처	 크라운출판사 http://www.crownbook.co.kr
발 행 인	李尙原
신고번호	제 300-2007-143호
주 소	서울시 종로구 율곡로13길 21
공 급 처	(02) 765-4787, 1566-5937
전 화	(02) 745-0311~3
팩 스	(02) 743-2688
홈페이지	www.crownbook.co.kr
ISBN	978-89-406-4982-4 / 13570

저자협의
인지생략

특별판매정가 30,000원

이 도서의 판권은 크라운출판사에 있으며, 수록된 내용은
무단으로 복제, 변형하여 사용할 수 없습니다.
　　　　Copyright CROWN, ⓒ 2026 Printed in Korea

이 책의 내용 중 문의사항이 있으신 분은 저자 이보상 선생님께
(bsyee2532@nanmail.net)로 연락주시면 친절하게 응답해 드립니다.